常用低压电器原理及其控制技术

第 2 版

王仁祥 编著

机械工业出版社

本书详细地介绍了现代电气工程中的常用低压电器、智能化电器的基本结构、工作原理和选用方法；固态软起动器、通用变频器、可编程逻辑控制继电器等新型低压电器的基本原理及应用；可通信低压电器的基本原理及现场总线技术等。本书还系统地介绍了电气控制系统的基本原理、基本控制环节、控制线路分析、数字化逻辑控制系统及电气控制系统的设计原理与方法、电气工艺设计的基本知识，并简要介绍了应用计算机绘制电气工程图的基本知识。书中介绍了国内外低压电器的最新技术、新产品及其应用和发展方向。全书图文并茂，理论联系实际，侧重于实际应用，便于自学。

本书适宜于从事电气工程及自动化和生产过程自动化领域工作的工程技术人员阅读，也适于用作高等学校电气工程、工业自动化、自动控制类等专业的本科生、研究生教材和教学参考书，亦可作为企业电气工程技术人员的培训教材，高等职业、中等职业学校的类似专业也可选用。

图书在版编目（CIP）数据

常用低压电器原理及其控制技术/王仁祥编著. —2 版. —北京：机械工业出版社，2008.8（2025.9 重印）

ISBN 978-7-111-24874-3

Ⅰ. 常… Ⅱ. 王… Ⅲ. 低压电器-基本知识 Ⅳ. TM52

中国版本图书馆 CIP 数据核字（2008）第 124801 号

机械工业出版社（北京市百万庄大街 22 号　邮政编码 100037）
责任编辑：付承桂　　版式设计：霍永明　　责任校对：李秋荣
封面设计：马精明　　责任印制：单爱军
中煤（北京）印务有限公司印刷
2025 年 9 月第 2 版·第 16 次印刷
184mm×260mm·29.25 印张·724 千字
标准书号：ISBN 978-7-111-24874-3
定价：69.00 元

电话服务　　　　　　　　　　　网络服务
客服电话：010-88361066　　　　机　工　官　网：www.cmpbook.com
　　　　　010-88379833　　　　机　工　官　网：weibo.com/cmp1952
　　　　　010-68326294　　　　机　工　官　博：www.golden-book.com
封底无防伪标均为盗版　　　　　机工教育服务网：www.cmpedu.com

第 2 版前言

自从 2001 年《常用低压电器原理及其控制技术》出版以来，该书在指导电气控制技术的教学和应用方面起到了应有的作用，受到了广大读者的普遍欢迎，许多学校选用该书作为教材。由于现代工业自动化技术的迅速发展，原书的某些内容已显陈旧，因此决定编写第 2 版。其目的仍是希望向广大读者提供一本能体现现代电气控制技术发展和应用技术的参考书，尤其是对生产现场的工程技术人员。

与第 1 版相比，全书内容有较大更动，但仍然包括电气工程中的常用低压电器、智能化电器的基本结构、工作原理和选用方法；固态软起动器、通用变频器、可编程逻辑控制继电器等新型低压电器的基本工作原理及应用；可通信低压电器的基本原理及现场总线技术等。但这次修订时充实了新型电器、智能化电器、可通信低压电器及现场总线技术等方面的内容；新增加了逻辑控制系统方面的内容；系统地介绍了电气控制系统的基本工作原理、单元控制环节、控制线路分析、电气控制系统的设计原理与方法，逻辑控制系统的基本原理和分析、设计原理与方法的基本知识，并简要介绍了应用计算机绘制电气工程图的基本知识。书中介绍了国内外低压电器的最新技术、新产品及其应用和发展方向。

关于逻辑控制系统，本书倾向于从逻辑控制角度介绍"以软代硬"的逻辑控制原理、逻辑思维方法和设计方法，强调继电逻辑（硬逻辑）与可编程逻辑（软逻辑）两者逻辑上的统一性。事实上，从逻辑控制理论角度看，两者是一致的，只是实现的物理载体不同而已，前者用的是接触器、继电器，后者用的是存储器上的存储位，逻辑上都是"1"或"0"及其组合。现在，许多教材将原来分属两本书（两门课程）的电气控制技术和可编程序控制器技术的内容合二为一，说来这也没有什么不妥，但从书的内容上看，只是将两者简单地一前一后合并，内容上还是相互孤立存在的，并且只是介绍了可编程序控制器的最基础的内容，授课学时大幅缩减，这样的合二为一是值得商榷的。事实上，现在的可编程序控制器控制技术是一个十分复杂的系统工程，从实际应用来看，核心内容应该是可编程序控制器网络控制技术的应用，遗憾的是，这方面的内容在教材中涉及的极少，甚至未被提到，这就难免学习者面对实际应用时束手无策。鉴于上述思考，本书所述的逻辑控制系统的内容是期望使读者能够从逻辑控制角度学习掌握电气控制技术，从逻辑控制概念上"软硬融合"，而不是简单地"以软代硬"，这一部分内容就是为此打基础的。另外，从现代工业自动化控制技术来看，逻辑控制、过程控制和运动控制等是相互融合的，并没有严格的界限，但其核心都是计算机及其网络控制技术，网络是诸多控制方式的统一（同一）的载体，是一种数字化控制技术。从这一角度来说，现代电气控制技术是一种数字化的逻辑控制技术，现代电气控制系统是一种数字化的逻辑控制系统，那么我们的思维方法应该是数字化的逻辑思维方法，这就是本书第 2 版修订的中心思路。

本书适宜于从事电气工程及自动化和生产过程自动化领域工作的工程技术人员阅读，也适于用作高等学校电气工程、工业自动化、自动控制类等专业的教材和教学参考书，亦可作为企业电气工程技术人员的培训教材，中等工业学校类似专业也可选用。

本书第 2 版编写过程中曾参考和引用了国内外许多专家与学者发表的论文与著作，以及一些厂商的网站资料和产品说明书，由于各种因素不能一一预告、面谢，作者在此一并致谢。同时感谢上海交通大学王小曼同志、青岛大学刘湘波老师等以及电气工程专业的多位同学，在编写过程中，他们对全部书稿进行了逐字逐句的审查，提出了详细的审稿意见，在校稿、录入、绘图等工作中做了大量工作，给予了热情的帮助、支持和启迪。

由于作者水平及时间所限，书中难免存在不妥、缺点和谬误，热忱欢迎广大读者批评指正，将不胜感谢。

编　者

第1版前言

电气控制技术是用以实现生产过程自动化的控制技术,以各类电动机为动力的传动装置与系统为对象,电气控制系统是其中的主干部分,在国民经济各行业中都得到了广泛的应用,是实现工业生产自动化的重要技术手段。电气控制技术是一门实用性很强的技术科学,也是一门多学科交叉比较活跃的专门技术,几乎每种技术出现的新进展都使它向前迈进一步,其技术进步是日新月异的。

随着科学技术的进步,特别是计算机技术应用、新型控制策略的出现,不断改变着电气控制技术的面貌,使它正向着集成化、智能化、信息化、网络化方向发展,目前它已成为三大"运动控制"之一,即电气运动控制。电气运动控制体现了电机控制技术、传感器技术、电力电子技术、微电子技术、自动控制技术、计算机控制技术和网络通信技术的有机结合及最新发展成就,并在各个领域大显身手,应用领域十分广泛。例如,工业自动化方面的各种现代化生产流水线、生产机械、加工中心、工业机器人等,无不体现着现代电气控制技术的飞速发展,甚至家用电器的更新换代速度也令人难以想象。所有这些也都体现了现代工业自动化技术的进步。因此,现代意义上的电气控制系统都与传统上的有本质上的区别和不同。

另外,随着生产机械自动化程度的提高,其机械传动系统也越来越复杂,生产过程中的各种物理量越来越多地被要求自动控制,这就促使电气控制技术必须强电与弱电结合,以适应新的要求。同时,电器元件本身也朝着新的领域发展,不断涌现出新型产品,一些电器元件被电子化、集成化、智能化,一些电器元件采用了新技术成为网络化、可通信电器,有些甚至完全改变了传统电器的观念,从传统的现场开关量、模拟量信号控制方式,转为现场级的数字化网络控制方式。这标志着现代电气控制技术的巨大变革和飞跃,与传统概念有本质上的区别。

鉴于上述,本书是在充分考虑现代电器及其控制技术的发展及应用特点而编写的。编写中,精选了新型电器和控制技术的内容,将传统过时或将要过时的部分删除,大幅增加了最新产品及先进技术的内容,力求与现代生产实际相结合,突出实际应用。对常用低压电器着重叙述其基本结构原理及应用方法,通过图文并茂,尽可能做到通俗易懂,使读者能与实际相联系,缩短理论与实际的差距。有关智能化电器方面的新理论及其工程应用,近年来已有大量的论文发表,为了系统地总结并论述国内外及作者在这一领域的技术研究成果与工业应用情况,以及教学实践,为促进现代电气控制技术的进步,并使广大工程技术人员能了解、掌握和应用这一领域的最新技术,本书中以较大篇幅给予介绍,抛砖引玉,供读者学习参考。

从电气控制技术的基本理论来看,电气控制的基本思路是一种逻辑思维,只要符合逻辑控制规律、能保证电气安全、并满足生产工艺的要求,就可认为是一种好的设计。如果再选用比较先进的电器元件实现设计功能,那么这种设计就具备一定的先进性和技术进步。一项好的设计,在很大程度上取决于设计者对新型电器的熟悉程度,以及选用的电器元件的合理性。电气控制线路的实现,可以是继电逻辑控制方法、可编程序控制器控制方法及计算机控制方法等，而现代电气控制技术已将这些方法融为一体，生产现场已难以将其严格区分，尽管如此，继电逻辑控制方法还是基本的方法，是各种控制方法的基础。不同的生产机械或自动控制装置的控制要求是不同的，所要求的控制线路也是千变万化、多种多样，但是它们都是由一些具有基本规律的基本环节、基本单元按一定的控制原则和逻辑规律，由基本的控制环节组合而成的，熟悉这些基本的控制环节是掌握电气控制技术的基础。在长期实践中，人们已经将这些控制环节总结成最基本的单元电路，只要能深入地掌握这些基本的单元电路及其逻辑关系和特点，再结合具体的生产工艺要求，就不难掌握控制线路的基本分析方法和设计方法。基于这些考虑，作者在电气控制线路理论基础部分强调"理顺思路"，具有通用性和普遍性，而不是某一具体的线路，因此，本书的编写方法和内容与传统有关电气控制方面的专著中，多以机床控制线路为主讨论的方法不同，而以单元电路为重点，以带有普遍意义的简单明晰的实例为例，阐述电气控制技术的基本理论与方法。

  本书内容具有下列特点：①内容切合实际，取材先进、新颖。②联系工程实际，引入学科交叉内容，介绍一些新思想、新方法和新技术。③较系统地论述了各种新型电器的基本理论和技术，取材着重于基本概念和基本方法。④着重从工程实际应用出发，突出理论联系实际，具有面向广大工程技术人员的特点，因而具有很强的工程性、实用性。⑤内容系统、结构合理、深入浅出、便于自学。

  本书适宜于从事电气工程及自动化和生产过程自动化领域工作的工程技术人员阅读，也可作为大专院校电气工程、工业自动化、自动控制等专业的教材和教学参考书。

  本书编写过程中曾参考和引用了国内外许多专家与学者发表的论文与著作，以及一些产品的说明书，由于各种因素不能一一预告、面谢，作者在此一并致谢。同时感谢上海交通大学王小曼同志、青岛大学刘湘波老师等以及电气工程专业的多位同学，在编写过程中对全部书稿进行了逐字逐句的审查，提出了详细的审稿意见，在校稿、录入、绘图等工作中作了大量工作，给予了热情的帮助、支持和启迪。

  由于作者水平及时间所限，书中难免存在不妥、缺点和谬误，热忱欢迎广大读者批评指正，将不胜感谢。

编者

2001 年 8 月于青岛

目 录

第 2 版前言
第 1 版前言
绪论 ……………………………………… 1
第 1 章　常用低压电器的基本原理 …… 5
 1.1　概述 ……………………………… 5
  1.1.1　常用低压电器的分类 ……… 5
  1.1.2　我国低压电器的发展概况 … 9
  1.1.3　国内外低压电器的发展趋势 … 10
 1.2　常用低压电器的基本问题 ……… 16
  1.2.1　电器的触头和电弧 ………… 16
  1.2.2　电磁机构 …………………… 23
 1.3　低压电器的主要技术性能指标和
   参数 ……………………………… 27
  1.3.1　主电路电器和控制电器 …… 27
  1.3.2　有关低压电器的主要技术性能、
    参数的概念 ………………… 28
  1.3.3　电气控制中的颜色标志 …… 36
 1.4　电气制图规则 …………………… 38
  1.4.1　电气制图标准 ……………… 38
  1.4.2　电气工程图及技术文件 …… 40
  1.4.3　电气控制技术中常用的图形、
    文字符号 …………………… 43
第 2 章　常用低压电器 ………………… 59
 2.1　概述 ……………………………… 59
 2.2　隔离器、刀开关 ………………… 60
  2.2.1　隔离器、刀开关的基本概念 … 60
  2.2.2　开启式刀开关 ……………… 64
  2.2.3　熔断器式刀开关 …………… 65
  2.2.4　负荷-隔离开关 ……………… 66
  2.2.5　隔离开关熔断器组 ………… 67
  2.2.6　负荷开关 …………………… 67
  2.2.7　隔离器、刀开关的选用、安装
    与操作 ……………………… 69
 2.3　低压断路器 ……………………… 70
  2.3.1　低压断路器的结构与工作原理 … 70
  2.3.2　塑料外壳式断路器 ………… 78

  2.3.3　万能式断路器 ……………… 82
  2.3.4　智能型万能式断路器 ……… 85
  2.3.5　智能型塑料外壳式低压断路器 … 95
  2.3.6　模数化小型断路器 ………… 98
  2.3.7　剩余电流动作保护装置 …… 100
  2.3.8　低压断路器的选择与应用 … 105
  2.3.9　配电系统接地型式 ………… 113
 2.4　接触器 …………………………… 118
  2.4.1　接触器的结构与工作原理 … 119
  2.4.2　常用典型交流接触器简介 … 121
  2.4.3　机械联锁交流接触器 ……… 125
  2.4.4　切换电容器接触器 ………… 126
  2.4.5　低压交流真空接触器 ……… 127
  2.4.6　直流接触器 ………………… 128
  2.4.7　接触器的主要特性参数与选
    用原则 ……………………… 130
  2.4.8　接触器常见故障分析 ……… 133
 2.5　热继电器 ………………………… 135
  2.5.1　热继电器的工作原理 ……… 135
  2.5.2　常用热继电器简介 ………… 139
  2.5.3　三相异步电动机断相运行分析 … 142
  2.5.4　热继电器的选用 …………… 145
 2.6　熔断器 …………………………… 146
  2.6.1　熔断器的结构与工作原理 … 147
  2.6.2　常用典型熔断器简介 ……… 154
  2.6.3　熔断器的选用 ……………… 160
 2.7　继电器 …………………………… 163
  2.7.1　继电器的结构原理与分类 … 164
  2.7.2　小型电磁式继电器 ………… 168
  2.7.3　时间继电器 ………………… 170
  2.7.4　温度继电器 ………………… 174
  2.7.5　固态继电器 ………………… 175
  2.7.6　可编程逻辑控制继电器 …… 181
  2.7.7　继电器的选用 ……………… 186
 2.8　主令电器 ………………………… 187
  2.8.1　控制按钮和指示灯 ………… 188
  2.8.2　行程开关 …………………… 190

2.8.3 接近开关 …………… 192	3.6.3 顺序功能图（SFC）程序设计
2.8.4 转换开关 …………… 198	语言 ………………………… 290
2.8.5 主令控制器 …………… 201	3.6.4 布尔逻辑指令 …………… 297
2.8.6 主令电器的一般选用原则 … 203	3.6.5 西门子 SIMATIC S7 PLC 简介 … 327
2.9 电磁执行机构 ………………… 204	3.7 电气控制系统的控制与保护环节 … 335
2.9.1 电磁铁 …………………… 205	3.7.1 电气系统故障与电气安全 … 336
2.9.2 电磁阀 …………………… 206	3.7.2 电流型保护 ………………… 338
2.9.3 电磁制动器 ……………… 210	3.7.3 电压型保护 ………………… 342
2.10 电气安装附件 ………………… 211	3.7.4 位置控制与保护 …………… 343
2.10.1 接线座与接插件 ………… 212	3.7.5 温度、压力、流量、转速等物理
2.10.2 安装附件 ………………… 214	量的控制与保护 …………… 343

第3章 电气控制的基本原理 …… 216

3.1 逻辑控制的基本概念 …………… 217	3.8 电气控制线路分析基础 …………… 345
3.1.1 数字逻辑与继电逻辑 ……… 217	3.8.1 电气控制系统的一般功能原理 … 345
3.1.2 电气控制的逻辑函数 ……… 219	3.8.2 PID 控制 ………………… 347
3.1.3 继电逻辑控制线路的逻辑函数 … 228	3.8.3 电气控制线路分析的内容 … 355
3.1.4 逻辑控制线路的逻辑设计方法 … 233	

第4章 电气控制系统设计 ……… 361

3.1.5 梯形图逻辑 ………………… 234	4.1 电气控制设计基础 ………………… 361
3.2 三相异步电动机的基本控制环节 … 239	4.1.1 电气控制系统设计的基本方法 … 361
3.2.1 起停、自锁和点动控制环节 … 240	4.1.2 电气控制设计的若干规则 … 364
3.2.2 可逆控制与互锁环节 ……… 242	4.2 电气传动基础 ……………………… 372
3.2.3 联锁控制与互锁控制 ……… 243	4.2.1 电气传动系统的概念 ……… 372
3.2.4 多地点控制 ………………… 243	4.2.2 电气传动方式 ……………… 377
3.2.5 自锁、互锁和联锁的逻辑关系 … 244	4.2.3 典型生产机械传动方案的选择 … 380
3.3 三相交流电动机的起动控制 …… 244	4.3 电气控制线路的设计方法 ………… 387
3.3.1 星-三角减压起动控制线路 … 244	4.3.1 电气控制设计方法 ………… 388
3.3.2 自耦变压器减压起动控制	4.3.2 电气控制线路的逻辑表达式 … 394
线路 ………………………… 245	4.4 电气工艺设计基础 ………………… 397
3.3.3 三相绕线转子异步电动机的起动	4.4.1 电气工艺设计的主要内容 … 398
控制 ………………………… 247	4.4.2 电气设备总体配置设计 …… 398
3.3.4 固态减压软起动控制 ……… 251	4.4.3 电气柜、箱及非标准零件的
3.4 三相异步电动机的制动控制 …… 259	设计 ………………………… 401
3.4.1 反接制动控制 ……………… 260	4.4.4 设计示例 …………………… 402
3.4.2 能耗制动控制 ……………… 261	4.5 电气控制线路计算机辅助设计 …… 418
3.4.3 速度继电器简介 …………… 262	4.5.1 Protel 99 简介 …………… 418
3.5 三相异步电动机的转速控制 …… 263	4.5.2 Protel 99 的功能特点 …… 419
3.5.1 变压调速 …………………… 264	4.5.3 Protel 99 在电气控制线路设计中
3.5.2 变极调速 …………………… 264	的应用 ……………………… 420

第5章 可通信低压电器与现场总线 … 428

3.5.3 变转差率调速 ……………… 266	5.1 概述 ………………………………… 428
3.5.4 通用变频器调速 …………… 269	5.2 低压电器数据通信的技术基础 …… 429
3.6 逻辑控制系统 ……………………… 286	5.2.1 低压电器数据通信的概念 … 429
3.6.1 逻辑控制系统的原理 ……… 287	5.2.2 网络控制的内容 …………… 432
3.6.2 顺序控制的原理 …………… 288	5.3 OSI 参考模型简介 ………………… 433

5.4 现场总线基础 …………………………… 436
　5.4.1 现场总线的技术特点和优点 …… 436
　5.4.2 现场总线通信协议模型 ………… 438
　5.4.3 现场总线控制系统的访问方法 … 441
　5.4.4 现场总线的网络拓扑 …………… 441
　5.4.5 现场总线的主要产品 …………… 442
　5.4.6 现场总线控制系统的类型 ……… 444
　5.4.7 现场总线 PROFIBUS + PROFInet … 445
　5.4.8 现场总线 DeviceNet ……………… 451
　5.4.9 MODBUS 通信协议 ……………… 452
5.5 可通信低压开关电器简介 ……………… 453
5.6 智能化配电系统简介 …………………… 455

参考文献 ……………………………………… 457

绪　论

随着现代科学技术的进步和发展，目前现代工业自动化控制系统已是一种以先进控制技术和智能控制技术为核心的综合自动化系统，其内涵不断扩充和深化，其特征是信息化、数字化、智能化、网络化和集成化。现代工业自动化技术融合了信息集成技术、自动化技术、现代控制技术、网络通信技术、图像/视频技术、无线电遥控技术、嵌入式微控制器技术、机电一体化技术、数控技术、先进制造技术及现代管理等诸多学科的先进技术，内容十分广泛，包括工业计算机控制及系统、可编程序控制器及其网络控制系统、集散控制系统（DCS）、通用变频器与伺服控制、智能工业控制器、现场总线技术、通信网络、工业机器人、工控软件、传感器与自动测量装置、仪器仪表、人机界面、精密微电机、真空设备、光电元器件、执行器、液压与气动元件、接插件、编码器、低压电器、电线和电缆、开关电源、机箱柜及传动和输送装置等。各种现代技术相互关联、渗透与融合，使传统机械产品的结构、运动、检测、控制、驱动等趋于信息化、数字化、智能化和网络化。

1. 电气传动控制技术

电气传动控制技术是用以实现生产过程自动化及其控制的电气设备及系统的控制技术，以各类电动机为动力的传动装置与系统。电气控制系统是其中的主干部分。电气传动系统主要包括普通电气传动控制（速度、位置、压力、张力、流量等）系统、综合（分级）自动化系统以及自动生产线。它们是现代化生产的重要组成部分和基石。

电气传动控制系统广泛应用于各个工业部门及凡是需要动力的场合中，该系统是由电动机及供电、检测、控制装置组成的反馈控制系统，是把电能转换成非电能量的装置。将电能变换为机械能或其他形式能量的设备有多种，如电动机、电磁阀、电热器等。而电动机是现代生产过程中的主要动力机械，生产过程的运行、控制、调节等，几乎都是通过对电动机的控制来实现的，这种过程通常称为电气传动。电气传动系统通常包括以下三个主要环节：

1) 动力部分，是整个系统的电源供给环节，是整个系统的主干，是电能转换为其他能量的通道部件，包括动力电源开关、电器控制部件、电动机等。

2) 生产过程自动控制部分，是生产过程自动化的核心，也是间接控制、指挥动力电器及系统工作的部件。包括继电逻辑控制电器及各种控制仪表、智能仪器仪表等。

3) 传动装置，是生产机械的连接及传动环节，位于电动机与工作机械之间，如减速箱、传动带、联轴器等。

工业生产设备广泛使用电气传动，而电气传动又离不开调速，通用变频器使交流电动机调速不但比传统的直流电动机调速优越，而且也比调压调速、变极调速、串级调速等调速方式优越。它的特点是调速平滑、调速范围宽、运行平稳、安全可靠、效率高、特性好、结构简单、机械特性硬、保护功能齐全，在生产过程中能获得最优速度参数，是理想的调速方式，并且是节能降耗的重要措施。应用实践证明，交流电动机变频调速一般能节电 30% 左右，被誉为绿色节电新技术。

2. 电器控制系统

通常由动力电器和过程自动控制设备构成电器控制系统。电器控制系统中常用的控制电器主要是低压电器元件、电工仪表及控制仪表等。电器控制系统是一种能根据外界的信号和要求，手动或自动地接通、断开电路，断续或连续地改变电路参数，以实现电路或非电对象的切换、控制、保护、检测、交换和调节用的一种电气控制成套设备。电器的控制作用就是"自动"或"手动"接通或者断开电路，因此，"通"和"断"，对应于逻辑"1"或"0"，是电器最基本、最典型的功能。由此定义：根据生产过程的工艺要求，由这些电器组成的、能满足生产过程工艺要求的控制系统称电器控制系统。早期，因其主要由开关电器、继电器、接触器等组成，故称继电器-接触器控制系统，至今一直沿用这一说法。又因为它是一种逻辑控制，所以又称它是一种继电逻辑控制系统。

电器控制系统是电气传动控制系统的核心。现代化的机电设备、生产线、生产车间甚至整个工厂都实现了生产过程控制自动化。它由各种电动机、电器元件、电子器件或装置、检测器件以及各种仪器仪表、工业计算机等设备按一定的逻辑规律组成控制系统，对生产过程进行自动控制。自动控制所用的技术手段是多种多样的，电器控制是应用最为普遍的方法，也是最基本的方法，在诸方法中起链接作用。

3. 电气控制技术

电气控制技术是随着科学技术的不断发展、生产工艺的提高和发展不断提出新的要求而不断发展的。在控制方法上，主要从手动控制到自动控制；在控制功能上，是从简单控制到智能化控制；在操作上由笨重到信息化处理；从控制原理上，由单一的有触点硬接线继电器逻辑控制系统转向以微处理器为核心的网络化控制系统。随着现代工业生产技术的发展，生产机械功能需求越来越多，要求自动化程度越来越高，其机械传动系统也就越来越复杂，使电气控制系统进一步复杂化。此外，各种生产过程参数也要求自动调整，如温度、压力、流量、时间、速度、转矩、功率等的自动调整。这也促使了电气控制技术的迅速发展。由于微电子技术、电力电子技术、自动控制技术、计算机控制技术及网络通信技术等新技术被引入应用到电气控制系统，智能化、网络化电气控制技术不断得到普及应用。如，低压配电系统具有了"四遥"功能，采用可编程序控制器（PLC）技术、阴极射线管（CRT）显示技术、通信技术和网络技术对电气控制装置的集中控制与操作，实现了强电控制与弱电控制相结合，构成由计算机进行智能化管理，实现集中数据处理、集中监控、集中分析及集中调度的电气控制和低压配电系统。目前，电气控制技术在智能电器、通用变频器、PLC、工业计算机、现场总线及通信技术的支撑下，正向着集成化、智能化、信息化、网络化方向发展。

电气控制系统通常按下列方法分类。

（1）按输入、输出信号的状态特征分类

1）以开关状态变化为特征的开关量，其控制系统称为开关量自动控制系统或断续控制系统（电器控制范畴），即通常说的继电逻辑控制系统。开关量控制系统的理论基础是基于逻辑控制原理，其理论核心是逻辑代数。按控制原理，开关量控制技术也就是逻辑控制技术，其中包含了数字控制，可称为继电（数字）逻辑控制技术，是本书涉及的主要内容。

2）以连续状态变化为特征的连续量，其控制系统称为连续控制系统，可以是开环控制，也可以是闭环控制。连续量控制技术在工业现场就是以标准工业信号为控制对象的模拟量控制，目前典型的控制技术是基于模糊控制的比例、积分、微分（PID）控制技术，已有众多的系统采用智能化控制和计算机控制技术。

在工业现场，开关量控制和模拟量控制通常是联系在一起的，就电器控制而言，是按照逻辑组合通过接线构成一套装置，以一定的逻辑规律和标准工业信号进行控制。这一类控制装置中已包含智能电器、智能仪表、PLC 和计算机控制系统等。

（2）按控制程序特征分类

1）固定程序控制系统，这种系统是通过硬接线方式构成继电逻辑控制电路，从而实现控制系统的所需功能。这种系统的工艺过程的控制逻辑是固定不变的。根据现场生产工艺的要求，继电逻辑控制电路又分为组合电路和时序电路两大类。电路的工作状态只取决于当时各输入信号取值状态的逻辑电路，称为组合电路。电路的工作状态是指电路中各被控电器的取值状态。电路的工作状态不仅取决于电路当时输入信号的状态，而且还与电路原先的工作状态有关，这样的逻辑电路称为时序电路。时序电路原先的工作状态又与电路过去接收输入信号的顺序有关，是工业电气控制中应用最广泛的控制方式。

2）顺序控制系统，这种系统中的工艺过程很容易根据工艺要求更改。在工业自动控制技术中，根据生产工艺要求，按照预先规定的程序和条件对控制过程各阶段顺序地进行自动控制，这种方式称顺序控制。所谓顺序，就是在生产工艺控制过程中，由逻辑功能所决定的信息传递与转换所具有的次序。一般开关量自动控制系统都具有顺序控制的特征，但各类开关量控制系统并不都称顺序控制。顺序控制一般具有确定的动作程序，并且可根据需要设定和更改程序内容。早期实现顺序控制的电器称为顺序控制器，其特征是可以根据不同的生产工艺要求改变控制程序。在现代工业自动化控制系统中，上述功能一般由各种智能仪器仪表、可编程序控制器、通用变频器等承担主控制器来完成。电器控制系统起链接作用。从整个系统来看，它是一种数字化继电逻辑控制系统。

4. 低压电器

低压电器是现代工业自动化的重要基础件，是组成电气成套设备的基础配套元件，包括配电电器和控制电器，它是低压用电系统可靠运行、安全用电的基础和重要保证，在国民经济各部门及人民生活中应用广泛、量大面广、品种繁多。低压电器对电能的生产、输送、分配与应用起着控制、调节、检测、保护和交换作用。

随着现代控制技术的迅速发展，工业生产技术的进步，计算机网络已渗透到各行各业乃至家庭，给低压电器产品的发展注入了新的活力；一些电器元件被电子化、集成化，一些电器元件采用了新技术成为智能化电器，使得电器元件本身也朝着新的领域发展，不断涌现出新型产品；有些甚至完全改变了传统电器的观念，从传统的现场开关量、模拟量信号控制方式，转为现场级的数字化网络方式，即生产过程现场级的数字化网络方式。Internet/Intranet/Ethernet 技术促使了智能化电器的发展，智能化电器使电气控制技术网络化成为现实。智能化电器是根据传统电器的工作原理和微处理器或微型计算机相结合而构成的，它充分利用微型计算机的计算和存储能力，对电器的数据进行处理，并能对它的内部行为进行调理，使采集的数据最佳。智能化电器具有双向通信功能，可以与外界数据网络进行双向数据交换和传输。智能化电器进一步实现信息化，使智能化电器在现场级实现 Internet/Intranet/Ethernet 功能，其技术核心是实现传输控制协议/网际协议（TCP/IP）。把 TCP/IP 嵌入到智能型电器的 ROM 中，使得信号的收发以 TCP/IP 方式进行，进一步发展智能型电器的信息化功能。利用 Internet/Intranet/Ethernet 功能，不但使企业的网络授权用户，并且在任何开通了 Internet 的地区都可通过浏览，共享现场信息，并对现场的智能型电器进行远程在线控制、编程和组态等,这使智能化电器进入了信息化时代。基于现场总线技术、具有通信功能的电器称为可通信电器。目前,现场总线技术正向上、下两端延伸,其上端和企业网络的 Ethernet、Intranet 和 Internet 等通信,下端延伸到工业控制现场区域。

随着新技术的发展,特别是电子、微电子技术和计算机技术的迅速发展,新型低压电器产品主要具有以下几个特征:

1) 低压电器产品智能化。智能化电器是具有自检、自动测量、自动控制、自动调节与通信功能的电气设备。智能型电器的智能包括传感器部分、信号处理部分、信号输出部分、执行部分的实现。如自动数字显示电压、电流、功率、功率因数等;断路器的智能脱扣器可实现短路瞬时开断、三段式保护功能等。在现代工业企业中,已广泛采用计算机监控系统,对低压电器提出了高性能、智能化的要求,并要求产品具有保护、监测、试验、自诊断、显示等功能。智能化断路器将进一步完善系列、实现产业化,并在重要电力系统中得到应用与推广。目前,对智能化电器的研究主要集中在设备的在线监测、新的信号采集及处理方法、机理的研究、电器本体的研究、智能化电器可靠性及控制部分抗干扰能力的研究、通信方法等。

2) 低压电器产品组合化、模块化。新型低压电器产品可根据需要将不同功能的模块按不同的需求组合成模块化组合电器,如在接触器的本体上加装辅助触头组件、延时组件、自锁组件、接口组件、机械联锁组件及浪涌电压组件等,可以适应不同场合的要求,扩大产品适用范围,简化生产工艺,方便安装、使用与维修。

鉴于上述,可以预言,在 21 世纪,新型电气控制技术领域必定是一个数字化、信息化、网络化的时代。低压电器产品及其应用必将发生一场新的变革,因此现代意义上的电气传动控制系统、电器控制系统,都将与传统的控制系统有本质上的区别和不同。但目前有些电器元件有其特殊性,不可能完全改变其传统用途,并会在今后相当长的时间内沿用。

本书主要研究电气工程中常用低压电器及一些新型低压电器的基本原理、结构、用途及其应用,系统地介绍继电(数字)逻辑控制技术的基本原理、分析方法与设计方法,以及利用新型电器的最新控制技术,另外还介绍低压电器的通信网络和协议。并简要介绍用计算机绘图软件设计和绘制电气控制线路的基本原理和方法。在编写时,注重基本原理、基本方法的阐述,强调实用性、现时性。对过时或将要淘汰的内容将不涉及,使读者在掌握传统继电逻辑控制技术的基本理论和技能的同时,能尽可能多地了解最新控制技术的内容,为今后学习和掌握最新技术、最新产品打下良好基础。

第1章 常用低压电器的基本原理

1.1 概述

低压电器包括配电电器和控制电器两大类,是组成成套电气设备的基础配套元件。本书将"低压电器"定义为:根据使用要求及控制信号,通过一个或多个器件组合,能手动或自动分合额定电压在直流(DC)1200V、交流(AC)1500V及以下的电路,以实现电路中被控制对象的控制、调节、变换、检测、保护等作用的基本件称为低压电器。采用电磁原理构成的低压电器元件,称为电磁式低压电器;利用集成电路或电子元件构成的低压电器元件,称为电子式低压电器;利用现代控制原理构成的低压电器元件或装置,称为自动化电器、智能化电器或可通信电器;根据电器的控制原理、结构原理及用途,又可有终端组合式电器、智能化电器和模数化电器等。

本书主要介绍常用低压电器及一些新型电器的结构、工作原理、用途及其应用,不涉及元件的设计、制造。另外,介绍它们的图形符号及文字符号,为电气控制电路设计打下基础。

1.1.1 常用低压电器的分类

低压电器的种类繁多,功能多样,用途广泛,结构各异,其分类方法亦很多,通常按下列方法分类。

1. 按用途和功能分类

(1) 控制电器　控制电器是指主要用于控制受电设备,使其达到预期要求的工作状态的电器元件。如转换开关、按钮、接触器、继电器、熔断器及控制设备等。用于开关设备的控制设备中作控制、信号、联锁用的电器称为控制电路电器。控制设备是指主要用来控制受电设备的开关电器及这些开关电器和相关联的控制、测量、保护及调节设备的组合的通称,也指由这些电器和设备及相关联的内连接线、辅助件、外壳和支持结构件的组合件。

(2) 配电电器　配电电器是指主要用于低压配电电路,对电路及设备进行保护及通断、转换电源或负载的电器。如刀开关、隔离器、熔断器、低压断路器、负荷开关等。

(3) 终端电器　终端电器是用于线路末端的一种小型化、模数化的组合式开关电器,可根据需要,组合成对电路和用电设备进行配电、保护、控制、调节、报警等功能,包括各种小型化断路器、智能单元、信号指示、防护外壳和附件等。

(4) 执行电器　执行电器是指用于完成某种控制动作的电器,如电动操作机构、电磁铁、电磁离合器等。

(5) 可通信电器　可通信低压电器的基本特征是带有通信接口,如 RS232/RS485 接口等,可与工业网络连接,进行网络化控制。如智能化断路器、智能化接触器、通用变频器、可编程序控制器、软起动器及各种智能控制器等。

上述电器按应用系统、应用场合,又可分为一般工业用电器、配电电器、牵引电器、防爆电器、真空电器、矿用电器、航空电器、船舶电器、建筑电器、农用电器等。专供安装在防风、雨、尘土、异常凝露、冰及浓霜的建筑物内或其他房屋内的开关设备和控制设备，称为户内开关设备和控制设备。可供露天安装，耐风、雪、尘土、凝露、冰及浓霜的开关设备和控制设备，称为户外开关设备和控制设备。

2. 按低压电器类别分类

按低压电器类别分类，可分为低压断路器、接触器、刀开关、熔断器、主令电器、继电器、执行电器、安装附件、成套电器、自动装置等。其中，每一类按功能、结构和工作原理又可分为若干类。常用低压电器的分类举例如图1-1所示。表1-1总结了常用的低压电器的主要种类及用途。

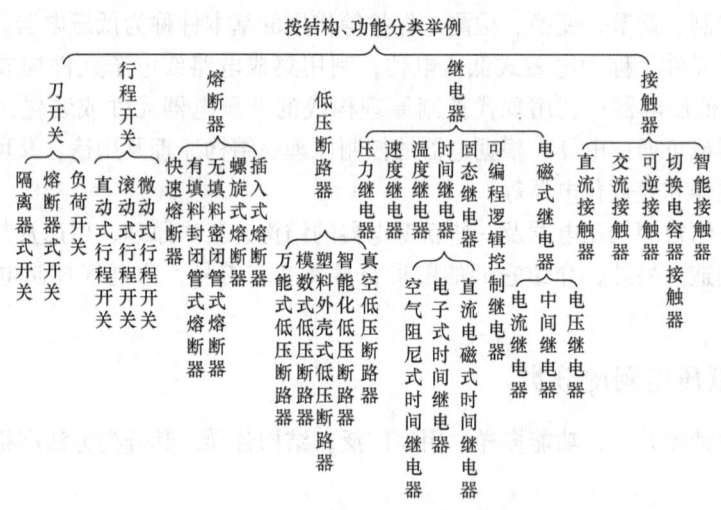

图 1-1 常用低压电器的分类举例

（1）低压断路器（俗称自动空气开关） 低压断路器主要用在不频繁操作的低压配电线路或开关柜（箱）中作为电源开关，并具有过载、短路、断相、漏电、欠电压等自动保护功能。有万能框架式低压断路器、装置式（塑料外壳式）低压断路器、模数化小型低压

表1-1 常用的低压电器的主要种类及用途

序号	类别	主要品种	用 途
1	刀开关、隔离器	刀开关	主要用于电源隔离和短路保护
		负荷开关	
		熔断器式开关	
		隔离器	
		隔离器熔断器组	
2	熔断器	有填料封闭管熔断器	主要用于电路短路保护
		无填料密闭管式熔断器	
		半封闭插入式熔断器	
		快速熔断器	
		自复熔断器	

(续)

序号	类别	主要品种	用途
3	断路器	万能式断路器 智能型断路器 塑料外壳式断路器 模数化断路器 剩余电流保护断路器 真空断路器	主要用于电路的电源开关,不频繁接通和断开的电路,并具有过载、短路、欠电压、漏电流等保护功能
4	接触器	交流接触器 直流接触器 可逆接触器 切换电容器接触器 真空接触器 双电源自动转换开关	主要用于远距离频繁操作控制,以实现自动控制
5	继电器	热继电器	专用于对三相异步电动机过载保护
		电流继电器 电压继电器 时间继电器 中间继电器 温度继电器 可编程逻辑控制继电器	用于各种控制电路中,实现逻辑控制,以及将被控量转换成标准的工业信号,实现物理量控制
6	主令电器	按钮 指示灯 限位开关、光电开关 微动开关 接近开关 万能转换开关 组合开关 凸轮控制器	用于发布操作指令和信号,以及位置控制与保护、电源切换、控制回路切换、负载通断等
7	执行器	制动电磁铁 起重电磁铁 牵引电磁铁	用于逻辑执行,起重、牵引、制动等
8	成套装置	自耦减压起动器 电磁起动器 星-三角起动器 软起动器 配电箱、照明箱、计量箱、插座箱 低压开关柜 控制柜	用于电动机、电气控制操作,实现控制功能
9	电气安装附件	接线端子、接插器、塑料护套、尼龙扎带、母线槽、绝缘端头	用于电气装置安装
10	其他	通用变频器 可编程序控制器 伺服控制器	实现自动控制系统和网络化控制

断路器、智能化断路器等类型。

（2）接触器　接触器是一类在电气控制系统中进行远距离控制、频繁操作的自动控制电器。有交流接触器、直流接触器、切换电容器接触器、真空接触器、智能化接触器等类型。

（3）刀开关（隔离器）　刀开关（隔离器）是一类无载通断电路、起隔离电源作用的开关电器。分为单极、双极、三极等型式，并有多种安装型式。

（4）熔断器　熔断器是一类对电路和用电设备进行短路和过电流保护的电器。有插入式熔断器、螺旋式熔断器、有填料密封式熔断器、无填料密封式熔断器、快速熔断器、自复熔断器等类型。

（5）主令电器　主令电器是一类在电气控制系统中用于发送或转换控制指令的电器，包括按钮、指示灯、微动开关、接近开关、行程开关、主令控制器、转换开关等。

（6）继电器　继电器是一类自动控制用逻辑控制元件。利用各种物理量的变化，将电量或非电量信号转化为开关量，通过其触头或突变量促使在同一电路或另一电路中的其他器件或装置动作的一种控制元件。根据结构不同，有各种各样的不同功能的继电器，以用于各种控制电路中进行信号传递、放大、转换、联锁、保护等，从而控制主电路和辅助电路中的器件或设备按预定的动作程序进行工作，实现自动控制和保护的目的。

1）电磁式：根据控制信号不同可分为电压、电流、信号、温度、速度、时间、中间等继电器。

2）电子式：固态继电器、电动机保护用继电器、电子漏电保护器等。

3）双金属片式：热继电器、温度继电器等。

4）智能继电器（模块）：如德国西门子公司的 LOGO、施耐德公司的 Zelio、金钟-默勒公司的 easy 等。

5）特种继电器：磁电式继电器、极化继电器、磁保持继电器等。

3. 执行器

在现代电气控制系统中，控制线路或控制器的输出需要通过执行元件驱动受控对象。执行元件又称为执行机构或执行器。执行器按动力源，可分为电气式、液压式、气动式及其他方式。常用的执行元件有电磁铁、电磁离合器、电磁制动器等。

4. 电气安装附件

电气安装附件包括各种工业用电器接插件、插头、插座、端子排、母线排、接线端子、连接器、行线槽、缠绕管、导轨、连接导线等。

5. 成套电器

主要有低压控制屏（柜）、配电屏（柜）、动力配电箱（柜）、照明配电箱（柜）等四大类。还有各类非标准控制柜等。

上述低压电器中，多数属于电磁式电器。电磁式低压电器的基本结构主要是由触头系统和电磁机构组成。触头系统存在接触电阻和电弧的物理现象，对电气系统的安全运行影响较大；而电磁机构的电磁吸力和反力则是决定电器性能的主要因素之一。因此，触头结构、电弧、灭弧装置，以及电磁吸力和反力等是构成低压电器的基本问题，也是研究电器元件结构、应用低压电器的理论基础，低压电器的主要技术性能指标与参数就是在这些基础上制定的，深入了解低压电器的主要技术性能指标与参数，对正确地设计、选用和操作低压电器元件、电气安全运行是至关重要的。

1.1.2 我国低压电器的发展概况

旧中国的低压电器工业基本上是空白。新中国成立后，从 1953 年开始，经过 50 余年至今，我国低压电器工业的发展经过全面仿苏、自行设计、更新换代、技术引进、跟踪国外新产品，自主研发等几个阶段，在品种、水平、生产总量、新技术应用、检测技术与国际标准接轨等方面都取得了巨大成就。到 1979 年，全国共有生产企业 600 多家，总产量 3053 万台，产值 12.1 亿元。至 "七五" 期间 (1987 年前后)，我国共开发了各类低压电器产品约 600 多个系列，实际生产的约 400 多个系列 (其中，100 多个系列产品目前已经淘汰)、1200 多个品种、几万种规格。"八五" 期间，我国的低压电器产品一方面对 "七五" 及以前形成的更新换代产品和技术引进产品进行推广应用，另一方面对其进行二次开发，进一步完善和提高，为开发新一代产品奠定了基础。"九五" 期间，我国的低压电器产品开发主要是跟踪国外新技术、新工艺、新产品，自行研发、设计、试制，是我国低压电器产业突飞猛进的时期。目前已有大批新产品、新品种面市，有的产品已达到国外同类产品的先进水平，并出口国外。新型电器包括可通信低压电器，如智能型万能式断路器、智能型塑料外壳式断路器、智能配电装置、智能化接触器、模数化终端保护电器等，并已批量投入生产，推广应用。综合上述，我国的低压电器产品主要经历了三代。

20 世纪 50 年代初的全面仿苏，在 60 年代初至 70 年代初，自行开发设计的统一设计产品，以 CJ10、DZ10、DW10 为代表，约 29 个系列。这代产品现已被淘汰。但这一代产品为我国低压配电和控制系统的发展起到了重要作用。70 年代后期到 80 年代，在对第一代产品统一设计的基础上，完成更新换代和引进国外技术生产的第二代产品。更新换代产品以 CJ20、DZ20、DW15 系列等为代表，共有 56 个系列。引进技术制造产品以 ME、3WE、B、3TB、LCI-D 系列等为代表，共有 34 个系列。如 ME 系列，引进德国 AEC 公司技术，国内型号为 DW17 系列；3WE 系列、3TB 系列，引进德国西门子公司技术，3TB 系列国内型号为 CJX3 系列；B 系列，引进 ABB 公司技术；LCI-D 系列，引进法国 TE 公司技术，国内型号为 CJX4 系列。这批产品总体技术性能水平相当于国外 70 年代末、80 年代初的水平，市场占有率约 50%。在 90 年代，中国企业开始跟踪国外新技术、新产品，自行开发、设计、研制的产品，以 DW40、DW45、DZ40、CJ40、S 系列等为代表的第三代产品，共有 10 多个系列。与国外合资生产的 M、F、3TF 系列 (注: M 系列，引进德国施耐德公司技术；F 系列，引进德国 F-G 公司技术；3TF 系列，引进德国西门子公司技术) 等，约有 30 个系列。这些产品总体技术性能达到或接近国外 80 年代末、90 年代初水平，目前市场占有率不足 10%，但逐年有所增长。

20 世纪 70 ~ 80 年代自行开发的新型电器主要是限流电器、真空电器、漏电保护电器和电子式电器。从 80 年代后期开始，开发的新一代低压电器产品具有了高性能、高可靠、小型化、多功能、组合化、模块化、电子化、智能化的特征。随着计算机技术和网络通信技术的发展，出现了采用计算机网络控制的各种可通信低压电器。90 年代中期以来，我国低压电器制造工业有了飞速发展，截至 1995 年，低压电器行业已有生产企业约 2000 家，低压电器产品近 1000 个系列，新产品已发展到 12 大类、380 个系列、1200 多个品种、几万种规格。特别是先进技术的引进，加快了新产品的问世。从国外公司引进的 ME 系列低压断路器、B 系列交流接触器、T 系列热继电器、NT 和 NGT 系列熔断器、C45 系列小型低压断路器等产品的制造技术，基本上实现了国产化，有的产品还返销到国外。如我国自行生产的 DW15-2500 万能式低压断路器，额定电压 380V，分断能力为 60kA，符合 IEC 标准，结构紧凑、新颖，使用维修方便，电动操作方式，并附有应急和维修手柄，保护性能齐全。引进先进技术而开发的新产品 B105 系列交流接触器符合 IEC 和 VDE 标准，体积小，重量轻，结构紧凑，使用方便，机械寿命达 1000 万次，在额定电压 380V、使用类别为 AC-3 时，电寿命达到 100 万次。RT20/RT30 系列有填料封闭管式熔断器，功耗低，分断能力高达 120kA。DW15C-1000、1600 抽屉万能式断路器主要技术性能指标与引进的同类产品相当，而价格明显低于引进的同类产品。自行开发了第三代智能化电器和第四代智能化可通信电器。其中第四代产品具有性能优良、工作可靠、体积小、组合化、模块化的特点。截至 2003 年底，中国 13000 多个企业的低压电器元件获 3C 认证，6000 多个企业的低压成套装置获 3C 认证。

目前，我国低压电器的发展正向着更高层次迈进，按照国际标准进行新产品的研制，开发高性能、多功能、模块化、智能化的产品。随着计算机网络的发展与应用，低压配电采用现场总线的监控系统增长很快，正在研制开发、生产和推广应用各种可通信智能化电器、模数化终端组合电器和节能电器等，主要集中在智能型万能式断路器、智能型塑料外壳式断路器、交流接触器、低压真空断路器、电子式电动机保护器、起动器（包括软起动器）、新型终端电器（重点发展低压浪涌保护器）、双电源自动开关转换电器、控制与保护开关电器等八大类电器产品。带微处理器的智能化电器的共同特点是具有完善的保护功能、智能脱扣功能、试验、测量、自诊断、显示、通信等多项组合功能。模数化终端组合电器是一种安装式终端电器装置，主要特点是实现了电器尺寸模数化、安装导轨化和使用安全化，是理想的新一代配电装置。

目前低压配电采用现场总线的监控系统增长很快，这些系统都需要可通信低压电器产品，开发有我国自主知识产权的可通信低压电器产品已迫在眉睫。为此，有必要开展我国第四代低压电器产品的研制。

1.1.3 国内外低压电器的发展趋势

低压电器的发展取决于国民经济的发展和现代工业自动化发展的需要，低压电器技术的发展主要取决于现代控制技术及新材料、新工艺、新技术的研究与应用。新技术包括现代设计技术、微电子技术、计算机技术、计算机网络技术、通信技术、智能化技术、可靠性技术和测试技术等。新一代低压电器是模块化多功能组合电器、智能化电器、可通信电器，产品的基本特征是高性能、小型化、电子化、智能化、模块化、组合化、可通信，能与现场总线系统连接，实现网络化控制。现场总线技术已成为低压开关电器技术发展的热点。电器产品正向着高可靠性、小体积、低成本及绿色电器方向发展。

1. 相关新技术的发展与应用

（1）现代设计技术　现代设计技术主要表现在如下几个方面：

1）三维计算机辅助设计。三维计算机辅助设计系统与制造软件系统的引入，利用软件对交、直流电磁系统进行优化设计。三维计算机辅助设计系统集设计、制造和实验于一体（CAD/CAM/CAE），它能实现设计与制造的自动化与优化，从零件设计、装配到产品总装、仿真运行等均在计算机上完成，并能让设计人员在三维空间完成零部件设计和装配，自动生成工程图样，大幅度缩短开发周期与开发费用。设计人员可在计算机屏幕上直接观察零件装配过程及开关电器闭合、分断过程中运动部件的动作情况及相关参数，从而保证了设计的正确性。设计人员在产品开发的任何阶段对产品任一处所做的修改都能自动反映到相关零件的修改。它的辅助制造部分能自动完成零件的模具设计和加工工艺，并生成相应的数控代码，直接带动数控机床。它的分析仿真部分能进行产品的应力分析，热场甚至电磁场的计算，机构的静态和动态特性分析，并能通过分析使产品的设计达到优化，获得最佳的性能和最小的体积。目前国外一些著名的电气公司已广泛采用三维设计系统来开发产品。国内在 20 世纪 90 年代初首先由常熟开关厂依靠 UG 三维设计系统开发 CMI 系列高分断性能的塑料外壳式断路器获得成功，产品由于具有优异的性能，加上极短的开发周期，一方面很快占领了市场，使工厂取得显著的经济效益；另一方面也带动其他工厂纷纷引进这种新技术，目前已广泛采用。

CAD/CAM/CAE 系统是通用软件，为完善设计和提高设计效率，除建立必需的数据、符号、标准元件库外，还需要一些专用分析、计算软件，如电磁系统三维分析计算软件包、电器开关特性的计算机模拟和仿真、低压电器接通和分断过程动态仿真、电磁机构和触头运动过程动态仿真、电弧产生与熄灭过程的动态仿真、样机测试等软件包。用 ANSYS 有限元分析软件可进行触头灭弧系统和脱扣器的电磁场分析及电器机壳的强度分析；用 ADAMS 软件可进行操纵机构的动态特性分析；用 CFX-F3D 三维流体计算软件分析灭弧过程中电弧等离子体微观参数等。建立在必需的数据、符号、标准元件库的基础上的低压电器专用分析计算软件，如电磁系统三维分析计算软件包、各类低压电器接通与分断过程动态仿真软件等。

随着计算机图形技术的迅速发展，虚拟仿真技术已引入低压电器的设计领域。设计人员可以在虚拟环境中，对电器产品进行仿真与优化，这使得低压电器的设计、研究达到了一个崭新阶段。

2）专家系统。专家系统可用于电器制造、生产过程的管理，以及与电器技术结合完成优化的运行过程。遗传算法可用于函数优化、自动控制、图像识别、机器学习、规划设计等领域。神经网络在控制中可用于模式识别、优化设计、推理模型、故障诊断等，因此可用于电器的设计与实时信号检测、控制、保护、调节、故障诊断等。从知识库中提取相应的知识，设计出低压电器的各种结构参数，并对其动、静态特性进行分析计算。神经网络已应用于异步电动机的热过载保护的温升智能预测系统。

3）新的灭弧系统和限流技术。由于现代自动化技术对低压开关电器提出了高性能和小型化的要求，传统意义上的灭弧系统已不能满足对低压开关电器开断能力的要求，因此国内外致力于研究新的灭弧系统和限流技术，实现开关电器"无飞弧"。如采用一种三维电磁场集中驱弧技术，来提高塑料外壳式断路器的开断性能；采用旋转式双断点的限流结构，并在前后级保护特性配合方面实现"能量匹配"，以提高开关电器的开断能力；采用新的绝缘材料抑制由于电极的金属蒸气扩散至绝缘器壁上形成的金属粒子堆积层，加强对电弧的冷却作用等。

新型断路器几乎都采用带有出气口的半封闭灭弧小室，绝缘器壁在电弧侵蚀下产气，通过出气口在室内形成压差驱动电弧，并形成喷流熄弧。

新型低压断路器几乎都采用限流分断的新技术。采用上进线静触头导电回路可大幅度提高电动斥力和吹弧磁场，从而达到限流和提高分断能力的目的，如日本三菱公司新一代 WS

型断路器。施耐德公司的 NS 型、金钟-默勒公司的 NZM1-4 型断路器采用旋转式双断点分断技术，ABB 公司的 T 型断路器采用平行式双断点分断技术。这两种结构在较小尺寸条件下获得了较大短路分断能力。在微型断路器中，采用正温度系数（PTC）的限流电阻元件来提高分断能力，大大提高了短路分断能力。由于限流新技术的应用，使得低压断路器短路分断能力高达 150kA。

4）可靠性技术。随着低压电器和控制系统的大型化、复杂化，系统元件越来越多，一个元件故障将导致系统瘫痪。因此，国内外重点进行可靠性物理研究，即产品失效机理研究、可靠性指标与考核方法研究、可靠性实验装置研究、提高可靠性研究等几个方面的可靠性技术。

5）现代化的样机测试手段等。电器开关特性的计算机模拟和仿真，低压电器动态过程的描述、建模与仿真，包括操作机构的仿真和触头运动过程的动态仿真等。低压电器测试技术水平的高低，主要取决于试验装置的能力（或规模）和自动化水平。新型低压电器测试技术是由计算机和 PLC 控制的，试验参数的采集及处理技术采用瞬态记录仪，将被测信号经 A/D 转换器采集后变成数字量，经计算机和 PLC 处理后，直接显示各实验数值，使测试精度、深度和广度向前迈进一步。

（2）电器制造工艺的新发展

1）新材料的发展。现代电器制造技术以磁性材料、绝缘材料和电接触材料三种特种材料的发展为基础。如高磁感应低铁损冷轧取向硅钢片、特种硅钢片、电工纯铁、高磁能稀土永磁等磁性材料和聚酰亚胺玻璃纤维塑料、氨基玻璃纤维塑料、酚醛注射塑料、三聚氰胺改性酚醛塑料等高分子绝缘材料迅速发展。电接触材料主要是合金多元化、复合多元化、超小型化和性能综合化，如粉末冶金、弥散强化、纤维增强和层状复合材料，其中层状复合材料已广泛应用。无污染触头材料、无银特种电触头材料及纳米技术在电触头上得到广泛应用。目前，国内低压电触头材料整体发展水平与国外相差不大，某些品种的低压电触头材料性能已接近或达到国际先进水平，但是对银氧化镉替代品的研究较少，对不含有害物质的银金属氧化物电触头材料的开发与国外的差距较大。

2）模具工业的发展。20 世纪 80 年代以来，中国模具工业发展十分迅速，目前已能生产精度达 $2\mu m$ 的精密多工位级进模，工位数最多已达 160 个，寿命达 1~2 亿次，已可制造具有自动冲切、叠压、铆合、计数、分组、转子铁心扭斜和安全保护等功能的铁心精密自动叠片多功能模具。

近年来，塑料模具发展也很快，塑料尺寸精度可达 IT6 或 IT7 级，型面的表面粗糙度值 $R_a = 0.05 \sim 0.025 \mu m$，塑料模使用寿命达 100 万次以上。目前国内模具企业中已有相当多的厂家普及了计算机绘图，并陆续引进了高档 CAD/CAM/CAE、UG、Pro/Engineer、I-DEAS、Euclid-IS 等软件。开关柜（屏）的生产，引进了各种数控冲压中心，能自动更换模具，并配有自动装卸料装置和工件传送机构，可以采用计算机控制，并能自动编程，实现柜体 CAD/CAM 集成生产系统。

自 20 世纪 80 年代开始，我国低压电器行业从国外引进了大量的先进制造技术，包括铁心自动生产线、线圈自动生产线、触头自动生产线等，同时引进了大量的先进制造设备，大大提高了我国的低压电器的制造水平。总体来看，制造工艺水平与国外先进水平还有较大差距，特别是在新材料的开发和应用、现代制造技术的应用等方面。精密加工设备在模具加工设备中的比例还比较低，许多先进的模具技术应用还不够广泛等。

2. 可通信低压电器与网络化控制

可通信低压电器是一种具有通信功能的智能化电器。在低压电器中引入微处理机技术、计算机网络技术和信息通信技术，一方面使低压电器智能化，另一方面使智能化电器与中央控制计算机进行双向通信。

进入20世纪90年代，随着工业网络的发展，低压电器与控制系统已统一形成了智能化监控、保护与信息网络。它由智能化电器、监控器、中央控制计算机、可编程序控制器（PLC）及网络元件等组成。监控器在网络中起参数测量与显示、监控作用，并代替传统的指令电器、信号电器和测量仪表。网络元件用于形成通信网络，主要有现场总线模块、操作器与传感器接口、网络适配器等。现场总线技术的发展，对低压电器产生了重大的影响，目前国外各大公司都有可连接现场总线的低压电器，如德国西门子公司的可通信低压电器，已可组成十分庞大的工业控制系统、电力配电监控系统和楼宇自动化系统。通过现场总线技术，由智能化电器与计算机构成的自动化通信网络正从集中式控制向分布式控制发展。计算机网络系统的应用，不仅提高了低压配电与控制系统的自动化程度，并且实现了信息化，使低压配电、控制系统的调度、操作和维护实现了"四遥"（遥控、遥信、遥测、遥调），提高了整个系统的可靠性。

计算机网络系统的应用，不仅提高了低压配电与控制系统的自动化程度，并且实现了信息化管理，使低压配电、控制系统的调度、操作和维护实现网络化控制，提高了整个系统的可靠性。实现区域联锁，使选择性保护匹配合理。采用新型监控元件，使可提供的信息量大幅度增加，实现信息共享，减少信息重复和信息通道，简化二次控制线路，接线简单，安装方便，提高工作可靠性，随着计算机网络的应用，对低压电器产品提出了新的要求。如：

1) 如何实现低压电器元件与控制网络的连接。
2) 用户和设备之间的开放性和兼容性。
3) 标准化的通信规约（协议）及可靠性问题。
4) 电磁兼容性（Electromagnetic Compatibility，EMC）要求等。

在计算机网络中，为了保证数据通信的双方能正确自动地进行通信，必须制定一套关于信息传输的顺序、信息格式和信息内容的约定，这称为通信协议。国际标准化组织（ISO）制定了开放系统互连（ISO/OSI）参考模型，包括传输规程和用户规程等。一些电气公司按照ISO/OSI参考模型相继推出了各自的现场总线标准，如欧洲标准PROFIBUS、我国的《低压电器数据通信规约（V1.0）》等。由于使用现场总线技术，不但为构造分布式控制系统提供条件，并且它即插即用、扩充性好、维护方便。因此，由智能化电器与中央计算机通过接口构成的现场总线通信网络正从集中式控制向分布式控制发展，已成为国内外关注的热点。

可通信电器一般集成有通信接口，用于连接控制网络和低压电器元件之间，如RS232、RS485接口，内部包含了为计算机网络服务的单元，如总线、地址编码器、寻址单元、负载反馈模块等，并可附加现场总线模块、AS-i接口模块、分布式I/O接口、网络接口等。可通信电器如智能型万能式断路器、智能型塑料外壳式断路器、智能型交流接触器、智能型电动机保护器和起动器等。新一代可通信低压断路器，比较著名的有施耐德公司的M、MT系列智能型万能式断路器，西门子公司的3WL/3VL系列智能型万能式断路器，ABBF、Emax等系列智能型低压断路器。西门子公司的新一代断路器SENTRON 3WL/3VL系列智能型断路器具有 Ethernet、PROFIBUS-DP、CubicleBUS、RS-232C 等接口，CubicleBUS 为断路器内部数据总线，Siemens VL 是具有液晶显示的电子脱扣器。施耐德公司的 Masterpct 系列断路器支持 MODBUS 和 BatiBUS，同时也提供了用于连接 PROFIBUS 和 Ethernet 的外置网关模块。常熟开关制造有限公司（原常熟开关厂）运用 MODBUS、PROFIBUS、DeviceNet 等总线技术实现了低压 CW1 万能式断路器、CM1Z 智能型可通信塑料外壳式断路器的通信。

传统的通信系统需用多芯电缆让数据并行传送，而现场总线仅需要一根双芯电缆，使布线非常简单，减少了安装维护费用。现场总线按国际标准采用统一的通信规范，具有很好的互换性和互操作性，各种现场设备只要按统一的规范和协议生产，都可以在网络上使用。

目前，一些主要断路器厂商虽然都没有在自己的产品中支持以太网技术，但都提供给用户连接以太网的可选接口，大多采用协议转接的方法对以太网进行支持。西门子公司的断路器产品通过通信模块连接至 PROFIBUS 总线，然后通过 PROFIBUS 网络的主站 PLC 或计算机连接至以太网。断路器附件 BDA（断路器数据适配器）可进行远程就地调校工作。施耐德公司通过 EGX 或者 CM4000 + ECC 实现 MODBUS 协议与 TCP/IP 的转换。由于以太网具有高速数据传输、易于组网等优点，将会越来越多地运用到各种类型的低压电器通信技术中。

随着工业网络的发展与应用，要求低压电器能与上位机或中央控制计算机进行通信，为了实现低压电器的双向通信功能，低压电器必须向电子化、集成化、智能化及机电一体化方向发展。对可通信低压电器的基本要求是：带通信接口、通信规约标准化、可以直接挂在总线上及符合低压电器标准和相关 EMC 要求。因此，各种可通信低压电器一般采用三种方案：带通信接口电路，通过外部设备可与通信网络及其他电器连接；在传统电器上派生或增加连网接口和通信接口；直接带计算机接口和通信接口功能。

3. 智能化电器

智能化电器是一种带微处理器的，集控制、保护、测量功能于一体的电器，具有完善的在线检测、智能脱扣、保护、测量、自诊断、显示等功能。产品采用标准化结构，具有互换性，内部可更换部件，采用模块化结构，如触头灭弧系统、操作系统、脱扣器、框架和抽屉等，每个部分都成为一个完整的部件。有些智能化电器具有网络通信功能，即称为可通信智能化电器。

目前，智能化电器的发展主要集中在万能式断路器、塑料外壳式断路器、交流接触器及电动机控制器等产品。其中，智能化断路器的主要特征是装有智能脱扣器，具有各种保护、自诊断及自动报警、故障动作记忆及显示、电路参数测定、可双向通信等功能，能在极短时间内实现选择性保护。可实现长延时、短延时、瞬时过电流、接地、欠电压等保护功能。在断路器上可显示电压、电流、频率、有功功率、无功功率、功率因数等系统运行参数。智能交流接触器和智能电动机控制器的主要特征是装有智能型电磁系统，采用了特殊结构的触头系统，实现了接触器的无弧、少弧分断，大大提高了接触器的电寿命。其控制回路包括电压检测电路、吸合信号发生电路和保持信号发生电路。它能判别门槛吸合电压，当控制电源电压低于门槛吸合电压时，不发出吸合信号，接触器不能吸合并有相应显示，接触器吸合后能降低励磁电流，达到节能的目的。控制回路以微处理器为核心，实现智能交流接触器起动、保护、分断全过程的优化控制。

4. 模块化和组合化电器

模块化电器通过不同的功能模块积木式地组合，使电器获得不同的功能，如新一代小容量接触器都设计成多功能组合模块式结构，在接触器主体的上、下、左、右侧可按需要加装机械联锁、延时元件、辅助触头和瞬态过电压抑制元件等模块，以实现不同的功能要求。

组合化是实现电器产品多功能化的重要途径，组合化使不同功能的电器组合在一起，有利于使电器结构紧凑，减少线路中所需元件品种，并使保护特性得到良好的配合。我国自行开发生产的KBO型控制与保护开关电器（CPS）就是一种典型的组合化低压电器，它兼有接触器、断路器和过载继电器功能。组合化一般有功能组合和组合功能两种方式。

（1）功能组合　由各种功能组合而成，产品结构上采用独立功能的组件进行装配，即采用模块化的积木拼装式结构。主单元可独立，而其他单元不能独立。如断路器主单元的动作具有很高的机械寿命，触头灭弧系统具有限流特性，能可靠分断50kA预期短路电流；其他单元包括保护功能单元、隔离单元和辅助触头单元等。

（2）组合功能　把两种及以上的电器组合在一起。因此，低压电器的模块化、宽度模数化、安装导轨化、外形尺寸一致、功能协调是组合电器和成套电器的基础。如刀开关-熔断器组合电器、熔断器-接触器组合电器、熔断器-断路器组合电器等都是组合电器产品。

模数化使电器外形尺寸规范化，便于安装和组合，不同额定值或不同类型的电器实现部件通用化。例如以C45系列为代表的各种品牌的小型化高分断能力低压断路器，不同系列不同额定值的产品均可安装在统一的35mm导轨上，并可与模数化的熔断器、隔离器和电源插座等组合安装在一个安装平面上。

开关电器小型化有两种含义：一方面是电器本身的尺寸要小；另一方面是减小喷弧距离或实现"无飞弧"，以缩小安装这种电器的开关柜尺寸。近几年，国内做了不少工作来实现断路器的"无飞弧"。我国新设计的S系列和TM30系列塑料外壳式断路器及DW45系列万能式断路器都已做到了零飞弧。这种断路器的结构紧凑，体积小，其体积仅相当于同容量万能式断路器的一半。

5. "3C"认证与广泛采用的国际标准

"3C"认证（CCC认证）是中国强制性产品认证（China Compulsory Certification）的简称，也是国家对强制性产品认证使用的统一标志。它主要对涉及人类健康和安全、动植物生命和健康，以及环境保护与公共安全的产品实施强制性认证，确定统一适用的国家标准、技术规则和实施程序，制定和发布统一的标志，规定统一的收费标准。

2001年12月，国家质量监督检验检疫总局、中国国家认证认可监督管理委员会发布《第一批实施强制性产品认证的产品目录》（后简称《目录》），宣布我国首批公布需实行强制性认证的产品共有19类132种，主要涉及电线电缆、低压电器、家用电器设备、音视频设备、机动车辆及安全附件、农机产品、医疗器械等商品。根据强制性产品认证制度的规定，凡列入《目录》内的企业产品，必须申办"3C"认证，统一使用强制性产品认证标志。

国际标准是指国际标准化组织（ISO）和国际电工委员会（IEC）所制定的标准，以及国际标准化组织（ISO）公布的国际组织所制定的某些标准。还有一些先进国家的产品标准，如美国UL标准、德国VDE标准、英国BS标准、法国NF标准、日本JIS标准等。采用国际标准是打破和减少技术性贸易壁垒的最基本的措施。采用国际标准生产是电器工业的重要技术基础，是电器工业科学技术发展的重要组成部分，是提高产品质量、参与国内外市场竞争和增强效益的重要手段。目前许多国家直接把国际标准作为本国标准使用。这是由于国际贸易广泛开展，产品在国际市场上的竞争越来越激烈，不仅要求产品具有高的质量、好的性能，还要具有通用性、互换性，这就要求标准在各国间统一起来，按照国际上统一的标准生产，如果标准不一致，就会给国际贸易带来障碍，所以世界各国都积极采用国际标准。近年来，我国电器工业广泛采用国际标准、国外先进标准及国家标准组织生产。常采用的国际标准和国家标准如下：

IEC60947-1《低压开关设备和控制设备》；IEC60947-2《低压断路器》；IEC60947-3《开关、隔离器、隔离开关及熔断器组合电器》；IEC60947-4-1《低压机电式接触器和电动机起动器》；IEC60947-4-2《交流半导体电动机控制器和起动器》；IEC60947-5-1《控制电路电器和开关元件 机电式控制电路电器》；IEC60947-5-2《接近开关》；IEC60934《设备用断路器（CBE）》；IEC60755《剩余电流动作保护器的一般要求》；IEC60898-1《家用及类似场所用过电流保护断路器》；IEC60898-2《交流与直流动作断路器》；IEC61008-1《家用和类似用途的不带过电流保护的剩余电流动作断路器》；IEC61008-2-1《一般规则对动作功能与线路电压无关的 RCCB 的适用性》；IEC61008-2-2《一般规则对动作功能与线路电压有关的 RCCB 的适用性》；IEC61009-1《家用和类似用途的带过电流保护的剩余电流动作断路器》；IEC61009-2-1《一般规则对动作功能与线路电压无关的 RCBO 的适用性》；IEC61009-2-2《一般规则对动作功能与线路电压有关的 RCBO 的适用性》等。

GB14048 和 GB/T 14048 系列《低压开关设备和控制设备》，GB7251 系列《低压成套开关设备和控制设备》，GB16916 系列《家用和类似用途的不带过电流保护的剩余电流动作断路器》，GB16917 系列《家用和类似用途的带过电流保护的剩余电流动作断路器》，GB6829—1995《剩余电流动作保护器的一般要求》，GB10963 系列《家用和类似场所用过电流保护断路器》，GB13539 和 GB/T13539 系列《低压熔断器》，GB17701—1999《设备用断路器》，GB/T 2423 系列《电工电子产品环境试验》，GB2099 系列《家用和类似用途插头插座》，GB17885—1999《家用及类似用途机电式接触器》等。

1.2 常用低压电器的基本问题

电磁式低压电器的基本结构是由触头系统和电磁机构组成的。触头系统存在接触电阻和电弧的物理现象，对电器系统的安全运行影响较大；而电磁机构的电磁吸力和反力则是决定电器性能的主要因素之一。低压电器的主要技术性能指标与参数就是在这些基础上制定的。因此，触头结构、电弧、灭弧装置及电磁吸力和反力等是构成低压电器的基本问题，也是研究电器元件结构和工作原理的基础。正确地设计、选用和使用低压电器元件，对正确操作和电气安全运行是至关重要的。

1.2.1 电器的触头和电弧

1. 电器的触头系统

（1）触头的接触电阻　触头是电器的主要执行部分，起接通和分断电路的作用。在有触头的电器元件中，电器元件的基本功能是靠触头来执行的，因此要求触头导电、导热性能良好，通常用铜、银、镍及其合金材料制成，有时也在铜触头表面上电镀锡、银或镍。铜的表面容易氧化而生成一层氧化铜，它将增大触头的接触电阻，使触头的损耗增大，温度上升。所以，有些特殊用途的电器如微型继电器和小容量的电器，其触头常采用银质材料，这不仅在于其导电和导热性能均优于铜质触头，更主要的是其氧化膜电阻率很低，仅是纯铜的十几分之一，甚至更小，而且要在较高的温度下才会形成，同时又容易粉化。因此，银质触头具有较低而稳定的接触电阻。对于大中容量的低压电器，在结构设计上，触头采用滚动接触，可将氧化膜去掉，所以采用这种结构的触头，一般常采用铜质材料。

触头之间的接触电阻包括"膜电阻"和"收缩电阻"。"膜电阻"是触头接触表面在大气中自然氧化而生成的氧化膜造成的。氧化膜的电阻要比触头本身的电阻大几十到几千倍，导电性能极差，甚至不导电，并受环境的影响较大。"收缩电阻"是由于触头的接触表面不是十分光滑，在接触时，实际接触的面积总是小于触头原有可接触面积，这样有效导电截面积减小，当电流流过时，就会产生电流收缩现象，从而使电阻增加及接触区的导电性能变差。由于这种原因增加的电阻，称为"收缩电阻"。如果触头之间的接触电阻较大，会在电流流过触头时造成较大的电压降落，这对弱电控制系统影响较严重。另外，电流流过触头时，电阻损耗大，将使触头发热而导致温度升高、触头表面的"膜电阻"进一步增加及相邻绝缘材料的老化，严重时可使触头熔焊，造成电气系统发生事故。因此，对各种电器的触头都规定了它的最高环境温度和允许温升。此外，触头在运行时还存在磨损，触头的磨损包括电磨损和机械磨损。电磨损是由于在通断过程中触头间的电弧作用使触头材料发生物理性能和化学性能变化而引起的，电磨损的程度取决于放电时间内通过触头间隙的电荷量的多少及触头材料性质等。电磨损是引起触头材料损耗的主要原因之一。机械磨损是由于机械作用使触头材料发生磨损和消耗。机械磨损的程度取决于材料硬度、触头压力及触头的滑动方式等。为了使接触电阻尽可能减小，一是要选用导电性好、耐磨性好的金属材料做触头，使触头本身的电阻尽量减小；二是要使触头接触得紧密一些，另外在使用过程中尽量保持触头清洁，在有条件的情况下应定期清扫触头表面。

（2）触头的接触形式　触头的接触形式及结构型式很多，通常按其接触形式分为点接触、线接触和面接触三类。触头的结构型式有指式触头和桥式触头等。微型继电器中常采用分裂触头和片簧触头，如图 1-2 所示。

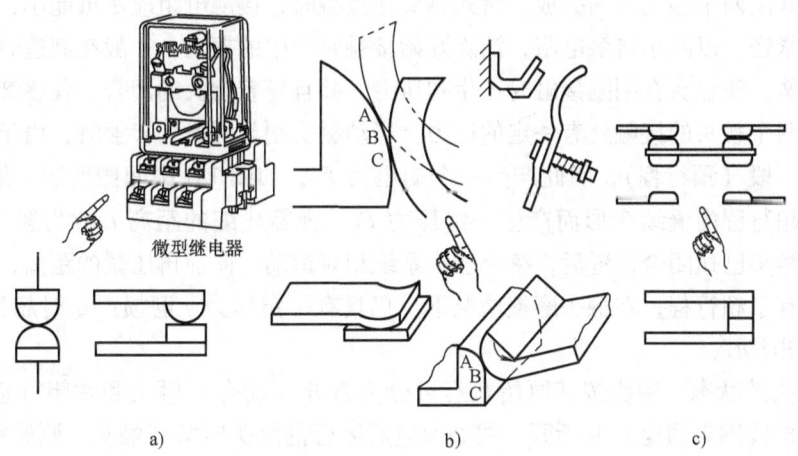

图 1-2　触头的接触形式
a）点接触　b）线接触　c）面接触

由图 1-2 可见，面接触的实际接触点要比线接触的多，而线接触的又要比点接触的多。图 1-2a 所示为点接触，它由两个半球形触头或一个半球形与一个平面形触头构成，这种结构容易提高单位面积上的压力，减小触头表面电阻。点接触常用于小电流电器中，如接触器的辅助触头和继电器触头。图 1-2b 所示为线接触，常做成指式触头结构，它的接触区是一条直线。触头通、断过程是滚动接触并产生滚动摩擦，以利于去除表面的氧化膜。开始接触时，静、动触头在 A 点接触，靠弹簧压力经 B 点滚动到 C 点，并在 C 点保持接通状态。断开时作相反运动，这样可以在通断过程中自动清除触头表面的氧化膜。同时，长期工作的位置不是在易烧灼的 A 点而在 C 点，保证了触头的良好接触。这种滚动线接触适用于操作次数多、电流大的场合，多用于中等容量电器。图 1-2c 所示为面接触，这种触头一般在接触表面上镶有合金，以减小触头接触电阻，提高触头的抗熔焊、抗磨损能力，允许通过较大的电流。中小容量的接触器的主触头多采用这种结构。

以按钮操作为例，触头的闭合过程如图 1-3 所示。

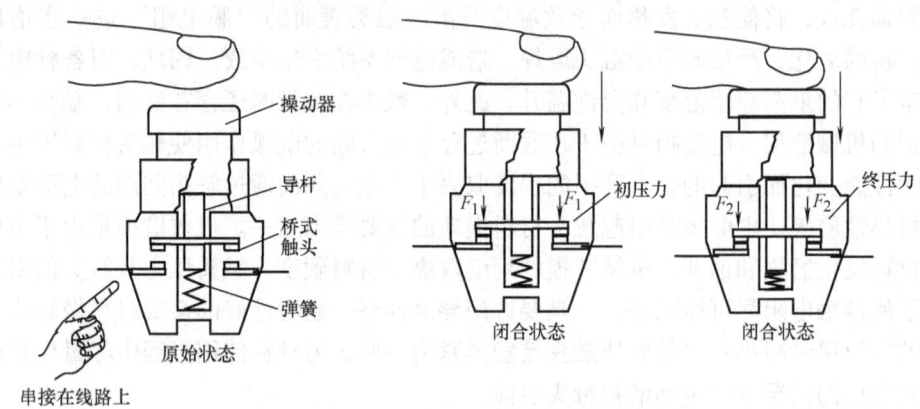

图 1-3 触头的闭合过程

图 1-3 是两个点接触的桥式触头，两个触头串接于同一条电路中，构成一个桥路，电路的接通与断开由两个触头共同完成。桥式触头在接触时，接触电阻应尽可能小，为了使触头接触得更加紧密，以减小接触电阻，消除开始接触时产生的振动，一般在制造时，在触头上装有接触弹簧，使触头在刚刚接触时产生初压力，并且随着触头的闭合过程逐渐增大触头间互压力，使两个触头的接触处有一定的压力，当动触头刚与静触头接触时，由于安装时弹簧预先压缩了一段（预行程），因此产生一个初压力 F_1，如图 1-3 中间图所示。触头闭合后，由于弹簧在超行程内继续变形而产生一终压力 F_2。弹簧压缩的距离 L 称为触头的超行程，即从静、动触头已达闭合位置后，整个触头系统相对运动，向前再压紧的距离，也就是操动器的行程。有了超行程，在触头磨损情况下，仍具有一定压力，磨损严重时超行程将失效，如图 1-3 右图所示。

（3）触头的状态　触头按其原始状态可分为常开（动合）触头和常闭（动断）触头。原始状态（即线圈未通电）时断开、线圈通电后闭合的触头叫常开触头。原始状态时闭合、线圈通电后断开的触头叫常闭触头。线圈断电后所有触头复原。按触头控制的电路可分为主触头和辅助触头。主触头用于接通或断开主电路，允许通过较大的电流，辅助触头用于接通或断开控制电路，只能通过较小的电流。

2. 电弧的产生及灭弧方法

（1）电弧的产生及物理过程 在自然环境中开断电路时，如果被开断电路的电流（电压）超过某一数值（根据触头材料的不同，其值约在 0.25～1A、12～20V 之间）时，则触头间隙中就会产生电弧。电弧实际上是触头间气体在强电场作用下产生的放电现象。所谓气体放电，就是触头间隙中的气体被游离产生大量的电子和离子，在强电场作用下，大量的带电粒子作定向运动，于是绝缘的气体就变成了导体。电流通过这个游离区时所消耗的电能转换为热能和光能，发出光和热的效应，产生高温并发出强光，使触头烧损，并使电路的切断时间延长，甚至不能断开，造成严重事故。电弧对电器的影响主要有以下几个方面：① 触头虽已打开，但由于电弧的存在，使要断开的电路实际上并没有断开。② 由于电弧的温度很高，严重时可使触头熔化。③ 电弧向四周喷射，会使电器及其周围物质损坏，甚至造成短路，引起火灾。所以必须采取措施熄灭或减少电弧，为此首先要了解电弧的物理本质，即电弧产生的原因。电弧产生的原因主要经历强电场放射、撞击电离、热电子发射和高温游离 4 个物理过程，如图 1-4 所示。

1）强电场放射。触头开始分离时，其间隙很小，电路电压几乎全部降落在触头间很小很小的间隙上，因此该处电场强度很高，可达几亿 V/m。此强电场将触头阴极表面（与电源负极连接的触头）的自由电子拉出到气隙中，使触头间隙气体存在较多的电子，这种现象即所谓强电场放射。

2）撞击电离。触头间隙中的自由电子在电场作用下，向正极加速运动，经过一定路程后获得

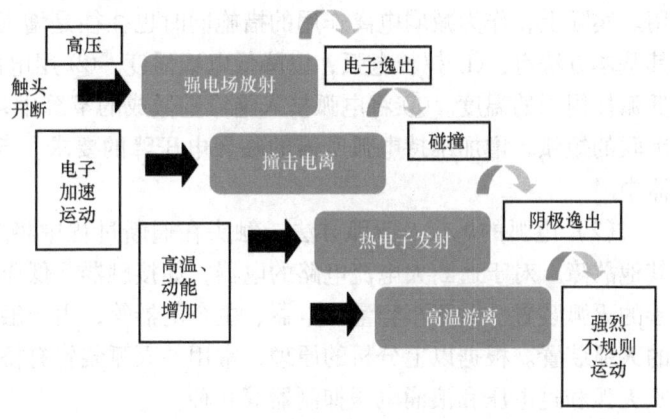

图 1-4 电弧产生的 4 个物理过程

足够的动能，它在前进途中撞击气体原子，该原子被分裂成电子和正离子。电子在向正极运动过程中将撞击其他原子，使触头间隙气体中的电荷越来越多，这种现象称为撞击电离。触头间隙中的电场强度越强，电子在加速过程中所走的路程越长，它所获得的能量就越大，故撞击电离的电子就越多。

3）热电子发射。撞击电离产生的正离子向阴极运动，撞击在阴极上会使阴极温度逐渐升高，使阴极金属中的电子动能增加，当阴极温度达到一定程度时，一部分电子有足够动能将从阴极表面逸出，再参与撞击电离。由于高温使电极发射电子的现象称为热电子发射。

4）高温游离。当电弧间隙中气体的温度升高时，气体分子热运动速度加快。当电弧的温度达到 3000℃ 或更高时，气体分子将发生强烈的不规则热运动，并造成相互碰撞，结果使中性分子游离成为电子和正离子。这种因高温使分子撞击所产生的游离称为高温游离。当电弧间隙中有金属蒸气时，高温游离大大增加。

在触头分断的过程中，以上 4 个过程引起电离原因的作用是不一样的。在触头刚开始分离时，首先是强电场放射，这是产生电弧的起因。当触头完全打开时，由于触头间距离增加，电场强度减弱，维持电弧存在主要靠热电子发射、撞击电离和高温游离，而其中又以高

温游离作用最大。此外，伴随着电离的进行，还存在着消电离作用。消电离是指正负带电粒子的结合成为中性粒子的同时，又减弱了电离的过程。消电离过程可分为复合和扩散两种。

当正离子和电子彼此接近时，由于异性电荷的吸力结合在一起，成为中性的气体分子。另外，电子附在中性原子上成为负离子，负离子与正离子相遇就复合为中性分子。这种复合只有在带电粒子的运动速度较低时才有可能发生。因此利用液体或气体人工冷却电弧，或将电弧挤入绝缘壁做成的窄缝里，迅速导出电弧内部的热量，降低温度，减小离子的运动速度，可以加速复合过程。

在燃弧过程中，弧柱内的电子、正负离子要从浓度大、温度高的地方扩散到周围的冷介质中去，扩散出来的电子、离子互相结合又成为中性分子。因此降低弧柱周围的温度，或用人工方法减小电弧直径，使电弧内部电子、离子的浓度增加，就可以增加扩散作用。

电离和消电离作用是同时存在的。当电离速度快于消电离速度，电弧就发展；当电离与消电离速度相等时，电弧就稳定燃烧；当消电离速度大于电离速度时，电弧就要熄灭。因此，欲使电弧熄灭可以从两方面着手：一方面是减弱电离作用，另一方面是增强消电离作用。实际上，作为减弱电离作用的措施同时也往往是增强消电离作用的途径。为熄灭电弧，其基本方法有：① 拉长电弧，以降低电场强度。② 用电磁力使电弧在冷却介质中运动，降低弧柱周围的温度。③ 将电弧挤入绝缘壁做成的窄缝中，以冷却电弧。④ 将电弧分成许多串联的短弧，增加维持电弧所需的临界电压降的要求。⑤ 将电弧密封于高气压或真空的容器中。

（2）电弧的熄灭及灭弧方法　触头在通断过程中将产生电弧，电弧会烧损触头，造成其他故障。对于通断大电流电路的电器，如接触器、低压断路器等更为突出，因此要有较完善的灭弧装置。对于小容量继电器、主令电器等，由于触头通断电流小，因此有时不设专门的灭弧装置。根据以上分析的原理，常用的灭弧装置有桥式结构双断口灭弧、栅片灭弧、磁吹灭弧和过电压和浪涌电压抑制器等几种。

1）桥式结构双断口灭弧。图 1-5 是一种桥式结构双断口触头，流过触头两端的电流方向相反，将产生互相推斥的电动力。当触头打开时，在断口中产生电弧。电弧电流在两电弧之间产生图中以 "⊗" 表示的磁场，根据左手定则，电弧电流要受到一个指向外侧的电动力 F 的作用，使电弧向外运动并拉长，使它迅速穿越冷却介质而加快电弧冷却并熄灭。此外，也具有将一个电弧分为两个来削弱电弧的作用。这种灭弧方法效果较弱，故一般多用于小容量的电器中。但

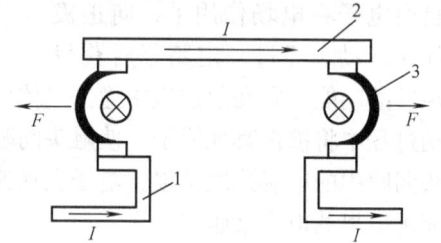

图 1-5　桥式触头灭弧原理
1—静触头　2—动触头　3—电弧

是，当配合栅片灭弧后，也可用于大容量的电器中。交流接触器常采用这种灭弧方法。

2）栅片灭弧。图 1-6 为栅片灭弧示意图。

灭弧栅一般是由多片镀铜薄钢片（称为栅片）和石棉绝缘板组成，它们安放在电器触头上方的灭弧室内，彼此之间互相绝缘，片间距离约为 2~5mm。当触头分断电路时，在触头之间产生电弧，电弧电流产生磁场，由于钢片磁阻比空气磁阻小得多，因此电弧上方的磁通非常稀疏，而下方的磁通却非常密集，这种上疏下密的磁场将电弧拉入灭弧罩中，当电弧进入灭弧栅后，被分割成数段串联的短弧。这样每两片灭弧栅片可以看作一对电极，而每对

电极间都有 150~250V 的绝缘强度，使整个灭弧栅的绝缘强度大大加强，而每个栅片间的电压不足以达到电弧燃烧电压，同时栅片吸收电弧热量，使电弧迅速冷却而很快熄灭。

当触头上所加的电压是交流时，交流电产生的交流电弧要比直流电弧容易熄灭。因为交流电每个周期有两次过零点，显然电压为零时电弧自然容易熄灭。另外，灭弧栅对交流电弧还有所谓"阴极效应"，更有利于电弧熄灭。所谓"阴极效应"，是当电弧电流过零后，间隙中的电子和正离子的运动方向要随触头电极极性的改变而改变。由于正离子比电子质量大得多，因此在触头电极极性改变后（即原阳极变为新阴极，

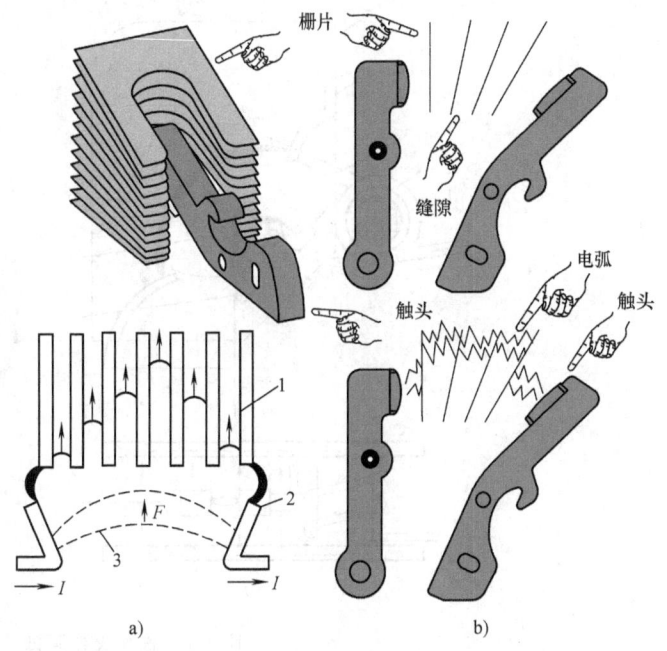

图 1-6 栅片灭弧示意图
a) 电弧进入栅片被分割 b) 灭弧栅片和触头的结构
1—灭弧栅片 2—动触头 3—电弧

原阴极变为新阳极），原阳极附近的电子能很快地回头向相反的方向运动（走向新阳极），而正离子几乎还停留在原来的地方。这样使得新阴极附近缺少电子而造成断流区，从而使电弧熄灭。若要使电压过零后，电弧重新燃烧，两栅片间必须要有 150~250V 电压。显然灭弧栅总的重燃电压所需值将大于电源电压，则电弧自然熄灭后就很难重燃。因此，灭弧栅装置常用作交流灭弧。

3) 磁吹灭弧。磁吹灭弧方法是利用电弧在磁场中受力，将电弧拉长，并使电弧在冷却的灭弧罩窄缝隙中运动，产生强烈的消电离作用，从而将电弧熄灭。其原理如图 1-7 所示。

图 1-7 中，导磁体（软钢）2 固定于薄钢板 a 和 b 之间，在它上面绕有线圈（磁吹线圈）1，线圈可与触头电路串联，当主电流 I 通过线圈 1 产生磁通 Φ，根据右手螺旋定则可知，该磁通从导磁体 2 通过导磁夹片 b、两夹片间隙到达夹片 a，在触头间隙中形成磁场。图中，"×"符号表示 Φ 方向为进入纸面。当触头打开时，在触头间隙中产生电弧，电弧自身也产生一个磁场，该磁场在电弧上侧，方向为从纸面出来，用"⊙"符号表示，它与线圈产生的磁场方向相反。而在电弧下侧，电弧磁场方向进入纸面，用"⊗"符号表示，它与线圈的磁场方向相同。这样，两侧的合成磁通就不相等，下侧大于上侧，因此产生强烈的电磁力将电弧向上侧推动，并使电弧急速进入灭弧罩，电弧被拉长并受到冷却而很快熄灭。灭弧罩多用陶瓷或石棉做成。这种灭弧方法的优点是，当触头中电流方向改变时，由于外磁场的方向也跟着改变，而电弧受力的方向不变，灭弧吹力的大小在设计时可以控制，可使吹力最大，灭弧效果好。此外，由于这种灭弧装置是利用电弧电流本身灭弧，因而电弧电流越大，吹弧能力也越强，广泛应用于直流灭弧装置中（如直流接触器中）。但对于线圈与触头

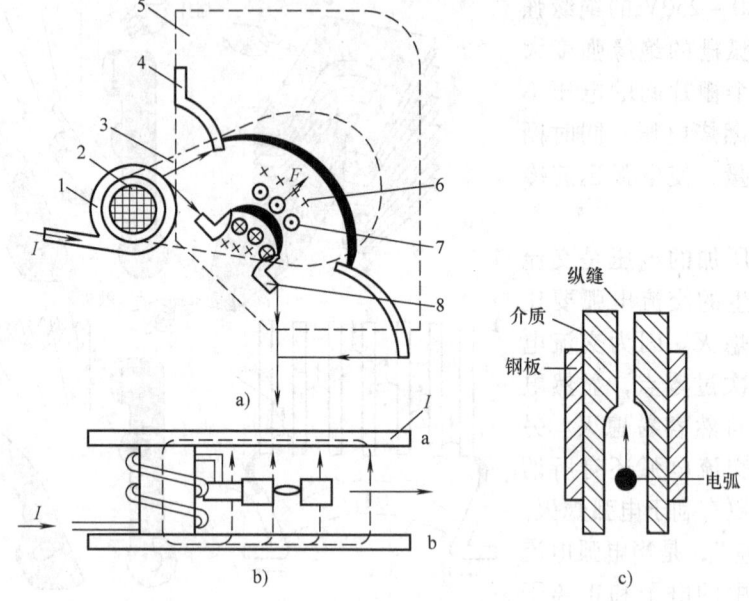

图 1-7 磁吹灭弧原理

a）磁吹线圈对电弧产生推力 b）磁吹线圈的俯视图 c）窄缝灭弧示意图

1—磁吹线圈 2—导磁体（铁心） 3—导磁夹板 4—引弧角
5—灭弧罩 6—磁吹线圈磁场 7—电弧电流磁场 8—动触头

串联的形式，其吹力与电流二次方成正比，当电流减小时，吹力成二次方减小，会使灭弧效果减弱。对于并联线圈的磁吹装置，可以做到由外加固定电源供电而使线圈的磁通稳定不变，因而吹力大小只受触头电流大小的影响。但要注意线圈的极性和触头的极性，如果将两者的极性接反，则使电弧吹向内侧，反而会烧坏电器。

4）过电压和浪涌电压抑制器。控制电器的触头在切断具有电感负载的电路时，由于电流由某一稳定值突然降为零，电流的变化率 di/dt 很大，就会在触头间隙中产生较高的过电压，此电压超过 270~300V 时，就会在触头间隙产生火花放电现象。火花放电与电弧不同之处是，火花放电的电压高，电流小，而且是在局部范围产生不稳定的火花放电。火花放电将使触头产生电灼伤，以致缩短它的寿命。另外，火花放电造成的高频干扰信号将影响和干扰无线电通信及弱电控制系统的正常工作，为此需要消除由于过电压引起的火花放电现象。常用的熄火花电路有以下两种：

① 与线圈并联二极管的抑制电路，如图 1-8 所示。在触头 K 闭合时，线圈电感 L 中流有稳定的电流。当触头突然打开时，由于二极管 VD 的存在，使电流不是从某一稳定值突然降为零，而是由电感 L 和二极管 VD 组成放电回路，使电流逐渐降为零，即减小了电流的变化率 di/dt，从而减小了电感 L 产生的过电压。这样使触头 K 的间隙不会产生火花放电，另外也使电感 L 的绝缘不会因过电压而被击穿。

② 与触头并联阻容的抑制电路，如图 1-9 所示。在触头 K 突然断开时，线圈电感 L 的磁场能量就转为电容的电场能量，此时表现为对电容器的充电。因此，触头突然断开时，线圈电感 L 的电流也是不立刻降为零，而是随着电容器逐渐充满电荷而降为零，线圈就不会产生过电压。

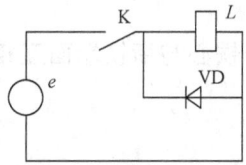
图 1-8 与线圈并联二极管的抑制电路

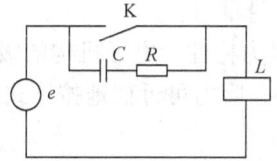
图 1-9 与触头并联阻容的抑制电路

1.2.2 电磁机构

电磁机构是电磁式继电器和接触器等的主要组成部件之一,其工作原理是将电磁能转换成为机械能,从而带动触头动作。

1. 电磁机构的结构型式

电磁机构由吸引线圈(励磁线圈)和磁路两个部分组成。磁路包括静铁心、动铁心和空气隙。吸引线圈通以一定的电压或电流产生激励磁场及吸力,并通过气隙转换为机械能,从而带动衔铁运动,使触头动作,以完成触头的断开和闭合。图 1-10 是几种常用的电磁机构的结构型式示意图。

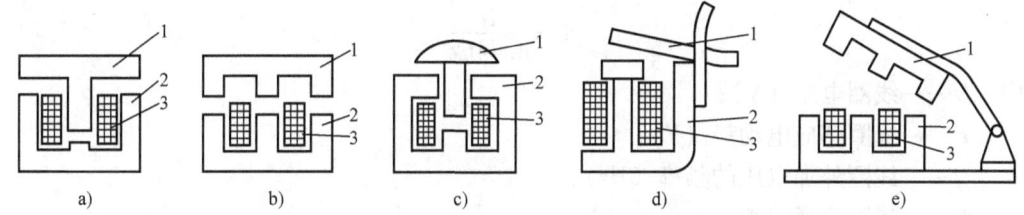

图 1-10 常用电磁机构的结构型式
1—动铁心 2—静铁心 3—线圈

图 1-10a、b 和 c 所示是衔铁作直线运动的直动式铁心,衔铁在磁力作用下直线运动,这种结构主要用于中小容量交流接触器和继电器中。

图 1-10d 所示是衔铁沿棱角转动的拍合式铁心,其衔铁绕静铁心的棱角转动,磨损较小,铁心一般用电工软铁制成,适用于直流继电器和接触器。

图 1-10e 所示是衔铁沿轴转动的拍合式铁心,其衔铁绕轴转动,铁心一般用硅钢片叠成,常用于较大容量的交流接触器。

吸引线圈按其通电种类,可分为交流电磁线圈和直流电磁线圈。对于交流电磁线圈,当通以交流电时,为了减小因涡流造成的能量损耗和温升,静铁心和衔铁用硅钢片叠成。对于直流电磁线圈,静铁心和衔铁用整块电工软钢做成。当线圈做成并联于电源工作的线圈时,称为电压线圈,它的特点是匝数多,线径较细。当线圈做成串联于电路工作的线圈时,称为电流线圈,它的特点是匝数少,线径较粗。

2. 电磁机构的工作原理

电磁机构的工作特性常用吸力特性和反力特性来表示。电磁机构使衔铁吸合的力与气隙的关系曲线称为吸力特性。电磁机构使衔铁释放(复位)的力与气隙的关系曲线称为反力特性。

(1) 反力特性 电磁机构使衔铁释放的力一般有两种:一是利用弹簧的反力;二是利

用衔铁的自身重力。

(2) 吸力特性　电磁机构的吸力与很多因素有关,当铁心与衔铁端面互相平行,且气隙 δ 比较小,吸力可近似地按下式求得：

$$F_m = 4B^2 S \times 10^5 \tag{1-1}$$

式中　B——气隙磁通密度 (T)；

S——吸力处端面积 (m^2)；

F_m——电磁吸力的最大值 (N)。

在计算 F 时,可只考虑吸引力的平均值,即 $F = 0.5 F_m$。当端面积 S 为常数时,吸力 F 与磁通密度 B 的二次方成正比,也可认为 F 与磁通 Φ 的二次方成正比,而反比于端面积 S,即

$$F \propto \Phi^2 / S \tag{1-2}$$

电磁机构的吸力特性反映了电磁吸力与气隙的关系,而励磁电流的种类不同,其吸力特性也不一样,即交、直流电磁机构的电磁吸力特性是不同的。交流电磁机构励磁线圈的阻抗主要取决于线圈的电抗(电阻相对很小),则

$$U \approx E = 4.44 f \Phi N \tag{1-3}$$

$$\Phi = \frac{U}{4.44 f N} \tag{1-4}$$

式中　U——线圈电压 (V)；

E——线圈感应电动势 (V)；

f——线圈外加电压的频率 (Hz)；

Φ——气隙磁通 (Wb)；

N——线圈匝数。

当频率 f、匝数 N 和外加电压 U 都为常数时,由式 (1-4) 可知,磁通 Φ 亦为常数。由式 (1-3) 可知,此时电磁吸力 F 为常数,这是因为交流励磁时,电压、磁通都随时间作周期性变化,其电磁吸力也作周期变化。因此,此处 F 为常数是指电磁吸力的幅值不变。由于线圈外加电压 U 与气隙 δ 的变化无关,所以其吸力 F 亦与气隙 δ 的大小无关。实际上,考虑到漏磁通的影响,吸力 F 随气隙 δ 的减小略有增加。其吸力特性如图 1-11 所示。

虽然交流电磁机构的气隙磁通 Φ 近似不变,但气隙磁阻随气隙长度 δ 而变化。根据磁路定律有

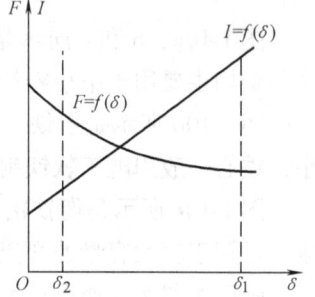

图 1-11　交流电磁机构的吸力特性

$$\Phi = \frac{IN}{R_m} = \frac{IN}{\dfrac{\delta}{\mu_0 S}} = \frac{(IN)(\mu_0 S)}{\delta} \tag{1-5}$$

式中　N——线圈匝数；

R_m——磁阻 (Ω)；

μ_0——真空磁导率；

δ——气隙 (mm)；

S——铁心端面积（m^2）。

由式（1-5）可知，交流电磁机构励磁线圈的电流 I 与气隙 δ 成正比。在吸合过程中，线圈中电流（有效值）变化很大，因为其中电流不仅与线圈电阻有关，还与线圈感抗有关。在吸合过程中，随着气隙的减小，磁阻减小，线圈的电感增大，因而电流逐渐减小。因此，如果衔铁或机械可动部分被卡住或者频繁动作，通电后衔铁吸合不上，线圈中就流过较大的电流而使线圈严重发热，甚至烧毁。一般 U 型交流电磁机构的励磁线圈通电而衔铁尚未动作时，其电流可达到吸合后额定电流的 5~6 倍；E 型电磁机构则达到 10~15 倍额定电流，线圈很可能因过电流而烧毁。所以在可靠性要求高或操作频繁的场合，一般不采用交流电磁机构。

直流电磁机构由直流电流励磁，励磁电流不受气隙变化的影响，即其磁动势 NI 不受气隙变化的影响，可用下式表达：

$$F \propto \Phi^2 \propto \left(\frac{1}{\delta}\right)^2 \tag{1-6}$$

由式（1-6）可知，直流电磁机构的吸力 F 与气隙 δ 的二次方成反比，其吸力特性如图 1-12 所示。

在直流电磁机构中，励磁电流仅与线圈电阻有关，不因气隙的大小而变，衔铁闭合前后吸力变化很大，气隙越小，吸力越大。由于衔铁闭合前后励磁线圈的电流不变，所以直流电磁机构适用于动作频繁的场合，且吸合后电磁吸力大，工作可靠性好。但是，当直流电磁机构的励磁线圈断电时，磁动势就由 NI 急速变为接近于零。电磁机构的磁通也发生相应的急速变化，因而就会在励磁线圈中感生出很大的反电动势。此反电动势可达线圈额定电压的 10~20 倍，很容易使线圈因过电压而损坏。为减小此反电动势，通常在励磁线圈上并联一个放电回路，由电阻 R 和一个硅二极管组成，如图 1-13 所示。

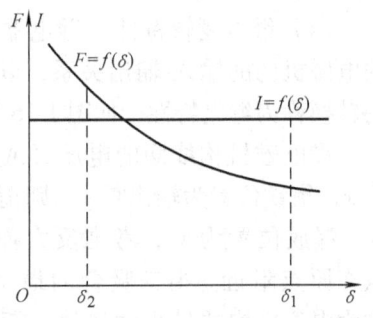

图 1-12　欠直流电磁机构的吸力特性

这样，当线圈断电时，放电回路使原先储存于磁场中的能量消耗在电阻上，而不致产生过电压。通常，放电电阻的电阻值可取线圈直流电阻的 6~8 倍。

(3) 吸力特性与反力特性的配合　电磁机构欲使衔铁吸合，在整个吸合过程中，吸力都必须大于反力；但也不能过大，否则会影响电器的机械寿命。反映在特性图上，就是要保证吸力特性在反力特性的上方。由于铁磁物质有剩磁，它使电磁机构的励磁线圈失电后仍有一定的磁性吸力存在，剩磁的吸力随气隙 δ 的增大而减小。所以，当切断电磁机构的励磁电流以释放衔铁时，其反力特性必须大于剩磁吸力，才能保证衔铁可靠释放。所以在特性图上，电磁机构的反力特性必须介于电磁吸力特性和剩磁特性之间，如图 1-14 所示。

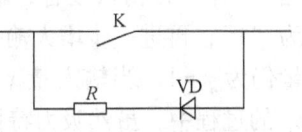

图 1-13　在直流线圈上并联放电回路

在实际使用中，无论是直流还是交流操作，只要线圈两端电压大于释放电压，闭合状态的电磁机构都会产生大于反力弹簧反力的吸力。这在直流电磁机构中尤为突出，但对于交流电磁铁来说，铁心中的磁通量及吸力是一个周期函数，吸力在零与最大值 F_m 之间脉动，并包括两个分量，即直流分量和频率为2倍电网频率（2ω）的正弦分量。而吸力总是正的，在磁通每次过零时，即$t=0$、$\pi/2$、T（T为磁通的周期）时，吸力为零，如图1-15中的波形所示，此时弹簧反力大于电磁吸力，电磁机构释放，而在$\pi/2 \sim T$之间，吸力又大于反力，动铁心使电磁机构重新吸合。这样，在$f=50\text{Hz}$时，每周期内衔铁吸力要两次过零，电磁机构就出现了频率为100Hz的持续抖动与撞击，产生相当大的噪声，严重时将使铁心损坏，显然这是不允许存在的。为了避免衔铁振动，通常在铁心端面上装一个用铜制成的短路环或称分磁环，如图1-15所示。

短路环就像是一匝两端接在一起的线圈。短路环把端面S分成环内部分S_1与环外部分S_2两部分（$S=S_1+S_2$）。短路环仅包围了主磁通Φ的一部分。这样，铁心中有两个不同相位的磁通Φ_1和Φ_2，电磁机构的总吸力将是F_1和F_2之和，只要合力始终大于反力，衔铁的振动现象就会消除。

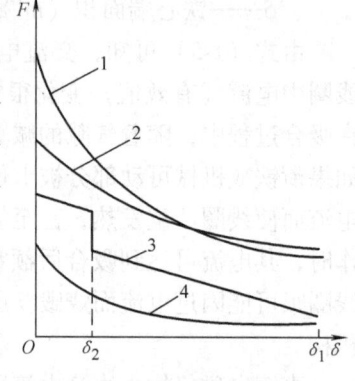

图1-14 吸力特性和反力特性
1—直流吸力特性 2—交流吸力吸性
3—反力特性 4—剩磁特性

（4）继电逻辑特性 继电器（接触器）等的电磁机构的输入-输出关系，以及其触头状态的转换称为继电特性，如图1-16所示。

设电磁机构线圈的电压（或电流）为输入量x，衔铁位置为输出量y，则衔铁吸合位置为y_1，释放位置为y_0，考虑反力弹簧的作用，y_0点在原点附近。衔铁吸合的最小输入量为x_1，称为电磁机构的最小动作值；衔铁释放的最大输入量为x_0，称为电磁机构的最大返回值。当输入量$x<x_1$时，衔铁不动作，其输出量$y=0$；当$x=x_1$时，衔铁吸合，输出量y从"0"跃变为"1"；再进一步增大输入量使$x>x_1$，则输出量仍为$y=1$。当输入量x从x_1减小时，在$x>$

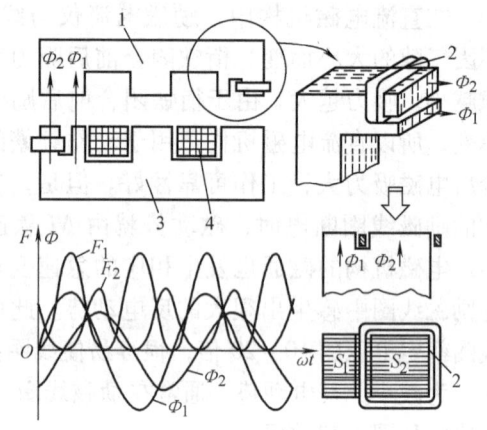

图1-15 装短路环后的磁通及电磁力分布示意图
1—动铁心 2—短路环 3—静铁心 4—线圈

x_0的过程中，虽然吸力特性向下降低，但因衔铁吸合状态下的吸力仍比反力大，所以衔铁不会释放，输出量$y=1$。当$x=x_0$时，因吸力小于反力，衔铁才释放，输出量（触头状态转换）由"1"突变为"0"；再减小输入量，输出量仍为"0"。可见，电磁机构的输入-输出特性或继电特性为一矩形阶跃曲线。电磁机构的继电逻辑特性决定了电气控制线路的继电逻辑功能，继电逻辑特性也称为逻辑变量，从控制角度说，也就实现了"0"或"1"的转换，即"断"或"通"的转换。因此，继电逻辑控制线路的状态逻辑函数总是等于"1"，否则就是错误的，或在未带电状态。

继电器（接触器）的释放值与吸合值之比称为继电器的返回系数K_f，它是继电器（接触器）的重要参数之一。欲使继电器（接触器）吸合，输入量必须等于或大于吸合值；欲使继电器（接触器）

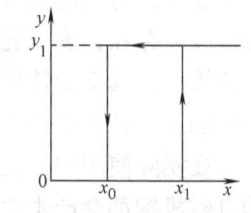

图1-16 继电逻辑特性

释放，输入量必须等于或小于释放值。继电器（接触器）的另一个重要参数是吸合时间和释放时间。吸合时间是指从线圈接受电信号到衔铁完全吸合所需的时间；释放时间是指从线圈失电到衔铁完全释放所需的时间。一般继电器（接触器）的吸合时间与释放时间为 0.05~0.15s，快速继电器为 0.005~0.05s，它的大小影响继电器（接触器）的操作频率。

1.3 低压电器的主要技术性能指标和参数

本节从低压电器的使用和选用角度阐述有关低压电器的主要技术性能指标和参数，了解这些内容对正确选用和使用电器元件及正确地进行设计工作是十分重要和必需的。

1.3.1 主电路电器和控制电器

电气控制电路的特性包括电流种类、交流电路的额定频率、控制电路额定电压 U_e（性质和频率）、控制电源额定电压 U_s（性质和频率）。U_e 是在控制电路中控制开关的接通触头上所出现的电压。U_s 是加在控制电路的输入端上的电压，由于接入了电源变压器、整流器或电阻器等，控制电源电压可能与控制电路电压不同。U_e 和额定频率是决定控制电路绝缘性能的参数。U_s 和额定频率是决定控制电路操作和温升特性的参数。正确的操作条件是当控制电路通过最大电流时，控制电源电压值既不应小于 85%U_s，亦不应大于 110%U_s。开路时，控制电源电压应不超过控制电源额定电压 U_s 的 120%。

低压电器根据其在线路中的作用和用途通常分为两大类，即主电路开关电器和辅助电路控制电器。

主电路开关电器系指用于电气控制中配电线路或系统主电路中的开关电器及其组合，主要包括刀开关（或刀形转换开关）、隔离器（隔离开关）、熔断器及其与其他开关电器的组合、断路器（包括与其组合或联用的各种脱扣器和保护继电器）、接触器和主要由接触器与保护继电器组成的起动器等。这些开关电器在不同电路中有不同的用途和不同的配合关系，其特征和主要参数也各不相同。选用主电路开关电器，首先是要保证满足电路功能要求，即负载要求，同时也要做到所选开关电器在技术、经济指标等各方面合理，在能满足所担负的配电、控制和保护任务的前提下，能充分发挥本身所具备的各种功能和作用。为此，在选用时需了解各种开关电器的用途、分类、性能和主要参数，以及各种电器的选用原则，同时还要分析具体的使用条件和负载要求，如电源数据、短路特性、负载特点和要求等，以便提出合理的选用要求。

辅助电路控制电器指在电路中起发布命令、控制、转换、信号和联络作用的逻辑电器，包括各种主令控制电器、控制继电器、传感器触头和具有不同功能的其他控制触头等。主电路开关电器上的辅助触头及控制用附件也包括在辅助电路控制电器的范围之内。辅助电路控制电器种类繁多，其动作原理和在电路中所起的作用也各不相同。

选用辅助电路控制电器，除应满足电路对辅助电路控制电器的电气要求外，还应满足一系列其他要求，如生产过程工艺要求等，这些要求随电气控制系统的动作原理、防护等级、功能执行元件类型和具体设计的不同而异。此外，还要求这些电器具备安装方便、端子标记清楚、接线简便迅速等。

1.3.2 有关低压电器的主要技术性能、参数的概念

1. 关于开关电器的通断工作类型及性能参数

（1）隔离　隔离指开关电器把电气设备和电源"隔开"的功能，用在对电气设备的带电部分进行维修时确保人员和设备的安全。隔离不仅要求各电流通路之间、电流通路和邻近的接地零部件之间应保持规定的电气间隙，电器的动、静触头之间也应保持规定的电气间隙。能满足隔离功能的开关电器是隔离器。如果在维修期间需要确保电气设备一直处于无电状态，应选用操作机构能在分断位置上锁的隔离器。

（2）无载（空载）通断　无载通断指接通或分断电路时不分断电流，分开的两触头间不会出现明显电压的情况。选用无载通断的开关电器时，必须有其他措施可保证不会出现有载通断的可能性，否则有造成事故、损坏设备，甚至危及人身安全的危险。无载通断的开关电器仅在某些专门场所使用，如隔离器。

（3）有载通断　有载通断是相对于无载通断而言，其开关电器需接通和分断一定的负载电流，具体负载电流的数据随负载类型而异。如有的隔离器产品也能在非故障条件下接通和分断电路，其通断能力应大致和其需要通断的额定电流相同。产品样本中隔离器和熔断器式隔离器的通断能力常按额定电流的倍数给出，因此有些隔离器也能分断各种工作过电流，如电动机的起动电流。

（4）控制电动机通断　控制电动机通断通常指电动机开关，电动机开关是指用来接通和分断电动机的开关电器或电路，其通断能力应能满足控制按不同工作制（如点动和反接）工作的各种型号电动机的要求。电动机开关有控制开关、电动机用负荷开关、接触器和电动机用断路器及其组合控制电路等。

（5）在短路条件下通断　在短路条件下通断负载应选用有短路保护功能的开关电器。断路器就是一种不仅可接通和分断正常负载电流、电动机工作电流和过载电流，而且可接通和分断短路电流的开关电器。

（6）通电持续率　电器的有载时间与工作时间之比，常用百分数表示。

（7）通断能力　开关电器在规定的条件下，能在给定的电压下接通和分断的预期电流值。

（8）分断能力　开关电器在规定的条件下，能在给定的电压下分断的预期分断电流值。

（9）接通能力　开关电器在规定的条件下，能在给定的电压下接通的预期接通电流值。

（10）I^2t 特性　在规定的条件下的 I^2t 值为预期电流或电压的函数。

2. 有关的电网参数

实际工作中，当选用开关电器时，必须考虑额定电压、额定频率和过电流（短路、过载）等数据。当按额定绝缘电压 U_i 和额定工作电压 U_e 选用开关电器时，电网电压和电网频率是决定性因素。额定绝缘电压 U_i 是标准电压，指在规定条件下，用来度量电器及其部件的不同电位部分的绝缘强度、电气间隙和爬电距离的名义电压值。除非另有规定，此值为电器的最大额定工作电压。各种开关电器及其附件的绝缘等级都根据这个电压确定。某一开关电器的额定工作电压 U_e，指在规定条件下保证电器正常工作的电压值，它又和其他一些因素有关，如断路器的工作电压就和其通断特性有关，电动机起动器则和工作制及使用类别有关。在交流三相系统中，线电压或相电压是基础数据。开关电器可根据其特性参数（如通

断能力和使用寿命）规定不同的额定工作电压值。但开关电器的最高额定工作电压不得超过其额定绝缘电压。各种开关电器的额定绝缘电压 U_i 和额定工作电压 U_e 都在相应的产品样本和说明书中列出。在按短路强度和额定通断能力选用开关电器时，短路点处的短路电流值是一个决定性因素，常用以下指标来衡量。

（1）峰值耐受（短路）电流 I_p（动稳定短路强度） I_p 是电路中允许出现的最大瞬时短路电流值，其电动力效应也最大。指在规定的使用和性能条件下，开关电器在闭合位置上所能承受的电流峰值。

（2）额定短时耐受电流 I_s（热稳定短路强度） I_s 是电路中允许出现的短时电流。指在规定的使用和性能条件下，开关电器在指定的短时间（1s）内，于闭合位置上所能承载的电流。开关电器必须能承受这个电流持续 1s 而不会受到破坏。

（3）额定短路分断能力 是指在规定的条件下，包括开关电器出线端短路在内的分断能力。如断路器在额定频率和给定功率因数、额定工作电压提高 10% 的条件下能够分断的短路电流。它用短路电流周期分量的有效值表示。

（4）额定短路通断能力 是指在规定的条件下，能在给定的电压下接通和分断的预期电流值。对于有短路保护功能的开关电器，其额定短路通断能力是指在额定工作电压提高 10%、频率和功率因数均为额定值的条件下，能够接通和分断的额定电流。额定短路接通能力以电器安装处预期短路电流的峰值为最大值，额定短路分断能力则以短路电流周期分量的有效值表示。在选用时，应保证开关电器的额定短路通断能力高于电路中预期短路电流的相应数据。

（5）约定脱扣电流 在约定时间内能使继电器或脱扣器动作的规定电流值。

（6）约定熔断电流 在约定时间内能使熔体熔断的规定电流值。

一般的开关电器的分断能力、接通能力和通断能力是指在给定的电压下分断、接通和通断的相对应的预期电流值。在选用时，应保证开关电器的额定通断能力高于电路中预期短路电流的相应数据。

3. 有关电流的参数

当按额定电流选用开关电器时，开关电器的额定工作类型（如连续工作、断续工作或短时工作等）是主要决定因素。按照开关电器的发热特性，开关电器的下列额定电流概念是不同的。

（1）额定持续电流 I_u I_u 是在规定条件下，电器在长期工作制下，各部件的温升不超过规定极限值时所承载的电流值。开关电器在正常工作条件和环境条件下能够连续地、长期承受而无需调整并不会产生过热的电流。对于可调式电器，如热继电器，其连续工作电流即该电器能调整到的最大电流值。

（2）额定工作电流 I_e I_e 是根据开关电器的具体正常使用条件确定的电流值。指在规定条件下，保证电器正常工作的电压值。它和额定电压、电网频率、额定工作制、使用类别、触头寿命及防护等级等诸因素有关。一个开关电器可以有不同的工作电流值。

（3）额定发热电流 I_r I_r 是在规定条件下试验时，电器在八小时工作制下，各部件的温升不超过规定极限值时所能承载的最大电流值。

（4）发热电流 I_c I_c 是在约定时间内，各部件的温升不超过规定极限值时所能承载的最大电流值。

(5) 分断电流 I_b　I_b 是在分断操作时，在电弧开始瞬间流过电器一个极的电流值。

(6) 预期分断电流 I_{pb}　I_{pb} 对应于分断过程开始瞬间所确定的预期电流。

(7) 预期接通电流 I_{pm}　I_{pm} 是在规定条件下，电器接通时所产生的预期电流。

根据国家标准和 IEC 标准，电动机开关电器和其他负载开关电器的使用情况和负载条件可按其使用类别进行分类。这种分类涉及额定工作电流或电动机的额定功率和额定电压。正常使用条件指电器在正常条件下的分断和接通，这是确定触头寿命的基本指标，也是设计灭弧室的重要依据。非正常使用条件定义为在偶然发生的事故状态下分断和接通，这是确定电器额定接通能力和额定分断能力的决定因素。

4. 有关开关电器动作时间的参数

(1) 断开时间　开关电器从断开操作开始瞬间起，到所有极的弧触头都分开瞬间为止的时间间隔。

(2) 燃弧时间　电器分断电路过程中，从（弧）触头断开（或熔断体熔断）出现电弧的瞬间开始，至电弧完全熄灭为止的时间间隔。

(3) 分断时间　从开关电器的断开时间开始起，到燃弧时间结束为止的时间间隔。

(4) 接通时间　开关电器从闭合操作开始瞬间起，到电流开始流过主电路瞬间为止的时间间隔。

(5) 闭合时间　开关电器从闭合操作开始瞬间起，到所有极的触头都接触瞬间为止的时间间隔。

(6) 通断时间　从电流开始在开关电器一个极流过瞬间起，到所有极的电弧最终熄灭瞬间为止的时间间隔。

5. 额定工作制

额定工作制是对元件、器件或设备所承受的运行条件的分类。工作制可分为连续、短时、周期性或非周期性几种类型。周期性工作制包括一种或多种规定了持续时间的额定负载，非周期性工作制中的负载和转速通常在允许的运行范围内变化。电机的工作制分为 10 类。国家标准 GB755—2000《旋转电机　定额和性能》（等同 IEC60034—1：1996）规定了工作制分类（S1~S10）。低压电器和电控设备多与电动机配套使用，故其工作制分类相互联系。我国低压电器行业选择了 S1~S3 三种工作制，并补充了八小时工作制和周期工作制两种工作制。对辅助电路控制电器有八小时工作制、不间断工作制、断续周期工作制和短时工作制四种标准工作制；但对断续周期工作制的操作频率分级有所不同，删去了 1800 级和 3000 级，增加了 3600 级和 12000 级，并将 600 级列为特殊情况下使用的级别，这是由于辅助电路控制电器的操作频率有时要求较高而做的调整。八小时工作制实际上是电器的导电电路每次通以稳定电流时间不得超过 8h 的一种长期工作制。周期工作制则指无论负载变动与否，总是有规律地反复进行的工作制。下面仅叙述与低压电器有关的 S1~S3 工作制。

S1 连续工作制，指在恒定负载（如额定功率）下连续运行相当长时间，可以使设备达到热平衡的工作条件。这时系统中的元件必须正确选择，使其能无限期承载恒定的负载电流而无须采取什么措施，并且不会超过元件本身所允许的温升。

S2 短时工作制，指与空载时间相比，有载时间较短的工作制。电动机在恒定负载下按给定的时间运行，电动机在该时间内不足以达到热稳定，随之停机和断能。电器元件在额定工作电流 I_e 恒定的一个工作周期内不会达到其允许温升，而在两个工作周期之间的间歇时间又很长，能使元件冷却到环境温度值。因此，在 S2 工作制下，电器元件承载电流 $I_{s2} > I_e$，不会超过允许温升。S2 短时工作制时，有载时间 t_{s2} 也就是电器元件的升温时间，它可以长到元件在此期间能达到允许温升的程度。负载电流 I_{s2} 越大，则允许的有载时间（升温时间）越短。当环境温度升高时，允许的有载时间 t_{s2} 也会相应缩短。如果短时工作制电流在有载时间 t_{s2} 内不能保持恒定，则必须确定其方均根值，这是影响温升的主要因素。因此，方均根值 I_q [式（1-7）] 是确定电器元件在短时工作制下温升的决定性因素。

$$I_q = \sqrt{\frac{I_1^2 t_1 + I_2^2 t_2 + \cdots + I_n^2 t_n}{t_1 + t_2 + \cdots + t_n}} \tag{1-7}$$

S3 断续周期工作制，断续周期工作制是开关电器有载时间和无载时间周期性地相互交替分断接通，有载时间和无载时间都很短，使电器元件既不能在一个有载时间内升温到额定值，也不能在一个无载时间内冷却到常温。断续周期工作制用负载持续率（负载因数）FC 来描述，$FC = t_{s3}/t_s$。周期时间 t_s 是有载时间 t_{s3} 和无载时间 t_0 的总和（$t_s = t_{s3} + t_0$）。实际上，断续周期工作制是由一系列有载时间和无载时间组成的，即长短不同的一些有载时间被一些长短不同的无载时间所分隔，并且其组合顺序周期性地出现。负载因数可由下式求出：

$$FC = \frac{\sum t_{s3}}{\sum t_{s3} + \sum t_0} \times 100\% \tag{1-8}$$

在无其他协议的情况下，电动机在断续周期工作制时的工作周期为 10min，实际上，这个周期长度应看作最大周期长度。

6. 使用类别

电器的使用类别用于确定电器的用途，有关产品标准规定了相应的使用类别。使用类别通常用额定工作电流的倍数、额定工作电压的倍数及相应的功率因数或时间常数、短路性能、选择性，以及其他使用条件等来表征电器额定接通和分断能力的类别。不同类型的低压电器元件的使用类别是不同的，主电路开关电器各有其自己的使用类别，常见低压电器的使用类别具体分类见表 1-2。

表1-2 低压开关设备和控制设备使用类别举例

电流种类	类别	典型用途	有关产品标准
交流	AC-20	无载条件下"闭合"和"断开"电路	GB14048.3—2002
	AC-21	通断电阻负载，包括通断适中的过载	
	AC-22	通断电阻电感混合负载，包括通断适中的过载	
	AC-23	通断电动机负载或其他高电感负载	
	AC-1	无感或微感负载、电阻炉	GB14048.4—2003
	AC-2	绕线转子异步电动机的起动、分断	
	AC-3	笼型异步电动机的起动，运转中分断	
	AC-4	笼型异步电动机的起动、反接制动与反向运转、点动	
	AC-5a	控制放电灯的通断	
	AC-5b	白炽灯的通断	
	AC-6a	变压器的通断	
	AC-6b	电容器组的通断	
	AC-8a	具有过载继电器手动复位的密封制冷压缩机中的电动机控制	
	AC-8b	具有过载继电器自动复位的密封制冷压缩机中的电动机控制	

（续）

电流种类	类别	典型用途	有关产品标准
交流	AC-12	控制电阻性负载和光耦合器隔离的固态负载	GB14048.5—2001
	AC-13	控制变压器隔离的固态负载	
	AC-14	控制小容量电磁铁负载	
	AC-15	控制交流电磁铁负载	
	AC-52a	绕线转子异步电动机起动器控制：八小时工作制，带载起动、加速、运转	GB14048.6—1998
	AC-52b	绕线转子异步电动机起动器控制：断续工作制	
	AC-53a	笼型异步电动机控制：八小时工作制，带载起动、加速、运转	
	AC-53b	笼型异步电动机控制：断续工作制	
	AC-58a	具有过载继电器自动复位的密封制冷压缩机中的电动机控制：八小时工作制，带载起动、加速、运转	
	AC-58b	具有过载继电器自动复位的密封制冷压缩机中的电动机控制：断续工作制	
	AC-40	配电线路包含有感应磁阻的阻性和电抗性负载	GB14048.9—1998
	AC-41	无感或微感负载、电阻炉	
	AC-42	绕线转子异步电动机的起动、分断	
	AC-43	笼型异步电动机的起动，运转中分断	
	AC-44	笼型异步电动机的起动、反接制动与反向运转①、点动②	
	AC-45a	控制放电灯的通断	
	AC-45b	白炽灯的通断	
	AC-140	控制维持（封闭）电流≤0.2A小型电动机负载，如接触器式继电器	GB/T14048.10—1999
	AC-31	无感或微感负载	
	AC-33	电动机负载或包括电动机、阻性负载和达到30%白炽灯的混合负载	
	AC-35	控制放电灯负载	
	AC-36	白炽灯负载	
	AC-7a	家用及类似用途的微感负载	GB17885
	AC-7b	家用电动机负载	
	AC-51	无感或微感负载、电阻炉	IEC60947-4-3
	AC-55a	控制放电灯的通断	
	AC-55b	白炽灯的通断	
	AC-56a	变压器的通断	
	AC-56b	电容器组的通断	
交流和直流	A	无额定短时耐受电流要求的电路保护	GB14048.2—2001
	B	具有额定短时耐受电流要求的电路保护	
直流	DC-20	无载条件下"闭合"和"断开"电路	GB14048.3—2002
	DC-21	通断电阻负载，包括通断适中的过载	
	DC-22	通断电阻电感混合负载，包括通断适中的过载（例如并励电动机）	
	DC-23	通断高电感负载（例如串励电动机）	

(续)

电流种类	类别	典型用途	有关产品标准
直流	DC-1	无感或微感负载、电阻炉	GB14048.4—2003
	DC-3	并励电动机的起动、反接制动与反向运转①、点动②、电动机的动态分断	
	DC-5	串励电动机的起动、反接制动与反向运转①、点动②、电动机的动态分断	
	DC-6	白炽灯的通断	
	DC-12	控制电阻性负载和光电耦合器隔离的固态负载	GB14048.5—2001 GB/T14048.10—1999
	DC-13	控制电磁铁负载	
	DC-14	控制电路中有经济电阻的直流电磁铁负载	
	DC-40	配电线路包含有感应磁阻的阻性和电抗性负载	GB14048.9—1998
	DC-41	无感或微感负载、电阻炉	
	DC-43	并励电动机的起动、反接制动与反向运转①、点动②、电动机的动态分断	
	DC-45	串励电动机的起动、反接制动与反向运转①、点动②、电动机的动态分断	
	DC-46	白炽灯的通断	
	DC-31	阻性负载	GB/T14048.11—2002
	DC-33	电动机负载或混合负载（包括电动机）	
	DC-36	白炽灯负载	

① 反接制动与反向运转意指当电动机正在运转时，通过反接电动机原来的联结方式，使电动机迅速停止或反转。
② 点动意指在短时间内激励电动机一次或重复多次，以此使被驱动机械获得小的移动。

7. 开关电器的操作频率和使用寿命

开关电器的操作频率与其工作制有关，同时还取决于实际使用情况。例如，连续运转的成套设备仅在大修或定期维修时才与电网断开，而一组机床随班次变化就可能每天或每周分断一次，有的机床是按每小时一次或更高的频率接通和分断的，还有些自动控制机床每小时可以通断几千次以上。在选用和安装开关电器时，应当充分考虑实际工作时的操作频率和所要求的使用寿命，合理确定开关电器的操作频率和使用寿命指标。

（1）开关电器的允许操作频率　允许操作频率是规定开关电器在每小时内可能实现的最高操作循环次数。按每小时多少次给出，这涉及一台开关电器每小时可能开关的次数，其机械寿命也受操作频率的影响。在实际应用中，了解开关电器在额定工作条件下的允许操作频率是很重要的。额定工作条件用不同的使用类别给出。和双金属片保护电器一起安装使用的断路器和接触器，其允许操作频率按双金属片的能力确定。

（2）开关电器的机械寿命　开关电器的机械寿命是指开关电器在需要修理或更换零件前所能承受的无载操作循环次数。按操作次数给出。机械寿命是由运动零部件的闭合动作决定的，动作时所需作用力越大，传动机构的结构力就越大，材料所受应力也越大。如隔离器和大电流断路器的触头压力都很大，零件重量也大，其机械寿命也就相应降低；如欲提高机械寿命参数，则应选用触头压力较小的专用开关电器，如接触器。

(3) 开关电器的电寿命　开关电器的电寿命是在规定的正常工作条件下，开关电器不需修理或更换零件的负载操作循环次数。取决于触头在不受严重损坏（仍能保持正常功能）的前提下可以承受的通断次数。在接通或分断负载电流时，触头会受到应力作用。接通过程中，动触头可能发生颤动，会受到电弧烧损。在触头烧损方面，分断电弧电流是一个重要因素。由此引起的触头烧损程度，取决于具体的通断工作条件，因而和电压、电流及时间诸因素有关。

8. 低压电器的污染等级（摘自 GB14048.1—2006）

低压电器的污染等级是根据导电或吸湿的尘埃、游离气体或盐类和相对湿度的大小，以及由于吸湿或凝露导致表面介电强度和/或电阻率下降事件发生的频率，而对环境条件作出的分级。污染等级与电器使用所处的环境条件有关。污染等级如下：

污染等级1，无污染或仅有干燥的非导电性的污染。

污染等级2，一般情况下仅有非导电性污染，但必须考虑到偶然由于凝露造成短暂的导电性。

污染等级3，有导电性污染，或由于预期的凝露使干燥的非导电性污染变成导电性的。

污染等级4，造成持久性的导电性污染，例如由于导电尘埃或雨雪所造成的污染。

除非其他有关产品标准另有规定外，工业用电器一般适用于污染等级3的环境。但是，对于特殊用途和微观环境，可考虑采用其他的污染等级。家用及类似用途的电器一般用于污染等级2的环境。

9. 低压电器外壳防护等级（摘自 GB/T4942.1—2006）

低压电器外壳防护等级是指电器外壳能防止外界固体异物进入壳内触及带电部分或运动部件以及防止水进入壳内的防护程度。表示防护等级的标志符号由表征字母"IP（International Protection，国际防护）"和附加在后的两个表征数字及补充字母所组成。

不同的 IP 等级对设备防护外界固体和液体进入的能力作出了具体规定。国家标准 GB/T 4942.1—2006 规定了低压电器外壳的各个等级的含义、标志方法和实验考核要求：

第一种防护：防止人体触及带电零部件和防止外界固体异物进入。

第二种防护：防止外界液体进入而引起的有害影响。

第一位数字及数后补充字母表示第一种防护的各个等级，第二位数字则表示第二种防护的各个等级。

第一位表征数字及数后补充字母表示电器具有对人体和壳内部件的防护，防止人体触及或接近壳体内带电部分或触及壳体内如扇叶类的转动部件，以及防止固体异物进入电器的等级，共分为9个等级，见表1-3，从低级到高级排列，依次为0、1、2L、3L、4L、3、4、5、6，凡符合某一防护等级的外壳，亦符合所有低于该防护等级的各级。第二位表征数字表示由于外壳进水而引起有害影响的防护，防止水进入电器的等级，共分为9个等级，见表1-4。

如不要求防护时，被省略的数字应用字母"X"代替，如IPX5、IPX2或IPXX；当防护的内容有所增加，用补充字母来表示，如IP55R，R表示在特殊环境下使用。W表示在特定气候条件下使用的补充字母。N表示在特定尘埃环境条件下使用的补充字母。L表示在规定固体异物条件下使用的补充字母。

表 1-3 第一位表征数字及数后补充字母表示的防护等级

第一位表征数字及数后补充字母	表征符号	防护等级 简述	防护等级 含义
0	IP0X	无防护	无专门防护
1	IP1X	防止大于50mm的固体异物	能防止人体的某一大面积（如手）偶然或意外地触及壳内带电部分或运动部件，但不能防止有意识地接近这些部分 能防止直径大于50mm的固体异物进入壳内
2L	IP2LX	防止大于12.5mm的固体异物	能防止直径大于12.5mm的固体异物进入壳内和防止手指或长度不大于80mm的类似物体触及壳内带电部分或运动部件
3	IP3X	防止大于2.5mm的固体异物	能防止直径（或厚度）大于2.5mm的工具、金属线等进入壳内
3L	IP3LX	防止大于12.5mm的固体异物进入和防止2.5mm的探针触及	能防止直径大于12.5mm的固体异物进入壳内和防止长度不大于100mm、直径为2.5mm的试验探针触及壳内带电部分和运动部件
4	IP4X	防止大于1mm的固体异物	能防止直径（或厚度）大于1mm的固体异物进入壳内
4L	IP4LX	防止大于12.5mm的固体异物进入和防止1mm的探针触及	能防止直径大于12.5mm固体异物进入壳内和防止长度不大于100mm、直径为1mm的试验探针触及壳内带电部分和运动部件
5	IP5X	防尘	不能完全防止尘埃进入壳内，但进尘量不足以影响电器的正常运行
6	IP6X	尘密	无尘埃进入

表 1-4 第二位表征数字表示的防护等级

第二位表征数字	表征符号	防护等级 简述	防护等级 含义
0	IPX0	无防护	无专门防护
1	IPX1	防滴	垂直滴水应无有害影响
2	IPX2	15°防滴	当电器从正常位置的任何方向倾斜至15°以内任一角度时，垂直滴水应无有害影响
3	IPX3	防淋水	与垂直线成60°范围以内的淋水应无有害影响
4	IPX4	防溅水	承受任何方向的溅水应无有害影响
5	IPX5	防喷水	承受任何方向由喷嘴喷出的水应无有害影响
6	IPX6	防海浪	承受猛烈的海浪冲击或强烈喷水时，电器的进水量应不致达到有害的影响
7	IPX7	防浸水影响	当电器浸入规定压力的水中经规定时间后，电器的进水量应不致达到有害的影响
8	IPX8	防潜水影响	电器在规定的压力下长时间潜入水时，水应不进入壳内

1.3.3 电气控制中的颜色标志

在电气技术领域中，为了使人们对周围存在的不安全因素环境、设备引起注意，保证正确操作，防止事故，易于识别在接线、配线、敷线和各个电器元件和装备之间的相对安装位置，以及它们间的电连接关系，需要对各种绝缘导线的连接标记、导线的颜色、指示灯的颜色及接线端子的标记等采用安全色作出统一规定。统一使用安全色，能使人们借助所熟悉的安全色含义，正确地对设备操作和维护，并识别危险部位，有助于防止发生事故，及时排除故障，确保人身和设备的安全。电气技术中常用的安全色有红色、黄色、蓝色、绿色、黄色与绿色相间条纹等。目前国家标准有关电气技术领域电标记和颜色的标准主要有：GB4884—1985《绝缘导线的标记》、GB/T4026—2004《人机界面标志标识的基本方法和安全规则 设备端子和特定导体终端标识及字母数字系统的应用通则》、GB7947—2006《人机界面标志标识的基本方法和安全规则 导体的颜色或数字标识》等。

1. 指示灯和按钮用色的统一规定

指示灯和按钮常用的安全色有红色、绿色、黄色、蓝色等。红色表示禁止、停止和危险的意思。凡是禁止、停止和有危险的器件、设备或环境，应以红色标记。如停止按钮和停车、仪表刻度盘上的极限位置刻度等。绿色表示通行、安全和提供信息的意思。凡是在可以通行或安全情况下，应涂以绿色标记，如起动按钮、安全信号指示等。黄色表示注意、警告的意思。凡是警告人们注意的器件、设备或环境，应涂以黄色标记。如警示按钮志、警告信号等。蓝色表示必须遵守的意思，如命令标志。

表1-5列出了指示灯的颜色及其含义，表1-6列出了按钮颜色及其含义。指示灯和按钮选色原则依指示灯被接通（发光、闪光）后所反映的信息来选色或按钮被操作（按压）后所引起的功能来选色。

表1-5 指示灯的颜色及其含义

颜色	含义	解释	典型应用
红色	异常情况或警报	对可能出现危险和需要立即处理情况报警	温度超过规定（或安全）限制，设备的重要部分已被保护电器切断
黄色	警告	状态改变或变量接近其极限值	温度偏离正常值出现允许存在一定时间的过载
绿色	准备、安全	安全运行条件指示或机械准备起动	冷却系统运转
蓝色	特殊指示	上述几种颜色即红、黄、绿色未包括的任一种功能	选择开关处于指定位置
白色	一般信号	上述几种颜色即红、黄、绿、蓝色未包括的各种功能，如某种动作正常	

表1-6 按钮颜色及其含义

颜色	含义	典型应用
红色	危险情况下的操作	紧急停止
	停止或分断	全部停机。停止一台或多台电动机，停止一台机器某一部分，使电器元件失电，有停止功能的复位按钮

(续)

颜色	含 义	典 型 应 用
黄色	应急干预	应急操作,抑制不正常情况或中断不理想的工作周期
绿色	起动或接通	起动,起动一台或多台电动机,起动一台机器的一部分,使某电器元件得电
蓝色	蓝色表示必须遵守的意思	可用于上述几种颜色即红、黄、绿色未包括的任一种功能
黑色、灰色、白色	无专门指定功能	可用于"停止"和"分断"以外的任何情况

指示灯的作用是指示某个指令、某种状态、某些条件或某类演变、正在执行或已被执行,从而引起操作者的注意,或指示操作者应做的某种操作。指示灯的闪光信息则指示操作者进一步引起注意或须立即采取行动等。红色按钮用于"停止"、"断电";绿色按钮优先用于"起动"或"通电",但也允许选用黑、白或灰色按钮;一钮双用的"起动"与"停止"或"通电"与"断电",交替按压后改变功能的,既不能用红色按钮,亦不能用绿色按钮。而用黑、白或灰色按钮;按压时运动,抬起时停止运动(如点动、微动),应用黑、白、灰或绿色按钮,最好是黑色按钮,而不能用红色按钮;用于单一复位功能的,用蓝、黑、白或灰色按钮;同时有"复位"、"停止"与"断电"功能的,用红色按钮。灯光按钮不得用作事故按钮。

2. 绝缘导体和裸导体的颜色标记

表1-7列出了依导线颜色标志电路的规定及其含义,标记导体的颜色为:黑、白、红、黄、蓝或淡蓝;绿、橙、灰、棕、青绿、紫、粉红及绿/黄间色。为安全起见,除绿/黄间色

表1-7 依导线颜色标志电路的规定

序号	导线颜色	所标志电路
1	黑色	装置和设备的内部布线
2	棕色	直流电路的正极
3	红色	交流三相电路的第3相(L3或W相) 半导体三极管的集电极 半导体二极管、整流二极管或晶闸管的阴极
4	黄色	交流三相电路的第1相(L1或U相) 半导体三极管的基极 晶闸管和双向晶闸管的门极
5	绿色	交流三相电路的第2相(L2或V相)
6	蓝色	直流电路的负极 半导体三极管的发射极 半导体二极管、整流二极管或晶闸管的阳极
7	淡蓝色	交流三相电路的零线或中性线 直流电路的接地中间线
8	白色	双向晶闸管的主电极;无指定用色的半导体电路
9	黄和绿双色(每种色宽约15~100mm交替贴接)	安全用的接地线
10	红、黑色并行	用双芯导线或双根绞线连接的交流电路

外，不能用黄或绿与其他颜色组成双色。在不引起混淆的情况下，可以使用黄和绿之外的其他颜色组成双色。为便于区别，除绿/黄间色外，优先选用下列五种颜色：淡蓝、黑、棕、白、红。颜色标志可用规定的颜色或用绝缘导体的绝缘颜色标记在导体的全部长度上，也可标记在所选择的位置上。

绿/黄间色只能用于来标记保护导体，不能用于其他目的。用作保护导体的裸导体或母线，必须用 15~100mm、宽度相等的绿色和黄色相间的条纹，在每个导体的全部长度上或只在每个区间或每个单元或每个可接触的部位上作出标志。如果使用胶带，只能使用双色胶带。对于绝缘导体上的绿/黄间色，必须是在每 15mm 长的绝缘导体上，一种颜色覆盖的导体表面不小于 30%、不大于 70%，另一种颜色覆盖其余的表面。如果保护导体从其形状、结构或位置上（例如同心导体）容易识别，则在导体的全部长度上不必都有颜色标志，但其端部或可接触到的部位应用绿/黄间色标志或其他形式的标志。淡蓝色只能用于中性线或中间线。电路中包括有用颜色来识别的中性线或中间线时，所用的颜色必须淡蓝色。如果用颜色来标记作为中性线或中间线的裸导体或母线时，必须用 15~100mm 宽的淡蓝色条纹，在每个区间或每个单元或每个可接触的部位作出标志，或者用淡蓝色在全部长度上作出标志。

1.4 电气制图规则

电气图是电气工程中通用的技术语言和重要的技术交流工具，是指导设计、生产和施工的重要技术文件。电气图是用标准图形符号、文字符号和图示法绘制的表示电气系统、装置和设备各组成部分相互关系及其连接关系的电气工作原理图、施工图等技术文件，以描述电气系统或电气装置的构成和功能，并提供产品装配和使用信息的一种简图。常用电气图包括系统图或框图、逻辑图、功能表图、电路图、接线图或接线表布置图、设备元件材料表和安装图等。电气图常用的表达形式有简图和表图。简图可简称为图，如电路图、接线图等。电气图中各组件常用的表示方法有多线表示法、单线表示法、连接表示法、半连接表示法、不连接表示法和组合法等。根据图的用途、图面布置、表达内容、功能关系等，具体选用其中一种表示法，也可将几种表示法结合运用。电气制图所涉及的内容非常丰富，本节简要介绍电气制图的基本知识和基本内容，为学习专业知识打下基础。

1.4.1 电气制图标准

电气技术文件作为交流电气技术信息的载体，其编制规则和电气图形符号是电气工程的语言，只有规范化才能满足国内外技术交流的需要。我国电气制图标准化技术委员会为"全国电气信息结构、文件编制和图形符号标准化技术委员会"。国际上大多数发达国家都将国际电工委员会（IEC）标准作为统一电气工程语言的依据。我国于 1983 年成立了全国电气信息结构、文件编制和图形符号标准化技术委员会（The Chinese Standardization Technical Committee for Electrical Information Structures, Documentation and Graphical Symbols），代号为 SAC/TC27，相应的国际电工委员会为 IEC 的第 3 工作组 IEC/TC3。

电气技术文件涉及的电气制图标准主要有电气技术文件的编制标准、电气简图用图形符号标准和电气设备用图形符号三大类。1964 年我国首次系统地制定了电气图形符号和文字符号等系列标准。1986年以后，陆续采用国际标准制定新的电气技术制图标准，如参照IEC 60617《电气简图用图形符号》、IEC61082《电气技术用文件的编制》、IEC61346《工业系统、成套装置与设备以及工业产品 结构原则和检索代号》等系列标准，颁布了我国国家标准GB/T4728《电气简图用图形符号》系列标准，统一了电气制图规则。电气技术文件编制的主要标准见表1-8。表1-8中前3项是电气技术文件编制的基本标准；第4~6项为结构原则与检索代号；第7、8两项为文件和文件编制管理标准；其他是一部分电气制图规则和标准。

表1-8 电气技术文件的编制标准

序号	标准编号	标准名称
1	GB/T6988.1—1997	电气技术用文件的编制 第1部分：一般要求
	GB/T6988.2—1997	电气技术用文件的编制 第2部分：功能性简图
	GB/T6988.3—1997	电气技术用文件的编制 第3部分：接线图和接线表
	GB/T6988.4—2002	电气技术用文件的编制 第4部分：位置文件与安装文件
	GB/T 6988.5—2006	电气技术用文件的编制 第5部分：索引
	GB/T6988.6—1993	控制系统功能表图的绘制
	GB/T 2900.18—1992	电工术语 低压电器
2	GB/T18135—2000	电气工程CAD制图规则
3	GB/T19045—2003	明细表的编制
4	GB/T5094.1—2002	工业系统、装置与设备以及工业产品 结构原则与参照代号 第1部分：基本规则
	GB/T5094.2—2003	工业系统、装置与设备以及工业产品 结构原则与参照代号 第2部分：项目的分类与分类码
	GB/T5094.3—2005	工业系统、装置与设备以及工业产品 结构原则与参照代号 第3部分：应用指南
	GB/T5094.4—2005	工业系统、装置与设备以及工业产品 结构原则与参照代号 第4部分：概念的说明
5	GB/T 18656—2002	工业系统、装置与设备以及工业产品 系统内端子的标识
6	GB/T 16679—1996	信号和连接线的代号
7	GB/T 19529—2004	技术信息与文件的构成
8	GB/T 19678—2005	说明书的编制 构成、内容和表示方法
9	GB/T 4026—2004	人机界面标志标识的基本方法和安全规则 设备端子和特定导体终端标识及字母数字系统的应用通则
10	GB 4884—1985	绝缘导线的标记
11	GB 7947—2006	人机界面标志标识的基本方法和安全规则 导体的颜色或数字标识
12	GB/T 5489—1985	印制板制图
13	GB/T 7159—1987	电气技术中的文字符号制订通则（2005年已废止，供参考）
14	GB/T 7356—1987	电气系统说明书用简图的编制（2005年已废止，供参考）
15	GB/T10609.1—1989	技术制图 标题栏
	GB/T10609.2—1989	技术制图 明细栏
16	GB/T14689—1993	技术制图 图纸幅面和格式

(续)

序号	标准编号	标准名称
17	GB/T14691—1993	技术制图 字体
18	GB/T17564.1—2005	电气元器件的标准数据元素类型和相关分类模式 第1部分：定义-原则和方法
	GB/T17564.2—2005	电气元器件的标准数据元素类型和相关分类模式 第2部分：EXPRESS 字典模式
	GB/T17564.3—1999	电气元器件的标准数据元素类型和相关分类模式 第3部分：维护和确认的程序
19	QJ 3154—2002	计算机辅助设计电气制图基本规定及管理要求
20	GB/T5465.1—2007	电气设备用图形符号基本规则 第1部分：原形符号的生成
21	GB/T5465.2—1996	电气设备用图形符号
22	GB/T11499—2001	半导体分立器件文字符号
23	GB/T 4728.1—2005	电气简图用图形符号 第1部分：一般要求
	GB/T 4728.2—2005	电气简图用图形符号 第2部分：符号要素、限定符号和其他常用符号
	GB/T 4728.3—2005	电气简图用图形符号 第3部分：导体和连接件
	GB/T 4728.4—2005	电气简图用图形符号 第4部分：基本无源元件
	GB/T 4728.5—2005	电气简图用图形符号 第5部分：半导体管和电子管
	GB/T 4728.6—2005	电气简图用图形符号 第6部分：电能的发生与转换
	GB/T 4728.7—2008	电气简图用图形符号 第7部分：开关、控制和保护器件
	GB/T 4728.8—2008	电气简图用图形符号 第8部分：测量仪表、灯和信号器件
	GB/T 4728.9—2008	电气简图用图形符号 第9部分：电信：交换和外围设备
	GB/T4728.10—2008	电气简图用图形符号 第10部分：电信：传输
	GB/T4728.11—2008	电气简图用图形符号 第11部分：建筑安装平面布置图
	GB/T4728.12—2008	电气简图用图形符号 第12部分：二进制逻辑元件
	GB/T4728.13—2008	电气简图用图形符号 第13部分：模拟元件
24	GB/T16902.1—2004	图形符号表示规则 设备用图形符号 第1部分：原形符号
25	GB/T 20295—2006	GB/T 4728.12 和 GB/T 4728.13 标准的应用

1.4.2 电气工程图及技术文件

1. 电气工程图

电气工程图是为电气工程的系统设计、设备制造、施工和维修而绘制、编制的成套图样和文字说明等，称为电气技术文件。在绘制电气工程图时，首先要明确图的使用场合和表达对象，然后需考虑采用何种形式进行表达。电气工程图的表达形式有简图、表图、表格和文字等。简图是电气工程图的最常用表达形式，用以表达电气系统的工作原理、系统结构等，系统图、电路图、接线图等都属于简图。简图是用图形符号、带注释的围框或简化外形表示电气系统或设备的组成及其连接关系的一种图；表图是表示两个或两个以上变量之间关系的一种图。表图的表达形式主要是图而不是表，如电路波形图、数字电路的时序图、凸轮控制器手柄位置与触头闭合的示意图等；表格是把数据按纵横排列的一种表达形式，主要用于说明电气系统、设备的组成或连接关系，提供工作参数及技术数据等内容，如转换开关的接线表、设备元件表、技术文件清单等都属于表格。文字是使用语言文字的一种信息表达方式，如各种说明书及各项说明中的语言文字。此外，在电气工程中，有时还采用按投影法绘制的图，如电气控制柜的箱体结构图，这类图属于电气工艺机械制图。

2. 电气技术文件

电气技术文件包括技术人员熟知的概略图、逻辑图、电路图、接线图等电气简图，也包括接线表、元件表、说明书等设计文件。电气技术文件编制中的文件，按其用途及使用特征等进行分类，主要有功能、位置、接线、项目表及说明书等技术文件。电气技术文件根据实际情况可简可繁。在编制电气技术文件时，应注意技术文件的正确性、完整性和统一性。技术文件的正确性是指电气技术文件提供的图样、说明及其他资料必须正确无误，能满足设计要求达到的性能指标。另外，电气工程图中所采用的图形符号、文字说明、格式、画法等，均必须符合国家标准及有关规定。技术文件的完整性是指文件中的图样、说明及其他资料，要满足制造、施工、维修的需要，应该提供的图样等有关资料不能省略或简化。技术文件的统一性是指文件中的各种图样、文字说明要前后一致，符号、名称、数据等不能中途更改或丢失。

（1）功能性文件

1）概略图。概略图表示系统、分系统、装置、部件、设备中各项目间的主要关系和连接的简图，通常用单线表示法。

2）框图。框图是采用方框符号表示的一种概略图。它概略地描述项目的基本组成和相互关系。

3）网络图。网络图是表示系统中主要设备间的关系的一种概略图，如发电厂、变电站及电力线等构成的电力网络概略图，控制系统上位机与下位机及其他设备之间构成的网络示意图等。

4）功能图。功能图是表示原理或理论，而不涉及实现方法的一种等效功能简图。它可详细表示系统、分系统、装置、部件、设备等的功能。等效电路图中的元件符号一般都是功能性元件符号，不代表实际元件。如变压器等效电路图，将含有铁心、绕组的变压器实体变成了一个仅含有电阻和电感的电路，目的是分析和计算变压器、感应电机电磁特性和运行状态。当功能图中主要使用二进制逻辑元件符号时，则称为逻辑功能简图。

5）电路图。电路图即电气原理图，也称为电气线路图。它是采用标准图形符号按一定的逻辑关系或功能顺序排列，表示系统、分系统、装置、部件、设备等实际电路的连接关系的一种简图。它只表示其逻辑关系及功能的电气原理，而不考虑项目的实际尺寸、形状及其位置。如电动机起停控制电路就是一个典型的电路图。

6）功能表图。功能表图是用步和转换描述顺序控制系统的工艺流程、功能和状态的一种表图。

7）端子功能图。端子功能图是表示功能单元的各端子和内部功能及连接关系的一种简图。它可采用简化的电路图、功能图、功能表图、顺序表图或文字来表达。

8）顺序表图。顺序表图是表示系统各个单元工作次序或状态的图。它表示各单元的工作或状态按一个方向排列，类似于数字电路的时序图。若按比例绘制具有时间轴的顺序表图，即是时序图。

（2）位置文件

1）总平面图。表示电气工程中的主要设备（包括建筑物）的相对测定点的具体位置，包括连接关系、断面视图、网络、道路、地表资料、进出线布置及工区总体布局的平面图。如变电站的屋外设备总平面布置图。

2）安装图。表示各项目间安装位置的图。表示各项目间连接关系的安装图即为安装简图。

3）装配图。通常按比例表示一组装配部件的空间位置和形状的图，即为装配图。经简化或补充以给出某种特定目的所需信息的装配图，即为其布置图。

(3) 接线文件

1）接线图（表）。接线图（表）是表示装置或设备连接关系的一种简图（表）。表示一个结构单元内连接关系的接线图（表），即单元接线图（表），如图1-17所示。

图1-17中的跨越线号1、2上的折线符号表示这两根导线是绞合的。表示不同结构单元间连接关系的接线图（表），称为互连接线图（表）。表示一个结构单元的端子和该端子与外部连线（或包括内部连线）的接线图（表），称为端子接线图（表），如图1-18所示。

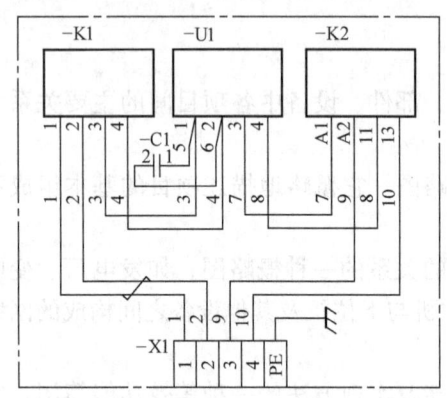

图1-17 单元接线图（表）示意

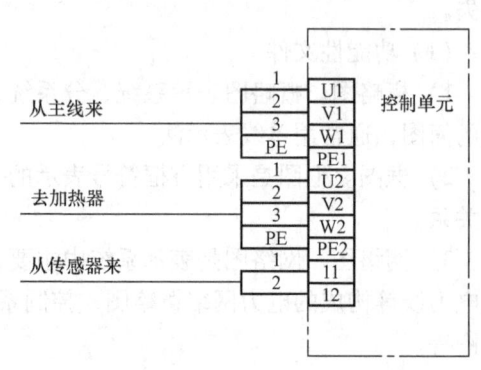

图1-18 控制单元端子接线图示意

2）电缆敷设图（表）。电缆敷设图（表）是表示有关电缆或导线的识别标记、两端位置及特性、路径和功能等信息的一种简图（表），如图1-19所示。

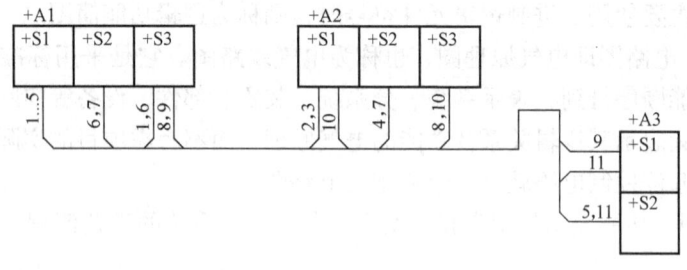

图1-19 位于+A1、+A2和+A3间的电缆敷设图（表）示意

(4) 项目表

1）元件、设备表。元件、设备表表示构成一个组件的项目，如零件、元件、软件、设备、电缆、导线，以及文件的表格等。元件、设备表示例见表1-9。

2）备用元件表。备用元件表表示用于维护和维修的项目，如零件、元件、软件、散装材料等备品备件的表格。

(5) 说明文件

表1-9 元件设备表

序号	项目代号	名称	型号	规格	单位	数量
1	S2	停止按钮	LA2	250V，5A	个	1
2	S1	起动按钮	LA2	250V，5A	个	1
3	FR	热继电器	JR8	30A	个	1
4	KM	交流接触器	CJ20	380V，30A	个	1
5	FU2	管式熔断器	R1	1A	个	1
6	FU1	填料式熔断器	RT2	15A	个	3
7	M	电动机	Y	380V，7.5kW	台	1

1）安装说明文件。安装说明文件是对一个系统、装置、设备或元件的安装条件和测试等的技术说明或信息的一种文件。

2）调试说明文件。调试说明文件是对一个系统、装置、设备或元件初始起动和运行时的技术说明，如调节、测试方法、推荐的设定值，以及所需采取的有关技术措施的说明或信息的文件。

3）使用说明文件。使用说明文件是对一个系统、装置、设备或元件的正确使用所给出的说明或信息的文件。如产品说明书、用户手册等。

4）维修使用说明文件。维修使用说明文件是对一个系统、装置、设备或元件的维修程序、方法给出的说明或信息的文件。如维修或保养手册。

5）可靠性和可维修性说明文件。可靠性和可维修性说明文件是对一个系统、装置、设备或元件给出的可靠性和可维修性的说明或信息的文件。

6）其他文件。必要时，提供可能需要的其他文件，如使用指南、样本、图样和文件清单等。

1.4.3 电气控制技术中常用的图形、文字符号

电气线路图是由各种电器元件的图形符号、符号要素、限定符号等组成，图形符号是电气图的主体和基本单元，是电气技术文件中的"象形文字"，是构成电气"工程语言"的"词汇"。电气图形符号包括图用图形符号、设备用图形符号、标志用图形符号和标注用图形符号等。必须严格遵照表1-8所列出的及其他国家标准绘制，如GB4728.1~GB4728.13《电气简图用图形符号》、GB/T18135—2000《电气工程CAD制图规则》等。电气图中的图形和文字符号必须符合最新的国家标准。表1-10~表1-13列出了摘自上述标准的常用电气图形符号和文字符号，以供参考。正确熟练地理解、绘制和识别各种电气图形符号是电气制图与读图的基本功。

1. 图形符号的组成

图形符号是用于表示电气图中电气设备、装置、元器件的一种图形和符号，是电气制图中不可缺少的要素。图形符号通常由一般符号、符号要素、限定符号和方框图等组成。

（1）一般符号 一般符号是用以表示某一类产品及其特征的一种通用符号，即某一类别的通用符号。如开关、继电器、电动机、电阻等类别符号即属于一般符号，而热敏电阻、低压断路器、接触器、隔离开关等则不是一般符号。一般符号可以单独使用，并可在一般符

号上再附加其他符号要素和限定符号,以派生新的符号。

(2) 符号要素　符号要素是一种具有确定意义的简单图形,用于与其他图形符号组合,而构成一个设备或概念的完整符号,不能单独使用。如不同功能、类型的主令开关是由开关的一般符号与不同功能的符号要素组成的,因此按钮开关、紧急开关和旋钮开关等的符号是不一样的,见表1-10。

表1-10　常用电气图形符号要素

图形符号	说明	图形符号	说明
◁	接触器的功能	▽	限位开关功能 位置开关功能 注:①当不需要表示接触的操作方法时,这个限定符号可用在简单的触头符号上,以表示限制开关和位置开关 ② 当在两个方向都用机械操作触头时,这个符号应加在触头符号的两边
✕	断路器的功能		
—	隔离开关的功能		
○	负荷开关的功能	◁	弹性返回功能,自动复位功能 注:引用此符号应特别注意使用要恰当 这个符号不能和本表中前4个符号同时使用
◤	自动释放功能	○	无弹性返回功能 注:引用此符号应特别注意使用要恰当 这个符号不能和本表中前4个符号同时使用

(3) 限定符号　限定符号是用以提供附加信息的一种加在其他符号上的图形符号,通常不能单独使用。如不同功能、类型的开关电器是由开关的一般符号与不同功能的限定符号组成的,因此低压断路器、隔离开关和负荷开关等的符号是不一样的。但一般符号有时也可用作限定符号,如电动机的一般符号加到其他一些符号上即构成电动式器件符号,如加到一般阀门符号上就构成电动阀门符号等。由于限定符号的应用,从而使图形符号更具多样性。如在电阻器一般符号的基础上,分别加上不同的限定符号,则可得到可变电阻器、滑线变阻器、压敏电阻器、热敏电阻器、光敏电阻器、熔断电阻器等的符号,见表1-11。

表1-11　常用电气图形限定符号

图形符号	符号说明	图形符号	符号说明
⊐	热效应	✕	磁场效应或磁场效应消失
⊃	电源效应	⊐---	热执行器操作(如热继电器、热过电流保护)
形式1　⊣ 形式2　⊤	延时动作 注:从圆弧向圆心方向移动的延时动作	Ⓜ---	电动机保护
		⊕---	电钟操作
---◁---	自动复位 注:三角为指向返回方向	⊐---	过电流保护的电磁操作
---▽---	定位非自动复位 维持给定位置的电器	□---	电磁执行器操作

(续)

图形符号	符号说明	图形符号	符号说明
	液位控制		推动控制
	计数控制		接近效应控制
	流体控制		接触效应控制
p	压力控制		紧急开关（蘑菇头安全按钮）
n	转速控制		手轮控制
v	线性速度或速度控制		脚踏控制
$\%H_2O$	相对湿度控制		杠杆控制
θ	温度控制 注：θ 可用 t_0 代替		可拆卸的手柄操作
	一般情况下手动		钥匙操作
	受限制的手动控制		曲柄操作
	拉拔操作		滚轮（滚柱）操作
	旋转控制		凸轮操作 注：需要时可出示详细

（4）方框符号 方框符号是在方框内加上一般符号或限定符号所构成的一种简单符号，主要用以表示某一元件、设备或功能单元等的组合及其功能，既不给出元件、设备的细节，也不考虑所有连接的一种简单的图形符号。通常只用于使用单线表示法的系统图和框图中，也可用在示出全部输入和输出接线的图中或按单线表示法画成的电路图中。电路图中的外购件、不可修理件也可用方框符号表示。方框符号的外形轮廓一般应为正方形、长方形、圆形等。图 1-20a 所示的整流器框形符号，它仅表示了由交流变为直流的功能，至于其内部的细节，如整流变压器、整流桥等及其连接关系则不考虑。图 1-20b 是电气系统图中的整流器图形符号，交流侧输入，三相带中性线（N），50Hz、380/220V；直流侧输出，带中间线（M）的三线制，220/110V。

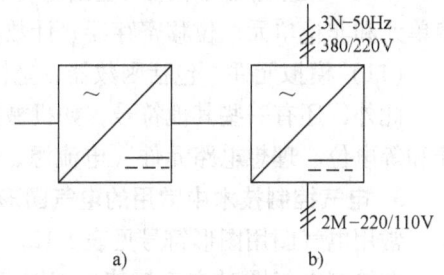

图 1-20 方框符号示意图

电气设备用图形符号与电气图用图形符号有些是相同的，但大部分是不同的，含义也大不相同。设备用图形符号主要用于各种电气设备或部件上，使操作人员了解其用途和操作方法。主要用途是识别（如设备或抽象概念）；限定（如变量或附属功能）；说明（如操作或使用方法）；命令（如应做或不应做的事）；警告（如危险）；指示（如方向、数量）。这些符号也可用于安装或移动电气设备的场合，以明示诸如禁止、警告、规定或限制等警示。通常，标志在设备上的图形符号，主要警示设备使用者识别电器设备或其组成部分（如控制器或显示器）；指示功能状态（如通、断、告警）；标志连接（如端子、接头）；包装信息（如内容识别、装卸说明）；电器设备操作说明（如警告、使用限制）。而在电气图中，尤其是在某些电气平面图、电气系统说明书中，也可以适当地使用这些符号，以补充这些图所包含的内容。GB/T 5465《电气设备用图形符号》将设备用图形符号分为 6 个部分：通用符号；广播、电视及音响设备符号；通信、测量、定位符号；医用设备符号；电化教育符号；家用电器及其他符号。

2. 电气工程图形符号的种类

电气工程图形符号种类繁多，GB/T4728《电气简图用图形符号》中将其分为 11 类。

（1）导线和连接件　包括各种导线、接线端子、端子和导线的连接、连接件、电缆附件等。

（2）无源元件　包括电阻器、电容器、电感器、铁氧体磁心、磁存储器矩阵、压电晶体、驻极体、延迟线等。

（3）半导体管和电子管　包括二极管、三极管、晶闸管、电子管、辐射探测器等。

（4）电能的发生和转换　包括绕组、发电机、电动机、变压器、变流器等。

（5）开关、控制和保护器件　包括触点（触头）、开关、开关装置、控制装置、电动机起动器、继电器、熔断器、保护间隙、避雷器等。

（6）测量仪表、灯和信号器件　包括指示、积算和记录仪表、热电偶、遥测装置、电钟、传感器、灯、喇叭和电铃等。

（7）电信　交换和外围设备　包括交换系统、选择器、电话机、电报和数据处理设备、传真机、换能器、记录和播放器等。

（8）电信传输　包括通信电路、天线、无线电台及各种电信传输设备。

（9）电力、照明和电信布置　包括发电站、变电站、网络、音响和电视的电缆配电系统、开关、插座引出线、电灯引出线、安装符号等。适用于电力、照明和电信系统和平面图。

（10）二进制逻辑单元　包括组合和时序单元、运算器单元、延时单元、双稳单元、单稳单元和非稳单元、位移寄存器、计数器和存储器等。

（11）模拟元件　包括函数器、坐标转换器、电子开关等。

此外，还有一些其他符号，如机械控制、操作件和操作方法、非电量控制、接地、接机壳和等电位、理想电路元件（电流源、电压源、回转器）、电路故障、绝缘击穿等。

3. 电气控制技术中常用的电气图形符号

常用电气图用图形符号见表 1-12。

在绘制电气图时应直接使用 GB4728 规定的一般符号、方框符号、示例符号及符号要素、限定符号和常用的其他符号，GB4728 中已经给出的各种符号都不允许对其进行修改或

表 1-12　常用电气图形符号和文字符号

名称	图形符号	文字符号	名称		图形符号	文字符号	名称		图形符号	文字符号
一般三极电源开关		QS	速度继电器	常开触头		BV	继电器	常闭触头		相应继电器符号
低压断路器		QF		常闭触头				欠电流继电器线圈		KA
位置开关	常开触头		SQ		线圈			熔断器			FU
	常闭触头			时间继电器	延时闭合常开触头		KT	熔断器式刀开关		QS
	复合触头				延时断开常闭触头			熔断器式隔离开关		QS
转换开关		SA		延时闭合常闭触头			熔断器式负荷开关		QM
按钮	起动		SB		延时断开常开触头			桥式整流装置		VC
	停止			热继电器	热元件		FR	蜂鸣器		H
	复合				常闭触头			信号灯		HL
接触器	线圈		K、KM	继电器	中间继电器线圈		KM	电阻器		R
	主触头				欠电压继电器线圈		KV	接插器		X
	常开辅助触头				过电流继电器线圈		KA	电磁铁		YA
	常闭辅助触头				常开触头		相应继电器符号	电磁吸盘		YH

(续)

名称	图形符号	文字符号	名称	图形符号	文字符号	名称	图形符号	文字符号
串励直流电动机		M	PNP型三极管		V	导线的连接		
并励直流电动机			NPN型三极管			导线跨越而不连接		
三相笼型异步电动机			晶闸管（阴极侧受控）			绞合导线（示出两股）		
三相绕线转子异步电动机			半导体二极管			屏蔽导线		
						中性线		
他励直流电动机			接近敏感开关动合触头		SQ	保护线		
			磁铁接近时动作的接近开关的动合触头		SQ	保护和中性共用线		
复励直流电动机			接近开关动合触头		SQ	先断后合的转换触点		K
						中间断开的双向触点		K
直流发电机		G	与门			带接地插孔的三相插座		X
单相变压器			或门			带接地插孔的三相插座暗装		X
整流变压器		T	非门			单相插座暗装		X
照明变压器			阀的一般符号		Y	单极开关暗装		S
控制电路电源用变压器		TC	电磁阀		Y	密闭（防水）防爆		
			电动阀		Y			
电位器		RP	屏、台、箱、柜的一般符号			二极开关暗装		S
三相自耦变压器		T	配电箱			密闭（防水）防爆		
			带线端标记的端子板	1 2 3 4 5	X			

重新进行派生，但允许按功能组合图的原则派生 GB4728 中未给出的各种符号。

（1）图形符号的使用　图形符号在使用中须遵守一定的规则。GB4728 中给定的符号，有的有几种图形形式，当同种含义的符号有几种形式时，应以满足表达需要为原则，在满足表达需要的前提下，可按需要任意选择使用，但应优先选用"优选形"。在同一图中表示同一对象，应采用同一种形式，并应尽量采用最简单的形式。电路图中必须使用完整形式的图形符号，如单线式变压器符号适用于画单线概略图等；多线式变压器符号适用于需要示出变压器绕组、端子和其他标记的多线画法的，不需完整画出。

GB4728 中给出的图形符号是按功能在未激励状态下按无电压、无外力作用的正常状态。绘制电气图时亦应按此状态绘制。符号的含义是由其形状和内容所确定的，符号大小和图线宽度一般不影响含义。在某些情况下，如为了增加输入或输出的数量，为了便于补充信息，为了强调某些方面，为了把符号作为限定符号来使用等，允许采用大小不同的符号，但比例要协调美观。

在绘制电气控制线路时，应遵循电流方向"自上而下（垂直方位画时），自左向右（水平方位画时）"的原则绘制；对于动合触头和动断触头，应遵循"左开右闭（垂直方位画时），下开上闭（水平方位画时）"的原则绘制，即静触头在上或左，动触头在下或右。对于开关电器，如果按图面布置的需要，采用的图形符号的方位与 GB4728 中示出的一致时，则直接采用；若方位不一致时，应遵循按图例"逆时针旋转 90°"的原则绘制，但文字和指示方向不得颠倒。图形符号的矩形长边和圆的直径宜设计为 $2M$ 的倍数，一般取 $M=2.5\text{mm}$。对于较小的图形符号则可选用 $1.5M$、$1.0M$ 或 $0.5M$。

（2）符号的引线　图形符号所带的连接线不是图形符号的组成部分，在大多数情况下，引线位置仅用作示例。在不改变符号含义的原则下，引线可取不同的方向。但当改变引线的位置会导致影响符号本身含义时，引线位置就不能改变。信号流向要遵循从左至右或从上到下的原则，如果不符合这一规定，则应标出信号流向符号。

4. 文字符号

文字符号是电气图中的电气设备、装置、元器件的种类字符代码和功能字符代码，用以区别各元器件、部件、组件等的名称、功能、状态、特征、相互关系、安装位置等。关于电气图中的文字符号，我国曾发布国家标准 GB/T7159—1987《电气技术中的文字符号制订通则》，该标准已于 2005 年废止，在目前尚无具体替代标准发布前，人们在图样与书刊中仍习惯采用 GB/T 7159 中规定的文字符号，因此本书对该标准仍予以介绍。该标准规定，采用大写拉丁字母正体字表示，标注在相应的设备、装置、元器件的右上方或近旁。文字符号分基本文字符号和辅助文字符号。基本文字符号用来表示设备、装置、元器件的名称，分单字母符号和双字母符号。绘制电气图时，应优先选用单字母符号。GB7159—1987 中的单字母符号等同采用国际标准中的种类代号，双字母符号等同采用双字母代码。单字母和双字母符号在国际上是通用的。基本文字符号中的单字母符号是按拉丁字母将各种电气设备、装置和元器件划分为 23 大类，每大类用一个专用单字母符号表示，如"K"表示"继电器、接触器"类，"F"表示"保护器件"类等。单字母符号应优先采用。双字母符号是由一个表示种类的单字母符号与另一字母组成，其组合形式应以单字母符号在前、另一字母在后的次序列出。只有当用单字母符号不能满足要求、容易混淆、需要将大类进一步划分时，才采用双字母符号，以便较详细和更具体地表述电气设备、装置和元器件。如"F"表示保护器件类,而"FU"表示熔断器,"FR"表示热继电器等。双字母符号的第一位字母只允许按 GB7159 中单字母所表示的种类使用,见表 1-13。

表 1-13 电气技术中常用基本文字符号

基本文字符号		项目种类	设备、装置、元器件举例
单字母	双字母		
A		组件部件	分离元件、放大器、激光器、调节器,本表其他地方未提及的组件、部件
	AB		电桥
	AD		晶体管放大器
	AJ		集成电路放大器
	AM		磁放大电路
	AV		电子管放大器
	AP		印制电路板
	AT		抽屉柜
	AR		支架盘
B		非电量到电量变换器或电量到非电量变换器	热电传感器、热电池、光电池、测功计、晶体换能器、送话器、拾音器、扬声器、耳机、自整角机、旋转变压器、模拟和多极数字变换器或传感器(用作测量和指示)
	BP		压力变换器
	BQ		位置变换器
	BR		旋转变换器(测速发电机)
	BT		温度变换器
	BV		速度变换器
C		电容器	电容器
D		二进制元件延迟器件存储器件	数字集成电路和器件、延迟线、双稳态元件、单稳态元件、磁芯存储器、寄存器、磁带记录机、盘式记录机
E		其他元、器件	本表其他地方未规定的器件
	EH		发热器件
	EL		照明电
	EV		空气调节器
F		保护器件	过电压放电器件、避雷器
	FA		具有瞬时动作的限流保护器件
	FR		具有延时动作的限流保护器件
	FS		具有延时和瞬时动作的限流保护器件
	FU		熔断器
	FV		限压保护器件

(续)

基本文字符号		项目种类	设备、装置、元器件举例
单字母	双字母		
G		发生器、发电机、电源	旋转发电机 振荡器
	GS		发生器、同步发电机
	GA		异步发电机
	GB		蓄电池
	GF		旋转式或固定式变频机
H		信号器件	
	HA		声响指示器
	HL		光指示器、指示灯
K		继电器、接触器	
	KA		瞬时接触继电器、瞬时有或无继电器、交流继电器
	KL		闭锁接触继电器（机械闭锁或永磁铁式有或无继电器、双稳态继电器）
	KM		接触器
	KP		极化继电器
	KR		簧片继电器、逆流继电器
	KT		延时有或无继电器
L		电感器、电抗器	感应线圈、线路陷波器、电抗器（串联和并联）
M		电动机	电动机
	MS		同步电动机
	MG		可做发电机或电动机用的电机
	MT		力矩电动机
N		模拟元件、集成电路	运算放大器、混合模拟/数字器件
P		测量设备、试验设备	指示器件、记录器件、积算测量器件、信号发生器
	PA		电流表
	PC		（脉冲）计数器
	PJ		电能表
	PS		记录仪表
	PT		时钟、操作时间表
	PV		电压表
Q		电力电路的开关器件	
	QF		断路器
	QM		电动机保护开关
	QS		隔离开关

（续）

基本文字符号		项目种类	设备、装置、元器件举例
单字母	双字母		
R		电阻器	电阻器、变阻器
	RP		电位器
	RS		测量分流器
	RT		热敏电阻器
	RV		压敏电阻器
S		控制、记忆、信号电路的开关器件选择器	拨号接触器、连接级、机电式有或无传感器（单级数字传感器）
	SA		控制开关、选择开关
	SB		按钮开关
	SL		液体标高传感器
	SP		压力传感器
	SQ		位置传感器（包括接近传感器）
	SR		转速传感器
	ST		温度传感器
T		变压器	
	TA		电流互感器
	TC		控制电路电源用变压器
	TM		电力变压器
	TS		磁稳压器
	TV		电压互感器
U		调制器 变换器	鉴频器、解调器、变频器、编码器、变流器、逆变器、整流器、电报译码器
V		电子管、晶体管	气体放电管、二极管、晶体管、晶闸管
	VE		电子管
	VC		控制电路电源用的整流器
W		传输通导、波导天线	导线、电缆、母线、波导、波导定向耦合器、偶极天线、抛物面天线
X		端子插头插座	连接插头和插座、接线柱、电缆封端和接头、焊接端子板
	XB		连接片
	XJ		测试插孔
	XP		插头
	XS		插座
	XT		端子板

(续)

基本文字符号		项目种类	设备、装置、元器件举例
单字母	双字母		
Y		电气操作的机械器件	气阀
	YA		电磁铁
	YB		电磁制动器
	YC		电磁离合器
	YH		电磁吸盘
	YM		电动阀
	YV		电磁阀
Z		终端设备、混合变压器、滤波器、均衡器、限幅器	电缆平衡网络、压缩扩展器、晶体滤波器、网络

辅助文字符号通常表示设备、装置、元器件以及线路的功能、状态和特征，通常也是由英文单词的前一两个字母构成，见表 1-14。如"AC"表示交流，"PE"表示保护接地，"RD"表示红色等。辅助文字符号也可放在表示种类的单字母符号后边组成双字母符号，如"P"表示压力，"SP"表示压力传感器。为简化文字符号起见，若辅助文字符号由两个以上字母组成时，允许只采用其第一位字母进行组合，如"MS"表示同步电动机，是"M"和"SYN"的组合。辅助文字符号还可以单独使用，如"ON"表示接通，"N"表示中性线，"RST"表示复位等。

表 1-14 电气技术中常用辅助文字符号

序号	文字符号	名称	英文名称	序号	文字符号	名称	英文名称
1	A	电流	Current	18	D	数字	Digital
2	A	模拟	Analog	19	D	降	Down, Lower
3	AC	交流	Alternating Current	20	DC	直流	Direct Current
4	A、AUT	自动	Automatic	21	DEC	减	Decrease
5	ACC	加速	Accelerating	22	E	接地	Earthing
6	ADD	附加	Add	23	F	快速	Fast
7	ADJ	可调	Adjustability	24	FB	反馈	Feedback
8	AUX	辅助	Auxiliary	25	FW	正，向前	Forward
9	ASY	异步	Asynchronizing	26	GN	绿	Green
10	B、BRK	制动	Braking	27	H	高	High
11	BK	黑	Black	28	IN	输入	Input
12	BL	蓝	Blue	29	INC	增	Increase
13	BW	向后	Backward	30	IND	感应	Induction
14	CW	顺时针	Clockwise	31	L	左	Left
15	CCW	逆时针	Counter Clockwise	32	L	限制	Limiting
16	D	延时（延迟）	Delay	33	L	低	Low
17	D	差动	Differential	34	M	主	Main

（续）

序号	文字符号	名称	英文名称	序号	文字符号	名称	英文名称
35	M	中	Medium	51	RES	备用	Reservation
36	M	中间线	Mid-wire	52	RUN	运转	Run
37	M、MAN	手动	Manual	53	S	信号	Signal
38	N	中性线	Neutral	54	ST	起动	Start
39	OFF	断开	Open, Off	55	S、SET	置位, 定位	Setting
40	ON	闭合	Close, On	56	STE	步进	Stepping
41	OUT	输出	Output	57	STP	停止	Stop
42	P	压力	Pressure	58	SYN	同步	Synchronizing
43	P	保护	Protection	59	T	温度	Temperature
44	PE	保护接地	Protective Earthing	60	T	时间	Time
45	PEN	保护接地与中性线共用	Protective Earthing Neutral	61	TE	无噪声（防干扰）接地	Noiseless Earthing
46	PU	不接地保护	Protective Unearthing	62	V	真空	Vacuum
47	R	右	Right	63	V	速度	Velocity
48	R	反	Reverse	64	V	电压	Voltage
49	RD	红	Red	65	WH	白	White
50	R、RST	复位	Reset	66	YE	黄	Yellow

文字符号适用于电气技术领域中图样和技术文件的编制，也可标注在电气设备、装置和元器件上或其近旁，以标明它们的名称、功能、状态或特征；作为电气技术中项目代号中的种类字母代码和功能字母代码；作为限定符号与电气图用图形符号中一般符号组合使用，以派生各种新的图形符号等。

电气控制线路图中的支路、元件和接点等，一般都要加上标号。主电路标号由文字符号和数字组成。文字符号用以标明主电路中的元件或线路的主要特征，数字标号用以区别电路不同线段。如三相交流电源引入线端采用 L1、L2、L3 标号，电源开关之后的三相交流电源主电路和负载端分别标 U、V、W。如 U_{11} 表示电动机的第一相的第一个接点代号，U_{21} 为第一相的第二个接点代号，依此类推。控制电路由三位或三位以下的数字组成，交流控制电路的标号一般以主要压降元件（如电器元件线圈）为分界，左侧用奇数标号，右侧用偶数标号。电气控制电路中的控制电路中的元件应与主电路相应元件对应标号，控制回路应以数字标号。直流控制电路中正极按奇数标号，负极按偶数标号。

5. 项目代号

在电气图中，为了便于查找、区分和描述图形符号所表示的对象，在图形符号旁还须标注项目代号。

项目是指在电气技术文件中出现的各种实际元件或装置，这些实际元件或装置在图上通常用一个图形符号表示。项目可大可小，如低压断路器、刀开关、电动机、开关设备、某一个系统都可称为项目。

项目代号是各个项目的一种特定代码，它用以表明元件、器件、装置和设备的电器种类、安装地点、项目的实际位置、从属关系和端子位置等信息。用于识别项目的电器种类、项目的层次关系等，在电气图中为各种图形符号提供文字标注，表达特定的内容；在绘制某些表格时，项目代号是表格的重要组成部分。通过项目代号可将不同图或其他技术文件上的项目（软件）与实际设备中的项目（硬件）一一对应和联系在一起。项目代号既能表达特定的含义，又可将电气图中的项目与实物有机地联系起来。

一个完整的项目代号包括四个代号段，即高层代号、位置代号、种类代号和端子代号。在每个代号段之前还有一个前缀符号，以作为代号段特征标记。表 1-15 是项目代号段的示例。

表 1-15 项目代号段示例

段别	名称	前缀符号	示例
第 1 段	高层代号	=	= S3
第 2 段	位置代号	+	+ 12D
第 3 段	种类代号	-	- K5
第 4 段	端子代号	:	: 6

例如，"= S3 + 12D - K5：6"这一代号段表示装置 S3 中的在 12 号位置 D 列控制柜上的接触器 K5 的第 6 号端子。由此可看出，项目代号是以成套装置或设备连续分解为依据的，后面的代号段从属于前面的代号段。电气图上的每一个图形符号旁边都要标注项目代号。由于项目代号很长，标注工作量大，也影响图样的布局和美观，因此标注项目代号时应尽量简化，以必须、够用为限。如为表明项目之间的层次关系和功能关系，可由第 1 段和第 3 段组成项目代号。如果图上所有项目都属于同一层次（同一设备），则高层代号可在图样空白处或标题栏内一次性标注。如为了表示某项目的实际位置，可用第 2 段和第 3 组成项目代号。如需表示某项目的端子时，可用第 3 段和第 4 段组成项目代号。也就是说，第 3 段是项目代号的核心。在电路比较简单时，一般只用第 3 段组成项目代号。

6. 电气制图的一般规则

在电气工程中，图样的种类很多，但在绘制这些图样时，还会遇到一些共性问题，如图幅尺寸、图线、字体以及连接线的表示等。电气图的图纸幅面、标题栏、明细表和字体等，应符合 GB/T14689—1993《技术制图 图纸幅面和格式》标准。

（1）引线的画法　电气图用图线主要有 4 种，箭头型式有 3 种，分别见表 1-16 和表 1-17。

表 1-16 图线的形式和应用范围

图线名称	图线形式	一般应用	图线宽度/mm
实线	———	基本线、简图主要内容（图形符号及连线）用线、可见轮廓线、可见导线	0.25、0.35、0.5、0.7、1.0、1.4、2.0
虚线	- - - - -	辅助线、屏蔽线、机械（液压、气动等）连接线、不可见导线、不可见轮廓线	
点划线	— - — - —	分界线（表示结构、功能分组用）、围框线、控制及信号线路（电力及照明用）	
双点划线	— - - — - -	辅助围框线	

表1-17 箭头的形式及意义

箭头名称	箭头形式	意 义
空心箭头	⇒	用于信号线、信息线、连接线，表示信号、信息、能量的传输方向
实心箭头	▶	用于说明非电过程中材料或介质的流向
普通箭头	→	用于说明运动或力的方向，也用作可变性限定符、指引线和尺寸线的一种末端

指引线用于将文字或符号引注至被注释的部位，用细实线画成，并在末端加注标记。如末端在轮廓线内，加一黑点；如末端在轮廓线上，加一实心箭头；如末端在连接线上，加一短斜线或箭头。

（2）简图的布局　简图的布局通常采用功能布局法和位置布局法。功能布局法是按功能划分，以便使绘图元件在图上的布置及功能关系易于理解。在系统图、电路图中常采用功能布局法。位置布局法是使绘图元件在图上的布置能反映实际相对位置的一种布局方法。位置布局法常用在系统安装简图、接线图与平面布置图中。

简图的绘制应做到布局合理，排列均匀，使图面清晰地表示出电路中各装置、设备和系统的构成以及组成部分的相互关系，以便于看图。

布置简图时，首先要考虑如何有利识别各种逻辑关系和信息的流向，重点要突出信息流及各级逻辑间的功能关系，并按工作顺序从左到右、从上到下排列。表示导线或连接线的图线都应是交叉和折弯最少的直线。图线水平布置时，各个类似项目应纵向对齐；图线垂直布置时，各个类似项目应横向对齐。功能相关的项尽量靠近，以使逻辑关系表达得清晰；同等重要的并联通路，应按主电路对称布置；只有当需要对称布置时，才可采用斜交叉线。图中的引入线和引出线，应画在图边沿或图样边框附近，以便清楚地表达输入输出关系，以及各图间的衔接关系，尤其是大型图需绘制在几张图上时更为重要。

（3）连接线的表示方法　电气图中的各种设备、元器件的图形通过实线连接线连接。连接线可以是导线，也可以是表示逻辑流、功能流的图线。一张图中连接线宽度应保持一致，但为了突出和区别某些功能，也可用不同粗细的连接线突显，如在电动机控制电路中，主电路、一次电路、主信号通路等采用粗实线表示，测量和控制引线用细实线表示。无论是单根还是成组连接线，其识别标记一般标注在靠近水平连接线的上方或垂直连接线的左方。允许连接线中断，但中断两端应加注相同的标记。导线连接交叉处若易误解，则应加实心圆点，否则可不加实心圆点。

（4）围框　电气图中的围框有点划线围框和双点划线围框两种。当需要在图上显示出图的某一部分，如功能单元、结构单元、项目组（继电器等）时，可用点划线围框表示。为了图面的清晰，围框的形状可以是不规则的。在表示一个单元的围框内，对于在电路功能上属于本单元而结构上不属于本单元的项目，可用双点划线围框围起来，并在框内加注释说明。

（5）电器元件的表示方法　同一电气设备、元件在不同类型的电气图中往往采用不同的图形符号表示。如具有机械的、磁的和光的功能联系的元件；在驱动部分和被驱动部分之间具有机械连接关系的器件和元件等，在电气图中可将各相关部分用集中表示法、半集中表示法和分离表示法，见表1-18。

表 1-18　器件和元件集中、半集中、分离表示方法的比较

方法	表示方法	特点
集中表示法	元件的各组成部分在图中靠近集中绘制。如继电器线圈及其触头	易于寻找项目的各个部分，适用于较简单的图
半集中表示法	元件的某些部分在图上分开绘制，并用虚线表示相互关系，虚线连接线可以弯折、交叉和分支。如复合按钮及其触头	可以减少连线往返和交叉，图面清晰，但会出现穿越图面的连接线
分离表示法	元件的各组成部分在图上分开绘制，不用连接线而用项目代号表示相互关系，并表示出在图上的位置	可减少连线往返和交叉，连接线不穿越图面，但是为了寻找被分开的各部分，需要采用插图或表格

（6）元器件技术数据的表示方法　元器件技术数据，如元器件型号、规格、额定值等，可直接标在图形符号近旁，必要时可放在项目代号的下方。技术数据也可标在仪表、集成块等的方框符号或简化外形符号内。技术数据也常用表格形式给出。

7. 电气图的绘制

由于电气图的种类很多，以下介绍电气系统图、电气原理图绘制的基本方法与原则。

（1）系统图与框图　系统图通常用于控制系统或成套装置，框图则用于分系统或设备。系统图和框图以方框符号为主或带有注释的框表示元器件、设备等的组成及其功能，有些也采用代表元器件的图形符号，但不表示具体的元器件，只是使这一单元的功能特征更为形象。方框符号的功能由限定符号来表示，每个方框符号本身已代表了实际单元的功能。系统图和框图对布图有很高的要求，强调布局清晰，以利于识别逻辑功能和信息流向。基本流向应从左向右或自上而下的顺序排列，对于流向相反的信号应在线条上绘制箭头表示清楚。各部分间以连接线连接，可反映其相互间的功能关系。连接线有的表示电的关系，有的表示机械的连接，也有表示流程的。与系统图和框图中点划线框相连的连接线，必须接到框内的图形符号上；当采用带注释的实线框时，则连接线接到框的轮廓线上。在系统图和框图上，各个框一般应标注项目代号。

图 1-21 是工厂供电系统方案图。图中示出了用高层代号表示的 6 个项目以及它们之间的功能关系。高压侧为 3 相交流 10kV 进线，经变电装置将电压降至 0.4kV 供各车间用电。这个图由 5 个方框组成：=PL1 是 3 相交流 10kV 配电装置；=PB1 是 10kV 汇流排；=T1 与=T2 是 10kV 变电设备；=PB2 是 0.4kV 汇流排，每个部分的具体结构、形状、安装位置、连接方法等另图详细说明。

（2）电气原理图　电气原理图是电气技术中使用最广泛的一种图。电气原理图的重要特征以图形符号形式在图上表示元件和器件及其功能与逻辑关系。因此应采用国家标准 GB/T4728 所规定的图形符号来绘制。对于标准中没出现的新元件，可根据标准所给出的规则，使用一般符号及限制符号来组合新的符号绘制。元器件的图形符号在图中必须画出所有的连接。

电气原理图应按其工作原理的顺序从左向右、自上而下排列。图中元器件图形符号的布局或单元电路的绘制，可灵活地应用前面所介绍的各种画法。电路中的电源在图中的布置应使所有电源线集中绘制在电路的左侧或上部；多相电源电路还要按相序从上到下或自左至右排列；中性线画在相线的下方或右边。电源可用相应的图形符号或用线条表示，如用交流符号"~"表示交流电源，在用多线条表达时，用三相交流电源符号"L1"、"L2"、"L3"和中性线符号"N"等表示。

在电气原理图中，为了使图面更简洁，使识图与绘图简单、方便，在一些特定条件下，可将图中的某个单元或某个分支电路进行简化，其功能不变。多个相同的支路并联时，可用标有公共连接符号的一个支路来表示。符号的折弯方向应与支路的连接情况相符。因被简化而未画出的各项目的代号，则需在对应的图形符号旁全部标注出来，公共连接符号边加注并联支路的总数。相同的电路重复出现时，可详细地画出其中的一个，并加画围框表示其范围。与之相同的其他电路分别画出空白围框，加注必要的文字注释，如可注上"本电路与××相同"字样。具有某种确定功能的单元电路可以根据图的种类和表达需要而定，一般以方框符号或带注释的框来表示。在电气原理图中，除使用图形符号外，应加注项目代号和元器件的主要参数。

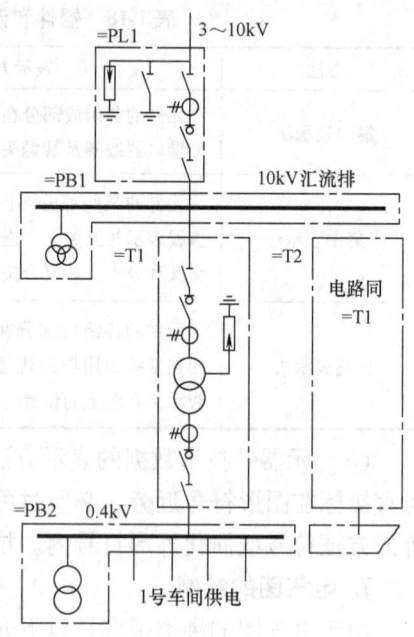

图 1-21 工厂供电系统方案图

电气 CAD 制图可采用 AutoCAD、Visio、Protel 或专业电气绘图软件等软件绘制，详见第 4 章。

第 2 章 常用低压电器

低压电器的种类繁多、功能多样、用途广泛。掌握常用低压电器元件的工作原理及其应用，是学习、使用、操作和设计工业自动化控制系统的基础。本章主要介绍常用低压电器的结构、工作原理及用途等有关知识，并介绍它们的选用方法，为正确选择和合理使用这些电器打下基础。

2.1 概述

常用低压电器广泛应用于继电逻辑控制系统，其中最主要的控制对象是各类交流电动机。我们首先通过一个实例认识一下常用低压电器元件的基本工作原理及其应用，建立一个感性认识。图 2-1 是一个配置比较全面的三相笼型异步电动机单向全电压起、停控制线路，也是最常见、应用最广泛的、最基本的异步电动机控制线路之一，大多数继电逻辑控制系统中的主电路就是由这样的基本线路派生、组合而成的。

由图 2-1 可见，三相笼型异步电动机单向全电压起、停控制线路由刀开关 QS、熔断器 FU、低压断路器 QF、接触器 K、热继电器 FR 与电动机 M 构成主电路；起动按钮 SB2、停止按钮 SB1、接触器 K 的线圈及其常开辅助触头 K、热继电器 FR 的常闭触头等构成控制回路（亦称为辅助回路、控制线路）。起动时，先合上 QS，再合上 QF，引入三相电源，然后按下起动按钮 SB2，交流接触器 K 的线圈通电，接触器主触头闭合，电动机接通电源而起动旋转。同时与起动按钮 SB2 并联的常开辅助触头 K 闭合，并自锁，这样，当松开起动按钮 SB2，SB2 自动复位，接触器 K 的线圈仍可通过其常开辅助触头 K 使接触器线圈继续通电，从而保持电动机的连续运行。要使电动机 M 停止运转，只要按下停止按钮 SB1，将控制线路断开即可。这时接触器 K 断电释放，K 的常开主触头将电动机的三相电源断开，电动机停止旋转。另外，由图 2-1 可见，电路具有以下保护环节：

（1）刀开关 QS 起电源隔离作用，它不允许带负载通断；熔断器 FU 作为电路后备短路保护，但起不到电动机过电流保护的目的。低压断路器 QF 是电

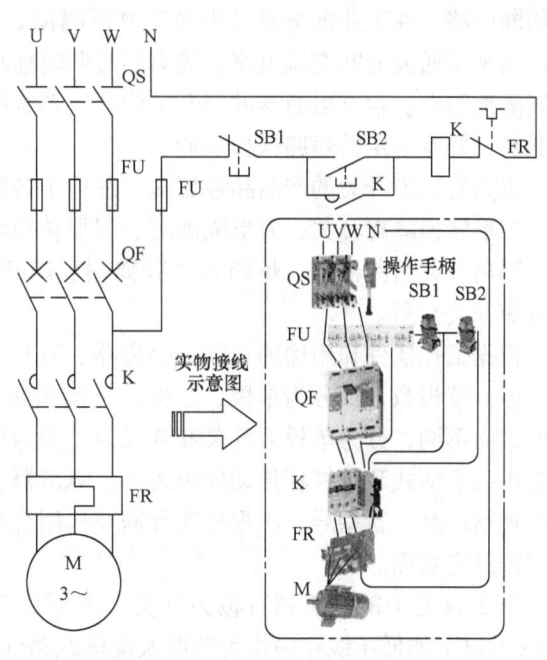

图 2-1 三相笼型异步电动机单向全电压起、停控制线路

路的电源开关,并作为电路的短路和过电流主保护。

(2) 热继电器 FR 是专用于对三相异步电动机的过载保护元件,与电动机的反时限特性相匹配。

(3) 接触器 K 本身具有欠电压保护与失电压保护功能,是由其电磁机构实现的。当电源电压由于某种原因而欠电压或失电压时,接触器的衔铁自行释放,电动机失电而停止旋转。当电源电压恢复正常时,接触器线圈也不能自动通电,只有在操作人员再次按下起动按钮 SB2 后电动机才会起动,起到安全保护作用。

2.2 隔离器、刀开关

在对电气设备的工作带电部分进行维修时,必须一直保持这些部分处于无电状态,所以必须通过隔离器(隔离开关)将电气设备从电网脱开并隔离,以保证操作人员及设备的安全。隔离器的电源隔离作用不仅要求各极动、静触头之间处于分断状态时,保持规定的电气间隙(距离),而且各电流通路之间、电流通路和邻近接地零部件之间也应保持规定的电气间隙要求,以保证电气设备检修人员的安全。

2.2.1 隔离器、刀开关的基本概念

在断开位置能符合规定的隔离功能要求及隔离距离的,起隔离电源作用的开关电器称为隔离器。刀开关(刀型转换开关)又称为闸刀开关。用于隔离电源的刀开关称为隔离开关。

隔离器、刀开关在规定的额定参数范围及使用条件下,在低压电路中作为不频繁地接通和切断电路,在工业配电设备中作为电源隔离之用。带灭弧室(罩)的产品在规定的条件下可用来接通或分断交流电路。隔离器分断时能将电路中所有电流通路切断,并保持有效的电气隔离距离。含有熔断器的刀开关组合电器统称为熔断器刀开关组合电器,一般能进行有载通断,并有一定的短路保护功能。

隔离器、刀开关的产品品种繁多,适应于各种不同的应用场合,如隔离器、刀形转换开关、刀形转换隔离开关、刀形隔离器、刀形转换隔离器、隔离开关、自动转换开关、双投开关、隔离开关熔断器组、熔断器式隔离器、熔断器式刀开关、负荷开关(铁壳开关、开启式负荷开关)等。

根据工作条件和用途的不同,隔离器、刀开关的产品有不同的结构型式,但工作原理基本相似。按极数,可分为单极、二极、三极和四极刀开关;按切换功能(位置数)或刀片转换方向不同,分为单投刀开关和双投刀开关两种,以及有、无灭弧罩;按操纵方式,又可分为中央手柄式和带杠杆传动操纵式等。隔离器、刀开关的产品种类很多,尤其是近几年不断出现新产品、新型号,应根据实际需要选用合适的产品。图 2-2 是几种典型的隔离器、刀开关产品实物图。

图 2-2a 是 HRTO 系列石板刀开关,主要用于额定工作电压为 380V、额定工作电流为 600A 及以下的低压线路中作为照明及配电线路的保护及隔离。图 2-2b 是 NHRT40 系列条形熔断器式隔离开关,适用于交流额定电压为 660V 及以下,额定工作电流为 630A 及以下的工业配电系统中,用于有高短路电流的配电电路和电动机电路中,供不频繁手动接通和分断

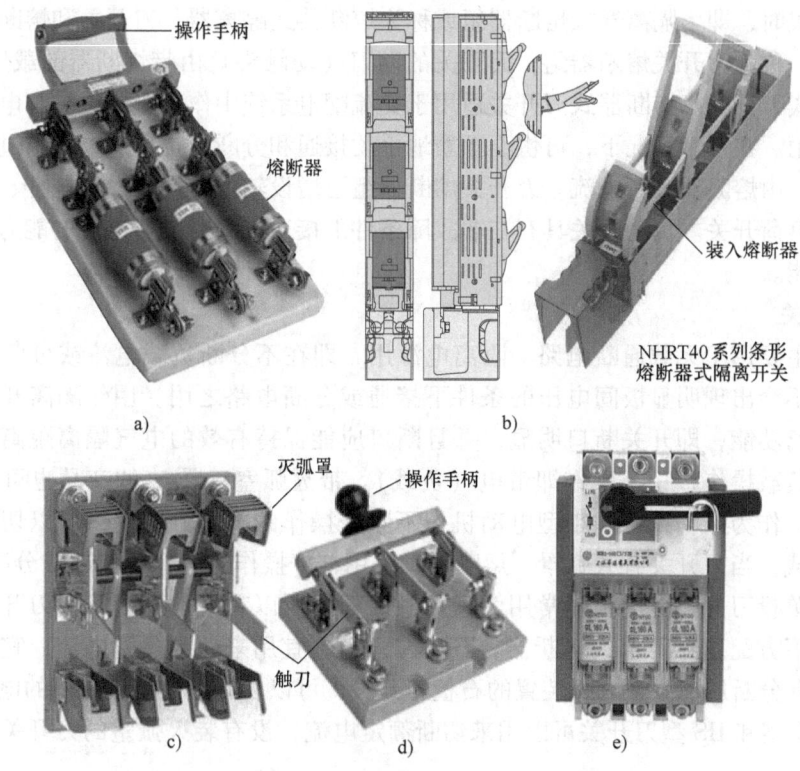

图 2-2 典型的隔离器、刀开关产品实物图

电路及隔离电源用,并能对交流电路短路保护。图 2-2c 是 HS 系列双投刀开关,带灭弧罩,也有单投系列产品。图 2-2d 是 HD11 系列单投刀开关,不带灭弧罩,也有双投系列产品。图 2-2e 是 SGR1 系列隔离开关熔断器组,适用于交流配电或电动机网络中分配电能,在正常条件下不频繁接通、分断电路及线路和设备的短路保护和隔离之用。

1. 隔离器

隔离器属于无载通断电器,只能接通或分断"可忽略的电流"(指连接线和电缆、套管、母线等的寄生容性电流、电压互感器或分压器的电流等),但有一定的载流能力,在工业配电设备中作为电源隔离之用。一些带灭弧室(罩)的隔离器产品有一定的通断能力,能在非故障条件下接通和分断电气设备或成套设备中的某一部分,这时其通断能力应和其所需通断电流相适应。

各种操作方式的隔离器中,一般 400A 以下的产品采用单刀片,630~1600A 的产品一般采用双刀片,两侧加装片状弹簧增加触头压力,刀片与外部导线连接的触头均镀锡,加强表面保护和改善与导线连接的接触电阻。杠杆传动机构式的隔离器,均有灭弧室,灭弧室一般采用绝缘纸板和钢板栅片拼铆而成,灭弧室扣在弹簧卡支架上,安装和拆卸方便。操作传动机构具有清晰的断开与闭合指示标志和可靠定位装置,隔离器的各个线端具有清晰的标志以便识别。隔离器的安装板采用酚醛玻璃纤维及塑料模压成型,具有很高的绝缘耐压和机械强度。

2. 隔离器和熔断器组

隔离器和熔断器串联组合成一个单元或一种组合电器。隔离器的动触头由熔体或带熔体的载熔件组成时，即为隔离器式熔断器组或称为熔断器式隔离器。刀开关和熔断器串联组合成一个单元，称为刀开关熔断器组；刀开关的动刀（动触头）由带熔断器的载熔件组成时，称为熔断器式刀开关。熔断器式刀开关适用于交流配电系统中作为短路保护和电缆、导线的过载保护之用。在正常情况下，可供不频繁地手动接通和分断正常负载电流与过载电流，在短路情况下，由熔断器分断电流。刀开关熔断器组再增设辅助元件如操作杠杆、弹簧、弧刀等可组合为负荷开关。负荷开关具有在非故障条件下接通或分断负荷电流的能力，和一定的短路保护功能。

3. 刀开关

刀开关主要用于无载通断电路、隔离电源用，即在不分断负载电流或分断电路时，各极两触头间不会出现明显极间电压的条件下接通或分断电路之用。用作隔离开关的刀开关必须满足隔离功能，即开关断口明显，并且断口应能保持有效的电气隔离距离。普通的刀开关严禁带负载操作，一经操作即带电（负载）。带灭弧室（罩）的产品也可用来通断较小工作电流，作为照明设备和小型电动机作不频繁操作的电源开关用，可以切断不大于额定电流的负载。当刀开关有灭弧罩、熔断器，并用杠杆操作时，也可接通或分断额定电流。中央手柄式单投刀开关，传统上常用大理石做底板，所以有时也称为石板刀开关。石板刀开关在刀闸下方配用封闭管式熔断器。石板刀开关不宜用来切断负载电流，宜作为隔离开关使用。带有分断加速弹簧灭弧装置的石板刀开关，可以切断额定电流以下的电流值。装有灭弧室的 HD 型和 HS 型刀开关可以用来切断额定电流，没有装灭弧室的刀开关宜作为隔离开关使用。

4. 隔离器、刀开关和负荷开关的图形、文字符号

隔离器、刀开关和负荷开关的图形、文字符号如图 2-3 所示。其中，图 2-3 a、b、c 分别是隔离器、刀开关和负荷开关的单线三极表示法，图 2-3d、e、f 分别是隔离器、刀开关和负荷开关的三线三极表示法，由此可派生出单线两极和两线两极表示法等，即分别去掉一线或一极即可。本章提到的其他各元件的图形符号表示方法与此相同，不再重复，电器元件的图形文字符号无特殊说明请参见表 1-9 ~ 表 1-13。

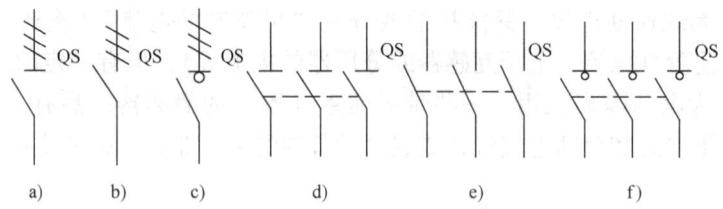

图 2-3 隔离器、刀开关、负荷开关的图形、文字符号

5. 隔离器、刀开关的选择与应用

隔离器、刀开关的主要参数包括额定绝缘电压，即最大额定工作电压；额定工作电流；额定工作制；使用类别；额定通断能力；额定短时耐受电流；额定（限制）短路电流；操作性能等。选择隔离器、刀开关时主要应考虑以下几个方面：

（1）隔离器、刀开关的结构形式的选择　选择时应根据隔离器、刀开关的作用和安装形式选择其结构形式，如需要分断负载电流时，应选择带灭弧装置的隔离器、刀开关。选择的隔离开关应有明显的断口。根据在开关柜或电源箱内的安装形式来选择操作形式，确定是正面操作、背面操作或侧面操作等形式，是直接操作还是杠杆传动，是板前接线还是板后接线的结构形式。

（2）隔离器、刀开关的额定电流的选择　一般应等于或大于所分断电路中的总负载的额定电流。对于电动机负载，应考虑其起动电流，宜选用额定电流大一级的隔离器、刀开关。若需考虑电路的短路电流，还应选用额定电流更大一级的刀开关。刀开关所在线路的三相短路电流不应超过规定的动、热稳定值。对熔断器式刀开关，熔断器的选择应与被保护电器相匹配，且三相熔断器的额定电流也应一致。

（3）隔离器、刀开关的操作注意事项　操作隔离器、刀开关前，应先检查其回路中的低压断路器是否在断开状态，应在低压断路器断开状态下进行操作；停电操作时，断路器断开后，先拉负载侧隔离开关，后拉电源侧隔离开关，送电时顺序相反。一旦发生带负载断开或闭合隔离开关时，应急速合上；如已拉开，则严禁重合。一经错合，无论是否造成事故，均不许再拉开，并采取相应措施。

（4）隔离器、刀开关的检修注意事项　隔离器、刀开关正常运行时，应巡视开关导电部分有无动静触头接触不良、发热、动静触头烧损、爬电、粉尘等情况，遇有以上情况时，应及时修复；检查绝缘连杆、底座等绝缘部件有无烧伤和放电现象。维修时还应检查开关操作机构的各部件是否完好、动作灵活，断开、合闸时三相是否同步、准确到位。检查负荷开关操作机构的部件是否完好，闭锁装置是否完好；外壳内有无金属粉尘、尘埃，应清扫干净，以免降低绝缘性能；金属外壳应有可靠的保护接地，防止发生触电事故。

（5）产品类型的选择　常用隔离器、刀开关的产品类型、型号繁多，除上面介绍的外，HG13、HD17、HD18、HH15（QSA）、HA（QA）、HP（QP）、HR3等系列开关广泛用于配电、计量箱、终端组合电器中。HG13系列为旋转操作型，HD17系列有手柄和杠杆操作两种，两系列产品的最大额定电流均为1600A。HD18系列为换代产品，采用组合式结构，有人力操作（手柄）和动力操作两种，最大额定电流4000A。HH15（QSA）系列隔离开关熔断器组适用于交流低压配电系统中，作隔离开关、电源开关和应急开关及电路短路保护用，可配用刀形螺栓连接型熔断器，根据需要带有熔断信号装置，以供用户报警或控制用。HA（QA）、HP（QP）系列隔离开关主要用于有大短路电流的配电电路和电动机电路中，作为手动不频繁操作的开关、隔离开关和应急开关。开关可直接控制电动机等大电感负载，特别适用于抽屉式开关柜的成套装置中。HA（QA）、HP（QP）系列隔离开关由刀形静触头、滚动动触头及灭弧装置组成，均组装在由耐弧工程塑料制成的封闭底座内，能达到零飞弧。操作机构由具有弹簧储能的连杆传动机构构成，靠弹簧力完成开关的分、合，开关动作与人力操作无关。手柄由操作手柄和传动轴等构成，属旋转操作方式。当手柄旋转操作时，使操作机构弹簧储能，靠储能的弹簧力释放而带动动触头与静触头形成合、分两种状态，从而达到开关分、合主电路的目的。开关的上部可装一个或两个辅助开关，每个辅助开关有一对电器上分开的常开触头和常闭触头，能使控制回路明确指示开关主电路的通断情况。

HR3系列熔断器式刀开关，具有刀开关和熔断器的双重功能，采用这种组合开关电器可以简化配电装置结构，广泛地用在低压配电屏上。

HK1、HK2系列开启式负荷开关（俗称胶壳刀开关），用作电源开关和小容量电动机非频繁起动的操作开关。

HH3、HH4系列封闭式负荷开关（俗称铁壳开关），操作机构具有速断弹簧与机械联锁，用于28kW及以下的三相异步电动机的非频繁起动。

（6）隔离器、刀开关的安装　在低压配电系统中，隔离器、刀开关一般与低压断路器、接触器、熔断器等配合使用，以隔离电源。为了操作安全，刀开关只能垂直安装，不能水平安装，更不允许倒装。安装时用螺栓将刀开关的底板固定在配电柜（箱）的安装板上，要安装在配电柜（箱）的左上部，靠近母线或上进线端处。也就是配电柜（箱）内所有元件的上方，一般是低压断路器的上方。开关底板上的固定螺钉应埋入底板内，不得外露，并用火漆胶封。必要时，还可在底板与固定支架之间衬绝缘垫后安装固定。

安装前，应检查隔离器、刀开关的相间和底板的绝缘情况，如不合格，应置换。安装后要保证刀片插入静触头的深度到位。用连杆操作的隔离器、刀开关，应调节连杆长度，使之合闸时能到位，并应留有一定的备用行程，以缓冲合闸的冲击。操作手柄位置应与开关状态一致，合闸时，三相刀片应能顺利地同步进入静触头。静触头不仅要能夹住刀片，而且应对刀片有足够的压力。如果压力不够，在通过大电流时，将因接触电阻过大而发热。静触头和刀片的发热将加速氧化而增加接触电阻，严重时会烧毁触刀。分闸时动刀片与静触头之间拉开的距离或张开的角度应符合规定标准。电源线应接在静触头上（上接线端子），负载侧导线应接在动触头上（下接线端子），不允许反接，若与硬母线相连，应保证开关不受应力作用。对装有灭弧罩的刀开关或熔断器式刀开关，安装时，灭弧罩应齐全、完好无损，并不影响开关分合闸。对带有灭弧触头的刀开关，应检查主触头与灭弧触头的动作先后顺序，符合规定的安装调整要求。

2.2.2　开启式刀开关

开启式刀开关一般用于额定电压AC380V、DC440V，额定电流为1500A及以下配电设备中做电源隔离用。带有各种杠杆操作机构及灭弧室（罩）的开关，可按其分断能力不频繁地切断负载电路。国产产品型号含义如下：

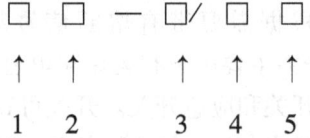

1—刀开关型号：HD—单投刀开关，HS—双投刀开关；

2—操作方式：11—中央手柄式，12—侧方正面杠杆操作机构式，13—中央正面杠杆操作机构式，14—正面杠杆操作机构式，15—装有灭弧室的刀开关；

3—额定电流（A）；

4—极数：1—单极，2—双极，3—三极；

5—灭弧室及接线方式：0—不装灭弧室，1—装灭弧室，8—不装灭弧室板前接线方式，9—不装灭弧室板后接线方式，无—板后接线方式。

例如：HD11-400/39单投三极刀开关，无灭弧罩，中央手柄板后接线；HS12-400/31双投三极刀开关，有灭弧罩，中央正面杠杆操作机构式。

常用的开启式刀开关的结构如图2-4所示，其中图2-4a是中央手柄式，分单投、双投两种、有板前接线和板后接线之分；图2-4b是侧方正面杠杆操作机构式，分单投、双投两种；图 2-4c 是中央正面杠杆操作机构式，分单投，双投两种；图 2-4d 是侧方正面杠杆操作机构式，分单投、双投两种。

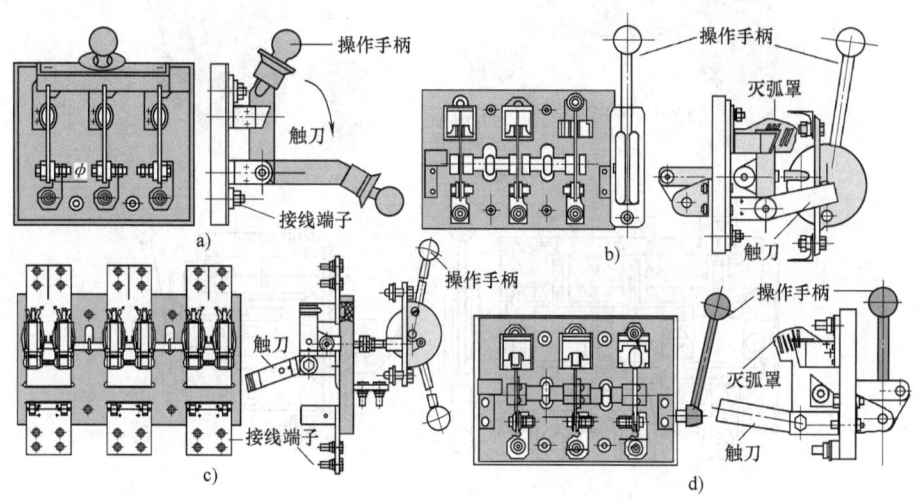

图 2-4 HD、HS 系列刀开关结构示意图
a) HD11 中央手柄式 b) HD12 侧方正面杠杆操作 c) HS13 中央正面杠杆操作
d) HD14 侧方正面杠杆操作

HD11 中央手柄式的单投和双投刀开关主要用于动力柜，不切断带有电流的电路，作为隔离开关之用。HD12 侧面操作手柄式刀开关，主要用于动力箱中。HD13 中央正面杠杆操作机构刀开关主要用于正面操作、后面维修的开关柜中，操作机构装在正前方。HD14 侧方正面杠杆操作机构式刀开关主要用于正面操作、前面维修的开关柜中，操作机构可在柜的两侧安装。HD15 装有灭弧室的刀开关可以切断负载电流，其他系列刀开关只作隔离开关使用。带杠杆操作机构的单投或双投刀开关能切断额定电流值以下的负载电流，主要用于低压配电装置中的开关柜或动力箱等。中央手柄式的单投或双投刀开关不能分断电流，只能作隔离电源。

2.2.3 熔断器式刀开关

熔断器式刀开关一般由 RT0 填料式熔断器和刀开关组合而成。这种组合电器具有 RT0 填料式熔断器和刀开关的基本性能，在正常馈电情况下，接通和切断电源。在断开状态下作隔离开关用。在电路正常供电的情况下，接通和切断电源由刀开关来担任。当线路或用电设备过载或短路时，熔断器的熔体熔断，及时切断故障电流。适用于工业企业配电网络中作为电缆导线及用电设备的过载和短路保护。熔断器式刀开关主要有 HR3、HR5 和 HR11 系列等。图 2-5 所示是常用的 HR3/34 型熔断器式刀开关结构示意图。

HR3 系列熔断器式刀开关由 RT0 系列熔断器和刀开关组成，带操作机构，最大额定电流为 1000A。额定电流 600A 及以下的带有安全挡板，并装有灭弧室。灭弧室是酚醛布板和钢板冲制件铆合而成的。熔断器固定在带弹簧、锁板的绝缘横梁上，在正常运行时，保证熔断器不脱扣，而当熔体因线路故障而熔断后，只需按下锁板即可方便地更换熔断器。

HR3 系列熔断器式刀开关有各种操作型式，以适应在各种结构的开关柜、动力箱上安

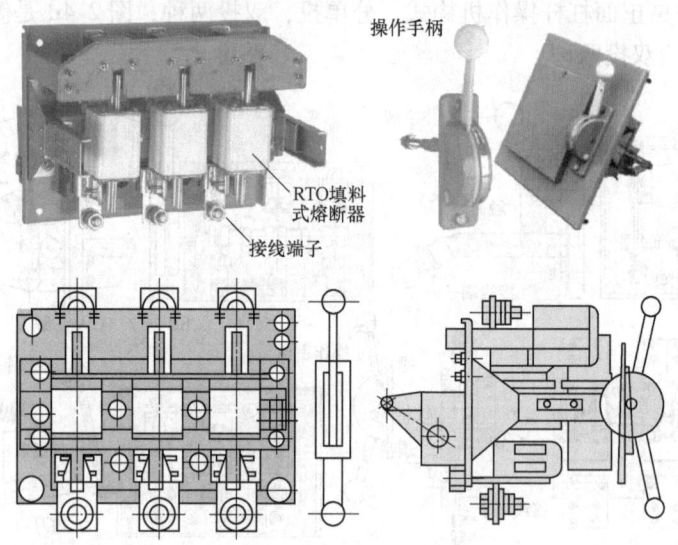

图 2-5　HR3/34 型熔断器式刀开关外形示意图

装使用。有前操作前检修、前操作后检修和侧操作前检修等几种结构型式。前操作前检修的开关，中央有一供检修和更换熔断器的门，主要供 BDL 配电屏上安装。前操作后检修的开关主要供 BSL 配电屏上安装。侧操作前检修的开关可以制成封闭的动力配电箱，用来代替各种低压配电装置中刀开关和熔断器的组合电器。图 2-5 所示是 HR3/34 型，无面板正面侧方手柄式操作，杠杆传动机构式，前检修。

HR5 系列为更新设计产品，采用 NT 系列熔断器，带弹簧储能机构，有断相保护功能，最大额定电流为 630A。HR11 系列配用 RT15 型熔断器，弹簧储能式操作机构，单杆抽拉式手柄，最大额定电流为 4000A。

2.2.4　负荷-隔离开关

负荷-隔离开关是一种新型低压隔离开关，模块化设计，广泛应用于开关柜或与终端电器配套的电器装置中，用于不频繁接通与分断电路及电气隔离。在正常供电的情况下接通和切断电源。图 2-6 所示是 GGL（GL）系列负荷-隔离开关，产品适用于交流 50Hz，额定电压至 660V，直流额定电压至 440V，额定电流至 1600A，三极、四极（三极 + 可通断中性极），用于不频繁接通与分断电路以及分断时的电气隔离，1000A 以上只做电气隔离。有直接操作和柜外操作两种型式。开关正面设有标记窗口，以指示

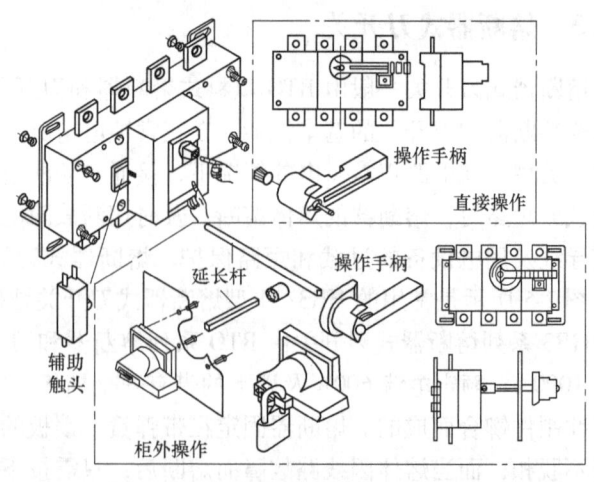

图 2-6　GGL（GL）系列负荷-隔离开关外观示意图

触头通断状态，根据需要可选用后面观察窗口，直接观察触头通断状态。可配装两组辅助触头。

2.2.5 隔离开关熔断器组

图 2-7 所示是 GGLR（GLR）系列隔离开关熔断器组外形示意图。

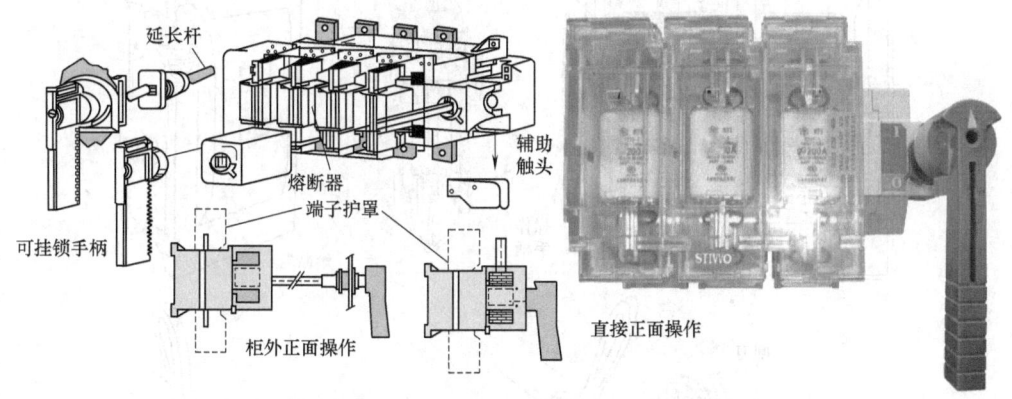

图 2-7 隔离开关熔断器组外形示意图

GGLR（GLR）系列隔离开关熔断器组是一种新型电器，有多种结构型式和类型，一般多采用有填料熔断器和刀开关组合而成，广泛应用于开关柜或与终端电器配套的电器装置中，作为线路或用电设备的电源隔离开关及短路保护用。在正常供电的情况下，由刀开关承担接通和切断电源；当线路或用电设备短路或严重过载时，熔断器的熔体熔断，及时切断故障电流。GLR 系列适用于交流低压供配电系统中用作接通、分断正常负载、过载电流和短路保护，在断开状态下作隔离开关用。它采用玻璃纤维增强不饱和聚酯材料制造的外壳，有很高的介电性能、防护能力，操作机构是弹簧蓄能、瞬时释放的加速机构，瞬时接通与断开多断点触头结构，触头分合速度可达到 13.8m/s，可基本实现零飞弧，操作速度与操作手柄速度无关。熔断器保护罩采用聚碳酸酯透明材料，可清楚观察熔断器工作状态。开关分断时，熔断器与上、下电路完全隔离，开关整体带电裸露部分很少，提高了操作人员的安全性。具有 2 极、3 极和 4 极，正面、侧面操作，柜内、柜外操作和板前、板后接线等各种形式。具有模块式和整体式两种结构型式。刀开关安装时，手柄要向上，不得倒装或平装。倒装时，手柄有可能会自动下滑而引起误合闸，造成人身伤害事故。接线时，应将电源进线端接在上端端子上，负载接在下端端子上。这样，拉开刀闸后，刀开关与电源隔离，便于检修。

2.2.6 负荷开关

封闭式负荷开关，俗称铁壳开关，适合在额定电压 AC380V、DC440V，额定电流至 400A 的电路中，作为手动不频繁地接通与分断负载电路及短路保护作用，能快速接通和分断负载电路，一般用于控制小容量三相异步电动机。封闭式负荷开关是由刀开关（触头系统）、熔断器、操作机构、铁壳组合而成。触头系统带灭弧室，触头系统全部装在铁盒之内，完全处于封闭状态，保证人员安全。采用侧面手柄旋转操作，操作机构有快速分断弹簧，能快速切断和接通负载电流，分断能力一般可达 4 倍额定电流。还装有机械联锁装置，罩盖关闭后可以与锁扣揳合，保证打开罩盖时不能合闸，合闸状态时不能打开罩盖，以保证使用安全。开关的罩盖分为钢板拉伸及折板式两种，上下均有进出线孔，如图2-8所示。

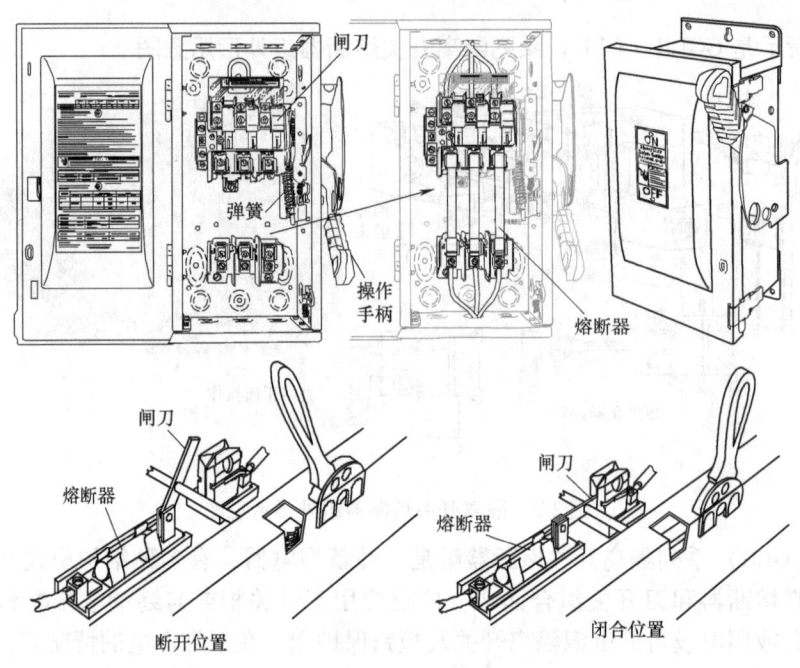

图2-8　封闭式负荷开关结构示意图

常用的负荷开关有HH3、HH4、HH10D和HH11系列封闭式负荷开关，以及HK系列开启式负荷开关。图2-9是HH3和HH4型封闭式负荷开关外形图。图2-9中的左图是HK8系列开启式负荷开关外形图。

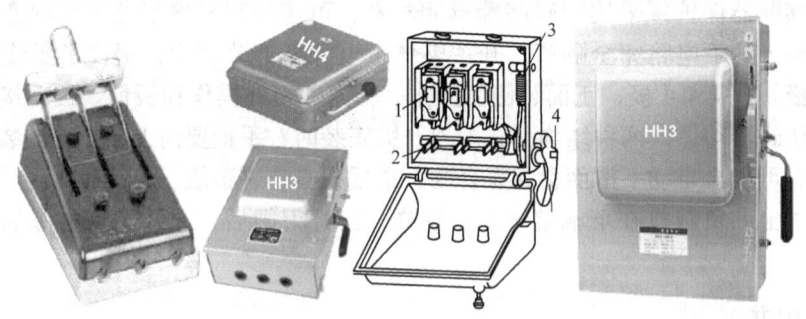

图2-9　负荷开关外形示意图
1—熔断器　2—触刀　3—联锁弹簧　4—手柄

HH3和HH4型封闭式负荷开关适用于额定工作电压380V、额定工作电流至400A的交流电路中，可手动不频繁接通分断负载电路，并对电路有过载和短路保护作用。HK8系列开启式负荷开关适用于交流额定电压单相220V、三相380V及以下，额定电流至63A电路的总开关、支路开关及电灯、电热器等操作开关，作为手动不频繁地接通和分断负载电器及小容量线路的短路保护之用。短路保护是由熔丝（片）实现的，使用时应选配合适容量的熔丝（片），严禁使用铜丝等金属丝替代。目前，HK系列开启式负荷开关一般只用于一些简易临时场合，工业企业已较少使用。

2.2.7 隔离器、刀开关的选用、安装与操作

隔离器、刀开关的主要参数有额定绝缘电压、额定工作电压、额定工作电流、额定通断能力、额定短时耐受电流、额定（限制）短路电流、熔断器规格、安装尺寸和操作性能，以及根据不同使用类别，在额定工作电流条件下的操作循环次数等。目前隔离器、刀开关（含刀形转换开关）产品的额定绝缘电压大多数为交流600V，额定工作电压380V，不应超过交流500V或直流440V。电路的计算电流不应超过其额定工作电流。

1. 选用原则

刀开关的极数、位置数和操纵方式，可根据实际需要选定。熔断器式刀开关的极限分断能力可达50kA，适用于短路电流较大的场合，主要用于配电柜及动力箱。一般用途的负荷开关的通断能力为4倍额定电流，一般只用作工矿企业的单台电动机控制。配电柜内的隔离器、刀开关应具备以下功能：能接通和分断电路正常负载电流；能可靠分断短路电流；能明显指示出电路的分断状态或闭合状态。除此之外，应按下列原则选择和使用：

1）隔离器、刀开关的主要功能是隔离电源。在满足隔离功能要求的前提下，选用的主要原则是保证其额定绝缘电压和额定工作电压不低于线路的相应数据，额定工作电流不小于线路的计算电流。当要求有通断能力时，须选用具备相应额定通断能力的隔离器；如需接通短路电流，则应选用具备相应短路接通能力的隔离开关，并选用合适的熔断器规格。熔断器组合电器的选用，需在上述隔离器、刀开关的选用要求之外，再考虑熔断器的特点（参见熔断器的选用原则）。

2）隔离器、刀开关电气特性的选择主要是根据线路要求决定电路数、触头种类和数量。有些产品制造厂可在一定范围内按订货要求满足不同的需要。

3）当用刀开关直接通断小负载时，应注意选择相应的通断能力。特别是当直接控制小型电动机等感性负载时，应考虑其接通和分断过程中的电流特性（如起动电流、起动时间等）。

隔离器、刀开关在按上述原则选择后，均需进行短路性能校验，以保证其具体安装位置上的预期短路电流不超过电器的额定短时耐受电流（当电路中有短路保护电器时，可为额定极限短路电流）。

2. 隔离器、刀开关的安装与操作

隔离器、刀开关安装时，手柄要向上，不得倒装或平装。倒装时，手柄有可能会自动下滑而引起误合闸，造成人身伤害事故。接线时，应将电源进线端接在上端端子上，负载接在下端端子上。这样，拉开刀闸后，刀开关与电源隔离，便于检修。操作手柄中心距地面应在1.2~1.5m之间，以方便操作。侧面操作的手柄距建筑物或其他设备的距离不宜小于200mm。安装杠杆刀开关时，应适当调节延长拉杆长度，使合闸时刀片到位，分闸时刀片与固定触头之间的距离符合规定要求。

普通的隔离器、刀开关严禁带负载操作，装有灭弧罩或带熔断器动触刀的开关，可以通断不大于额定电流的负载。操作隔离器、刀开关前，应先检查其后面的低压断路器是否在断

开状态；停电操作时，应先断开低压断路器，然后先拉负载侧隔离开关，后拉电源侧隔离开关，送电时顺序相反。应经常检查负载电流是否超过隔离器、刀开关的额定值；检查刀开关导电部分有无动静触头接触不良、发热、烧损及导线（体）连接情况，遇有以上情况时，应及时修复；检查绝缘连杆、底座等绝缘部件有无烧伤和放电现象；检查开关操作机构各部件是否完好、动作灵活、断开、合闸时三相是否同步、准确到位。对于负荷开关除上述外，还应检查操作机构的部件是否完好，闭锁装置是否完好；检查外壳内、底座有无金属物及粉尘，应及时清扫干净，以免降低绝缘性能；金属外壳应有可靠的保护接地，防止发生触电事故。

2.3 低压断路器

低压断路器俗称自动空气开关，是低压配电网中的主要电器开关之一，它不仅可以接通和分断正常负载电流、电动机工作电流和过载电流，而且可以接通和分断短路电流。主要用在不频繁操作的低压配电柜（箱）中作为电源开关使用，并对线路、电气设备及电动机等进行保护，当它们发生严重过电流、过载、短路、断相、漏电等故障时，能自动切断电源，起到保护作用，应用十分广泛。

2.3.1 低压断路器的结构与工作原理

1. 低压断路器的分类

低压断路器的种类和型号繁多，按性能分，有一般式、多功能式、高性能型、智能型和可通信智能型等类型；按结构型式分，有万能式（框架式）、塑料外壳式（装置式）和小型模数式；按灭弧介质分，有空气式和真空式；根据采用的灭弧技术，有无飞弧式断路器和限流式断路器；按操作方式分，有人力操作、电动操作及储能操作；按极数可分为单极、二极、三极和四极式；按安装方式又可分为固定式、插入式和抽屉式等；按保护类别分，有选择型和非选择型，带或不带单相接地保护，带或不带欠电压延时。

智能型断路器带有智能控制器（智能脱扣器），可通信智能型断路器除带有智能控制器外，还带有数据通信接口，可实现工业网络通信和连网。非选择型保护特性，多用于支路保护。主干线路断路器则要求采用选择型，以满足电路内各种保护电器的选择性断开，把事故区域限制到最小范围。在零点灭弧式断路器里，被触头拉开的电弧在交流电流自然过零时熄灭。限流式断路器的"限流"是指把峰值预期短路电流限制到一个较小的允许电流内。高性能万能式断路器带有 4 段式保护特性，并具有选择性保护功能。

习惯上，一般按结构型式划分低压断路器，根据断路器在电路中的不同用途，断路器被区分为配电用断路器、电动机保护用断路器和一般用途（如照明）断路器等。国际上通称大容量低压断路器为 ACB（Air Circuit Breaker），如万能式低压断路器；称塑料外壳式（装置式）低压断路器为 MCCB（Moulded Case Circuit Breaker），小型模数化低压断路器为 MCB（Miniature Circuit Breaker）；漏电断路器为 ELCB（Earth Leakage Circuit Breaker）；电动机控制中心为 MCC（Motor Control Center）等。

关于低压断路器的型号，目前有以行业代号命名和以企业特征代号命名两大类。如 NA15（DW15HH）-［1］/［2］，其中 N 是企业特征代号，A 是企业命名的万能式断路器代号，15 表示设计序号，DW15HH 是行业代号，表示智能型万能式断路器。后缀 [1]/[2] 的项数，各企业的表示方法略有不同，一般标注断路器壳架等级额定电流/极数等。表 2-1 是与 DW15HH 同类型的国外产品的型号命名与主要技术性能比较。表 2-2 是目前具有国际先进水平的智能型万能断路器的主要技术性能。

表 2-1 DW15HH 与国外同类型产品的主要技术性能比较

品牌	中国		德国 AEG		日本三菱		日本寺崎		西门子		ABB	
型号	DW15HH		ME		AE-S		AH		3WE		F	
额定电流/A	1000 2500	1600 4000	1000 2500	1600 4000	1000 2500	1600 4000	1000 3200	1600	1000 2500	1600 4000	2500 4000	1600
额定极限短路分断能力/kA	50 (40) 80 (60)	50 (40) 80 (80)	50 60	50 80	50 65	65 80	50 65	50	50 80	50 80	55 85	85
飞弧距离/mm	50 (350) 50 (400)	50 (350) 50 (400)	250 350	250 350	200 300	200 300	150 200	150	150 200	180 200	100 150	150
重量/kg（三极抽屉式）	71 (102) 140 (198)	73 (105) 161	66 119	66.5 216	79 135	80 210	77 215	78 —	80 —	81 —	63 245	100

表 2-2 智能型万能断路器的主要技术性能

品牌	型号	额定电压/V	额定电流/A	分断能力/kA	外形尺寸（宽×高×深）/mm
施耐德	MT	415	630～1600 800～3200 4000～6300	42 H1—75　H2—100 H1—100　H2—150	288×322×280 441×439×395 786×479×395
西门子	3WN6	415	630～1600 2000～3200	65 80	320×485×408 420×485×408
ABB	E 系列	415	800～1250 1250～2000 2500～3200 4000 5000～6300	B—40 B—40　N—65 N—65　S—75 S—75　H—100 H—100　V—150	324×461×396.5 432×461×396.5 810×461×396.5
GE	M-PACT	415	400～4000	A—65　D—70 H—80　C—100	329×440×422（1600A） 419×422×440
中国国标产品	DW45	400	630～2000 2500～3200 4000～6300	80 100 120	375×437×395 435×437×395 930×437×395

保护功能、整定方式和整定范围

(续)

型号	功能	整定与显示方式	整定范围
MT	A：长延时、短延时、瞬时及接地故障或漏电保护脱扣，测量和显示电流值，故障指示 P：A+功率因数最大和最小值，电压和频率最小和最大值，根据功率和电流卸载和恢复，分断电流的测量、故障指示、维修显示、事故历史记录 H：P+谐波和基波的计算，精确分析电网质量，运用捕捉波形的方法，帮助诊断和分析事件，增强报警编程功能，分析和追踪交流供电系统的波动	电位器或键盘整定，液晶显示	长延时：$(0.4 \sim 1)I_n$ 短延时：$(1.5 \sim 10)I_n$ 延时时间：$0.1 \sim 0.4s$ 瞬时：$(2 \sim 15)I_n$ 接地故障：$(0.2 \sim 1)I_n$，最大为1200A 定时：$0.1 \sim 0.4s$ 剩余电流：$0.5 \sim 30A$ 定时：$60 \sim 800ms$
3WN6	长延时、短延时、瞬时及接地故障保护，电流、脱扣、报警显示，自诊断，负载监控，数据传送和记录测量值等	电位器或键盘整定，发光二极管或液晶显示	长延时：$(0.4 \sim 1)I_n$ 短延时：$(1.25 \sim 12)I_n$ 延时时间：$20 \sim 400ms$ 瞬时：$(1.5 \sim 12)I_n$ 接地故障：$(0.2 \sim 0.6)I_n$，最大为1200A 定时：$100 \sim 500ms$
E系列	长延时、短延时、瞬时及接地故障保护，电流、脱扣、报警显示，自诊断，负载监控，数据传送和记录测量值等	DIP开关或键盘整定，发光二极管或液晶显示	长延时：$(0.4 \sim 1)I_n$ 短延时：$(1 \sim 10)I_n$ 延时时间：$0.1 \sim 0.4s$ 瞬时：$(1.5 \sim 12)I_n$ 接地故障：$(0.2 \sim 1)I_n$，最大为1200A 定时：$0.1 \sim 1s$
M-PACT	过载、短路保护，接地故障保护，中性线保护，热量记忆，通信接口，脱扣记录和指示（16次），自检功能，可编程输入触头，负载监控，脱扣预警/卸载等	电位器或键盘整定，发光二极管或液晶显示	长延时：$(0.4 \sim 1)I_n$ 短延时：$(1.5 \sim 12)I_n$ 延时时间：$0.1 \sim 1s$ 瞬时：$(1.5 \sim 12)I_n$ 接地故障：$(0.2 \sim 1)I_n$，最大为1200A
DW45	长延时、短延时、瞬时及接地故障保护，电流、电压表功能，试验功能，自诊断功能，故障状态记录功能，触头当量磨损显示，负载电流监控功能，通信接口等	电位器或键盘整定，发光二极管显示	长延时：$(0.4 \sim 1)I_n$ 短延时：$(0.4 \sim 15)I_n$ 延时时间：$0.1 \sim 0.4s$ 瞬时：$1I_n \sim 50kA$ 接地故障：$(0.2 \sim 0.8)I_n$，最大为1200A

2. 低压断路器的结构和工作原理

低压断路器由触头和灭弧系统、各种脱扣器和自由脱扣机构、附件三个基本部分组成。低压断路器具有的多种功能是以脱扣器和附件的形式实现的，根据用途不同，可选用不同的脱扣器和附件组成不同功能的低压断路器。以下以塑料外壳式低压断路器为例，说明低压断路器的结构和工作原理。塑料外壳式低压断路器的结构如图2-10所示。

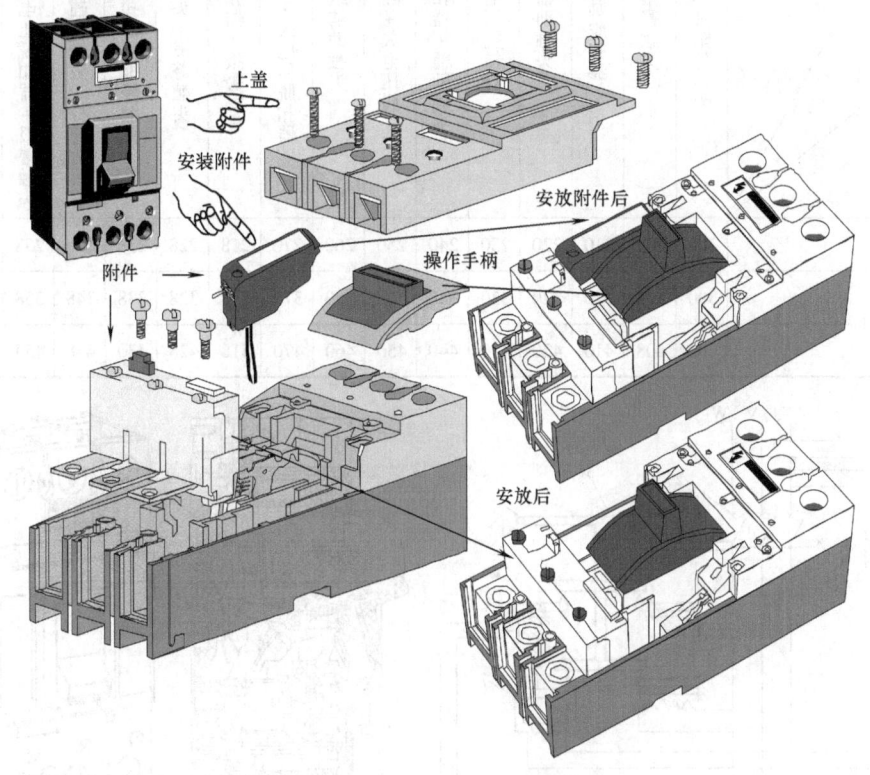

图2-10 塑料外壳式低压断路器的结构

塑料外壳式低压断路器的主要特征是有一个采用聚酯绝缘材料模压而成的外壳，由绝缘外壳、操作机构、触头和灭弧系统、脱扣器和附件4个基本部分组成。所有部件都装在这个封闭外壳中。新型塑料外壳式低压断路器面板上设有一个小门，各种附件可通过这个小门安装于操作机构两侧空余的间隙内，以缩小整个断路器的体积。内部附件模块式安装，使用端子防护罩确保断路器使用时的安全性和可靠性。附件分为机内附件和机外附件两类。机内附件是安装在断路器内部的附属装置，包括分励脱扣器、欠电压脱扣器、辅助触头和报警触头等。图2-10所示的附件是机内附件，须开盖安装。机外附件是安装在断路器外部的附属装置，包括转动手柄操作机构、电动操作机构、闭锁装置、板后接线装置、插入式安装台和辅助触头装置、专用测试器等。辅助触头是专门为带有机内附件的插入式接线方式配套的附属装置。辅助触头的静触头安装在插入式安装台上，并与配电系统连接；其动触头安装在断路器底侧，触头与断路器的机内附件相连。因此，只需将断路器插入插入式安装台，辅助触头的动、静触头自动接通，这样就已完成了机内附件的接线。表2-3是塑料外壳式低压断路器的脱扣方式及附件代号。塑料外壳式低压断路器的工作原理如图2-11所示。塑料外壳式低压断路器脱扣器的结构原理如图2-12所示。

表 2-3 塑料外壳式低压断路器的脱扣方式及附件代号

附件代号\脱扣方式	不带附件	报警触头	分励脱扣器	辅助触头	欠电压脱扣器	分励脱扣器+辅助触头	两组辅助触头	辅助触头+欠电压脱扣器	分励脱扣器+报警触头	辅助触头+报警触头	欠电压脱扣器+辅助触头+报警触头	分励脱扣器+欠电压脱扣器+报警触头	两组辅助触头+报警触头	辅助触头+欠电压脱扣器+报警触头
瞬时脱扣器	200	208	210	220	230	240	250	260	270	218	228	238	248	258/268/278
复式脱扣器	300	308	310	320	330	340	350	360	370	318	328	338	348	358/368/378
电子脱扣器	400	408	410	420	430	440	450	460	470	418	428	438	448	458/468/478

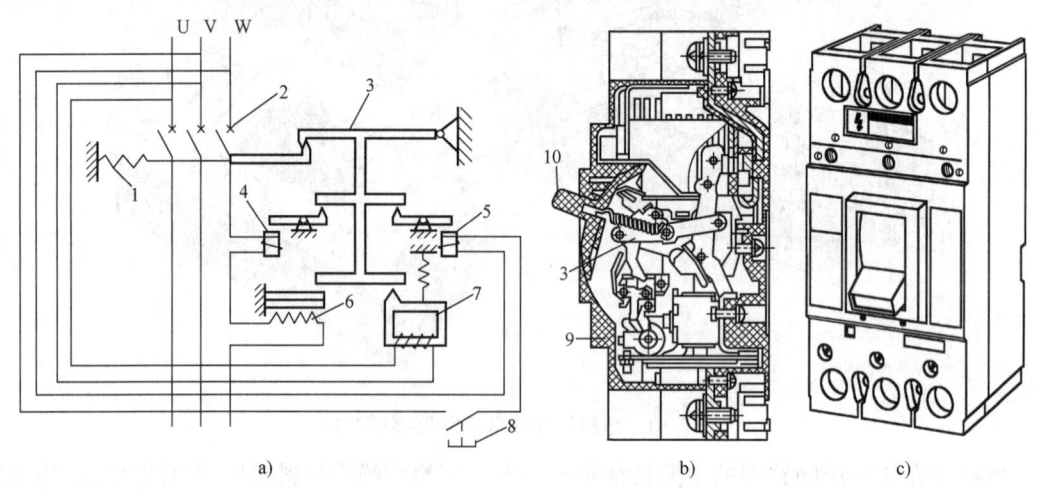

图 2-11 塑料外壳式低压断路器的工作原理示意图
a) 原理图 b) 剖面图 c) 外貌图
1—弹簧 2—主触头 3—自由脱扣机构 4—过电流脱扣器 5—分励脱扣器 6—热脱扣器
7—欠电压脱扣器 8—分励按钮 9—外壳 10—操作手柄

（1）触头和灭弧系统　触头和灭弧系统是执行电路通断的主要部件。触头（静触头和动触头）用于在断路器中实现电路接通或分断。主触头是由操作机构和自由脱扣器操纵其通断的，可用操作手柄操作，也可通过分励脱扣器远距离操作。在正常情况下，主触头可接通、分断工作电流，当出现故障时，能快速及时地切断高达数十倍额定电流的故障电流，从而保护电路及电气设备。对触头的基本要求是能安全可靠地接通和分断极限短路电流及以下的负载电流；能长期在额定工作电流下工作；在规定的电寿命期内，接通和分断后不会严重磨损。常用的低压断路器触头型式有桥式触头和插入式触头。桥式触头多为面接触或线接触，在触头上焊有银基合金（如银钨合金）镶块。大容量低压断路器每相除主触头外，还

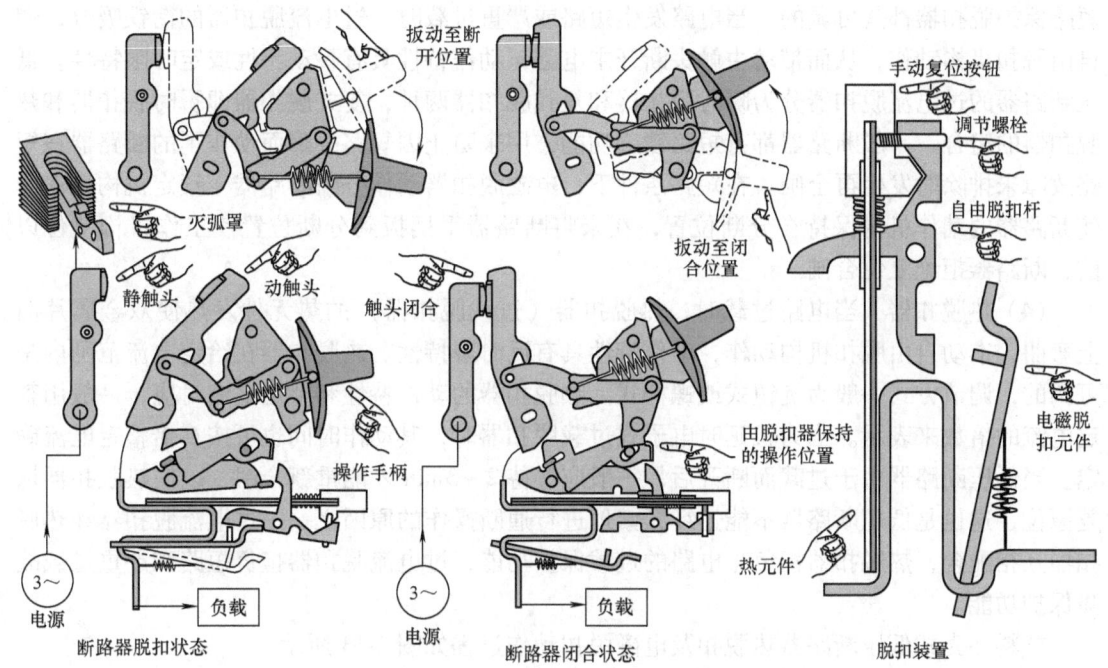

图 2-12　塑料外壳式低压断路器脱扣器的结构原理

有副触头和弧触头。触头动作顺序是：断路器闭合时，弧触头先闭合，然后副触头闭合，最后才是主触头闭合；断路器分断时则相反，主触头承载负载电流，副触头的作用是保护主触头，弧触头用来承担切断电流时的电弧烧灼，电弧只在弧触头上形成，从而保证了主触头不被电弧损伤而长期稳定的工作。低压断路器的灭弧系统采用灭弧栅片灭弧，用来熄灭在分断电路时触头间产生的电弧。灭弧系统包括强力弹簧机构和灭弧室，强力弹簧机构使触头快速分开，在触头上方设有灭弧室。

无飞弧塑料外壳式低压断路器的动、静触头及连接板设计成平行状，利用线路短路电流尚未达到最大值前的电动斥力使动、静触头被斥开，限制电弧电流的增大。此外，采用在静触头周边设置能在电弧灼热下放出气体的芳香族绝缘物，以吸收电弧能，冷却电弧，使弧柱缩小，并减弱电弧向后喷射，同时采用具有电弧气体消游离的灭弧装置，使其飞弧距离做到零。

(2) 自由脱扣机构和操作机构　由图 2-12 可见，自由脱扣机构 3（见图 2-11）是一套连杆机构，当主触头 2 闭合后，自由脱扣机构将主触头锁在合闸位置上。如果电路中发生故障，自由脱扣机构就在相关脱扣器的操动下动作，使脱钩脱开。这一部分是联系触头系统和传动机构两部分的中间传递部件。断路器操作机构包括传动机构和脱扣器两大部分。传动机构按断路器操作方式不同，可分为手动传动、杠杆传动、电磁铁传动、电动机传动；按闭合方式，可分为储能闭合和非储能闭合；自由脱扣器的功能是实现各种脱扣器、传动机构和触头系统之间的联系。

(3) 过电流脱扣器　过电流脱扣器（也称为电磁脱扣器）4 的线圈和热脱扣器 6（见图 2-11）的热元件与主电路串联。过电流脱扣器有瞬时、定时限和反时限之分，定时限和反时限还有短延时和长延时的区别。电磁脱扣器可以是固定式的，也可以是可调式的。但电子式短路保护脱扣器都是可调的。当电路发生短路或严重过载时，过电流脱扣器的衔铁吸合，使自由脱扣机构动作，从而带动主触头断开主电路，动作特性具有瞬动特性或定时限特性。低压断路器的过电流脱扣器分为瞬时脱扣器和复式脱扣器两种，复式脱扣器即瞬时脱扣器和热脱扣器的组合。一般断路器都有短路锁定功能，用来防止因短路故障而动作了的断路器在短路故障未排除时发生再合闸。在短路条件下，电磁脱扣器动作分断断路器，锁定机构也动作使断路器的动作机构保持在分断位置，在未将断路器手柄扳到分断位置使工作机构复位以前，断路器拒绝复位合闸。

（4）热脱扣器　当电路过载时，热脱扣器（过载脱扣器）的热元件发热使双金属片向上弯曲，推动自由脱扣机构动作，动作特性具有反时限特性。热脱扣器在给定电流范围内是可调的，调节方式一般为旋钮式或螺杆式。热脱扣器的动作特性和整定电流对应，一般用整定电流的倍数来表示。当为长延时电子式过载脱扣器时，其动作时间也可按6倍整定电流确定。当低压断路器由于过载而断开后，一般应等待2~3min才能重新合闸，以使热脱扣器恢复原位，这也是低压断路器不能连续频繁地进行通断操作的原因之一。过电流脱扣器和热脱扣器互相配合，热脱扣器担负主电路的过载保护功能，过电流脱扣器担负短路和严重过载故障保护功能。

塑料外壳式低压断路器热脱扣及电磁脱扣动作过程如图2-13所示。

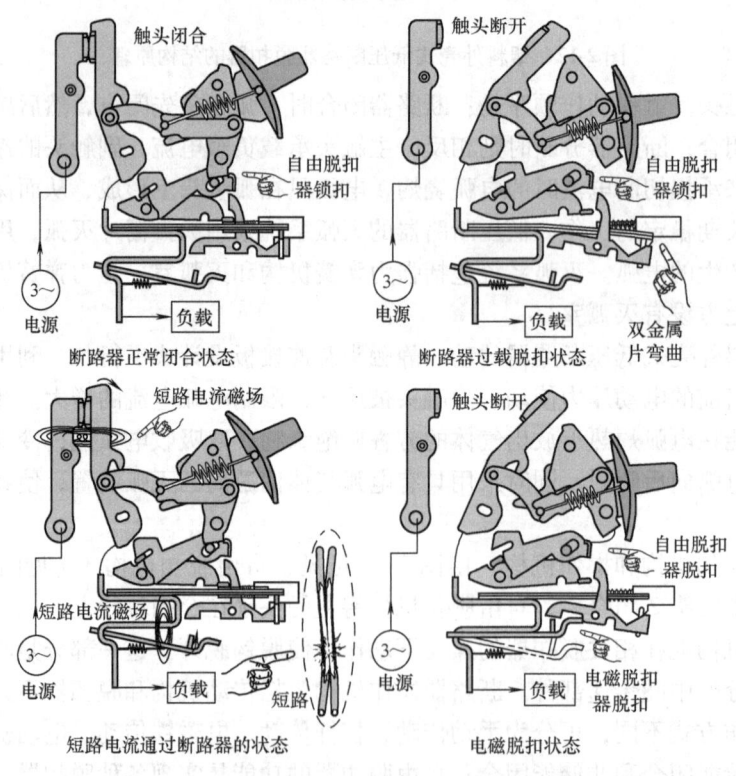

图2-13　热脱扣及电磁脱扣动作过程

（5）欠电压脱扣器　欠电压脱扣器7（见图2-11）用作线路及电源设备的欠电压保护，可进行远距离分断。欠电压脱扣器的线圈和电源并联。欠电压脱扣器的外形见图2-14a中的两个小图。当电源电压下降到欠电压脱扣器额定电压U_N的70%~35%时，欠电压脱扣器的衔铁释放，也使自由脱扣机构动作，使断路器脱扣。当电源电压低于欠电压脱扣器额定电压的35%时，欠电压脱扣器能保证断路器不合闸；当电源电压高于欠电压脱扣器额定电压的85%时，欠电压脱扣器能保证断路器正常工作。欠电压脱扣器也有瞬时和延时两种。带延时的欠电压脱扣器用来防止电网中因短时电压降低造成脱扣器误动作而使断路器不适当地跳闸。这种延时时间一般为1s、3s和5s三档，由电容器单元实现。

（6）分励脱扣器 分励脱扣器用作远距离控制断路器断开之用。分励脱扣器的外形见图2-14b中的两个小图。分励脱扣器通常用于应急状态下对断路器进行远距离分闸操作和作为漏电继电器等保护电器的执行元件。目前较多使用在配电柜开门断电保护电路中。分励脱扣器5（见图2-11）用于远距离分断断路器，实现远方切断电源。在正常工作时，其线圈是断电的，当需要远距离控制时，按下起动按钮，使线圈通电，衔铁带动自由脱扣机构动作，使主触头断开。分励脱扣器的工作电压范围为（70%～110%）U_N，有些产品可达（50%～110%）U_N。还有一种作电网保护用的特殊分励脱扣器，其工作电压范围为（10%～110%）U_N，它由一个普通脱扣器和一个电容器延时单元组成。电容器容量保证延时单元能储存足够的能量，使这种脱扣器能在电源出现故障后仍能动作。电容器充足电以后，在无电源条件下约可维持4～5min。大功率低压断路器可配电动操作机构对断路器进行远距离操作分、合闸。

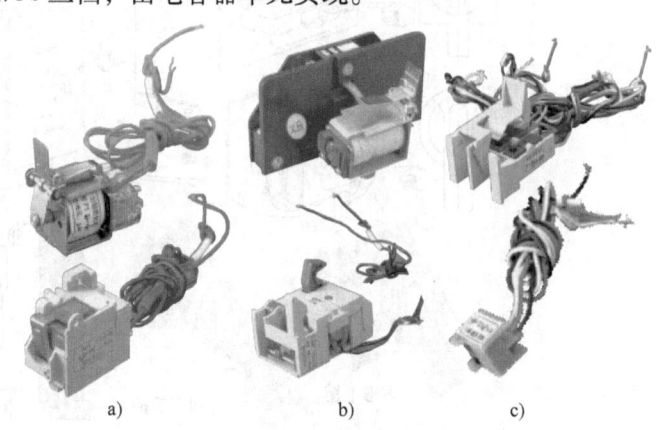

图2-14 机内附件外形图
a) 欠电压脱扣器 b) 分励脱扣器
c) 辅助触头和报警触头

欠电压脱扣器和分励脱扣器的特性主要是额定电压、额定电流和额定频率，有时有延时指标，除延时外，其他参数都是固定的。

（7）辅助触头和报警触头附件 辅助触头用于对断路器相关的控制回路和信号回路作自动控制之用。辅助触头和报警触头的外形见图2-14c中的两个小图。其中，上图是辅助触头，下图是报警触头。报警触头用于对断路器保护对象的过载、短路及欠电压事故断开报警之用，在断路器故障脱扣时及时向其他相关电器实施控制或联锁，如向断路器外的报警装置、信号灯、继电器和逻辑电路等输出信号。辅助触头是在断路器分、合闸时显示断路器的接通状态和断开状态，但无法区别断路器是否是故障脱扣，因此辅助触头主要用于断路器的分合状态的显示，通过断路器的分合对其他相关电器实施控制或联锁，如向信号灯、继电器和逻辑电路等输出信号。

（8）电动操作机构和旋转操作手柄 电动操作机构用作断路器的自动控制和远距离的闭合和断开之用。当断路器因故障而自由脱扣时，应先进行一次分闸操作使断路器再扣，然后便可进行合闸操作。如采用断路器的报警开关或辅助开关的动合触头，在断路器脱扣时，由报警开关或辅助开关立即将电动操作机构的分闸操作电路接通，电动操作机构就会立即进行分闸操作，使断路器实现再扣，以确保远距离对断路器进行"合"、"分"闸操作。电动操作机构有电动操作和电磁操作两种。电动操作由电动机驱动，一般适用于400A及以上大容量断路器的操作；电磁操作由电磁铁驱动，适用于100A、225A等小容量断路器。

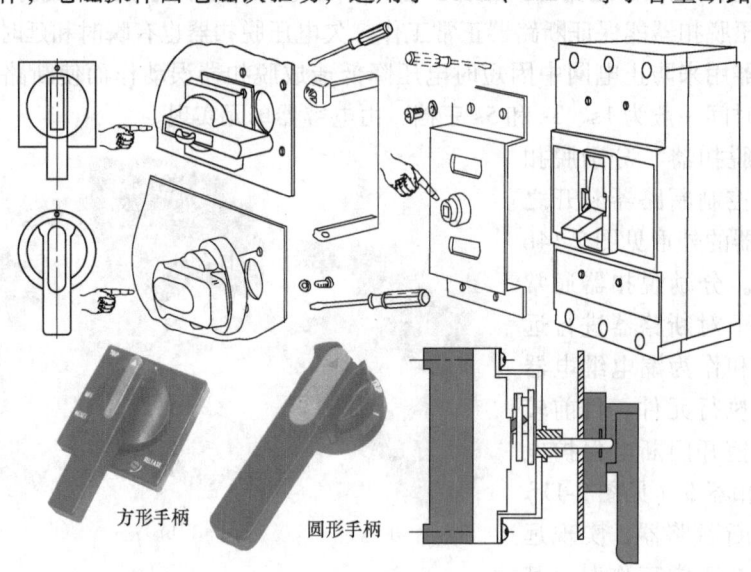

图2-15 旋转手柄操作机构的外形及安装示意图

旋转操作手柄用作在开关柜门外操作断路器及断路器处于闭合状态时与柜门机械联锁之用。旋转操作手柄有旋钮型和枪型等多种形式，并有手柄闭锁装置。旋钮型手柄直接安装在断路器上，其手柄露在配电柜面板或抽屉外；枪型手柄的操作机构安装在断路器上，手柄的面板安装在配电柜门上，手柄轴长度可调。旋转操作手柄能按同一方向指示断路器的分合状态。手柄闭锁装置是一种能使断路器操作手柄可靠地处于打开或闭合位置（即分闸或合闸锁定），而在机械上并不影响断路器自由脱扣的保护装置。当断路器负载侧电路需要维修或不允许通电时，可用手柄闭锁装置将断路器锁定在分闸状态，以防被人误将断路器合闸，从而保证维修人员安全或用电设备的可靠使用。当断路器合闸通电时，利用合闸锁定也可防止误操作而引起停电事故。有的旋转操作手柄可外加挂锁锁定，以防误操作。图2-15是旋转手柄操作机构的外形及安装示意图。

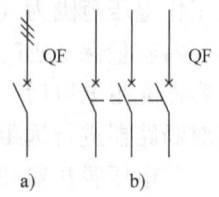

图2-16 低压断路器的图形、文字符号
a) 单线表示法
b) 三线表示法

（9）低压断路器的图形、文字符号　低压断路器的图形、文字符号如图2-16所示。

2.3.2 塑料外壳式断路器

塑料外壳式低压断路器的结构原理已在2.3.1节叙述。本节主要介绍塑料外壳式低压断路器的典型产品。塑料外壳式低压断路器具有体积小、分断能力高、飞弧短（部分规格零飞弧）、抗振动等特点，生产厂商、品牌种类繁多，据不完全统计，已超过2000多个品种，功能多样、用途广泛。塑料外壳式断路器是广泛应用于低压配电开关柜（箱）中的一种开关元件，作为配电线路、电动机、照明电路及电热器等设备的电源控制及保护开关。在正常情况下，可对线路不频繁转换及电动机不频繁操作。一般型塑料外壳式低压断路器国产典型型号为DZ20，另外还有许多以企业特征代号命名的派生产品。常用产品型号有常熟开关制造有限公司的 CM1 等系列、西屋电气公司的 WCM1 等系列、天正电气公司的 TGM1 等系列、人民电器公司的 RDM1 等系列、德力西公司的 CDM1 等系列、正泰电气公司的 NM1 等系列、三菱公司的 WS 和 NF 等系列、西门子公司的 3VL 等系列、金钟-默勒公司的 NZM 等系列、梅兰日兰公司的 NS 和 S 等系列、士林公司的 ZAM1（BM）等系列等。

1. 塑料外壳式低压断路器的类型

根据塑料外壳式低压断路器在电路中的不同用途，分为配电用断路器、电动机保护用断路器和照明用断路器等。按过电流脱扣器型式分为复式脱扣、瞬时脱扣、电子式脱扣和智能脱扣等几种。按接线方式分为板前接线、板后接线、抽出式、插入式等类型。部分产品可垂直安装（即竖装），亦可水平安装（即横装）。根据塑料外壳式低压断路器产品的特点，主要有一般型、限流式、带剩余电流保护型、智能型和智能型可通信塑料外壳式低压断路器等 5 大类。按照塑料外壳式低压断路器的额定极限短路分断能力的高低，分为低分断型、标准型、较高分断型、高分断型等 4 类。按塑料外壳式低压断路器产品的极数分为二极、三极与四极。四极产品中的中性极（（N 极）型式又分 N 极不安装或安装过电流脱扣器、N 极始终接通、或与其他三极一起合分等类型。

以 DZ20 系列塑料外壳式低压断路器为例，它有 4 种性能型式，以 Y 型为基本型，称为一般型。C 型（经济型）、J 型（较高型）和 G 型（最高型）断路器是 Y 型的派生产品，C 型断路器除了极限分断能力与 Y 型不同之外，在结构方面基本相同。另外还派生了四极和无飞弧产品等。一般型（Y 型）断路器当电路出现短路电流时，脱扣器动作，触头被机构断开后才能切断短路电流，Y 型断路器的通断能力要比 J 型小。J 型是将 Y 型断路器的结构进行了改进，当短路电流达到某一定值时，触头间产生触头电动力，动触头被斥开，形成较大的斥开距离，接着断路器的脱扣器动作。由于利用触头电动力斥开和脱扣器脱扣同时进行，缩短了全断开时间，并提高了短路通断能力，其全断开时间一般在 14ms 之内。G 型断路器是在 Y 型断路器底板后串联一个平行导体组成的斥力限流触头系统（亦称为限流器），该触头系统比 J 型斥力触头长，断开距离也大，因此能更迅速地限流。在正常情况下的断开和闭合都由上半部 Y 型断路器来完成。当出现短路时，限流器触头立即斥开，电弧出现后，利用电弧电阻限制短路电流上升，同时因脱扣机构动作，动触头打开，触头开距继续增大，弧柱电阻也进一步增大，在 4～5ms 内将短路电流限制到最大实际分断电流，在 8～10ms 内分断短路电流。由于限流器中的动、静触头平行导体长，产生的斥力大，动触头斥开距离也大，且斥开也快，所以限流效应显著。

2. DZ20 系列塑料外壳式低压断路器

（1）型号命名及意义　DZ20 系列塑料外壳式低压断路器的型号命名及意义如下：

$$\text{DZ 20} \square - \square \square / \square \square \square$$

$$\uparrow\ \ \uparrow\ \uparrow\ \uparrow\ \ \uparrow\ \uparrow\ \uparrow\ \uparrow$$

$$1\ \ \ 2\ \ 3\ \ 4\ \ \ 5\ \ 6\ \ 7\ \ 8$$

1—塑料外壳式低压断路器；
2—设计代号；
3—额定极限短路分断能力级别，Y——般型；J—较高型；G—最高型；C—经济型；

4—壳架等级额定电流（A）；

5—操作方式，手柄直接操作无代号；电动操作用 P 表示；转动手柄操作用 Z 表示；

6—极数分别用 2、3、4 表示；

7—脱扣器方式及附件代号，见表 2-3；

8—用途代号，配电器用断路器无代号；保护电动机用断路器用 2 表示。

举例，DZ20-250/330，表示 DZ20 系列塑料外壳式断路器，额定电流 250A，3 极，复式脱扣器，不带附件。

（2）DZ20 系列塑料外壳式低压断路器的结构　图 2-17 是 DZ20 系列塑料外壳式断路器的外形示意图。内部结构可参考图 2-10 ~ 图 2-14。

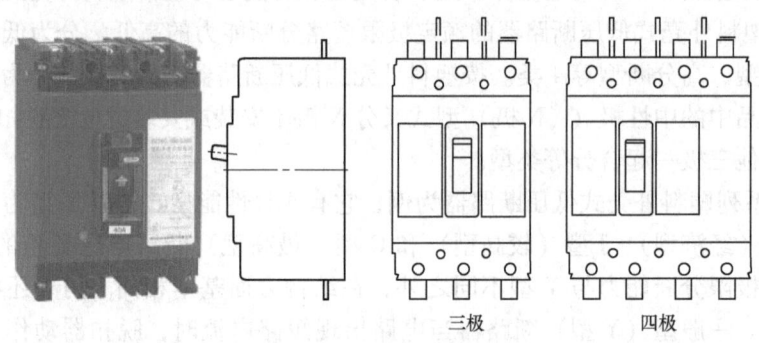

图 2-17　DZ20 系列塑料外壳式低压断路器的外形示意图

DZ20 系列塑料外壳式低压断路器的操作机构采用传统的四连杆结构方式，具有弹簧储能，快速"合"、"分"的功能。具有使触头快速合闸和分断的功能，其"合"、"分"、"再扣"和"自由脱扣"位置以手柄位置来区分。灭弧系统是由灭弧室和其周围绝缘封板、绝缘夹板所组成。绝缘外壳由绝缘底座、绝缘盖、进出线端的绝缘封板所组成。飞弧距离为 200mm，断路器的进线端应用绝缘材料包扎 200mm 长或用绝缘板把相间隔开。绝缘底座和盖是断路器提高通断能力、缩小体积、增加额定容量的重要部件。触头系统由动触头、静触头组成。630A 及以下的断路器，其触头为单点式。1250A 断路器的动触头由主触头及弧触头组成。

DZ20 系列塑料外壳式低压断路器应垂直安装，安装前应检查断路器铭牌上所列的技术参数是否符合使用要求。板前接线的断路器允许安装在金属板或金属支架上，但板后接线的断路器一般应安装在绝缘底板上。在正常工作时不需要维护和修理，但在受到较大的故障电流后，必须进行仔细检查，查看触头是否良好，并清除断路器内部的尘埃及金属粒子，在设备停机维修时，可打开断路器，在传动的轴销处加钟表油。

（3）DZ20 系列塑料外壳式低压断路器的功能特性　DZ20 系列塑料外壳式低压断路器的电流脱扣器分过载（长延时）脱扣器、短路（瞬时）脱扣器两种。过载脱扣器为双金属片式，受热弯曲推动牵引杆，有反时限动作特性。短路脱扣器为电磁脱扣器。操作方式有手动直接操作、转动手柄操作和电动操作三种。安装方式有板前接线方式和板后接线方式，主要技术参数见表 2-4，过载保护特性见表 2-5。动作特性曲线示例如图 2-18 所示。制造厂商的产品样本中会根据具体产品型号给出多种这样的曲线供选择。

表 2-4 DZ20 系列塑料外壳式低压断路器的主要技术参数

产品型号		DZ20-100	DZ20-200	DZ20-400	DZ20-630	DC20Y-1250
额定工作电压/V	AC	380		380(660)	380	
	DC	220				
断路器极数		2极,3极				
壳架等级额定电流/A		100	200	400	630	1250
脱扣器等级电流/A		16,20,32,40,50,63,80,100	100,125,160,180,200,225	200,250,315,350,400	250,315,350,400,500,630	630,700,800,1000,1250
额定极限短路分断能力/kA	AC380V	Y型18 J型35 G型100 C型25	Y型25 J型42 G型100 C型15	Y型30 J型42 G型100 C型20	Y型30 J型42 C型20	50
	DC220V	Y型10 J型18 G型20	Y型20 J型25 G型25	Y型25 J型25 G型30	Y型25 J型25	30
额定运行短路分断能力/kA	AC380V	Y型14 J型18 G型75	Y型19 J型25 G型100	Y型23 J型25 G型100	Y型23 J型25	38
	DC220V	Y型10 J型15 G型20	Y型20 J型20 G型25	Y型25 J型25 G型30	Y型25 J型25	30
可配附件名称	欠电压脱扣器	√	√	√	√	√
	分励脱扣器	√	√	√	√	√
	辅助触头	√	√	√	√	√
	报警触头	√	√	√	√	√
	电动操作机构	√	√	√	√	√
	手柄操作机构	√	√	无J型和G型	√	√
	接线端子	√	√	√	√	√
连接铜质导线的最大截面积/mm²		35	95	240	40×5 两根	80×5 两根
最高操作频率/(次/h)		120		60		30
机械寿命/次		8000		5000		3000
电寿命/次		4000	2000	1000		500
质量/kg		Y型1.8 J型1.9 G型4.8 C型1.8	Y型3.8 J型3.8 G型8.5 C型3.8	Y型6 J型7.8 G型18.5 C型6	Y型8.2 J型8.4 C型8.2	18.9

注：欠电压脱扣器有交流220V和380V、直流110V和220V四种，在额定电流的70%～35%时，欠电压脱扣器应可靠动作；分励脱扣器有交流220V和380V、直流110V和220V四种，在额定控制电压的70%～110%之间时，分励脱扣器能可靠使短路器脱扣。表中"√"表示有相应附件可配备。

表 2-5　DZ20 系列塑料外壳式低压断路器的过载保护特性

用途	脱扣器额定电流 I_r/A	不脱扣		脱扣		环境空气温度
		额定电流倍数	时间/h	额定电流倍数	时间/h	
配电用断路器	≤40	1.05	1	1.3	1	40℃
	≤40	1.05	2	1.3	2	
保护电动机用断路器		1.0	2	1.20	2	

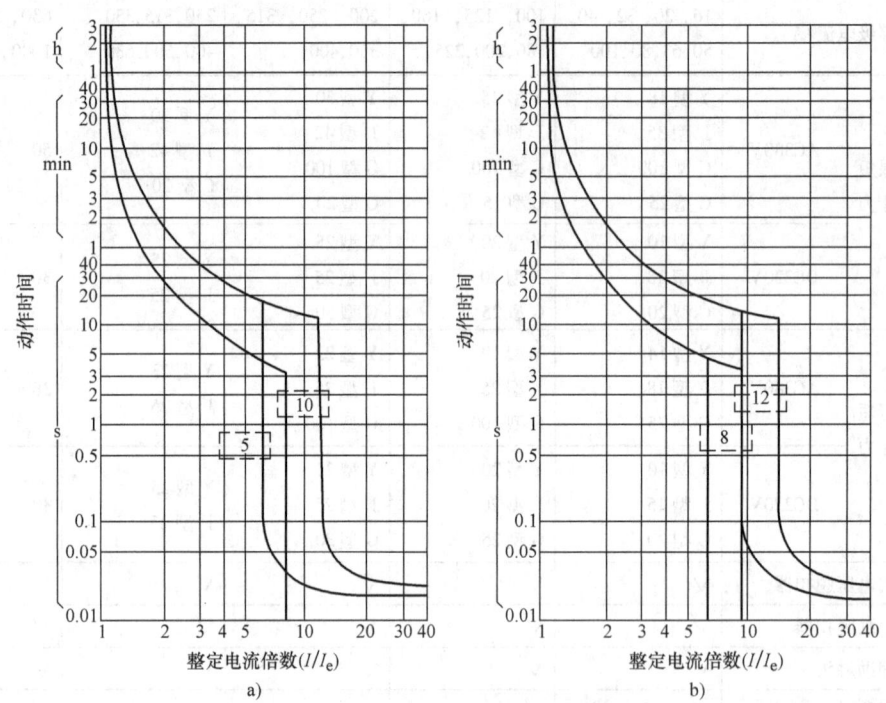

图 2-18　DZ20 系列断路器动作特性曲线示例
a) DZ20J—200 型$\frac{Y}{G}$（配电用）　b) DZ20J—200 型$\frac{Y}{G}$（保护电动机用）

2.3.3　万能式断路器

万能式低压断路器是一种大容量低压断路器，具有较高的短路分断能力和较高的动稳定性，多段式保护特性，手动和电动两种操作方式，适用于交流 50Hz，额定电流 380V 的配电网络中作为配电干线的主保护。主要用作变压器 380V 侧出线总开关、母线联络开关或大容量馈线开关和大型电动机控制开关。容量较小的一般用途万能式低压断路器多用电磁机构传动，容量较大的万能式低压断路器则多用电动执行机构传动，无论采用何种传动机构，都装有操作手柄，以备检修或传动机构故障时用。极限通断能力较高的万能式断路器采用储能操作机构，以提高通断速度。万能式低压断路器的壳架等级额定电流一般为 200～6300A，短路分断能力为 40～50kA，有的产品采用了半导体式过电流脱扣器，可实现过载长延时、短路短延时、短路瞬时动作的保护性能。

万能式低压断路器主要由触头系统、操作机构、过电流脱扣器、分励脱扣器及欠电压脱扣器、附件及框架、二次接线回路等部分组成，全部组件进行绝缘后装于绝缘衬垫的钢制框架底座中。可装设多种脱扣器和辅助触头。不同的脱扣器和附件的组合可形成不同的保护特性，组成具有选择性或非选择性或具有反时限动作特性的电动机保护用断路器。通过辅助触头可实现远方控制。

万能式低压断路器的产品类型和型号很多，品牌很多，性能各异。常用国产主要系列型号有 DW15 系列、DW16 系列、DW17 系列、DW15HH 系列（多功能、高性能型）、NA 系列等。另外，还有引进技术的产品，如德国 AEG 公司的 ME 系列（DW17），日本三菱公司的高性能型 AE 系列（DW19），日本寺崎公司的 AH 系列（DW914），西门子公司的 3WT 系列、3WL 系列等。图 2-19a 所示是 DW15、DW16、DW17 型一般万能式断路器的产品实物图。以 DW16 型一般万能式断路器为例，其操作机构外形结构图如图 2-19b 所示。其他型号的万能式断路器的同类操作机构与此类似。

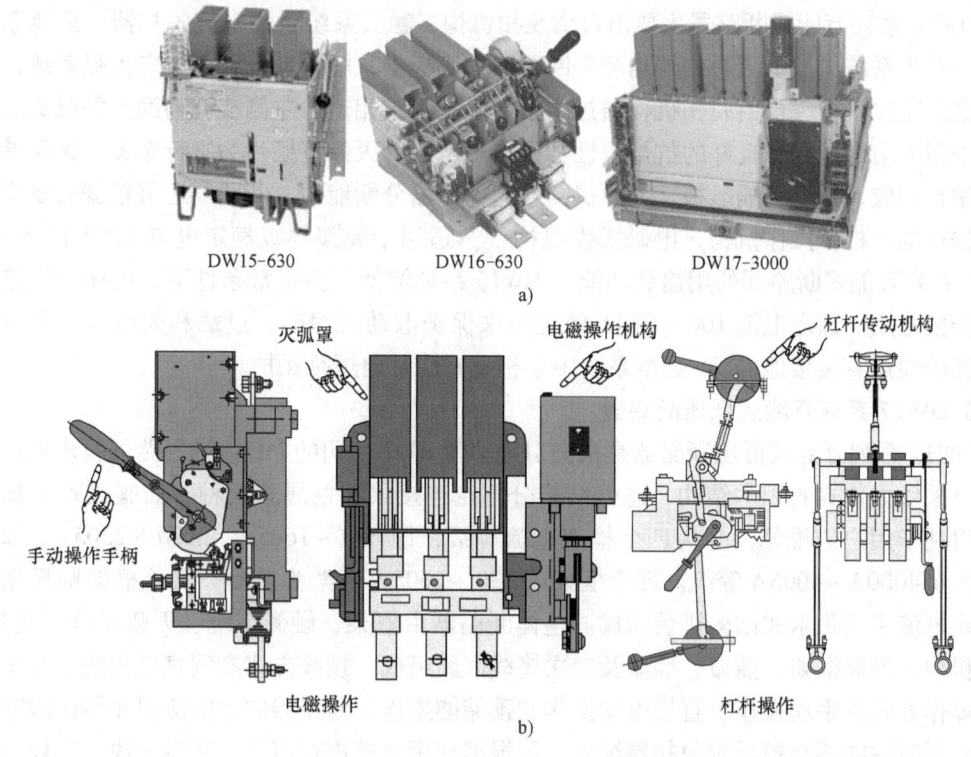

图 2-19 DW15、DW16、DW17 型万能式低压断路器的产品实物图及
DW16 型万能式断路器操作机构的结构示意图
a) 断路器实物图 b) 操作机构结构示意图

1. DW15 系列万能式断路器

DW15 系列万能式断路器为立体布置形式，触头系统、快速电磁铁、左右侧板均安装在一块绝缘板上。上部装有灭弧系统，操作机构装在正前方或右侧面。有"分"、"合"指示及手动断开按钮。其左上方装有分励脱扣器，背部装有与脱扣半轴相连的欠电压脱扣器。速饱和电流互感器或电流电压变换器套在下母线上。欠电压延时装置、热继电器或半导体脱扣

器均分别装在下方。DW15-1000~6300A 万能式断路器的触头系统、操作机构均安装在铁制框架上，上部装有灭弧系统，右面装有操作机构，有"通"、"断"指示及手动"合"、"分"按钮。左侧面装有分励脱扣器、欠电压脱扣器。抽屉式 DW15 系列断路器（DW15C、DWX15C-630 限流抽屉式断路器）由断路器本体和抽屉座组成，断路器本体上装有隔离触刀、二次回路动触头、接地触头、支承导轨等。抽屉座由左右侧板、铝支架、隔离触座、二次回路静触头、滑架等组成。正下方由操作摇手柄、螺杆等组成推拉操作机构。

DW15 系列万能式断路器适用于在交流配电网络中分配电能和供电线路及电源设备的短路、过载和欠电压保护。在正常条件下可作为线路的不频繁转换之用。壳架等级额定电流 630A 的断路器也能在交流 380V 网络中供作电动机的过载、欠电压和短路保护。具有抽屉式结构的限流断路器，在正常条件下也可作为电动机的不频繁起动之用。限流型断路器特别适用于可能出现大短路电流的网络。

2. DW16 系列万能式低压断路器

DW16 系列万能式断路器主要由自由脱扣机构、触头系统、过电流脱扣器、灭弧系统等组成。触头系统、过电流脱扣器均装在断路器的底板上，触头系统上面装有灭弧系统，右侧装有自由脱扣机构。自由脱扣机构通过主轴与触头系统相连，左侧装有辅助开关触头。触头材料采用陶冶合金，有良好的抗熔焊性和低接触电阻。灭弧室栅片为平行布置，灭弧壁采用耐弧塑料制成，并配置隔弧板，从而提高断路器短路分断能力。断路器还可根据需要安装电动操作机构、杠杆操作机构、电磁操作机构（只适用于壳架等级额定电流 630A 以下）等。DW16 系列万能式断路器的用途和性能与 DW15 系列类似。在正常条件下，可作为线路的不频繁转换之用。额定电流 100~630A 的可用来保护电动机短路、过载和欠电压，并可作为变压器中性点直接接地的 TN 配电系统中单相金属性对地短路保护。

3. DW17 系列万能式低压断路器

DW17 系列万能式低压断路器是根据引进德国 AEG 公司的 ME 系列断路器技术而改进的产品。采用立体式的积木结构，总体结构分固定连接式和抽屉式两种，抽屉式附有加长导轨，以利于用户的维修。分为四个框架电流等级，即 630~1605A、2000~2505A、3200~3205A 和 4000A~4005A 等级。四个框架以 630~1605A 框架为基础，其他框架则根据不同的额定电流采用积木式结构拼装而成。整体断路器由框架、触头系统、灭弧系统、脱扣器、操作机构、抽屉框架、插刀、插座及二次接线回路组成。接线方式有垂直进出线、水平进出线，操作方式有手动操作、直接电动操作和预储能操作。断路器的过电流脱扣器由瞬时脱扣器、长延时脱扣器和短延时脱扣器组成。可根据使用要求进行组合，实现一段、二段或三段保护。

DW17 系列万能式低压断路器采用模块化结构，具有体积小、重量轻、系列性强、零部件互换性好、保护功能齐全、通断能力强、技术经济指标高、维护方便等特点。DW17 系列万能式断路器适用于在额定工作电压交流 380V、660V，电流至 4000A 的交流配电网络中作为分配电能、线路的不频繁转换及对线路和电气设备的短路、过载和欠电压保护，并具有分级选择保护功能。能直接起动电动机、发电机和整流装置等。1250A 以下的断路器在交流 380V 网络中可用作电动机的过载、短路保护，同时在上述条件下也可作为电动机的不频繁起动之用。

2.3.4　智能型万能式断路器

智能型万能式断路器的应用场合与普通的万能式低压断路器相同，其基本特征是具有以微处理器或单片机为核心的智能控制器（智能脱扣器），以实现智能化保护功能，其选择性保护功能可提高供电可靠性和安全性。智能控制器不仅具备各种保护功能，同时还具备实时显示电路中的各种电气参数（电流、电压、功率、功率因数等）、负载监控、自行调节、测量、试验、自诊断、故障状态记录等功能；能够对各种保护功能的动作参数进行显示、设定和修改；保护电路动作时的故障参数能够存储在非易失存储器中，以便查询。智能控制器具有 L 型（经济型）、M 型（标准型）和 H 型（可通信型）三种类型，从而可构成三种不同功能的智能型万能式断路器。

1. 智能型万能式断路器的结构原理

智能型万能式断路器有固定式和抽屉式之分，把固定式断路器本体装入专用的抽屉座就成为抽屉式断路器。产品结构模块化、塑壳化。模块化结构将断路器分成框架、触头及灭弧系统、手动操作机构、电动操作机构、智能控制器、抽屉座等 6 个完整独立的部件，总装时只需用螺钉固定即可，拆装十分方便。断路器外壳、框架采用塑料压制而成，触头、灭弧系统都放在绝缘小室中，防止相间短路，确保电弧向上喷出，保证下进线可靠分断。

固定式断路器由本体、二次回路接线端子、安装板、相间隔板及支架组成。本体由组合触头系统、智能控制器和辅助开关、手动操作机构、电动操作机构，以及二次插接件、欠电压脱扣器、分励脱扣器等附件组成。触头单元具有主触头的功能，也具有弧触头功能；每个极均设有一个灭弧室，灭弧室全部置于断路器的绝缘底座内，增加了灭弧室的机械强度。

操作机构和手动、电动传动机构位于断路器正面。操作机构采用五连杆的自由脱扣机构，并设计成储能形式。在使用过程中，机构总是处于预储能位置，只要断路器一接到合闸命令，断路器就能立即瞬时闭合。预储能的释放可用手动释能按钮或合闸电磁铁来完成。电动传动机构自成一体，储能轴与主轴之间通过凹凸形楔口活动连接，装拆方便。

抽屉座由带有导轨的左右侧板、底座和横梁等组成，底座上设有推进结构，并装有位置指示，抽屉座的上方装有辅助电路静隔离触头。桥式主回路触头前方设置安全隔板。抽屉式断路器有三个工作位置："连接"位置、"分离"位置、"试验"位置。位置变更通过手柄的旋进或旋出来实现。三个位置的指示通过抽屉底横梁上的指针显示。当处于"连接"位置时，主回路和二次回路均接通；当处于"试验"位置时，主回路断开，并有绝缘板隔开，仅二次回路接通，可进行一些必要的动作试验；当处于"分离"位置时，主回路与二次回路全部断开。此时即可拉出断路器本体部分。断路器只有在连接位置或试验位置才能闭合，而在连接与试验的中间位置，断路器不能闭合。

2. 智能脱扣器的原理

智能脱扣器由控制器部分、执行机构和互感器部分组成。智能控制器的主要作用是通过微处理器实时采集断路器的电流信号、电压信号和各种辅助信号，当控制器采集到主回路电流符合设定的断路器保护条件时，选择性发出脱扣信号，控制断路器分断故障回路。

控制器部分主要由电源回路、信号回路、显示和键盘、CPU 等功能单元组成，实现信号的输入、输出和计算，并显示相应的状态和数据，输出脱扣指令。

执行机构主要由磁通变换器、复位指示按钮和联锁机构组成。磁通变换器是一种永磁操动执行器。正常工作时，永久磁铁保持在吸合状态，当故障电流达到控制器脱扣值时，磁通变换器收到励磁信号，在反向磁场的作用下触发，动作于跳闸。当电路出现故障时，磁通变换器动作，复位指示按钮弹出，断路器断开。排除故障后，只有在人工按下复位指示按钮后，断路器才能重新合闸。联锁机构用来保证当复位指示按钮压下时，断路器才能合闸，否则，无法合闸。

电流互感器（CT）由辅助工作电源绕组、信号输出绕组（空心线圈）组成，有安装在断路器主回路母线上的内置电流互感器和外接电流互感器两种。辅助工作电源绕组用于为控制器提供辅助工作电源，并通过过载电流发光二极管（LED）按比例显示。信号输出绕组为微处理器（MCU）提供采样信号。辅助工作电源绕组和信号输出绕组封装在同一个电流互感器的外壳中，断路器的每极配有一个电流互感器。

当大电流流过互感器时，辅助工作电源绕组将产生激励磁场和感生电动势，即可为控制器提供辅助工作电源。当互感器流过电流时，将在信号输出绕组产生一幅值比较小的信号，此信号经控制器处理后，作为微处理器（MCU）的采样信号。

空心线圈把断路器主回路上的大电流转换为毫伏级信号，然后先经模拟量处理，再经八选一电子选择开关进入微处理器（MCU），电流信号在 MCU 内进行 A/D（模/数）转换为数字量，并与用户整定的保护参数进行比较。如果电流信号的数字量达到保护值，MCU 根据保护特性实施保护的延时过程，延时时间到，MCU 发出脱扣指令，磁通变换器动作，脱扣机构动作，断路器分闸，完成主保护动作过程。另外，模拟量与相应保护值的双限比较器进行模拟量比较，如果电流信号的模拟量达到保护值，双限比较器发出脱扣指令，磁通变换器动作，脱扣机构动作，断路器分闸，完成后备保护动作过程（MCR 功能）。

智能脱扣器原理框图如图 2-20 所示。

图 2-20 中，电源电路通过电流互感器（CT）为智能脱扣器供电。专用集成电路（ASIC）将电流互感器检测到的信号放大，并通过矢量合成检测接地故障电流。微处理器根据智能脱扣器所检测的或放大的信号执行脱扣操作。特殊设置模块用于设置智能脱扣器特性的电路。由图可见，智能脱扣器不再是简单的脱扣保护，而是将保护功能与各种显示、控制功能一体化，形成智能控制器。

(1) L 型智能控制器　L 型（经济型）智能控制器适用于一般工业应用场合，具有如下功能：

1）保护特性：具有过载长延时反时限、短路瞬时保护等保护特性。

2）整定功能：采用编码开关和拨码开关整定方式，可根据需要整定各保护参数，组成所需的保护特性。

3）显示功能：微处理器（MCU）运行监视；用负载电流光柱显示断路器的工作电流；显示各种保护状态。

4）自检功能：环境温度过热自诊断；微处理器内部的 CPU、ROM、RAM 及 I^2C 通信自检。

5）记忆功能：记忆过载电流引起线路或设备的发热程度；记忆线路故障引起脱扣时的故障类别。

6）试验功能：可进行断路器的瞬时脱扣试验。

7）可增选功能：短路短延时定时限保护、不对称接地（接零）故障保护、报警信号输

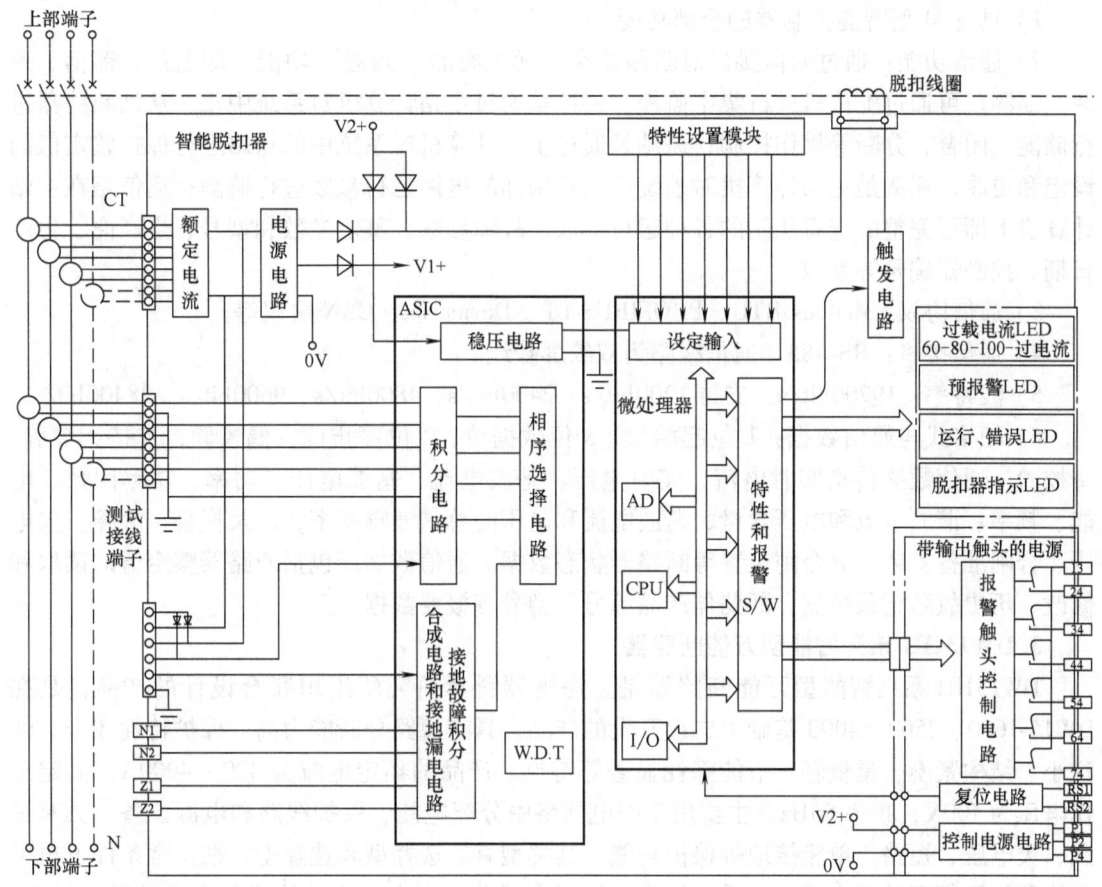

图 2-20 智能脱扣器原理框图

出功能。

（2）M 型智能控制器　M 型（标准型）智能控制器适用于大部分要求较高的工业应用场合，具有如下功能：

1）保护特性：具有过载长延时反时限、短路短延时反时限及定时限、短路瞬时保护，不对称接地（接零）保护，缺相保护，三相不平衡故障保护等四段保护特性。

2）整定功能：采用数码显示和按键整定方式，可根据需要整定各保护参数，组成所需的四段保护特性。

3）显示功能：显示断路器的工作电流；显示整定电流、整定时间；显示各种保护状态。

4）自检功能：环境温度过热自诊断；微控制器内部的 CPU、ROM、RAM 及 I^2C 通信自检。

5）记忆功能：记忆过载和短路引起线路或设备的发热程度；记忆线路故障引起脱扣时的故障电流、延时动作时间、故障类别。

6）试验功能：模拟现场的故障状况进行断路器的脱扣或不脱扣试验。

7）可增选功能：电压表功能、负载监控功能、报警信号输出功能。

（3）H 型智能控制器　H 型（可通信型）智能控制器适用于配电网网络化控制系统，具有如下功能：

1) 具有 M 型智能控制器的全部功能。

2) 通信功能：通过通信接口对断路器实现远距离的"四遥"功能，即遥控、遥信、遥调、遥测。可通过上位机进行集中监控。遥控是通过主站计算机对系统中每一从站断路器进行储能、闭合、分断等操作控制；遥调是通过主站计算机对系统中的从站进行保护整定值的设定和更改；遥测是主站计算机对系统中从站采样的电网运行参数进行监测；遥信是在主站计算机上即可完整的查看从站的各种运行参数、故障参数、整定参数和型号、生产商、生产日期、控制器编号等参数。

3) 通信协议：Modbus-RTU、PROFIBUS-DP、DeviceNet、CAN 协议等。

4) 通信接口：RS-485。通信线路为双绞屏蔽线。

5) 波特率：19200bit/s，支持 1200bit/s、2400bit/s、4800bit/s、9600bit/s、38400bit/s。

6) 帧格式与通信数据：1 位起始位，8 位数据位，2 位停止位，偶校验，支持无校验、奇校验。通信数据包括实时电流、实时电压、基波电流、基波电压、功率、功率因数、电能、频率、谐波电流和电压含量、谐波电流和电压的总谐波畸变率，以及报警、故障、欠电压、合闸准备就绪、分合闸位置等断路器状态数据。通信数据还包括断路器整定值的读取和修改、历史故障记录数据，断路器产品编号、型号等概要数据。

3. DW15HH 系列智能型万能断路器

DW15HH 系列智能型万能断路器是上海电器科学研究所组织联合设计的产品，是在 DW15-1600、2500、4000 基础上二次开发的产品，具有短路分断能力高、保护特性齐全、体积小、结构紧凑、重量轻、节能降耗显著等特点。产品的额定电流为 400~4000A，额定工作电压为 400V，频率 50Hz。主要用于配电网络中分配电能、保护线路和电源设备，具有过载、欠电压、短路、单相接地等保护功能，其类型有非选择型和选择型。在正常条件下也可作线路的不频繁转换之用。按操作机构的控制方式分，有电动机储能操作和手动储能操作，有预储能操作和无预储能操作两种；按极数分，有三极和四极；按是否有单相接地分，有不带单相接地保护和带单相接地保护。污染等级为 3 级，安装类别为 IV 级。

DW15HH 系列智能型万能断路器有固定式及抽屉式两种类型，固定式主要由触头系统、智能控制器、手动操作机构、电动操作机构、固定板组成；抽屉式断路器主要由触头系统、智能控制器、手动操作机构、电动操作机构、抽屉座组成。抽屉式断路器本体和母线与抽屉座的桥式触头连接，单片机为核心的智能控制器采用正面面板凸块结构，以便实现开关柜外操作。图 2-21 是 DW15HH 智能型万能式断路器的外形与内部结构图。图 2-22 是 DW15HH 智能型万能式断路器的模块化结构图。

由图 2-21 和图 2-22 可见，DW15HH 智能型万能式断路器采用立体布置形式，由侧板、横梁组成框架，每相触头相同，安装在框架上，上面装灭弧室，其余部分用一绝缘罩隔离。操作机构在断路器右前方，通过主轴与触头系统相连。电动机操作机构通过方轴与机构连成一体，装于断路器下部，作为断路器的储能或直接闭合之用，储能后的闭合由释能电磁铁完成。在左侧板上方装有防回弹机构，以防止断路器在分断时弹跳。欠电压脱扣器和分励脱扣器经过放大机构与脱扣半轴相连。

抽屉式断路器由断路器本体与抽屉座组成，通过断路器本体上的母线与底座上的桥式触头的插接，接通主回路。抽屉式断路器有"连接"、"试验"、"分离"三个工作位置，可通过旋转手柄来实现，工作位置通过抽屉座底座横梁上的指针来显示。当指针指向"连接"

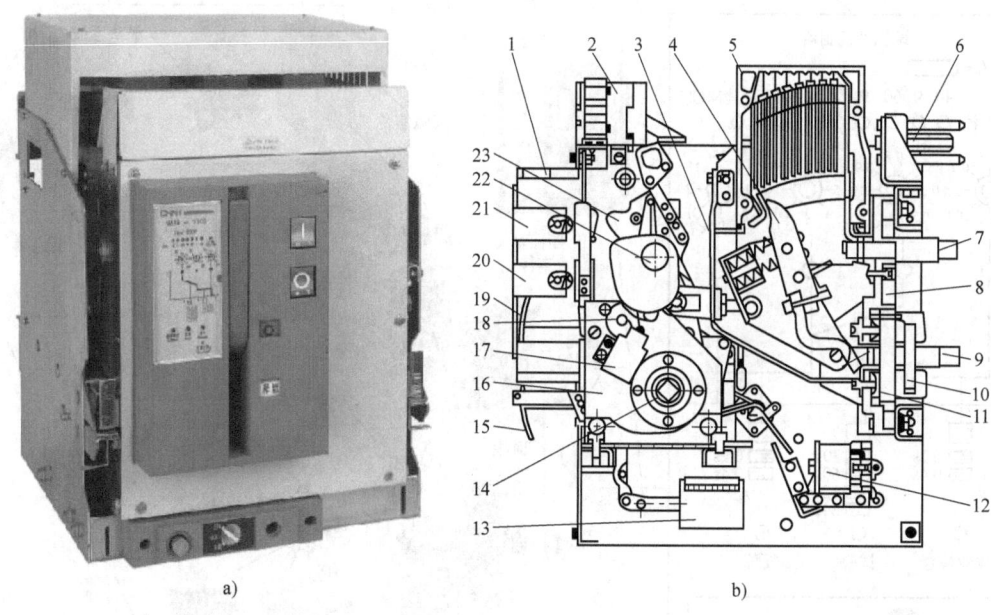

图 2-21 DW15HH 智能型万能式断路器的外形及内部结构图
a）外形图 b）内部结构图
1—手柄 2—辅助触头 3—罩 4—动触头 5—灭弧室 6—辅助电路动隔离触头 7—上母线
8—基座 9—下母线 10—速饱和互感器 11—空心互感器 12—分励脱扣器 13—释能电磁铁
14—机构方轴 15—储能指标牌 16—操作机构 17—磁通变换器 18—脱扣半轴
19—分合闸指示牌 20—断开按钮 21—闭合按钮 22—主轴 23—返回弹簧机构

位置时，主回路和二次回路均接通；指向"试验"位置时，主回路断开，并有安全隔板隔离，仅二次回路接通，以便于动作试验；指向"分离"位置时，主回路和二次回路均断开。断路器具有机械联锁装置，能保证断路器在断开状态下进行主回路转换。

断路器本体附带的附件包括导轨、辅助触头、欠电压脱扣器、分励脱扣器、电动操作机构、安全隔板、驱动轴等。抽屉座由带有导轨的左右侧板、底座和横梁等组成，下方装有推进结构，上方装有辅助触头，底座横梁上装有位置指示，桥式触头前方装有安全隔板。断路器采用储能弹簧释能的闭合方式，电动操作时，有配合电动机工作的预储能操作用释能电磁铁；手动储能时，储能手柄带动断路器方轴转动，进行储能操作。

辅助触头由微动开关组成，一般为 8 常开 8 常闭，额定工作电压至交流 380V，直流至 220V，使用类别为 AC-15 或 DC-13，额定控制容量为交流 300VA，直流 60W。辅助触头与断路器主电路分、合闸机构在机械上联动，主要用于断路器分、合状态的显示，接在断路器的控制电路中通过断路器的分合对其相关部分进行控制或联锁，如向信号灯、继电器等输出信号。

分励脱扣器可远距离操作使断路器断开。闭合电磁铁采用交流牵引电磁铁，线圈为短时工作制，可远距离操作使断路器闭合。也可以选用装甲式螺管电磁铁。线圈通电时间一般不能超过 1s，否则线圈会被烧毁，使用时要在分励脱扣器线圈之前串联一组常开触头。

欠电压瞬时脱扣器由拍合式电磁铁和反力弹簧组成，反力特性可通过螺杆调节反力弹簧

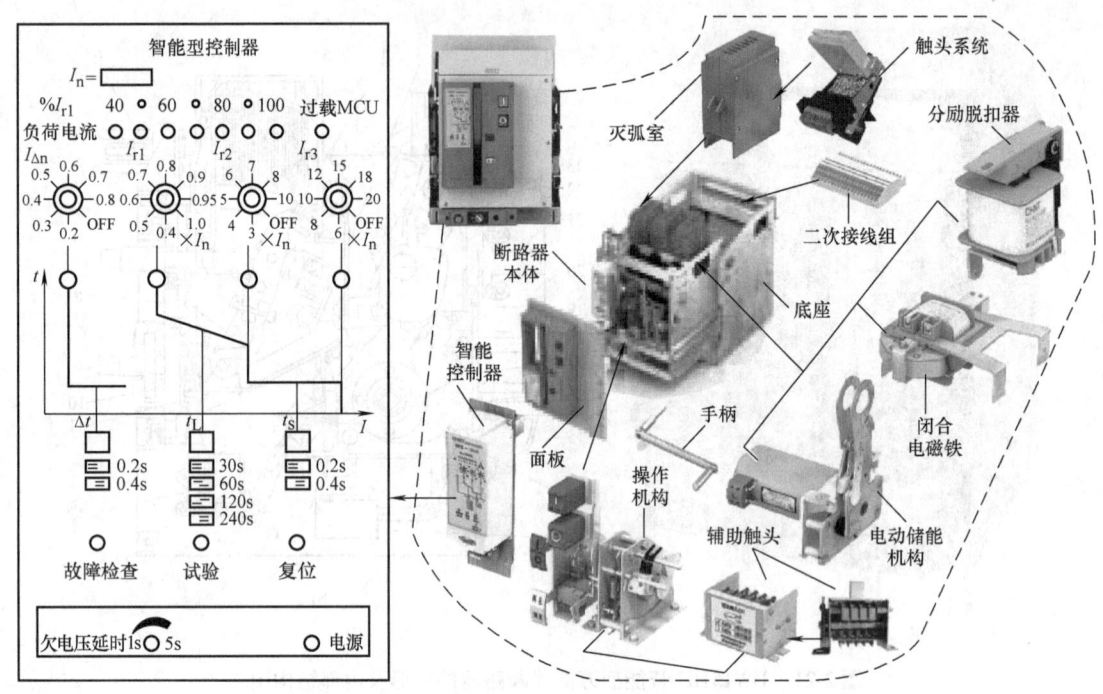

图 2-22 DW15HH 智能型万能式断路器模块化结构图

来满足。欠电压延时脱扣器由阻容延时线路和与它配套的直流欠电压瞬时脱扣器组成，延时时间为 $1s\pm0.5s$。

电动操作机构是用于远距离自动分闸和合闸的一种附件，由其内部的凸轮位置控制合、分断路器。电动操作机构的电动机采用二级圆柱齿轮减速。电动操作控制电路分有预储能和无预储能两类。预储能机构使操作弹簧机构储能，当按下按钮，储能弹簧释放，断路器合闸。在断路器的盖上装转动操作手柄的机构，手柄的转轴装在它的机构配合孔内，转轴的另一头穿过抽屉柜的门孔，旋转手柄的把手装在成套装置的门上面所露出的转轴头上，把手的圆形或方形座用螺钉固定在门上，这样能使操作者在门外通过手柄把手顺时针或逆时针转动，来使断路器合闸或分闸。同时转动手柄能保证断路器处于合闸时，柜门不能开启；只有转动手柄处于分闸或再扣时，开关柜的门才能打开。在紧急情况下，断路器处于"合闸"而需要打开门板时，可按动转动手柄座边上的红色释放按钮。抽屉式断路器的进出抽屉是由摇杆顺时针或逆时针转动的，在主回路和二次回路中均采用了插入式结构。

智能控制器由互感器组件、电子部件及执行元件等三部分组成。有长延时、短延时、瞬时、接地保护功能。配有负载电流光柱指示、MCU 运行指示、故障状态指示、故障记忆功能、瞬动试验功能。可选附加功能有 MCU 接通分断和模拟脱扣功能、报警用信号单元（预报警、接地报警、自诊断、OCR 脱扣）、欠电压延时保护。面板上有显示断路器工作状态的"I"、"O"、"储能"、"释能"指示牌。有合、分断路器的按钮"I"、"O"及 ST15-L 控制器。手动操作手柄供手动储能使用。若需对控制器各种保护电流值和时间值重新设定时，可通过修理小型钟表专用的螺钉旋具旋转编码开关或移动拨动开关，使其指向对应保护参数的相应位置即可，旋转时不得停留在两刻度值的中间位置，各种保护参数不得交叉设定，应满足 $I_{r1}<I_{r2}<I_{r3}$。

4. DW45 系列智能型可通信低压断路器

DW45 系列智能型可通信低压断路器是我国具有自主知识产权的产品，具有高短路分断能力、智能化、模块化、塑壳化、体积小、操作可靠等特点。基本结构和用途与 DW15HH 系列智能型断路器类似，最主要的差别是智能控制器和通信接口。智能控制器是 DW45 系列智能型万能式低压断路器的核心部件，主要保护功能包括过载长延时反时限保护、短路短延时定时限和反时限保护、短路瞬时保护、不对称接地或漏电定时限和反时限保护、N 相保护、电流不平衡保护、负载监控等。不同的产品类别略有差别，见表 2-6。

表 2-6　DW45 系列智能型可通信低压断路器的产品类型及功能配置

功　能	经济型（L 型）	标准型（M 型）	可通信型（H 型）
过载长延时反时限保护	√	√	√
短路短延时反时限保护	△	√	√
短路短延时定时限保护	△	√	√
短路瞬时保护	√	√	√
接地或漏电保护	△	△	△
负载监控	△	√	√
试验功能	△	△	△
测量功能	×	△	√
故障记忆功能	△	△	△
自诊断	△	△	√
MCR 接通分断	△	△	△
越限跳闸功能	△	△	△
遥控、本地和位置设置功能	×	△	√
通信功能	×	△	√
触头输出功能	△	△	√
时钟功能	×	△	△
历史数据记录功能	×	△	△

注：√—固有功能，△—可选功能，×—无此功能。

DW45 系列智能型可通信低压断路器用户可选择过载长延时反时限、中性极长延时反时限、短路短延时定时限或反时限 + 定时限、短路瞬动、接地故障定时限或反时限 + 定时限等多段保护功能，组成所需的保护特性。辅助功能包括测量（电流表、电压表功能）和运行监视功能、数据查询功能、参数整定功能、模拟试验功能、系统自诊断功能、负载监控功能、系统时钟功能、区域联锁、后备保护 MCR 功能、状态选择功能、过载报警与记忆、历史故障查询、故障时的电流和电压录波功能、三相电流光柱显示和液晶显示、编程接口功能、通信连网功能等。可选过载预报警信号输出、自诊断报警信号输出、故障跳闸报警信号输出、接地不脱扣只报警信号输出等功能。可通过 Modbus-RTU、PROFIBUS-DP、DeviceNet、CAN 协议等现场总线方式连网，实现"四遥"功能。这些辅助功能的配备视不同品牌和智能脱扣器型号的不同而异。

DW45 系列智能型可通信低压断路器的额定极限短路分断能力 I_{cu} 达 80～120kA，额定短

时耐受电流 I_{cw}（1s）可达 50~75kA，额定运行短路分断能力 I_{cs} 可达 50~75kA；全分断时间（无附加延时）在 25~30ms；过电流保护特性参数可整定，连网情况下可在使用现场或控制中心进行过电流保护特性参数的整定。

(1) DW45 系列智能型可通信低压断路器的结构　图 2-23 是 DW45 系列智能型可通信低压断路器的模块化结构图。

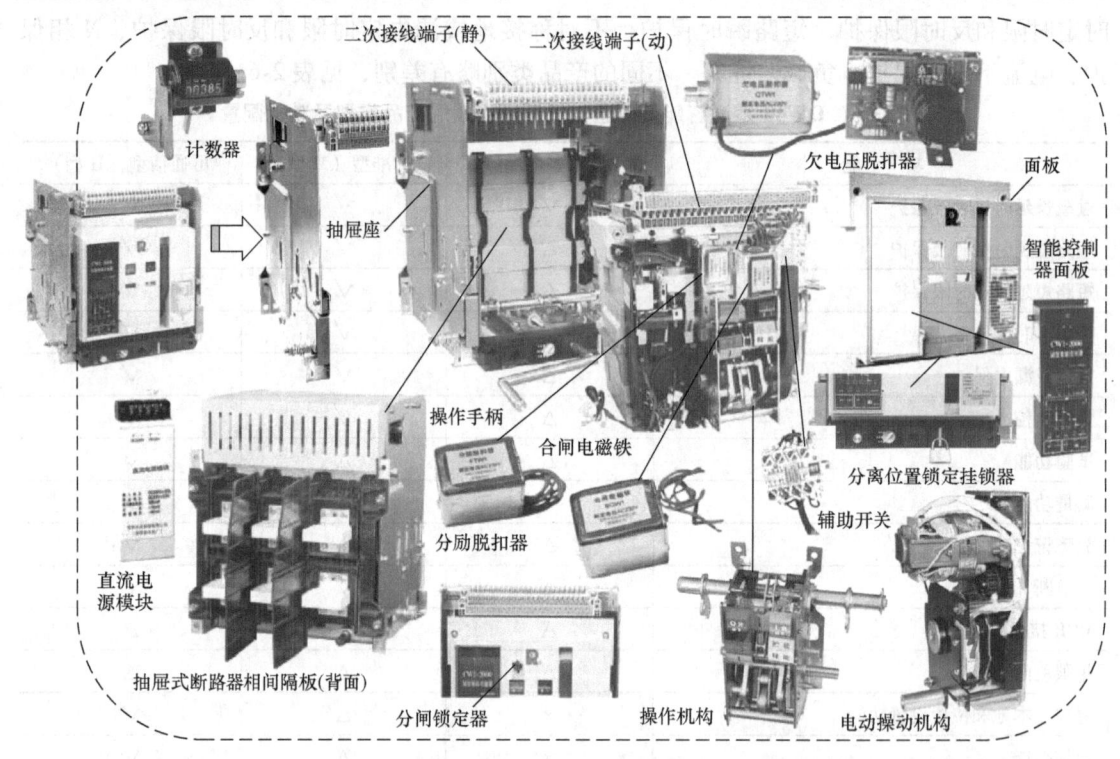

图 2-23　DW45 系列智能型可通信低压断路器的模块化结构图

由图 2-23 可见，断路器由本体和抽屉座组成，抽屉座两侧有导轨，导轨上有活动的导板（抽出手柄），断路器本体架落在左右导板上。整体为立体分隔式布置，触头系统封闭在绝缘基座与底板之间，每组触头都被相间隔板分割在小室内，其上方是灭弧室。动触头通过连杆与绝缘基座外的主轴连接，从而完成闭合、分断的任务。每相触头系统为了降低电动斥力及提高接触可靠性，采用多档触头并联形式，多档触头安装在一个触头支持上。触头接触片的一端用软联结与母排连接。断路器在闭合时，主轴带动连杆使触头支持绕支点逆时针转动，当动触头与静触头接触后绕支点顺时针转动并压缩弹簧，从而产生一定的触头压力，确保断路器可靠闭合。智能脱扣器、操作机构、电动储能机构依次排在其前面，形成各自独立的单元，可以分别拆装。断路器是通过本体上的母线插入抽屉座上的桥式触头来连接主回路。摇动抽屉座下部横梁上的手柄，可实现断路器的"连接"、"试验"和"分离"三个工作位置（手柄旁有位置指示）：在"连接"位置，主回路和二次回路均接通；在"试验"位置，主回路断开，并由绝缘隔板隔开，仅二次回路接通，可进行必要的动作试验；在"分离"位置，主回路与二次回路全部断开。抽屉座与断路器间有机械联锁装置，只有在连接位置和试验位置，断路器才能闭合。断路器有手动和电动两种操作方式，并具有自由脱扣功能。

DW45 系列智能型可通信低压断路器的分励脱扣器、欠电压脱扣器、操作机构、闭合电磁铁的工作电压和消耗功率见表 2-7。

表 2-7　分励脱扣器等的工作参数　　　　　　　　　　（单位：VA）

项目	交流（50Hz）		直流	
	220V	380V	110V	220V
分励脱扣器	24	36	24	24
欠电压脱扣器	24	36		
操作机构（电动机）	85	85	85	85
闭合电磁铁	24	36	24	24

欠电压脱扣器有瞬动脱扣和延时脱扣两种工作状态。当电源电压降至（35%～70%）U_e 时，瞬时脱扣，断开断路器；当电源电压降至（35%～70%）U_e 时，延时脱扣，断开断路器，延时时间为 1s、3s、5s；分励脱扣器可远距离操作断路器断开，其可靠闭合电压范围为（70%～110%）U_e；电动操作机构是电动机储能和自动再储能装置，其可靠动作的电压范围为（85%～110%）U_e；闭合电磁铁可使断路器在弹簧储能状态下的合闸机构动作，使断路器闭合，其可靠动作的电压范围为（85%～110%）U_e。辅助开关触头的约定发热电流为 6A，一般为 4 常开 4 常闭桥式触头。DW45 系列智能型万能式断路器的机械附件有联锁装置和面板等。联锁装置有多种形式，用于多路电源供电的系统，可将两个或三个抽屉式或固定式断路器垂直机械联锁，或将两个抽屉式或固定式断路器水平机械联锁。面板固定在开关柜门上，起密封作用。控制器的附件包括外置互感器、编程器、通信线、集线器和通信协议转换器等。外置互感器用于测量 N 极电流（3P + N 型）或漏电电流；编程器用于整定一些特定的参数；通信协议转换器可实现 Modbus-RTU 协议向 PROFIBUS-DP 或 DeviceNet 协议转换等。

（2）智能脱扣器的结构和功能　智能脱扣器由上体、基座、互感器和附件等组成，上体和基座是完成保护功能的关键部件。上体完成信号处理，实现辅助功能，产生脱扣指令。基座承担实现脱扣动作和辅助供电。

上体主要由控制器的电子组件板、机械复位按钮及外壳等构件组成；电子组件板由微处理器（MCU）板、电源及 I/O 板和人机界面板组成。MCU 板主要进行电流和电压信号的模拟量处理、模/数转换、数字量运算和逻辑处理，产生脱扣指令，实现各种功能；电源及 I/O 板负责电源供给、电流及电压信号的输入、断路器机构动作信号输入、脱扣信号输出、信号触头功能输出等；人机界面板主要有按键和显示部分组成。通过面板上的按键可输入指令，整定保护参数，进行模拟试验，完成数据查询等，显示部分可显示相关信息。可根据需要选择集成信号触头输出组件及内含的通信组件等。

基座由联锁机构、磁通变换器、机械复位机构、辅助开关和电源模块等组成。

联锁机构用于控制器脱扣推杆位置的锁定，并带动一组辅助开关的开、闭触头，用来指示断路器主触头的分、合状态。磁通变换器是控制器的执行元件，其内部有永久磁铁，在正常情况下依靠永久磁铁吸合铁心而处于闭合状态；当通电时，在内部产生一个与永久磁铁极性相反的磁场，使其动铁心在反力弹簧作用下弹出，驱动脱扣推杆，使断路器分闸。当 MCU 发出脱扣指令时，电流通过线圈产生脱扣磁通，反力弹簧弹出铁心，使磁通变换器打开而动作,从而推动断路器脱扣半轴而分断断路器,分断后脱扣推杆被锁定在脱扣位置,同时断路器的主触头被锁定在分闸位置。

磁通变换器与欠电压脱扣器和分励脱扣器完全独立;机械复位机构用于控制器脱扣推杆的复位;辅助开关含有若干组触头,用于指示断路器主触头的分、合状态和断路器的工作状态,反馈分合闸机构的动作情况;控制器电源采用直流辅助电源和速饱和互感器共同供电,直流辅助电源模块就装在辅助电源变压器的位置上,不用外挂直流模块,但当智能控制器外接二次回路电源为直流220V时,须通过直流电源模块转换成直流24V电源提供给控制器。U、V、W三相内置互感器由速饱和互感器和空心互感器组成,装在一个圆形盒内。速饱和互感器用于为上体提供工作电源;空心互感器感应的毫伏电压信号为控制器提供主回路电流的测量信号,其他互感器只输出测量信号。

(3) 区域联锁功能　区域联锁功能可进行断路器上下级短路短延时和接地故障保护选择性动作保护,以减少故障波及范围,并缩短断路器的分断时间。这样,短路短延时或接地故障被隔离,并由离故障点最近的上级断路器分断,系统内其他区域的设备保持合闸持续供电,避免了因下级断路器短路故障而造成大范围停电事故。最低级断路器短延时和接地故障跳闸时间必须设为"0"ms,当检测到短延时或接地故障电流超过设定阈值时,则发瞬动脱扣命令,同时向上一级联锁断路器发出下级断路器已分断信息,则上一级断路器按既定延时执行。若某一级断路器分断后,故障已排除,则上一级断路器退出故障状态而正常运行。若本级和上级两个断路器均检测到短延时或接地故障电流超过设定阈值,下级因检测部件故障而不跳闸,上级断路器在40ms内没有接收到下级断路器送来的约束信号,且短路继续存在,则上级断路器不按预定设定时间而瞬时分断,并将约束信号向更上一级传递。通过控制线可联锁多个配有区域联锁功能的智能型控制器的断路器。图2-24所示有3级智能断路器联锁,一般最多可联锁5级。

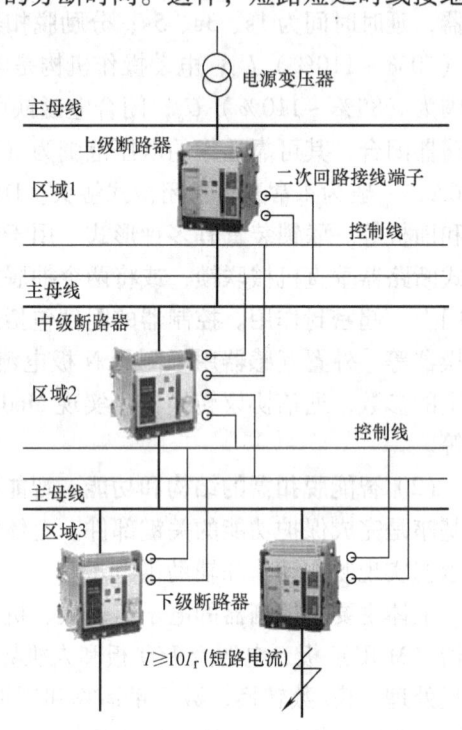

图2-24　区域联锁功能示意图

图2-24中,当下级断路器出口处发生大于$10I_r$的短路时,3级智能控制器均检测到有大于$10I_r$的短路电流故障,下级断路器的短延时动作时间整定值$t_{sd}=0s$,在10ms内即发出脱扣分断命令,并立即向中级断路器传递,中级断路器在40ms内如收到下级断路器送来的级联约束信号,则不分断中级断路器,并向上级断路器传递故障解除级联约束信号,保证了中级和上级断路器的正常供电;反之若下级断路器因本身部件故障未能瞬动脱扣,中级断路器在40ms内未收到下级断路器送来的级联约束信号,则发出瞬动脱扣命令,并立即向上级断路器发送级联约束信号,上级断路器在70ms内如能收到中级断路器发来的约束信号,则不分断上级断路器,否则发出分断上级断路器脱扣命令。各级参数整定值见表2-8。

表2-8　区域联锁各级参数参考整定值

参数	短延时整定电流阈值 I_{sd}	短延时动作时间整定值 t_{sd}/s	接地故障整定电流阈值 I_g	接地故障动作时间整定值 t_g/s
上级	$10I_r$	0.4	$1.0I_n$	0.4
中级	$8I_r$	0.2	$0.8I_n$	0.2
下级	$6I_r$	0	$0.6I_n$	0

注：I_r为长延时整定电流阈值；I_n为智能控制器额定电流。

2.3.5　智能型塑料外壳式低压断路器

1. 智能型塑料外壳式低压断路器

智能型塑料外壳式低压断路器的基本特征是具有以微处理器或单片机为核心的智能脱扣器（电子脱扣器），以实现智能化保护功能。除智能脱扣器（电子脱扣器）外，其结构原理和功能与上述塑料外壳式低压断路器类似。外形尺寸与同系列、同规格的普通塑壳断路器相同，具备互换性。

电子脱扣器不存在传统塑料外壳式低压断路器的热脱扣器采用双金属片受环境温度影响的弱点，脱扣特性稳定，不受环境温度及气候的影响；由于其内部装有微处理器，灵敏度高、脱扣可靠性高、脱扣电流和时间的精度高；整定电流可调，并可设置不同的特性曲线，以适应各种负载保护的要求。

塑料外壳式低压断路器普遍采用新型灭弧技术和限流原理的封闭式触头系统，分断能力提高一个等级。结构上采用模块化设计，模块化过电流脱扣器，电子式过载保护、短路延时保护、短路瞬时保护和剩余电流保护均集成在同一台断路器上，动作延时时间可调，过载显示，并能派生出适应特殊场合的特殊功能的产品。如欠电压保护、缺相保护、三相不平衡保护、通信等功能。可实现网络化控制，还可派生区域联锁、电量监控及电能分析等辅助功能。

目前，智能型塑料外壳式断路器主要有智能型可调塑料外壳式断路器和可通信智能型塑料外壳式断路器两种产品形式。生产厂商和品牌种类繁多，功能多样，用途广泛。如上海人民电器厂的RMM2系列智能型塑料外壳式断路器、江苏法泰电器有限公司的FTM2系列智能型塑料外壳式断路器、西屋电气公司的WCM2Z系列智能型塑料外壳式断路器、正泰电气公司的NM8智能型塑料外壳式断路器、常熟开关制造有限公司的$CM1_E$电子式可调塑料外壳式断路器和$CM1_Z$可通信智能型塑料外壳式断路器、上海中奥电器有限公司的SM40E1系列智能型可调塑料外壳式断路器和SM40E2系列可通信智能型塑料外壳式断路器、浙江电气公司的ZM40E1系列智能型可调塑料外壳式断路器和ZM40E2系列可通信智能型塑料外壳式断路器、三菱公司的WS系列智能型塑料外壳式断路器等。

可调塑料外壳式断路器（电子式塑料外壳式断路器）采用单片机控制的电子可调脱扣器，使断路器具有三段保护（过载长延时反时限、短路短延时反时限、短路瞬时定时限），动作电流、动作时间可调；可根据负载电流对脱扣器进行设置调整；可与连接在同一电路中的其他断路器和短路保护装置选择性配合。

电子脱扣器由断路器自身提供能量，电流信号及脱扣器工作电源来自安装于断路器内的电流互感器；具有手持式专用测试器，以对断路器的参数进行检测。可调塑料外壳式断路器具有"预报警"指示、过载指示、大电流瞬时脱扣功能等。图 2-25 是 CM1$_E$ 电子式可调塑料外壳式断路器的结构示意图。

图 2-25 中，测试端 1，用于检测电子脱扣器当前整定值；过载长延时动作电流 I_{r1} 调整钮 2，根据断路器不同的额定电流，可从 4 档到 10 档进行调整；长延时动作时间 t_1 调整钮 3，可进行 4 档调整；短路短延时动作电流 I_{r2} 调整钮 4，可进行 10 档调整；短延时动作时间 t_2 调整钮 5，可进行 4 档调整；短路瞬时动作电流 I_{r3} 调整钮 6，可进行 8 档、9 档或 10 档调整；预报警动作电流 I_{r0} 调整钮 7，可进行 7 档调整。当断路器正常工作时，断路器

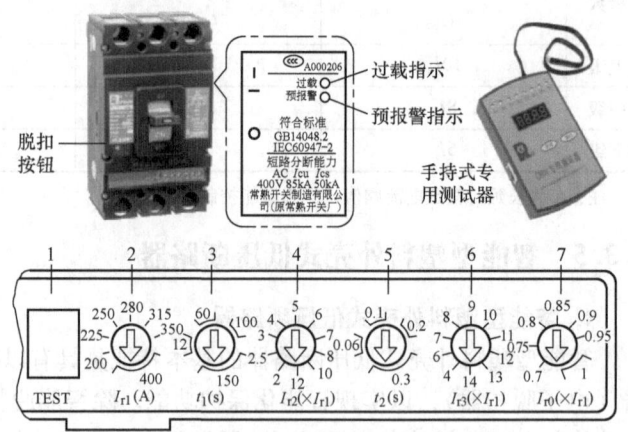

图 2-25　CM1$_E$ 电子式可调塑料外壳式
断路器的结构示意图

面板上的发光二极管指示为绿色；当流过断路器的实际运行电流达到或超过预报警动作电流时，断路器面板上的"预报警"发光二极管指示为黄色；当负载电流超出过载长延时动作电流时，断路器面板上的发光二极管指示为红色；当断路器闭合时或在运行时，遇短路大电流（$\geqslant 20I_{nm}$），断路器由电磁脱扣机构直接脱扣。所有功能参数采用拨码开关整定，可根据需要自行设定，组成特定的选择性保护线路。断路器按其额定极限短路分断能力（I_{cu}）的高低，分为 M 型（较高分断型）、H 型（高分断型）两类。断路器可垂直安装，亦可水平安装，具有体积小、分断电流高、飞弧短、带隔离、抗震动等特点。

2. 可通信智能型塑料外壳式断路器

可通信智能型塑料外壳式断路器也是采用电子可调脱扣器和微处理器控制，但具备了通信功能，可实现网络化控制、区域联锁、电量监控及电能分析等辅助功能，构成智能型控制器。通过穿心互感器采集信号，然后通过微处理器分析、处理和控制，并通过 RS-485 接口实现计算机通信功能。智能脱扣器不仅增加了额定电流的选择范围，具有三段式保护，并且过载长延时及短路短延时动作时间可以由用户自行设定。

以下以三菱 WS-G4 系列可通信智能型塑料外壳式断路器为例，简单介绍可通信智能型塑料外壳式断路器的结构原理。图 2-26 是三菱 WS 系列可通信智能型塑料外壳式断路器的结构示意图。图 2-27 是三菱 WS 系列可通信智能型塑料外壳式断路器的热磁脱扣器和电子脱扣器面板示意图。图 2-28 是三菱 WS 系列可通信智能型塑料外壳式断路器连网示意图。

WS-G4 系列可通信智能型塑料外壳式断路器配备可调的热磁脱扣器和电子脱扣器，可同时实现两类脱扣器间的互换；报警开关（AL）、辅助开关（AX）、分励脱扣器（SHT）、欠电压脱扣装置（UVT）等盒式附件。除此之外，还应用聚合物消融型自动吹弧气体压力脱扣机构、狭槽脉动加速器（Impulsive Slot-Type Accelerator，ISTAC）技术和无可扰导体通电技术等提高断路器分断性能；可快速、简便地安装报警开关、辅助开关及分励脱扣器等的盒式附件。聚合物消融型自动吹弧是一种采用直角方式将气体吹到电弧上以提高分断性能的技

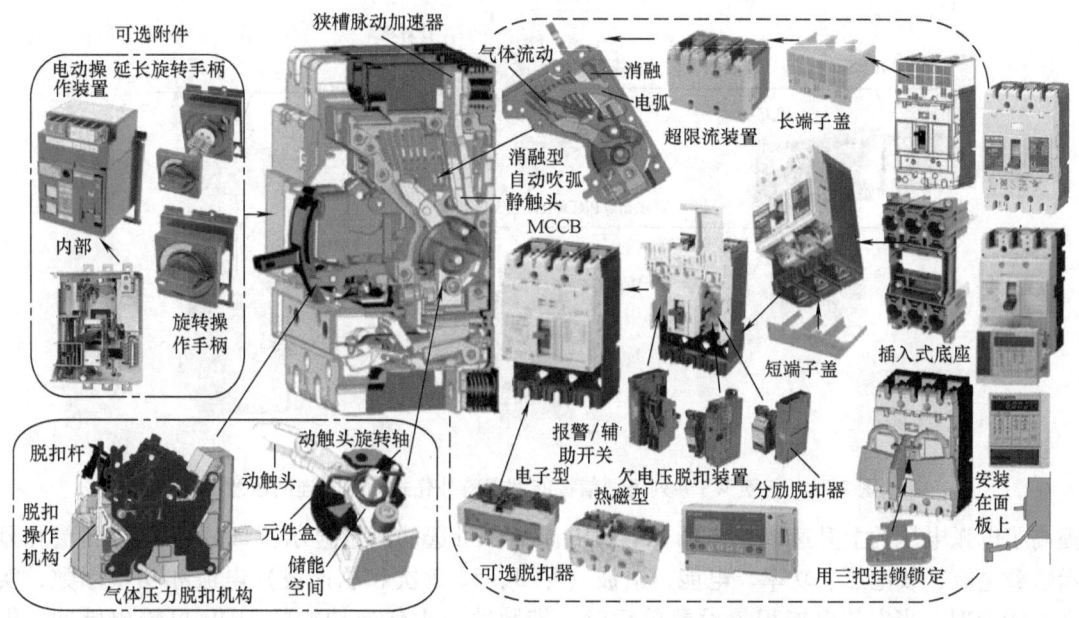

图 2-26 三菱 WS 系列可通信智能型塑料外壳式断路器的结构示意图

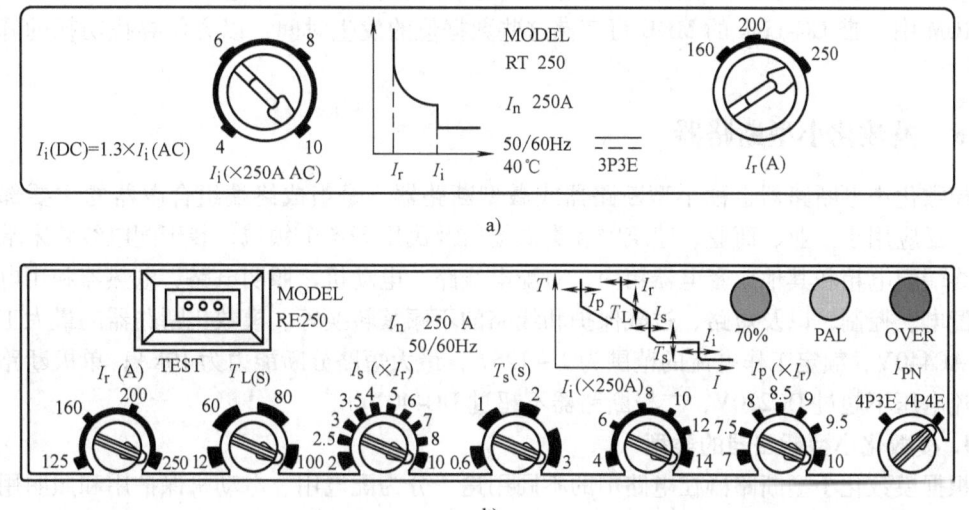

图 2-27 热磁脱扣器和电子脱扣器面板示意图
a) 热磁脱扣器面板 b) 电子脱扣器面板

术。产生于高聚合体物质中的气体聚集于储能空间之内,气体被吹到电弧上予以灭弧,从而改善了高压分断性能;气体压力脱扣机构通过元件盒孔的喷射气体,直接作用于脱扣机构,它与电磁型脱扣器相比,动作速度更快,而且有助于改善限流特性和分断可靠性。狭槽脉动加速器(ISTAC)分断技术,是利用排斥力、吸引力及气体压力这三种力加速动触头的分离速度,通过优化电流通路和添加磁心,电磁驱动力得到了增强。通过高速开断和电弧推动,

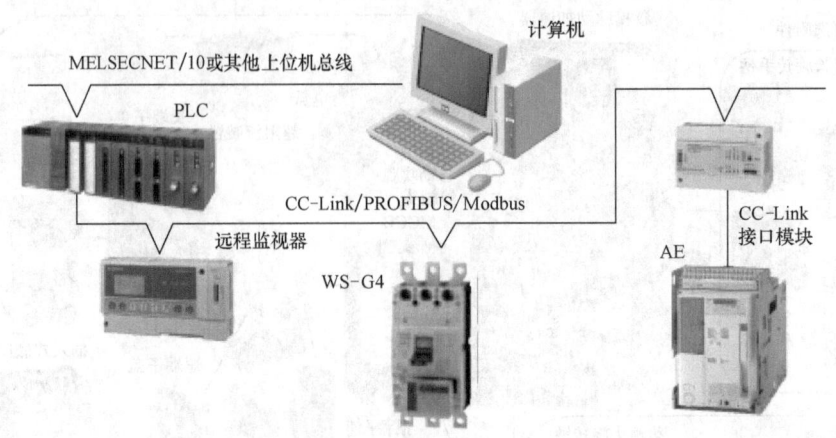

图 2-28 三菱 WS 系列可通信智能型塑料外壳式断路器连网示意图

提高了电弧电压的上升速率，降低了峰值电流 I_p。可选的测量显示器（MDU）可测量和显示负载电流、线电压、功率、电能、谐波（第 3、5、7 次和总谐波）电流和功率因数，实现电能管理。当安装电能积累设置单元时，带脉冲输出任选功能的 MDU 可输出脉冲。带 CC-Link 任选功能的 MDU 可将测量数据传输到 CC-Link 网络。当断路器脱扣时，故障原因和故障电流将存储于 EEPROM 中，以便检查故障原因，恢复电力。最高可显示最大额定电流的 16 倍。负载电流的最大需求值、线电压、总谐波电流、功率和电能（小时值）均存储于 EEPROM 中。带 CC-Link 的 MDU 可存储这些数据值的发生时间，以方便寻找功耗的峰值时间。

2.3.6 模数化小型断路器

模数化小型断路器也称小型断路器或微型断路器，是组成终端组合电器的主要部件之一，广泛应用于工业、商业、建筑物和类似场所及民用等各个领域，装于配电线路末端的模数化终端配电箱和其他成套电器箱内，对配电线路、电动机、照明电路、电热器和用电设备进行配电、控制，以及短路、过载保护和线路的不频繁转换等。模数化断路器的最大工作电压为 AC440V，额定工作电流的范围为 1～125A，最大短路分断能力为 10kA；单极断路器额定直流电压不超过 DC220V，二极断路器不超过 DC440V。

1. 模数化小型断路器的类型

根据模数化小型断路器在电路中的不同用途，分为配电用、电动机保护用和照明用小型断路器、小型直流断路器、模数化小型漏电断路器、模数化小型隔离开关、模数化插座及各系列产品附件等。附件包括分励脱扣器、欠电压脱扣器、过电压脱扣器、漏电脱扣器、报警触头组、辅助触头组、双重切换触头、远程控制附件、重合闸控制附件、配套接触器、脉冲继电器、定时器、浪涌保护器等。漏电脱扣器有电磁式、电子式、电子式带过电压保护功能等类型。还有机械辅件，如梳状汇流排、旋转手柄、插拔式底座、挂锁附件、间隔件、安装座、绝缘接线端子等。按产品性能又有标准型、紧凑型、高分断型、超高分断型、重载型等。具有单极+中性极（1P+N 型）、单极（1P）、二极（2P）、三极（3P）和四极（4P）等类型。其中，1P+N 型为相线带过电流及短路保护，中性线无保护，通过机械结构保证中性线极（N 极）先合后分。不同产品具有各种附件可供选择。有的产品有插拔式底座，可以实现插拔式安装，其他各类产品是固定式35mm标准导轨安装。

模数化小型断路器具有产品系列化、模数化、模块化、体积小、分断能力强、功能多样、用途广泛等特点，生产厂商、品牌种类繁多，几乎所有的低压电器生产厂商均生产模数化断路器。典型型号有DZ47、C45、C65、NC100H、C32、DZ47、S、DZ187、XA、MC、BH等系列。另外还有许多以企业特征代号命名的派生产品。

2. 模数化小型断路器的结构原理

模数化小型断路器的特征是在结构上具有外形尺寸模数化（9mm的倍数）和安装导轨化，单极（1P）断路器的模数宽度为18mm（27mm），凸颈高度为45mm，安装在标准的35mm×15mm安装轨上，利用断路器后面的安装槽及带弹簧的夹紧卡子定位，拆装方便。

模数化小型断路器由操作机构、热脱扣器、电磁脱扣器、触头系统、灭弧室等部件组成，所有部件都置于一绝缘外壳中。图2-29是模数化断路器的内部结构、外观、外形尺寸和安装尺寸示意图。

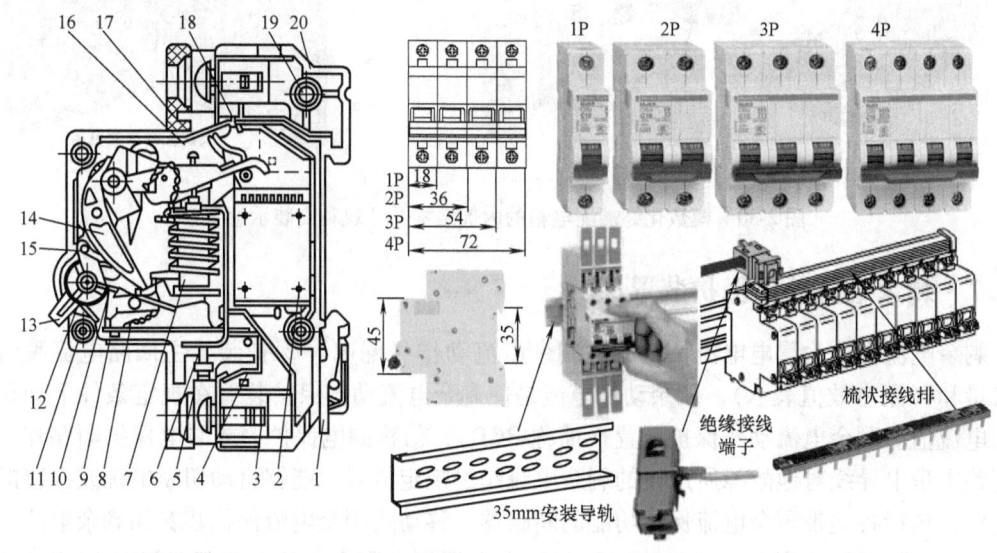

图2-29 模数化断路器的内部结构及外形示意图
1—安装卡子 2—灭弧罩 3—接线端子 4—连接排 5—热脱扣器调节螺栓 6—嵌入螺母
7—电磁脱扣器 8—热脱扣器 9—锁扣 10、11—复位弹簧 12—手柄轴 13—手柄
14—U形连杆 15—脱钩 16—盖 17—防护罩 18—触头 19—铆钉 20—底座

模数化小型断路器的短路保护由电磁脱扣器完成，过载保护由双金属片式热脱扣器完成，额定电流在5A以下的产品采用复式加热方式，额定电流在5A以上的产品采用直接加热方式。

3. 模数化终端配电箱

模数化终端配电箱是一种安装于终端的电器装置，内装元件主要安装宽度为9mm模数的模数化电器，安装于35mm标准导轨上，可根据需要任意组合模数电器、插座、漏电开关、隔离开关、塑料外壳式断路器等，组成具有防漏电、触电、短路、过载等多种保护的配电装置。主要结构部件有上盖（有的有透明罩）、箱体、安装导轨、汇流排、接线座、双线罩和模数化电器元件等。箱体为金属喷塑或阻燃ABS材料结构。箱体上下、左右及背后均设置一定数量的进出线孔（敲落孔），箱内设有零、地线。便于安装接线。开关元件手柄外露，带电及其他部分遮盖于上盖内部，打开门即可方便地进行操作，使用安全可靠。

模数化终端配电箱分暗装和明装两种，按照可安装回路数一般分为 6、10、12、15、18、20、24、30、36、45、60 等多种回路组合。适用于 50Hz，电压 220V 或 380V，总电流 125A 及以下的终端电路中。图 2-30 是模数化终端配电箱的内部结构、外观和安装示意图。

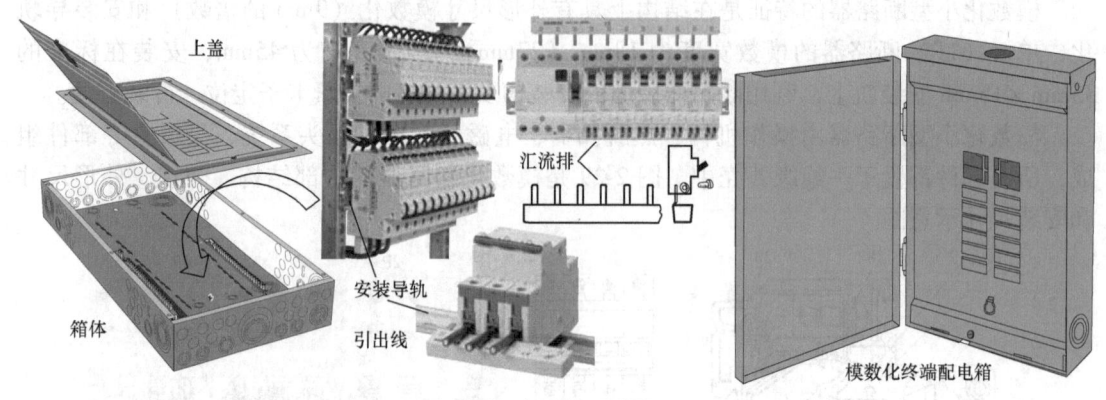

图 2-30　模数化终端配电箱的内部结构、外观和安装示意图

2.3.7　剩余电流动作保护装置

剩余电流俗称为漏电电流，是流过剩余电流动作（漏电）保护装置主回路电流瞬时值的矢量和（用有效值表示）。剩余动作电流是使剩余电流动作保护装置在规定条件下动作的剩余电流值。剩余电流动作保护装置（简称 RCD），俗称漏电保护器或漏电保护断路器，是指电路中带电导线对地故障所产生的剩余电流超过规定值时，能够自动切断电源或报警的保护装置，包括各类带剩余电流保护功能的断路器、移动式剩余电流保护装置和剩余电流动作电气火灾监控系统、剩余电流继电器及其组合电器等。剩余电流动作保护装置用于按 TN、TT、IT 要求接地系统中，当电网对地泄漏电流过大、用电设备发生漏电故障及人体触电的情况下，防止事故进一步扩展。

在低压配电电网中，安装剩余电流动作保护装置是防止人身触电、电气火灾及电气设备损坏的一种防护措施。在低压配电系统中使用剩余电流保护装置，对于防止人身电击伤亡事故、避免因接地故障引起的电气火灾事故、减少剩余电流造成的电能损耗，具有明显的效果。但安装剩余电流动作保护装置后，仍应以预防为主，并应同时采取其他各项防止电击事故和电气设备损坏事故的技术措施。

国家标准 GB13955—2005《剩余电流动作保护装置安装和运行》中，规定了剩余电流动作保护装置（漏电保护器）的一般要求，包括特性、正常工作条件、结构和性能要求、特性和性能的验证及标志的要求；规定了正确选择、安装、使用剩余电流动作保护装置及其运行管理的有关要求。

1. 剩余电流动作保护装置的分类

剩余电流动作保护装置按脱扣方式不同，分为电子式与电磁式两类。电磁脱扣型剩余电流动作保护装置以电磁脱扣器作为中间机构，当发生漏电电流时，零序电流互感器的二次回路输出电压不经任何放大，直接激励剩余电流脱扣器使机构脱扣断开电源，其动作功能与线路电压无关。其优点是电磁元件抗干扰性强和抗冲击（过电流和过电压的冲击）能力强，不需要辅助电源，零电压和断相后的漏电特性不变。电子式剩余电流动作保护装置以晶体管放大器作为中间机构，零序电流互感器的二次回路和脱扣器之间接入一个电子放大电路，当发生漏电时，互感器二次回路的输出电压经过电子电路放大后再激励剩余电流脱扣器，由继电器控制开关使其断开电源，其动作功能与线路电压有关。其优点是灵敏度高（约5mA）、整定误差小、制作工艺简单、成本低。缺点是抗环境干扰性能差；需要辅助工作电源，使漏电特性受工作电压波动的影响；当主回路缺相时，保护器会失去保护功能。

2. 剩余电流动作保护装置安装的场合与要求

（1）对电气火灾的防护　为防止电气设备或线路因绝缘损坏形成接地故障引起的电气火灾，应装设当接地故障电流超过预定值时，能发出报警信号或自动切断电源的剩余电流动作保护装置。为防止电气火灾发生而安装剩余电流动作电气火灾监控系统时，应对建筑物内防火区域做出合理的分布设计，确定适当的控制保护范围。其剩余动作电流的预定值和预定动作时间，应满足分级保护的动作特性相配合的要求。

（2）分级保护　低压供用电系统中为了缩小发生人身电击事故和接地故障切断电源时引起的停电范围，剩余电流动作保护装置应采用分级保护。应根据用电负载和线路具体情况的需要选择分级保护方式，一般可分为两级或三级保护。各级剩余电流动作保护装置的动作电流值与动作时间应协调配合，实现具有动作选择性的分级保护。分级保护应以末端保护为基础。住宅和末端用电设备必须安装剩余电流动作保护装置。末端保护上一级保护的保护范围应根据负载分布的具体情况，确定其保护范围。

为防止配电线路发生接地故障导致人身电击事故，可根据线路的具体情况，采用分级保护。电源端的剩余电流动作保护装置的动作特性应与线路末端保护协调配合。企事业单位的建筑物和住宅应采用分级保护，电源端的剩余电流动作保护装置应满足防接地故障引起电气火灾的要求。

低压配电线路根据具体情况采用两级或三级保护时，在总电源端、分支线首端或线路末端安装剩余电流动作保护装置。

（3）必须安装剩余电流动作保护装置的设备和场所

线路末端保护：

1）属于Ⅰ类移动式电气设备及手持式电动工具；

2）生产用的电气设备；

3）施工工地的电气机械设备；

4）安装在户外的电气装置；

5）临时用电的电气设备；

6）机关、学校、宾馆、饭店、企事业单位和住宅等除壁挂式空调电源插座外的其他电源插座或插座回路；

7）游泳池、喷水池、浴池的电气设备；

8）安装在水中的供电线路和设备；

9）医院中可能直接接触人体的电气医用设备；

10）其他需要安装剩余电流动作保护装置的场所。

3. 剩余电流动作保护装置的工作原理

一般地，人体触电表现为一个突变量，而电网对地泄漏电流表现为一个缓变量。剩余电流的检测通常采用零序电流互感器，将其一次侧漏电电流变换为二次侧的交流电压，这一电压表现为一个突变量或缓变量，由电子电路将这一突变量或缓变量进行检波、放大等，再由执行电路控制执行电器（断路器或交流接触器），接通或分断供电线路，完成漏电保护器的基本功能，检测部分有电磁式和电子式两种，其检测原理如图 2-31a 所示。

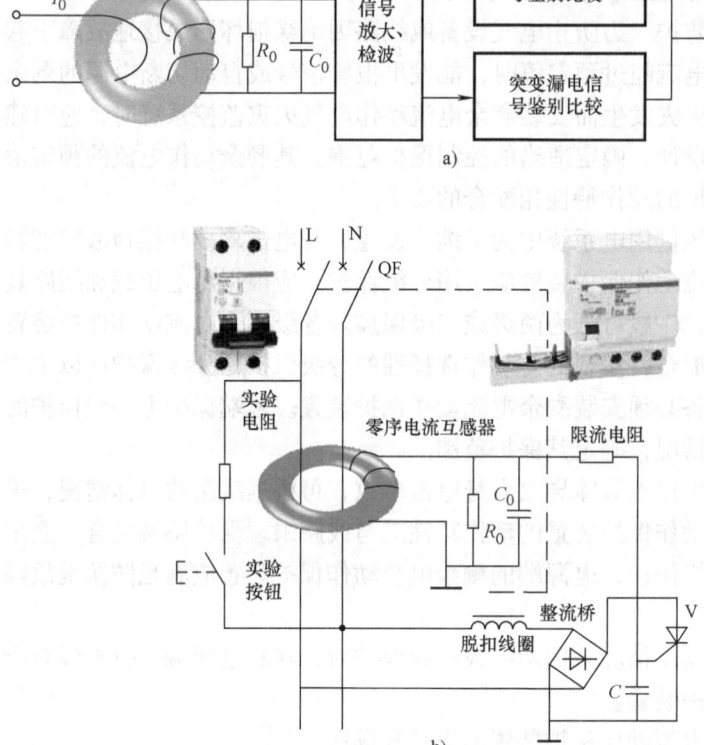

图 2-31 剩余电流动作保护装置检测原理和两极剩余电流动作保护装置原理图
a）剩余电流动作保护装置检测原理 b）两极剩余电流动作保护装置原理图

零序电流互感器是剩余电流动作保护装置的关键部件，通常用软磁材料坡莫合金制作，它具有很好的伏安特性，能正确反映突变漏电信号和缓变漏电信号，并且温度稳定性好、抗过载能力强，动作值范围在 10~500mA 之间，线性度较好，可不失真地进行变换。

用电设备漏电易引起火灾，人体触电会造成人身伤亡事故。漏电故障包括电网对地泄漏电流过大、电气设备因绝缘损坏而使金属外壳或与之连接的金属构件带电、人体触及电气设备的带电部位的触电等。因此，剩余电流动作保护装置的正常工作状态应当是，当用电设备工作时没有发生漏电故障，漏电保护部分不动作；一旦发生漏电故障，漏电保护部分应迅速动作切断电路，以保护人体及设备的安全，并避免因漏电而造成火灾。如果当发生漏电故障时，剩余电流动作保护装置不能迅速、可靠地动作，将使人身安全和用电设备得不到可靠的保护。反之，如果没有发生漏电故障，剩余电流动作保护装置由于本身动作特性的改变或由于各种干扰信号而发生误动作而将电路切断，将导致用电电路不应有的停电事故或用电设备不必要的停运，这将降低供电可靠性。显然，漏电故障是不应频繁发生的。因此，剩余电流动作保护装置在较长的工作时间内都不会动作，一旦动作应当是准确可靠的动作，所以剩余电流动作保护装置属不频繁动作的保护电器。通常，剩余电流动作保护装置与低压断路器组合功能，构成漏电断路器。漏电断路器在正常情况下的功能、作用与低压断路器相同，作为不频繁操作的电源开关电器。当电路泄漏电流超过规定值时或有人触电时，它能在安全时间内自动切断电源，以保护电器、保障人身安全和防止设备因发生泄漏电流造成火灾等事故。

漏电断路器的核心部件就是依上述原理构成的漏电脱扣器，其次就是低压断路器功能部件，是一种典型的组合功能电器。漏电断路器由操作机构、电磁（电子）脱扣器、触头系统、灭弧室、零序电流互感器、试验部件等组成，所有部件都置于一绝缘外壳中；模数化小型断路器的漏电保护功能，是以漏电附件的结构型式提供的，需要时可与断路器组合而成。漏电脱扣器分电磁式和电子式两种，它们之间的区别是前者的漏电电流能直接通过脱扣器操作主开关，后者的漏电电流要经过电子放大电路放大后才能使脱扣器动作以操作主开关，如图 2-31b 所示。漏电断路器的动作保护原理如图 2-32 所示。

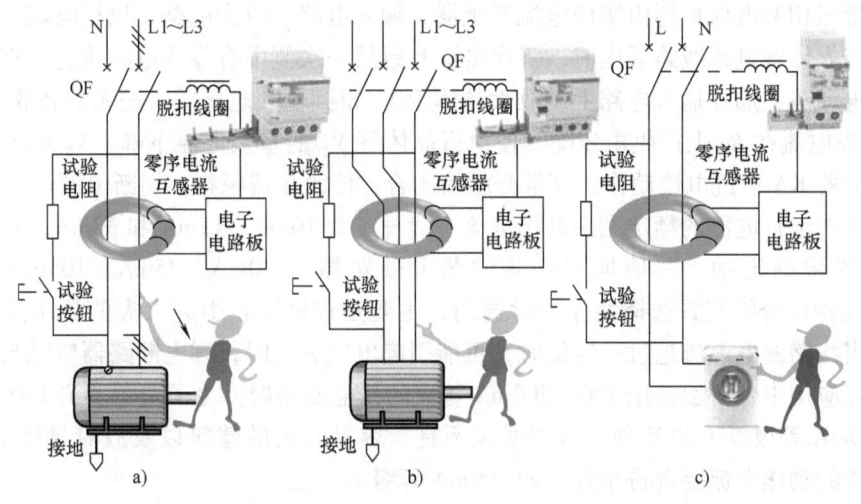

图 2-32 漏电断路器的动作保护原理
a) 四极 b) 三极 c) 二极

二极、三极和四极漏电断路器的工作原理基本相同。以三相电路为例，当电网正常运行时，不论三相负载是否平衡，通过零序电流互感器主回路的三相电流的相量和等于零，故其二次绕组中无感应电动势产生，漏电断路器亦工作于闭合状态。一旦电网中发生漏电或触电事故，上述三相电流的相量和便不再等于零，而是等于漏电电流或触电电流 I_e。因为有 I_e 通过人体和大地而返回变压器中性点，于是零序电流互感器二次绕组中便产生一个对应于 I_e 的感应电压 U_2，加到漏电脱扣器上。当 I_e 达到额定漏电动作电流时，零序电流互感器的二次绕组就输出一个信号，并通过漏电脱扣器使断路器动作，从而切断电源，起到漏电和触电保护的作用。当被保护电路或电动机发生过载或短路故障时，断路器的过电流脱扣器动作，切断电源。晶体管三相漏电保护器的组成及工作原理如图 2-33 所示。

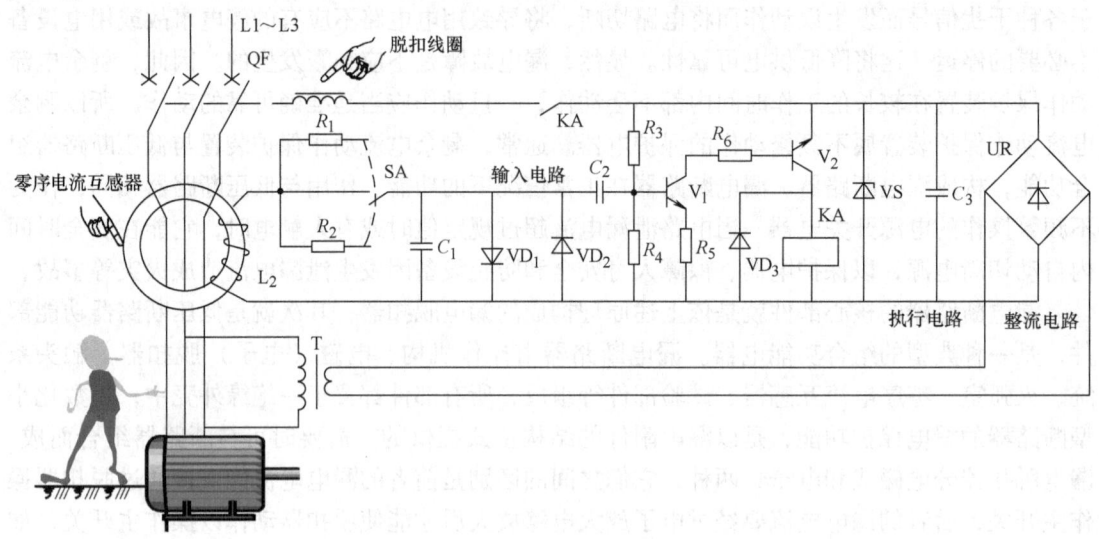

图 2-33　晶体管三相漏电保护器的组成及工作原理

晶体管三相漏电保护器由零序电流互感器、输入电路、放大电路、执行电路、整流电源等构成。当人体触电或线路漏电时，零序电流互感器一次侧中有零序电流流过，在其二次侧产生感应电动势，加在输入电路上，放大晶体管 V_1 得到输入电压后，进入动态放大工作区，V_1 的集电极电流在 R_6 上产生电压降，使执行晶体管 V_2 的基极电流下降，V_2 输入端正偏而导通，继电器 KA 流过电流动作，其常开触头闭合，使脱扣器脱扣，切断电源。

对于终端组合电器的额定剩余动作电流一般规定为 10mA、15mA 和 30mA，是根据人体触电安全界限确定的。其他地点安装的漏电断路器有 50mA、75mA、100mA、300mA、500mA 等几种供分级配置选择性保护时选用，主要是根据防止引起火灾的最小点燃电流范围考虑。当线路漏电电流超过一定值时，可能引起电气火灾时，漏电断路器应能自动切断电路。在实际应用中，一般选用 100~500mA 等级的漏电断路器。为了避免不必要的动作，较少采用 100mA 等级以下的品种。对于通风不良，容易起火的建筑以及放有易燃品的地方，漏电断路器的动作电流要选得小些，如 100mA 等级。

4. 常用典型漏电断路器简介

几乎所有生产低压断路器的生产厂商均生产漏电断路器和漏电保护附件。常用主要类型有剩余电流动作开关（附件），不带过载、短路保护，是一种漏电保护器（附件），俗称漏电开关；剩余电流动作断路器即通常称的漏电断路器，带过载保护、短路保护和漏电保护等，是由低压断路器和漏电保护器组合而成的；剩余电流动作继电器，无过载、短路保护功能，也不直接分断线路，仅有漏电报警作用或借助于其他电器而动作的保护器，俗称漏电继电器。

常见漏电断路器的型号有 DZ15LE、DZL16、DZL18、DZ20L、DZL25、CL1-10、BLC、LBX、LBC、CL1-10、QLK、ATL、WLT-1 及 THD10 等系列，以及各种模数化漏电断路器及其漏电保护附件等，如图 2-34 所示。

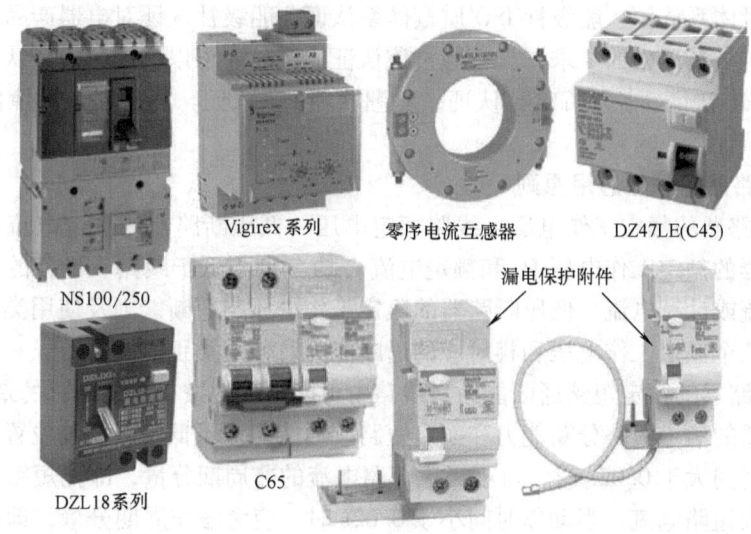

图 2-34 典型漏电断路器、漏电保护附件的外形示意图

2.3.8 低压断路器的选择与应用

选用低压断路器应根据具体使用条件，选择使用类别、额定工作电压、额定电流、脱扣器整定电流，以及分励脱扣器和欠电压脱扣器的电压、电流、漏电电流及保护范围、选择性配合等参数，参照产品样本提供的保护特性曲线选用保护特性，并需对短路特性和灵敏系数进行校验。当与另外的断路器或其他保护电器之间有配合要求时，应选用选择型断路器。

1. 低压断路器的主要特性

（1）额定极限短路分断能力 I_{cu}　低压断路器的分断能力指标有额定极限短路分断能力 I_{cu} 和额定运行短路分断能力 I_{cs}。I_{cs} 是一种分断指标，即分断几次短路故障后，还能保证其正常工作。低压断路器应有足够的 I_{cu}，能够分断短路电流使开关跳闸。目前，大多数断路器的 I_{cs} 在（50%~75%）I_{cu} 之间。

（2）限流分断能力　限流分断能力是低压断路器短路跳闸时限制故障电流的能力。断路器发生短路时，触头快速打开产生电弧，相当于在线路中串入1个迅速增加的电弧电阻，从而限制了故障电流的增加。低压断路器断开时间越短，I_{cs} 就越接近 I_{cu}，限流效果就越好，从而可大幅降低短路电流引起的电磁效应、电动效应和热效应对断路器和用电设备的不良影响，延长断路器的使用寿命。

（3）短路保护　短路保护就是短路瞬时脱扣跳闸。

（4）过载延时保护　过载延时保护是负载电流超过设备的限定范围时，保护装置能在一定时间内切断电源。过载有个热量积累的过程，对于短时过电流，保护不应该动作。

（5）隔离功能　隔离功能是指低压断路器断开后的泄漏电流不致对人身和设备产生危害。多次短路跳闸后，开关性能下降，泄漏电流会增大。对人体而言，30mA 以下为安全漏电电流；而超过 300mA，泄漏电流并持续 2h 以上，就可能使绝缘损坏，发生相地短路而引发火灾。

（6）标准与认证　低压断路器应符合 IEC 标准和相对应的中国国家标准。质量体系认证有 ISO 国际质量体系认证、船级社 ISO 质量体系认证。船级社认证对电器产品的可靠性、防潮、抗振动等有极其严格的要求,只有通过该认证的产品才可以船用。安全认证是按区域划分的,有美国 UL 认证、长城 CCEE 认证、欧洲联盟 CE 认证。凡是在中国境内销售的产品必须通过长城认证。

2. 低压断路器的一般选用原则

1) 低压断路器的额定工作电压≥线路额定电压;低压断路器的额定电流≥线路负载电流。低压断路器的额定工作电压 U_e 和额定电流 I_e 应分别不低于线路、设备的正常额定工作电压和工作电流或计算电流。低压断路器的额定工作电压与通断能力及使用类别有关,同一台产品可以有几个额定工作电压和相对应的通断能力及使用类别。

2) 低压断路器的额定短路通断能力≥线路中可能出现的按有效值计算的最大短路电流。所选低压断路器的额定短路分断能力和额定短路接通能力应不低于其安装位置上的预期短路电流。当动作时间大于 0.02s 时,可不考虑短路电流的非周期分量,即把短路电流周期分量有效值作为最大短路电流;当动作时间小于 0.02s 时,应考虑非周期分量,即把短路电流第一周期内的全电流作为最大短路电流。线路末端单相对地短路电流≥1.25 倍断路器瞬时脱扣器整定电流。所选低压断路器的瞬时或短延时脱扣器整定电流 I_{r2} 应大于线路尖峰电流。配电用断路器可按不低于尖峰电流 1.35 倍的原则确定;电动机保护用断路器当动作时间大于 0.02s 时,可按不低于 1.35 倍电动机起动电流原则确定,如果动作时间小于 0.02s,则应增加为不低于起动电流的(1.7~2)倍。这些系数是考虑到整定误差和电动机起动电流可能变化等因素而加的。

3) 所选低压断路器的长延时脱扣器整定电流 I_{r1} 应大于或等于线路的计算负载电流,可按计算负载电流的(1~1.1)倍确定;同时应不大于线路导体长期允许电流的(0.8~1)倍。

4) 所选定的低压断路器还应按短路电流进行灵敏系数校验。灵敏系数即线路中最小短路电流(一般取电动机接线端或配电线路末端的两相或单相短路电流)和断路器瞬时或延时脱扣器整定电流之比。两相短路时的灵敏系数应不小于 2,单相短路时的灵敏系数一般可取 1.5~2。如果经校验,灵敏系数达不到上述要求,除调整整定电流外,也可利用延时脱扣器作为后备保护。

5) 分励脱扣器和欠电压脱扣器的额定电压应等于线路额定电压,电源类别(交、直流)应按控制线路情况确定。国家标准规定的额定控制电源电压系列为直流(24V)、(48V)、110V、125V、220V、250V;交流(24V)、(36V)、(48V)、110V、127V、220V,括号中的数据不推荐采用。

6) 配电用低压断路器的长延时动作过载电流整定值≤导线容许载流量。对于采用电线电缆的情况,可取电线电缆容许载流量的 80%。3 倍长延时动作过载电流整定值的可返回时间≥线路中最大起动电流的电动机的起动时间。瞬时电流整定值≥1.1 $(I_{js} + k_1kI_m)$,其中,I_{js} 为线路计算负载电流;k_1 为电动机起动电流的冲击系数,一般取 $k_1 = 1.7~2$;k 为电动机起动电流倍数;I_m 为最大一台电动机的额定电流。

7) 电动机保护用低压断路器的长延时过载电流整定值 = 电动机额定电流;对于笼型异步电动机保护用断路器,瞬时整定电流 =(8~15)倍电动机额定电流;对于绕线转子异步电动机保护用低压断路器,瞬时整定电流 =(3~6)倍电动机额定电流。6 倍长延时过载电流整定值的可返回时间≥电动机实际起动时间,按起动时负载的轻重,可选用的可返回时间为1~15s中某一档。

8) 低压断路器与熔断器的配合原则，如果在安装点的预期短路电流小于断路器的额定分断能力，可采用熔断器作后备保护。线路短路时，熔断器的分断时间比低压断路器短，可确保断路器的安全。可选择熔断器的分断能力在断路器的额定短路分断能力的80%处。熔断器应装在低压断路器的电源侧，以保证使用安全。

9) 模数化小型断路器的瞬时脱扣器整定电流≤0.8倍线路末端单相对地短路电流。用于导线保护的模数化小型断路器的长延时整定值≤线路负载电流；瞬时动作整定值≤（6~20）倍线路计算负载电流。用于电动机保护的模数化小型断路器的长延时电流整定值=电动机额定电流；当保护笼型三相异步电动机时，瞬时动作整定值=（8~15）倍电动机额定电流，当保护绕线转子三相异步电动机时，瞬时动作整定值=（3~6）倍电动机额定电流。

10) 模数化小型断路器的过载保护特性通常由采样元件（电磁）和感应元件（热双金属片）来完成，热双金属片受热弯曲而超过某一限度时，脱扣器跳扣、小型断路器断开而切除故障电流。在模数化小型断路器标准中，规定了脱扣特性和基准温度。不同的标准规定的基准温度是不相同的。因此，应考虑实际工作的环境温度不同于校验的基准温度，故应对其额定电流作修正。此外，标准中规定的校验条件是孤立的一个断路器，而实际使用时，若干台断路器紧靠着安装，彼此发热并相互影响，且安装于防护外壳内，该外壳内的环境要比校验时的温度高，为此对产品的额定值也要作必要的修正。GB 10963.1—2005 和 GB 10963.2—2003 规定基准温度为30℃。一般情况下，随着环境温度的升降，实际使用中电流会有所降低或升高，并与产品本身参数有关，选择时应注意。

3. 低压断路器的故障分析和处理

低压断路器的故障分析和处理方法见表2-9。

表2-9 低压断路器的故障分析和处理方法

序号	故障现象	原因	处理方法
1	手动操作断路器不能闭合	1. 失电压脱扣器无电压或线圈损坏 2. 储能弹簧变形，导致闭合力减小 3. 反作用弹簧力过大 4. 机构不能复位再扣	1. 检查线路，施加电压或更换线圈 2. 更换储能弹簧 3. 重新调整弹簧力 4. 调整再扣面至规定值
2	电动操作断路器不能闭合	1. 操作电源电压不符 2. 电源容量不够 3. 电磁铁拉杆行程不够 4. 电动机操作定位开关变位 5. 控制器中整流管或电容器损坏	1. 调换电源 2. 增大操作电源容量 3. 重新调整或更换拉杆 4. 重新调整 5. 更换损坏元件
3	有一组触头不能闭合	1. 一般型断路器的一相连杆断裂 2. 限流断路器斥开机构连杆间的角度变大	1. 更换连杆 2. 调整至原技术条件规定值
4	分励脱扣器不能使断路器分断	1. 线圈短路 2. 电源电压太低 3. 再扣接触面太大 4. 螺钉松动	1. 更换线圈 2. 调换电源电压 3. 重新调整 4. 拧紧

(续)

序号	故障现象	原　因	处理方法
5	欠电压脱扣器不能使断路器分断	1. 反作用弹簧力变小 2. 保持储能释放，则储能弹簧变小或断裂 3. 机构卡死	1. 调整弹簧 2. 调整或更换储能弹簧 3. 消除卡死原因（如生锈）
6	起动电动机时，断路器立即分断	1. 过电流脱扣器瞬动整定值太小 2. 脱扣器某些零部件损坏，如半导体器件、橡胶膜等损坏 3. 脱扣器反力弹簧断裂或落下	1. 调整瞬动整定值 2. 更换脱扣器或更换损坏的零部件 3. 更换弹簧或重新装上
7	断路器闭合后自行分断	1. 过电流脱扣器长延时整定值不对 2. 热元件或半导体延时电路元件变化	1. 重新调整 2. 更换
8	断路器温升过高	1. 触头压力过分低 2. 触头表面过分磨损或接触不良 3. 两个导电零件的连接螺钉松动 4. 触头表面接触电阻大	1. 调整触头压力或更换弹簧 2. 更换触头或清理接触面，或更换整台断路器 3. 拧紧螺钉 4. 消除油污或氧化层
9	欠电压脱扣器有噪声	1. 反作用弹簧力太大 2. 铁心工作面有油污 3. 短路环断裂	1. 重新调整 2. 消除油污 3. 更换衔铁或铁心
10	辅助开关不通	1. 辅助开关的动触头卡死或脱落 2. 辅助开关传动杆断裂或滚轮脱落 3. 触头不接触或氧化	1. 重新装好触头 2. 更换传动杆或更换辅助开关 3. 调整触头，清理氧化膜
11	半导体脱扣器误动作	1. 半导体脱扣器元器件损坏 2. 外界电磁干扰	1. 更换损坏元器件 2. 排除外界干扰，如邻近的大型电磁铁操作、接触器的分断、电焊等，予以隔离或更换线路

4. 漏电断路器的选用

　　漏电断路器具有两个功能：一是具有断路器的功能；二是具有漏电保护的功能。其中，断路器功能与一般低压断路器相同，漏电保护部分通过零序电流互感器检测的是剩余电流，即通过检测被保护回路内相线和中性线的电流瞬时值，判断对地泄漏电流的变化。因此，断路器功能部分的选择与一般低压断路器相同，如额定电压应大于或等于线路的额定电压；过电流脱扣器额定电流必须和线路或实际负载的电流和特性相适应；按线路负载电流选用额定电流；漏电断路器的极限通断能力应大于或等于线路最大短路电流等。漏电保护功能部分（下称漏电保护器）的选择应考虑两个基本条件：一是漏电保护器的漏电动作电流必须躲过电网正常泄漏电流；二是漏电保护器的漏电动作电流必须小于引起火灾的最小点燃电流或人体安全电流，按选用漏电保护器的主要目的确定。一般按以下原则选择：

(1) 选择漏电保护器的额定动作电流 应按国家标准 GB13955—2005《剩余电流动作保护装置安装和运行》的规定，选择漏电保护器的额定动作电流应根据电气线路的正常泄漏电流确定，并应充分考虑到被保护线路和设备可能发生的正常泄漏电流值，必要时可通过实际测量取得被保护线路和设备的泄漏电流值。

(2) 选择漏电保护器的额定漏电不动作电流 应按国家标准 GB13955—2005《剩余电流动作保护装置安装和运行》的规定，漏电保护器的额定漏电不动作电流应不小于电气线路和设备的正常泄漏电流的最大值的 2 倍。

(3) 电气线路和设备泄漏电流值与分级安装的漏电保护特性的配合 用于单台用电设备时，漏电保护器动作电流应不小于正常运行实测泄漏电流的 4 倍，以防止因漏电引起触电事故和火灾；配电线路的漏电保护器动作电流应不小于正常运行实测泄漏电流的 2.5 倍，同时还应不小于其中泄漏电流最大的一台用电设备正常运行泄漏电流的 4 倍，以防止因漏电引起火灾；用于全网保护时，漏电保护器动作电流应不小于实测泄漏电流的 2 倍，为全网增设全面的漏电保护，防止因漏电引起火灾。一般地，不同额定剩余动作电流的漏电保护器可按以下原则选用：

用于对直接接触及 TT 系统的保护以及不直接接触、IT 中性线不接地系统和完全暴露条件（如建筑工地、游泳池、娱乐场所等）的保护，选择额定剩余动作电流为 30mA。额定剩余动作电流为 50mA 及以上的漏电保护器，用于对非直接接触及 TT 系统以及防止火灾的保护。配置选择性保护时，应保证除对非直接接触及 TT 系统可保护外，还能对下级装有 30mA 的漏电保护系统作选择性保护。仅隔离事故电路，其他电路仍应保证继续供电。额定剩余动作电流、分断时间可按表 2-10 配合。

表 2-10　额定剩余动作电流、分断时间表

三 级 保 护	总保护	中级保护	末级保护
额定剩余动作电流/mA	200～300	60～100	≤30
最大分断时间/s	0.5	0.3	≤0.1

(4) 漏电断路器分电动机保护用与配电保护用两种 以电动机为负载的电路，应选电动机保护用的漏电断路器。根据电动机负载的种类，确定其形式和规格，确定工作电流，选取额定电压、额定电流和极数与此相适应的漏电断路器。根据电动机和导线的泄漏状况，确定漏电动作电流的大小。选择时应注意电动机起动电流、热特性和漏电断路器之间的协调，必须使其过电流保护特性适应电动机的起动特性。例如，额定电压/功率为 380V/4.5kW 的三相异步电动机，应选用额定电压为 380V、额定电流为 10A 的三极漏电断路器。如果是单相电动机，则应选用额定电流为 25A 的二极漏电断路器。以照明电器为负载的电路，应选用配电保护用漏电断路器。由于分支电路范围较小，因而触电（漏电）保护、接地保护等都可予以考虑，漏电动作电流的灵敏度可要求高一些。分支电路用的漏电断路器的额定漏电动作电流可在 30～200mA 间选择。终端电路用的漏电断路器一般选取额定漏电动作电流 ≤ 30mA。

(5) 漏电断路器对同时接触被保护电路两线引起的触电危险不能进行有效安全保护。在选型和使用时应特别注意这一点。电子式漏电断路器的电子放大部分和电源部分设计时都有一定标准，若工作电压接错，很有可能会击穿或烧毁元器件。电磁式漏电断路器的试验按钮

回路的工作电压不可接错,否则,试验按钮回路有可能失效,或试验电阻有可能被烧毁。电子式漏电断路器的电源侧和负载侧面反接,会造成漏电动作后电子元器件持续通电,以致烧毁。电磁式漏电断路器虽没有上述问题,但若四极漏电断路器反接时没将零线接中性线,则试验电阻有可能被烧毁。另外,漏电断路器不宜并联连接使用;零线不得接地或与设备的保护接地线相连;安装漏电断路器后,电气设备仍应安装保护接地线。

(6) 根据不同使用环境条件选择额定漏电动作特性 根据不同使用环境条件选择额定漏电动作特性,见表 2-11;电子式与电磁式漏电断路器选用对比见表 2-12。

表 2-11 根据不同使用环境条件选择额定漏电动作特性

使用环境	环境举例	保护目的	额定漏电动作特性选用
潮湿有水汽的地方	户外变压器;雨露可以侵袭的地方	电网触电、漏电总保护	100~500mA
	易导电环境中的设备;浴室、游泳池	作终端触电保护	≤10mA
室外	露天、屋檐下、简易遮棚	进线漏电保护或室外电气设备触电保护	≤30mA
室内	电能表下、房间、厨房、办公室	触电保护	≤30mA
特殊场所	木结构房屋、车载电气设备	触电保护	≤30mA
	固定电气设备、金属机加工车间、水泵房、公共食堂厨房	间接接触保护	安全电压大于65V	≤100mA,R_{je}<500Ω ≤200mA,R_{je}<250Ω ≤500mA,R_{je}<100Ω R_{je}——接触电阻,下同
	相对温度高的场所,如室外电气设备、锅炉房		安全电压为36V	≤50mA,R_{je}<500Ω ≤100mA,R_{je}<250Ω ≤200mA,R_{je}<100Ω
	相对湿度大的场所,如漂染车间、洗衣作坊	作直接接触保护用	安全电压小于12V	≤30mA,R_{je}<500Ω ≤50mA,R_{je}<250Ω ≤100mA,R_{je}<100Ω
雷电活动频繁的地方	雷暴日>60的地区		优选电磁式漏电断路器
电磁干扰强烈的地方	电加工车间、无线电发射之周围		优选电磁式漏电断路器
冲击振荡强烈的地方	操作力较大的接触器旁、振动型电动工具及电气设备上		优选电子式漏电断路器

5. 漏电断路器的故障分析和处理

漏电断路器的故障分析和处理方法见表 2-13。

表 2-12 电子式与电磁式漏电断路器选用对比表

漏电断路器类型	与电网关系	电网中性线断线	受温度影响	耐雷电和操作过电压的冲击能力	电磁场干扰	耐冲击和耐震	价格	可靠性
电子式	有关	不能保护	大	弱	大	好	便宜	较低
电磁式	无关	能保护	小	强	小	一般	贵	较低

表 2-13 漏电断路器常见故障和排除方法

故障状态		原因	排除方法
操作反常	不能合闸	连杆机构损坏、锁扣磨损已不能锁扣、机构弹簧断裂或疲劳性失效	更换
		锁扣没有锁位	使其锁扣
		漏电脱扣器不能复位：漏电脱扣器进入尘埃、水汽等导致吸合不住；漏电脱扣器灵敏度下降	更换、返修
		牵引杆变形，复位点位移	打开密封板，重新调整复位点
		漏电断路器拉杆变形	更换拉杆
		漏电断路器摇臂复位拉簧脱落	重新装上
		放大机构故障：晶闸管、集成块或其他电子元器件击穿	更换报废元器件
		操作按钮没有复位	按复位按钮使其复位
	不能分闸	由于短路电流作用，双金属片变形	修理
		电压不足，线圈没有励磁	使线圈励磁
		没有经过必须的锁扣时间	等双金属片冷却后再锁扣
		分合机构磨损性故障；分合弹簧折断、疲劳失效；触头熔焊，自由脱扣机构不能动作	更换
		分断大电流而使触头熔焊	用分断容量较大的漏电断路器替换
	按动试验按钮不动作	试验按钮按不到底	加长按钮顶端
		试验回路断线；零序电流互感器二次侧引线折断	重新焊接
		试验电阻烧毁	更换电阻
		零序电流互感器二次侧引线短路	用绝缘套管或其他绝缘材料隔开
		电子元器件部分虚焊、断线	重新焊接、连线
		电子元器件特性变化、整机灵敏度下降、漏电脱扣器衔铁支撑点焊脱落	返修
	按动试验按钮，漏电动作后没有指示	指示灯不良，寿命已到	调换新指示灯
		指示按钮装置部分调整不佳，造成指示件跳不出	返修
		指示件复位弹簧未装	装入弹簧

（续）

故障状态		原因	排除方法
动作反常	漏电动作值变小	半导体元器件或晶闸管漏电流增大	更换元器件
		漏电脱扣器动作功率或保持力变小	调节永久磁铁（调进）；调节释放拉簧，使力变大
	漏电动作值变大	零序电流互感器特性下降，或剩磁增大	更换零序电流互感器
		半导体元器件放大倍数下降	更换元器件
		漏电脱扣器动作功率或保持力变大	调节永久磁铁（调出）；调节释放拉簧，使力变小
	三相漏电动作值差异明显	整流部分的滤波电容击穿	更换元器件
手柄折断		操作力过大；手柄和机架相对位置错位	更换手柄
导通不良		动、静触头间混进异物	去除异物
		分断电流大，导电部分熔断；短路电流使触头损耗大；操作频率过高而引起导电部分软连接折断	更换
误动作	在正常负载下动作	环境温度过高；选择不当或温度修正曲线选择不当	更换规格
		温升过高；接线端部分松动；触头发热	加固接线断；修理触头
		漏电断路器质量差；调整不合格	返修
	起动过程中误操作	起动电流引起发热；起动时间长；选择不当	更换规格
	起动瞬间动作	起动电流大；起动时闪流大；电动机等设备起动时的过渡电流或反转时的过渡电流；瞬时再起动时的闪流	更新调整电磁脱扣或更换规格
		电动机绝缘层短路	修理电动机
		热脱扣动作后没有充分冷却	应充分冷却
		漏电断路器操作机构磨损或转轴变形	更换
		在合闸同时有反常电流	检查电路排除故障
		漏电断路器质量差	返修
	合闸时动作	配线长，对地静电容量大，有漏电流流过	变更额定漏电动作电流或将漏电开关安装在负载附近
		漏电断路器并联使用，或没有接入零线	按正确接线法接线
	使用过程中动作	雷电感应或过强的脉冲过电压、过电流窜入	在漏电断路器中安装防冲击波装置
		附近有大电流母线	远离电流源
	电源侧短路	电弧空间不足	消除原因，更换机座
		灰尘堆积	清洁，去除灰尘
		导电体落在电源侧	消除原因，更换机座

(续)

故障状态		原因	排除方法
温升反常	接线端温度高	紧固不良；螺钉松动	紧固
		触头接触不良，使触头发热	修理触头
	塑壳两侧温度高	维护保养不良，使触头发热、紧固部件发热	增固、修理触头
		凭感觉测量错误	用温度计测定
	接线螺钉发热	螺钉松动	紧固
		螺钉和接线端接触不良	螺钉重新紧固
		超过所选的额定电流	调换规格
		使用电源频率不当	调换品种
不动作	过电流时不脱扣	短路电流使双金属片变形；运输振动等外部原因使过电流脱扣器衔铁失落或卡死；漏电断路器质量差	返修
		后备保护断路器分断时间短	降低电流整定值，变更后备保护开关

2.3.9 配电系统接地型式

配电系统的接地型式主要有 TN 系统、TT 系统和 IT 系统三种，如图 2-35 所示。其中，接地型式的第一个字母表示电源系统接地状况及对地的关系。三相供电电源系统可接地点通常是发电机或变压器的中性点。T 表示直接接地，I 表示不接地（所有带电部分与地隔离）或通过阻抗（电阻器或电抗器），或通过等效线路接地。第二个字母表示电气装置外壳（外露可导电部分）接地状况及对地的关系。T 表示独立于电源系统可接地点，直接接地，且与电源的接地点无关。N 表示直接与电源系统可接地点进行连接。第一、二个字母后面的字母，S 表示中性线（N）和保护导线（PE）分别接地；C 表示中性线和保护导线共同接地（PEN 导线），如 TN-S 系统、TN-S-C 系统、TN-C 系统。

1. 接地型式

（1）TN 系统 TN 系统的电源系统有一点直接接地，电气装置的外露可导电部分通过保护导体接到此接地点上，包括 TN-S 系统、TN-C 系统和 TN-S-C 系统三种，分别如图 2-35a~c 所示。

TN-S 系统是在整个系统中中性线和接地线相互独立，即在整个 TN-S 系统内，PE 线和 N 线被分为两根平行不相交的导线。正常运行时，PE 线不通过电流，也不带电位，只有在发生接地故障时，会有故障电流通过，因此电气装置的外露可接近导体，在正常运行时不带电位。该系统安全可靠性高，但需在回路全长多敷设一根导线。

TN-C 系统在整个系统中中性线和接地线合并在一根 PEN 导线中，TN-C 系统内的 PEN 线兼作 PE 线和 N 线的作用，可节省一根导线，比较经济，但从电气安全方面看，这一系统存在较多问题：

1) 当系统为单相回路，在 PEN 线断线时，设备金属外壳对地将带 220 V 电压，当人身

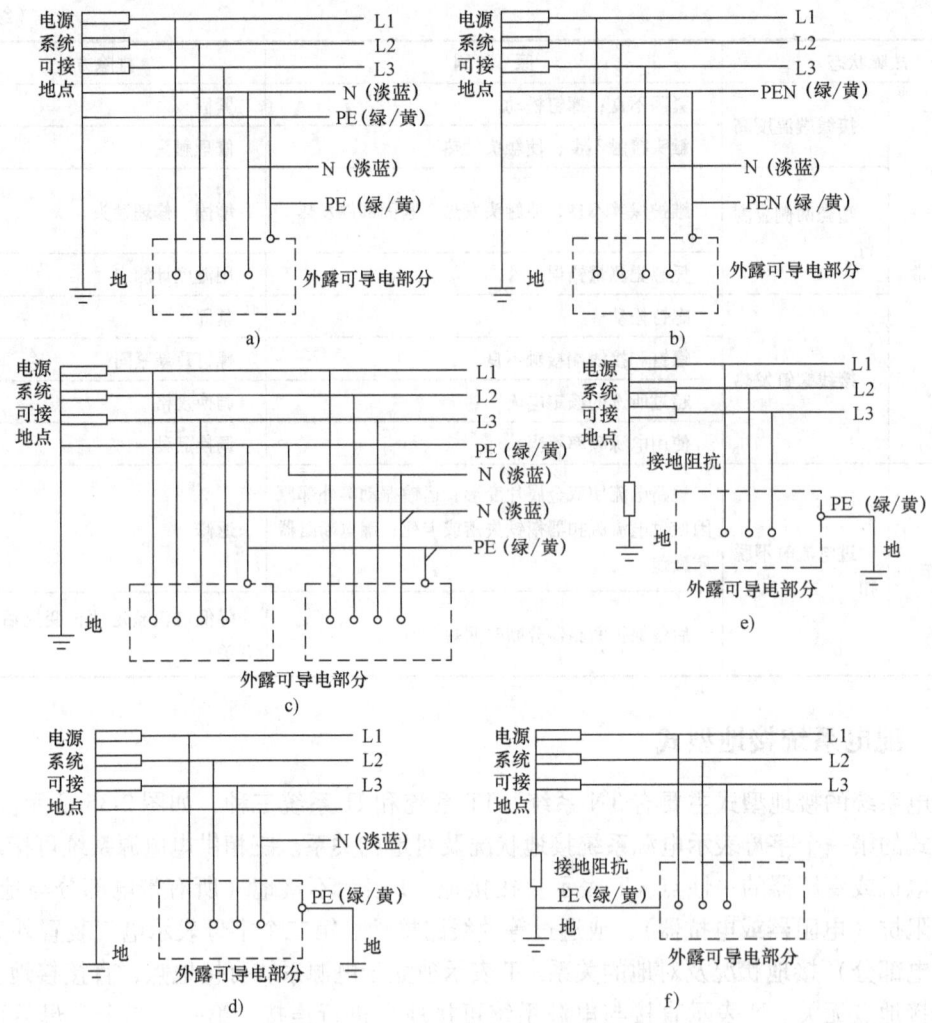

图 2-35 配电系统接地型式示意图
a) TN-S 系统 b) TN-C 系统 c) TN-S-C 系统 d) TT 系统
e) 具有独立接地极的 IT 系统 f) 具有公共接地极的 IT 系统

碰触时，危险很大。

2）当安装剩余电流动作保护装置时，其 PEN 线穿过剩余电流动作保护装置，因接地故障电流产生的磁场在剩余电流动作保护装置内相抵消而使剩余电流动作保护装置拒动，所以剩余电流动作保护装置防人身电击的可靠性很低。

3）进行电气维修时，需用四极断路器来隔断中性线上可能出现的故障电压。因 PEN 线含有 PE 线而不允许被开关切断，所以 TN-C 系统内不能装用四极开关，来保证维修人员的安全。

4）由于 PEN 线与中性线合一，从而使所接设备的金属外壳对地带电位，可能对电子设备产生干扰，也可能在爆炸危险场所内打火引爆。所以，易燃易爆场所内是不允许采用 TN-C 系统和出现 PEN 线的。

另外，TN-C 系统的设备金属外壳可能会在地内产生杂散电流，在一定程度上腐蚀地下金属结构的管道。由于这些不安全因素，现在新设计的低压接地系统，一般均采用 TN-C-S 系统或 TN-S 系统。

TN-S-C 系统的一部分中性线和接地线结合在单根的 PEN 导线中，自电源到用户电气装置之间节省了一根专用的 PE 线。这一段 PEN 线上的电压降使整个电气装置对地升高 ΔU_{PEN}，但在电源进线点后的 PE 线和 N 线分开，而 PE 线并不产生电压降，整个电气装置对地电位都是 ΔU_{PEN}，而在装置内不会出现电位差，因此不会发生 TN-C 系统的种种不安全因素，也不会对电子设备引起干扰。

（2）TT 系统　电源系统可接地点与电气装置的外露可导电部分分别直接接地。TT 系统的电气装置各有其自己的接地极，正常时装置内的外露可接近导电部分为地电位。但发生接地故障时，因故障回路内包含两个接地电阻，故障回路阻抗较大，故障电流较小，一般不能用过电流保护兼作接地故障保护，必须装用剩余电流动作保护装置来切断电源。在 GB 13955—2005 中明确规定，在 TT 系统中，必须装设剩余电流动作保护装置。图 2-35d 示出了这种系统的型式。

（3）IT 系统　电源系统可接地点不接地或通过阻抗接地，电气装置的外露可导电部分单独直接接地或通过保护导体接到电源系统的接地极上。IT 系统在发生接地故障时由于不具备故障电流返回电源的通路，其故障电流仅为非故障相的对地电容电流，其值甚小，因此对地故障电压很低，不致引发事故。所以发生接地故障时，不需切断电源，但它一般不引出中性线，不能提供照明、控制等需用的 220 V 电源，从而应用范围受到限制。图 2-35e、f 示出了 IT 系统的两种型式。

2. 保护接地和保护接零

为了防止人身触电事故，通常采用的技术防护措施有电气设备的接地和接零、安装漏电保护器等方式。在电气设备使用中，若设备绝缘损坏或击穿而造成外壳带电，人体触及外壳时有触电的可能。为此，电气设备必须与大地进行可靠的电气连接，即接地保护，使人体免受触电的危害。电气设备接地可分为工作接地和保护接地。工作接地是指电气设备为保证其正常工作而进行的接地，如变压器中性点接地；保护接地是为保证人身安全，防止人体接触设备外露部分（金属外壳或金属构架）触电的一种接地形式。在中性点不接地系统中，设备外露部分必须与大地进行可靠电气连接，即保护接地。接地装置由接地体和接地线组成。埋入地下直接与大地接触的金属导体，称为接地体；连接接地体和电气设备接地螺栓的金属导体称为接地线。接地体的对地电阻和接地线电阻的总和称为接地装置的接地电阻。在中性点不接地系统中，设备外壳不接地且意外带电，外壳与大地间存在电压，人体触及外壳，将有电容电流流过人体，这样，人体就遭受触电危害。如果将外壳接地，人体与接地体相当于电阻并联，流过每一通路的电流值将与其电阻的大小成反比。人体电阻比接地体电阻大得多，人体电阻通常为 600~1000Ω，接地电阻通常小于 4Ω，从而流过人体的电流很小，这样就完全能保证人体的安全。

保护接地适用于中性点不接地的低压电网。在不接地电网中，由于单相对地电流较小，利用保护接地可使人体避免发生触电事故。在中性点接地电网中，由于单相对地电流较大，保护接地就不能完全避免人体触电的危险，而要采用保护接零。

保护接零是在电源中性点接地的系统中，将设备需要接地的外露部分与电源中性线直接连接，相当于设备外露部分与大地进行了电气连接。当设备正常工作时，外露部分不带电，人体触及外壳相当于触及零线，无危险。采用保护接零时，应注意不宜将保护接地和保护接零混用，而且中性点工作接地必须可靠。在电源中性线做了工作接地的系统中，为保证保护接零可靠，还需相隔一定距离将中性线或接地线重新接地，称为重复接地，如图 2-36 所示。从图 2-36a 可以看出，一旦中性线断线，设备外露部分带电，人体触及同样会有触电的可能。而在重复接地的系统中，如图 2-36b 所示，即使出现中性线断线，但外露部分因重复接地而使其对地电压大大下降，对人体的危害也大大下降。不过应尽量避免中性线或接地线出现断线的现象。

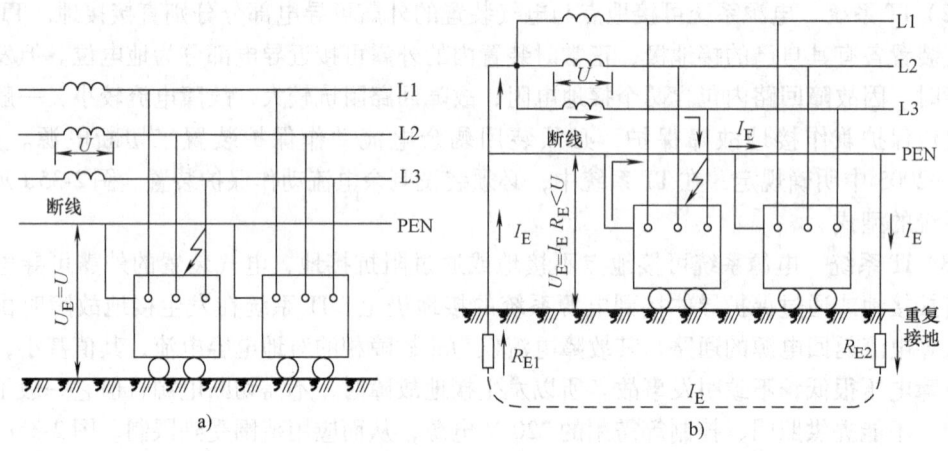

图 2-36　保护接零和重复接地
a）保护接零原理图　b）重复接地作用

3. 安全用电

当人体触及带电体承受过高电压而导致死亡或局部受伤的现象称为触电。触电伤害程度可分为电击和电伤两种。电击是电流通过人体而使内部器官受到损害，这是最危险的触电事故。当电流通过人体时，轻者使人体肌肉痉挛，产生麻电感觉，重者会造成呼吸困难，心脏麻痹，甚至导致死亡。电伤是由于电流的热效应、化学效应、机械效应及在电流作用下使熔化或蒸发的金属微粒等侵入人体皮肤，使皮肤局部发红、起泡、烧焦或组织破坏，严重时也可危及人命。

当人体触电时，流过人体的电流与人体电阻有关，人体电阻并非恒定值，当人体皮肤干燥、洁净且无损伤时，电阻可达 $40 \sim 100 \text{k}\Omega$；如果皮肤潮湿，如出汗时、受到损伤或者沾有导电粉尘，人体电阻会迅速下降到 $1 \text{k}\Omega$ 左右，甚至更低些。在同一电压下，流过人体的电流值在很大程度上取决于皮肤状态。通常，流过人体的电流达 1mA 时，人已能察觉，但只要不超过 10mA，人尚能自主，若电流达到 20mA，人就难以摆脱。一旦电流大到 50mA 及以上时，则会发生肌肉收缩、脉搏和呼吸中枢神经失调乃至心室纤维性颤动等现象，严重威胁人的生命。但是，人触电时的危害程度不完全取决于电流值，还与流经人体的途径、作用时间、电源频率以及人的健康状况有关。当电流系从人的一手到另一手或由手至脚时，触电电流会流过心脏，情况最为严重。反之，若电流系自一脚到另一脚或自同一手（或脚）的一指（趾）到另一指（趾），一般无致命危险。从电源频率来看，以 $50 \sim 60 \text{Hz}$ 为最严重，低于或高于此频率,伤害程度将轻一些。

由于绝大多数触电伤亡事故为心室纤维性颤动所致,而这种颤动的发生又与流经心脏的电流值有关,目前国内外大都是从防止心脏发生上述颤动出发而规定一个安全电流范围,再考虑安全电流作用时间,取两者之积为衡量安全与否的尺度。即人体触电伤害程度主要取决于流过人体电流的大小和电击时间长短等因素。因此,将人体触电后最大的摆脱电流,称为安全电流。我国规定安全电流为 30 mA/s,即触电时间在 1s 内,通过人体的最大允许电流为 30 mA。人体触电时,如果接触电压在 36V 以下,通过人体的电流就不致超过 30 mA,故安全电压通常规定为 36 V,但在潮湿地面和能导电的厂房,安全电压则规定为 24V 或 12V。

触电事故总是突然发生的,触电者一般不会立即死亡,往往是"假死",现场人员应该当机立断,迅速使触电者脱离电源,立即运用正确的救护方法加以抢救。

人体触电主要分为单相触电、两相触电和跨步电压触电三种。

(1) 单相触电　单相触电是指人在地面或其他接地体上,人体的某一部位触及三相电源线中的任意一根裸露导线,电流从带电导线经过人体流入大地而造成的触电。单相触电又可分为中性点接地和中性点不接地两种情况。在中性点接地的低压动力和照明线路中,发生单相触电的情形如图 2-37a 所示。这时,人体所触及的电压是相电压 220 V。电流经相线、人体、大地和中性点接地装置而形成通路,触电的后果往往很严重。在中性点不接地的电网中,发生单相触电的情形如图 2-37b 所示。当站立在地面的人手触及某相裸露导线时,由于相线与大地间存在电容,所以有对地电容电流从另外两相流入大地,并全部经人体流入到人手触及的相线。一般说来,导线越长,对地的电容电流越大,其危险性越大。

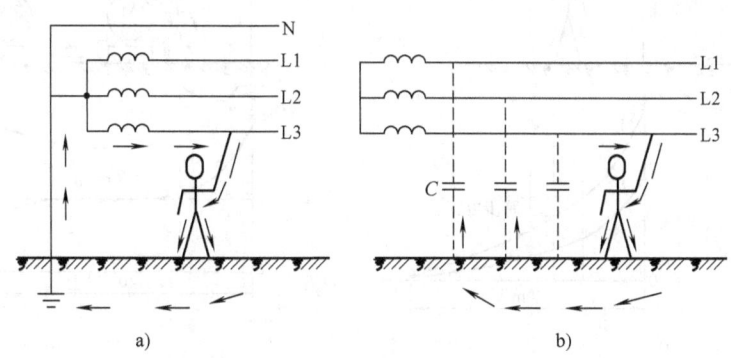

图 2-37　单相触电示意图

a) 中性点接地系统的单相触电　b) 中性点不接地系统的单相触电

(2) 两相触电　两相触电 (相间触电) 是人体两处同时触及两相带电裸露相线,或者同时触及电气设备的两个不同相的带电部位时的触电。触电时,电流由一根相线经过人体到另一根相线,形成闭合回路,此时加在人体上的是线电压。因此,两相触电比单相触电更危险,如图 2-38 所示。

(3) 跨步电压与接触电压　跨步电压触电是指人进入接地电流的散流场时的触电。由于散流场内地面上的电位分布不均匀,人的两脚间电位不同,这两个电位差称为跨步电压。跨步电压的大小与人和接地体的距离有关。当人的一只脚跨在接地体上时,跨步电压最大,人离接地体愈远，跨步电压愈小，与接地体的距离超过20m时，跨步电压接近于零。

当电气设备绝缘损坏或线路的一相断线落地时，电流就会从落地点（或绝缘损坏处）流入地中。离落地点越远，电位越低。导线断线接地后，如果接地装置布置不合理，接地设备发生碰壳时会造成电位分布不均匀而形成一个电位分布区域。在此区域内，人体与带电设备外壳相接触时，便会发生接触电压触电。接触电压等于相电压减去人体站立地面点的电压。人体站立离接地点越近，接触电压越小，反之就越大。当站立点距离接地点20m以外时，地面电压趋近于零，接触电压为最大，约为电气设备的对地电压。

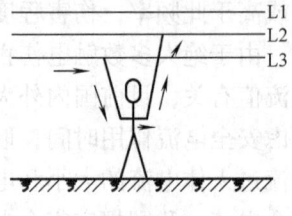

图2-38 两相触电示意图

如果有人走近导线落地点附近，由于人的两脚间电位不同，则在两脚间出现电位差，这个电位差叫作跨步电压。离电流入地点越近，跨步电压越大；离电流入地点越远，跨步电压越小；一般在离导线落地点20m以外的地方，地面的电位近似等于零。跨步电压触电情况如图2-39a所示。当发现跨步电压威胁时，应赶快把双脚并在一起，或赶快用一条腿离开危险区，否则，因触电时间长，也会导致触电伤亡。导线接地后，不但会产生跨步电压触电，还会产生接触电压触电，如图2-39b所示。

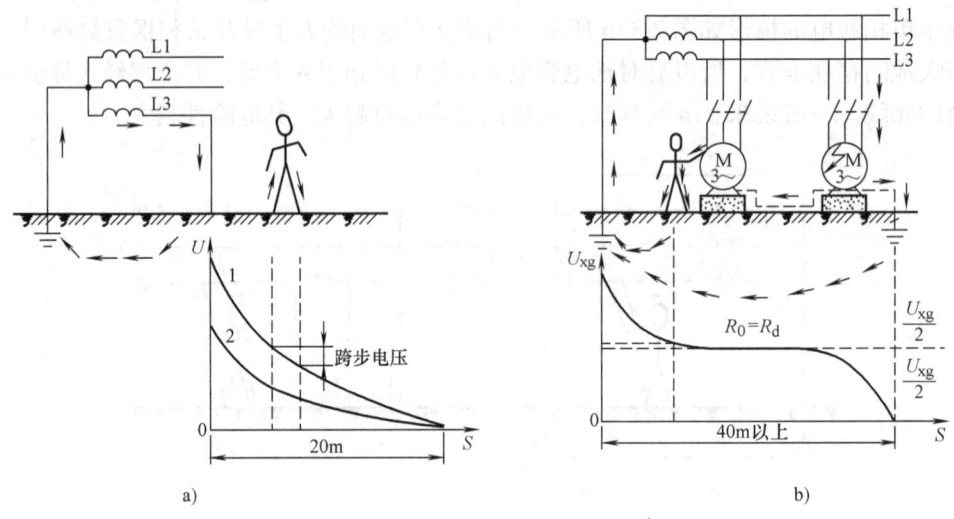

a)

b)

图2-39 跨步电压和接触电压触电示意图
a) 跨步电压触电 b) 接触电压触电

2.4 接触器

接触器是一种适用于在低压配电系统中远距离控制、频繁操作交直流主回路及大容量控制电路的自动控制开关电器。主要应用于自动控制交、直流电动机，电热设备，电容器组等，应用十分广泛。接触器具有强大的执行机构、大容量的主触头及迅速熄灭电弧的能力。当系统发生故障时，能根据故障检测元件所给出的动作信号，迅速、可靠地切断电源，并有低压释放功能。与保护电器组合可构成各种电磁起动器，用于电动机的控制及保护。

接触器的分类有几种不同的方式，如按操作方式分，有电磁接触器、气动接触器和电磁气动接触器；按灭弧介质分，有空气电磁式接触器、油浸式接触器和真空接触器等；按主触头控制的电流种类分，又有交流接触器、直流接触器、切换电容器接触器等，另外还有建筑用接触器、机械联锁（可逆）接触器和智能化接触器等。建筑用接触器的外形结构与模数化小型断路器类似，可与模数化小型断路器一起安装在标准导轨上。其中应用最广泛的是空气电磁式交流接触器和空气电磁式直流接触器，习惯上简称为交流接触器和直流接触器。

2.4.1 接触器的结构与工作原理

接触器由电磁系统、触头系统、灭弧系统、释放弹簧机构、接线端子、绝缘外壳及基座等几部分组成。电磁系统包括吸引线圈、动铁心和静铁心；触头系统包括主触头和辅助触头，它和动铁心一起联动。图2-40是交流接触器的典型结构。

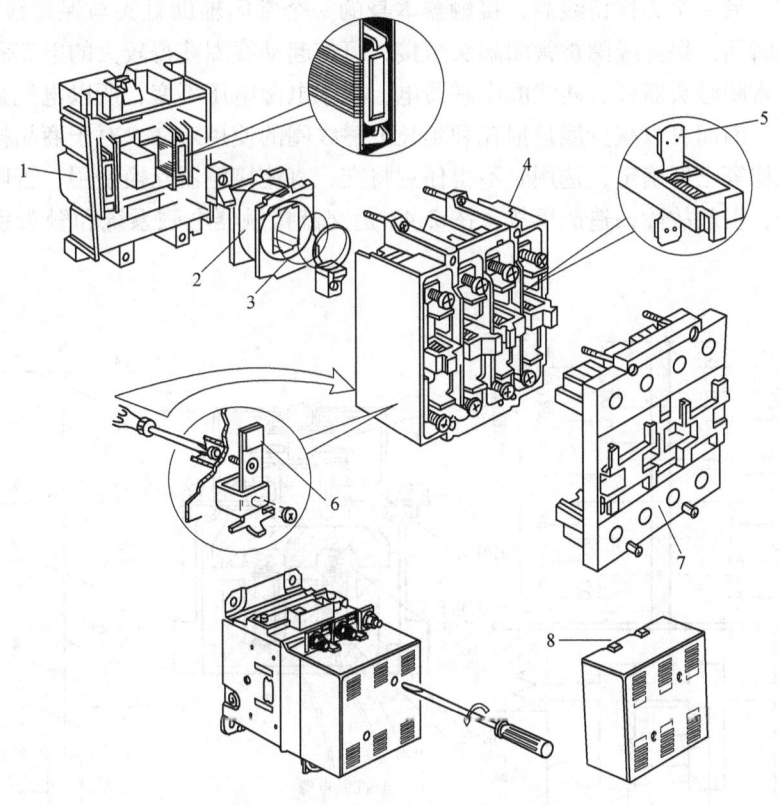

图2-40 交流接触器的典型结构
1—底座 2—线圈 3—反作用力弹簧 4—中间部分 5—动触头
6—静触头 7—面盖 8—灭弧罩

接触器的触头分为主触头和辅助触头两类。触头结构有双断点直动式和单断点转动式。中小容量的交、直流接触器的主、辅触头一般都采用直动式双断点桥式结构设计，大容量的主触头采用转动式单断点指式触头。交流接触器的主触头流过交流主回路电流，产生的电弧也是交流电弧；直流接触器主触头流过直流主回路电流，电弧也是直流电弧。由于直流电弧比交流电弧难以熄灭,直流接触器常采用磁吹式灭弧装置灭弧,交流触器常采用多纵缝灭弧装置灭弧。接触器的辅助触头用于控制回路,可根据需要按使用类别选用。接触器的图形、文字符号如图 2-41 所示。

在电磁机构方面,中小容量的交、直流接触器的电磁机构一般都采用直动式电磁系统,大容量的采用绕棱角转动的拍合式电磁铁结构。对于交流接触器,为了减小因涡流和磁滞损耗造成的能量损失和温升,铁心和衔铁用硅钢片叠成。线圈绕在骨架上做成扁而厚的形状,与铁心隔离,这样有利于铁心和线圈的散热。而对于直流接触器,由于铁心中不会产生涡流和磁滞损耗,所以不会发热,铁心和衔铁用整块电工软钢做成,为使线圈散热良好,通常将线圈绕制成高而薄的圆筒状,且不设线圈骨架,使线圈和铁心直接接触以利于散热。大容量直流接触器往往采用串联双绕组线圈,一个为起动线圈,另一个为保持线圈,接触器本身的一个常闭辅助触头与保持线圈并联连接。在电路刚接通瞬间,保持线圈被常闭触头短接,可使起动线圈获得较大的电流和吸力。当接触器动作后,常闭触头断开,两线圈串联通电,由于电源电压不变,所以电流减小,但仍可保持衔铁吸合,因而可以减少能量损耗和延长电磁线圈的使用寿命。对于商品接触器,由于所用材料、结构等已经确定,选用时不得任意将交、直流接触器互换使用,否则,将可能使灭弧发生困难,引起故障,造成事故。图 2-42 是交流接触器电磁系统和触头系统的结构原理图。

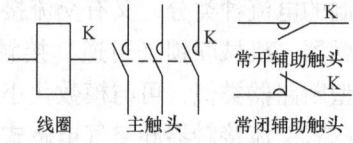

图 2-41 接触器的图形、文字符号

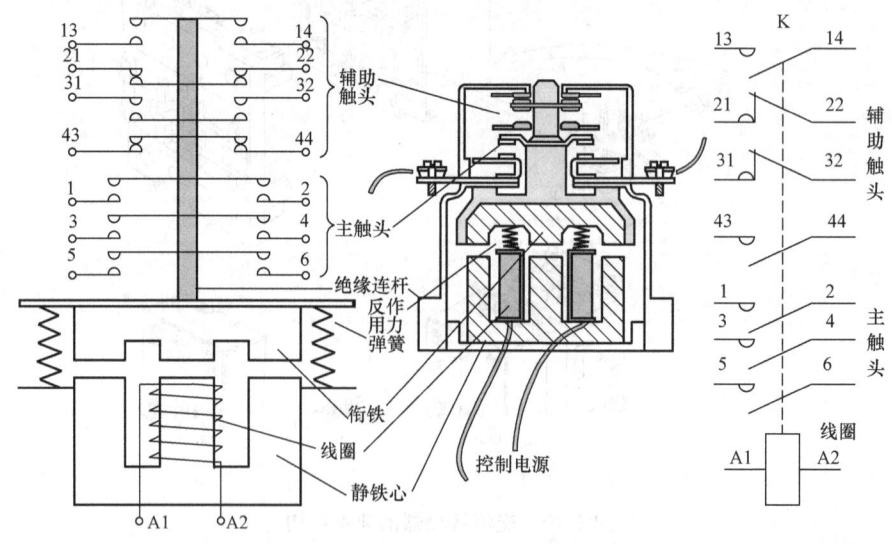

图 2-42 交流接触器电磁系统和触头系统的结构原理图

交流接触器的基本工作原理如图 2-43 所示。它是利用电磁原理通过控制电路的控制和可动衔铁的运动来带动触头控制主回路通断的。当接触器电磁线圈不通电时,弹簧的反作用力和衔铁的自重使主触头保持断开位置。当电磁线圈通过控制回路接通控制电压时,电磁力克服弹簧的反作用力将衔铁吸向静铁心,带动主触头闭合,接通电路,同时辅助触头也随之动作。

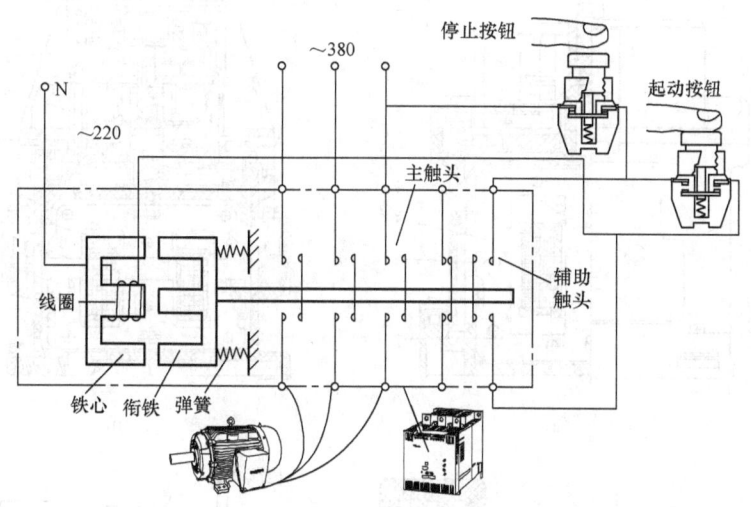

图 2-43 交流接触器的基本工作原理示意图

2.4.2 常用典型交流接触器简介

空气电磁式交流接触器应用最为广泛，产品系列、品种最多，其结构和工作原理基本相同，但有些产品在功能、性能和技术含量等方面各有独到之处，选用时可根据需要择优选择。典型产品有 CJ20、CJ21、CJ26、CJ29、CJ35、CJ40、NC、B、LC1-D、3TB 和 3TF 等系列交流接触器，此外还有 CJ12、CJ15、CJ24 等系列大功率重任务交流接触器。其中，CJxx 是国内统一设计的产品，其他型号是生产厂商命名的产品系列，以及引进产品系列或国外厂商独资生产的产品品牌。如 3TB 和 3TF 系列交流接触器是引进德国西门子公司技术生产的产品；B 系列交流接触器是引进 ABB 公司技术生产的产品；LC1-D 系列交流接触器（国内型号 CJX4）是引进法国 TE 公司技术生产的产品；国外独资生产产品品牌，如西门子、金钟-默勒、施耐德、海格、西屋、三菱、富士、寺崎、松下、奇胜等。

1. CJ20、CJ40 系列交流接触器

CJ20 系列交流接触器是国内 20 世纪 80 年代开发、统一设计的新型产品，采用正装直动式双断点结构、立体布置，E 形铁心位于下部，桥式双断点触头在其上面。静铁心及静触头分别固定在用绝缘材料制成的底座与壳体上，衔铁和动触头作为可动部件能在壳体中直线运动，结构紧凑，具有我国自己的特点。其结构如图 2-44 所示，其中图 2-44a 是带灭弧罩的两层结构（CJ20-40 接触器），图 2-44b 是三层两段式结构（CJ20-25 接触器），图 2-44c 是 CJ20-40 接触器触头纵缝灭弧系统，图 2-44d 是 CJ20-25 接触器触头灭弧系统。CJ20 系列交流接触器现已完全取代 CJ10 系列交流接触器。

在图 2-44a 中，给线圈 5 通电后，便在动铁心 4 和静铁心 7 中产生磁通，动铁心 4 被吸引向下运动并带动动触头 2 与辅助触头 9 闭合。线圈断电后，反作用力弹簧 8 使动铁心 4 向上运动，动、静触头分开，被控电路就被切断。

CJ20 系列交流接触器采用直动式双断点桥式触头结构，触头采用了银镍、银化镉等耐电弧、耐磨损和抗熔焊等特点的合金触头材料。整体采用两层或三层布置。40A 以上的接触

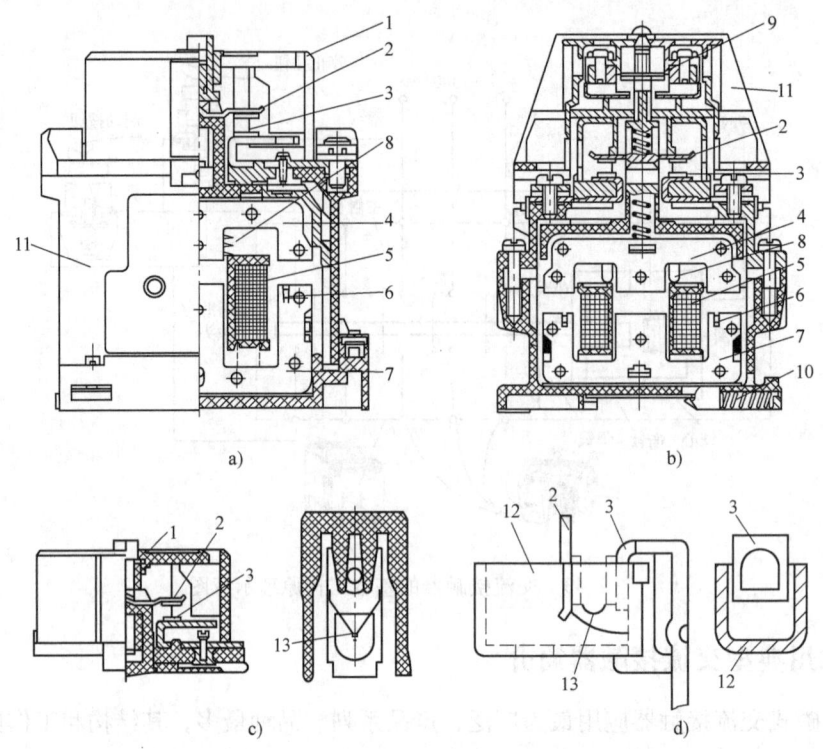

图 2-44 CJ20 系列交流接触器结构示意图
a) 带有灭弧罩的两层结构（CJ20-40 接触器） b) 三层两段式结构（CJ20-25 接触器）
c) CJ20-40 接触器触头纵缝灭弧系统 d) CJ20-25 接触器触头灭弧系统
1—灭弧罩 2—动触头 3—静触头 4—动铁心 5—线圈 6—短路环
7—静铁心 8—反作用力弹簧 9—辅助触头 10—导轨卡簧
11—外壳 12—U 形片 13—电弧

器采用多纵缝陶土灭弧罩，灭弧罩在上，电磁系统在下，两层主体布置。电弧能迅速进入纵缝内，充分利用冷却面积，加强灭弧效果。25A 的接触器采用带 U 形铁片灭弧室，U 形铁片的灭弧系统是利用电弧电流通过 U 形铁片产生的磁场使电弧弧柱和弧根快速运动，具有很好的冷却和去游离，并使游离气体迅速离开触头间隙，避免电弧在电流过零后的重燃。而 16A 以下的接触器不加装灭弧装置，利用双断点触头自然灭弧，它是利用在电弧电流过零时的近极效应原理分断熄灭电弧的。

电磁机构采用直动式电磁系统，40A 及以下的为 E 形铁心，63A 及以上的为 U 形铁心。63A 以上的产品由铝合金基座、塑料底板和灭弧罩组成三段式立体结构。40A 以上的产品的辅助触头由独立组件布置在主触头两侧。25A 及以下的产品的辅助触头布置在主触头上方，辅助触头、主触头及灭弧系统和电磁系统布置成三层，壳体、底座分为两段的立体布置结构，加装 U 形铁片灭弧装置。25A 及以下的产品可在标准安装轨上安装。10A 以下的产品有派生的接触器式中间继电器产品品种。

CJ40 系列交流接触器是在 CJ20 系列的基础上改进的新产品，额定工作电压为 380V、660V、1140V；额定工作电流为 9~1000A，可与适当的热继电器或电子式保护装置组合成电磁起动器。全系列从63~1000A共分4个基本框架、13个电流规格，即125框架（63A、50A、100A、125A）、250框架（160A、200A、250A）、500框架（315A、400A、500A）、1000框架（630A、800A、1000A）。其中，1000框架有3个规格产品做到了零飞弧的要求，比同容量的CJ20系列交流接触器的体积有相当程度地缩小；125、250、500框架的10个电流规格中专门设计了四极产品，供三相四线供电系统中需要同时开断中线的情况选用。9~50A产品为正装直动式双断点结构，整体布置与CJ20类似。但是，附加辅助触头为独立组件，可安装在接触器的顶部或两侧。整个接触器可采用标准的35mm导轨安装，也可采用螺钉进行固定安装。63~1000A产品为开启式正装直动式双断点结构，辅助触头作为独立组件安装在主触头的两侧，在电气上为分开的。铁心为U形结构永久性气隙。160A及以上的底座为铝合金压铸，螺钉安装。而63~125A底座为不饱和聚玻璃纤维增强模塑料，可以螺钉安装，也可以用35mm导轨安装。灭弧罩以塑料栅片式代替传统的陶土纵缝式，不存在陶土灭弧罩易碎的缺点，而且由于塑料栅片熄弧性能好，可使燃弧时间大为缩短，显著提高了分断能力。CJ40系列交流接触器的外形如图2-45所示。

图2-45 CJ40系列交流接触器外形图

2. CJ24系列重任务交流接触器

CJ24系列重任务交流接触器主要用于交流50Hz，额定工作电压至660V，额定工作电流由100~630A的冶金、轧钢及起重机等较大控制功率的电气设备中，供远距离频繁地接通、分断电路和电动机起动、停止、反向及反接制动等。有二极、三极、四极和五极类型产品。其外形结构如图2-46所示。

由图2-46可见，CJ24系列重任务交流接触器为转动式平面布置条架结构。主触头居中，电磁系统居右，辅助触头居左，它们均安装在钢板制作的U形安装板上；灭弧罩为翻转式，以便于触头的更换和维护；线圈用弹簧卡箍固定，以便于线圈更换。电磁系统由双U形电磁铁和吸引线圈组成，衔铁及磁轭均装有缓冲装置，用以减小电磁系统吸合瞬间的碰撞应力和触头振动，以及释放时的反弹现象，能较大限度地提高电寿命及机械寿命。还装有可转动的停档，结构布置便于监视和维修。主触头为单断点指式触头，有银基合金触头和铜触头两种。灭弧罩为多纵缝式灭弧，具有良好的灭弧性。辅助触头为双断点桥式，其常开、常闭触头数可按需要进行组合。除标准尺寸安装板外，还有安装尺寸与CJ12相同的安装板，可以方便地更换CJ12。

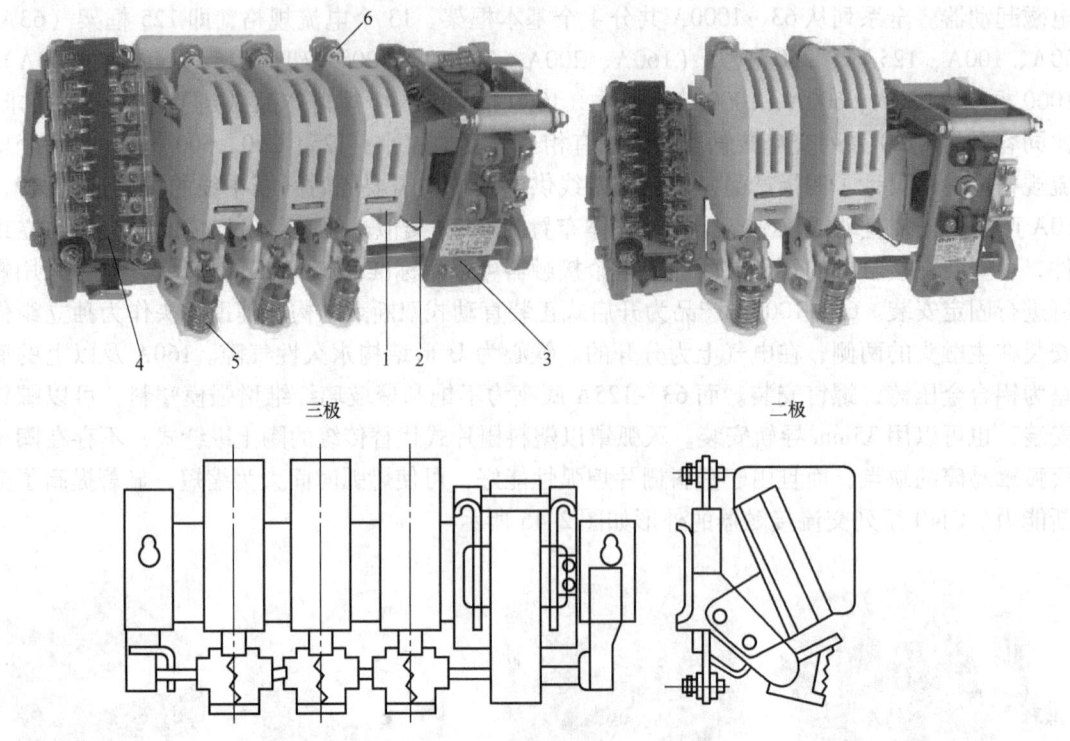

图 2-46 CJ24 系列重任务交流接触器外形结构示意图
1—灭弧罩 2—线圈 3—电磁机构 4—控制端子排
5—进线端子 6—出线端子

吸引线圈为主、副双绕组结构，副绕组经整流与控制电源相连。接触器起动瞬间，主、副绕组均通电，副绕组通过直流大电流；保持期间则只有主绕组通电，副绕组经整流桥自成回路，流过半波整流的脉动直流。由于主、副绕组匝数差别很大，保持期间电流较小，且有直流成分，故有节电效果，并降低了交流噪声。

3. 3TB、3TF 系列交流接触器

3TB 和 3TF（国内型号为 CJX1）系列交流接触器主要用于交流 50Hz，额定工作电压至 1000V，额定工作电流至 475A 的电路中，供远距离接通和分断电路或频繁起动和控制交流电动机，并可与适当的热过载继电器组成电磁起动器。3TB 和 3TF 除额定参数和外形上有一些区别外，其他基本相同。CJX1 为国内参照 3TB 系列接触器而设计制造的产品编号，与 3TB 系列接触器可互换使用。

3TB 和 3TF 系列接触器采用立式直动式结构设计，触头系统在上部，电磁系统在下部。常与 3UA 系列热继电器配套使用。额定电流 32A 以上的接触器采用装有金属隔板的灭弧罩。额定电流 45~630A 的接触器采用封闭式灭弧室，并有阻燃型材料阻挡电弧向外喷出。接触器的主触头和辅助触头，均采用桥式双断点结构。各接线端都采用新型的自升螺钉、瓦形垫圈压接结构，使接线可靠，并可大大减少接线时间。接触器的绝缘外壳采用抗冲击性好、耐高温、耐电弧性好的塑料制造而成，并在线圈接线处标有明显的电压规格标志。全系列接触器均可采用螺钉固定，但额定电流小于 32A 的接触器可用 35mm 标准安装导轨固定，45~75A 的接触器可用 75mm 标准安装导轨固定。

4. B 系列交流接触器

B（国内型号为 CJX8）系列交流接触器适用于交流 50Hz，额定电压至 660V，额定电流至 460A 的电路中，供远距离接通和分断电路，频繁地起动和控制交流电动机之用，并可与适当的热过载继电器组成电磁起动器。

B 系列交流接触器由电磁系统、触头系统、灭弧系统、基座和附件等组成，附件是为扩展功能而在接触器上挂接的辅助触头组、TP 型延时器和机械联锁器等。

B 系列接触器的电磁系统分交流操作和直流操作两种类型：交流操作型采用硅钢片叠成的 E 形铁心加装电磁线圈；直流操作型的电磁系统又分两种类型，一是在交流操作型的 E 形铁心上，加上串接经济电阻的特制电磁线圈。二是在用电工软钢制成的直流铁心上，配置直流电磁线圈。接触器的动、静铁心都用高弹性橡胶和片簧制成的缓冲系统来吸收碰撞能量，以减轻接触器的振动。

B 系列接触器的触头系统为直动桥式双断点结构，灭弧系统因电流规格不同而采用不同的灭弧方法。B9~B25 型小容量接触器采用封闭式自然灭弧，B30~B370 型采用铁磁栅片灭弧。B9、B12 和 B16 型接触器的灭弧罩以不同的颜色加以区别，其中蓝色代表 B9 型、灰色代表 B12 型、红色代表 B16 型。

B 系列交流接触器从结构上分为"正装式"和"倒装式"两种。"正装式"的结构特点为触头系统在前面，电磁系统在后面，靠近安装面。属于这种结构型式的接触型号有 B9、B12、B16、B25、B30 和 B460。"倒装式"结构为触头系统在后面，电磁系统在前面。属于此种结构型式的接触器型号有 B37、B45、B65、B85、B105、B170、B250 和 B370。

B 系列接触器的安装：B9~B30 型既可用螺钉固定，也可用 35mm 标准安装导轨固定。B37 以上的接触器用螺钉固定。基座除 B460 型采用铝合金铸件外，其余各型号产品都采用热固塑料制造而成。

附件 TP 型延时器是一种气囊式延时器，可加装在接触器的顶部与接触器同步运行，加装后可使接触器具有延时功能。

2.4.3 机械联锁交流接触器

机械联锁（可逆）交流接触器实际上是由两个相同规格的交流接触器再加上机械联锁机构和电气联锁机构所组成，它的机械联锁机构，保证了两台可逆接触器触头转换的可靠工作，可以保证在任何情况下（如机械振动或错误操作而发出的指令）都不能使两台交流接触器同时吸合，而只能是当一台接触器断开后，另一台接触器才能闭合，能有效地防止电动机正、反转换向时出现相间短路的可能性。比单在电气控制回路中加接电气联锁电路的应用更安全可靠。

机械联锁接触器主要用于电动机的可逆控制、双路电源的自动切换，也可用于需要频繁地进行可逆换接的电气设备上。生产厂通常将机械联锁机构和电气联锁机构以附件的形式提供。常用的机械联锁（可逆）接触器有 LC2-D 系列（国内型号 CJX4-N）、6C 系列、3TD 系列、B 系列、NC1-N 系列等。3TD 系列可逆交流接触器主要适用于额定电流至 63A 的交流电动机的起动、停止及正、反转控制。图 2-47 是机械联锁交流接触器的典型结构示意图。

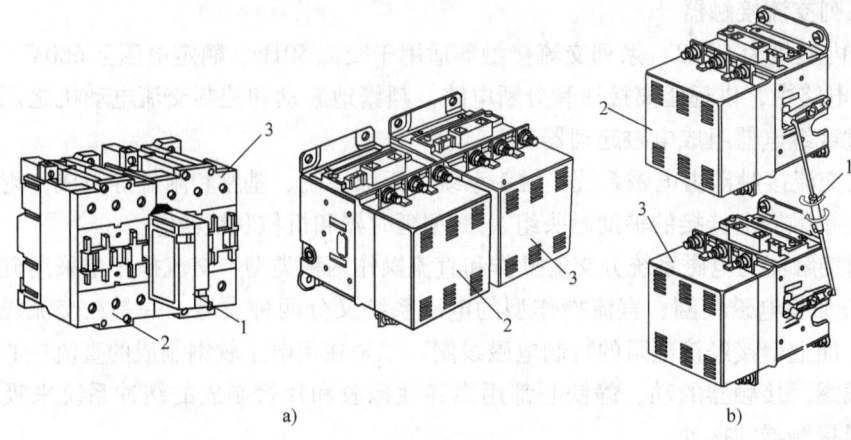

图 2-47 机械联锁交流接触器的典型结构示意图
a) 水平连接　b) 垂直连接
1—机械联锁装置　2—K1　3—K2

2.4.4 切换电容器接触器

切换电容器接触器是专用于低压无功功率补偿设备中投入或切除并联电容器组,以调整用电系统的功率因数。切换电容器接触器带有抑制浪涌装置,能有效地抑制接通电容器组时出现的合闸涌流对电容的冲击和开断时的过电压。其结构设计为正装式,灭弧系统采用封闭式自然灭弧。切换电容器接触器的接线和结构示意如图 2-48 所示。

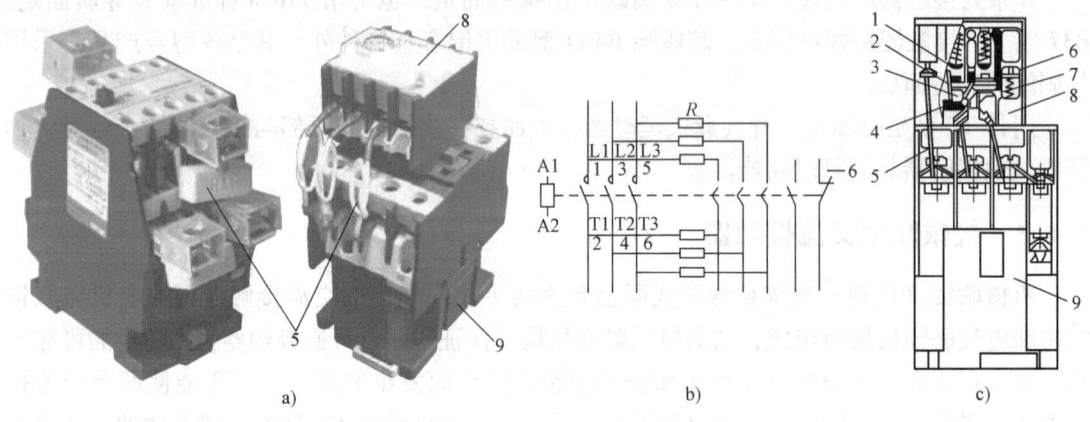

图 2-48 切换电容器接触器结构示意图
a) 接触器外貌　b) 接触器接线原理图　c) 接触器的结构示意图
1—转换触头　2—转换触头支架　3—永磁铁心　4—衔铁　5—电阻线
6—辅助触头　7—辅助触头支架　8—辅助触头组件　9—接触器本体

切换电容器接触器由接触器本体、转换触头组和 6 根电阻线组成。主触头分上下两层,上触头有三相转换主触头,每对主触头两侧分别串入一根限流电阻线或电阻器,然后与下转换触头对应并联。三相主触头组的触头支架靠永磁铁心和转换触头组支架吸合连接,转换触头组支架再和接触器本体相连,随接触器铁心的吸引而动作。当接触器通过线圈工作电压 U_s 后,接触器铁心吸合,带动转换触头组支架及三对转换主触头。由于转换主触头开距小于接触器主触头，转换主触头先于接触器主触头闭合，接通电阻，抑制涌流数毫秒后主触头接通，接触器开始正常工作。在转换主触头支架向下运动到位时，永磁铁心与衔铁分开，转换主触头随之分断，返回到原始位置。当接触器线圈断电，由接触器主触头分断电容器，且转换触头组支架返回，永磁铁心和衔铁恢复吸合状态，在接触器下次吸合工作时再次带动三对转换主触头，起抑制合闸涌流作用。总之，切换电容器接触器是利用小开距的转换主触头先接通电阻线，以抑制合闸涌流；用接触器的大开距主触头来分断电容电流并限制分闸电弧重燃过电压的产生，从而实现电容器组的正常可靠切换。

常用切换电容器接触器产品有CJ16、CJ19、CJ36、B25C～B75C、CJX4、CJX2A、LC1-D、6C等系列。

2.4.5 低压交流真空接触器

低压交流真空接触器的组成部分与一般空气式接触器相似，不同的是，真空接触器以真空为灭弧介质，触头密封在真空灭弧室（真空开关管）中。真空开关管是真空接触器的核心元件，其主要技术参数决定真空接触器的主要性能。

低压交流真空接触器适用于交流50～60Hz、额定工作电压至1140V的电力系统中，远距离接通与分断电路及频繁地起动和控制交流电动机。可与热继电器等各种保护装置组成电磁起动器，特别适宜于组成隔爆型电磁起动器，但是一般不适宜直接用于可逆运行、星-三角起动及电动机欠电压保护等场所。低压交流真空接触器分为单极型、二极型和三极型。

常用的低压交流真空接触器有CKJ和EVS系列等。CKJ系列低压交流真空接触器是国内生产厂商开发的新产品，EVS系列（国内型号CKJ12）重任务真空接触器是引进德国EAW公司技术并全部国产化而生产的。图2-49是CKJ和EVS系列低压交流真空接触器的外形结构示意图。

低压交流真空接触器主要由真空开关管、电磁系统、杠杆传动系统、辅助触头、整流装置、绝缘框架、底座等组成。触头被封闭在与外界隔绝的真空灭弧室

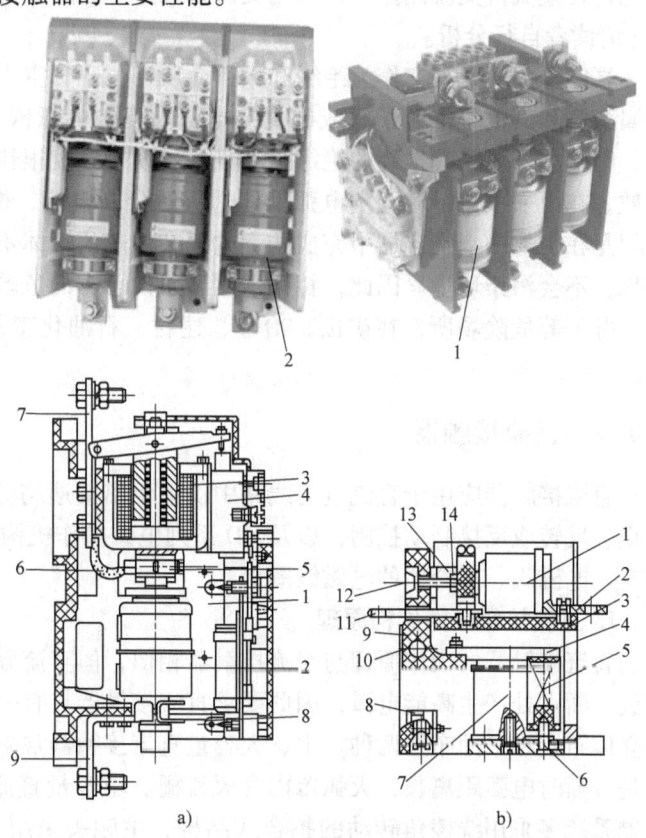

图2-49 低压交流真空接触器外形结构示意图
a) EVS系列
1—基座 2—真空开关管 3—磁驱动机构 4—辅助开关 5—联轴器
6—软连接 7—上连接板 8—连接卡圈 9—下连接板
b) CKJ系列
1—真空开关管 2、11—接线板 3—基座 4—衔铁 5—分闸弹簧
6、12—调节螺钉 7—线圈 8—整流组件 9—拐臂 10—转轴
13—触头弹簧 14—紧固螺母

中，开距小，超程短，电弧不外喷（即喷弧距离为零），分断能力强，电寿命长，不会因外部污染而影响其工作。控制电路由直流磁系统与整流装置组成。

由图 2-49a 可见，在接触器的基座 1 中，驱动机构 3 和装在其旁边的辅助开关组件 4 位于真空开关管 2 的上方。真空开关管的动触头经联轴器组件 5 和驱动机构 3 连接，并经软连接 6 和上连接板 7 连接。真空开关管的静触头支杆经连接卡圈 8 和下连接板 9 连接。当操作线圈接通控制电源时，衔铁吸合，电磁铁对压力弹簧做功，释放动触头支杆，动触头支杆借助外部作用于真空开关管的大气压力使触头闭合。当操作线圈断电时，反作用力弹簧克服真空管自闭力使衔铁释放，触头断开。触头的断开状态是由驱动系统中的压力弹簧实现的。电磁铁设计为带节能电阻的直流电磁铁，在交流控制电源时，交流电经整流器组件整流，然后利用直流驱动机构动作，在交流电压下每一驱动机构都配置一个整流器组件。EVS 系列重任务真空接触器采用以单极为基础单元的多级多驱动结构，可根据需要组装成 1、2、…、n 极接触器，以便与相关设备很好地配合。CKJ5 低压交流真空接触器采用陶瓷外壳真空管和不锈钢波纹管。直动式交、直流电磁系统，采用双线圈结构以降低保持功率，电磁系统控制电源允许在整流桥交流侧操作，利用交流特性产生起始吸力，而利用直流特性实现保持。图 2-49b 请读者自行分析。

真空开关管以真空作为绝缘和灭弧介质，位于真空中的触头一旦分离，触头间将产生由金属蒸汽和其他带电粒子组成的真空电弧。真空电弧依靠触头上蒸发出来的金属蒸汽来维持，因真空介质具有很高的绝缘强度且介质恢复速度很快，真空电弧的等离子体很快向四周扩散，在第一次过零时真空电弧就能熄灭，分断电流，燃弧时间一般小于 10ms。由于熄弧过程是在密封的真空容器中完成的，电弧和炽热的气体不会向外界喷溅，所以开断性能稳定可靠，不会污染环境。因此，特别适用于条件恶劣的危险环境中，有易燃易爆物质存在的煤矿、井下等危险场所，在矿山、冶金、建材、石油化工及重工业部门等重任务场合使用广泛。

2.4.6　直流接触器

直流接触器应用于直流电力线路中供远距离接通与分断电路及直流电动机的频繁起动、停止、反转或反接制动控制，以及 CD 系列电磁操作机构合闸线圈或频繁接通和断开起重电磁铁、电磁阀、离合器的电磁线圈等。

1. 直流接触器的结构原理

直流接触器的动作原理与交流接触器相似，但直流分断时感性负载存储的磁场能量瞬时释放，断点处产生高能电弧，因此要求直流接触器具有一定的灭弧功能。直流接触器结构上有立体布置和平面布置两种，中、大容量直流接触器常采用单断点平面布置整体结构，其特点是分断时电弧距离长，灭弧罩内含灭弧栅。小容量直流接触器采用双断点立体布置结构。电磁系统多采用绕棱角转动的拍合式结构，主触头采用双断点桥式结构或单断点转动式结构，有的产品是在交流接触器的基础上派生的，因此，直流接触器的工作原理基本上与交流接触器相同。图 2-50 是平面布置整体式直流接触器的结构示意图。

由图 2-50 可见，它的电磁系统采用了绕棱角转动的拍合式电磁铁结构，并且在棱角转动处设有压棱簧片，以防止衔铁在棱角处发生位移。吸引线圈为带有骨架的单绕组线圈，主触头的反力弹簧直接安装在衔铁上，有利于提高机械寿命。主触头为转动式单断点指式触头，接触处镶有银或银合金材料，从而保证了触头的耐电磨损性和抗熔焊性。灭弧方式为串联磁吹灭弧，80A 及以下的接触器装有迷宫式陶土灭弧罩，并内附加了引弧角，增大了灭弧磁场强度，从而提高了灭弧性能；160A 及以上的接触器配有迷宫式和灭弧栅片相结合的灭弧罩，均能达到良好的熄弧效果。

2. 常用的直流接触器简介

常用的直流接触器是 CZ 系列及其派生产品等。图 2-51 是 CZ0 系列和 CZ18 系列直流接触器的外形结构图。

（1）CZ0 系列直流接触器 CZ0 系列直流接触器主要用于远距离接通和断开额定电压至 220V、额定电流至 600A 的直流高电感负载，如瞬时通断高压断路器和快速断路器的 CD 系列电磁操作机构的合闸线圈或频繁接通和断开起重电磁铁、电磁阀、离合器的电磁线圈等。其结构特征是在陶土灭弧罩内附加了引弧角，并增大了灭弧磁场强度，从而提高了灭弧性能，另外还增大了吸引线圈吸力，以适应蓄电池供电最低电压的工作要求。

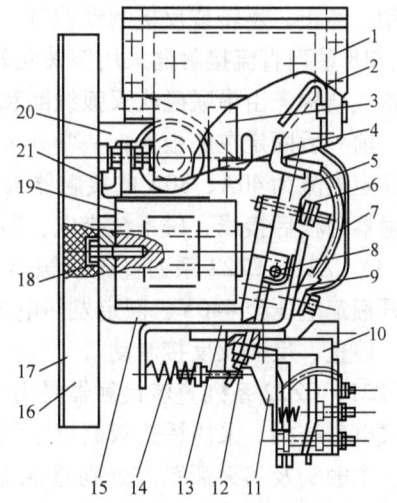

图 2-50 平面布置整体式直流接触器的结构示意图

1—灭弧罩 2—引弧角组件 3—引弧板 4—主触头 5—动触头座 6—释放弹簧 7—软连接 8—固定轴 9—衔铁组 10—辅助静触头座 11—辅助动触头座 12—调节螺栓 13—支架 14—反力释放弹簧 15—铁轭 16—底座 17—绝缘底版 18—铁心 19—吸引线圈 20—磁吹线圈 21—隔热板

（2）CZ18 系列直流接触器 CZ18 系列直流接触器适用于直流额定电压至 440V、额定电流 40~1600A 的电力线路中，供远距离接通与分断电路之用。也可用于直流电动机的频

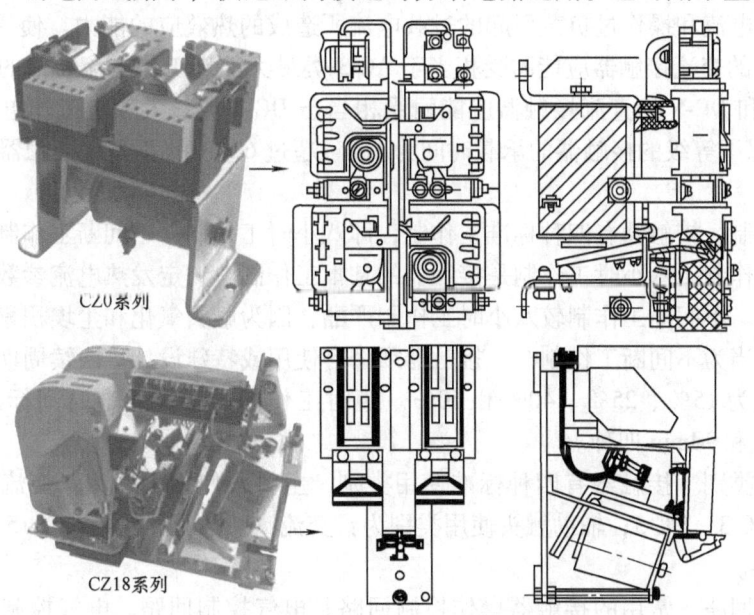

图 2-51 CZ0 系列和 CZ18 系列直流接触器外形结构

繁起动、停止、反转或反接制动控制。

CZ18 系列直流接触器采用绕棱角转动的拍合式电磁铁，单绕组吸引线圈，主触头为单断点指式结构，由串联磁吹灭弧线圈和陶土灭弧罩组成灭弧系统。主触头灭弧系统与电磁铁系统一前一后固定在底板上；一常开一常闭为一组的桥式双断点辅助触头布置在电磁铁的两侧；额定电流为 40A、80A 的接触器板前接线，磁系统不带电，而额定电流为 160A 及以上的接触器为板后接线，磁系统带电，所以必须安装在绝缘底板上。

（3）CZ21、CZ22 系列直流接触器　CZ21、CZ22 系列直流接触器主要用于远距离接通与断开额定电压至 440V、额定发热电流至 63A 的直流线路中。并适宜于直流电动机的频繁起动、停止、反向及反接制动。

CZ21、CZ22 系列直流接触器是由 CJ 系列相应的交流接触器派生，上下两层立体、E 形直动式电磁结构。采用桥式双断点银氧化镉触头，永磁恒定磁场磁吹和陶土灭弧罩组成灭弧系统。主触头及其灭弧系统处在接触器的上层，能可靠分断额定分断能力及以下的任何电流。吸引线圈可以是交流或直流，电压等级可以按需选择；桥式双断点辅助触头处在接触器的两侧。由于采用永磁恒定磁场灭弧，主触头接线端子必须按极性规定连接直流电源。

2.4.7　接触器的主要特性参数与选用原则

1. 接触器主要特性参数

接触器主要有如下特性参数：

（1）接触器的型式　包括极数、电流种类、使用频率、灭弧介质和操作方式等。

（2）额定值和极限值　包括额定工作电压、额定绝缘电压、约定发热电流、约定封闭发热电流（有外壳时的）、额定工作电流或额定功率、额定工作制、额定接通能力、额定分断能力和耐受过载电流能力、辅助触头的约定发热电流。其中，额定工作电压指主触头所在电路的电源电压，一般为 380V、500V、660V 和 1140V 等；耐受过载电流能力是指接触器承受电动机的起动电流和操作过负载引起的过载电流所造成的热效应的能力。使用类别为 AC-2、AC-3 和 AC-4 的交流接触器应能耐受相当于 AC-3 类最大额定工作电流 8 倍的过电流。使用类别为 DC-3 和 DC-5 的直流接触器应能耐受相当于 DC-3 类最大额定工作电流 7 倍的过电流。630A 及以下等级的接触器的承载时间为 10s，超过 630A 的各等级接触器承载时间略有缩短。

（3）工作制　接触器有四种标准工作制，即八小时工作制、不间断工作制、断续周期工作制和短时工作制。八小时工作制是接触器的基本工作制，约定发热电流参数就是按八小时工作制确定的。不间断工作制较八小时工作制严酷，因为触头氧化和尘埃积累会导致触头发热恶性循环，当为不间断工作制时，接触器须降容使用或特殊设计。断续周期工作制时的负载因数标准值为 15%、25%、40% 和 60%。短时工作制的触头通电时间标准值为 10min、30min、60min 和 90min 四种。

（4）使用类别　接触器有四种标准使用类别，主触头使用类别为：交流 AC-1～AC-4，直流 DC-1、DC-3、DC-5；辅助触头使用类别为：交流 AC-11、AC-14、AC-15，直流 DC-11、DC-13、DC-14。

（5）控制回路　常用的接触器操作控制回路是电气控制回路。电气控制回路有电流种类、额定频率、额定控制电路电压 U_c 和额定控制电源电压 U_s 等几项参数。当需要在控制电路中接入变压器、整流器和电阻器等时，接触器控制电路的输入电压（即控制电源电压 U_s）和其线圈电路电压（即控制电路电压 U_c）可以不同。但在多数情况下，这两个电压是一致的。当控制电路电压与主电路额定工作电压不同时，应采用如下标准数据。

直流：24V、48V、110V、125V、220V、250V；

交流：24V、36V、48V、110V、127V、220V。

具体产品在额定控制电源电压下的控制电路电流由制造厂提供。

(6) 辅助电路　包括辅助电路种类、触头种类及触头数量、附加功能附件等，如欠电压保护、过电压保护、断相保护、空气延时附件等。一般以附件形式提供。

(7) 机械寿命和电寿命　接触器的机械寿命用其在需要正常维修或更换机械零件前，包括更换触头，所能承受的无载操作循环次数来表示。国产接触器的寿命指标一般以 90% 以上产品能达到或超过的无载循环次数（百万次）为准。如果产品未规定机械寿命数据，则认为该接触器的机械寿命为在断续周期工作制下按其相应的最高操作频率操作 8000h 的循环次数。操作频率即每小时内可完成的操作循环数（次/h）。接触器的电寿命用不同使用条件下无需修理或更换零件的负载操作次数来表示。在无其他规定的条件下，接触器 AC-3 使用类别的电寿命次数应不少于相应机械寿命次数的 1/20。

2. 接触器的选用原则

接触器的选用主要是选择型式、主电路参数、控制电路参数和辅助电路参数，以及电寿命、使用类别和工作制，另外需要考虑负载条件的影响，分述如下：

(1) 型式的确定　型式的确定主要是确定极数和电流种类，电流种类由系统主电流种类确定。三相交流系统中一般选用三极接触器；当需要同时控制中性线时，则选用四极交流接触器；单相交流和直流系统中，则常有两极或三极并联的情况。一般场合下，选用空气电磁式接触器；易燃易爆场合应选用防爆型及真空接触器等。

(2) 主电路参数的确定　主电路参数的确定主要是额定工作电压、额定工作电流（或额定控制功率）、额定通断能力和耐受过载电流能力。

额定工作电流和选定的负载电流、电压等级有关。接触器可以在不同的额定工作电压和额定工作电流下工作。但在任何情况下，所选定的额定工作电压都不得高于接触器的额定绝缘电压，所选定的额定工作电流（或额定控制功率）也不得高于接触器在相应工作条件下规定的额定工作电流（或额定控制功率）。

额定通断能力应高于通断时电路中实际可能出现的电流值。耐受过载电流能力也应高于电路中可能出现的工作过载电流值。电路的这些数据都可通过不同的使用类别及工作制来反映，当按使用类别和工作制选用接触器时，实际上已考虑了这些因素。生产中广泛使用的中、小容量笼型异步电动机，其中大部分电动机的负载是一般任务，它相当于 AC-3 使用类别。对于控制机床电动机的接触器，其负载比较复杂，如果负载明显地属于重任务类，则应选用 AC-4 类别；如果负载为一般任务与重任务混合的情况，则可根据实际情况选用 AC-3 或 AC-4 类接触器，如确定选用 AC-3 类时，也要降级使用。适用于 AC-2 类的接触器一般也不宜用于控制 AC-3 及 AC-4 类的负载，因为它的接通能力较低，在频繁接通这类负载时容易发生触头熔焊现象。

(3) 控制电路参数和辅助电路参数的确定　接触器的线圈电压应按选定的控制电路电压确定。控制电路电流种类分交流和直流两种，一般情况下多用交流 220V，当操作频繁时则常选用直流。

接触器的辅助触头的种类和数量,一般应根据系统控制要求确定所需的辅助触头种类(常开或常闭)、数量和组合型式,同时应注意辅助触头的通断能力和其他额定参数。当接触器的辅助触头数量和其他额定参数不能满足系统要求时,可增加接触器式继电器以扩大功能。

(4) 电寿命和使用类别的选用 接触器的电寿命参数由制造厂给出。电寿命指标和使用类别有关。接触器制造厂均以不同形式(表格或曲线)给出有关产品电寿命指标的资料,可以根据需要选用。

(5) 电动机用接触器的选用 电动机用接触器根据电动机使用情况及电动机类别可分别选用 AC-2~AC-4,如对于异步电动机拖动的风机、水泵类负载可选用 AC-3,可采用查表法及选用曲线法,根据样本及手册选用,不用计算。

当电动机常需要点动、反向运转及制动时,接通电流为 $6I_e$,使用类别为 AC-4,可根据使用类别 AC-4 计算电动机的功率。根据电动机保护配合的要求,堵转电流应该由控制电器接通和分断。大多数 Y 系列电动机的堵转电流 $\leq 8I_e$,因此,选择接触器时要考虑电动机运行在 AC-3 下,接触器额定电流不大于 630A 时,接触器应当能承受 8 倍额定电流至少 10s。

对于一般设备用电动机,工作电流小于额定电流,起动电流虽然达到额定电流的 4~6 倍,但时间短,对接触器的触头损伤不大,一般选用触头容量大于电动机额定容量的 1.25 倍即可。对于在特殊情况下工作的电动机要根据实际工况考虑。如电动葫芦属于冲击性负载、重载、起停频繁、反接制动等,计算工作电流时要乘以相应倍数。

绕线转子异步电动机接通电流及分断电流都是 2.5 倍额定电流,一般起动时在转子中串入电阻以限制起动电流,增加起动转矩,使用类别为 AC-2,可选用转动式接触器。

(6) 切换电容器接触器的选用 当电容器被接入电路时,电容器回路会产生瞬态充电现象,出现很大的合闸涌流,涌流大小与电网电压、电容器的容量和电路中的阻抗有关,因此触头闭合过程中烧蚀严重,应当按计算出的电容器电路中最大稳态电流和实际电力系统中接通时可能产生的最大涌流峰值进行选择,并应选用带强制泄放电阻的切换电容器接触器,如 CJ 系列切换电容器接触器。选用时要参见样本说明,并考虑无功功率补偿装置标准中的规定。电容器投入瞬间产生的涌流峰值应限制在电容器组额定电流的 20 倍以下 (JB/T 7113—1993《低压并联电容器装置》),还应考虑最大稳态电流下电容器的运行。电容器组运行时的谐波电压加上额定工作时的工频过电压,会产生较大的电流。电容器组电路中的设备器件应能在额定频率、额定电压所产生的方均根值不超过 1.3 倍额定电流下连续运行,由于实际电容器的电容值可能达到额定电容值 1.1 倍,故此电流可达 1.43 倍的额定电流,因此,选择的额定发热电流应不小于最大稳态电流。

(7) 控制电热设备的交流接触器的选用 常用的电热设备有电阻炉、调温设备等,此类负载的电流波动范围小,属于 AC-1 使用类别,操作也不频繁,选用接触器时只要按照接触器的额定工作电流等于或大于电热设备的工作电流的 1.2 倍即可。

(8) 接触器和低压断路器的配合 接触器的约定发热电流应小于低压断路器的过载电流,接触器的接通、断开电流应小于低压断路器的短路保护电流,并以此确定低压断路器的过载脱扣和电磁脱扣系数,这样断路器才能保护接触器。实际中,接触器在一个电压等级下约定发热电流和额定工作电流的比值在 1~1.38 之间,而低压断路器样本中给出多种反时限过载系数,需要实际核算后进行选择。

2.4.8 接触器常见故障分析

交流接触器的常见故障有触头过热、触头磨损、触头不能复位、噪声大、线圈过热或烧毁,以及不能吸合或虽吸合但不能自保持等。

(1) 触头过热　造成触头发热的主要原因有触头接触压力不足、触头接触电阻大、接触不良、触头表面被电弧灼伤、烧毛等。

(2) 触头磨损　触头磨损有两种:一是电气磨损,由于触头间电弧或电火花的高温使触头金属汽化和蒸发所造成;另一种是机械磨损,由于触头闭合时的撞击、触头表面的相对滑动摩擦等造成。

(3) 触头不能复位　线圈断电后触头不能复位的原因主要有触头熔焊在一起、反作用弹簧弹力不足、活动部分机械上被卡住、铁心端面有油污等。

(4) 衔铁振动噪声　接触器产生振动和噪声的主要原因有短路环损坏或脱落、衔铁歪斜或铁心端面有锈蚀及尘垢使动静铁心接触不良、反作用弹簧弹力太大、活动部分机械上被卡住而使衔铁不能完全吸合等。

(5) 线圈过热或烧毁　电源电压过高或过低,线圈中流过的电流过大时,就会使线圈过热甚至烧毁。发生线圈电流过大的原因有以下几个方面:线圈匝间短路、衔铁与铁心闭合后有间隙、操作频率超过了允许值、外加电压高于线圈额定电压等。

(6) 不能吸合或虽吸合但不能自保持　除接线错误外,一般是由于触头接触电阻太大而致。

(7) 其他常见故障及处理方法　见表 2-14。

表 2-14　交流接触器常见故障及处理办法

故障现象	可能原因	处理方法
接触器不动作或动作不可靠	1. 电源电压过低或波动过大 2. 操作回路发生断线、接线错误及控制触头接触不良 3. 控制电源电压与线圈电压不符 4. 接触器线圈断线或烧毁,机械可动部分被卡死,转轴歪斜等 5. 触头弹簧压力与超程过大	1. 调节电源电压 2. 纠正接线错误,修理控制触头 3. 更换线圈 4. 更换线圈,排除卡住故障 5. 按要求调整触头参数
不释放或释放缓慢	1. 触头弹簧压力过大 2. 触头熔焊 3. 机械可动部分被卡死,转轴歪斜 4. 反作用弹簧损坏 5. 铁心端面有油污或灰尘 6. 铁心剩磁增大,使铁心不释放	1. 调整触头参数 2. 排除熔焊故障,修理或更换触头 3. 排除卡死故障,修理受损零件 4. 更换反作用弹簧 5. 清理铁心端面 6. 更换铁心

（续）

故障现象	可能原因	处理方法
线圈过热或烧损	1. 电源电压过高或过低 2. 接触器参数与实际使用条件不符 3. 操作频率过高 4. 线圈制造不良或由于机械损伤、绝缘损坏等 5. 使用环境空气潮湿，含有腐蚀性气体或环境温度过高 6. 运动部分卡住 7. 交流铁心端面不平或去磁气隙过大	1. 调整电源电压 2. 调换接触器 3. 选择其他合适的接触器 4. 更换接触器或线圈 5. 更换接触器 6. 排除卡住现象 7. 清除极面或更换接触器
电磁铁（交流）噪声大	1. 电源电压过低 2. 触头弹簧压力过大 3. 磁系统歪斜或机械上卡住，使铁心不能吸合 4. 极面生锈或因异物（如油垢、尘埃）粘附铁心端面 5. 短路环断裂 6. 铁心端面磨损	1. 调整电源电压 2. 调整触头弹簧压力 3. 排除机械卡住故障 4. 清理铁心端面 5. 更换接触器 6. 更换接触器
触头熔焊	1. 操作频率过高或产品超负载使用 2. 负载侧短路 3. 触头弹簧压力过小 4. 触头表面有氧化物或异物 5. 机械上卡住，致使吸合过程中有停滞现象	1. 调换合适的接触器 2. 排除短路故障，更换触头 3. 调整触头弹簧压力 4. 清理触头表面 5. 排除机械卡住故障
八小时工作制触头过热或灼伤	1. 触头弹簧压力过小 2. 触头上有油污，或表面有氧化物或异物 3. 环境温度过高 4. 铜触头用于长期工作制 5. 触头的超程太小	1. 调高触头弹簧压力 2. 清理触头表面 3. 接触器降容使用 4. 接触器降容使用 5. 调整触头超程或更换触头
短时内触头过度磨损	1. 选用的接触器使用类别不当 2. 三相触头不同时接触 3. 负载侧短路	1. 改用适当使用类别的接触器 2. 调整触头同步 3. 排除短路故障，更换触头
相间短路	1. 可逆转换的接触器联锁不可靠，或接触器动作过快，转换时间短，在转换过程中发生电弧短路 2. 尘埃堆积或粘有水汽、油垢，使绝缘变坏 3. 产品零部件损坏（如灭弧罩碎裂）	1. 检查电气联锁与机械联锁 2. 清理，保持清洁 3. 更换损坏零部件

2.5 热继电器

热继电器是一种利用电流热效应原理工作的电器,具有与三相笼型异步电动机容许过载特性相近的反时限动作特性,使用时要与相匹配的接触器配合使用,用于对三相笼型异步电动机的过电流和断相保护。

三相异步电动机在实际运行中,常会遇到因电气或机械原因等引起的过电流(过载和断相)现象。但只要过电流不严重,持续时间短,绕组不超过允许温升,这种过电流是允许的;但如果过电流情况严重,持续时间较长,则会加速电动机绝缘老化,甚至烧毁电动机。因此,在电动机回路中应设置电动机保护装置。常用的电动机保护装置种类很多,但使用最多、最普遍的是双金属片式热继电器。目前,双金属片式热继电器均是三相式,并有带断相保护和不带断相保护两种。

2.5.1 热继电器的工作原理

1. 双金属片式热继电器的结构原理

图2-52所示是双金属片式热继电器的结构原理示意图。由图可见,热继电器由热元件1、双金属片2、复位按钮3、导杆4、拉簧5、连杆6、辅助触头7和接线端子8等组成,另外还有外壳、电流整定机构和温度补偿双金属片等部件,详见图2-53、图2-54。

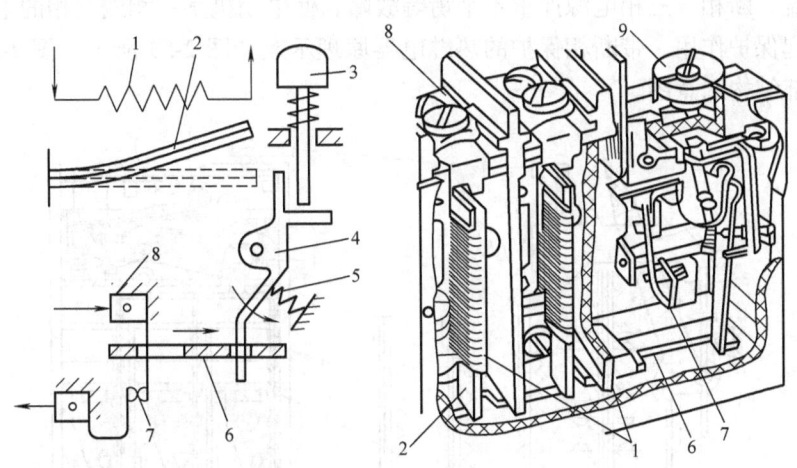

图2-52 热继电器的工作原理
1—热元件 2—双金属片 3—复位按钮 4—导杆
5—拉簧 6—连杆 7—辅助触头 8—接线端子
9—电流调节旋钮

热元件是一种具有均匀米电阻值的铜镍合金、镍铬铁合金或铁铬铝合金电阻材料,其形状有圆丝、扁丝、片状和带材几种。中小容量的热继电器大多采用圆丝和扁丝复绕在条状双金属片上,大容量热继电器一般采用片状或带材将其制成各种条形并紧贴在条形双金属片上。

双金属片是一种将两种线膨胀系数不同的金属用机械辗压方法使之形成一体的金属片。膨胀系数大的（如铁镍铬合金、铜合金或高锰合金等）称为主动层，膨胀系数小的（如铁镍类合金）称为被动层。由于两种线膨胀系数不同的金属紧密地贴合在一起，因此，当产生热效应时，使得双金属片向膨胀系数小的一侧弯曲，由弯曲产生的位移带动触头动作。

热元件 1 串接于电动机的定子电路中，通过热元件的电流就是电动机的工作电流（大容量的热继电器装有速饱和互感器，热元件串接在其二次回路中）。当电动机正常运行时，其工作电流通过热元件产生的热量不足以使双金属片 2 因受热而产生变形，热继电器不会动作。当电动机发生过电流且超过整定值时，双金属片获得了超过整定值的热量而发生弯曲，使其自由端上翘。经过一定时间后，双金属片的自由端脱离导杆 4 的顶端（称为脱扣）。导杆在拉簧 5 的作用下偏转，带动连杆 6 使常闭触头 7 打开（常闭触头通常串接在电动机控制电路中的相应接触器线圈回路中），并断开接触器的线圈电源，从而切断电动机的工作电源。同时，热元件也因失电而逐渐降温，热量减少，经过一段时间的冷却，双金属片恢复到原来状态。若经自动或手动复位，双金属片的自由端返回到原来状态，为下次动作做好了准备。

使用时，热继电器动作电流的调节是借助旋转热继电器面板上的旋钮于不同位置来实现的。热继电器复位方式有自动复位和手动复位两档，在手动位置时，热继电器动作后，经过一段时间才能按动手动复位按钮复位，在自动复位位置时，热继电器可自行复位。

三相式热继电器在三相主电路中均串接热元件和双金属片。如果被控制的三相异步电动机发生过电流、断相、三相电源严重不平衡等故障，使电动机某一相或三相的电流升高，热继电器均能起保护作用。带断相保护的热继电器原理示意如图 2-53 所示，图 2-53 中的右图是产品的内部结构示意图。

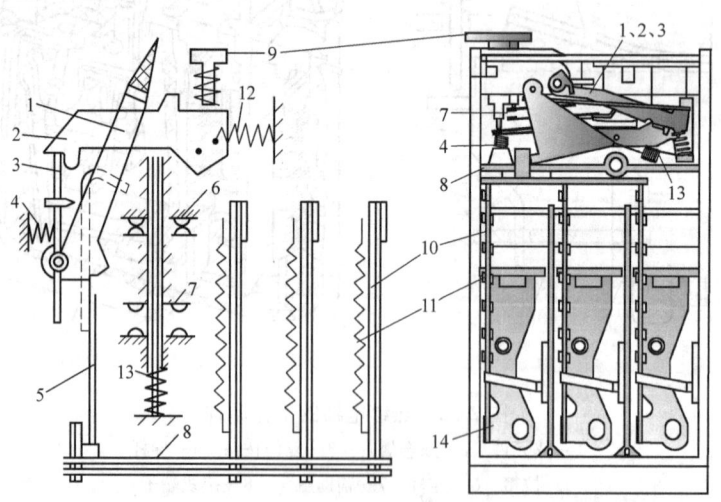

图 2-53 带断相保护热继电器的结构原理图
1—电流调节杆 2—扣杆 3—顶杆 4、12—压簧 5—补偿双金属片
6—常闭触头 7—常开触头 8—导板 9—复位按钮
10—双金属片 11—热元件 13—弹簧机构
14—差动结构

带断相保护的热继电器采用差动式结构,双金属片10和热元件11串联后直接串接于电动机定子电路中。当出现过电流时,双金属片受热向左弯曲,使导板8向左推动补偿双金属片5,使它顺时针方向转动,推动电流调节杆1向右移动,到达一定位置后,压簧4的作用力方向改变,使顶杆3脱离扣杆2向左运动,同时脱扣,常闭触头6打开,常开触头7闭合。补偿双金属片5可以在规定温度范围内补偿环境温度对热继电器的影响。如果周围环境温度升高,双金属片10向左弯曲程度加大,然而补偿双金属片也向左弯曲,使导板8与补偿双金属片同步改变,故热继电器特性不受环境温度升高的影响,反之亦然。调节热继电器面板上的整定电流调节旋钮,也就是改变了补偿双金属片与导板同步移动的距离,即改变了热继电器的整定电流值。差动机构动作原理如图2-54所示。

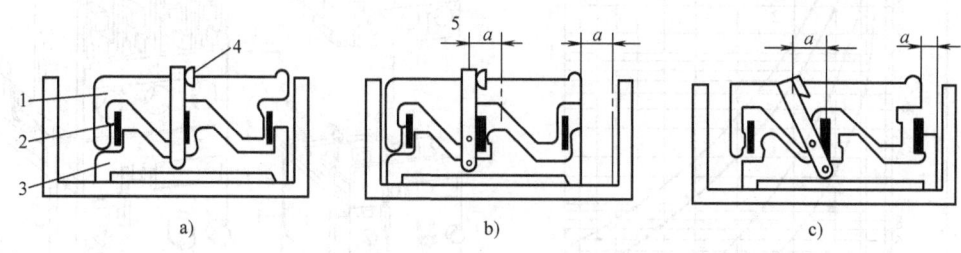

图2-54 热继电器的差动机构动作原理示意图
a)冷态位置 b)三相平衡过电流动作 c)三相不平衡时的热态动作位置
1—上顶板 2—双金属片 3—下顶板 4—摆动杠杆
5—动作位置

电动机的过电流保护功能是由上、下顶板组成的差动机构同步动作来实现的。图2-54a为冷态时的位置。运行时,当三相电流小于整定动作电流值时,三个热元件正常发热,双金属片端部均向左弯曲并推动上顶板1和下顶板3同时左移,但达不到动作位置。当过电流达到整定动作电流时,双金属片弯曲较大,推动上、下顶板平行移动,使摆动杠杆4移动到动作位置5,移动的距离为a时,热继电器脱扣起到过电流保护作用(见图2-54b)。当发生任意一相断相时,三相系统失去平衡,由于该相电流为零,双金属片不发生弯曲,下顶板不能跟随上顶板移动,而停留在原位不动,迫使摆动杠杆扭转偏移,当偏移距离为a时,热继电器脱扣起到断相保护作用(见图2-54c)。采用差动式动作原理的热继电器,具有很强的温度补偿特性。当外界温度在 $-20 \sim 60$℃范围内变化时,也能进行自动补偿,提高了动作可靠性。

热继电器动作后,一般在2min内能可靠地用手动复位,在5min内能可靠地自动复位。手动复位是按下按钮9(见图2-53),迫使顶杆3退回原位,弹簧机构13受压,使常闭触头闭合,恢复原始状态。

2. 热继电器的应用

三相笼型异步电动机在实际运行中,常会发生因为被拖动生产机械的异常工作状态,导致电动机过载运行,从而使电动机绕组中的电流增大,温度升高。若过载电流不大且过载时间较短,电动机绕组不超过允许温升时,这种过载是允许的。但若过载时间长,过载电流大,电动机绕组的温升就会超过允许值,严重时会使电动机绕组烧毁。热继电器就是利用电流的热效应原理，在出现电动机不能承受的过载时切断电动机电路，为电动机提供过载保护。三相笼型异步电动机容许的过载反时限特性和热继电器的过载反时限动作特性如图 2-55 所示。图 2-56 是热继电器与接触器配套使用示意图。

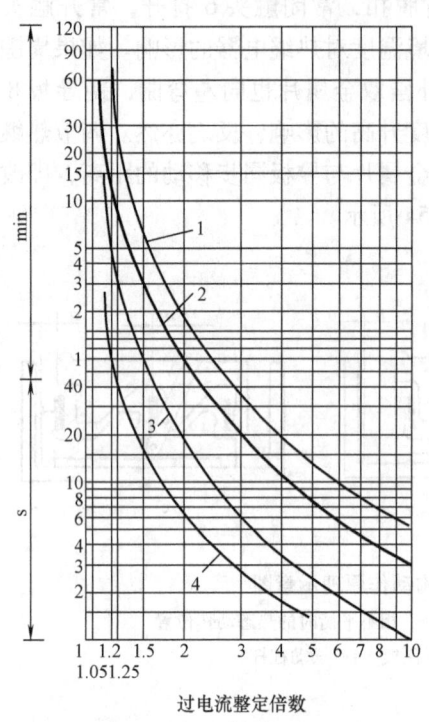

图 2-55　热继电器的过载反时限动作特性
1—三相笼型异步电动机容许的过载反时限动作特性
2—热继电器的冷态过载反时限动作特性
3—热继电器的热态过载反时限动作特性
4—热继电器的断相保护特性曲线

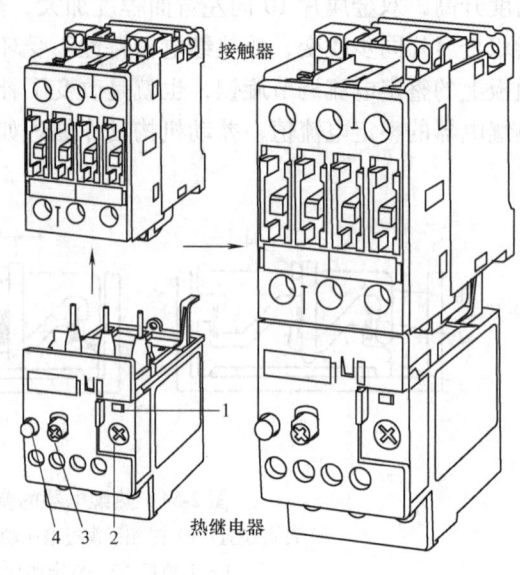

图 2-56　热继电器与接触器配套使用示意图
1—位置指示和试验按钮
2—电流调节旋钮
3—复位旋钮
4—停止按钮

由图 2-56 可见，使用热继电器对三相笼型异步电动机进行过载保护时，只能和相匹配的接触器配套使用。每一系列的热继电器一般只能和相适应系列的接触器配套使用，如 JR20 系列热继电器与 CJ20 系列接触器配套使用，3UA 系列热继电器与 3TB、3TF、3TW 等系列接触器配套使用，T 系列热继电器与 B 系列接触器配套使用等，但也有例外，如 JRS1 系列热继电器不但可与 CJX 系列接触器配套使用，还可与 3TB、3TH 及 LC1-D 系列等接触器配套使用等。

使用时将热元件与电动机的定子绕组串联连接在控制电动机主回路中，并将热继电器的常闭触头串接在辅助电路中的交流接触器电磁线圈的后面，并调节整定电流调节旋钮，使当电动机正常工作时，通过热元件的电流即为电动机的正常工作电流，热元件发热，双金属片受热后弯曲，但不能推动摆动杠杆动作（见图 2-54）。常闭触头处于闭合状态，交流接触器保持吸合，电动机正常运行。若电动机出现过载情况，绕组中电流增大，通过热元件中的电流增大，使双金属片温度升高，弯曲程度加大，从而推动摆动杠杆，并致使常闭触头断开，交流接触器线圈断电，主触头释放，切断电动机的电源，电动机停机而得到保护。也就是说，热继电器是通过其常闭触头直接断开接触器的控制回路，从而断开电动机主回路，实现对电动机进行保护的。图 2-57 是热继电器与接触器配套使用时的接线示意图。热继电器的图形、文字符号如图 2-58 所示。

控制端子接线：95NC→14NO；96NC→接触器线圈端子；14NO→54NO；53NO→13NO；13NO→3/L3；接触器线圈端子→1/L1。热继电器操作面板上有动作脱扣指示，可以显示热继电器已经动作；有一个多档位整定电流旋钮，整定电流范围是由不同的热元件号确定的，可根据需要选择整定电流范围和动作值；有手动/自动复位按钮和一对辅助触头接线端子（NO——常开触头，NC——常闭触头）。

2.5.2 常用热继电器简介

常用的热继电器有 JR20、JR21、JR36、JRS、CDR、T、3UA 和 LR1-D 等系列。其中，JR20、JRS、JR36 系列是我国自行设计的新产品，JR21 系列是引进德国西屋-芬纳尔公司技术生产的，T 系列是引进 ABB 公司技术生产的，3UA 系列是引进德国西门子公司技术生产的，LR1-D 系列是引进法国 TE 公司技术生产的。各系列热继电器各有特点，共同特点是均有独立安装式（通过螺钉固定）、导轨安装式（在标准安装导轨上安装）和接插安装式（直接挂接在与其配套的接触器上）三种安装方式。导轨安装式和接插安装式可通过安装座附件组装成独立安装式。热继电器的外形结构如图 2-59 所示。

以 JR20 系列热继电器为例，JR20 系列热继电器与 CJ20 系列交流接触器配套使用，具有五种安装方式，其代号分别为 Z、L、G、GZ、GL。其中：

安装方式"Z"表示是与交流接触器组合安装的方式，组合安装是将热继电器的热元件通过引出线直接插入相应接触器的出线端子内，用螺钉固定，使两者连成一体。

安装方式"L"表示独立安装方式，可与任何种类接触器用导线连接安装。

安装方式"G"表示标准导轨安装方式。

安装方式"GZ"表示标准导轨组合安装方式。

安装方式"GL"表示标准导轨独立安装方式。

JR20 系列热继电器采用立体布置结构，拉簧式跳跃动作机构，可获得良好的瞬间跳跃动作特性，除具有过载保护、断相保护、温度补偿及手动和自动复位功能外，还具有动作脱

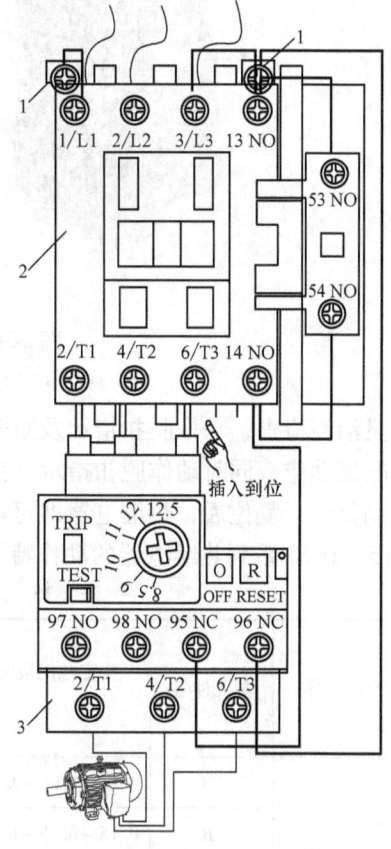

图 2-57 热继电器与接触器配套使用时的接线示意图
1—接触器线圈端子 2—接触器
3—热继电器

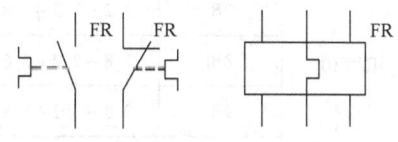

图 2-58 热继电器的图形、文字符号

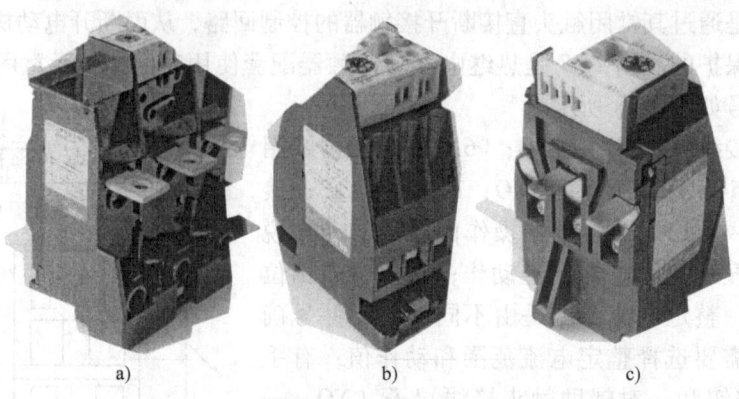

图 2-59 热继电器的外形结构示意图
a）独立安装式 b）导轨安装式 c）接插安装式

扣灵活性检查、动作脱扣指示及断开检验按钮等功能。当主电路中电动机过载或断相时，热继电器动作，同时动作脱扣指示件弹出，显示热继电器已动作。热继电器可手动复位，也可自动复位，复位后，热继电器即可再次投入工作。JR20 系列热继电器的主要技术参数见表 2-15。JR20 系列热继电器的动作特性见表 2-16。

表 2-15 JR20 系列热继电器的主要技术参数

产品型号	热元件号	整定电流范围 /A	额定工作电压 /A	输出触头参数			配用接触器型号
				触头数量	额定电压 /V	额定电流 /A	
JR20-10	1R	0.1~0.13~0.15	660	1 常开 + 1 常闭	380	1	CJ20-10
	2R	0.15~0.19~0.23					
	3R	0.23~0.29~0.35					
	4R	0.35~0.44~0.53					
	5R	0.53~0.67~0.8					
	6R	0.8~1.2					
	7R	1.2~1.5~1.8					
	8R	1.8~2.2~2.6					
	9R	2.6~3.2~3.8					
	10R	3.2~4~4.8					
	11R	4~5~6					
	12R	5~6~7					
	13R	6~7.2~8.4					
	14R	7~8.6~10					
	15R	8.6~10~11.6					

（续）

产品型号	热元件号	整定电流范围 /A	额定工作电压 /A	输出触头参数			配用接触器型号
				触头数量	额定电压 /V	额定电流 /A	
JR20-16	1S	3.6~4.5~5.4					CJ20-16
	2S	5.4~6.7~8					
	3S	8~10~12					
	4S	10~12~14					
	5S	12~14~16					
	6S	14~16~18					
JR20-25	1T	7.8~9.7~11.6	660	1常开 + 1常闭	380	1	CJ20-25
	2T	11.6~14.3~17					
	3T	17~21~25					
	4T	21~25~29					
JR20-63	1U	16~20~24					CJ20-63
	2U	24~30~36					
	3U	32~40~47					
	4U	40~47~55					
	5U	47~55~62					
	6U	55~63~71					
JR20-160	1W	33~40~47	660	1常开 + 1常闭	380	1	CJ20-160
	2W	47~55~63					
	3W	63~74~84					
	4W	74~86~98					
	5W	86~100~115					
	6W	100~115~130					
	7W	115~132~150					
	8W	130~150~170					
	9W	144~160~176					
JR20-250	1X	130~160~195					CJ20-250
	2X	167~200~250					

表 2-16 JR20 系列热继电器的动作特性

工作状态	序号	整定电流倍数	动作时间	起始状态	周围空气温度/℃
各相负载平衡	1	1.05	2h 不动作	冷态	20±5
	2	1.2	<2h	热态（按序号1达热稳定后）	
	3	1.5	<2min		
	4	6	>5s		
有断相保护，负载不平衡	5	任意两相1.0，第三相0.9	2h 不动作	冷态	
	6	任意两相1.15，第三相0	<2h	热态（按序号5达热稳定后）	
无断相保护，负载不平衡	7	1.05	2h 不动作	冷态	
	8	任意两相1.32，第三相0	<2h	热态（按序号7达热稳定后）	
温度补偿	9	1.0	2h 不动作	冷态	55±2
	10	1.2	<2h	热态（按序号9达热稳定后）	
	11	1.05	2h 不动作	冷态	-5±2
	12	1.3	<2h	热态（按序号11达热稳定后）	

2.5.3 三相异步电动机断相运行分析

三相异步电动机断相运行亦称缺相运行，会导致电动机烧毁，是三相异步电动机的主要故障和损坏的主要原因之一。分析异步电动机断相运行的目的，在于了解这种运行状态下的一些特征，以便衡量断相保护特性的有效性，同时也是拟定断相保护方案的基础。

造成三相异步电动机断相运行的原因很多，例如：熔断器一相熔断、供电电源线一相断线、供电变压器一相断线、电动机绕组接线端子一相松脱、电动机绕组内部断线以及刀开关、低压断路器、接触器等开关电器的一相触头损坏等等，而以熔断器一相熔断的情况最为常见。

大家知道，直接把一台三相异步电动机接到两相电源上，电动机是不会起动的，而伴随着一种强烈的噪声。这种噪声是由于此时电动机气隙中没能产生旋转磁场，而是一个脉动磁场所致。同时作用在电动机转子上的平均转矩等于零，电动机自然无法起动。然而，当三相异步电动机起动以后，如果切断了它的一相电源（例如熔断器一相熔断），电动机就处于缺相运行状态，如图 2-60 所示，这时电动机与起动前缺相的情况不同，它在断相运行前，已建立了气隙磁场，定子磁场与转子

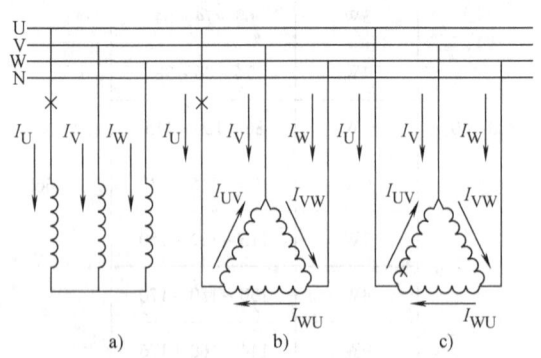

图 2-60 三相异步电动机定子绕组断线示意图
a) Y 联结一相断线 b) △联结一相断线
c) △联结绕组内部一相断线

之间已经有了相对运动,并且产生一个转矩,使电动机以一定的转速和转向运行。虽然这个转矩会较之三相正常运行时的转矩小,但只要负载阻力矩不是太大,电动机仍然会继续运行,不会立即停转,这时电动机的转差率将逐渐被拉大,随之转矩发生变化并逐渐减小,输出的机械功率降低,转子电磁功率加大,电流增大,温度上升,直至电动机被烧毁。通常所说的断相运行及热继电器的保护范围,应该是指这种情况。

异步电动机断相运行时,其绕组的平衡状态被破坏,三相绕组阻抗由对称变为不对称,形成断口处各相沿导线方向阻抗的不对称的非全相运行状态。对三相异步电动机断相运行的分析,通常采用对称分量法。根据对称分量法,异步电动机断相运行时,其绕组内流过三相不对称电流,该电流可分解为正序分量、负序分量与零序分量三个对称的三相系统,各序系统单独存在。正序分量产生正序转矩(驱动转矩)M_1,由于正序电压低于正常运行时的值,所以使电动机的驱动转矩相应减小。负序分量产生负序转矩(制动转矩)M_2,异步电动机断相运行时的转矩是正序转矩 M_1 和负序转矩 M_2 的合成转矩 M,即 $M = M_1 - M_2$,很显然,合成转矩 M 比电动机正常情况运行下的转矩小得多,这就使电动机的转速迅速下降甚至失速、停顿。转速下降得越多,转差率 s 越大,对应于电动机机械功率的等效电阻 $\left(\dfrac{1-s}{s}r_r\right)$ 或 $\left(-\dfrac{1}{2}\dfrac{1-s}{2-s}r_r\right)$ 越接近于零,当其值为零时,相当于将转子绕组短接,此时电动机的负序电抗与正序电抗相等,且等于它的次暂态电抗,也就是说,此时电动机内部的次暂态电流将达到与起动电流相当的值。因此,这一负序转矩正是三相异步电动机断相运行时相电流增大而致使电动机被烧毁的根本原因。

由对称分量法可知

$$\begin{bmatrix} \dot{I}_1 \\ \dot{I}_2 \\ \dot{I}_0 \end{bmatrix} = \frac{1}{3} \begin{bmatrix} 1 & a & a^2 \\ 1 & a^2 & a \\ 1 & 1 & 1 \end{bmatrix} \begin{bmatrix} \dot{I}_U \\ \dot{I}_V \\ \dot{I}_W \end{bmatrix} \tag{2-1}$$

$$\begin{bmatrix} \dot{I}_U \\ \dot{I}_V \\ \dot{I}_W \end{bmatrix} = \begin{bmatrix} 1 & 1 & 1 \\ a^2 & a & 1 \\ a & a^2 & 1 \end{bmatrix} \begin{bmatrix} \dot{I}_1 \\ \dot{I}_2 \\ \dot{I}_0 \end{bmatrix} \tag{2-2}$$

式中　　a——相量旋转因子,$a = e^{j120°} = -\dfrac{1}{2} + j\dfrac{\sqrt{3}}{2}$,$a^2 = e^{-j120°} = -\dfrac{1}{2} - j\dfrac{\sqrt{3}}{2}$;

$\dot{I}_1$、$\dot{I}_2$、$\dot{I}_0$——正序分量、负序分量与零序分量电流;

$\dot{I}_U$、$\dot{I}_V$、$\dot{I}_W$——三相异步电动机断相后的各相电流。

将式(2-1)、式(2-2)中的电流量置换为电压量,就可得到相应的电压序分量和电压相量。

进一步定量分析时,可用各相绕组的序参数分别构成各序的等效电路,由各序的等效电路可以组成异步电动机非全相运行状态下的等效网络,它是对三相异步电动机断相运行分析的网络模型,如图2-61所示,在这个网络模型中注入不同的边界条件和端口参数,就可得到相应的分析结果。

由网络模型可知,各序的电压方程为

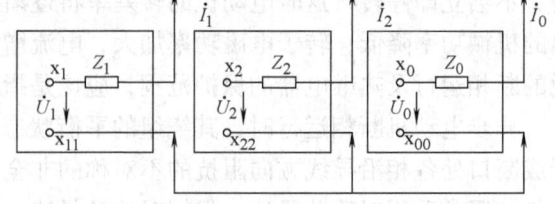

$$\left.\begin{aligned}\dot{U}_{01} &= \dot{U}_{[0]} - Z_1\dot{I}_1 \\ \dot{U}_{02} &= 0 - Z_2\dot{I}_2 \\ \dot{U}_{00} &= 0 - Z_0\dot{I}_0 \end{aligned}\right\} \quad (2\text{-}3)$$

图 2-61 三相异步电动机断相运行分析网络模型

式中 $\dot{U}_{01}$、$\dot{U}_{02}$、$\dot{U}_{00}$——正序、负序、零序等效网络中的端口电压序分量;

$\dot{U}_{[0]}$——从断相处看进去的等效电压,它只有正序分量,通常是已知的,取正常运行时的电压;

$\dot{Z}_1$、$\dot{Z}_2$、$\dot{Z}_0$——从断相处看进去的正序、负序、零序网络等效阻抗,通常是已知的,近似可取异步电动机的次暂态电抗,即其标幺值起动电流的倒数(标幺值)。

当仅考虑电动机本身,而不考虑其他情况如供电变压器断线等情况时,可认为零序分量不存在。

各序等效网络是以断口为端点的一端口网,假设电动机外部发生断相,如若取 U 相为断开相,则故障处的边界条件为

$$\left.\begin{aligned}\dot{I}_U &= 0; \quad \dot{I}_V = -\dot{I}_W \\ U_V &= U_W = 0\end{aligned}\right\} \quad (2\text{-}4)$$

对应于式(2-4)的序分量为

$$\left.\begin{aligned}\dot{I}_1 + \dot{I}_2 + \dot{I}_0 &= 0; \quad \dot{I}_1 = -\dot{I}_2; \quad \dot{I}_0 = 0 \\ \dot{U}_1 &= \dot{U}_2 = \dot{U}_0 = \frac{1}{3}\dot{U}_U \\ \dot{I}_1 &= \frac{1}{3}a(1-a)\dot{I}_V \\ \dot{I}_2 &= -\frac{1}{3}a(1-a)\dot{I}_V\end{aligned}\right\} \quad (2\text{-}5)$$

如果是△联结电动机,发生 U 相断线,接在 V、W 相之间的绕组承受线电压 U_{VW},接在 U、W 相和 U、V 相之间的绕组串联,共同承受线电压 U_{VW},各电流有如下关系:

$$\left.\begin{aligned}\dot{I}_{VW} &= -\dot{I}_{WV}; \quad \dot{I}_{WU} = \frac{1}{2}\dot{I}_{WV}; \quad \dot{I}_{VU} = -\dot{I}_{WU} \\ \dot{I}_V &= \dot{I}_{WV} + \dot{I}_{WU} = \frac{3}{2}\dot{I}_{WV}; \quad \dot{I}_W = \dot{I}_{VW} + \dot{I}_{VU} = -\frac{3}{2}\dot{I}_{WV} = -\dot{I}_V \\ \dot{U}_{01} &= \dot{U}_{0[0]} - Z_1\dot{I}_1 \\ \dot{U}_{02} &= -Z_2\dot{I}_2 = Z_1\dot{I}_1\end{aligned}\right\} \quad (2\text{-}6)$$

式中 $\dot{U}_{0[0]}$——断线前的电压。

由上可见，受全部线电压作用的那一相，电流是另外两相的 2 倍，其相电流和线电流的关系由正常时的 $\sqrt{3}$ 倍变化为 2/3 倍，正序电压低于正常运行时的值。

三相异步电动机定子绕组的联结方式有不接地 Y 联结和 △ 联结两种，功率在 4kW 以上的三相异步电动机，其定子绕组全都采用 △ 联结，因此电动机的零序电抗为 ∞。对于 Y 联结的电动机，不论是电源侧还是绕组侧发生一相断线，各相绕组的基本情况是一致的；而 △ 联结的电动机，绕组每相电流等于线电流，相电流的正序分量领先线电流的正序分量 30°。考虑到这些具体情况，就可按本节开始所述的几种可能出现的断相情况，进一步分析三相异步电动机在断相运行时各相电流的变化情况及具体值。但应当注意到，电流的大小还与电动机的负载率、效率及功率因数等因素有关，异步电动机在断相运行过程中，效率及功率因数等参数是要发生变化的，分析时应根据实际情况及分析目的取舍不同的影响因素以使分析简化，限于篇幅，需要时读者可参见参考文献 [10]。

求解非全相运行的步骤是先运用式（2-4）按各种断线的边界条件列出的方程式，再按式（2-1）求取断口处各序电压、各序电流，然后运用这些电压、电流求取断口处的三相电压、三相电流。分析时，可着重研究断口处各序电压、各序电流之间的关系，根据这些关系将各序等效网络组合成复合序网，根据复合序网就可求出各种情况下的参数。

2.5.4 热继电器的选用

选用热继电器时应根据使用条件、工作环境、电动机的型式及其运行条件和要求，以及电动机起动情况和负载情况等几个方面综合加以考虑，必要时应进行合理计算。

1）热继电器型式的选择。选择热继电器型式前，应首先确定接触器的类型和形式，一般选用与接触器相同品牌及其配套系列的热继电器，然后按实际安装情况选择安装形式。

2）原则上热继电器的额定电流应按电动机的额定电流选择。但对于过载能力较差的电动机，其配用的热继电器的额定电流应适当小些。通常选取热继电器的额定电流（实际上是选取热元件的额定电流）为电动机额定电流的 60% ~ 80%，并应校验动作特性。选择的热元件额定电流一般应略大于电动机的额定电流，取 1.1 ~ 1.25 倍，对于反复短时工作、操作频率高的电动机取上限。如果热继电器与电动机的使用环境温度不一致时，应对其额定电流作相应调整。当热继电器使用的环境温度高于被保护电动机的环境温度 15℃ 以上时，应选择大一号的热元件；当热继电器使用的环境温度低于被保护电动机的环境温度 15℃ 以下时，应选择小一号的热元件。参见表 2-15 和表 2-16。

在不频繁起动的场合，要保证热继电器在电动机的起动过程中不产生误动作。通常当电动机起动电流为其额定电流的 6 倍及以下、起动时间不超过 5s 时，若很少连续起动，就可按电动机的额定电流选用热继电器。当电动机起动时间较长，就不宜采用热继电器，而采用过电流继电器作为保护。

3）热继电器的主要参数是热元件的整定电流范围，该参数选择的好坏，直接影响热继电器的保护性能和动作的可靠性。通常选择的整定电流范围的中间值应等于或稍大于电动机的额定电流，每一种额定工作电流等级的热继电器有若干不同额定电流的热元件可供选择，见表 2-15。热继电器投入使用前必须对热元件进行整定，以保证电动机能得到有效的保护。

一般情况下，整定电流可调整为电动机的额定电流；当电动机起动时间较长，整定电流调整为电动机额定电流的 1.1~1.15 倍；当电动机的过载能力较弱时，整定电流调整为电动机额定电流的 60%~80%；对于反复短时工作的电动机，整定电流的调整必须通过现场试验。先将整定电流调整到比电动机的额定电流略小，如果发现热继电器经常动作，就逐渐调大其整定值，直到满足运行要求为止。如，一台 10kW、380V 三相异步电动机，额定电流 19.9A，选用 JR20-25 型热继电器，发热元件整定电流为 17~21~25A，先按一般情况整定在 21A，若发现有误动作，可将整定电流改至 25A 继续观察；若在 21A 时，电动机温升高，而热继电器滞后动作，则可改在 17A 观察，以得到最佳的配合。

4）由于热继电器有热惯性，不能作短路保护，因此应考虑与短路保护配合的问题。当发生短路故障后，要检查热元件和双金属片是否变形，如有不正常情况，应及时调整。

5）当电动机工作于重复短时工作制时，要注意确定热继电器的允许操作频率。因为热继电器的操作频率是很有限的，操作频率较高时，热继电器的动作特性会变差，甚至不能正常工作。对于可逆运行和频繁通断的电动机，不宜采用热继电器作保护，必要时可选用装入电动机内部的温度保护。

6）热继电器的安装环境温度应和电动机周围的环境温度相同，否则会影响热继电器的动作准确性。如，当电动机安装在高温处、而热继电器安装在温度较低处时，热继电器的动作会滞后或动作电流大；反之，动作会提前或动作电流小。

7）热继电器一般有手动复位和自动复位两种复位形式，当采用按钮控制的起停电路，热继电器可设置为自动复位形式；对于重要设备，热继电器动作后，需检查电动机与拖动设备，宜采用手动复位形式。

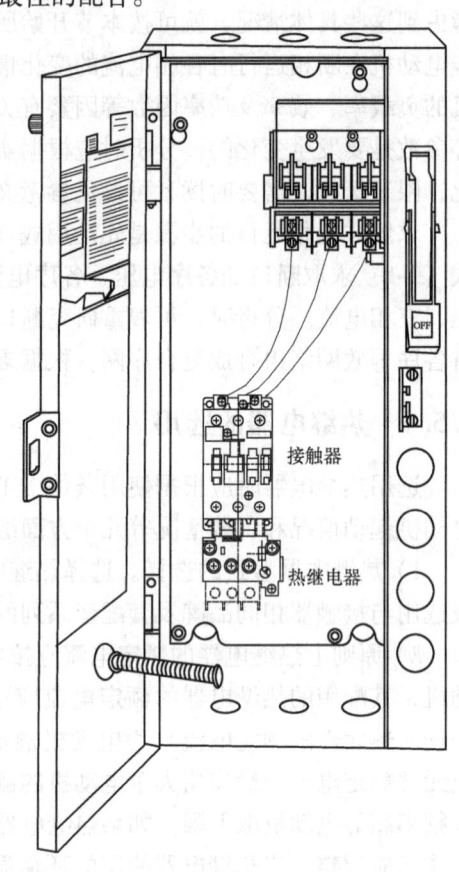

图 2-62 热继电器的安装位置示意图

8）安装时热继电器应布置在整个开关柜（箱）的下部，如图 2-62 所示。热继电器安装接线时，应注意连线的导线截面积和长度在允许范围内，应采用说明书规定的导线类型和截面积。一般根据热元件的额定电流来选择连接导线的截面积。

2.6 熔断器

熔断器是一种当电流超过规定值一定时间后，以它本身产生的热量使熔体熔化而分断电路的电器，也可以说它是一种利用热效应原理工作的电流保护电器。广泛应用于低压配电系统和控制系统及用电设备中作短路和过电流保护，是电工技术中应用最普遍的保护器件之一。

熔断器串于被保护电路中，能在电路发生短路或严重过电流时快速自动熔断，从而切断电路电源，起到保护作用。熔断器互相配合或与其他开关电器的保护特性配合，在一定短路电流范围内可满足选择性保护要求。熔断器与其他开关电器组合可构成各种熔断器组合电器，如熔断器式隔离器、熔断器式刀开关、隔离器熔断器组和负荷开关等。熔断器的图形、文字符号见表1-15。

2.6.1 熔断器的结构与工作原理

1. 熔断器的结构及熔断体的特性

（1）熔断器的结构原理　熔断器由熔断体和熔断器支持件组成。熔断体一般由熔管（或座）、熔体、填料及导电部件等部分组成。熔断器支持件由熔断器底座和载熔件组合而成，有螺钉安装和安装轨安装等形式。底座是熔断器的固定部分，由与熔断体相配合的电接触部件和接线端子等组成。熔断器底座有两种结构：一种是将螺栓连接式熔断体先固定在载熔件上，再插入支持件/底座的静触头上形成一个完整的熔断器；另一种不带载熔件，将螺栓连接式熔断体直接用螺栓紧固在底座的静触头上。载熔件是用来装卸和载运熔断体的熔断器的可动部件。以无填料圆筒帽形/圆管刀形触头熔断体为例，如图2-63所示。

熔断体的熔体两端焊接在圆筒形端帽上，接近熔体的最热部位，配置适量熔点合金以使熔体具有较低的动作温度和功耗，因此熔断体能适应过载而几乎不发生老化。熔体是熔断器的心脏部件，它应具备的基本性能是功耗小、限流能力强和分断能力高。填料也是熔断器中的关键材料，目前广泛应用的填料是石英砂，主要有两个作用，作为灭弧介质和帮助熔体散热，从而有助于提高熔断器的限流能力和分断能力。熔管（或座）一般由硬质纤维或电工陶瓷材料制成封闭或半封闭式管状外壳，熔断体装于其内，并有利于熔断体熔断时熄灭电弧。熔断体是由金属材料制成不同的丝状、带状、片状或笼状，除丝状外，其他通常制成变截面结构（见图2-63），目的是改善熔断体材料性能及控制不同故障情况下的熔化时间，可显著改变熔断器的熔断特性。

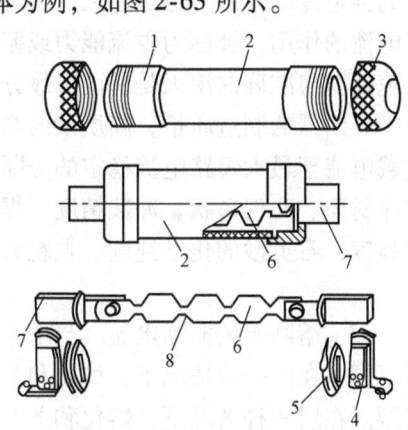

图2-63　无填料密封管式熔断器
1—铜圈　2—熔管　3—管帽　4—触刀座
5—垫圈　6—熔体　7—触刀
8—变截面结构

熔体的材料、尺寸和形状决定了熔断特性。熔断体材料分为低熔点材料和高熔点材料两大类。常用的低熔点材料有铅、锑铅合金、锡铅合金、锌等，其熔点低，易熔断，电阻率较大，制成的熔体截面尺寸较大，熔断时产生的金属蒸汽较多，只适用于低分断能力的熔断器。高熔点材料有铜、银和铝等，其熔点高，不易熔断，但其电阻率较低，制成的熔体截面尺寸较小，熔断时产生的金属蒸汽少。铝比银的熔点低，而比铅、锌的熔点高。铝的电阻率较银、铜为大。铜的熔点最高为1083℃，而锡的熔点最低为232℃。高熔点材料适用于高分断能力的熔断器，通常用铜作主体材料，而用锡及其合金作辅助材料，以提高熔断器的分断能力。

(2) 熔断器的分断能力　熔断器的分断能力是指它在额定电压及一定的时间常数下，切断短路电流的极限能力，常用极限断开电流值（周期分量的有效值）表示。从发生短路开始到短路电流达到其最大值为止，需要一定的时间，这段时间的长短，取决于电路的参数。如果熔断器的熔断时间小于这段时间，则电路中的短路电流在它还未来得及达到其最大值之前就已被切断，这时就称熔断器起了"限流作用"。也就是说，"限流作用"是当预期短路电流很大时，熔断器将在短路电流达到其峰值之前动作。熔断器的限流作用可以显著地降低对保护对象的电动力稳定性和热稳定性的要求。很明显，熔断器的限流作用越强，其分断能力就越大。经试验，在无限流作用的熔断器交流回路中，短路电流是在第一个半周自然过零时，或在其他半周自然过零时被切断的，而有限流作用的熔断器，其分断的弧前时间小于1/4个周期。因此，及早熄灭电弧，减少切断电路时的电弧能量，以及增强熔断器结构的机械强度，均有助于提高熔断器的分断能力。但是，并非一切熔断器都有限流作用，也不是一切短路故障都需要限流。要获得这种特性，熔断器就必须有合适的结构型式，以便增强分断灭弧能力和缩短熔断体的熔化时间。

填充石英砂的熔断器即有限流作用。熔断器作短路保护时，短路初始电流在通过熔体的瞬间，各段串联狭颈发生同时熔化的气热效应，将长电弧阻隔成一连串的小段电弧，在石英砂的强迫冷却作用下迅速熄灭，在短路峰值电流通过之前，能安全地在极短瞬间断开预期短路电流的作用，被称为限流能力或截流特性，这是有填料熔断器所独有的特别功能。电弧的快速建立与准确的熄灭是保证可靠分断能力的先决条件，而限流能力的高低在很大程度上取决于熔断器的制造质量，高质量的高分断能力熔断器具有极高的限流能力。为了保证从最小过载电流至最大短路电流稳定的分断能力，在设计和制造熔断体时需重视许多质量指标，如熔体材质、几何形状、冲裁精度、焊接及其在熔管中的安装定位；瓷管的抗压强度和温度交变强度；石英砂的化学纯度、颗粒大小和振实密度等。这是保证熔断器的额定分断能力的基础。

(3) 熔断器的截断电流　当电路发生短路和过电流不大时，熔断体的熔化和蒸发情况有所不同。在前一种情况下，熔化和蒸发几乎同时沿着整个熔体长度窄截面处发生，过程急剧强烈。在后一种情况下，熔化和蒸发只发生在靠近熔断体中间位置的局部地段，过程相对缓慢一些。在熔断器动作过程中可以达到的最高瞬态电流值称为熔断器的截断电流。熔断器的限流效果在相应产品样本中通常以截断电流图的形式给出，截断电流图可以反映出在使用过程中可能出现的最大电流瞬时值及熔断器的限流作用，如图2-64所示。RT20系列熔断器的主要技术数据见表2-18。

如，某电路额定工作电压为380V、50Hz，短路电流I_k = 50kA，预期峰值短路电流I_s = 105kA，选用额定电流为100A的RT20系列熔断器，由图2-64可以查出这时的实际截断电流峰值为16kA。这说明，由于熔断器的限流作用，线路中实际可能出现的最大短路电流只有13.7kA，仅占预期短路电流值的13.05%。

(4) 最小熔化电流　熔断器的保护特性之一称为熔化特性。熔化特性表征通过熔体的电流与熔体熔化时间的关系，具有反时限特性。在熔断器保护特性中，熔断电流与不熔断电流的分界线对应的电流就是最小熔化电流I_r。当电路正常工作时，通过熔体的电流小于最小熔化电流I_r时，熔体不应熔断，即其最小熔化电流必须大于额定电流，即$I_r > I_e$。当通过熔体的电流等于这个电流值时，熔体能够达到其稳定温度，并且熔断。

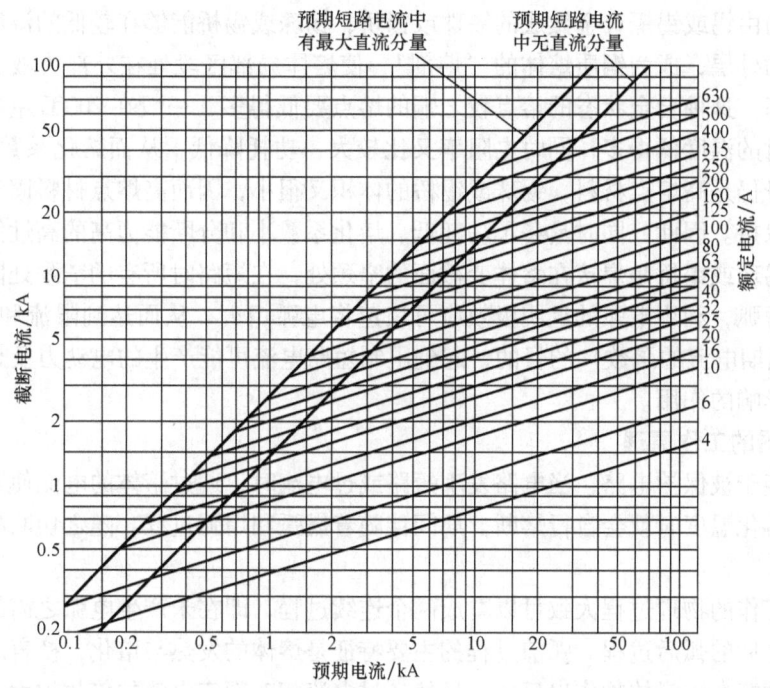

图 2-64 RT20 系列熔断器截断电流特性

最小熔化电流与熔体的额定电流之比称为最小熔化系数 β，一般 β 在 1.6 左右，它是表征熔断器保护小倍数过载时的灵敏度特性指标。熔化系数主要取决于熔体的材料和它的工作温度及结构。要使得熔体可靠熔断，其局部的最高温度必须等于它的熔化温度。对于高熔点材料熔体来说，其工作温度与熔化温度相差很大，所以熔化系数也很大，但具有较高的分断能力。对于低熔点材料熔体来说，两种温度相差不多，所以熔化系数较小，但分断能力也比较小。理想的熔体应同时具有较小的熔化系数和高的分断能力。如果能充分利用低熔点材料和高熔点材料各自的优缺点，互相弥补，就能同时满足这种要求。

从过载保护的观点来看，β 值小，对小倍数过载有利，如从电缆和电动机的过载保护来看，β 值宜在 1.2~1.4 之间。如果 β 值小到接近于 1，则不仅在熔体额定电流 I_e 下的工作温度会过高，而且还有可能因电流-时间特性本身的误差而发生熔体在额定电流 I_e 下也熔断的现象，这就影响了熔断器工作的可靠性。

熔断器的熔断时间为熔化时间与燃弧时间之和。在小倍数过载时，熔断时间接近于熔化时间，燃弧时间往往可忽略不计，故熔化特性也就是熔断器的弧前电流-时间特性。

应当指出，由于熔体材料成分的变化，熔体尺寸的偏差及其表面状态和冷却条件的变化，熔断器接触不良及周围介质温度的变化，使熔断时间也发生变化，以致熔断器的保护曲线不稳定，形成一个有 10%~20% 误差的一条带。这样，就有可能发生在额定电流 I_e 下熔断，而在小倍数过载时反而不熔断的现象。在安装和使用熔断器时，均应充分注意到这一点。

（5）冶金效应 "冶金效应"原理是在高熔点材料的局部区段引入低熔点材料，使高熔点材料在某种合金状态下呈现易熔特性，这就融合了高熔点材料和低熔点材料各自的性能，为熔体找到了另一种理想材料。具体是在铜（或银）质高熔点材料熔体的中部区段焊上一定大小的由锡或锡镉合金做成的锡珠或锡桥，锡珠或锡桥能够在较低的温度下先达到熔点，包在铜的外层，成为铜质熔体的"熔剂"，使熔体局部区段处在外部为液态，内部为固态的合金状态。这种合金状态的熔点较之铜的熔点要低得多，一般在200℃左右，比单纯铜质熔体熔断时的温度低得多，同时电阻率又比较大，功耗降低，从而熔化系数就大大减小。由于熔体本身仍是高熔点材料，锡珠或锡桥的体积又很小，因而高熔点材料固有的高分断能力仍然得以保持。因此，同时具备了功耗低、熔化系数小和分断能力高的高性能。

另外，锡珠或锡桥是焊接在熔体变截面的窄颈处，在短路时所有的窄颈处同时熔断形成多个串联的短弧，利用电弧的近阴极效应可快速将电弧熄灭，从而达到限流和减小 I^2t 特性（I^2t 特性是预期电流的函数）的目的，起到限制短路电流可能产生的电动力及热效应对电气设备的不利影响的作用。

2. 熔断器的工作原理

熔体串接于被保护电路，当电路发生短路或过电流时，通过熔体的电流使其发热，当达到熔体金属熔化温度时就会自行熔断，期间伴随着燃弧和熄弧过程，随之切断故障电路，起到保护作用。

熔断器工作的物理过程大致可以看成两个连续过程，即在未产生电弧之前的弧前过程和已产生电弧之后的弧后过程。弧前过程的主要特征是熔体的发热与熔化，换言之，熔断器在此过程中的功能在于对故障作出反应。显然，过电流相对额定电流的倍数越大，产生的热量就越多，温度上升也越迅速，弧前过程就越短暂。反之，过电流倍数越小，弧前过程就越长。弧后过程的主要特征是含有大量金属蒸汽的电弧在间隙内蔓延、燃烧，并在电动力的作用下在介质中运动并冷却，最后因弧隙增大，以及电弧能量被吸收而无法持续从而熄灭。这个过程的持续时间取决于熔断器的有效熄弧能力。因此，通常熔断器的保护性能在熔断时间小于0.1s时是以 I^2t 特性表征，在熔断时间大于0.1s时则用弧前电流-时间特性表征。

（1）熔断器的时间-电流特性 熔断器的保护特性常用"时间-电流特性"曲线（或称为安-秒特性曲线）表示，如图2-65所示。

熔断器的"时间-电流特性"曲线表征流过熔体的电流与熔体的熔断时间（熔断时间等于弧前时间或熔化时间与燃弧时间之和）的关系，这一关系与熔体的材料和结构有关，是熔断器的主要技术参数之一，图2-65中，I_P 称为熔断器的预期电流，t 为熔断时间，通常产品样本中均给出多条 I_P-t 曲线，以适用于不同类型保护对象的需要。由图2-65可见，熔断器的"时间-电流特性"曲线的形状与热继电器的反时限保护特性曲线相似，这是因为熔断器和热继电器一样，都是以热效应原理工作的，而在电流引起的发热过程中，总是存在 I^2t 特性关系，即电流通过熔断体时产生的热量与电流的平方和电流持续的时间成正比，电流越大，则熔体熔断时间越短。另外，熔断器也具有反时限特性，即过电流小时，熔断时间长；过电流大时，熔断时间短。所以，在一定过电流范围内，当电流恢复正常时，熔断器不会熔断，可继续使用。一般地，熔体的熔断电流与熔断时间的关系见表2-17。

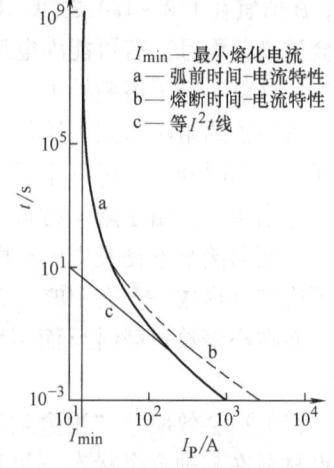

图2-65 熔断器的时间-电流特性

表 2-17 熔体的熔断电流与熔断时间的关系

熔断电流	$1.25I_{RT}$	$1.6I_{RT}$	$2I_{RT}$	$2.5I_{RT}$	$3I_{RT}$	$4I_{RT}$
熔断时间	∞	1h	40s	8s	4.5s	2.5s

注：I_{RT}—熔体额定电流。

从工作原理来看，过电流保护动作的物理过程主要是热熔化过程，而短路保护动作的物理过程主要是电弧的熄灭过程。从特性方面来看，过电流保护需要延时或反时限保护特性；短路保护则需要瞬时动作保护特性。从参数方面来看，过电流保护要求熔化系数小，发热时间常数大；短路保护则要求较大的限流系数、较小的发热时间常数、较高的分断能力和较低的过电压。另外，在供配电系统中通常是若干个不同额定电流的熔断器相串联的分级保护。上、下级电网之间的保护动作就需要有选择性，即在系统回路中出现故障时，只断开发生故障的回路，以尽量缩小事故影响范围，不影响其他回路的运行过程。高分断熔断器选择性比例一般为 1∶1.25，即下一级额定电流与上一级额定电流之比。

（2）熔断器的主要技术参数　综上所述，熔断器的主要技术参数有时间-电流特性、限流能力和分断能力，是产品说明书中标注的主要参数。这三个参数都体现了在保护方面对熔断器提出的要求。显然，时间-电流特性主要是为过电流保护服务的；分断能力则主要是为短路保护服务的；而限流能力是为限制高倍短路电流的危害而提出的。最小熔化电流影响着时间-电流特性，燃弧时间和限流作用则影响着分断能力。熔断器的主要技术参数有：

1）熔断器的额定电压。熔断器的额定电压是熔断器长期工作时和分断后能够耐受的电压，一般等于或大于电气设备的额定电压，否则在熔断器熔断时将会出现持续飞弧和被电压击穿而危害电路的现象。熔断器的额定绝缘电压是熔断器支持件的绝缘电压等级，熔体的额定电压是熔断器允许的工作电压等级。

2）熔断器的额定电流。熔断器的额定电流是熔断器能长期通过的电流，它取决于熔断器各部分长期工作时的容许温升。熔断器的额定电流实质上就是熔断体的额定电流。

3）熔体的额定电流。熔体允许长期通过而不致发生熔断的最大电流。熔体的额定电流取决于其最小熔化电流，并且可根据需要分成更细的等级。通常，一个额定电流等级的熔断体可以配用若干个额定电流等级的熔体，但熔体的额定电流不得超过与之配合的熔断体的额定电流。

4）熔断体的极限分断能力。熔断器在故障条件下能可靠地分断最大短路电流，它是熔断器的主要技术指标之一。

5）熔断体的限流能力。填充石英砂的熔断器即有限流作用。但是应注意，熔断器分断电感电路时，会出现超过线路额定电压数倍的自感电动势，它既会影响熄弧过程，也可能损坏线路和电气设备的绝缘。对于具有限流作用的熔断器，断开过电压相当高。

6）I^2t 特性。I^2t 特性是预期电流的函数。通常，熔断器的保护性能在熔断时间小于 0.1s 时，是以 I^2t 特性表征；在熔断时间大于 0.1s 时，则用弧前电流-时间特性表征。

7）额定功耗。熔断体的功耗应尽可能小，升温发热才能小。熔断器功耗与分断能力和额定功率之间存在某种矛盾关系，要达到尽可能小的电阻值，熔体尺寸越宽厚越有利，而高分断能力，要求熔体应尽可能窄薄一些，有利于电弧熄灭。使熔断器既有高分断能力又有低功耗，熔断器的发热量低的，经济性好一些。

8）弧前时间-电流特性。如图 2-65 所示。

作为示例，表 2-18 是 RT20 系列熔断器的主要技术参数。

表 2-18 RT20 系列熔断器的主要技术参数

① 熔断体

尺码代号	额定工作电压 /V	熔体额定电流 /A	弧前时间为 0.01s 的 I^2t 值 /×10³A²·s		消耗功率 /W	额定分断能力 /kA
			最小值	最大值		
000	AC 500	4	0.0063	0.09	7.5	120
		6	0.024	0.225		
		10	0.1	0.576		
		16	0.3	1		
		20	0.5	1.8		
		32	1	3		
		40	1.8	5		
		50	3	9		
		63	5	16		
00		63	9	27	12	
		80	16	46		
		100	27	86		
		125	46	140		
		160	86	250		
1		80	16	46	23	
		100	27	86		
		125	46	140		
		160	86	250		
		200	140	400		
		250	250	760		
2		125	46	140	34	
		160	86	250		
		200	140	400		
		250	250	760		
		315	400	1300		
		400	760	2250		
3		315	400	1300	48	
		400	760	2250		
		500	1300	3800		
		630	2250	7500		

注：熔断体的特性类别为 gG，过电流选择比 1.6∶1。

② 熔断器底座

尺码	极数	额定电流/A	重量/kg
00	单极	160	0.46
00	3极,并列式	160	0.46
00	3极,直列式	160	0.46
1	单极	250	0.64
1	3极,并列式	250	2.0
2	单极	400	0.67
3	单极	630	0.92
4	单极	1000	3.2

③ 底座附件

尺码	名称	用途说明
00	隔板	用于00号单极底座之间,隔板与底座紧靠安装
1	隔板	用于1号单极底座之间,需结合1号支持件使用
2	隔板	用于2号单极底座之间,需结合2号支持件使用
3	隔板	用于3号单极底座之间,需结合3号支持件使用
1	支持件	用于支撑极间隔板
2	支持件	用于支撑极间隔板
3	支持件	用于支撑极间隔板

④ 隔离触刀

尺码	额定电流/A	重量/kg
00	160	0.07
1	250	0.15
2	400	0.21
3	630	0.25
4	1000	

3. 熔断器的分类和使用类别

熔断器根据使用电压可分为高压熔断器和低压熔断器。根据保护对象可分为变压器、电压互感器、电力电容器、半导体元件、电动机、一般电气设备和家用电器等保护用熔断器。按应用场合,熔断器分为工业用和民用两大类。前者按用途可分为一般工业用熔断器、半导体器件保护用熔断器和自复式熔断器等。半导体器件保护用熔断器具有快速分断性能,主要用作电力半导体变流装置内部短路保护。自复式熔断器是一种新型限流元件(限流器),本身不能分断电路,常与低压断路器串联使用,可提高断路器的分断能力。这种熔断器在故障电流切除后即自动恢复到初始状态,可继续使用,故名自复式熔断器。一般工业用熔断器多采取开启式结构,如触刀式熔断器、螺栓连接熔断器和圆筒帽形熔断器等,一般需要专职人员操作。

根据结构,熔断器可分为敞开式、半封闭式、管式和喷射式熔断器。半封闭式熔断器的熔体装在瓷座上,插入两端的金属触刀座中。管式熔断器的熔体装在熔断体内,熔断体是两端套有金属帽或带有触刀的完全密封的绝缘管。这种熔断器的绝缘管内若填充石英砂，可提高分断能力，具有限流作用，故称高分断能力熔断器；若管内抽真空，则称真空熔断器；若管内充以 SF_6 气体，则称 SF_6 熔断器，其目的是改善灭弧性能。喷射式熔断器是将熔体装在产气材料制成的绝缘管内。产气材料采用电工反白纸板或有机玻璃材料等制成。当短路电流通过熔体时，熔体随熔断产生电弧，高温电弧使产气材料迅速分解，并产生大量高压气体，从而通过电离气体将电弧从管子两端喷出，并在交流电流过零时熄灭，从而分断电流。绝缘管通常是装在一个绝缘支架上，组成熔断器整体。有的绝缘管上端可活动，在分断电流后随即脱开而跌落，这种喷射式熔断器俗称跌落式熔断器。一般适用于电压高于 10kV 的户外场合。

熔断器是根据其保护功能来划分工作等级的，第 1 个字母表示功能等级，第 2 个字母表示被保护的对象。第 1 字母 a 表示 a 类局部范围保护类（后备保护熔断器），g 表示 g 类全范围保护类（一般用途熔断器）；第 2 字母 G 表示配电系统电缆导线保护类（一般应用），M 表示开关电器保护类（电动机回路的保护），L 表示电缆和导线保护类，R 表示半导体保护类（用作整流器保护）。

g 类为全范围分断熔断器，是从最小熔化电流起，至额定分断电流止，均能分断的熔断器。它既能安全可靠地断开过载电流，也能安全地断开短路电流，其连续承载电流不低于其额定电流，并可在规定条件下分断最小熔化电流至其额定分断电流之间的各种电流。

a 类为局部范围分断熔断器，是在规定的最小分断电流（或最大分断时间）至额定分断电流之间都分断的熔断器。只能用作短路保护，其连续承载电流不低于其额定电流，但在规定条件下只能分断 4~7 倍额定电流至其额定分断电流之间的各种电流。如半导体器件保护用的熔断器就是其中的一种。

G 类为一般用途熔断器，分断电流范围从过电流大于额定电流 1.6~2 倍起，到最大分断电流的范围，可用于保护包括电缆在内的各类负载。

M 类为电动机回路保护用熔断器。

对于具体的熔断器，组合为 gG/gL 类表示用于全范围的电缆和导线保护，aM 类表示用于局部范围的电动机后备保护，gTr 类表示用于全范围变压器保护，gR 类表示用于全范围的半导体快速保护，aR 类表示用于局部范围的半导体快速保护等。

此外，熔断器上还标识"慢动作"与"快动作"，"快动作"特性是指熔断器在短路条件下的断开速度要快于工作等级 gL/gG。

按熔断器的产品种类，常用产品系列有螺旋式熔断器、插入式熔断器、玻璃管式熔断器、有填料密封管式熔断器、无填料密封管式熔断器、高分断能力熔断器、快速熔断器，以及特殊熔断器，如具有断相自动显示的熔断器、自复式熔断器等等。

2.6.2 常用典型熔断器简介

熔断器的产品系列、种类很多，常用产品系列有 RL 系列螺旋式熔断器，R 系列玻璃管式熔断器，RT 系列有填料密封管式熔断器，RM 系列无填料密封管式熔断器，NT（RT）系列高分断能力熔断器，RLS、RST、RS 系列半导体器件保护用快速熔断器，HG 系列熔断器式隔离器等。所有产品都是由相应系列的熔断体和熔断器支持件组合而成。

1. 熔断体

熔断体是组成熔断器的核心部件。常用的熔断体有 RO、RS 系列圆筒帽形熔断体；RO20、FRS-R、OT200、OT100 系列圆管刀形触头熔断体；RL1、RO、RS 系列螺旋式熔断体；NH、RS、RO、RT、NTA、RTO 系列方管刀形触头熔断体；RW、RF 系列无填料圆筒帽形/圆管刀形触头熔断体和 RG、RGS 系列螺栓连接式熔断体等。图 2-66 是部分熔断体产品的外形图。

(1) 圆筒帽形熔断体 RO、RS 系列圆筒帽形熔断体由纯铜（或铜丝）/银片（或丝）制成的变截面熔体封装于由高强度瓷或环氧玻璃布管制成的熔管内，熔管中充满经化学处理过的高纯度石英砂作为灭弧介质；熔体两端分别与端帽点焊连接。熔断体可带有撞击器，当熔体熔断时，撞击器立即动作，推动微动开关，发出各种信号或自动切换电路。圆筒帽形熔断体呈插入式结构，按尺码可安装于 RT14、RT18、RT19 及其他相应尺码的熔断体支持件。适用于交流 50Hz、额定电压至 600V、额定电流至 125A，主要作为电气线路的过载和短路保护（gG），派生系列可作为半导体器件及其成套装置的短路保护（aR），以及电动机短路保护（aM）。熔断体的额定分断能力至 100kA。

图 2-66 部分熔断体产品的外形图

如，RT19 系列熔断器由熔断体和熔断器支持件（底座）组成，熔断体由熔管、熔体、填料等组成。熔断器支持件（底座）由底座、载熔件、插座等组成，底座及载熔件由塑料压制而成。

(2) 螺旋式熔断体 RL1、RO、RS 系列螺旋式熔断体由纯铜/银片（或丝）制成的变截面熔体封装于由耐高温环氧玻璃布管制成的熔管内，熔管中充满经化学处理过的高纯度石英砂作为灭弧介质，熔体端帽上有熔断指示器，当熔体熔断时，指示立即弹出，显示熔体已熔断。RL1、RO、RS 系列螺旋式熔断体适用于交流 50Hz、额定电压至 1140V、额定电流至 630A，主要作为电气装置中作线路过载和短路保护（gG/gL），派生系列可作为半导体器件及其成套装置的短路保护（aR），以及电动机短路保护（aM）。熔断体的额定分断能力至 50kA。

(3) 方管刀形触头熔断体 NH、RS、RO、RT、NTA、RTO 系列方管刀形触头熔断体由纯铜/银片（或丝）制成的变截面熔体封装于由高强度瓷制成的熔管内，熔管中充满经化学处理过的高纯度石英砂作为灭弧介质，熔体两端分别与端板（或连接板）点焊连接，组成刀形触头插入式结构。熔断体可带有指示器或撞击器，当熔体熔断时能显示熔断（指示器）或转成各种信号及自动切换电路（撞击器）。NH、RS、RO、RT、NTA、RTO 系列方管刀形触头熔断体适用于交流 50Hz、额定电压至 1140V、额定电流至 1250A，主要用在电气装置中作线路过载和短路保护（gG/gL），派生系列可作为半导体器件及其成套装置的短路保护（aR），以及电动机短路保护（aM）。熔断体的额定分断能力至 120kA。

(4) 无填料圆筒帽形/圆管刀形触头熔断体　RW、RF 系列无填料圆筒帽形/圆管刀形触头熔断体为插入式结构，分圆筒帽形触头和圆管刀形触头两种形式。圆筒帽形触头额定电流至 60A；圆管刀形触头额定电流至 600A。熔体均用锌片制成变截面形，熔体与触头的连接采用两种方式：拧紧触头压紧熔体两端（圆筒帽形触头）和采用螺栓将熔体两端分别紧固在上下触头（刀）上。其特点是当熔体熔断后，可自行更换相同型号规格的熔体继续使用。RW、RF 系列无填料圆筒帽形/圆管刀形触头熔断体适用于交流 50Hz、额定电压至 250V/600V、额定电流至 600A，主要作为电气线路过载和短路保护（gG）。熔断体的额定分断能力至 10kA。

(5) 圆管刀形触头熔断体　RO20、FRS-R、OT200、OT100 系列圆管刀形触头熔断体由纯铜/银片（或丝）制成的变截面熔体封装于由耐高温环氧玻璃布管制成的熔管内，熔管中充满经化学处理过的高纯度石英砂作为灭弧介质；熔体两端分别与两端触刀点焊连接，具有接触可靠、使用方便等特点。RO20、FRS-R、OT200、OT100 系列圆管刀形触头熔断体适用于交流 50Hz、额定电压至 600V、额定电流至 630A，主要作为电气装置中作线路过载和短路保护（gG），派生系列可作为电动机短路保护（aM）。熔断体的额定分断能力至 100kA。

(6) 螺栓连接式熔断体　RG、RGS 系列螺栓连接式熔断体由纯铜/银片（或丝）制成的变截面熔体封装于由高强度瓷或环氧玻璃布管制成的熔管内，熔管中充满经化学处理过的高纯度石英砂作为灭弧介质；熔体两端分别与端帽（或触刀连接板）点焊连接。熔断体可带有撞击器，当熔体熔断时，撞击器立即动作，推动微动开关，发出各种信号或自动切换电路。RG、RGS 系列螺栓连接式熔断体适用于交流 50Hz、额定电压至 1200V、额定电流至 630A 的电气装置中，作为电气线路的过载和短路保护（gG）、半导体器件及其成套装置的短路保护（aR），派生系列可作为电动机短路保护（aM）。熔断体的额定分断能力至 80kA。

2. 熔断器支持件/底座

上述的不同系列熔断体需要安装在不同使用类别（如 gG、aM、aR 等）和外形的支持件/底座上。不同系列的支持件/底座具有不同的耐受约定发热电流及预期短路冲击电流的动热稳定能力，多相组合后具有熔断器式隔离器的功能。支持件上下有进出线端子，有的带有安全锁扣装置，在断开状态可锁住载熔件，确保不发生误操作；还可带熔断指示灯，灯亮指示熔断体已熔断，有的还带微动开关等。

熔断器支持件一般由塑料压制的外壳或瓷质材料模压而成，装上触头、载熔件及其他附件后，经铆接或焊接而成，均可组成多相结构。有敞开式和半封闭式结构。在同一外形尺寸的底座上，可选择配置不同尺码的熔断体。图 2-67 是部分熔断器支持件/底座产品的外形图。

3. 螺旋式熔断器

螺旋式熔断器广泛应用于工矿企业低压配电设备、机械设备的电气控制系统中作短路和过电流保护。常用产品系列有 RL1 系列、RL5 系列、RL6 系列、FB 系列螺旋式熔断器，其结构如图 2-68 所示。

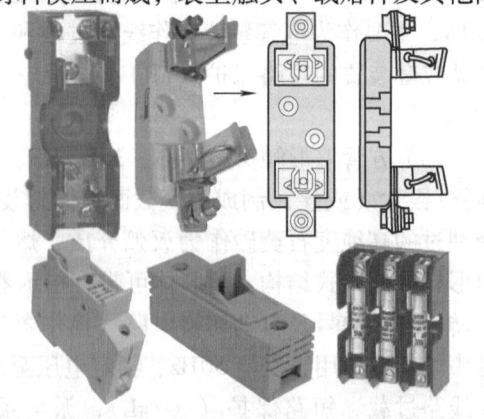

图 2-67　部分熔断器支持件/底座产品的外形图

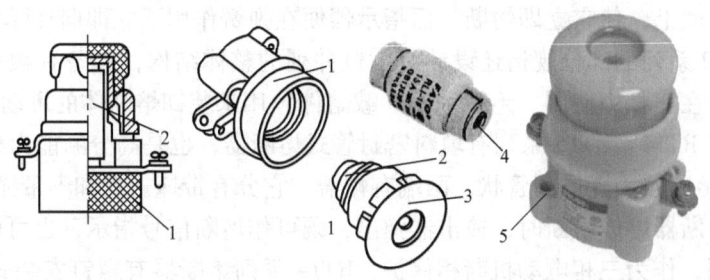

图 2-68 螺旋式熔断器结构示意图
1—瓷座　2—熔断体　3—瓷帽　4—熔断指示器　5—产品外形图

螺旋式熔断器的熔断体是一个瓷质熔管，内装有石英砂和熔丝，熔丝的两端焊在熔断体两端的导电金属端盖上，其上端盖中有一个染有不同颜色色点的熔断指示器4，不同的色点表示不同的熔体电流，当熔体熔断时，电弧喷向石英砂及其缝隙，熔断指示器弹出脱落，示意熔体已熔断，透过瓷帽上的玻璃孔可以看见。熔断器熔断后，只要更换熔体即可。

4. 有填料高分断能力熔断器

有填料高分断能力熔断器广泛应用于各种低压电气线路和设备中作为短路和过电流保护。其结构一般为封闭管式，产品种类很多，典型产品有 NT（RT16、RT17）系列和 RT20 系列高分断能力熔断器。NT 系列是引进德国 AEG 公司技术生产的产品，RT16 系列、RT17 系列是国内型号，RT20 系列是我国自行设计生产的新产品，其性能指标与 NT 系列基本一致。其外形结构如图 2-69 所示。

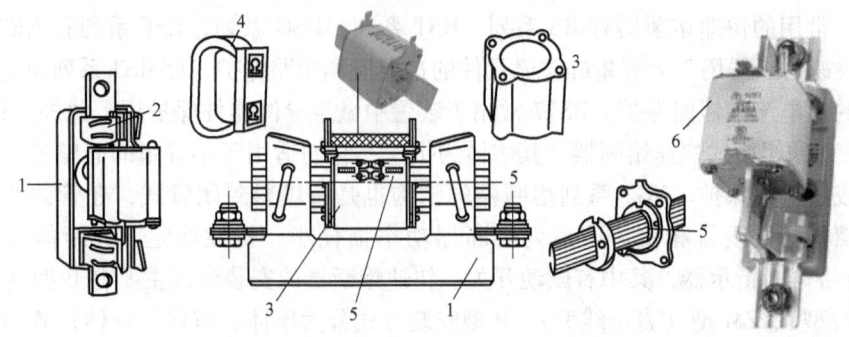

图 2-69 有填料封闭管式熔断器
1—瓷底座　2—弹簧片　3—熔断体　4—绝缘手柄　5—熔体　6—产品外形图

有填料管式熔断器是一种快速动作型、有限流作用的熔断器。有填料管式熔断体均装在底座上，通过手动机构操作。熔断器底座采用整体瓷板结构或采用两块瓷块安装于钢板制成的底板组合结构。熔断体由瓷质管体、熔体、石英砂和触刀等部分组成，有的带有熔断指示器和熔断体盖板。熔体采用纯铜箔冲制的网状多根并联形式的熔片，中间部位有锡桥，装配时将熔片围成笼状，以充分发挥填料与熔体接触的作用，这样既可均匀分布电弧能量而提高分断能力，又可使熔断管体受热比较均匀而不易使其断裂。有的产品的熔体为银质窄截面或网状形式。熔断指示器是个机械信号装置，指示器上焊有一根很细的康铜丝，它与熔体并联，在正常情况下，由于康铜丝电阻很大，电流基本上从熔体流过，只有在熔体熔断之后，电流才转到康铜丝上，使它立即熔断，而指示器便在弹簧作用下立即向外弹出，显出醒目的红色信号。RT20系列的部分规格还设计有3极并列的整体结构，并备有触头罩和极间隔板等附件，以便于在三相中使用。绝缘手柄（载熔件）用来装卸熔断体的可动部件。

另外，还有RT14、RT15系列有填料密封管式熔断器，也是高分断能力型。

RT14系列熔断器为瓷质圆管状，两端有帽盖，它分有带撞击器和不带撞击器两种类型。带有撞击器的熔断器熔体熔断时，撞击器弹出，既可作熔断信号指示，也可触动微动开关以控制接触器线圈，作为三相电动机断相保护。RT14系列熔断器有螺钉安装式和G型导轨安装式两种安装方式。

RT15系列熔断器在其瓷质管体两端的铜帽上焊有偏置式连接板，可用螺栓安装在母线排上，管内装有按"冶金效应"原理制造的变截面熔体，在管体上有一指示用的红色小珠，熔体熔断时红色小珠就弹出。这种熔断器常用于开关熔断器组中。

有填料管式熔断器的额定电流为50~1000A，主要用于短路电流大的电路或有易燃气体的场所。

5. 半导体器件保护用熔断器

半导体器件保护用熔断器是一种快速熔断器。通常，半导体器件的过电流能力极低，它们在过电流时只能在极短时间（数毫秒至数十毫秒）内承受过电流。如果其工作于过电流或短路条件下时，则PN结的温度将急剧上升，硅元件将迅速被烧坏。一般熔断器的熔断时间是以秒计的，所以不能用来保护半导体器件，为此，必须采用能迅速动作的快速熔断器。半导体器件保护用熔断器的结构和有填料封闭管式熔断器基本相同，但熔体材料和形状不同，一般是以银片冲制的有V形深槽的变截面熔体。

目前，常用的快速熔断器有RS系列、RST系列、RSG系列、RSF系列和NGT系列等。RS0系列快速熔断器用于大容量硅整流元件的过电流和短路保护，而RS3系列快速熔断器用于晶闸管的过电流和短路保护，RS77常用于装置中做半导体器件保护用。此外，还有RLS1和RLS2系列的螺旋式快速熔断器，其熔体为银丝，它们适用于小容量的硅整流元件和晶闸管的短路或过电流保护。NGT系列熔断器的结构也是有填料封闭管式，在管体两端装有连接板，用螺栓与母线排相接。该系列熔断器功率损耗小，特性稳定，分断能力高，可达100kA，可带熔断指示器，其中有微动开关。快速熔断器的安装形式主要有P型（平板型）、M型（母线型）、ZM型（直母线型）。P型安装方式分为单体、双体、三体；M型安装方式分为单体、双体。单体可根据安装需要，要求触刀不弯曲，触刀接线端按要求方向伸出。部分快速熔断器的产品外形如图2-70所示。

另外还有薄膜型熔断器和混合式高限流与高分断装置。薄膜型熔断器的特点是熔体薄、传热快、限流特性强、焦耳积分低和电流密度高等，其结构原理如图2-71所示。薄膜常采用氧化铝陶瓷、石英玻璃或耐热陶瓷等，并把薄片形的陶瓷片与铜底板焊接成

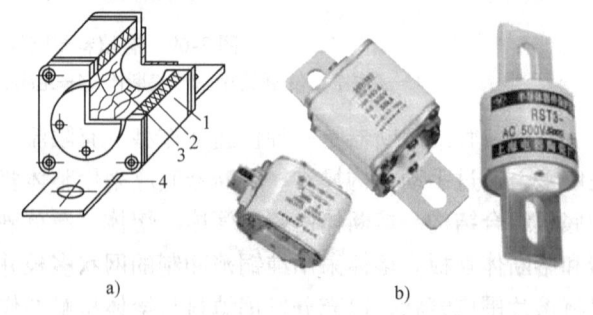

图2-70 半导体器件保护用熔断器
a) 结构示意图 b) RS系列和NGT系列产品外形图
1—熔管 2—石英砂填料 3—熔体 4—连接板

一体。将采用喷涂法、沉淀法或印制法等制成的熔体紧贴在薄膜的表面。有些薄膜型熔断器的陶瓷底板上是用沉淀法制成的熔体，其表面充满了石英砂。外壳与陶瓷底板连在一起。石英砂的作用和常规的熔断器一样，用于熄灭电弧和承受弧后的恢复电压。薄膜型熔断器与常规熔断器的主要差别是产生的金属蒸汽少。采用薄膜技术制造的半导体器件保护用熔断器不但缩小了熔断器的外形尺寸，稳定性好，并具有良好的限流作用和降低允通焦耳积分的优点，是一较好的保护半导体器件用的熔断器。

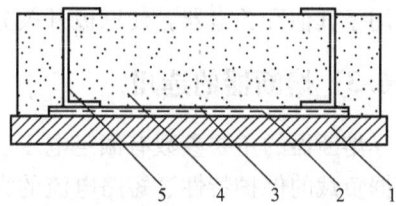

图 2-71　薄膜型熔断器的原理结构
1—铜底板　2—薄膜　3—熔体
4—石英砂　5—接线端

6. 自复式熔断器

自复式熔断器的优点是不必更换熔体，能重复使用，能实现自动重合闸。

自复式熔断器是一种采用气体、超导材料或液态金属钠等作熔体的一种限流元件，有限流型和复合型两种。限流型本身不能分断电路而常与断路器串联使用限制短路电流，从而提高分断能力。复合型的具有限流和分断电路两种功能。自复式熔断器的外壳一般用不锈钢制成，不锈钢套与其内部的氧化铍（BeO）陶瓷绝缘管间用云母玻璃隔开，云母玻璃既是填充剂又是绝缘物，起密封和坚固陶瓷绝缘管的作用。采用液态金属钠等作熔体的自复式熔断器的结构原理如图 2-72 所示。

陶瓷绝缘管细孔内灌以金属钠作为熔体，活塞的背面空隙部分充有 10~20 MPa 的氮气（氩气），以压紧金属钠。在正常工作情况下，电流可以从引线端 1 进入，通过陶瓷绝缘管细孔内的金属钠传导到不锈钢外壳，并由出线端 4 引出。在常温下具有高导电率，在发生短路故障时，当短路电流通过熔断器时，短路电流将陶瓷绝缘管细孔部分的金属钠迅速加热，金属钠受高温迅速汽化而蒸发，变成高温高压状态的等离子体蒸气，形成约 400MPa 气压的等离子状态，

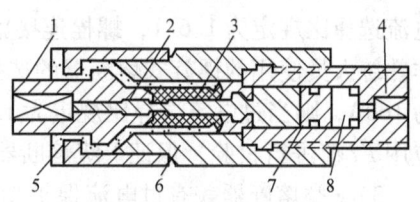

图 2-72　自复式熔断器的结构原理图
1—引线端　2—熔体　3—绝缘管
4—出线端　5—填充剂　6—钢套
7—活塞　8—氮气

呈现高阻态，从而对短路电流起强烈的限流作用，并在瞬间分断电流。由于活塞背面气体的缓冲作用，此压力很快降低到 30~20 MPa。当故障消失后，温度下降，金属钠蒸气冷却并凝结，自动恢复至原来的导电状态，熔体所在电路恢复，同时氮气（氩气）又重新推动活塞，压紧金属钠，为重新动作做好准备。

超导材料作限流元件的自复式熔断器的原理是，通过一个电磁线圈向超导限流元件供给超过其临界磁场的磁场，使整个元件由超导体状态向常规导体状态转变，从而起到限流作用。另外通过一个触发线圈从外部在任意时间强制限流元件进行限流，并由液体氮等冷媒维持超导状态所需温度进行冷却。电磁线圈既有限流型自复式熔断器的限流功能，又有切换功能，在限流的同时带动本身所附触头将电路切断，一旦故障消失，超导限流元件又恢复原超导状态，操作装置重新使该装置的切换触头复原，做好再次动作的准备。

另外，还有一种熔断信号器，它并联于熔断器，本身对线路不起保护作用，一旦熔体熔断，信号器随之立即动作，指示器以足够的力推动与之相连的微动开关，接通信号源报警或

作用于其他开关电器,使三极开关分断,防止线路的断相运行。

2.6.3 熔断器的选用

熔断器的主要参数有额定电压、额定电流、额定分断电流等。选择熔断器类型时,主要依据负载的保护特性、短路电流的大小和使用场合选择。选用时,首先应根据实际使用条件确定熔断器的类型,包括选定合适的使用类别和分断范围,在保证使熔断器的最大分断电流大于线路中可能出现的峰值短路电流有效值的前提下,选定熔断体的额定电流。同时应使熔断器的额定电压不应低于线路额定电压。但当熔断器用于直流电路时,应注意制造厂提供的直流电路数据或与制造厂协商,否则应降低电压使用。

1. 选用的一般原则

1) 一般工业用熔断器的选用是按电网电压选用相应电压等级的熔断器;按配电系统中可能出现的最大短路电流,选择有相应分断能力的熔断器;根据被保护负载的性质和容量,选择熔体的额定电流。

2) 当有上下级熔断器选择性配合要求时,应考虑过电流选择比。过电流选择比是指上下级熔断器之间满足选择性要求的额定电流最小比值,它和熔断体的极限分断电流、I^2t 值和时间-电流特性有密切关系。一般需根据制造厂提供的数据或性能曲线进行较详细的计算和整定来确定。

g 类熔断体的过电流选择比有 1.6:1 和 2:1 两种。专职人员使用的刀型触头熔断器的过电流选择比规定为 1.6:1,螺栓连接熔断器和圆筒帽形熔断器的过电流选择比都规定为 2:1。非熟练人员使用的螺旋式熔断器的选择比规定为 1.6:1。例如,设上级熔断器的熔断体电流为 160A,则当过电流选择比规定为 1.6:1 时,下级熔断器的熔断体电流不得大于 100A,并应用 I^2t 值进行校验,保证上级熔断器的 I^2t 值大于下级熔断器。

3) g 类熔断器兼有过电流保护功能,主要用作配电主干线路及电缆、母线等的短路保护和过电流保护;而 a 类熔断器主要用于照明线路和电动机回路等设备的短路保护。由于低倍过电流不能使这种熔断器动作,故在使用这种熔断器时应另外配用热继电器等过电流保护元件。

4) 选择熔断器的类型时,主要依据负载的保护特性和预期短路电流的大小。如,用于保护照明和小容量电动机的熔断器,一般是考虑它们的过电流保护,这时希望熔体的熔化系数适当小些,宜采用熔体为铅锡合金的熔丝或 RC1A 系列熔断器。而大容量的照明线路和电动机,主要考虑短路保护及短路时的分断能力,除此以外还应考虑加装过电流保护,若预期短路电流较小时,可采用熔体为锌质的 RM10 系列无填料密封管式熔断器;当短路电流较大时,宜采用具有高分断能力的 RL 系列螺旋式熔断器;当短路电流相当大时,宜采用有限流作用的 RT(NT)系列高分断能力熔断器。当回路中装有低压断路器时,尚应考虑两者动作特性的配合问题。

5) 根据负载性质合理地选择熔断体的额定电流。大多数电气设备都具有一定的过载能力,允许在一定条件下小倍数过载运行,而当负载超过允许值时,就要求保护动作。某些设备起动电流很大,但起动时间很短,要求熔断器的保护特性要适应这种设备运行的需要,在电动机起动时不熔断,在短路电流作用下和超过允许过载电流时能可靠熔断。因此,为保证设备正常运行,必须根据负载性质合理地选择熔体的额定电流。

2. 熔断体额定电流的确定

(1) 一般用途熔断器的选用　一般地，对于负载电流比较平稳的照明或电热设备，以及一般控制电路的熔断器，熔体额定电流应≥线路计算电流，即被保护电路上所有电器工作电流之和。

配电变压器低压侧的熔断器额定电流 =（1.0~1.5）×变压器低压侧额定电流。

并联电容器组回路中的熔断器额定电流 =（1.3~1.8）×电容器组额定电流。

电焊机回路中的熔断器额定电流 =（1.5~2.5）×负载电流。

(2) 用于保护电动机的熔断器　对于电动机回路，应按电动机的起动电流倍数考虑躲过电动机起动电流的影响，单台全电压直接起动的三相笼型异步电动机回路中的熔断器，一般选额定电流 =（1.5~3.5）×电动机额定电流，不经常起动或起动时间不长的电动机，选较小倍数，频繁起动的电动机选较大倍数；多台全电压直接起动的三相笼型异步电动机回路中的总保护熔断器，一般选额定电流 =（1.5~2.5）×各台电动机电流之和；对于给多台电动机供电的主干线母线处的熔断器的额定电流可按下式计算：

$$I_{Fe} \geq (2.0 \sim 2.5) I_{Memax} + \sum I_{Me} \tag{2-7}$$

式中　I_{Memax}——多台电动机中容量最大的一台电动机的额定电流；

　　　$\sum I_{Me}$——其余电动机额定电流之和。

为防止发生越级熔断，上、下级（即供电干、支线）熔断器间应有良好的协调配合，宜进行较详细的整定计算和校验。

减压起动三相笼型异步电动机回路中的熔断器额定电流 =（1.5~2）×电动机额定电流；绕线转子异步电动机回路中的熔断器额定电流 =（1.2~1.5）×电动机额定电流。

(3) 熔断器与其他开关电器配合使用时的选用　如图2-1所示的电动机控制电路，由熔断器-断路器-接触器-热继电器-电缆（导线）-电动机所组成。其中的断路器作为电路的电源开关，接触器用于远距离控制电动机，热继电器用于保护电动机、电动机馈电电缆和接触器不受过电流破坏，而接触器、热继电器、电动机馈电电缆和电动机本身的短路保护由断路器负责。如果回路中某处的短路电流超过所设断路器的额定分断能力，则需在断路器的电源侧增设一只后备保护熔断器。后备保护熔断器必须在短路电流达到断路器的额定分断能力以前分断。这种组合设备中的每一个电器元件都有预先规定的专门保护范围。电动机低倍数过电流保护段由热继电器负责，高倍数过电流保护段及低于断路器额定分断能力的短路电流由断路器的瞬动脱扣器分断，这样可以发挥断路器本身的优越性。只有在出现更大的短路电流的情况下，熔断器才动作。这时，断路器也被瞬时脱扣器分断，以保证电路各极均被切断。因此选用熔断器、断路器、接触器和热继电器的组合时，需要对各电器元件的有效保护范围和工作特性进行仔细配置，图2-73就是熔断器与各级保护元件特性的配合示例。由图2-73分析：

1) 各元件的保护特性均应在电动机反时限特性曲线的下方，而在电动机起动特性曲线的上方。在过电流段内，熔断器的时间-电流特性比热脱扣器的动作特性要陡些，这对于电缆和导体的过电流保护是较为理想的，而电动机的过电流保护则需要一个延时特性。在短路电流段内，当电流刚刚超过瞬动脱扣器的动作电流时，断路器的响应比熔断器快，但当电流进一步增加时，熔断器的熔断速度又比断路器的动作速度快了。当电流非常大时，熔断器还有限制预期短路电流的作用，如图2-73a所示。

2) 热继电器与熔断器的时间-电流特性必须能满足电动机从零速起动到全速运行的延时特性。

3) 熔断器还必须保护热继电器不受可能超过其额定电流 8 倍及以上的大电流破坏。

4) 熔断器还必须在短路情况下保护接触器，能分断接触器不能分断的大电流，使得接触器的触头在任何情况下不发生熔焊，或仅出现轻微熔焊现象。接触器分断能力，一般为 10 倍额定电流值。

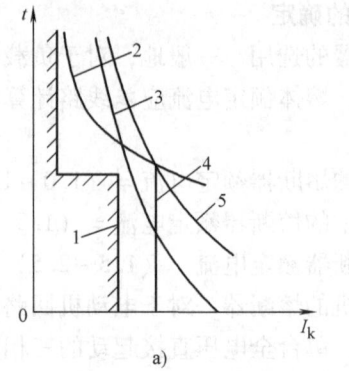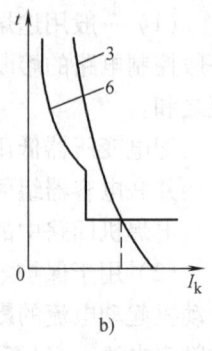

图 2-73　三相异步电动机控制电器的保护特性配合
a) 电动机控制电器间的配合　b) 熔断器与断路器的配合
1—电动机起动特性　2—热继电器特性　3—熔断器特性
4—接触器分断能力　5—电缆承载能力特性
6—断路器脱扣特性

5) 熔断器与断路器的配合时，熔断器主要分断大短路电流，即熔断器的分断范围是在交点以外的短路电流，而交点以内的熔断器特性曲线位于断路器特性曲线的上方，由断路器分断在交点以内的过电流和小倍数短路电流，如图 2-73b 所示。需要说明的是，如果熔断器不与断路器配合，而与其他电器配合，只要使熔断器的特性曲线位于断路器的特性曲线下方即可，两者没有交叉点。

由此可见，当满足上述条件时，电动机保护电器的选用是比较合理的。

3. 熔断器应用举例

如图 2-74 所示供电回路，设 3 号支路三相交流电动机的额定功率为 30kW，功率因数为 0.85，额定工作电压为 380V，额定工作电流为 54A；2 号支路电缆载流能力为 26A，试选用各元件的型号及规格，见表 2-19，计算过程（略）。

4. 快速熔断器的选择

快速熔断器的选择与其接入电路的方式有关，以三相硅整流或三相晶闸管电路为例，快速熔断器接入电路的方式常见的有接入交流侧和接入整流桥臂（即与硅元件相串联）两种，如图 2-75 所示。

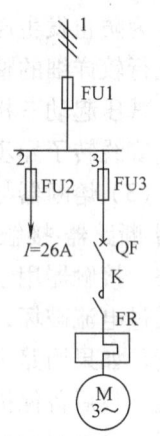

图 2-74　某配电回路电气原理图

表 2-19　电器元件选择示例

保护元件	选用原则	型号	规格
熔断器 FU1	1. 选择性 2. 对电缆保护	RT20-00-125	125A，I^2t 值为 $(27 \sim 86) \times 10^3 A^2 \cdot s$
熔断器 FU2	对电缆短路保护	RT20-000-40	40A，I^2t 值为 $(1.8 \sim 5) \times 10^3 A^2 \cdot s$
熔断器 FU3 断路器 QF 接触器 K 热继电器 FR	1. 满足起动特性 2. 电动机故障 3. 热继电器对接触器保护	RT20-000-80 DZ20Y-100 CJ20-63 JR20-63-6U	80A，I^2t 值为 $(16 \sim 46) \times 10^3 A^2 \cdot s$ 80A 63A 整定电流 55～63～71A

(1) 熔体额定电流的选择　选择熔体的额定电流时应当注意，快速熔断器熔体的额定电流是以有效值表示的，而硅整流元件和晶闸管的额定电流却是用平均值表示的。当快速熔断器接入交流侧时，熔体的额定电流 I_{re} 为

$$I_{re} \geq k_1 I_{zmax} \tag{2-8}$$

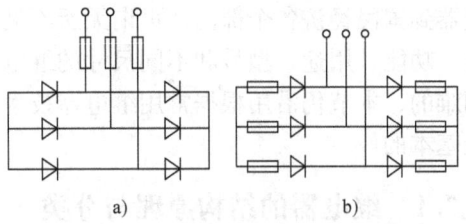

图 2-75　快速熔断器接入整流电路方式
a) 接入交流侧　b) 接入整流桥臂

式中　I_{zmax}——可能使用的最大整流电流；
　　　k_1——与整流电路的形式及导电情况有关的系数。若用于保护硅整流元件时，k_1 值见表 2-20；若用于保护晶闸管时，k_1 值见表 2-21。

当快速熔断器接入整流桥臂时，熔体的额定电流为

$$I_{re} \geq 1.5 I_{ge} \tag{2-9}$$

式中　I_{ge}——硅整流元件或晶闸管的额定电流（平均值）。

表 2-20　不同整流电路时的 k_1 值

整流电路的形式	单相半波	单相全波	单相桥式	三相半波	三相桥式	双星形六相
k_1	1.57	0.785	1.11	0.575	0.816	0.29

表 2-21　不同整流电路及不同导通角时的 k_1 值

电路形式＼导通角（k_1）	180°	150°	120°	90°	60°	30°
单相半波	1.57	1.66	1.83	2.2	2.78	3.99
单相桥式	1.11	1.17	1.33	1.57	1.97	2.82
三相桥式	0.816	0.828	0.865	1.03	1.29	1.88

(2) 快速熔断器额定电压的选择　快速熔断器分断电流的瞬间，最高电弧电压可达电源电压的 (1.5～2) 倍。因此，硅整流元件或晶闸管的反向峰值电压必须大于此电压值才能安全工作，即

$$U_F \geq k_2 \sqrt{2} U_{RE} \tag{2-10}$$

式中　U_F——硅整流元件或晶闸管的反向峰值电压；
　　　U_{RE}——快速熔断器的额定电压；
　　　k_2——安全系数，其值一般为 1.5～2。

最后还应指出，采用快速熔断器保护虽然具有结构简单、价格低廉、维修方便等特点，但也有局限性，主要是更换比较麻烦，故适用于负载波动不大、事故不多的场合。在负载波动大且事故较多的场合，宜采用快速断路器代替快速熔断器。

2.7　继电器

在电气控制领域或产品中，凡是需要逻辑控制的场合，几乎都需要使用继电器，从家用

电器到国民经济各个部门,可谓无所不见,因此对继电器的需求也千差万别,各种类型、种类、功能、用途、型号和不同尺寸的继电器琳琅满目,要对其进行严格的分类和说明是十分困难的,本节仍沿用根据常用继电器技术条件及其应用领域大体归类,对其进行的说明也是最基本的。

2.7.1 继电器的结构原理与分类

继电器是一种利用各种输入电量或非电量的变化,使输出状态转换,从而通过其触头实现逻辑转换的一种自动控制元件。根据转化的物理量的不同,可以构成各种各样的不同功能的继电器,以用于各种控制系统中进行信号传递、放大、转换、联锁和控制等,从而实现自动控制和保护的目的。施加于继电器的电量或非电量称为继电器的激励量(输入量),激励量可以是电量,如交流或直流电的电流、电压等,也可以是物理量,如时间、温度、速度、压力、位置、光等。继电器的状态发生转换而动作时,其触头吸合或释放,从而实现由逻辑"0"到"1",或由逻辑"1"到逻辑"0"的转换。

1. 继电器的分类

继电器的种类很多,分类方法也很多,一般可以按作用原理、外形尺寸、保护特征、触头、负载、产品用途等分类。常用的继电器按用途分类有,"大容量型"、"高电压型"、"交流防跳型"、"交流电流型"、"交流电压型"、"宽电流启动型"、"宽电流保持型"、"电压启动、电流保持型"、"电流启动、电压保持型"、"双线圈型"、"双启动型"、"三线圈型"、"电压型"、"低功耗型"、"灵敏型"、"快速型"、"电流型"、"电保持信号型"、"信号型"等;按应用场合分类有,通用继电器、电力用继电器、工业控制用继电器、机床用继电器、信号用继电器、通信用继电器、航天用继电器、军用继电器、汽车用继电器和家电用继电器等;按继电器的防护特征分类有,密封继电器、塑封继电器、防尘罩继电器和敞开继电器等;按结构原理分类有,电磁式继电器、磁电式继电器、感应式继电器、电动式继电器、温度(热)继电器、光电式继电器、压电式继电器、时间继电器等,其中时间继电器又分为电磁式、电动机式、机械阻尼(气囊)式和电子式等;按信号种类的不同有,交流继电器、直流继电器、电压继电器、中间继电器、电流继电器、时间继电器、速度继电器、温度继电器、压力继电器、脉冲继电器等;按产品类型分类,有接触器式继电器、信号用继电器(微型、超小型、小型、舌簧)、静态型继电器、固体继电器、可编程序控制继电器等;按功率分类,有通用、灵敏和高灵敏继电器等;按输出触头容量分有,大、中、小、弱功率、微功率继电器和节能功率继电器之分等。其中以电磁式继电器和静态型继电器种类最多,应用最广泛。

随着科学技术的发展,模拟电子技术和数字电子技术已广泛应用于各种自动化设备上,一些自动化装置已由常规的电磁式、晶体管型逐步向数字型和智能化方向过渡,作为自动化装置基本组成部分的继电器已由电磁式逐步向静态型发展。电磁式继电器由于在结构上采用的是电磁原理和机械原理构成,存在动作值离散性大和机械部分易卡死等缺陷。目前许多生产厂家竞相研制出了利用数字电子原理构成的继电器,即所称的静态型继电器。由于静态型继电器原理和结构的优越性能,目前在很多领域,静态型继电器逐步取代早期研制的电磁式继电器。随着现代生产技术的发展,各种新结构、新用途、高性能、高可靠性、智能化的新型继电器不断出现。限于篇幅,本节只能简介最常用继电器的基本结构、原理。

电磁式继电器的种类很多，如传统的电压继电器、中间继电器、电流继电器、电磁式时间继电器、接触器式继电器等都属于这一类，接触器式继电器是一种作为控制开关电器使用的接触器。实际上，各种和接触器的动作原理相同的继电器如中间继电器、电压继电器等都属于接触器式继电器。接触器式继电器在电路中的作用主要是扩展控制触头数量或转换触头容量。

电磁式继电器反映的是电信号，当线圈反映电压信号时，称电压继电器。有一些参数继电器的操作电源通常采用电压操作，如中间继电器、时间继电器、速度继电器、温度继电器、压力继电器等。电磁式继电器有交、直流之分，它是按线圈通过交流电或直流电所决定的。交流继电器的线圈通以交流电，它的铁心用硅钢片叠成，磁极端面装有短路环。直流继电器的线圈通以直流电，它的铁心用电工软钢做成，不需要装短路环。

当线圈反映电流信号时，称电流继电器，线圈应和电流源串联。当反映电压信号时，线圈应和电压源并联，并且电压继电器不能串联使用。电压继电器的线圈匝数多、导线细，而电流继电器的线圈匝数少、导线粗，这是从视觉上判断电压或电流继电器的简单方法。

电流继电器和电压继电器根据用途不同，又可以分为过电流（或过电压）继电器、欠电流（或欠电压）继电器。前者电流（电压）超过规定值时铁心才吸合，如整定范围为 1.1~6 倍额定值；后者电流（电压）低于规定值时铁心才释放，如整定范围为 0.3~0.7 倍额定值。

目前国内常用的接触器式继电器产品，除 20A 以下的各型号接触器外，还有 JZ7、JDZ2、JZ14 等系列普通电磁式中间继电器，双层触头产品有 8 对触头；引进的产品有 MA406N 系列中间继电器、3TH 系列（国内型号 JZC）接触器式继电器等。MA406N 型中间继电器结构形式和触头数均和 JZ7 系列中间继电器相同，但有体积小、功耗低、重量轻的特点。特别是其触头的闭合和打开过程均为滑动接触，有利于灭弧，也有利于保护触头。3TH 系列继电器有单层（4 对触头，4H4D）和双层（8 对触头，8H8D）之分，负载能力较强，还可以带延时触头（即有一组常开常闭触头动作时有 1ms 的延时间隔），可满足某些电路的不间断转换要求。此外 3TH 系列继电器还可以配带机械锁扣，并可接成转换式触头，能满足不同电路的控制功能要求。接触器式继电器的触头可有不同的组合。交流电磁式继电器常用在电气传动控制系统中作为欠电压、过电流或欠电流、中间继电器用，如 JT3、JT4、JT17、JL3、JL14、JL15 等系列。继电器常用触头组合形式见表 2-22。

表 2-22 继电器常用触头组合形式

名 称	符 号	字母代号	
		国内	国外
动合（常开）触头（国外，SPST NO）		H	A
动断（常闭）触头（国外，SPST NC）		D	B
先断后合转换触头（国外，SPDT B-M）		Z	C

(续)

名 称	符 号	字母代号	
		国内	国外
先合后断转换触头（国外，SPDT M-B）	 或 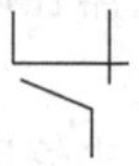	B	D
常开动合触头（国外，SPDT NO）	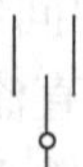	E	K
双动合触头（国外，SPST NO DM）		SH	X
双动断触头（国外，SPST NO DB）	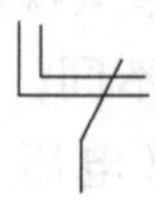	SD	Y

转换型（Z型，触头组，国外产品标注 C）触头组共有三个触头，中间是动触头，上下各一个静触头。线圈不通电时，动触头和其中一个静触头断开而和另一个闭合，线圈通电后，动触头转换状态。其他类型触头组的结构与此类似。另外请读者注意，各种继电器的图形、文字符号是不同的，需要时请参见参考国家标准 GB/T 4728 及表 1-10～1-12。

2. 电磁式继电器的结构原理

任何一种继电器，不论它们的动作原理、结构形式、使用场合如何千变万化，都具备"传感"和"执行"两个基本机构，传感机构反映外界输入信号的变化，执行机构实现对被控电路的"通"、"断"，即逻辑转换。继电器的"传感"功能具备信号转换功能，如电磁式继电器中的电磁机构（铁心与线圈）将输入的电压或电流信号变换为电磁力；热继电器中的双金属片将输入的电流信号变换为它内部的弯曲力。电磁式继电器中的反力弹簧，由于事先的压缩产生了一定的预压力，使得只有当电磁力大于等于（或略大于）预压力时，触头系统才可能动作；热继电器中的双金属片的自由端与触头系统之间，由于事先留有一定的间隙，使得只有当热量大到一定程度时才能产生双金属片推动触头系统的动作。这表现为一种比较功能。对于继电器的执行机构，有触头继电器中的触头可以产生吸合、释放动作；无触头半导体继电器中的晶体管具有截止、饱和两种状态，都能实现对电路的通断控制，是一种执行机构的逻辑转换表现。由此可见，"传感"机构和"执行"机构对任一种继电器都是不可缺少的，其特性表现为继电器的输入-输出特性，即继电逻辑特性，常用继电器特性曲线表示，它是一种矩形阶跃曲线，如图 1-16 所示。以 JT3 系列直流电磁式继电器和 JL15 系列交直流电磁式电流继电器为例，说明电磁式继电器的结构原理，如图 2-76 所示。

由图 2-76 可见，电磁式继电器的基本结构原理与接触器的结构原理相同，动作原理也相同，所不同的是，继电器的触头电流容量较小，触头数量较多，没有专门的灭弧装置，所以体积小、动作灵敏，只能用于控制电路。另外，有的电磁式继电器的线圈有单、双、三线圈的，见 2.7.2 节。电磁式继电器也是通过电磁作用起到接通和关断线路，并起到电磁隔离

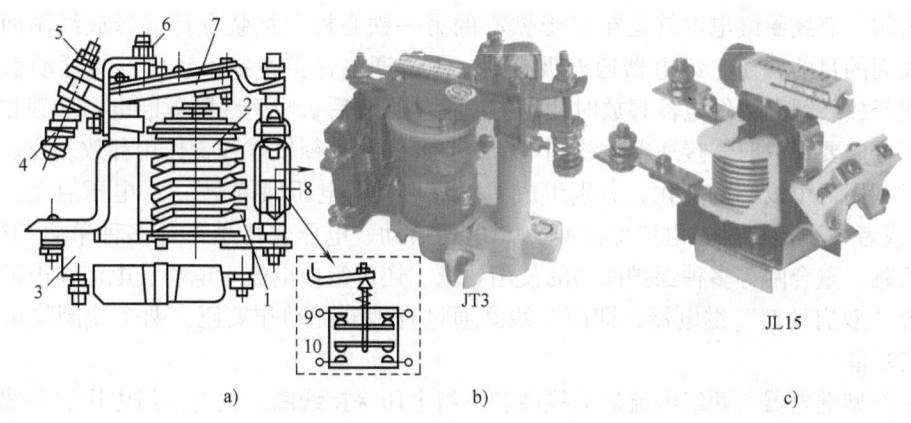

图 2-76　电磁式继电器结构原理示意图
a）结构示意图　b）JT3 系列外貌图　c）JL15 系列外貌图
1—线圈　2—铁心　3—磁轭　4—反力弹簧　5—调节螺母　6—调节螺钉
7—衔铁　8—触头组　9—常闭触头　10—常开触头

作用，因此也是一种自动控制元件。

电磁式继电器主要由电磁线圈、铁心、触头组、反力弹簧和调节机构等组成。通电后，电磁线圈产生电磁力带动触头组动作，使被控线路接通；断电时，在反力弹簧作用下释放复位，使被控线路断开。继电器的返回系数 K_f 值是可以通过调节螺母 5 和调节螺钉 6 调节的。一般继电器要求低的返回系数，K_f 值应在 0.1~0.4 之间，这样当继电器吸合后，输入量波动较大时不致引起误动作；欠电压继电器则要求高的返回系数，K_f 值在 0.6 以上。设某继电器 K_f =0.66，吸合电压为额定电压的 90%，则电压低于额定电压的 50% 时，继电器释放，起到欠电压保护作用。一般继电器的吸合时间与释放时间为 0.05~0.15s，快速继电器为 0.005~0.05s，它的大小影响继电器的操作频率。

3. 通用电磁继电器

通用电磁继电器主要用于工业电气控制系统中的中间继电器。通用直流电磁继电器通常在电气传动控制系统中作为电压、电流、时间等继电器用。通用电磁继电器有单线圈单稳态继电器、双线圈单稳态继电器、双线圈双稳态继电器、单线圈双稳态继电器、灵敏型单线圈单稳态继电器、灵敏型单线圈双稳态继电器等产品形式。一般分别以英文字母 A、B、C、D、E、F 加以表示和区别，有的使用数字表示。如 DZ-619/0500（10S）-220-2H2D-6，其中，DZ-619 表示型号；0500 表示启动线圈额定值，额定电流为 500mA；（10S）表示动作时间（ms），S—双线圈，SS—三线圈，SQ—双启动线圈；220 表示保持线圈额定值；2H2D 表示触头形式；6 表示安装方式：1—印制线路板式，3—焊接式，4—插座焊接式，5—螺栓焊接式，6—板前接线插座式。再如 JHX-3F/A-024-1H1D，其中，JHX-3F/A 表示单线圈单稳态产品，024 是启动线圈规格代号，触头形式是 1H1D。

单线圈单稳态继电器 A 类继电器只有一个工作线圈，当给线圈施加额定激励信号时，继电器状态转换。灵敏型单线圈单稳态继电器 E 类和灵敏型单线圈双稳态继电器 F 类继电器的线圈功耗小于 0.3W，这种继电器称为灵敏型继电器。

双线圈继电器具有独特的性能，应用在电气联锁较多的自动控制系统中，能使系统的工作稳定可靠。双线圈继电器就是在 U 形铁心的另一铁心柱上加装保持或释放线圈而成。增加保持线圈的目的在于，继电器通电吸合后，它也通电保持衔铁不动，避免振动引起误动作。增加释放线圈是为继电器释放时使用的。衔铁吸合后，吸引线圈就断电，靠锁扣扣住衔铁保持闭合。要释放时先接通释放线圈电源，打开锁扣，衔铁靠弹簧作用释放复位。双线圈继电器可利用两个线圈的变化，分别组成"电流启动、电压保持型"，"电压启动、电流保持型"，或者"电流启动、电流保持型"，"电压启动、电压保持型" 等多种单启动继电器，可满足防跳、重合闸等多种保护线路的使用要求。还可组成电流 + 电压、电流 + 电流、电压 + 电压等"双启动型"继电器，即两个线圈通过合理分配动作安匝，两个线圈均可完成启动、保持功能。

三线圈型继电器有两组电流启动线圈和一组电压保持线圈，也有一组电压启动线圈加两组电流保持线圈或两组电压线圈加一组电流线圈等多种组合规格。三线圈型继电器主要用于继电保护电路中有两组跳闸线圈的断路器的跳闸回路中。

双线圈单稳态继电器 B 类继电器有一个启动线圈和一个保持线圈，当给启动线圈施加激励时，继电器状态转换，接着给保持线圈施加激励，断开启动线圈的激励，其状态保持，再断开保持线圈的激励，其状态释放。

双线圈双稳态继电器 C 类继电器有一个启动线圈和一个复位线圈，当给启动线圈施加激励时，继电器状态转换，断开激励，其状态保持，再给复位线圈施加激励，状态复位为初始状态。

单线圈双稳态继电器 D 类继电器有一个启动复位线圈，当给线圈施加正向激励时，其状态转换，断开激励，此状态保持，再给此线圈施加反向激励，状态复位为初始状态。

常用的大容量通用电磁继电器有 JT 系列、JL 系列、DZ 系列等。其中，JT 系列常用于直流自动控制线路中作为时间、欠电压、欠电流、高返回系数的电压继电器及中间继电器，以及在电气传动系统中作为控制和保护直流电动机及交流绕线转子异步电动机反接制动时的反接继电器。JL 系列电磁式继电器常用于电气传动系统中的过电流保护元件及频繁操作交流异步电动机的堵转保护。DZ 系列电磁式继电器常用于电力系统继电保护中。JT3 系列直流电磁式继电器和 JL15 系列交直流电磁式电流继电器的外形结构如图 2-76 所示。

2.7.2　小型电磁式继电器

小型电磁式继电器广泛应用于工业自动化、机床电器、家电等控制电路中，主要用于中间控制信号的转换和小功率输出。小型电磁式继电器的控制电源为 AC 或 DC 220V 及以下，及触头最大控制电流为 20A 以下，安装方式多为插座式（插座可以安装在 35mm 标准导轨上）和印制板式，品种及种类繁多。一般地，小型电磁式继电器外形长边分别为 31mm、34.5mm、36.7mm、43.5mm、48mm 等，安装在印制线路板上的高度分别为 19.5mm、23.5mm、24.4mm、30mm、35mm、40mm 等。小型电磁式继电器的产品型号很多，如 JTX、MK、HH、JQX、LY、MY2、WJQX、JZX、JZC 等系列。图 2-77 所示是一种典型小型电磁式继电器的外形结构。

在工业电气控制中还常用到一种舌簧继电器，舌簧继电器包括干簧继电器、水银湿式舌簧继电器、铁氧体剩磁式舌簧继电器。但常用的主要是干簧继电器，干簧继电器常与磁钢或电磁线圈配合使用，用于电气、电子和自动控制设备中做快速切换电路的转换执行元件，如

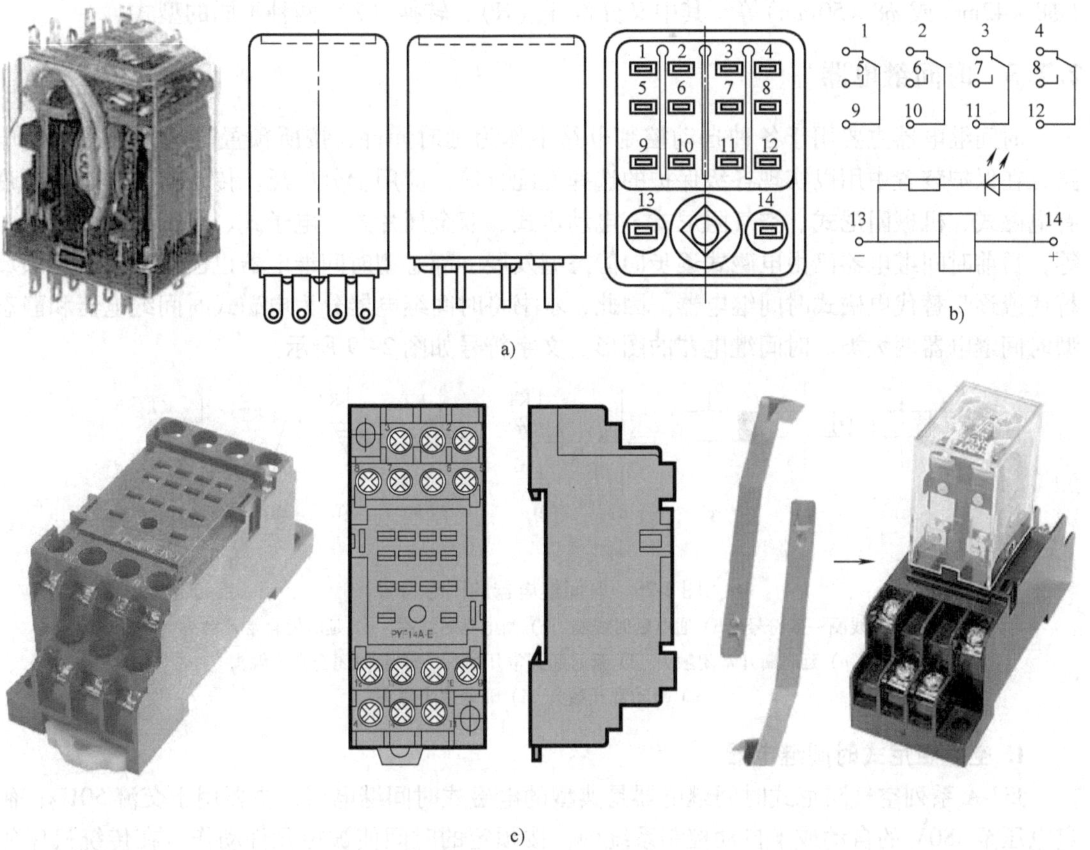

图 2-77 典型的小型电磁式继电器产品示意图
a) JQX-13F 外貌示意图 b) 接线图 c) 安装插座

液位控制等。

干簧继电器的触头是密封的,舌簧片由铁镍合金(坡莫合金)做成,舌片的接触部分通常镀以贵金属,如金、铑、钯等,接触良好,具有良好的导电性能。触头密封在充有氮气等惰性气体的玻璃管中与外界隔绝,因而有效地防止了尘埃的污染,减小了触头的电腐蚀,提高了工作可靠性。干簧继电器的吸合功率小,灵敏度高。一般舌簧继电器的吸合与释放时间均在 0.5~2ms 以内,甚至小于 1ms,与电子线路的动作速度相近。其典型应用实例如图 2-78 所示。

当磁钢靠近后,玻璃管中两舌簧片的自由端分别被磁化为 N 极与 S 极而相互吸引,从而接通了被控制电路。当磁钢离开后,舌簧片在自身弹力作用下分离,并复位,控制电路被切断。常用的舌簧继电器有 JAG-2-1 型(舌簧管为 $\phi 4 \times 36$ mm)、小型 JAG-4($\phi 3 \times 20$ mm)、大型 JAG-5

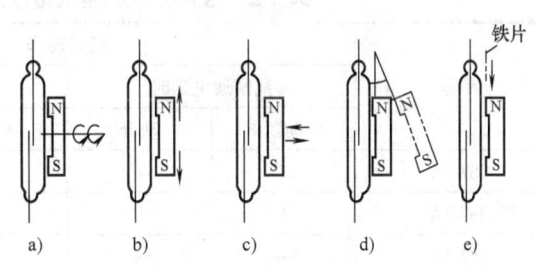

图 2-78 舌簧管典型应用示例
a) 旋转 b) 上下移动 c) 靠近
d) 摆动 e) 铁片引导

（φ8×42mm 或 φ8×50mm）等，其中又分常开（H）、转换（Z）两种不同的型式。

2.7.3 时间继电器

时间继电器主要用于各种自动控制电路中作为延时元件，按所预置时间接通或分断电路，在保护装置中用以实现各级保护的选择性配合等，应用十分广泛。传统上按其延时原理有电磁式、机械阻尼式、空气阻尼式、电动机式、双金属片式、电子式、可编程式和数字式等，目前时间继电器已由电磁式逐步向静态型发展，静态型时间继电器也已在很多应用领域替代或逐步替代电磁式时间继电器。因此，本书将时间继电器分为电磁式时间继电器和静态型时间继电器两大类。时间继电器的图形、文字符号如图 2-79 所示。

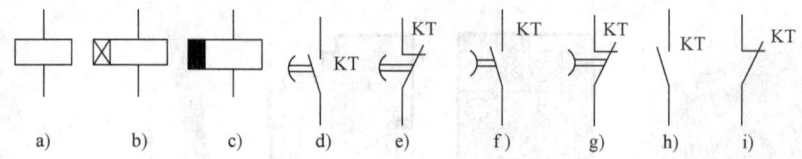

图 2-79 时间继电器的图形符号

a) 线圈一般符号 b) 通电延时线圈 c) 断电延时线圈 d) 延时闭合常开触头
e) 延时断开常闭触头 f) 延时断开常开触头 g) 延时闭合常闭触头
h) 瞬动常开触头 i) 瞬动常闭触头

1. 空气阻尼式时间继电器

JS7-A 系列空气阻尼式时间继电器是典型的电磁式时间继电器，主要用于交流 50Hz，额定电压至 380V 的自动或半自动控制系统中，按预定的时间使被控元件动作，在传统机床领域应用广泛。JS7-A 系列空气阻尼式时间继电器的控制电源电压：交流 50Hz，24V、36V、110V、127V、220V、380V；额定发热电流 3A；额定控制容量 100VA；使用类别为 AC-15，八小时工作制、断续周期工作制或断续工作制。按 AC-15 使用类别正常操作条件下，其操作频率为 600 次/小时。继电器经整定后，其重复定时误差小于 15%。在每工作 2.5 万次周期内，其稳定性误差小于 20%。JS7-A 系列空气阻尼式时间继电器有 JS7-1A 通电延时型和 JS7-3A 断电延时型两种类型，JS7-2A 通电延时型并带瞬时动作触头和 JS7-4A 断电延时型并带瞬时动作触头两种类型，共 4 种，每种型号的继电器还分为延时范围 0.4~60s 和 0.4~180s 两种，见表 2-23。

表 2-23 JS7-A 系列空气阻尼式时间继电器的型号及分类

型号	延时动作				瞬时动作触头数量	
	线圈通电延时		线圈断电延时			
	动断	动合	动断	动合	动断	动合
JS7-1A	1	1	—	—	—	—
JS7-2A	1	1	—	—	1	1
JS7-3A	—	—	1	1	—	—
JS7-4A	—	—	1	1	1	1

空气阻尼式时间继电器，是利用空气阻尼原理获得延时的，主要由电磁系统、工作触头和气室三部分组成。电磁机构为直动双 E 型，触头系统是借用 LX5 型微动开关，延时机构

采用气囊式阻尼器，如图 2-80 所示。

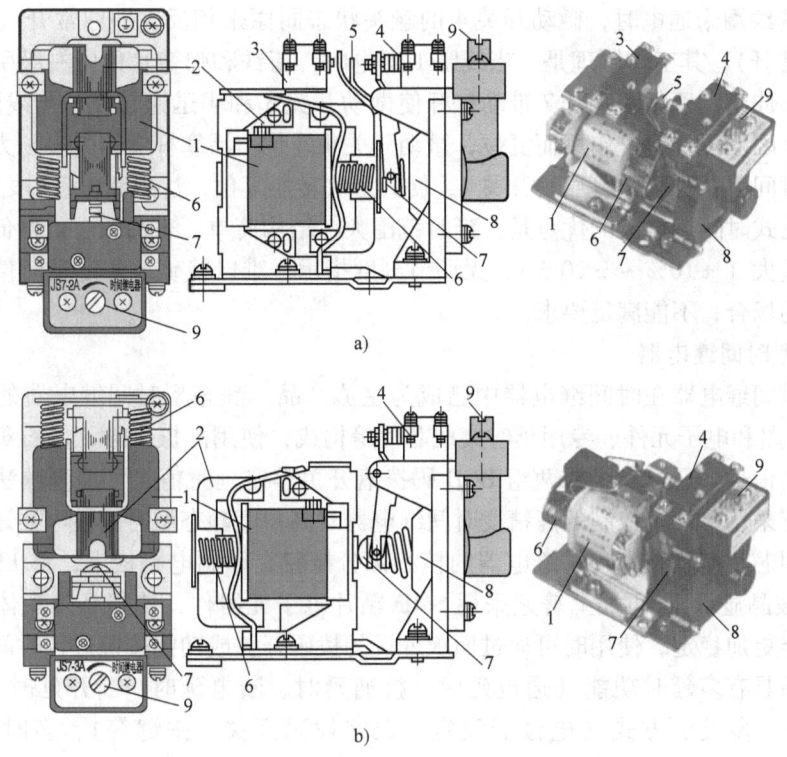

图 2-80　JS7-A 系列空气阻尼式时间继电器的结构原理图
a) JS7-2A　b) JS7-3A
1—线圈　2—铁心　3—瞬时动作触头　4—延时动作触头　5—弹簧片
6—复位弹簧　7—活塞杆　8—橡皮膜　9—延时调节螺钉

图 2-80a 是 JS7-2A 的结构原理图。中间图的左边部分为电磁机构，右边部分为延时机构。当线圈通电时，衔铁由右向左吸合，从而得到通电延时，反之，则为断电延时。改变电磁机构在继电器上的安装方向，即可获得通电延时或断电延时。将图 2-80a 中左边部分的电磁机构旋出固定螺钉后旋转 180°，即为断电延时型，见图 2-80b。图 2-80b 是 JS7-3A 的结构原理图。

JS7-2A 的工作原理如下：当电磁机构的线圈 1 通电后，其衔铁连同弹簧片被铁心 2 吸引而向左移动，瞬时动作触头（微动开关）3 迅速转换，同时，与气室紧贴的橡皮膜 8 上的活塞杆向左移动，随着进入气室的空气量逐渐增加，橡皮膜 8 也开始向左移动，使气室形成负压，起到空气阻尼作用，经缓慢左移一定的时间后，活塞杆上部的行程螺钉才能压动延时动作触头（微动开关）4，从而通过杠杆使微动开关 4 的触头按一定的延时进行动作，达到通电延时目的，其移动的速度即延时时间的长短，视进气孔的大小、进入空气室的空气流量而定，通过延时调节螺钉 9 调节气阀进气孔的大小即可得到所需的不同延时时间。

当线圈 1 断电时，电磁机构的电磁吸力消失，其衔铁在复位弹簧 6 的作用下释放，并通过活塞杆 7 将活塞推向右端，这时气室内的空气通过橡皮膜、弹簧和活塞的肩部所形成的单向阀，迅速地从气室缝隙中排掉。因此，杠杆和微动开关 4 迅速复位。在线圈 1 通电和断电时,微动开关 3 在弹簧片的作用下都能瞬时动作,即为时间继电器的瞬动触头。

JS7-3A 的线圈未通电时,微动开关 4 的触头状态同原来相反,即原常开(常闭)此时变作常闭(常开),其工作原理是,当线圈 1 得电时,衔铁和弹簧片便向右吸引而右移,且弹簧片的尾部伸出,顶紧活塞杆 7 带动杠杆使微动开关 3 和 4 迅速转换。当线圈 1 断电时,衔铁和弹簧片因复位弹簧的作用而复位,微动开关 4 复位,活塞杆 7 因失去顶力而缓慢地左移,经一定时间后,行程螺钉压动开关 4,使其触头转换复位,达到断电延时之目的。

空气阻尼式时间继电器的优点是,延时范围大,结构简单,寿命长,价格低廉。其缺点是,延时误差大($\pm 10\% \sim \pm 20\%$),无调节刻度指示,难以精确地整定延时值。在对延时精度要求高的场合,不能满足要求。

2. 静态型时间继电器

静态型时间继电器在时间继电器中已成为主流产品,静态型时间继电器的逻辑电路由 CMOS 集成电路和电子元件、专用延时集成芯片等构成,使用晶振分频,由石英晶体振荡器产生标准时基信号,通过一组或两组 BCD 码拨盘开关整定延时值,可编程减法计数达到延时。目前已有采用单片机控制的高精度时间继电器。高精度静态型时间继电器还在专用芯片的基础上采用芯片掩膜技术,将继电器的核心部分掩膜在印制电路板上,将 LED 数码显示改为 LCD(液晶显示),再加上普遍采用 SMD 贴片电子元器件,使产品外观体积更趋小型化,产品性能更加稳定,使用时可通过面板外设的拨码开关或功能按键进行时间或控制方式的预置。产品具有多延时功能(通电延时、接通延时、断电延时、断开延时、往复延时、间隔定时等)、多设定方式(电位器设定、数字拨码开关、按键等)、多时基选择(如 0.01s、0.1s、1s、1m、1h 等)、多工作模式、LED 或 LCD 显示等。静态型时间继电器具有延时范围广、精度高、显示直观、体积小、耐冲击和耐振动、调节方便及寿命长等优点,所以发展很快,应用广泛,产品型号繁多,在工业自动控制领域已基本取代传统的时间继电器。

(1)晶体管型时间继电器 晶体管型时间继电器是利用 RC 电路中的电容器充电时,充电电压逐渐上升的原理作为延时基础。因此改变充电电路的时间常数(改变电阻值),即可整定其延时时间。继电器的输出形式有两种:有触头式,用晶体管驱动小型电磁式继电器;无触头式,采用晶体管或晶闸管输出。图 2-81 是 BS-15/16 型晶体管型时间继电器原理图。

BS-15/16 型晶体管型时间继电器主要用于电力系统继电保护装置及自动化装置中,作为延时控制元件,使被控设备或电路的动作得到所需要的延时。在继电保护线路中用以实现主保护与后备保护的选择性配合。

在图 2-81 中,接通电源后,V1~V3 建立的 24V 直流电压,使中间继电器 K1 瞬时动作,V4~V6 建立的 24V 直流电压,经 R_1(R_2、R_3、R_4)和 R_5 向 C 充电,经一定的延时后,C 上的电压 U_C 上升至一定值,V7 的发射结反向击穿,V10、V11 组成的复合管由截止状态突变为饱和导通,驱使中间继电器 K2 动作。断开电源后,K1 和 K2 瞬间返回原始状态。K1 的动断触头接通 C 的放电回路,电容 C 迅速放电,为下次充电动作做好准备。时间继电器输出的瞬动触头由 K1 提供,延时触头由 K2 提供。时间继电器的电流自保持绕组绕于继电器 K2 铁心上,因此只有延时触头才有自保持功能。由图 2-81 可见,继电器设置了四条独立的 RC 充电延时回路,选择相应的插接位置(S1~S4),用插头接通其中一条回路,

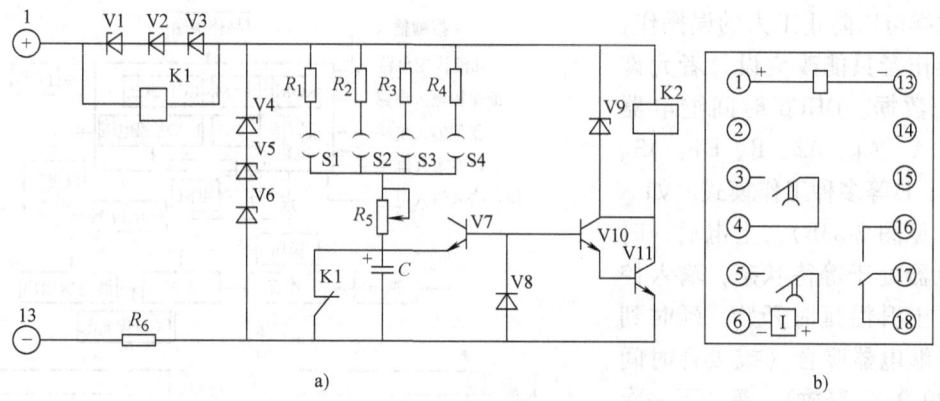

图 2-81 BS-15/16 型晶体管型时间继电器原理图
a) 原理图 b) 接线图

同时调整电位器 R_5，便可得到所需的动作延时，插座和电位器均装设在面板上。

(2) DHC6A/DHC7A 智能时间继电器 DHC6A/DHC7A 智能时间继电器是一种多制式单片机控制时间继电器，有多种工作模式、工作次数计数功能，并带预置控制输出和 LCD 背光源显示，具有 9 种工作制式，正计时与倒计时可任意设定，有 8 或 10 种延时时段且延时范围从 0.001s～9999h 可通过键盘任意设定，设定完成之后可以锁定按键，防止误操作。可根据需要选择最合适的制式，以最简便方法达到以往需要较复杂接线才能达到的控制功能，这样既节省了中间控制环节，又大大提高了电气控制的可靠性。图 2-82 是 DHC7A 智能时间继电器产品外貌，DHC6A 产品外貌与此类似。原理框图如图 2-83 所示。

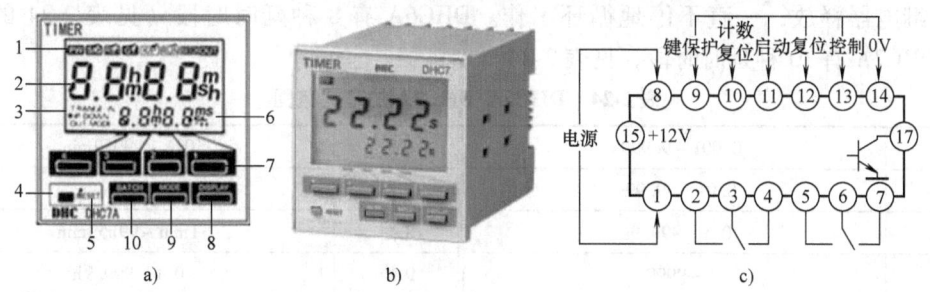

图 2-82 DHC7A 智能时间继电器
a) 面板图 b) 产品外貌图 c) 接线图
1—电源、控制、复位、暂停、键保护、继电器吸合、延时指示 2—计时值 3—功能指示
4—面板复位键 5—系统复位 6—设定值 7—设定键 8—显示键 9—模式键
10—工作次数设置键

图 2-83 中，DHC80910 集成电路是一个单片机最小系统，由 CPU、片内 ROM、片内 RAM、可编程 I/O、计数器/定时器、LCD 驱动电路、LCD 基准电压电路和振荡电路构成。该电路由两路电源供电，当外部有电源时，由外部电源供电，当外部停电时，停电检测电路立即发出停电信号使该电路的功耗减到最小，此时单片机由内部电池供电，保持 RAM 中的数据（数据保持时间可达 10 年），并且设定按钮能够在停电时设定数据。当设定好数据后，键保护输入能按不同的要求分别锁定功能设定键、复位键和时间设定键，使这些键的操作无

效，这样可以防止工人的误操作，也使操作者只能改变设计者允许改变的数据。DHC6 时间继电器设计有 A、A1、A2、B、E4、A3、B1、D、F 等多种工作模式。如 A 模式（见图 2-83b），上电后，时间继电器处于等待状态，输入控制信号上升沿延时开始，延时到达后，继电器吸合（或吸合时间 $0.1 \sim 99.9s$ 后释放），等待下一次控制信号。A2 模式（见图 2-83d），上电后，时间继电器立即开始延时，输入控制信号延时暂停，延时到达后，继电器吸合（或吸合时间 t 后释放），等待下一次上电或复位信号。B 模式（见图 2-83e），上电后，时间继电器处于等待状态，输入控制信号上升沿延时开始，延时到达后，继电器吸合，继续延时，延时到达后，继电器释放，一直不停地循环工作。DHC6A 有 8 种延时时段（见表 2-24 的 2～9 档），DHC7A 有 10 种延时时段，见表 2-24。

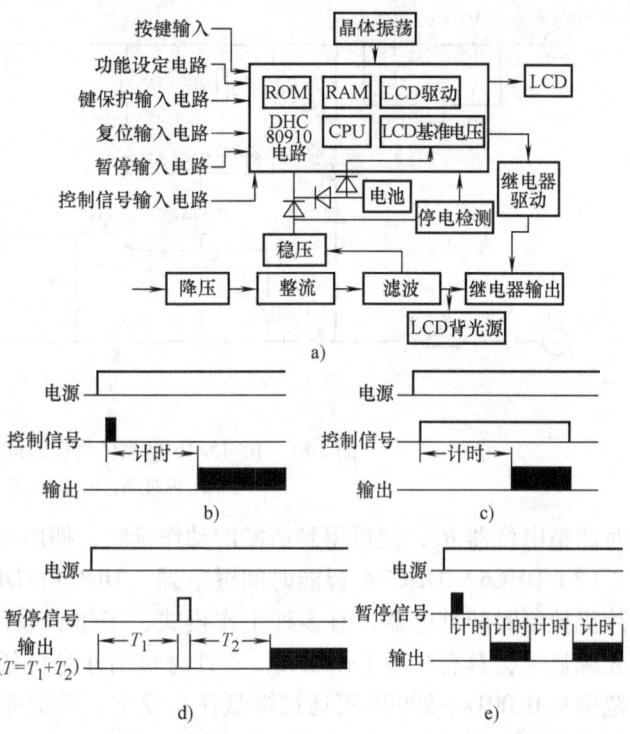

图 2-83 DHC6A/DHC7A 智能时间继电器原理图
a) 原理框图 b) A 模式 c) A1 模式 d) A2 模式 e) B 模式

表 2-24 DHC6A/DHC7A 的延时范围

1 档	$0.001 \sim 9.999s$	6 档	$0.1 \sim 999.9min$
2 档	$0.01 \sim 99.99s$	7 档	$1 \sim 9999min$
3 档	$0.1 \sim 999.9s$	8 档	$1min \sim 99h59min$
4 档	$1 \sim 9999s$	9 档	$0.1 \sim 999.9h$
5 档	$1s \sim 99min59s$	10 档	$1 \sim 9999h$

2.7.4 温度继电器

温度继电器又称温度开关，用于当测量点介质的温度达到设定值时，输出 1 路或多路开关量或模拟量控制信号，以控制被控对象，有的产品还有数字显示，通过按键设定操作。温度继电器广泛应用于各种自动化生产中的电动机、变压器、大功率电子元件、家用电器等的过热保护。热元件（如热敏电阻）直接埋置于被检测的温度部位，它具有体积小、重量轻、性能可靠的特点。以下以电动机保护方面的应用简介。当电动机发生过电流时，会使其绕组温升过高，前已述及，热继电器专用于三相异步电动机过载、断相保护。但当电网电压不正常升高时，即使电动机不过载，也会导致铁损增加而使铁心发热，这样也会使绕组温升过高，或者电动机环境温度过高，以及通风不良等，也同样会使绕组温升过高，在这种情况下，若用热继电器则不能正确反映电动机的异常或故障状态。为此，人们利用发热元件间接地反映出绕组温度而进行动作的继电器，这就是温度继电器。

温度继电器的热元件是埋设在电动机发热部位的，如电动机定子槽内、绕组端部等部位，直接反映该处发热情况，无论是电动机本身出现过电流引起温度升高，还是其他原因引起电动机温度升高，温度继电器都可起到保护作用。温度继电器大体上有两种类型：一种是双金属片式温度继电器，另一种热敏电阻式温度继电器。双金属片式温度继电器的工作原理与热继电器相似，在此不重述。

双金属片式温度继电器的动作温度是以电动机绕组绝缘等级为基础来划分的，它分 50℃、60℃、70℃、80℃、95℃、105℃、115℃、125℃、135℃、145℃、165℃等规格。继电器的返回温度因动作温度而异，一般比动作温度低 5~40℃。双金属片式温度继电器的缺点是加工工艺复杂，且双金属片又易老化。另外，由于体积偏大而多置于绕组的端部，故很难及时反映温度上升的情况，以致发生动作滞后的现象。同时，也不宜用来保护高压电动机，因为过强的绝缘层会加剧动作的滞后现象。

热敏电阻式温度继电器的外形同一般晶体管型时间继电器相似，但作为温度感测元件的热敏电阻不装在继电器中，而是装在电动机定子槽内或绕组的端部。热敏电阻是一种半导体器件，根据材料性质有正温度系数和负温度系数两种。由于正温度系数热敏电阻具有明显的开关特性、电阻温度系数大、体积小、灵敏度高等优点而得到广泛应用和迅速发展。没有电源变压器的正温度系数热敏电阻式温度继电器电路如图 2-84 所示。

图 2-84 中，R_T 是表示各绕组内埋设的热敏电阻串联后的总电阻，它同电阻 R_3、R_4、R_6 构成一电桥。由晶体管 V2、V3 构成的开关接在电桥的对角线上。当温度在 65℃ 以下时，R_T 大体为一恒值，且比较小，电桥处于平衡状态，V2 及 V3 截止，晶闸管 V4 不导通，执行继电器 K 不动作。当温度上升到动作温度时，R_T 的阻值剧增，

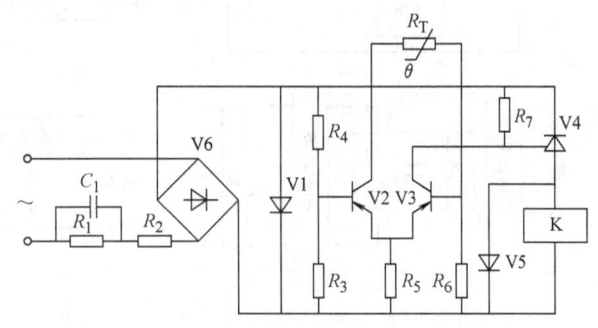

图 2-84 热敏电阻式温度继电器原理电路图

电桥出现不平衡状态而使 V2 及 V3 导通，晶闸管 V4 获得门极电流也导通，执行继电器 K 线圈得电而吸合，其常闭触头分断接触器线圈，从而使电动机断电，实现了电动机的过热保护。当电动机温度下降至返回温度时，R_T 阻值锐减，电桥恢复平衡使 V4 关断，执行继电器线圈断电而使衔铁释放。

2.7.5 固态继电器

固态继电器（Solid State Relays，SSR）是一种四端有源、无触头通断开关器件，其中，两个端子为输入控制端，另外两端为输出受控端，中间采用光电耦合或变压器耦合、膜固定电阻网络和芯片使输入输出之间电气隔离。利用大功率晶体管、功率场效应晶体管、晶闸管等固体器件的开关特性，来达到无触头、无火花地通断被控电路。当在输入端加上直流或脉冲信号后，输出端就能从关断状态转变成导通状态，无信号时主回路呈阻断状态。整个器件无可动部件及触头，可实现电磁式继电器相同的逻辑功能。由于其具有结构紧凑、开关速度快、能

与微电子逻辑电路兼容等特点,广泛应用于各种工业自动化装置、计算机外围接口设备、电炉加热恒温设备、数控机械、信号灯、交通灯、舞台灯光控制设备、仪器仪表、医疗器械、橡塑机械、自动洗衣机等,在化工、煤矿等需防爆、防湿、防腐蚀场合中都大量使用。

1. 固态继电器的结构原理和分类

固态继电器按产品类型分为直流固态继电器、交流固态继电器、双向固态继电器、光MOS固态继电器、智能化固态继电器等。直流固态继电器内部的开关元件是功率晶体管;交流固态继电器的开关元件是晶闸管,有单相、三相之分。固态继电器产品封装有塑封型和金属壳全密封型。固态继电器按触发形式可分为过零型(Z)、非过零型(P)、随机型、峰值型和相位型;按输入电压的不同类别,输入电路可分为直流输入、交流输入和交直流输入三种;固态继电器的输出电路也可分为直流输出、交流输出和交直流输出等形式。交流输出时,通常使用两个晶闸管或一个双向晶闸管,直流输出时,使用双极性器件或功率场效应晶体管;有些输入控制电路还具有与TTL/CMOS兼容、正负逻辑控制和反相等功能。固态继电器的结构原理如图2-85所示。

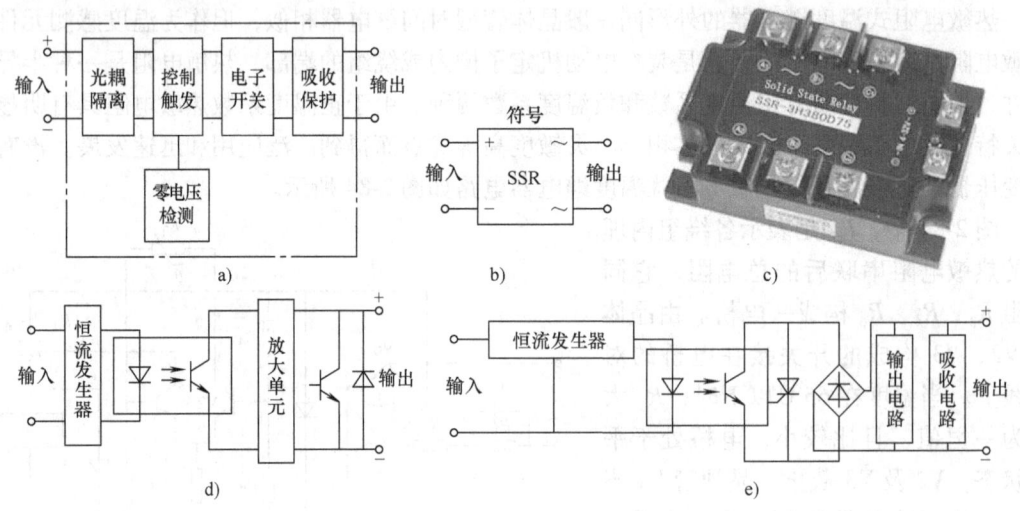

图2-85 固态继电器的结构原理
a)固态继电器原理框图 b)固态继电器的电路符号 c)三相交流固态继电器产品外貌
d)直流固态继电器原理框图 e)交流固态继电器原理框图

图2-85中,输入电路是为输入控制信号提供一个触发信号源回路,由恒流发生器及光耦合器组成。光耦合器起信号传递和电隔离作用。输出电路包括开关器件和吸收电路。吸收电路是为防止从电源中传来的尖峰和浪涌对开关器件的冲击和干扰而设计的,一般是用RC串联吸收电路或非线性电阻(压敏电阻器)。

交流固态继电器的内部驱动电路是一种晶闸管触发电路,包括零电压监测电路,以控制晶闸管的开关状态。固态继电器的输入驱动,可以直接在其输入端外加直流电压驱动,也有的采用晶体管电路、集成电路驱动。

固态继电器的输入电路多为直流输入,个别的为交流输入。直流输入电路又分为阻性输入和恒流输入。阻性输入电路的输入控制电流随输入电压呈线性正向变化。恒流输入电路在输入电压达到一定值时,电流不再随电压的升高而明显增大,这种继电器可适应较宽的输入电压范围。

固态继电器的驱动电路包括隔离耦合电路、功能电路和触发电路三部分。隔离耦合电路多采用光耦合器或高频变压器。常用的光耦合器有光-晶体管、光-双向晶闸管、光-二极管阵列（光-伏）等。高频变压器耦合在一定的输入电压下形成约 10MHz 的自激振荡，通过变压器磁心将高频信号传递到变压器二次侧。功能电路包括检波整流、过零、加速、保护、显示等功能电路。触发电路的作用是给输出器件提供触发信号。

固态继电器的输出电路是在触发信号的控制下，实现电路通断，主要由输出器件（芯片）和起瞬态抑制作用的吸收回路组成，有的产品还包括反馈电路。目前，各种固体继电器使用的输出器件主要有大功率晶体管、单向晶闸管、双向晶闸管、MOS 场效应晶体管、绝缘栅双极型晶体管等。

过零型固态继电器加入控制信号后，交流电压过零时，SSR 即为通态；而当断开控制信号后，SSR 要等待交流电的正半周与负半周的交界点（零电位）时，SSR 才为断态，这能防止谐波的干扰和对电网的污染。过零型 SSR 内部包括过零检测电路，在施加输入信号时，只有当负载电源电压达到过零区域时才能导通，并有可能造成电源半个周期的延时。需要说明的是，"过零"并非必须是在电源电压波形过零处触发，而是在保证接通电压 + （10 ~ 25V）到 - （10 ~ 25V）区域内触发。

光 MOS 固态继电器（Optical MOS Relays）又称微电子继电器（Microelectronic Relays，MER），也称为光伏固态继电器。它以发光二极管（LED）、光伏二极管阵列（Photovoltaic Diode Array，PVDA）作为隔离耦合器件，以功率场效应晶体管（MOSFET）作为输出器件，是一种具有高速开关切换功能的双列直插式微型固态继电器。其中，光伏二极管阵列（PVDA）芯片是由多个光敏二极管和功能电路组成的硅单片集成电路。光 MOS 固态继电器具有较低导通电阻，输出特性好，动作速度高，可控制微小的模拟信号；低漏电电流；无噪声、高灵敏度、低电流消耗，引线间电容很小；体积小，并可实现多路和多触点结构；绝缘、隔离性好等优点。

作为示例，图 2-86 是采用 Teledyne 电子技术公司生产的 EMCRT48D75 型电动机控制用固态继电器的应用实例。

EMCRT48D75 型固态继电器的额定输入电压为交流 50Hz、480V，输入电压范围为交流 24 ~ 550V，额定电流 16A，可控制电动机功率 7.5kW，控制电压范围为 DC 12 ~ 32V，外形尺寸 100mm × 76mm × 56.5mm，重量 130g。EMCRT48D75 型固态继电器可导轨安装或附带螺钉安装。可以用于控制三相异步电动机，也可以控制单相电动机。主要应用于传送带、电梯、自动扶梯、水泵、风机、压缩机、吊车等领域的电动机正反向控制。

图 2-86a 用于三相异步电动机的正反向速度控制，图中 FU 是快速熔断器，其他按技术规范常规配置。

2. 固态继电器的主要参数

（1）输入参数

1）输入电压范围，在规定的环境温度下，施加在输入端，使输出端维持"导通"状态的电压范围。

2）保证接通电压，在规定的环境温度下，施加于输入端，当输入在该值或该值之上时，能保证输出端处于导通状态的电压。

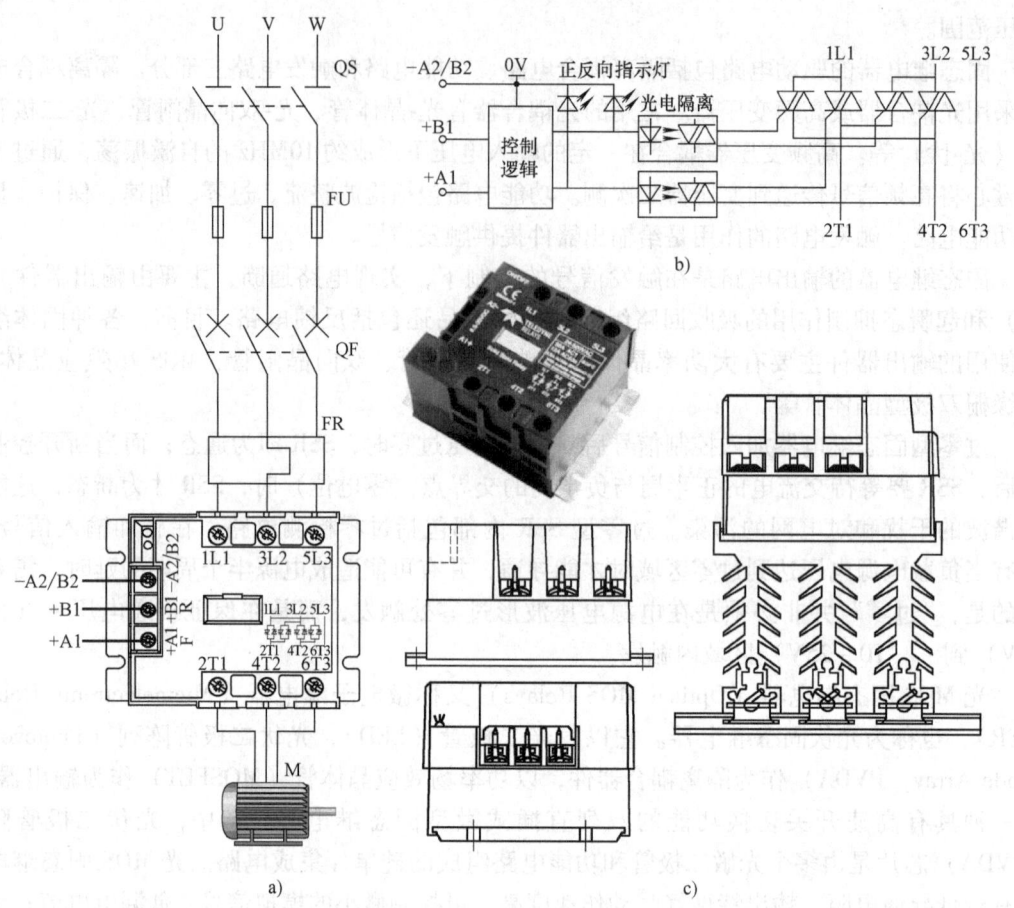

图 2-86 采用 EMCRT48D75 型固态继电器控制三相电动机应用实例
a) 原理图 b) EMCRT48D75 内部主电路原理图 c) 产品外貌图

3) 反极性电压，在规定的环境温度下，能够加在固态继电器输入端上而不致造成固态继电器永久损坏的最大允许反向电压。该值一般确定为输入电压的上限值。

4) 保证关断电压，在规定的环境温度下，施加于输入端，当输入在该值或该值以下时，能保证输出端处于关断状态的电压。

5) 输入电流，在规定的环境温度下，施加规定的输入电压于固态继电器输入端，流入其输入回路的电流值（单位：mA）。

6) 最小输入阻抗，在给定电压下的最小阻抗（单位：Ω）。作为输入电流的替代或补充，它确定输入功率的要求。

（2）输出参数

1) 输出电压范围，在规定的环境温度下，固态继电器能够承受的最大稳态负载电源电压。一般还应规定，继电器能正常接通和关断的最小值输出电压。

2) 最大负载电流，在规定的环境温度下，固态继电器允许使用的最大稳态负载电流值。一般还应规定，继电器能正常接通和关断的最小输出电流。它受散热器和环境温度条件的散热限制。

3）最小负载电流，为使交流固态继电器正常接通，能满足规定的直流调节器电压和波形失真要求的继电器的最小负载电流（单位：mA）。一般直流固态继电器输出规定其适用的最小电流。

4）最大浪涌电流（非重复性），在规定持续时间不允许流过的最大瞬时电流（单位：A），持续时间的典型值为交流电的一个周期（10ms），通常规定为峰值以及电流对时间的曲线。

5）过负载和浪涌电流，固态继电器的过负载为3.5倍额定输出电流、脉冲宽度100ms、周期1s、循环10次的浪涌电流值或详细规范所规定的其他循环方式的浪涌电流。交流固态继电器一般还可承受脉冲宽度为1个周波（20ms）的8~15倍于额定输出电流的非重复浪涌电流。

6）最大 I^2t（单位：$A^2 \cdot s$），固态继电器承受最大非重复性脉冲电流的能力，用于熔丝的选择。

7）功耗（在额定电流下），主要由于输出半导体有效电压降（功耗）而产生的最大平均功耗（单位：W）。

8）最大过零导通电压（单位：VRMS），最大过零导通电压也称过零电压，在施加导通控制信号后，在每一后续半周，即要导通之前，跨于输出端两端所呈现的最大（峰值）断态电压。

9）最大重复性导通电压峰值（单位：VRMS），在施加导通控制信号半周之后，在每一后续半周，即要导通之前，跨于输出端两端所呈现的最大（峰值）断态电压。这一参数对具有或不具有"零导通"特点的固态继电器同样适用。

10）电压上升率（dv/dt），在规定的环境温度下，固态继电器输入端施加零输入电压，输出端能够承受的不使其接通的最小电压上升率（单位：$V/\mu s$）。规定该值为$100V/\mu s$，某些产品可达$200~500V/\mu s$。

11）瞬态过电压（单位：PIV），固态继电器在维持其关断状态的同时，能够承受而不致造成损坏或失误的允许施加电压的最大偏离。超过该瞬态电压可以使固态继电器导通，若满足电流条件则是非破坏性的。瞬态持续时间一般不做规定，可以在几秒的数量级，受内部偏值网络功耗或电容器额定值的限制。

12）最大通态电压降，在规定环境温度下，固态继电器处于接通状态，在额定工作电流下，两输出端之间的压降或电阻值。

13）输出漏电流（单位：mA），在规定的环境温度下，固态继电器处于关断状态，输出端为额定输出电压时，流经负载的电流（有效）值。通常是指整个温度范围内在最大的输出额定电压下的值。该值主要是输出端缓冲器产生的。

14）导通时间，从施加于常开型固态继电器输入端电压达到保证接通电压开始，至输出端电压达到其电压最终变化的90%为止的时间间隔（单位：ms）。

15）关断时间，从切除常开型固态继电器输入端电压达到保证关断电压开始，至输出端电压达到其电压最终变化的90%为止的时间间隔（单位：ms）。

3. 固态继电器的应用

（1）固态继电器的优点

1）固态继电器没有机械零部件和运动的零部件，因此能在高冲击、振动的环境下工作，由于组成固态继电器的元器件的固有特性，决定了固态继电器的寿命长、可靠性高。

2）灵敏度高，控制功率小。固态继电器的输入电压范围较宽，驱动功率低，可与大多数逻辑集成电路兼容，不需加缓冲器或驱动器，切换速度可从几毫秒至几微秒。

3）大多数交流输出固态继电器是一个零电压开关，在零电压处导通，零电流处关断，减少了电流波形的突然中断，从而减少了开关瞬态效应，电磁兼容性好。

(2) 固态继电器的缺点

1）导通后的管压降大，晶闸管或双向晶闸管的正向降压可达 1~2V，大功率晶体管的饱和压降也在 1~2V 之间，一般功率场效应晶体管的导通电阻也较机械触头的接触电阻大。由于管压降大，导通后的功耗和发热量也大，大功率固态继电器的体积远远大于同容量的电磁式继电器，成本也较高。

2）半导体器件关断后仍可有数微安至数毫安的漏电流，因此不能实现理想的电隔离。

3）电子元器件的温度特性和电子线路的抗干扰能力较差，耐辐射能力也较差，如不采取有效措施，则工作可靠性低。

4）固态继电器耐过载能力较差，必须用快速熔断器或 RC 阻尼电路对其进行保护。固态继电器的负载与环境温度有关，温度升高，负载能力将迅速下降。

(3) 固态继电器的选择

1）根据负载类型、输出电流和浪涌电流选择。由于固态继电器的过载能力比一般电磁元件小，为提高长期工作可靠性，应留有一定的电流余量，应根据负载类型进行选择。一般地，对于阻性负载，选用的固态继电器最大电流应大于负载额定电流的 2 倍；对于感性负载，选用的固态继电器最大电流应大于负载额定电流的 3 倍。若负载电流变动较大，电流倍数适当增加，保证整个运行过程中，负载实际工作电流不能超过固态继电器的最大电流。总之，选择的固态继电器的最大负载电流不超过产品规定的相应温度下的额定输出电流，浪涌电流不超过固态继电器的过负载能力。

固态继电器的最大额定输出电流一般指常温下或常温到高温下的最大额定输出电流，对大于 10A 的固态继电器是指带有规定散热器时的最大额定输出电流。当固态继电器工作温度上升或不带散热器时，最大输出电流相应下降。对此，固态继电器均给出不带散热器的输出电流与环境温度的关系曲线，称为热降额曲线。

一般在考虑固态继电器的浪涌电流和过负载能力后，选择固态继电器的降额系数，其推荐值见表 2-25。

表 2-25 选择固态继电器时的降额系数推荐值

负载类型	阻性	电热	交流电磁铁、变压器等	单相电动机	三相异步电动机	电容器投切
降额系数	0.5	0.4	0.25	0.12~0.24	0.18~0.33	0.20

表 2-25 中，单相电动机、三相异步电动机降额系数的较小值对应大惯性负载，当用于频繁操作和要求长寿命、高可靠的应用场合，还应对表中的降额系数再乘以 0.6。

对于一般负载的额定有效值工作电流可按标称值除以降额系数来选择，但必须考虑一些特殊负载条件，以避免过大的冲击电流和过电压对器件性能造成不必要的损害。如白炽灯、电热等类的"冷阻"特性会造成较大的开通瞬间浪涌电流；电动机在起停、堵转等状态下会产生较大的冲击电流和电压突变；电容换相电动机在换相时，电容充电电压和输入电源的叠加会在

SSR 两端造成高电压；切换电容器会造成瞬间短路、瞬间浪涌电压和大的浪涌电流。

在控制感性负载时，一定要考虑负载的起动特性，并在固态继电器前加装适当的快速熔断器，在输出端并接压敏电阻，电压取值为负载电压的 1.6~1.9 倍。电流大于 40A 时，需加风扇强冷或水冷。

示例：设固态继电器控制大惯性三相异步电动机，三相异步电动机的工作电流为 14A，根据降额系数，计算出额定电流值为 14A/0.18 = 77A，故选择最大负载电流为 80A 的固态继电器。

2）选择输出电压、瞬态电压和 dv/dt。固态继电器的额定输出电压不能超过负载的工作电压，也不能低于规定的最小输出电压，可能加至固态继电器输出端的最大电压峰值要低于固态继电器的瞬态电压值。

对感性和容性负载，当交流固体继电器在零电流关断时，电源电压不为零，并且以较大的电压上升率 dv/dt 加至固态继电器的输出端，因此应选用 dv/dt 高的继电器。

3）输入特性。一般情况下，直流输入型固态继电器的输入电压范围有 DC3~32V 恒流输入型和 DC3~14V、DC10~40V 阻性输入型。交流输入型固态继电器的输入电压范围有 AC90~280V 输入型。输入电压的下限即保证接通电压，输入电压的上限即反极性电压（仅适用于直流输入），超过该值，可能造成固态继电器永久性破坏，使用时一定注意。

4）散热器、风机的选用。固态继电器正常工作时必须配备散热器和风机。散热器和风机选择，一般推荐采用厂家配套的散热器和风机。否则，选择的散热器和风机必须能保证固态继电器正常工作时散热底板温度不大于 75℃；负载较轻时，可减小散热器的大小或采用自然冷却；有水冷条件的，应首选水冷散热。

5）其他特性。其他特性包括固态继电器的输出电压降、输出漏电流、零点电压、绝缘电阻、介质耐压等电气特性。选择时应根据实际情况检查所选产品的指标是否合适。

6）固态继电器的安装与使用。

① 按通风要求安装好散热器和风机，要在固态继电器导热基板表面与散热器表面均匀涂一层导热硅脂，然后用螺钉把固态继电器固定在散热器上，注意各个螺钉用力要均匀。运行时，经常测量固态继电器导热基板侧面或靠近固态继电器的散热器表面温度，其测试点的温度应小于 80℃。

② 在导线端头上焊接接线端子，然后套上绝缘热缩管，用热风或热水加热收缩。将接线端头平放在固态继电器电极上，用螺钉紧固，保持良好平面压力接触。严禁不用接线端子而直接将铜线压接在固态继电器电极上，以防止接触不良产生附加发热。

③ 接控制线，有插座式接线方式和电极接线方式。插座一般只用 1、2 号两脚，其余为空脚。1 号脚用红色线接直流控制电源正极；2 号脚用黑色线接控制电源负极。对于电极接线方式，把控制电源直接引到控制电极。红色线接控制端正极，黑色线接控制端负极。

2.7.6 可编程逻辑控制继电器

可编程逻辑控制继电器是一种"可编程序"、"通用"、"智能化"的控制继电器，不同厂商的产品有不同的名称，如德国金钟-默勒公司的电子式控制继电器"easy"；德国图尔克的智能控制继电器"BoxX"；西门子公司的通用逻辑模块"LOGO!"；施耐德公司的"Zelio Logic"逻辑控制器；日本和泉电气公司的 FL1D 型智能型应用控制器；日本 OMRON 公司的可编程序继电器"ZEN";日本三菱公司的程控器"ALPHA"等。

1. 可编程逻辑控制继电器的结构原理

可编程逻辑控制继电器将一些典型的继电逻辑控制程序预先存储在内部存储器中,通过用户程序组合、调用,以实现一些较简单的逻辑控制和顺序控制功能,用户程序通过面板采用梯形图或功能图语言编程,形象直观,简单易懂,由按钮、开关等输入开关量信号,通过顺序执行程序,可对输入信号进行算术运算、逻辑运算、模拟量运算、定时、加/减计数、频率测量等,另外还有显示参数、通信、仿真运行等功能,其集成的内部软件功能和编程软件可替代传统的继电逻辑电路,如继电器、接触器和定时器等构成的逻辑电路,并具有很强的抗干扰抑制能力。另外,其硬件是标准化的,要改变控制功能只需改变程序即可。因此,在继电逻辑控制系统中,可以"以软代硬"替代其中的时间继电器、中间继电器、计数器、接触器和定时器等,以简化线路设计,并能完成较复杂的逻辑控制,甚至可以完成传统继电逻辑控制方式无法实现的功能。因此,在工业自动化控制系统、小型机械和装置、建筑电气等领域广泛应用。在智能建筑中适用于智能住宅系统、照明系统、取暖通风系统、门、窗、栅栏和自动门等的控制。新型产品还具有 LCD 显示的人机操作界面,最多可显示 32 段文本,每个文本最多 64 个字符。可以通过本地和远程进行输入/输出点数扩展,还可以通过 AS-i、PROFIBUS、CANopen 或 DeviceNet 网络模块,集成到高一级的自动化系统中。

可编程逻辑控制继电器基本型的宽度为 72mm,相当于 8 个模数的尺寸,加长型和总线型的宽度相当于 14 个模数宽,可卡装在 35mm 导轨上,不同品牌的基本型产品外形基本相似。以德国金钟-默勒公司的"easy"为例,基本型的外貌及面板功能布置如图 2-87 所示。

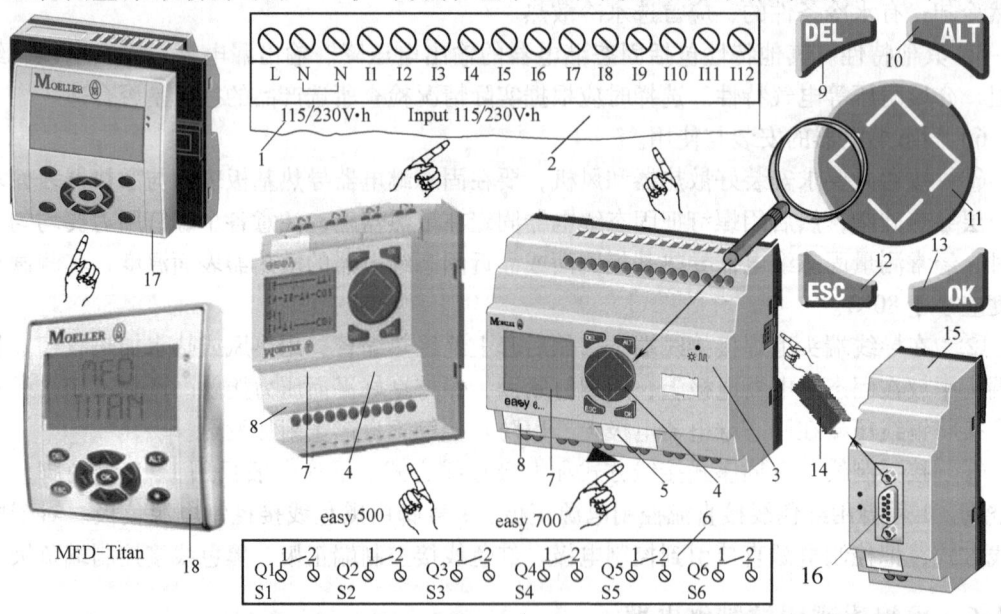

图 2-87 easy 基本型的产品外貌示意图

1—电源输入端子 2—输入端子 3—运行状态指示灯 4—功能按键 5—存储卡和通信接口 6—输出端子
7—LCD 显示屏 8—标签 9—DEL 键,删除电路图上的对象 10—ALT 键,电路图特殊功能
11—光标键,↑、↓、←、→,移动光标、选择菜单条目 12—ESC 键,返回、取消上一个操作
13—OK 键,下一级菜单条目,存储输入 14—easy-Link 连接器 15—PROFIBUS-DP 模块
16—MFD-Titan 电源/CPU + 显示器 17、18—MFD-Titan 显示器

新型的 easy500/700/800 系列和 MFD-Titan 多功能显示器已经替代旧产品 easy400/600 系列。图 2-87 中示出 easy500 和 easy700 的产品外貌。easy500/700/800 系列和 MFD-Titan 多功能显示器具有数学运算、逻辑控制、定时和计数、定时开关、PID 控制、操作员和显示、高速计数、频率测量和高速增量式编码器处理、数据存储、通信连网等功能。

easy500 控制继电器有 8 个数字量输入端、4 个继电器输出端，或选择 4 个晶体管输出端，最多可编制 128 行程序，一行最多可排列 3 个触点和 1 个线圈，有 16 个操作和信息文本，可选 2 个模拟量输入端（10 位），2 个 1kHz 高速输入端，easy500 控制继电器最多可处理 12 个 I/O 信号。

easy700 控制继电器有 12 个数字量输入端、6 个继电器输出端，或选择 8 个晶体管输出端，最多可编制 128 行程序，一行最多可排列 3 个触点和 1 个线圈，有 16 个操作和信息文本，可选 4 个模拟量输入端（10 位），2 个 1kHz 高速输入端，1 个 I/O 扩展模块或总线模块，easy700 控制继电器最多可处理 40 个 I/O 信号。

easy800 控制继电器有 12 个数字量输入端、6 个继电器输出端，或选择 8 个晶体管输出端，1 个模拟量输出端，最多可编制 256 行程序，一行最多可排列 4 个触点和 1 个线圈，有 32 个操作和信息文本，可选 4 个模拟量输入端（10 位），4 个 3/5kHz 高速输入端，1 个 I/O 扩展模块或总线模块，利用内置的网络接口 easy-Net 可在设备之间连网，最多 8 个站点，最大通信距离 1000m，并且所有站点都可以经 easy-Link 连接器进行本地扩展，因此 easy800 控制继电器最多可处理 320 个 I/O 信号。

MFD（Multi-Function Display，多功能显示器）是 HMI 和 easy 控制继电器的组合，由显示/操作模块、电源/CPU 模块和可选的 I/O 模块组成。除具有 easy800 控制继电器相同的功能外，主要是具有全图、背光显示功能，可作为具有显示、操作、编程和参数设置的紧凑型 HMI 控制设备使用。另外，MFD-Titan 还可以经串行通信接口与一台 easy800 或另一台 MFD-Titan 进行简单的点对点通信。MFD-Titan 多功能显示器具有 12 个数字量输入端、4 个继电器输出端，或选择 4 个晶体管输出端，1 个模拟量输出端，最多可编制 256 行程序，一行最多可排列 4 个触点和 1 个线圈，64×132 像素全图、背光显示，一帧需 24 KB 内存。可选 4 个模拟量输入端（10 位），4 个 3/5kHz 高速输入端，1 个 I/O 扩展模块或总线模块，设备之间可连网，最多 8 个站点，最大通信距离 1000 m。MFD-Titan 多功能显示器适用于大型控制项目。

easy500/700/800 系列和 MFD-Titan 多功能显示器的电源为 AC115/240V 或 DC12/24V。easy 基本型的 DI 通常为 DC12/24V、AC115/240V 输入，DO 通常为 DC12/24V、AC115/240V 晶体管或继电器输出，继电器输出最大电流可达 10A。模拟量输入/输出类型为 0～10V。高速输入端和可选模拟量输入端仅适应于直流电源型，交流型没有。

easy800 控制继电器和 MFD-Titan 多功能显示器拥有 PLC 的所有性能特点，利用内置的网络接口 easy-Net，最多可使 8 台设备之间互相连网，并且所有站点都可以经 easy-Link 连接器进行本地扩展，因此可以处理最多 320 个 I/O 点。控制系统可以由单台的设备构成，或者由多台分散的设备构成。网络覆盖距离最大 1000m。并且通过总线连接模块，还可以将设备集成到上一级自动化系统中，可以连接的总线系统有 PROFIBUS-DP、CANopen、DeviceNet 和 AS-i。MFD-Titan 支持 easy800 的所有功能，并具有全图显示屏，可以图形或文本方式显示故障信息和运行过程等。利用 MFD-Titan 上的功能键可以在线显示、修改设定值。与

easy800 一样，MFD-Titan 也具备数学运算、高速计数、频率测量和高速增量式编码器处理、数据存储或连网通信等功能。

easy 控制继电器的用户程序使用梯形图语言，仅用四个编程键即可输入，如图 2-87 所示，并可通过显示屏观察输入状态。施耐德公司的"Zelio Logic"逻辑控制器的用户程序使用的梯形图语言与 easy 控制继电器类似，而西门子公司的"LOGO!"用功能图语言（功能块）输入程序。

2. 可编程逻辑控制继电器的功能与应用简介

以德国金钟-默勒公司的 easy 为例，可编程逻辑控制继电器内部主要有如下可编程器件（软元件）：16 个模拟量比较继电器 A1～A16，可以比较 0～10V 的电压信号，设定值从 0.0～10.0；32 个中间继电器 M1～M16，N1～N16，除具有普通继电器功能外，还具有自保持功能、脉冲转换功能和带复位端的锁定继电器功能；16 个时间继电器 T1～T16，可设定为通电延时或断电延时，除具有常规的时间继电器功能外，还具有脉冲闪烁功能。另外有 12 个定时开关，可以设置星期一～星期日之间的任意时间的开机时间和停机时间，以及年内任意时间；中间继电器和时间继电器的触点可以多次重复使用；16 个计数器 C1～C16，可设定为向上计数或向下计数方式；另外还有 4 个操作小时计数器 O1～O4；8 个输出继电器 Q1～Q8，输出容量 10A（电阻性负载）或 3A（感性负载），可扩展 4 个输出继电器；16 个文本继电器 D1～D16，用于显示线圈和触电的状态等。上述编程器件都有对应的显示符号和触点符号，多数器件都有常开触点和常闭触点符号，符号以数码管字体显示逻辑符号，如输入常开触点显示"I1...I8"，输入常闭触点符号显示"Ī"，通常是对应于 easy 控制继电器输入端的按钮开关的常开或常闭触点的输入，也可用于其他开关量的输入；输出触点正逻辑显示"Q"，而反逻辑显示"Q̄"，通常对应于 easy 控制继电器输出端的常开触点，用于连接外部被控制设备，如电灯泡、接触器线圈、阀门等；定时器触点正逻辑显示"T"，而反逻辑显示"T̄"；模拟量比较继电器、计数器、文本继电器和定时开关分别显示 A1...A16，C1...C16，D1...D16 和 O1...O4，其他符号显示与此类似。符号"["和"["是具有继电器、接触器功能的线圈电路符号的显示符号，输入程序时用于继电器 Q、M、C 或 T 等的前面，如"[M"表示中间继电器 M 的线圈，其作用与中间继电器相同。符号"⌐"是具有脉冲沿转换功能的继电器（带复位端的闩锁继电器）线圈符号，如"⌐Q1"表示只要输入端"I"输入一个脉冲信号，输出端就可接通并保持，若要输出端断开，只要在输入端再输入一个脉冲即可，其功能相当于自锁功能，由图 2-88c 的波形图可见，置位、复位线圈"S,R"的功能与此类似。图 2-88 所示为

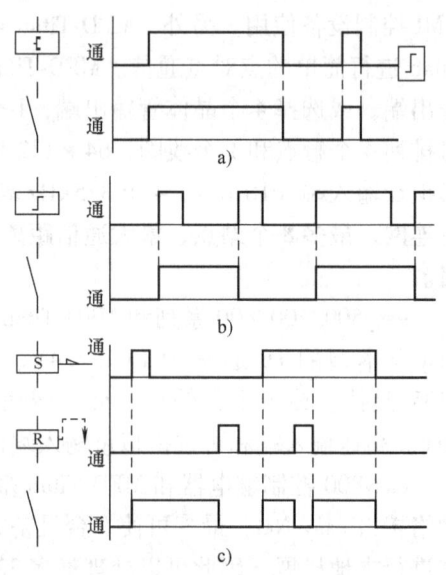

图 2-88 easy 编程元件的线圈功能及符号
a) 具有继电器、接触器功能的线圈符号及特性
b) 脉冲沿转换继电器的线圈符号及特性
c) 带复位端的闩锁继电器的线圈符号及特性

线圈电路符号和显示符号及特性。

应用 easy 控制继电器时,只需将所设计的继电逻辑控制图,根据 easy 控制继电器用户手册中规定的适当符号将其变换为相应的梯形图,通过面板上的编程按键输入到 easy 中即可,输入完成后可离线仿真运行,通过显示器可显示出电流的流动状态及工作状态。图 2-89 是一个简单的电动机控制线路的实例,为说明问题只取了其中的一部分。

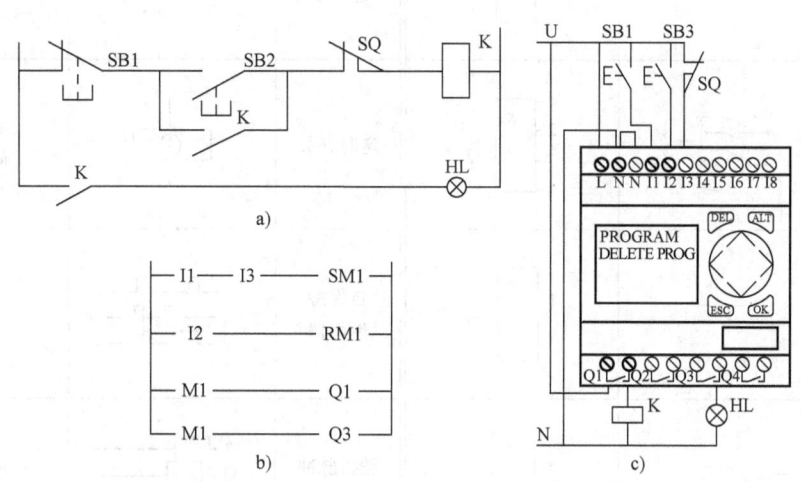

图 2-89 用 easy 控制电动机的示意图
a) 三相异步电动机起停电路 b) easy 程序 c) easy 接线图

图 2-89a 是继电逻辑控制线路,图 2-89b 是输入到 easy 中的梯形图,图 2-89c 是接线原理图。梯形图利用了带复位端的闪锁继电器功能来实现,SM1 为中间继电器 M1 的自锁线圈,RM1 为其复位线圈;I1、I2 是按钮的输入信号,I3 是限位开关,按钮和限位开关分别接在 easy 的输入控制端子上;接触器与指示灯分别接在 easy 的输出端子上。当按下按钮 SB1(I1),SM1 自锁,若此时限位开关(I3)闭合,输出触点 Q1 得电,则接通接触器的线圈电源,电动机运转;输出触点 Q2 也得电,指示灯亮;停止时,按下按钮 SB2(I2),M1 复原,电动机停转。由图 2-89 可见,其逻辑关系十分明确,简单易懂。需要说明的是,图 2-89 编制的梯形图不是唯一的,亦可利用其他编程元件编制出相同功能的梯形图。限于篇幅,不再多述,需要时请读者参考产品用户手册。表 2-26 列出了可编程逻辑控制继电器部分常用逻辑功能块图,供参考,各品牌产品的逻辑功能块图的符号基本相同,有的略有差别。

表 2-26 控制继电器常用逻辑功能块图

基本逻辑功能	线路功能示意图	编程逻辑符号	基本逻辑功能	线路功能示意图	编程逻辑符号
与,AND			或,OR		

(续)

基本逻辑功能	线路功能示意图	编程逻辑符号	基本逻辑功能	线路功能示意图	编程逻辑符号
与非, NAND			脉冲继电器		
或非, NOR			定时开关		
反相器, NOR			自保持继电器		
异或, XOR			随机脉冲输出		
接通延时定时器			自保持接通延时定时器		
断开延时定时器			可逆计数器		

2.7.7 继电器的选用

选用电磁式继电器时,主要考虑线圈工作电压和电流、触头容量、吸合电压、释放电压、外形尺寸、环境温度和线圈温升等。继电器机种型号的选用,应以产品品牌和规格为参考依据,再考虑负载型式,是否会发生瞬态电压和涌浪电流,应保留适当的裕度。

电磁式继电器的触头容量是指接通电路的能力大小,使用时不可超过此容量。线圈工作电压和电流是指继电器工作时,线圈需要的电压和电流。一般地,同一型号规格的继电器有数种工作电压和电流可以选择,应根据实际需要选择。吸合电压是指电磁式继电器能够产生吸合动作的最小线圈电压。在实际应用中,为使继电器可靠吸合,应以线圈额定工作电压为准,不可超过最大允许线圈电压,否则会烧毁线圈。释放电压是指电磁式继电器释放时的最大线圈电压,当吸合状态的线圈电压减小到一定程度时,继电器触头将恢复到原始状态。电磁式继电器的外形尺寸依允许的安装空间而定,一般而言,外形尺寸较大的继电器具有较好的散热能力。电磁式继电器工作时或贮存时必须在允许的环境温度范围内,不致造成部件因温度异常导致继电器性能劣化。当电磁式继电器工作时,其线圈本身是发热源,必须在允许的最大温升内工作,否则会因温度过高导致性能劣化。

(1) 接触器式继电器 选用时主要是按规定要求选定触头型式和通断能力,其他原则均和接触器相同。有些应用场合,如对继电器的触头数量要求不高,但对通断能力和工作可靠性(如耐振)要求较高时,以选用小规格接触器为好。

(2) 时间继电器 选用时间继电器时要考虑的特殊要求主要是延时范围、延时类型、延时精度和工作条件。

(3) 保护继电器 保护继电器指在电路中起保护作用的各种继电器,主要有过电流继电器、欠电流继电器、过电压继电器和欠电压(零电压、失电压)继电器等。

1) 过电流继电器主要用作电动机的短路保护,对其选择的主要参数是额定电流和动作电流。过电流继电器的额定电流应当大于或等于被保护电动机的额定电流,其动作电流可根据电动机工作情况按其起动电流的 1.1~1.3 倍整定。一般绕线转子异步电动机的起动电流按 2.5 倍额定电流考虑,笼型三相异步电动机的起动电流按额定电流的 5~8 倍考虑。选择过电流继电器的动作电流时,应留有一定的调节余地。

2) 欠电流继电器一般用于直流电动机的励磁回路监视励磁电流,作为直流电动机的弱磁超速保护或励磁电路与其他电路之间的联锁保护。选择的主要参数为额定电流和释放电流,其额定电流应大于或等于额定励磁电流,其释放电流整定值应低于励磁电路正常工作范围内可能出现的最小励磁电流,可取最小励磁电流的 0.85 倍。选用欠电流继电器时,其释放电流的整定值应留有一定的调节余地。

3) 过电压继电器用来保护设备不受电源系统过电压的危害,多用于发电机-电动机机组系统中。选择的主要参数是额定电压和动作电压。过电压继电器的动作值一般按系统额定电压的 1.1~1.2 倍整定。一般过电压继电器的吸引电压可在其线圈额定电压的一定范围内调节,例如 JT3 电压继电器的吸引电压在其线圈额定电压的 30%~50% 范围内,为了保证过电压继电器的正常工作,通常在其吸引线圈电路中串联附加分压电阻的方法确定其动作值,并按电阻分压比确定所需串入电阻的值。计算时应按继电器的实际吸合动作电压值考虑。

4) 欠电压(零电压、失电压)继电器在线路中多用作失电压保护,防止电源故障后恢复供电时系统的自起动。欠电压继电器常用一般电磁式继电器或小型接触器充任,其选用只要满足一般要求即可,对释放电压值无特殊要求。

2.8 主令电器

主令电器是电气控制系统中用于发送或转换控制指令的辅助电路控制电器,本书将继电逻辑控制系统中的辅助电路中,除继电器以外的电器均归为这一类。主令电器应用广泛,种类繁多,按其作用,包括控制按钮、行程开关、限位开关、接近开关、万能转换开关(组合开关)、主令控制器及其他主令电器,如脚踏开关、倒顺开关、紧急开关、钮子开关、指示灯等。本节仅介绍几种常用的主令电器。

2.8.1 控制按钮和指示灯

1. 控制按钮

控制按钮是一种应用十分广泛的主令电器。在电气控制电路中，用于手动发出控制信号，以控制接触器、继电器、电磁起动器等自动控制电器。控制按钮的结构种类很多，如平头式、齐平式、揿按式、蘑菇头式、蘑菇头带灯式、自锁式、钥匙式、自复位式、旋钮式、旋柄式、带指示灯式、带灯符号式、集合式及形象符号式等。有单钮、双钮、三钮及不同组合形式。产品一般采用积木式结构，由按钮帽、复位弹簧、桥式触头和外壳等组成，通常做成积木复合式，有一对常闭触头和常开触头，在电气上是绝缘的，接线处有防隔板，组合螺钉压线。为了标明各个按钮的作用，避免误操作，通常将按钮帽或标贴做成不同的颜色，以示区别，其颜色有红、绿、黄、白、黑、蓝等。如，红色表示停止按钮，绿色表示起动按钮等，见表1-6。有的产品可通过多个触头元件的组合以增加触头对数，最多可增至8对。还有一种自持式按钮，按下后即可自动保持闭合位置，断电后才能打开。新型产品和国外品牌产品多是模块组合式，选购时需要根据需要分别选用不同形式的按钮头（见图2-90a）、基座和触头模块等部件组装而成。按钮开关的图形符号及文字符号见表1-12。按钮的基本结构及安装示意如图2-90所示。

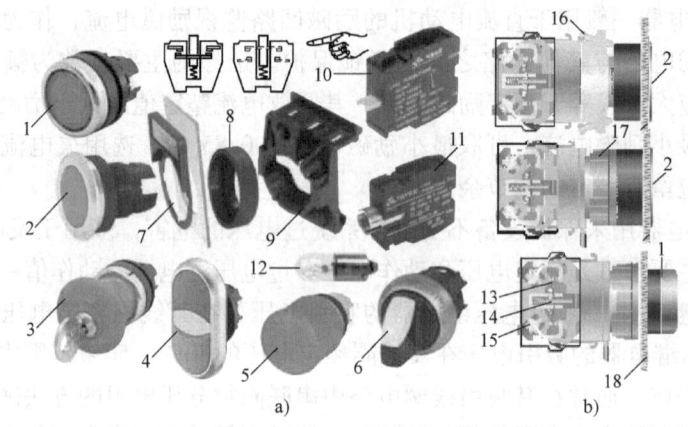

图 2-90 按钮开关的基本结构及安装示意图
a) 结构原理图 b) 安装示意图
1—平头式 2—齐平式 3—钥匙式蘑菇头紧停按钮头 4—双位式 5—拍拉式紧停按钮头
6—揿按式 7—标志牌架 8—固定帽 9—基座 10—触头模块 11—带灯模块
12—电珠 13—触头 14—拉簧 15—接线端子 16—紧定螺钉式安装
17—固定帽式安装 18—控制柜面板

图 2-90b 是齐平式按钮开关的安装示意图。安装方式有紧定螺钉式和固定帽式两种。板前安装按钮头，板后安装基座和触头模块。安装时，从控制柜面板前部插入按钮头，从后部安装基座，紧固基座上的螺钉，把触头块或灯座直接卡在基座上。有些圆形系列按钮开关的安装基座可以双面使用，一面适合厚度为 1~4mm 的面板，另一面适合厚度为 3~6mm 的面板。常规配置的按钮可以安装两个触头模块。当需要三个触头模块或者一个灯座+两个触头模块时，需在按钮头后部插入一个3位支架。对于旋钮开关、钥匙开关和双按钮单元，需要

插入一个带中心触头驱动片的 3 位支架。按钮开关的主要参数有型式及安装孔尺寸、触头数量及触头的电流容量，这在产品说明书中都有详细说明。

新型按钮开关除了外形结构采用了人体工学技术和新材料，外形美观，品种多，可适应于各种应用场合外，最主要的特点是接触系统采用杠杆式超临界翻动机构，动作迅速，能可靠接触或断开，通过拉簧的作用保证必要的触头压力，并有自洁功能，灭弧性能良好。通断时，由于金属簧片的跳动，能发出清脆的响声，以提示操作者执行与否。为了标明各个按钮的作用，产品还有内嵌式形象化符号可供选用，如图 2-91 所示。图 2-92 是带有启动（I）和停止（O）形象化符号的两种按钮开关的外貌图。

图 2-91 按钮开关的形象化符号

国产按钮开关产品有 LAY、LA、NP 等系列，品种繁多。电气控制系统常用 ϕ16mm、ϕ22mm、ϕ30mm 规格。国外进口及引进产品品种亦很多，几乎所有国外低压电器厂商都有按钮开关产品，并有一些新的品种，结构新颖。

2. 指示灯

指示灯在各类电气设备及电气线路中做电源、操作信号、预告信号、运行信号、事故信号及其他信号的指示。另外还有用于塑料机械、包装机械、切割机械等需要工作状态信号指示的机器设备和其他场所用的塔灯。

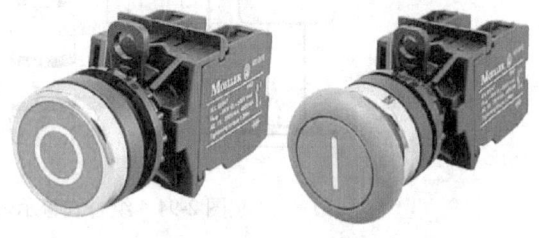

图 2-92 带有形象化符号的按钮开关外貌图

指示灯主要由壳体、发光体、灯罩等组成。外形结构多种多样，发光体主要有白炽灯、氖灯和半导体型三种。同按钮开关一样，指示灯也有各种外形形式，产品有积木式结构和模块组合式结构。安装方式与按钮开关相同。发光颜色有黄、绿、红、白、橙五种，使用时应按国家标准规定的相应用途选用，见表 1-5。指示灯的主要参数有型式及安装孔尺寸、工作电压及颜色。国产产品系列有 AD、ND30、XDJ 等系列。电气控制系统常用 ϕ16mm、ϕ22mm、ϕ30mm 规格。另外，国外进口和合资生产的品种很多，比较著名的品牌有和泉、富士、金钟-默勒、西门子、施耐德等。几种典型产品的外形外貌如图 2-93 所示。

塔灯灯罩采用透光散热性能良好的聚碳酸树脂制造，抗静电圆盘底座，内置杆式减振缓冲结构，避免来自机器内部的振动对灯

图 2-93 典型指示灯产品的外形外貌示意图

体的破坏。一般塔灯为红、黄、绿、蓝等的组合色,有单体警示灯、组合式警示灯。声源类型有蜂鸣、喇叭、音乐和语言 4 种,以适用于各种场合应用。组合式警示灯的外观外貌示例如图 2-94 所示。

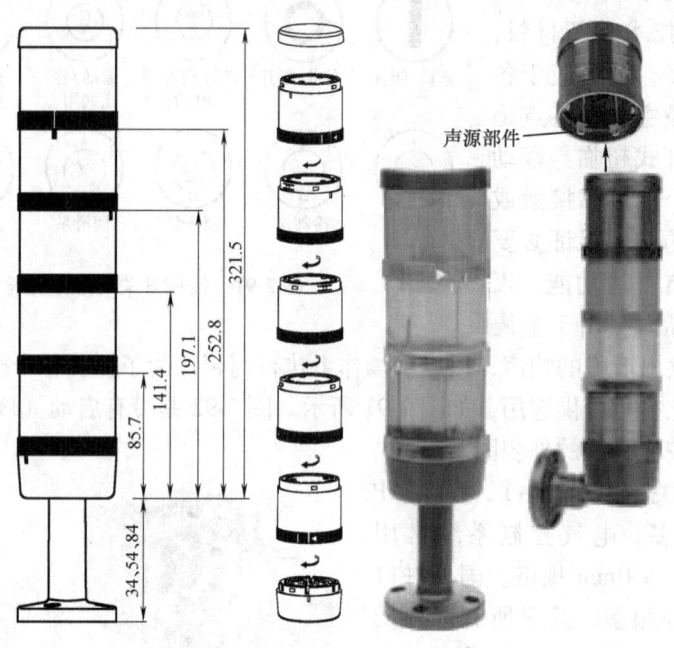

图 2-94 组合式警示灯的外观外貌示例图

2.8.2 行程开关

行程开关又称限位开关或位置开关,是一种利用生产机械的控制运动的部件的碰撞来发出控制指令的主令电器,用于控制生产机械的运动方向、速度、行程或位置的一种自动控制器件。行程开关的图形、文字符号见表 1-12。

行程开关的产品类型很多,品种繁多,结构形式多种多样,但其基本结构主要由滚轮和撞杆(操作机构)、触头系统(微动开关)、接线端子、传动部分和壳体等几个部分组成。以 LS 系列行程开关为例,其基本结构如图 2-95 所示。

直动式行程开关由推杆、弹簧、动断触头和动合触头等组成,其动作原理与按钮开关相同,但其触头的分合速度取决于生产机械的运行速度,不宜用于速度低于 0.4m/min 的场所。对于滚轮式行程开关,当行程开关工作时,被控机械上的撞块撞击带有滚轮的撞杆时,撞杆转向,带动凸轮转动,顶下推杆,同时带动微动开关中的吸合弹簧使其受力,从而使触头迅速动作。当运动机械返回时,在微动开关中的复位弹簧的作用下,各部分动作部件复位。滚轮式行程开关又分为自动复位式和非自动复位式。双滚轮式行程开关具有两个稳态位置,有"记忆"作用,在某些情况下可以简化线路。

行程开关产品的撞杆形式主要有直动式、杠杆式、滚轮式、微动式、组合式和万向式等,每种撞杆形式又分多种不同形式,如直动柱塞式、滚轮柱塞式、滚轮转臂式、可调滚轮转臂式、弹性撞杆式等。直动柱塞式又分金属直动式、钢滚直动式和热塑滚轮直动式等。滚轮又有单轮、双轮、叉式轮等形式。触头类型有一常开一常闭、一常开二常闭、二常开一常闭、二常开二常闭等形式。根据微动开关触头接通和断开的机械机理，动作方式可分为瞬动、蠕动、交叉从动式等。瞬动式的接通和断开转换时间与微动开关和被操动的速度有关，只要滚轮和撞杆操动部件被操动到一定位置，微动开关触头的状态即发生转换，此过程时间极短，一般为弹簧弹跳所需的时间，为一常数。蠕动式的接通和断开动作切换时间与滚轮和撞杆操动部件被操动的速度有关，操动速度越快，开关的切换也越快。一般地，行程开关全行程最大为6mm，动作行程最大1.7~2.2mm，差程最大1.2mm。行程开关的主要参数有型式、动作行程、工作电压及触

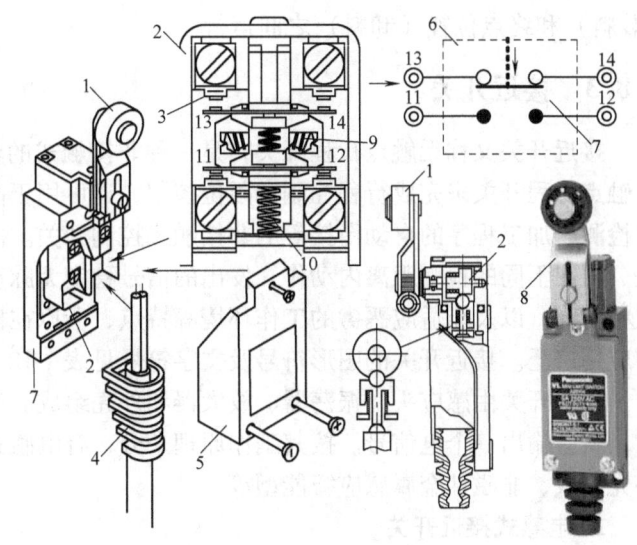

图 2-95　LS 系列行程开关的结构示意图
1—滚轮和撞（摆）杆　2—触头系统　3—触头　4—引线
5—上盖　6—接线原理图　7—壳体　8—LS 系列行程
开关产品外貌　9—吸合弹簧　10—恢复弹簧

头的电流容量，在产品说明书中都有详细说明。图 2-96 是 LS 系列行程开关产品的几种摆杆形式及组装示意图。

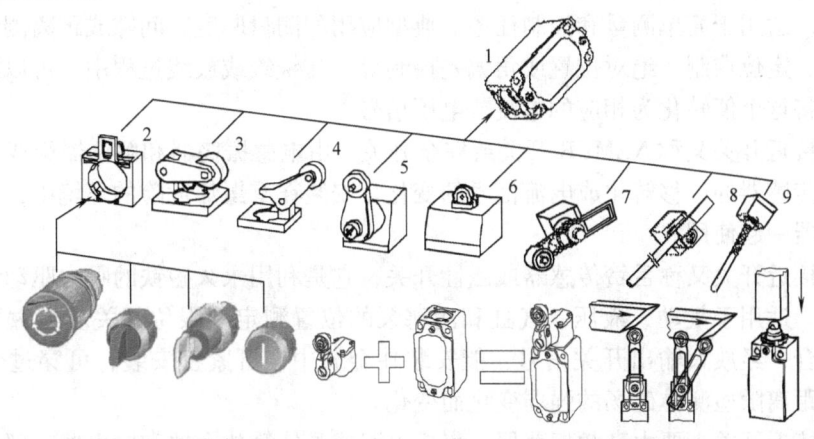

图 2-96　LS 系列行程开关产品的几种摆杆形式及组装示意图
1—本体　2—配装按钮所需的通配器　3—水平方向滚轮直动杆　4—垂直方向滚轮直动杆
5—滚轮摆动杆　6—滚珠直动头　7—可调滚轮摆动杆
8—长杆摇臂　9—弹簧摆动杆

目前，国内生产的行程开关有 LS、LX、LXK、LXW、WL、JLXK 等系列。另外还有大量的国外产品，也得到了广泛应用。典型的应用领域有金属加工设备、压机、传送机械和专用设备、传送带、电梯、吊车和起重机械、包装机械和过程处理设备、纺织机械、建筑机械和设备、运载车辆和叉车等。如，机床上的行程开关用于根据工艺要求控制工件运动、自动进刀的行程，使机床自动往复运动。再如，利用行程开关控制运料小车自动地在起始位置

（装料）和终点位置（卸料）之间运行。

2.8.3 接近开关

接近开关又称无触点行程开关，是一种非接触式的位置开关（传感器），它不仅能代替有触点行程开关来完成行程控制和限位控制，还可用于高频计数、测速、液面控制、零件尺寸检测、加工程序的自动衔接等的非接触式控制开关。由于它具有非接触式触发、动作速度快、可在不同的检测距离内动作、发出的信号稳定无脉动、工作稳定可靠、寿命长、重复定位精度高，以及能适应恶劣的工作环境等特点，所以在机床、纺织、印刷、塑料等工业生产中应用广泛。接近开关的图形符号及文字符号见表1-12。

接近开关由感应头、振荡器、放大器和外壳组成。当运动部件与接近开关的感应头接近时，就会输出一个电信号。按其工作原理来分，有电感式、电容式、霍尔式、超声波式、红外光电式、非磁性金属感应智能型等。

1. 电感式接近开关

电感式接近开关有高频振荡式、线性位移式、电感式模拟量输出型、本安型、磁感式等类型。

模拟量输出型电感式接近开关又称线性位移传感器，与普通电感式接近开关工作原理相同，但没有固定的开关点，而是当金属检测物接近检测面时，输出一个与目标物的距离（与目标物材质有关）成比例的电流或电压线性输出信号，经线性处理后，被内部信号放大器放大后输出。输出信号为 4~20mA/0~10mA 或 0~10V/2~10V，同时具备短路、过载、反向等保护，适用于简单测量和控制任务。典型应用如测量厚度、间隙或距离测量、轮偏心和轮宽测量、定位控制、绝对位置或角偏差控制等。在绕线或放线过程中，可以测量滚轮的厚度，并且将这个值转化为相应的电流或电压信号。

本安型接近开关又称 NAMUR 开关或安全开关，由电感振荡器和解调器组成，它能将金属检测物与传感器的位移转化成电流信号的变化，安装在有爆炸危险的环境中，通常与相应的开关放大器一起使用。

永磁式接近开关又称舌簧传感器或磁性开关，它是利用永久磁铁的吸力驱动舌簧开关而输出信号的。适用于气动、液压、气缸和活塞泵的位置测定及限位开关。当磁性目标接近时，舌簧闭合，经放大输出开关信号，能安装在金属中，可紧密安装，可穿过金属进行检测。其检测距离随检测体磁场的强弱变化而变化。

电感式接近开关主要由高频振荡器、集成电路或晶体管放大器和输出器三部分组成，传统的电感式接近开关的感应头一般是一个具有铁氧体磁心的电感线圈，只能用于检测金属物体。其基本工作原理是，振荡器的线圈在感应头表面产生一个交变磁场，当金属检测体接近感应头时，金属物体内部产生的涡流将吸取振荡器的能量，致使振荡器停振，因而产生振荡和停振两种信号，经整形放大器转换成二进制开关信号，从而起到"开"、"关"控制作用。图尔克的新一代电感式接近开关的核心是采用了柔性多线圈系统替代传统的电磁线圈，极大地增强了检测距离和性能，较传统铁心电磁线圈提高250%，额定工作距离为4~50mm。具有丰富的外壳形式、多种安装方式、IP 68 的防护等级，避免了安装方式的影响，如部分埋入安装或沉入式安装方式。具有极高的抗磁场干扰性能和优良的特性，可以可靠地工作在特别恶劣的工业环境中。

接近开关的工作电源种类有交流和直流两种；输出形式有两线制、三线制和四线制三种；输出类型有 NPN 型、互补 PNP 型晶体管输出和继电器输出等。有二线常开、二线常闭、三线常开、三线常闭、三线常开+常闭、四线常开+常闭、继电器触点输出、三线 NPN 常开、三线 NPN 常闭、三线 PNP 常开、三线 PNP 常闭、四线 NPN 常开+常闭、四线 PNP 常开+常闭等组合形式。外形有方型、槽型、螺纹型、圆柱型、平扁型、矮圆柱型、组合型、特殊型、贯穿型、多边型、环型等多种。感应面类型有对端感应、左侧感应、右侧感应、上侧感应、分离式等。接近开关的主要参数有型式、动作距离范围、动作频率、响应时间、重复精度、输出型式、工作电压及触点的电流容量，在产品说明书中都有详细说明。需要说明的是，接近开关的额定动作距离是在标准情况下测定的，实际应用时应考虑制造误差及环境因素的影响以及目标物体的材质。图 2-97 是电感式接近开关的工作原理和输出类型示意图。

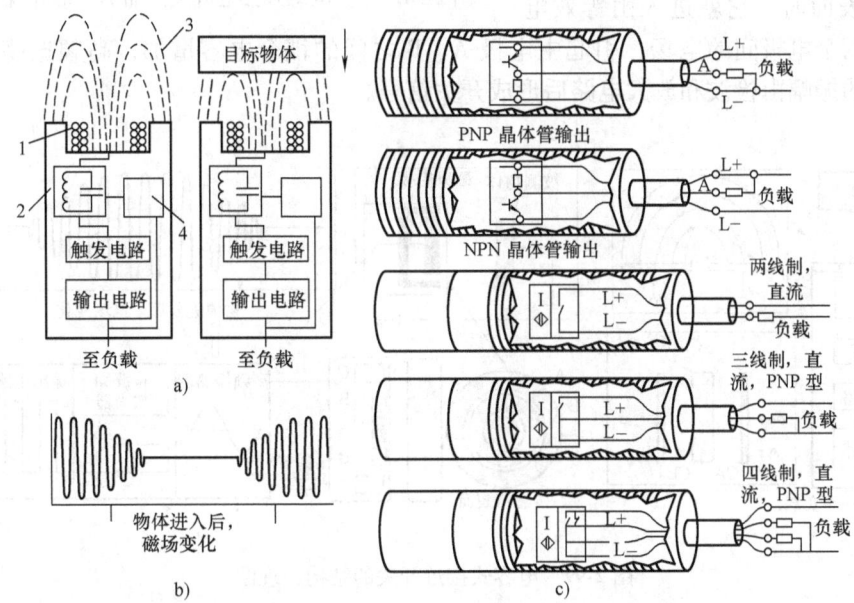

图 2-97 电感式接近开关的工作原理和输出类型示意图
a) 结构原理图 b) 磁场变化示意图 c) 输出类型示意图
1—电磁线圈 2—振荡器 3—感应头表面的磁场 4—电压比较器

电感式接近开关的产品种类十分丰富，常用的国产接近开关有 LJ、LM、PL、CJ、SJ、AB 和 LXJ 等系列，另外，国外及引进产品亦在国内应用广泛。图 2-98 是一些产品的外形外貌示意图。

2. 电容式接近开关

电容式接近开关主要是由电容式高频振荡器和放大器组成，感应界面是一个圆形平板电极，与振荡电路的地线形成传感界面分布电容，另一个极板是物体本身。如果没有物体接近感应界面时，带浮动电极的高频振荡器不振荡，当有金属导体或其他介质物体（固体、液体或粉状物体）接近传感界面时，使浮动电极产生的电场变化，物体和接近开关的介电常数发生变化，从而改变其耦合电容值，高频振荡器产生振荡，从而使输出信号发生跃变，经放大器输出电信号。振荡器的振荡和停振信号由放大器转换成二进制开关信号，从而起到"开"、"关"的控制作用。电容式接近开关广泛应用于机械、制药、钢铁、玻璃、化工、造纸、物流、包装、采矿等领域。图 2-99 是电容式接近开关的结构原理图。

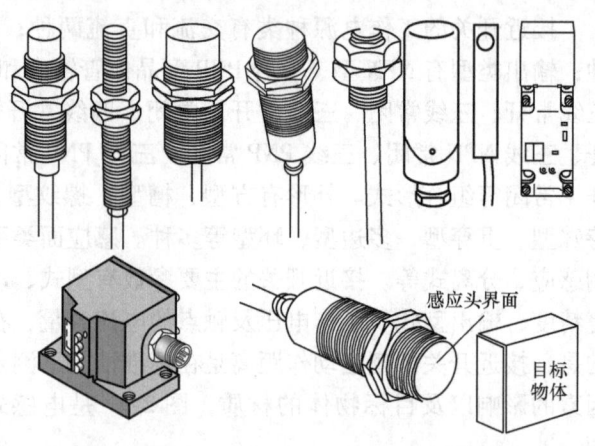

由图 2-99 可见，电容式接近开关的感应面由两同轴金属电极构成，主电极 A、B 连接在高频振荡器的反馈回路中，当目标物体（被测物体）接近传感器表面时，它就进入由等效电容构成的两个电极间的电场，引起主电极 A、B 之间的耦合电容增加，高频振荡器开始振荡，振荡的振幅由检波和放大电路后形成开关信号。

图 2-98 一些电感式接近开关产品的外形外貌示意图

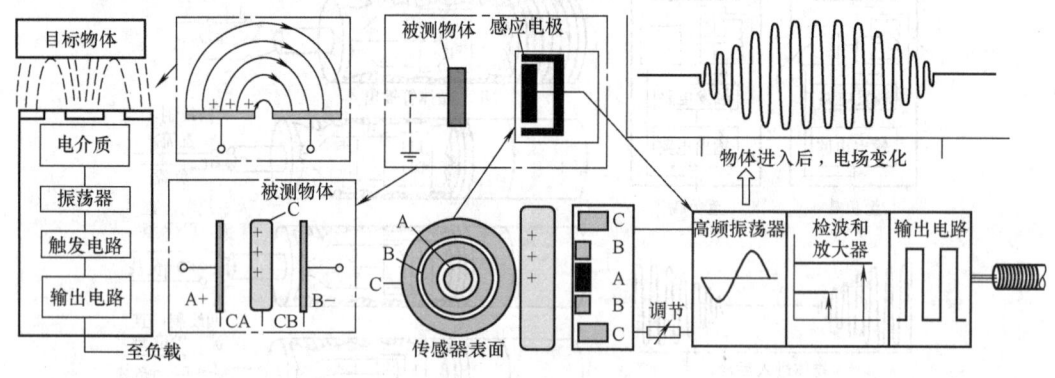

图 2-99 电容式接近开关的结构原理图

电容式接近开关既能检测导体目标，也能检测非导体目标，如果目标物体是导体，则导体在主电极 A、B 之间形成一个负电极，连同主电极 A、B 构成串联电容的辅助电极 C，使串联电容（CA 和 CB）的电容量大于目标物体没有进入时由主电极 A、B 所构成的电容量。因为金属导体具有高传导性，所以目标物体是金属导体时，感应距离最大。在使用电容式传感器时不必像使用电感式传感器那样，对不同金属采用不同的校正因数。如果目标物体是非导体（绝缘体），其电容量的增加取决于目标物体材料的介电常数。表 2-27 是部分常用材料的介电常数，这些材料的介电常数均大于空气的介电常数，空气的介电常数为 1。一般而言，材料的介电常数越大，可获得的感应距离就越大。图 2-100 是不同材料的介电常数与感应距离的关系曲线。

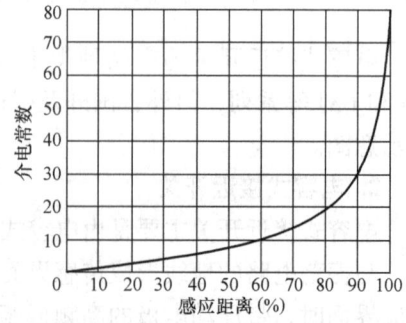

图 2-100 不同材料的介电常数与感应距离的关系曲线

表 2-27 部分常用材料的介电常数

材料	介电常数	材料	介电常数	材料	介电常数
水	80	普通纸	2.3	电缆	2.5
大理石	8	有机玻璃	3.2	油纸	4
云母	6	聚乙烯	2.3	汽油	2.2
陶瓷	4.4	苯乙烯	3	聚丙烯	2.3
硬橡胶	4	石蜡	2.2	纸碎屑	4
玻璃	5	石英砂	4.5	石英玻璃	3.7
硬纸	4.5	软橡胶	2.5	硅	2.8
空气	1	松节油	2.2	变压器油	2.2
合成树脂	3.6	酒精	25.8	木材	2.7
赛璐珞	3	电木	3.6		

例如，某型号电容式接近开关的额定检测距离为 10mm，目标物体是玻璃，玻璃的介电常数是 5，由图 2-100 所示曲线可查得感应距离是 35%，则采用该型号电容式接近开关检测玻璃的最大检测距离为 3.5mm。图 2-101 是一些电容式接近开关产品的外形外貌示意图。

3. 光电式接近开关

光电式接近开关简称光电开关，是利用光电效应原理将光强度的变化转换成电信号的变化来实现控制的。它是利用投光器发出的光束，被物体遮挡或反射，受光器作出判断被检测物体有无的，所有能反射光线的物体均可被检测。光电开关将输入电流在投光器上转换为光信号射出，接收器再根据接收到的光线的强弱或有无对目标物体进行探测。多数光电开关是波长接近可见光的红外线光波型。

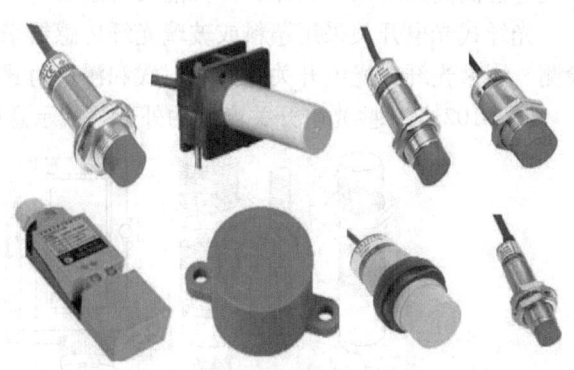

图 2-101 一些电容式接近开关产品的外形外貌图

光电开关一般由投光器、接收器和检测电路三部分构成。投光器将半导体光源对准目标不间断发射光束，或者改变脉冲宽度。接收器由透镜和光圈等光学元件、光电二极管或光电晶体管或光电池、检测电路等组成。检测电路能滤出有效信号。反射板由很小的三角锥体反射材料组成，能够使光束准确地从反射板中返回，光束几乎是从一根发射线，经过反射后，还是从这根反射线返回。将发光器件与光电器件按一定方向装在同一个检测头内。当有反光面（被检测物体）接近时，光电器件接收到反射光后便有信号输出。根据光电开关在检测物体时投光器所发出的光线被折回到受光器的途径的不同，光电开关可分为遮断型和反射型两类。反射式光电开关又分为反射镜反射型及被测物漫反射型（简称散射型）。具体产品有扩散反射型（漫反射式）、镜反射式、对射式（透过型）、槽式和光纤式等。

扩散反射型（漫反射式）光电开关是集投光器和受光器于一体，当有被检测物体经过时，物体将光电开关投光器发射的光线反射到受光器，并产生开关信号。漫反射式光电开关发出的光线需要经检测物表面才能反射回漫反射开关的接收器,所以检测距离和被检测物体的表面反射率将决定接收器接收到的光线的强度。粗糙的表面反射回的光线强度必将小于光滑表面反射回的强度,而且被检测物体的表面必须垂直于光电开关的发射光线。漫反射型产品所采用的标准检测体为平面的白色画纸。当被检测物体的表面光亮或其反光率极高时,一般选用漫反射式的光电开关检测模式。

镜反射式光电开关也是集投光器与受光器于一体,它不同于其他模式,它采用反射板将光线反射到光电开关,光电开关与反射板之间的物体虽然也会反射光线,但其效率远低于反射板,因而切断反射光束。投光器发出的光线经过反射镜反射回受光器,当被检测物体经过,且完全阻断光线时,即产生检测开关信号。当检测物体为不透明时,一般选用镜反射式光电开关检测。

对射式光电开关包含了在结构上相互分离且光轴相对放置的投光器和受光器,投光器发出的光线直接进入受光器,当被检测物体经过投光器和受光器之间且阻断光线时,即产生开关信号。对射式光电开关最小可检测宽度为该种光电开关透镜宽度的80%。当检测物体为不透明时,一般选用对射式光电开关检测。

槽式光电开关通常采用 U 字型结构,其投光器和受光器分别位于 U 形槽的两边,并形成一束光轴,当被检测物体经过 U 形槽且阻断光轴时,即产生开关信号。槽式光电开关比较适合检测高速运动的物体,并且能分辨透明与半透明物体。

光纤式光电开关采用塑料或玻璃光纤传感器来引导光线,可对距离远的被检测物体进行检测。通常光纤式光电开关分为对射式和漫反射式。

图 2-102 是一些光电开关产品的外形外貌示意图。

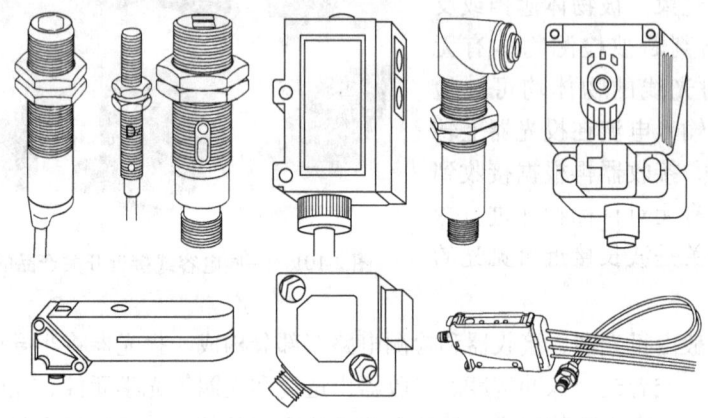

图 2-102　一些光电开关产品的外形外貌示意图

除光纤式光电开关外,多数光电开关是波长接近可见光的红外线光波型。反射式光电开关是利用红外线的反射与接收原理工作的。管状塑料外壳前端部为红色透明塑料圆片,其内部安装一只红外线 LED 发射管。在 40kHz 左右的调制电流激励下,发射出人眼看不见的红外光。当运动物体移动到光电反射式接近开关前时,物体将红外光反射回去。其中一部分被反射回接近开关,并透过其红色塑料片到达内部的红外接收光电池上。光电池将红外光转换为光电流,经放大和阈值比较后,使输出级的输出跳变为低电平,输出级的灌电流驱动能力较大,可直接驱动中间继电器。当反射物距离较远或反射平面角度偏离较大时,反射光强度达不到阈值比较器的要求,输出级输出保持高阻态。红外线光电开关在环境照度高的情况下都能稳定工作,但原则上应回避将光轴正对太阳光等强光源。

光电开关的检测距离是指检测体按一定方式移动,当开关动作时,检测到的基准位置(光电开关的感应表面)到检测面的空间距离。额定动作距离指光电开关动作距离的标称值。动作距离与复位距离之间的绝对值称为回差距离。输出状态分常开和常闭两种。当无检测物体时,常开型光电开关内部的输出晶体管截止而不工作,当检测到物体时,晶体管导通,负载得电而工作。常用的输出形式分 NPN 2 线、NPN 3 线、NPN 4 线、PNP 2 线、PNP 3 线、PNP 4 线、AC 2 线、AC 5 线(自带继电器),以及直流 NPN/PNP/常开/常闭多功能等几种形式。

光电开关应用的环境亦会影响其长期工作可靠性。当光电开关工作于最大检测距离状态时,由于光学透镜会被环境中的污物粘住,甚至会被一些强酸性物质腐蚀,以致其使用参数和可靠性降低。在一些较为恶劣的条件下,如灰尘较多的场合,应选择灵敏度高的光电开关。

光电开关应用广泛,如用于对材料的定位剪切控制;控制液位的上下限值,当液面位高于或低于上下极限液面位时,光电开关控制电路可使阀门打开或关闭,使液面位的高度保持在上下限之间;利用物体对光的遮挡作用,检测流水生产线上物体的通过个数,或物体是否存在;利用光的直线传播性,检验产品是否等高排列,另外在行程控制、直径限制、转速检测、气流量控制等方面也广泛应用。图 2-103 是光电开关的应用示例。

4. 霍尔接近开关

霍尔接近开关是一种有源磁电转换器件,是在霍尔效应原理的基础上,利用集成封装工艺制作而成,它把磁感应强度 B 输入信号转换成数字电压(电流)信号,具有记忆保持功能。能直接和晶体管及 TTL MOS 等逻辑电路接口。

霍尔接近开关由电压调整、霍尔电压发生器、差分放大器、施密特触发器和集电极开路的输出级组成。当输入端磁感应强度 B 值达到一定的程度时,霍尔开关内部的触发器翻转,霍尔开关的输出电平状态也随之翻转。输出端一般采用晶

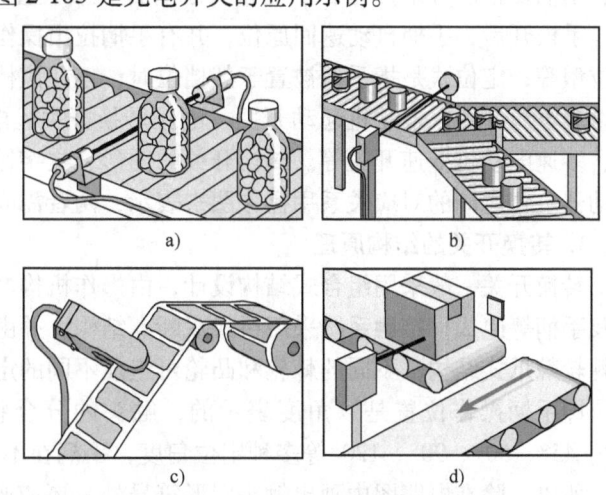

图 2-103 光电开关的应用示例
a) 检测瓶子的清洁度,对射型 b) 检测罐头有无标签,扩散反射型
c) 标签检测,槽式 d) 检测传送带上有无物体,镜反射型

体管输出,有 NPN、PNP、常开型、常闭型、锁存型(双极性)、双信号输出之分。内部的磁敏感器件仅对垂直于传感器端面磁场敏感,当磁极 S 正对接近开关时,输出产生正跳变,为高电平,若磁极 N 正对接近开关时,输出为低电平。

5. 超声波接近开关

超声波接近开关主要由压电陶瓷传感器、发射超声波和接收反射波用的电子装置,以及调节检测范围用的程控桥式开关等几个部分组成。当超声波接近开关发出超声波脉冲时,通

过接收反射波计算出检测距离,并转换为输出信号,继电器和模拟量输出。它在6cm～10m范围可精确测量至毫米,具有很好的重复精确性,对于恶劣的工业环境中,其性能不受声、电、光、灰尘和污物的影响。对于液体的探测精度与固体颗粒或粉末相同,因此超声波接近开关适用范围很广,特别适用于检测不能或不可触及的目标,检测目标可以是不同材料、外形、颜色或密度的固体、液体或粉末状态的物体,甚至是透明物体,只要能反射超声波即可。检测与表面的性质无关,表面可以粗糙或平滑、清洁或脏污、潮湿或干燥。常用于检测液面、定位、限位或堆垛探测控制、高度测量、距离测量、装瓶计数等。

2.8.4 转换开关

转换开关是一种多档式、控制多回路的主令电器。广泛应用于各种电气控制的转换(电磁线圈、电气测量仪表和伺服电动机等)和配电设备的远距离控制,也可直接控制小容量三相笼型异步电动机的起动、可逆转换、变速等。

目前常用的转换开关类型主要有两大类:万能转换开关和组合开关。两者的结构和工作原理基本相似,一般地,组合开关是一种专用于某种场合下的专用开关,万能转换开关是一种通用型开关,在某些应用场合下两者可相互替代。万能转换开关按结构类型分为普通型、开启组合型和防护组合型等;按用途又分为主令控制用和控制电动机用两种;按手柄的操作方式可分为自复式和自定位式两种及其组合方式,如定位自复型、带可取出钥匙手柄定位型、手柄带指示灯定位型、手柄带指示灯定位自复型等。自复式是指拨动手柄于某一档位时,手松开后,手柄自动返回原位,并有手柄拉出操作型、推进操作型、拉出复位型、推进复位型等;定位式是指手柄被置于某档位时,停在该档位,不能自动返回原位。组合开关按用途分电源开关、电动机起动开关、电压转换开关、电动机可逆转换开关、星-三角起动开关、多速电动机变速开关等。转换开关的图形、文字符号见表1-12。转换开关的触头状态和操动器位置之间的对应关系用操作图来表示,两者需同时标出。

1. 转换开关的结构原理

转换开关一般采用组合式结构设计,由操作机构、定位系统、限位系统、接触系统、面板及手柄等组成。接触系统采用桥式双断点结构,并由各自的凸轮控制其通断;定位系统采用棘轮棘爪式结构,不同的棘轮和凸轮可组成不同的定位模式,从而得到不同的输出开关状态,即手柄操作位置是以角度表示的,触头的分合状态与操作手柄的位置有关,如0°、30°、45°、60°、90°、120°等多种定位角度,手柄在不同的转换角度时,触头的状态是不同的。所以,除在电路图中画出触头图形符号外,还应画出操作手柄与触头分合状态的关系,即操作图。表2-28是定位型转换开关手柄转换角度位置,表2-29是LW39(LW12)系列万能转换开关操作图示例。

如45°-0°-45°万能转换开关,当扳向左45°时,触头1-2、3-4、5-6闭合,触头7-8打开;扳向0°时,只有触头5-6闭合;扳向右45°时,触头7-8闭合,其余打开。

以下以LW39(LW12)系列万能转换开关为例,说明其结构原理。图2-104a为其中某一层的结构原理,图2-104b是面板带钥匙一般型外貌图。LW39(LW12)系列万能转换开关由操作机构、面板、手柄及数个触头等主要部件组装成为一个整体。其操作位置有2～12个,触头底座由1～12节(层)组成,其中,每层底座最多可装四对触头,并由底座中间的凸轮进行控制。由于每层凸轮可做成不同的形状,因此当手柄转到不同位置时,通过凸轮

表 2-28　定位型转换开关手柄转换角度位置

手柄操作位置											
					0°	45°					
				45°		45°					
				45°	0°	45°					
				90°	0°	90°					
				45°	0°	45°	90°				
			90°	45°	0°	45°	90°				
			90°	45°	0°	45°	90°	135°			
		135°	90°	45°	0°	45°	90°	135°			
		135°	90°	45°	0°	45°	90°	135°	180°		
	120°	90°	60°	30°	0°	30°	60°	90°	120°		
	120°	90°	60°	30°	0°	30°	60°	90°	120°	150°	
150°	120°	90°	60°	30°	0°	30°	60°	90°	120°	150°	
150°	120°	90°	60°	30°	0°	30°	60°	90°	120°	150°	180°

表 2-29　LW39（LW12）系列万能转换开关操作图举例

触头号 \ 位置	位置Ⅰ ← 90°	位置Ⅱ ↑ 0°←	位置Ⅲ ↗ 45°	位置Ⅳ ↑ 0°	位置Ⅴ ← 90°←	位置Ⅵ ↙ 135°
1-2		×		×		
3-4	×				×	
5-6			×			
7-8						×
9-10		×		×		
11-12			×			
13-14	×				×	×
15 16			×		×	
17-18			×			
19-20	×				×	×
21-22		×			×	
23-24	×					×
25-26			×			
27-28			×			
29-30		×			×	
31-32	×					×

的作用，可使各对触头按所需要的规律接通和分断。LW12系列转换开关按结构类型分为普通型、开启组合型和防护组合型三种类型。具有定位操作、自复位、定位-自复位操作、闭锁操作、定位-闭锁、自复位-定位-闭锁操作等类型。按定位特征可分为自复位型、定位型和定位-自复位型三种。按手柄的操作型式分为方型、枪型、圆型、钥匙型和鱼尾型等，如图2-104c所示。按手柄转动角度可分为30°、45°、60°和90°四种。开启组合型和防护组合型还带有2或3个指示灯。防护组合型还带有两个电线插头座和两个板前快速装卸机构。按被控电路类型又分为主令控制用和控制电动机用两大类。

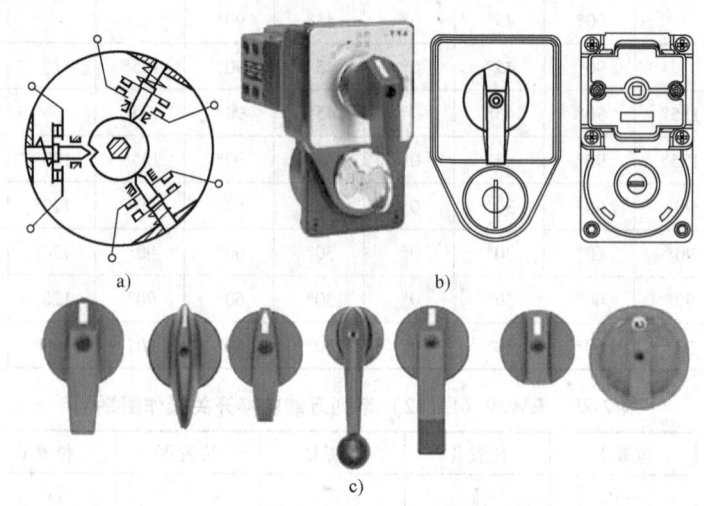

图2-104　LW39面板带钥匙一般型结构与外貌图
a) 一层的结构示意图　b) 外貌图　c) LW39系列可选的手柄型式

2. 转换开关的应用

转换开关的主要参数有型式、手柄类型、操作图型式、工作电压、触头数量及其电流容量，这在产品说明书中都有详细说明。有些转换开关是按标准操作图制造的，选用时应注意核对。当标准操作图不能满足要求时，可设计新的操作图以特殊订货或改装。常用的转换开关有LW5、LW6、LW8、LW9、LW12、LW16、VK、3LB、HZ等系列，其中，3LB系列是引进西门子公司技术生产的，另外还有许多品牌的进口产品也在国内得到广泛应用。图2-105是采用转换开关控制三相异步电动机起停的示例。

转动转换开关的手柄，转轴就带动三个动触片将三对彼此相差一定角度的静触片同时接通或断开，从而控制三相异步电动机的起动或停止。

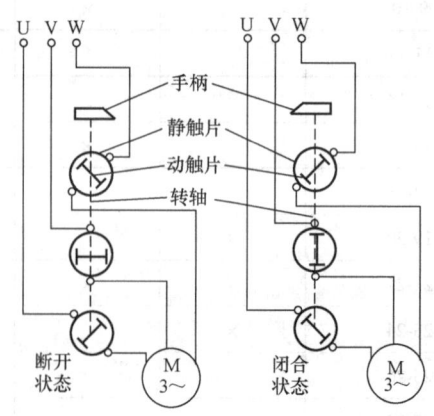

图2-105　采用转换开关控制三相异步电动机起停示例

2.8.5 主令控制器

主令控制器是一种用于电气传动装置中频繁地按顺序切换多个控制电路的主令电器。主令控制器可直接或经过减速器与操作机构连接，主令控制器触头根据操作机构的行程或转角按一定顺序闭合或断开。通过它的操作，可以对控制电路发布命令，与其他电路联锁或切换。主令控制器的种类很多，有凸轮控制器、倒顺开关、重型限位开关、十字方向式主令控制器、电子式（智能式）主令控制器等。主令控制器常与磁力起动器配合，用于远距离控制绕线转子异步电动机的起动、制动、调速及换向，广泛应用于起重机、轧钢机及各类重型机械的电气传动控制系统中。主令控制器的图形、文字符号见表 1-12。主令控制器的触头状态和操动器位置之间的对应关系用操作图来表示，两者需同时标出。

1. 机械式主令控制器

小容量一般用途的主令控制器的操作过程与万能转换开关类似，其内部也是由可转动的凸轮带动触头动作，与万能转换开关相比，它的触头容量较大，操纵档位也较多。一般由凸轮总成、触头、操作机构和外壳等组成。凸轮总成由转轴与凸轮盘组合而成。凸轮片上有槽孔，可向固定螺栓左右两边各调动一定角度，受凸轮控制的触头位置也随之调整。外型有卧式和立式两种。LK 系列主令控制器的结构示意如图 2-106 所示。

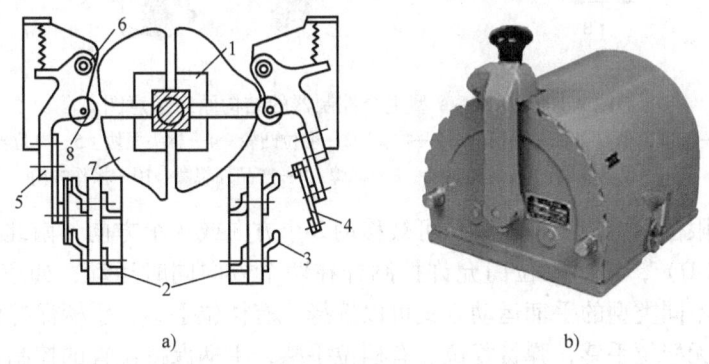

a)　　　　　　　　　　b)

图 2-106　LK 系列主令控制器结构示意图
a) 结构示意图　b) LK1 外貌图
1、7—凸轮块　2—接线柱　3—静触头　4—动触头　5—支杆　6—转动轴　8—小轮

由图 2-106a 可见，当转动方轴时，凸轮块随之转动，当凸轮块的凸起部分转到与小轮 8 接触时，则推动支杆 5 向外张开，使动触头 4 离开静触头 3，将被控回路断开。当凸轮的凹陷部分与小轮 8 接触时，支杆 5 在反力弹簧作用下复位，使动、静触头闭合，从而接通被控回路，使被控设备按一定顺序工作。主令控制器的操动方式有手柄式和手轮式两种。还有一种是电位计式主令控制器，利用电刷滑动改变电阻值，从而控制输出电流的大小，这种主令控制器有手动和脚踏两种控制方式。另外一种新型主令控制器是十字方向式主令控制器，其结构为单方向及纵、横十字方向操作，采用盘下安装、盘上操作形式。图 2-107 是施耐德公司生产的纵、横十字方向操作的 XK 系列主令控制器的结构原理示意图。

XKM-A 型主令控制器有 4 个操作方向，垂直控制杆，2 个运动机构，每个方向有 6 个档位，可定制凸轮组合，每个运行机构最多 24 个触头，每个运动机构带 2 个 4.7kΩ 电位器，

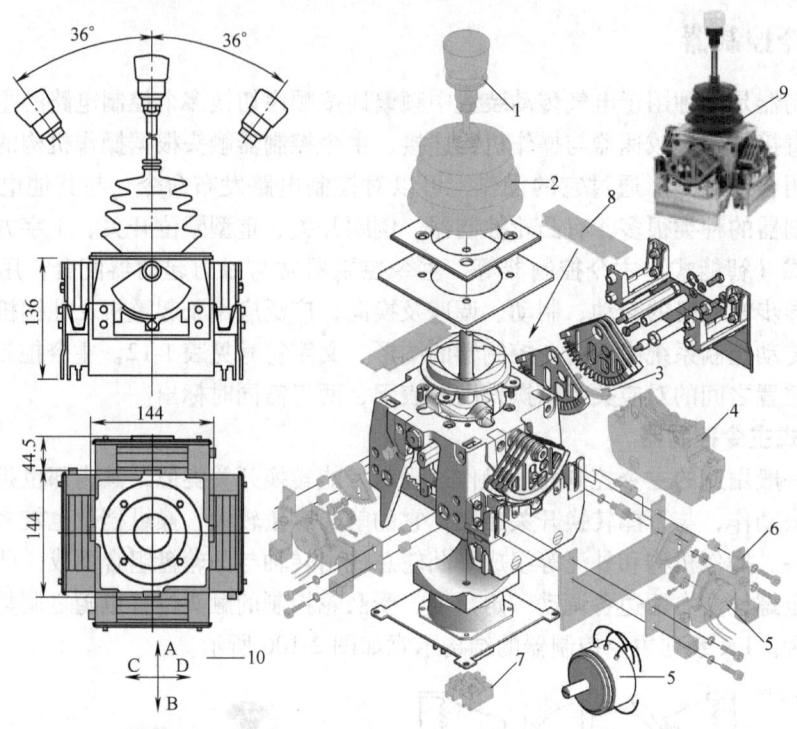

图 2-107　XKM-A 型主令控制器的结构原理示意图
1—标准手柄（带机构手柄）　2—护套　3—变位凸轮　4—触头模块　5—电位器
6—电位器支架　7—基座触头　8—标牌　9—产品外貌图　10—操作方向

可预先设定手柄限位门。控制杆从零位可被移动 2 个方向或 4 个方向，南北方向（A-B）和/或东西方向（C-D），某些限位门允许控制杆在两个方向同时运动，如东＋南（B＋C）。每个方向有三种不同类型的手柄运动方式可以选择：有档位手感，手柄保持位置；有档位手感，弹簧复位；无档位手感，弹簧复位。有档位手感，手柄保持位置的控制手柄从零位有级地向最大偏移方向运动，保持机构使控制杆能够在手柄释放后，保持在相应的档位；有档位手感，弹簧复位的控制手柄从零位有级地向最大偏移方向运动，弹簧机构使控制杆能够在手柄释放后，返回到中心零位；无档位手感，弹簧复位的控制手柄从零位无级地向最大偏移方向运动，弹簧机构使控制杆能够在手柄释放后，返回到中心零位。触头模块由一系列给定闭合顺序的凸轮机构操动。这些凸轮组可以是可编程的，使用变组合凸轮，可按图定制；也可以是标准的，使用标准固定的凸轮组合顺序。所有触头都是常闭触头，只有凸轮机构操动该触头时，才改变状态，常闭触头在凸轮片触动下断开。在闭合顺序图上，当逻辑上表示为触头闭合时，该位置对应凸轮的凹陷处。

XKM-A 型主令控制器设计轻巧，外形紧凑，适合于重型负载应用。另外，XKM-B 型是垂直控制杆，1 个运动机构；XKM-C 型是侧面控制杆，1 个运动机构。广泛应用于控制行车、冶金吊、铸造吊等，可集成到固定式控制台上。图 2-108 是 XKM-A 型主令控制器 AB 运动机构的操作图。

2. 电子式（智能式）主令控制器

电子式（智能式）主令控制器分为机械动作方式（触头工作方式）和电子动作方式

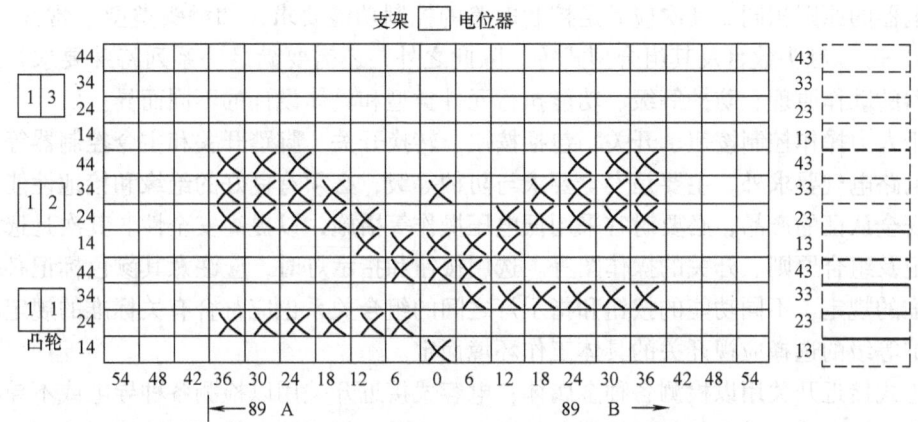

图 2-108 XKM-A 型主令控制器 AB 运动机构的操作图（俯视）

（无触头工作方式）、单轴式和双轴式，凸轮可调式和凸轮固定式。凸轮可调式主令控制器分为编码器式、有触头式和无触头式等工作形式。

无触头式是用接近开关作为开关元件，适用于工控机、PLC 控制的设备做信号切换控制。

编码器式附带的编码器与凸轮轴同步转动，通过编码器旋转产生的位置码实现对现场物体位移的检测，可实现既有开关量输出，又有编码器输出，同时可与 HMI 通信，实现数字数据显示、位置设定和报警、数字控制、通信控制。绝对值编码器安装在现场，与受控设备传动轴柔性连接。主控单元由 HMI、PLC 等组成，安装在控制室或操作室内，编码器和连接电缆将现场位置信号送至主控单元，共同构成智能式主令控制器。智能式主令控制器在工作时，由受控设备通过传动机构带动编码器一起旋转，编码器产生一系列位置码并送到 PLC 的输入端，在 PLC 内部进行译码、运算、分析、累加等处理后，与 HMI 中的可调用的设定参数相比较，在合适的位置发出相应的控制信号，从而达到数字控制和远程通信控制的目的，可直接和其他控制系统，如 PLC 系统、工业控制网络系统相连接。

智能式主令控制器用程序逻辑代替机械凸轮的动作，以无触头逻辑代替有触头逻辑，具有触头通断速度快、灭弧效果好、运行可靠、响应速度快、分辨率高、调整方便迅速、可在运行中调整、全数字显示、远程通信、多种保护功能等优点。具有防水、防腐、防尘等特点，外壳组成防护式（防护等级 IP55），有较好的机械、电气性能，有良好的耐磨性，机座采用压铸铝件，具有重量轻、刚度好的特点。可按照用途直接替换各种主令控制器。广泛应用于各种高、低速压力机、包装机、轧钢机、高炉、自动电焊机、纺织机及其他需要实现程序控制的各类设备中做为主令控制器。在机械传动装置中，作频繁转换控制线路，实现程序、顺序的限位及定位控制之用。

主令控制器的主要参数有型式、手柄类型、操作图型式、工作电压及触头的电流容量，在产品说明书中都有详细说明。选用时应注意核对。

2.8.6 主令电器的一般选用原则

主令电器首先应满足控制电路的电气要求，如额定工作电压、额定工作电流（含电流种类）、额定通断能力、额定限制短路电流等，这些参数的确定原则与选用主电路开关电器和控制电器的原则相同。其次应满足控制电路的控制功能要求，如触头类型（常开、常闭、要否延时等）、触头数目及其组合型式等。除此之外，还需要满足一系列特殊要求，这些要求随电器的动作原理、防护等级、功能执行元件类型和具体设计的不同而异。

对于人力操作控制按钮、开关，包括按钮、转换开关、脚踏开关和主令控制器等，除满足控制电路电气要求外，主要是安全要求与防护等级，必须有良好的绝缘和接地性能，应选用经过安全认证的产品，必要时宜采用低电压操作等措施，以提高安全性。其次是选择按钮颜色标记及组合原则、开关的操作图等。选用按钮和指示灯时，应注意其颜色标记必须符合国家标准的规定。不同功能的按钮和指示灯之间的组合关系也应符合有关标准的规定。

防护等级的选择应视开关的具体工作环境而定。

电感式接近开关用以检测各种金属体；电容式接近开关用以检测各种导电或不导电的液体或固体；光电式接近开关用以检测各种不透光物质；超声波式接近开关用以检测不能透过超声波的物质；霍尔式接近开关用于单方向检测磁铁或磁钢。圆柱型接近开关比方型接近开关安装方便；槽型接近开关的检测部位是在槽内侧，用于检测通过槽内的物体；平面安装型适合检测距离要求长的场合。两线制接近开关安装简单，接线方便，应用比较广泛，但有残余电压和漏电流大的缺点。直流三线式接近开关的输出型有 NPN 和 PNP 两种，PNP 输出型接近开关一般用于控制指令，NPN 输出型接近开关一般应用于控制直流继电器，在实际应用中要根据控制电路的特性进行选择其输出形式。

对于不同材质的目标检测体和不同的检测距离，应选用不同类型的接近开关，以使其具有高的性能价格比。当检测体为金属材料时，应选用电感式接近开关，该类型接近开关对铁、镍、A3 钢类检测体检测最灵敏。对铝、黄铜和不锈钢类检测体，其检测灵敏度就低。当检测体为非金属材料时，如木材、纸张、塑料、玻璃和水等，应选用电容式接近开关。金属体和非金属要进行远距离检测和控制时，应选用光电型接近开关或超声波型接近开关。对于检测体为金属时，若检测灵敏度要求不高时，可选用磁性接近开关或霍尔式接近开关。霍尔式接近开关能安装在金属中，可并排紧密安装，可穿过金属进行检测。

电感式接近开关和电容式接近开关对环境的要求条件较低、抗环境干扰性能好，在一般的工业生产场所应用较广泛。当被测对象是导电物体或可固定在一块金属物上时，一般选用电感式接近开关，它的响应频率高、抗环境干扰性能好、价格较低。若被测对象是非金属（或金属）、液位高度、粉状物高度、塑料、堆垛、烟草等，则应选用电容式接近开关，它的响应频率低，但稳定性好。安装时应考虑环境因素的影响。若被物为导磁材料或为了区别和它在一同运动的物体，而把磁钢埋在被测物体内时，应选用霍尔接近开关，价格最低。在环境条件比较好、无粉尘污染的场合，可采用光电接近开关。光电接近开关工作时对被测对象几乎无任何影响，因此在要求较高的机械设备上广泛使用。在安防系统中，自动门通常使用热释电接近开关、超声波接近开关、微波接近开关。有时为了提高识别的可靠性，上述几种接近开关往往被组合使用。无论选用哪种接近开关，都应注意满足工作电压、负载电流、响应频率、检测距离等各项指标的要求。

2.9 电磁执行机构

机械设备的执行机构主要包括电磁铁、电磁阀、电磁离合器、电磁抱闸、液压阀等，如起重机械、磁选机械、升降机械、机床等设备的工艺过程就是靠这些元件来完成的。电磁铁、电磁阀已发展成为一种新的电器产品系列，并已经成为成套设备中的重要元件。电磁铁本身还是其他一些元件的核心部件。

2.9.1 电磁铁

电磁铁是利用通电的线圈吸引铁心的衔铁，从而使相关联的机械装置发生联动，以保持某种机械零件、工件于固定位置的一种电器。电磁铁由励磁线圈、铁心和衔铁三个基本部分构成，衔铁也称为动铁心，是牵动相关联的机械装置和触头动作的部分。当励磁线圈通以励磁电流后便产生磁场及电磁力，衔铁被吸合，并带动机械装置完成一定的动作，把电磁能转换为机械能。当电源断开时，电磁铁的磁性消失，衔铁或其他零件即被释放。其工作原理与1.2节所述相同。

电磁铁的种类和用途广泛，按照用途划分，有牵引电磁铁、起重电磁铁、制动电磁铁、阀用电磁铁，以及其他用途的电磁铁，如磨床的电磁吸盘及电磁振动器等。牵引电磁铁主要用来牵引机械装置；阀用交流电磁铁用于开启或关闭各种阀门，以执行自动控制任务；起重电磁铁主要用于起重装置吊运钢锭、钢材、铁砂等铁磁性材料；制动电磁铁主要用于对电动机进行制动，以达到准确停机的目的。电磁继电器和接触器等的电磁系统、自动开关的电磁脱扣器及电动操作机构等都是一种电磁铁结构。另外还有绣花机专用电磁铁、毛织机械专用电磁铁等。电磁铁有干式、油浸式和湿式三种。干式电磁铁的线圈和铁心处于空气中。油浸式电磁铁的线圈和铁心浸在无压油液中。湿式电磁铁也叫耐压式电磁铁，线圈和衔铁都浸在有压油液中。有时也将油浸式电磁铁和耐压式电磁铁都叫做湿式电磁铁。图2-109是三种电磁铁产品的外貌图。图2-109a是牵引电磁铁，主要用于机械装置及自动化控制系统中；图2-109b是三相交流电磁铁，图2-109c是单相交流电磁铁，主要用于与闸瓦式制动器配套使用。

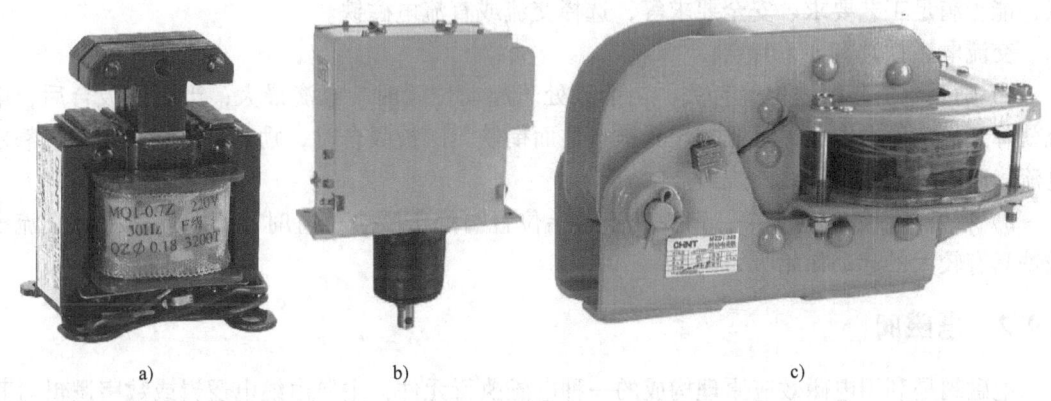

图2-109 三种交流电磁铁产品的外貌图
a) 牵引电磁铁 b) 三相交流电磁铁 c) 单相交流电磁铁

根据电磁铁励磁电流的性质，电磁铁分为直流电磁铁和交流电磁铁两大类。直流电磁铁与交流电磁铁比较见表2-30。

表 2-30 直流电磁铁与交流电磁铁的比较

项目	直流电磁铁	交流电磁铁
铁心结构	由整块软钢制成，无短路环	由硅钢片制成，有短路环
吸合过程	电流不变，吸力逐渐加大	吸力基本不变，电流减小
吸合后	无振动	有轻微振动
吸合不好时	线圈不会过热	线圈会过热，易烧坏

直流电磁铁的铁心根据不同的剩磁要求选用整块的铸钢或工程纯铁制成，需要专用直流电源。直流电磁铁具有如下特点：

1）励磁电流的大小仅取决于励磁线圈两端的电压及本身的电阻，而与衔铁的位置无关，因此一旦机械装置被卡住，励磁电流不会因此而增加，不会因铁心卡住而导致线圈烧毁。

2）直流电磁铁的吸力在衔铁起动时最小，而在吸合时最大，因此吸力与衔铁的位置有关，在起动时吸力较小，吸合后电磁铁容易因励磁电流大而发热。

3）体积小，工作可靠，允许切换频率较高，换向冲击小，使用寿命较长。但起动力比交流电磁铁小。

交流电磁铁的铁心则用相互绝缘的硅钢片叠成。电磁铁的结构形式有多种多样，直流电磁铁常用拍合式与螺管式两种结构。拍合式电磁铁的动铁心是平板状的，它在励磁线圈的外面将磁路闭合；而螺管式电磁铁通常由圆柱形动铁心插入线圈内部将磁路闭合。交流电磁铁的结构形式主要有 U 形和 E 形两种，其结构原理与交流接触器的电磁机构一样。直流电磁铁和交流电磁铁具有各自不同的机电特性，因此适用于不同场合。选用电磁铁时，应考虑用电类型（交流或直流）、额定行程、额定吸力及额定电压等技术参数。衔铁在起动时与铁心的距离，即额定行程。衔铁处于额定行程时的吸力，即额定吸力，它必须大于机械装置所需的起动吸力。额定电压（励磁线圈两端的电压）应尽量与机械设备的电控系统所用电压相符。此外，在实际应用中要根据机械设计上的特点，考虑直流电磁铁和交流电磁铁具有的特点，能否满足工艺要求、安全要求等，选择交流或直流电磁铁。

交流电磁铁具有如下特点：

1）励磁电流与衔铁位置有关，当衔铁处于起动位置时，电流最大；当衔铁吸合后，电流就降到额定值，因此一旦机械装置被卡住而衔铁无法被吸合时，励磁电流将大大超过额定电流，时间一长，会使线圈烧毁。

2）吸力与衔铁位置无关，衔铁处于起始位置与处于吸合位置时吸力相同，因此交流电磁铁具有较大的起动初始吸力。

2.9.2 电磁阀

电磁阀是利用电磁效应原理构成的一种电磁执行元件，主要由继电逻辑或数字逻辑对其进行控制，可以配合不同的控制系统或电路实现预期的控制。广泛应用于化工、冶金、电力、水处理、自来水、燃气、医药等行业部门中的控制系统，对工艺流程管路中的流体介质（蒸汽、空气、水、燃气、油等）的流量、方向、液位、速度、流体的流通或阻断等工艺参数的控制；对气动控制系统和液压控制系统进行逻辑控制等。气动控制系统是以空气为介质做动力传递，通过压缩机产生动力，推动机械的控制系统。液压控制系统是以液压油为介质做动力传递，通过液压泵产生动力来推动机械的控制系统。如，在气动控制系统中，电磁阀的作用就是按照控制的要求，调整压缩空气的状态。动力元件包括各种压缩机，执行元件包括各种气缸。而阀体是实现控制逻辑的重要部件。如单向阀可使压缩空气从压缩机进入气罐，当压缩机关闭时，阻止压缩空气反方向流动；当储气罐内的压力超过允许限度时，通过安全阀可将压缩空气排出；通过方向控制阀可对气缸接口交替地加压和排气，来控制运动的方向；通过速度调节阀可实现执行元件的无级调速等。

1. 电磁阀的结构原理

电磁阀由电磁线圈和磁心组成，包含一个或多个孔的阀体，当线圈通电或断电时，磁心的运动使流体通过阀体或被阻断，其状态发生转换，从而改变流体方向，实现自动调节及远程控制。

电磁阀的电磁部件由固定铁心、动铁心、线圈等部件组成；阀体部分由滑阀芯、滑阀套、弹簧底座等组成。电磁线圈被直接安装在阀体上，阀体被封闭在密封管件中，构成一个紧凑的整体。常用的电磁阀有二位二通、二位三通、二位四通、二位五通、三位电磁阀、四位电磁阀等。对于电磁阀来说，二位的含义就是通电和断电，对于所控制的阀门来说就是开和关，其逻辑就是"1"或"0"。三位电磁阀的阀芯有三个工作位置，平时不通电，处于微启状态，阀门流通初始流量；当给定一种电信号时，电磁阀全开，流体大流量流动；当给定另一种电信号时，阀门关闭。三位电磁阀可视为一种结构更为紧凑的双联电磁阀，它可很方便地实现三位调节。如果 n 个大小成一定比例的电磁阀组成 $2n$ 种流量，就称这种组合阀为数字阀。实际上两个大小不同的双联阀或三位阀就可产生 $2^4=16$ 或 $3^2=9$ 种流量，从而可达到高精度流量控制。

电磁阀的种类和用途十分广泛，按电磁阀电源种类分，有直流电磁阀、交流电磁阀、交直流电磁阀、自保持型电磁阀等；按用途分，有一般介质（水、气体、油等流体）用电磁阀、蒸汽电磁阀、燃气用电磁阀、真空电磁阀、制冷装置用电磁阀、脉冲电磁阀等；按使用环境分，有一般用、户外用、防爆用电磁阀等；从原理上分，有直动式、分布直动式、先导式等三大类；从阀瓣结构和材料上的不同，又分为直动膜片结构、分步直动膜片结构、先导膜式结构、直动活塞结构、分步直动活塞结构、先导活塞结构；各种电磁阀还可分为二通、三通、四通、五通等规格，还可分为主阀和控制阀等。

自保持型电磁阀只需瞬间通电即可完成阀门开关动作，阀芯位置不需要通电保持。它的优点在于节约能源，在高低温、防爆等场合有较高安全性。常见的有机械式保持和永磁体保持，又分双线圈和单线圈，以单线圈磁保持结构最为简单。它是以改变直流电源极性，改变对应阀门开关的两种状态，与智能仪表配套使用十分方便。

直动式电磁阀有常闭型和常开型两种。常闭型断电时呈关闭状态，当线圈通电时产生电磁力，使动铁心克服弹簧力吸合，把关闭件从阀座上提起，直接开启阀，介质呈通路；当线圈断电时电磁力消失，动铁心在弹簧力的作用下复位，弹簧力把关闭件压在阀座上，直接关闭阀口，介质不通。常开型正好与此相反。直动式电磁阀在真空、负压、零压时能正常工作，但通径一般不超过 25mm。

先导式电磁阀由先导阀和主阀芯形成通道组合而成。常闭型在未通电时，呈关闭状态。当线圈通电时，电磁力使动铁心和静铁心吸合，把先导阀口打开，上腔室压力迅速下降，在关闭件周围形成上低下高的压差，流体压力推动关闭件向上移动，阀门打开，介质流向出口，此时主阀芯上腔压力减少，低于进口侧的压力，形成压差克服弹簧阻力而随之向上运动，达到开启主阀口的目的，介质流通；当线圈断电时，磁力消失，动铁心在弹簧作用下复位，弹簧力把先导孔关闭，此时介质从平衡孔流入，主阀芯上腔压力增大，并在弹簧力的作用下向下运动，入口压力通过旁通孔迅速进入上腔室，在关阀件周围形成下低上高的压差，流体压力推动关闭件向下移动，关闭阀门。常开型原理正好相反。

分步直动式电磁阀是一种直动和先导式相结合的原理，当入口与出口没有压差时，通电后，电磁力直接把先导小阀和主阀关闭件依次向上提起，阀门打开。当入口与出口达到启动压差时，通电后，电磁力先打开先导小阀，主阀下腔压力上升，上腔压力下降，从而利用压差把主阀向上推开；断电时，先导阀和主阀利用弹簧力或介质压力推动关闭件，向下移动，使阀门关闭。在零压差或真空、高压时亦能可靠工作，但功率较大，要求必须水平安装。

图 2-110 所示是一般控制用螺管电磁系统电磁阀的结构示意图。

由图 2-110 可见，阀门是直通式，用反力弹簧压住动铁心上端，而用动铁心下端装有的氟橡胶塞将阀门进出口密封阻塞。如要接通管道，必须接通线圈电源，产生电磁力，克服反力弹簧的阻力，开启阀门。为了使介质与磁路的其他部分隔绝，用非磁性材料（如不锈钢）制成隔磁管将动铁心与静铁心包住，并将其下部与压盖密封，在压盖与阀体之间用氟橡胶密封圈密封，使进、出管之间不会泄漏。

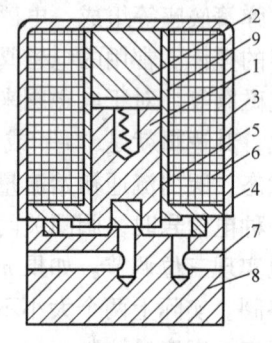

图 2-110 电磁阀结构示意图
1—动铁心 2—静铁心 3—外壳
4—压盖 5—隔磁管 6—线圈
7—管路 8—阀体
9—反力弹簧

另外，在液压系统中电磁阀用来控制液流方向。阀门开关由电磁铁来操纵，因此控制电磁铁就是控制电磁阀。电磁阀的结构性能可用它的位置数和通路数来表示，并有单电磁铁（称为单电式）和双电磁铁（称为双电式）两种。图 2-111 是电磁阀的图形符号，其中，图 2-111a 为单电二位二通电磁换向阀，图 2-111b 为单电二位三通电磁换向阀，图 2-111c 为单电二位四通电磁换向阀，图 2-111d 单电二位五通电磁换向阀，图 2-111e 为双电二位四通电磁换向阀，图 2-111f 为双电三位四通电磁换向阀，图 2-111g 为电磁阀的一般电气图形符号。

单电磁铁图形符号中，与电磁铁邻接的方格中表示孔的通向正是电磁铁得电的工作状态，与弹簧邻接的方格中表示的状态是电磁铁失电时的工作状态。双电磁铁图形符号中，与电磁铁邻接的方格中表示孔的通向正是该侧电磁铁得电的工作状态。

如，在图 2-111d 中，电磁铁得电的工作状态是 1 孔与 3 孔相通，2 孔与 4 孔相通；电磁铁失电时的工作状态，由于弹簧起作用，使阀芯处在右边，1 孔与 2 孔通，3 孔与 4 孔通，2 孔还与 4 孔通，即改变了压力油（压缩空气）进入液（气）压缸的方向，实现了换向。

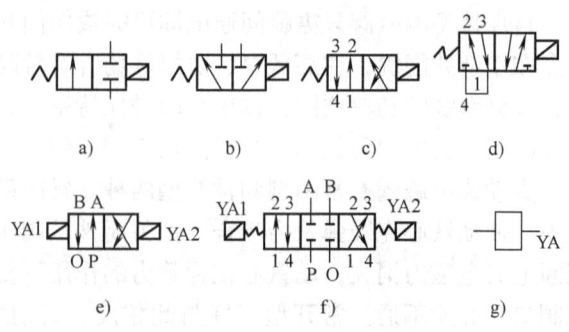

图 2-111 电磁阀的图形符号

在图 2-111e 中，与 YA1 邻接的方格中的工作状态是 P 与 A 通，B 与 O 通，亦即表示电磁线圈 YA1 得电时的工作状态。随后如果 YA1 失电，而 YA2 又未得电，此时电磁阀的工作状态仍保留 YA1 得电时的工作状态，没有变化。直至电磁铁 YA2 得电时，电磁阀才换向，其工作状态为 YA2 邻接方格所表示的内容，即 P 与 B 通，A 与 O 通。同样，如接着 YA2 失电，仍保留 YA2 得电时的工作状态。如要换向，则需 YA1 得电，才能改变流向。设计控制电路时，不允许电磁铁 YA1 和 YA2 同时得电。

在图 2-111f 中，当电磁铁 YA1 和 YA2 都失电时，其工作状态是以中间方格的内容表示，如图中所示，四孔互不相通。同上述的一样，如 YA1 得电时，阀的工作状态由邻接 YA1 的方格中所表示的内容确定，即 P 与 A 通，B 与 O 通。当 YA2 得电时，阀的工作状态视邻接 YA2 的方格所表示的内容确定，即 P 与 B 通，A 与 O 通。对三位四（五）通电磁阀，在设计控制电路时，同样是不允许电磁铁 YA1 和 YA2 同时得电。

在气动系统中，电磁阀的作用就是在控制系统中按照控制的要求来调整压缩空气的各种状态。气动系统还需要其他元件的配合，其中包括动力元件、执行元件、开关、显示设备及其他辅助设备。动力元件包括各种压缩机，执行元件包括各种气缸。这些都是气动系统中不可缺少的部分。而阀体是控制算法得以实现的重要设备。比如单向阀让压缩空气从压缩机进入气罐，当压缩机关闭时，阻止压缩空气反方向流动；安全阀当储气罐内的压力超过允许限度，可将压缩空气排出；方向控制阀通过对气缸两个接口交替地加压和排气，来控制运动的方向；速度调节阀能简便实现执行元件的无级调速。

2. 电磁阀的选用

选用电磁阀时，首先应考虑安全性、可靠性、适用性、经济性四大原则；其次根据管道参数、流体参数、压力参数、电气参数、动作方式、特殊要求等现场工况进行选择。

选型依据：

1）根据现场管道内径尺寸或流量要求来确定通径（DN）尺寸。一般 >DN50 要选择法兰接口，≤DN50 则可根据需要选择。

2）根据流体参数选择电磁阀的材质、温度。对于腐蚀性流体宜选用耐腐蚀电磁阀和全不锈钢电磁阀；食用净流体宜选用食品级不锈钢材质电磁阀；高温流体要选择采用耐高温的电工材料和密封材料制造的电磁阀，而且要选择活塞式结构类型的；流体状态大致有气态、液态或混合状态，要注意电磁阀的适应性。流体粘度通常在 50cSt（$50 \times 10^{-6} m^2/s$）以下可任意选择，若超过此值，则要选用高粘度电磁阀。

3）根据压力参数选择电磁阀。电磁阀的公称压力参数与其他通用阀门的含义是一样的，是根据管道公称压力确定的。如果工作压力低，则必须选用直动或分步直动式原理的电磁阀；最低工作压差在 0.04MPa 以上时，选择直动式、分步直动式、先导式均可。

4）应尽量优先选用 AC 220V、DC 24V 工作电压的电磁阀。根据持续工作时间长短来选择常闭、常开或可持续通电型。当电磁阀需要长时间开启，并且持续时间多于关闭时间时，应选用常开型；反之，选常闭型。但是，有些用于安全保护的工况，如炉、窑火焰监测，则不能选常开型的，应选可长期通电型。

5）根据环境要求选择防爆、止回、手动、防水雾、水淋、潜水型等。爆炸性环境必须选用相应防爆等级的电磁阀。当管内流体有倒流现象时，可选择带止回功能的电磁阀。当需要对电磁阀进行现场人工操作时，可选择带手动功能的电磁阀。露天安装或粉尘多的场合，应选用防水、防尘品种。用于喷泉的电磁阀必须采用防护等级在 IP68 以上的潜水型电磁阀。

选用电磁阀时应注意如下几点：

1）阀的工作机能要符合执行机构的要求，据此确定采用阀的型式（三位或二位，单电或双电，二通或三通，四通，五通等）；

2）阀的孔径是否允许通过额定流量；

3）阀的工作压力等级；

4）电磁铁线圈采用交流或直流电，以及电压等级等都要与控制电路一致，并应考虑通电持续率。

2.9.3 电磁制动器

电磁制动器是应用电磁铁原理使衔铁产生位移的机械运动的装置，广泛应用于起重机、卷扬机、碾压机等类型的升降机械设备。

电磁制动器由制动器、电磁铁或电力液压推动器、摩擦片、制动轮（盘）或闸瓦等组成。图 2-112 是盘式电磁制动器的原理结构图。由图 2-112 可见，盘式电磁制动器在电动机轴端装着一个钢制圆盘，它靠制动钳块与圆盘表面（径向）的离合，实现对电动机的制动和释放。圆盘的直径越大，制动力矩也越大，可以根据所需的制动力矩选择与之相匹配的圆盘。盘式电磁制动器的供电方式采用桥式整流装置，其电磁系统是在直流状态下工作的。它的工作电流很小，整流装置是与盘式电磁制动器装在一起的，其吸引线圈用环氧树脂密封于壳体内，这样适宜于在露天或多尘埃等各种恶劣的环境中工作。

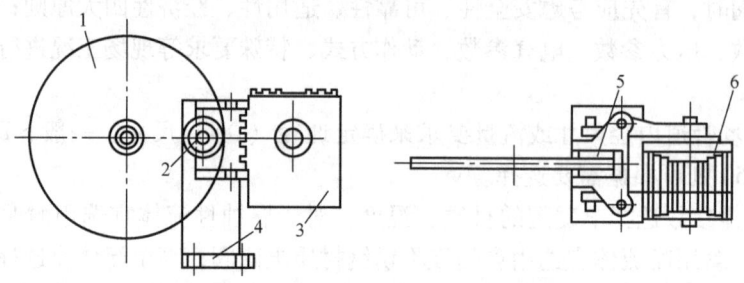

图 2-112 盘式电磁制动器结构原理图
1—圆盘 2—铁心 3—壳体 4—支架 5—摩擦片 6—衔铁

图 2-113 是 YWZ 系列液压制动器，它是由 TJ2 系列交流电磁铁操纵的常闭式抱闸制动器和 MYT1 系列电力液压推动器组合而成，广泛应用在起动运输机械中，制止物件升降速度，以及吸收运动或回转机构运动质量的惯性制动器。

TJ2 系列制动器主要由立板架、闸瓦、高速杆、弹簧及底座等部分组成。闸瓦与立板架、立板架与底座均由轴销连接，立板架的一边安装电磁铁，主弹簧安装在立板架的上方；高速杆的顶端与电磁铁的停档相近，为了增加闸瓦与制动表面的摩擦系数，在闸瓦上装有可以更换的石棉刹车带。当被操纵的电磁铁断电时，由制动器压缩弹簧，保持制动状态；当电磁铁通电吸合时产生松闸，此时机构可以运转。

MYT1 系列电力液压推动器主要用于操动闸瓦式制动器作为起重、运输、行车等类似驱动装置的机械制动用。电力液压推动器由驱动电动机及器身（离心泵）两部分组成，器身部

第 2 章　常用低压电器

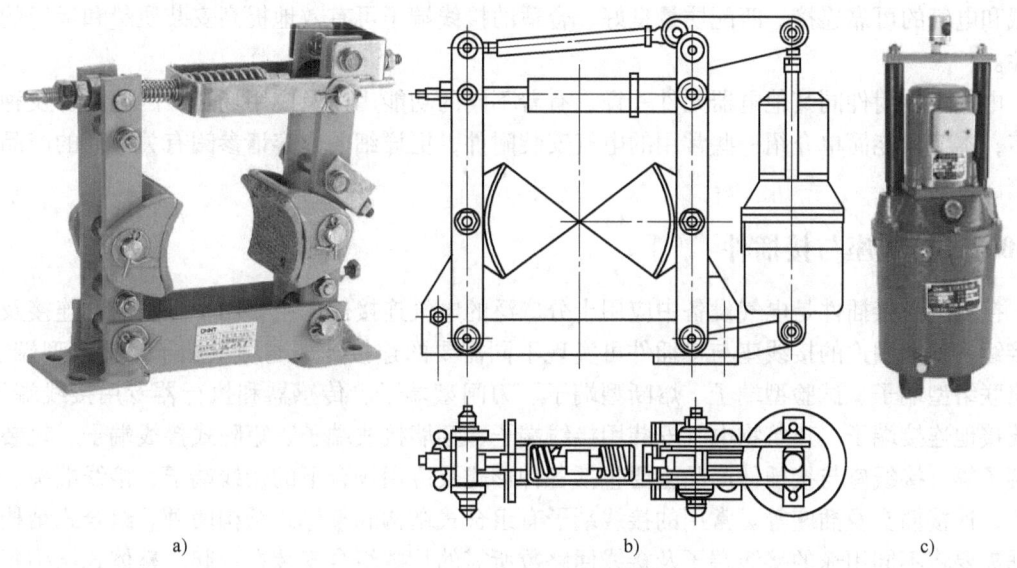

图 2-113　YWZ 系列液压制动器
a) TJ2 系列制动器　b) YWZ 系列液压制动器视图　c) MYT1 系列电力液压推动器

分由盖、缸、活塞、叶轮及转轴组成。当通电时，电动机带动转轴及转轴上的叶轮旋转，在活塞内产生压力，在此压力影响下，液压油由活塞上部吸到活塞下部，迫使活塞和固定在其上的推杆及横梁迅速上升。通过杠杆机械压缩负载制动器上的负载弹簧，产生机械运动，制动器松闸。当断电时，叶轮停止旋转，活塞在负载弹簧力及本身重力作用下，迅速下降，迫使液压油重新流入活塞上部，这时仍然通过杠杆机构恢复原位，制动器抱闸。

2.10　电气安装附件

　　电气安装附件是保证电气安装质量及电气安全而必需的一种工艺材料，在电路中起接续、连接、固定和防护等作用，是正确实现设计功能的必备材料。正确地选用电气安装附件，对提高产品质量和性能是十分重要的，众多的电气事故往往都是忽视或不重视安装质量甚至是违反电气安装规程造成的，因此应引起足够的重视。

　　任何一项电气控制系统的功能的实现都要经过三个过程，第一个过程是设计过程，这个过程中人们根据生产需要及工艺要求，遵循电气控制的基本法则和国家制定的各种标准规范，选用合适的器件、材料组合功能，并详尽地进行计算、说明、绘制系统原理图，使之成为一套完整的技术文件。第二个过程是安装、调试、试验过程，在这一过程中人们根据第一个过程中的技术文件，及国家制定的安装标准规范付诸实施，安装于应用现场。第三个过程是功能实现过程，功能的实现主要靠所设计的系统的正常运行，系统的正常运行首先取决于正确的设计。另一方面取决于电器元件的质量，电器元件质量的保证首先决定于设计选择的准确性，再一方面取决于安装的质量。安装质量应符合国家现行的规程、规范及标准，并应积极采用新工艺、新技术、新材料及先进的安装工艺及操作方法，以适应电工技术的发展。系统的正常运行还取决于正常的操作维护和定期的保养及检修等。接线的任务是对导线进行机械和电气的可靠连接。匹配质量良好、合适的接线端子可有效地提高安装质量和运行的可靠性。

电气安装附件同其他电器元件一样，有着不同的功能用途及应用场合，因此品种及种类繁多，本节只能简单介绍一些常用的电气安装附件，更详细的内容请参阅有关厂商的产品说明书。

2.10.1 接线座与接插件

接线座与接插件是电气设备中应用十分广泛的电气连接件，主要用于电路的电连接及线端接续。不同用途的接线座与接插件可实现不同需要的连接，如通用型端子、接地型端子、电路联络型端子、试验型端子、熔断型端子、刀闸型端子、传感器和执行器专用接线端子、屏蔽接地连接端子、建筑物电气安装用接线端子、穿墙接线端子、矩阵式接线端子、轨装接线端子等。接线座与接插件产品主要包括各种形式及应用场合下的接线端子、接线端头、连接器、连接插头及插座等。常用的接线端子有组合式结构和整体式结构两种。组合式结构可根据需要将不同用途的接线端子及接线回路数所需的片数组合安装在一起。整体式结构每块的接线回路是固定的，如5、10、15路等。接线端子的安装方式有导轨安装和螺钉固定安装两种。接线端子的接线方式有螺钉压接方式和弹簧夹持方式等，如图2-114所示。轨装螺钉压接方式接线端子的压线框是用淬火硬化并经镀锌钝化的钢制成，使用大力矩钢制螺钉牢固地压紧导线。铜质的导电片镀上柔韧的锡-铅合金，能确保与导线保持气密、低阻、永久性连接。弹簧夹持接线端子使单股导线或加了冷压接头的多股导线，以及经过端部紧固处理的细多股导线都可直接插入。弹簧夹持方式的优点是其紧固力可随导线的粗细自动调整，而螺钉压接方式宜出现螺钉松脱紧固力不足的现象。有的产品还配有标志牌和防护罩等。为了使电连接牢固可靠、减少接触电阻，对于螺钉压接方式的接线座通常需要采用接线端头连接。冷压接线端头俗称为接线鼻子，用铜质材料做成，根据连接导线的载流量的不同，接线端头有各种不同的型式，如管形预绝缘端头、管形裸端头、叉形预绝缘端头、叉形裸端头、圆形预绝缘端头、圆形裸端头等；压线帽有安全型压线帽、螺旋式压线帽等。图2-114b示出的是一种小载流量接线端头的一种。图2-115是几种轨装式接线端子的产品结构图。

普通轨装式接线端子适用于所有形式铜导线（多股及单股导线）的连接，接线范围从 $0.08 \sim 95 mm^2$，并有全绝缘插拔式跨接系列，如相邻跨接器、交错跨接器、高低跨接器等，可实现任意两片端子之间的跨接。可实现任意两片端子之间的跨接，以及2线、3线和4线正面轨装式接线端子、普通侧面接线端子、相应的接地端子及各种附件。

多层轨装式接线端子是一种紧凑型的接线方式，适用于导线截面积为 $0.08 \sim 4.0 mm^2$，可进行横向和纵向跨接，仅一片宽度为6mm的多层执行器接线端子便可完成一个3相电动机的全部接线。多层轨装式接线端子适用于配电柜、接线盒、分电盘、机械设备、过程控制等。有双层、三层和用作电动机的轨装四层接线端子等类型。

熔断器型接线端子适用于截面积从 $0.08 \sim 6.0 mm^2$ 的导线，熔断器盒可断开接线端子。有刀形熔断器、小型公制熔断器和旋转式熔断器盒，带有预备熔断器位和熔断指示灯等品种。

传感器和执行器专用轨装接线端子适用截面积从 $0.08 \sim 2.5 mm^2$ 的导线，端子厚度为5mm，并配有插拔式跨接器，跨接十分方便。有适用于3线、4线传感器的专用接线端子及

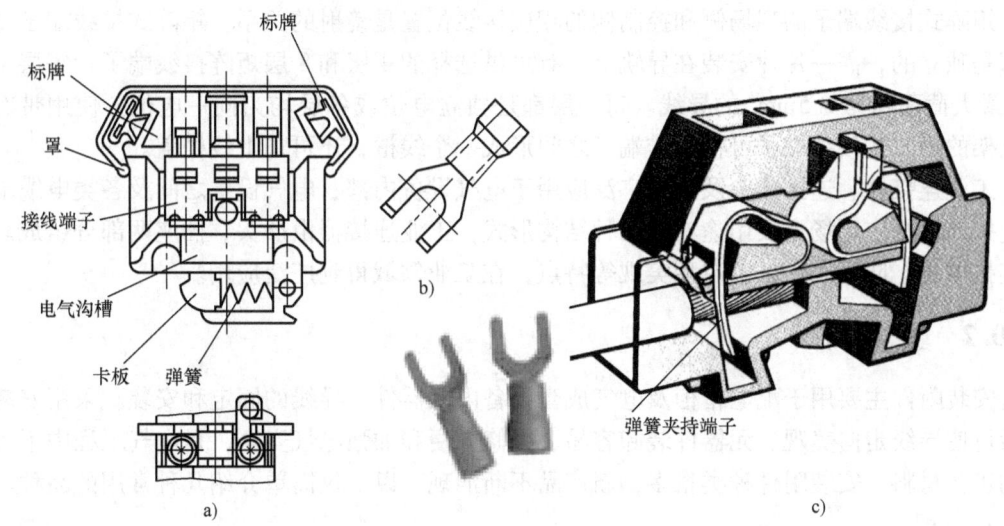

图 2-114 接线端子示意图
a）螺钉压接方式　b）一种小载流量接线端头　c）弹簧夹持方式

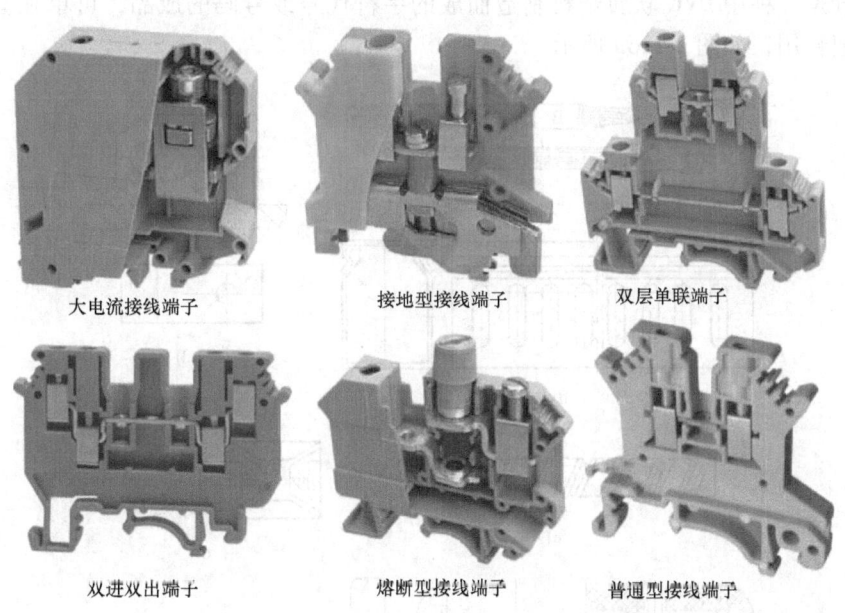

图 2-115 几种轨装式接线端子产品结构图

适用于 2 线执行器的专用接线端子，还有带 LED、屏蔽接地和接地脚的传感器接线端子和执行器接线端子等。

随着电力电子技术的飞速发展，现代工业设备要求具有电磁兼容性。而减小设备的敏感性及减小设备本身对电磁干扰的传导，可以增强设备的电磁兼容性。抑制电磁干扰就必须采取相应的措施，如接地或屏蔽，屏蔽接地型接线端子可有效地提高设备的电磁兼容性。

增强安全型接线端子适用于在爆炸危险环境下的接线盒和配电柜中，可应用在本安型的接线盒和配电柜以及开关控制柜中。

矩阵式接线端子的现场侧和控制侧的相应接线位置是镜射的关系。矩阵式接线端子每一片都是独立的，需一片片安装在导轨上。有可供选择的 4 层和 8 层矩阵接线端子；每层可接 2 根最大截面积为 1.5mm^2 的导线。每一层都是独立电位或各层均为同一电位。使用带有线槽支架的矩阵式接线端子可在两排端子之间形成一个线槽，还可加上线槽盖。

工业连接器、连接插头及插座广泛应用于电气设备内部、电气设备之间及各类电缆端头的连接，根据应用场合及用途亦有多种结构形式，工业连接器由插头、插座两部分组成。具有连接可靠、防腐蚀、工艺造型美观等特点，在工业领域得到广泛应用。

2.10.2 安装附件

安装附件主要用于配电箱柜及电气成套设备内元器件、导线的固定和安装。采用安装附件后可使导线走向美观、元器件装卸容易、维修方便和加强电气安全，是电气工程中不可缺少的工艺材料。安装附件种类很多，新产品不断涌现，以下仅简单介绍几种常用的品种。

1. 线号

线号用作导线的线端标记，线号标记可采用专用印号机打印或用记号笔标记。

2. 字码管

字码管是一种用 PVC 软质塑料制造而成的字符代号或号码的成品，可单独套在导线上作线号标记管用，如图 2-116a 所示。

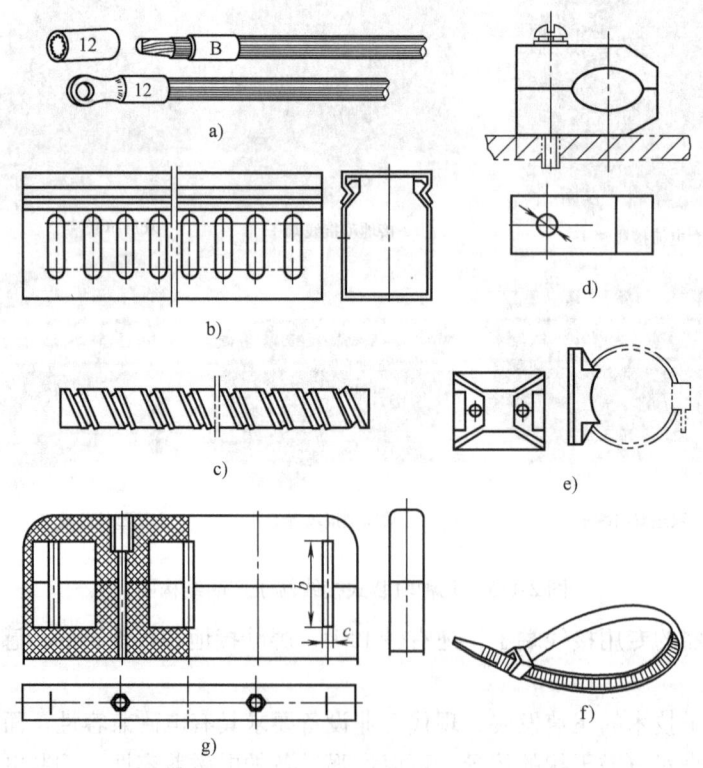

图 2-116 安装附件
a）字码管 b）行线槽 c）缠绕管 d）固定线夹
e）贴盘 f）扎带 g）母线绝缘框

3. 行线槽

行线槽采用聚氯乙烯塑料制造而成，用于配电箱柜及电气成套设备内做布线工艺槽用，对置于其内的导线起防护作用，如图 2-116b 所示。

4. 波纹管、缠绕管

波纹管、缠绕管采用 PVC 软质塑料制造而成，用于配电箱柜及电气成套设备的活动部分及建筑电气工程中作电线保护。缠绕管既可用于行线，捆绑和保护导线，又可用于过门导线的保护，如图 2-116c 所示。

5. 固定线夹、贴盘、扎带

固定线夹用于配电箱柜及电气成套设备中过门导线（束）及其他配线的固定。贴盘和扎带配合广泛应用于电气仪表、电气装置等配线的线束固定。扎带有自锁式尼龙扎带、插销式尼龙扎带、珠孔尼龙扎带等。扎带固定座有粘贴扎带固定座、吸盘、配线固定钮等。线扣有隔离式扭线环、扣式扭线环、马鞍型夹线套、R 型线夹等，如图 2-116d~f 所示。

6. 母线绝缘框

母线绝缘框用于配电柜中的铜、铝母线排的支撑和固定安装。常用型号为 MK1 系列，如图 2-116g 所示。

第3章 电气控制的基本原理

在国民经济各行业中的生产机械的电气传动和电气设备，主要以各类电动机或其他执行电器为控制对象。因此，电动机及其控制在国民经济各部门中起着重要作用，无论是在工农业生产还是其他行业，甚至家用电器都大量使用着各种电动机，可见，电动机是电能应用的主要形式。据资料记载，我国生产的电能约60%用于电动机，其中70%以上又是用于一般用途的交流电动机（包括异步电动机和同步电动机），一般用途的交流电动机将电能转换成机械能，向被拖动的机械提供动力来源。电气控制就是实现对电动机或其他执行电器的起停、正反转、调速、制动等运行方式的控制，以实现生产过程自动化，满足生产工艺的要求。电气控制线路是由第2章所述的开关电器等按一定的逻辑控制规律构成的。

随着电力电子技术的进步，特别是计算机技术应用、新型控制策略出现，不断改变着电动机控制、电气传动的面貌，目前已发展到了"运动控制"新阶段。运动控制（Motion Control）是近10多年来在国际上流行的一个新的技术术语，通常是指在复杂条件下，将预定的控制方案、规划指令转变成期望的机械运动。运动控制系统使被控机械运动实现精确的位置控制、速度控制、加速度控制、转矩或力的控制，以及这些被控机械量的综合控制。按照使用动力源的不同，运动控制可分为气动、液动和电动三大类。电气运动控制更容易实现与计算机的接口，以及具有其他明显的优点，因而运动控制系统中，电气运动控制起着举足轻重的作用。电气运动控制体现了电动机控制技术、传感器技术、电力电子技术、微电子技术、自动控制技术和微机应用技术的最新发展成就。由于微处理器和传感器的作用，赋予系统以智能，故又称为智能运动控制（Intelligent Motion Control）。运动控制作为一门多学科交叉的技术，每种技术出现的新进展都使它向前迈进一步，其技术进步是日新月异的。

在工厂自动化（FA）、办公自动化（OA）和家庭自动化（HA）中，大量存在对运动机构进行精确控制的任务。作为自动控制的重要分支，当代电气运动控制技术在这里大显身手，其应用领域十分广泛，例如工业方面的各种生产流水线、生产机械、起重机械、压缩机、风机、泵、加工中心、专用加工装备、数控机床、工业机器人、塑料机械、印刷机械、绕线机、纺织机械、新型工业缝纫机、绣花机、轧机主传动、轧辊等的控制；军事和宇航方面的雷达天线、火炮瞄准、惯性导航、卫星姿态、飞船光电池板对太阳跟踪的控制等；计算机外围设备和办公设备中的各种磁带机、磁盘驱动器、数控绘图机、打印机、传真机、电传打字机、光盘存储器、复印机的控制；音像设备和家用电器中的录像机、录音机、CD机、激光视盘机、洗衣机、空调机等的控制。

不同的生产机械或自动控制装置的控制要求是不同的，所要求的控制线路也是千变万化、多种多样的，但是它们都是由一些具有基本规律的基本环节、基本单元所组成的，即任何简单的、复杂的电气控制线路都是按一定的控制原则和逻辑规律，由基本的控制环节组合成的。熟悉这些基本的控制环节是掌握电气控制的基础。在长期实践中，人们已经将这些控制环节总结成最基本的单元电路，只要能深入地掌握这些基本单元电路及其逻辑关系和特点，再结合具体的生产工艺要求，就不难掌握控制线路的基本分析方法和设计方法。但并没有一种固定的可遵循模式，因此目前电气控制的设计方法主要采用经验分析法。本书主要系统地向读者介绍电气逻辑控制系统的基本原理及方法。

3.1 逻辑控制的基本概念

电气控制的基本思路是一种逻辑思维，只要符合逻辑控制规律、能保证电气安全、并满足生产工艺的要求，就可认为是一种好的设计。如果选用比较先进的电器元件实现设计功能，那么这种设计就具备一定的先进性。当然，再进一步就应考虑其经济性和实用性等。电气控制线路的实现，可以是继电器-接触器逻辑控制方法、可编程序逻辑控制方法及计算机控制（单片机、可编程序控制器等）方法等，而继电器-接触器逻辑控制（以下简称为继电逻辑控制）方法是最基本的方法，是各种控制方法的基础。

继电逻辑控制装置或系统是由各种开关电器组合，并通过物理接线的方式实现逻辑控制功能的。它的优点是电路图较直观形象、装置结构简单、价格便宜、抗干扰能力强，因此广泛应用于各类生产设备及控制系统中。它可以方便地实现简单的或复杂的集中控制、远距离控制和生产过程自动控制。它的缺点主要是由于采用固定接线形式，其通用性和灵活性较差，在生产工艺要求提出后才能制作，一旦做成就不易改变，另外不能实现系列化生产；由于采用有触头的开关电器，触头易发生故障，维修量较大等。尽管如此，目前继电逻辑控制仍然是各类机械设备最基本的电气控制形式之一。

3.1.1 数字逻辑与继电逻辑

大家知道，初等代数是以字母代替数，因变量是自变量的函数，函数有定义域和值域。当自变量和函数的取值（定义域）都只有 0 和 1 两个数，这种代数就是逻辑代数，其中的变量就是逻辑变量，函数就是逻辑函数。如果有若干个逻辑变量，如 A、B、C、D…，按与、或、非三种基本运算组合在一起，得到一个逻辑表达式 L。对逻辑变量的任意一组取值，如 0000、0001、0010 …，L 有唯一的值与之对应，则称 L 为逻辑函数。逻辑变量 A、B、C、D…的逻辑函数记为：$L = f(A、B、C、D…)$。

逻辑代数有一系列的定律和规则，用它们对逻辑表达式进行处理，可以完成电路的化简、变换、分析和设计等。在逻辑代数中，逻辑函数是由逻辑变量和常量通过运算符连接起来的代数表达式。逻辑函数可以用表格和图形等形式表示。逻辑变量可以用字母、符号、数字及其组合来表示。每个变量状态只可能取 "0" 值，或取 "1" 值，不可能有中间值，这类似于信号的有或无、电平的高或低、开关元件的接通和断开、半导体管的饱和导通或截止等。显然，这种二值函数可以通过继电器及其电路来实现，构成继电逻辑控制电路，继电逻辑电路亦称为开关逻辑电路。一般来说，能够表达多个二值函数的电路称为数字逻辑电路，普遍意义上的数字逻辑电路应该是具有多个输入输出变量的电路。开关逻辑电路是典型的、最简形式的数字逻辑电路。逻辑控制电路包含开关逻辑电路和数字逻辑电路两大类。这两类逻辑控制就是根据输入输出变量的逻辑关系进行逻辑运算和控制的，其中的逻辑关系包含了"与"（AND）、"或"（OR）、"非"（NOT）三种基本逻辑变量，逻辑运算就是表示变量与变量、变量与常量之间的运算关系，与、或、非是三种基本的逻辑运算。

逻辑关系的表述和运算是布尔代数的初级内容，它反映了自然界中一些最基本的逻辑关系。在逻辑代数中，表示逻辑运算的方法有逻辑代数式、真值表、卡诺图、时序图、语句描述等多种，但在电气控制技术中常用的方法是逻辑代数式、真值表和时序图，其概念可以用维恩图表示。输入逻辑变量的所有可能取值的组合及其对应的输出逻辑函数值所构成的表格称为真值表。用真值表描述逻辑函数的方法称为真值表表示法。通过真值表可以证明两个函数相等，如两个函数的真值表相同，则两个函数就相等。把一个逻辑电路的输入变量的波形和输出变量的波形，依时间顺序绘制的图称为时序图，又称波形图。时序电路中的状态变量的状态转换受时序的控制，它显示状态变量之间随时间关系的交互作用。状态转换顺序有时称为态序。

从数字逻辑电路的角度来看，逻辑函数的变量取值"1"或"0"是两个二进制数码，可以用任何具有两个稳定状态的元件表示，如开关元件的接通和断开、灯泡的亮和不亮等。因此，在继电逻辑控制电路和数字逻辑控制电路（以下统称逻辑控制电路）中，正常工作的开关电器元件只有线圈通电或断电、触头闭合或断开两种稳定的开关逻辑状态。这两种开关逻辑状态表达的就是逻辑值"1"或"0"，为了与数制中的"1"和"0"相区别，一般称它们为逻辑"1"和逻辑"0"。也就是说，逻辑控制电路是用逻辑常量与变量来描述它们在电路中的状态和连接方法的。

在分析逻辑控制电路时，元件状态是以线圈通电或断电来判定的。该元件线圈通电时，其本身的常开触头（动合触头）闭合、常闭触头（动断触头）断开。对于开关电器，通常规定正逻辑为：线圈通电为"1"状态，断电为"0"状态；元件的常开触头，规定闭合状态为"1"状态，断开状态为"0"状态，线圈没通电的触头状态称为原始状态。负逻辑则相反。同一逻辑电路，既可用正逻辑表示，也可用负逻辑表示。在本书中，除特别声明外，均采用正逻辑。按照这些约定，开关电器的线圈和其触头的状态用同一字符来表示，例如符号K（接触器）既表示接触器的线圈，也表示接触器的触头，但其常闭触头的状态在逻辑函数式中用符号K的"非"来表示，即$\overline{K}$。若元件的状态为"1"状态，则表示其线圈"通电"，电磁机构吸合，其常开触头闭合、常闭触头断开。"通电、"闭合"都是"1"状态；断开则为"0"状态。若元件的状态为"0"状态，则与上述相反。作了这些规定之后，对于某一确定的逻辑控制电路的逻辑函数表达式的数学意义和物理意义是：电路中的所有变量在符合逻辑的取值情况下，经逻辑运算后，函数均取"1"值；一个逻辑函数取"1"值，说明这个函数对应的逻辑控制电路中被控电器元件通电，同时发生状态转换。而符合逻辑的各种变量取值状态则是函数取"1"值的条件。

如果变量在任何取值情况下函数都不能取"1"值（即不存在状态转换的条件），就相当于被控电器永远不能通电，不会发生状态转换；若变量在任何取值情况下函数均取"1"值（即不具备状态转换的条件），就相当于被控电器元件恒被接通。这两种情况都使逻辑控制电路失去了控制作用。

只有当变量的取值状态符合逻辑条件时，函数才能取"1"值，不符合逻辑取值条件时，函数则取"0"值，这样的逻辑函数才能有意义，相应的逻辑控制电路才有正确的控制作用。

由以上讨论可以得出这样的结论，电气控制线路实质上是一种逻辑组合，是由"与"、"或"、"非"三种基本逻辑变量组合而成的，逻辑值"1"或"0"表达了逻辑组合的状态变化。如果逻辑变量或逻辑值只取"1"或"0"，则称为开关量控制。如果逻辑变量或逻辑值取"1"或"0"的组合，也就是两个及两个以上的"1"或"0"的组合，即称为数字控制。数字量既可以是开关量，也可以是模拟量。数字量通常可用 BCD 码表示。开关量控制是数字量控制的最简形式。这样，我们就可以说，电气控制问题实质上就是一个数字逻辑控制问题，逻辑思维方法是电气控制技术的基本方法。显然，对于一个逻辑控制问题的计算模型而言，可以用函数式表达，也可以用逻辑关系式来表达。这就是电气控制线路设计的基础。

逻辑控制电路分为组合逻辑控制电路与时序逻辑控制电路。组合逻辑控制电路的特点是输出逻辑状态完全由当前的输入状态决定，而与原先电路的输出状态无关，即组合逻辑控制电路的输出仅与输入有关。这是最简单的开关量控制。当电路的工作状态值不仅取决于当前各输入信号而且还与电路原先的工作状态有关，这样的逻辑控制电路称为时序逻辑控制电路，在电气控制技术中通常称为顺序控制。顺序控制电路的输出不仅与输入有关，而且与电路过去接受输入信号的顺序有关。电路的工作状态是指电路中各被控制电器的取值状态。逻辑控制电路的控制环节就是讨论各电器之间如何实现互相联系、互相制约的逻辑规律，即逻辑关系。实现这种逻辑关系的"与"、"或"、"非"逻辑运算及其组合，通常是基本的逻辑控制环节。实际工程中的逻辑控制问题往往比基本的"与"、"或"、"非"逻辑关系复杂得多，但其逻辑关系及逻辑函数式都是以它们为基础组合而成的，即复杂问题用组合后的逻辑函数式表示，但逻辑控制电路需要用最简逻辑函数式实现，即组合后的逻辑函数式通常需要经过化简，才能实现最简的逻辑控制电路。

3.1.2 电气控制的逻辑函数

由继电器、接触器组成的控制电路中，电器元件只有两种状态：线圈通电或断电、触头闭合或断开。这两种不同状态，可以用逻辑值表示，也就是说，可以用逻辑关系式来描述这些电器元件在电路中所处的状态和连接方法。运用逻辑关系式，可以使继电逻辑控制系统设计得更为合理，线路能充分发挥元件的作用，使所用元件数量最少。

电气控制环节就是讨论各电器元件之间如何实现互相联系、互相制约的逻辑组合规律的，即逻辑关系。实现这种"与"、"非"、"或"关系的控制环节就是基本的电气控制环节。

1. 三种基本逻辑运算

（1）逻辑"与"——触点串联　逻辑"与"（AND）也称逻辑"乘"或逻辑"积"。逻辑"与"的基本定义是，决定逻辑运算结果的全部条件同时都具备时，逻辑状态才会转换，这种因果关系称为逻辑"与"运算，如逻辑关系可用 $K = A \cdot B \cdot C$、"A and B"等表示。"A and B"表示逻辑运算中同时包含逻辑 A 和逻辑 B 两个变量的状态转换，逻辑运算结果的逻辑状态才会转换，即 K 的状态发生转换，输出为"1"，如图 3-1e 所示。逻辑"与"的运算符号用"·"表示，也可省略。

我们先看图 3-1e 所示的维恩图，它给出了一个有趣的交叉关系的概念：逻辑 A 的部分外延和逻辑 B 的部分外延是相同的部分，而另一部分却是不同的，即两个逻辑的交叉关系仅有一部分是相同的。这样可以形成命题：有些逻辑 A 是逻辑 B；有些逻辑 A 不是逻辑 B；有些逻辑 B 是逻辑 A，有些逻辑 B 不是逻辑 A。再用逻辑"与"的定义来解释图 3-1，若规定开关合上为逻辑"1"、开关断开为逻辑"0"、线圈通电为逻辑"1"、线圈断电为逻辑"0"，则只有 A 和 B 两个开关（触点）全部闭合为"1"状态时，接触器线圈 K 才能通电为

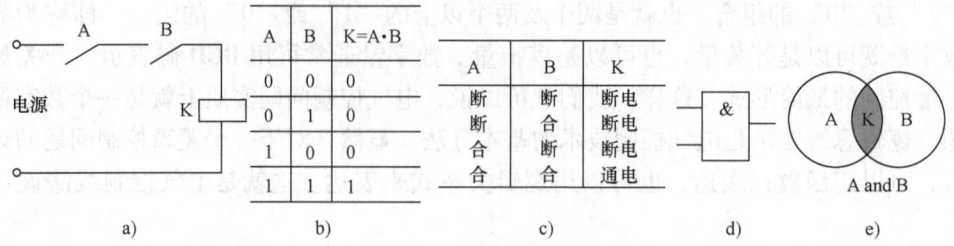

图 3-1 逻辑 "与"
a）电路图 b）真值表 c）状态表 d）电路图形符号 e）维恩图

"1" 状态，而 A 和 B 中，只要其中之一断开，则线圈 K 就断电。由此可以推论，电路中触点串联形式是逻辑 "与" 的关系，是一种交叉关系或关联关系。逻辑 "与" 的逻辑函数式为：$K = A \cdot B$ 或 $K = AB$，式中 A 和 B 均称为逻辑输入变量（自变量），而 K 称为逻辑输出变量（因变量）。一个逻辑函数可以用表达式的形式表示，也可用表格的形式表示。若将逻辑变量的可能取值 "1" 或 "0" 的状态组合（取值组合）填入表格的左边，而把对应的逻辑输出变量（结果）"1" 或 "0" 的状态（函数取值）填入表格的右边，则此表称为真值表或状态表，表中的逻辑值 "1" 或 "0" 称为真值或状态。真值表是表示逻辑函数的一种方法。对于一个确定的逻辑函数，它的真值表是唯一的。具体方法是：将输入变量所有的取值组合列在表的左边，分别求出对应的输出的值（即函数值），并填在对应的位置上，就可以得到该逻辑关系的真值表。

由图 3-1b 真值表中可总结出逻辑 "与" 的运算规律，只有当决定某一种结果的所有条件全部具备时，该结果才能发生，其运算法则在形式上与普通数学的乘法运算类似，但运算规则为 $0 \cdot 0 = 0$、$0 \cdot 1 = 0$、$1 \cdot 0 = 0$、$1 \cdot 1 = 1$，$1 + 1 \neq 2$。

与真值表对应的开关电器在电路中的状态，可用开关状态表表示，如图 3-1c 所示，它可起到辅助分析的作用。图 3-1d 是逻辑 "与" 的电路图形符号，在电气控制技术中的数字控制和可编程序控制器程序中常用。图 3-1c 中，开关合为逻辑 "1"、开关断为逻辑 "0"、线圈通电为逻辑 "1"、线圈断电为逻辑 "0"，所以图 3-1b 真值表和图 3-1c 状态表所表达的逻辑关系是一致的，可以统称为真值表或状态表，实际使用时可以任选一种。

(2) 逻辑 "或"——触点并联 逻辑 "或"（OR）也称逻辑 "加" 或逻辑 "和"。逻辑 "或" 的基本定义是，在决定逻辑运算结果的各种条件中，只要有任何一个得到满足，逻辑状态就会转换，这种因果关系称为逻辑 "或" 运算。如逻辑关系可用 $K = A + B + C$、"A or B" 等表示。"A or B" 表示逻辑运算中包含逻辑 A 的状态转换、或者包含逻辑 B 的状态转换、或者同时包含逻辑 A 和逻辑 B 两个变量的状态转换，逻辑运算结果的逻辑状态都会转换，即 K 的状态发生转换，输出为 "1"，如图 3-2e 所示。逻辑 "或" 的运算符号用 "+" 表示。

同样，我们先看图 3-2e 维恩图，逻辑 A 的一部分外延与逻辑 B 的一部分外延是相同的部分，则我们可以说：逻辑 A 的一部分包含于逻辑 B，是逻辑 B，但另一部分不是逻辑 B；逻辑 B 的一部分包含于逻辑 A，是逻辑 A，但另一部分不是逻辑 A。即两个逻辑的外延包括同样的对象，有完全相同的部分，形成全同关系。逻辑 A 的全部外延与逻辑 B 的部分外延是相同的部分，则逻辑 A 包含逻辑 B；逻辑 B 的全部外延与逻辑 A 的部分外延是相同的部

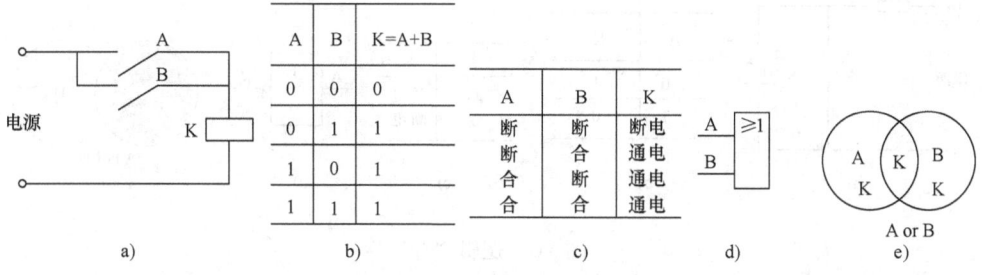

图 3-2 逻辑"或"
a) 电路图 b) 真值表 c) 状态表 d) 电路图形符号 e) 维恩图

分,则逻辑 B 包含逻辑 A,这样就形成真包含关系。综上,可以形成这样的命题:逻辑 A 是逻辑 B,逻辑 B 是逻辑 A。用集合的概念来解释就是 A 包含于 B,则 A 是 B 的子集;A 真包含于 B,则 A 是 B 的真子集。子集和集合的关系不同于元素和集合的关系,前者是包含关系,后者是属于关系。但在自然语言中都用"是"表示。用逻辑"或"定义来解释图 3-2,只要 A 和 B 中任何一个触点或两个触点同时闭合为"1"状态时,则线圈 K 就通电为"1"状态;只有 A 和 B 均断开为"0"状态时,线圈 K 才断电为"0"状态。由此可以推论,电路中的触点并联形式是逻辑"或"的关系。逻辑"或"的逻辑函数式为:$K = A + B$,在数理逻辑中,一般用符号 $\vee$、$\cup$ 来表示逻辑"或"运算。式中 A 和 B 均称为逻辑输入变量(自变量),而 K 称为逻辑输出变量(因变量)。对应的真值表如图 3-2b 所示。同样,与真值表对应的开关电器在电路中的状态,可用开关状态表表示,如图 3-2c 所示。图 3-2d 是逻辑"或"的电路图形符号,在电气控制技术中的数字控制和可编程序控制器程序中常用。由真值表中可总结出逻辑"或"的运算规律,只要在决定某一种结果的各种条件中,有一个或一个以上的条件具备时,该结果就会发生,逻辑"或"的运算规则为 $0 + 0 = 0$,$0 + 1 = 1$,$1 + 0 = 1$,$1 + 1 = 1$,可见它与数学的加法运算相似,但因为逻辑函数只存在"0"、"1"两种状态,所以 $1 + 1 \neq 2$。

(3) 逻辑"非"——动断触点 逻辑"非"(NOT)也称逻辑"反",逻辑"非"的基本定义是,逻辑运算结果是以取反的条件为依据,这种逻辑关系为"非"运算,逻辑"非"运算的某一条件具备了,结果不会发生;而此条件不具备时,结果反而会发生。如"A not B"表示逻辑运算中包含逻辑 A 的状态转换,同时不包含逻辑 B 的状态转换,逻辑运算结果的逻辑状态就会转换,具体如图 3-3a 所示,就是 A 和 K 二选一,两者不能同时具有相同状态,即 K 的状态要发生转换,输出为"1"或"0",首要条件是 A 的状态与 K 相反,如图 3-3e 所示的维恩图。逻辑"非"的运算符号用在相应变量字母上方的短划线"—"表示。图 3-3 为逻辑"非"电路示例。

还是先看图 3-3e 维恩图,逻辑 A 不是逻辑 B,逻辑 B 不是逻辑 A;对 K 而言,不是逻辑 A 就是逻辑 B,当然不可能既是逻辑 A 又是逻辑 B,也不可能既不是逻辑 A,又不是逻辑 B。这种关系正好是一个正逻辑与其反逻辑的关系。图 3-3 中,触点 A 闭合为"1"状态时,线圈 K 被旁路,为"0"状态;而触点 A 断开时,则线圈 K 通电为"1"状态。根据定义,常闭触点为逻辑"非"控制。逻辑"非"的逻辑函数式为:$K = \bar{A}$,A 为原变量,$\bar{A}$ 为 A 的反变量。对应的逻辑"非"真值表如图 3-3b 所示。由真值表中可总结出逻辑"非"的运算

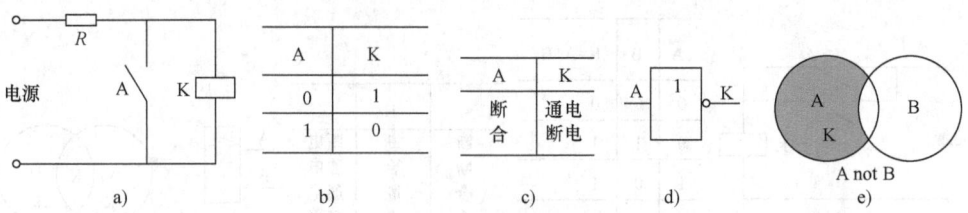

图 3-3 逻辑"非"
a)电路图 b)真值表 c)状态表 d)电路图形符号 e)维恩图

规律,在任何结果的各种条件中,如果结果是其条件的逻辑否定,则这种特定的因果关系称为"非"逻辑。"非"运算的规则为:$\bar{1}=0$,$\bar{0}=1$。逻辑"非"的电路图形符号如图 3-3d 所示,在输出端用小圆圈表示逻辑"非"运算,有时也在输入端用小圆圈表示逻辑"非"运算。逻辑"非"的电路图形符号在电气控制技术中的数字控制和可编程序控制器程序中常用。

以上所讨论的是"与"、"或"、"非"三种基本的逻辑关系,由这些基本运算可推论一系列基本定律或定理公式。表 3-1 列出了几种基本的逻辑运算函数式及其相应的逻辑电路图形符号,为便于比较和应用,更详细的概念请参见数字电路等方面的著作。

表 3-1 几种常见的逻辑运算

逻辑变量		逻辑运算	与运算	或运算	非运算	与非运算	或非运算	异或运算
		逻辑门符号	$L=AB$	$L=A+B$	$L=\bar{A}$	$L=\overline{AB}$	$L=\overline{A+B}$	$L=A\bar{B}+\bar{A}B$
A	B							
0	0		0	0	1	1	1	0
0	1		0	1	1	1	0	1
1	0		0	1	0	1	0	1
1	1		1	1	0	0	0	0

实际中存在的逻辑关系通常是多种多样的,但任何复杂的逻辑关系都可看成是由这些基本逻辑关系的组合。在一个控制电路中,可以同时使用多个逻辑运算关系,实现复合"与"、"或"、"非"逻辑运算函数。"与"、"或"逻辑运算可以推广到多变量的情况:如 $K=A\cdot B\cdot C\cdots$;$K=A+B+C\cdots$等。在复合逻辑运算中,运算优先级别从高至低依次是"非"、"与"、"或",可以使用括号改变运算次序。

2. 梯形图逻辑

图 3-4 是用梯形图符号表达的"与"、"或"、"非"逻辑关系。详见 3.1.5 节。

在电气控制技术中应用逻辑代数的目的是,分析、简化和设计继电逻辑控制线路或系统,从而设计出合理的逻辑控制系统,以及对继电逻辑控制线路或系统进行数字化(计算机)控制。具体是由已知的逻辑控制线路,写出相应的逻辑函数、真值表或状态图,从而可清楚地表达、认识、验证系统中各逻辑功能之间的关系,列写数字编码;当然也可以根据已知的逻辑函数、真值表或状态图来设计继电逻辑控制线路或系统。当设计的继电逻辑控制线路或系统比较简单时,真值表或状态图可以省略。一般地,电气控制线路或系统的数学模型是一组逻辑关系表达式，其中逻辑变量代表开关电器元件的控制触点，受控开关电器元件的电磁线圈为各触点的逻辑函数，逻辑函数值即对应受控开关电器元件的工作状态。在电气控制系统运行过程中，各开关电器元件及触点的状态转换使逻辑运算结果随之改变，这种变化的过程就是电气控制线路的运行过程。电气控制系统中开关电器元件与控制触点之间的逻辑关系是根据系统控制要求确定的，分析、简化和设计电气控制线路的运行过程，就是按一定的逻辑顺序解算控制线路或系统的数学模型，即逻辑代数方程组。在逻辑代数方程组中，以逻辑函数代表运算元件的电磁线圈，以逻辑变量代表开关电器元件的触点。对同一开关电器元件来说，其线圈和触点的物理状态是相互关联

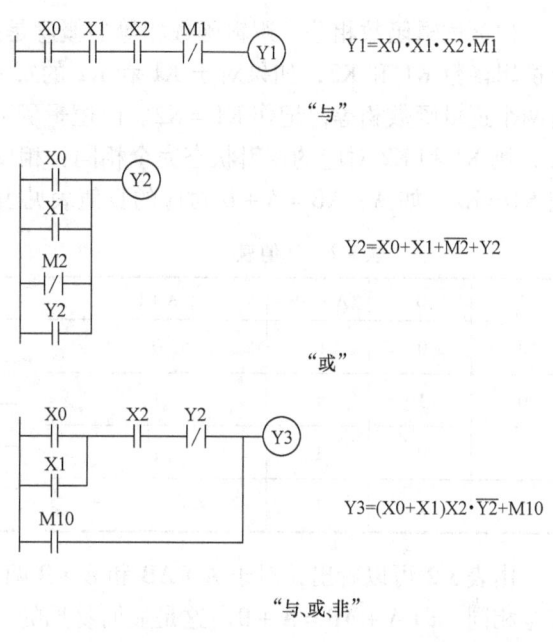

图 3-4　梯形图"与"、"或"、"非"逻辑关系

的，所以约定逻辑函数值为"1"时表示线圈得电，与其关联的同名原变量也取值为"1"，表示常开（动合）触点闭合；反之，逻辑函数值为"0"时表示线圈得电，与其关联的同名原变量也取值为"0"，表示常闭（动断）触点断开。

3. 逻辑运算定理

一个逻辑函数可以用多种逻辑函数表达式表示，一个逻辑函数表达式对应于一种逻辑电路。但不管逻辑函数表达式写成如何形式，它们的真值表都是一样的，即它们的逻辑功能是相同的。另外，尽管一个逻辑函数可以有多种形式的逻辑函数表达式，但反复使用展开定理都可以被写成"与或"形式，或者"或与"形式，进而写成唯一的"标准与或"和"标准或与"的两种表示形式。"标准与"又称最小项，"标准或"又称最大项。n 个变量的逻辑函数中，包括全部 n 个变量的与项。n 个变量的逻辑函数中，包括全部 n 个变量的或项。如果一个逻辑函数表达式是由最小项构成的与或式，则这种表达式称为逻辑函数的最小项表达式，也叫标准与或式。用展开定理可证明，任一个 n 变量的函数都有一个且仅有一个"标准与或"的表示形式。同样用展开定理可证明，任一个 n 变量的函数都有一个"标准或与"的表示形式。而且最小项和最大项互为反函数。

逻辑表达式有简有繁，相应的逻辑电路就有简有繁，通常总希望用尽可能少的元件和电路来完成同样的逻辑功能，这就需要化简所得的逻辑表达式，使其最简。化简的要求是得到逻辑函数的最简与或式，或者是最简或与式。所谓最简与或（或与）式是指该式中的与（或）项最少，每个与（或）项的变量最少。一般采用公式法化简，即用已知的逻辑代数的基本公式、定理和规则来化简。代数化简法对较简单的逻辑函数较有用，但化简方法无规律可循，主要靠技巧，最本质的困难是无法判断所得的与或式是否已是最简表达式，还是能进一步化简。本节只简单介绍电气控制技术里常用的逻辑运算定理，更详细的内容请参见数理逻辑或逻辑代数方面的著作。

(1) 逻辑函数相等 逻辑函数相等的概念是逻辑函数运算、化简和变换的基础。若有两个逻辑函数 K1 和 K2，如果对于 K1 和 K2 的每一种取值组合，对应的输出都相同，我们说这两个逻辑函数相等，记作 K1 = K2。由逻辑函数相等的概念可得到下面的推论：如果 K1 = K2，则 K1 和 K2 对应的逻辑状态完全相同；相反，如果两个逻辑函数的逻辑状态完全相同，则 K1 = K2。如 A + AB = A + B 对应的真值表见表 3-2。常用的逻辑运算公理见表 3-3。

表 3-2 真值表

A	B	A + AB	A + B
0	0	0	0
0	1	1	1
1	0	1	1
1	1	1	1

表 3-3 常用逻辑运算公理

原等式	对偶式
$0 \cdot 0 = 0$	$1 + 1 = 1$
$0 \cdot 1 = 1 \cdot 0 = 0$	$1 + 0 = 0 + 1 = 1$
$1 \cdot 1 = 1$	$0 + 0 = 0$
$\bar{0} = 1$	$\bar{1} = 0$
若 A≠0，则 A = 1	若 A≠1，则 A = 0

由表 3-2 可以看出，对于 A + AB 和 A + B 两个逻辑函数的每一种取值组合，它们的输出完全相同，即 A + AB = A + B。这是显而易见的，因为 A + AB 中的 AB 是与逻辑，只有逻辑 A 和逻辑 B 两个变量的状态同时转换，逻辑运算结果的逻辑状态才会转换，在这里如同 A + B 中的单一逻辑 B 的状态转换效果是一样的。但这并不意味着 A + AB 中 AB 里的逻辑 A 是多余的，相反，在电气控制技术里 AB 往往是互为约束的条件，即只有 AB 两个条件均具备，状态转换条件才具备，而 K = A + AB 表达了这样一个状态转换条件，即要使 K 发生状态转换，可以是单一的逻辑 A 状态转换条件成立，由"0"转换为"1"，从而使 K 发生状态转换，由"0"转换为"1"；但单一的逻辑 B 状态转换条件的成立，受逻辑 A 状态转换的约束，只有逻辑 A 的状态由"0"转换为"1"时，逻辑 B 的状态由"0"转换为"1"才有效，才能使 K 发生状态转换，由"0"转换为"1"。这是典型的条件逻辑，即如果 A 出现，K 一定出现，则 A 是 K 的充分条件；如果 A 不出现，K 一定不出现，则 A 是 K 的必要条件；如果 A 和 B 同时出现，则 K 一定出现；如果 A 和 B 不同时出现，则 K 一定不出现，则 A 和 B 同时出现是 K 出现的充分且必要条件。可见，一个事件出现，至少有其一个充分条件出现或其所有必要条件出现。所有必要条件的齐备就是产生那个事件的充分条件。显然，充分且必要条件的获得是以充分条件和必要条件的获得为基础的。

另外，若两个逻辑函数相等，则它们的对偶式也相等。所以，有时为了证明两个逻辑函数相等，可以通过证明它们的对偶式相等来完成，在有些情况下，证明它们的对偶式相等相对要更容易。

(2) 逻辑运算定理 常用的逻辑运算定理见表 3-4。

表 3-4 常用逻辑运算定理

表达式	定理名称	运算规律
$A + 0 = A$	0-1 律	变量与常量的关系
$A \cdot 0 = 0$		
$A + 1 = 1$		
$A \cdot 1 = A$		

第 3 章 电气控制的基本原理

(续)

表达式	定理名称	运算规律
$A + A = A$	同一律	
$A \cdot A = A$		
$A + \overline{A} = 1$	互补律	逻辑运算的特殊规律,不同于普通代数
$A \cdot \overline{A} = 0$		
$\overline{\overline{A}} = A$	还原律	
$A + B = B + A$	交换律	
$A \cdot B = B \cdot A$		与普通代数规律相同,但规则不同。如:$(A+B)$ $(A+C)$
$(A + B) + C = A + (B + C)$	结合律	$= AA + AB + AC + BC$; 分配律
$(A \cdot B) \cdot C = A \cdot (B \cdot C)$		$= A + A(B + C) + BC$; 结合律,$AA = A$
$A \cdot (B + C) = A \cdot B + A \cdot C$	分配律	$= A(1 + B + C) + BC$; 结合律
$A + B \cdot C = (A + B) \cdot (A + C)$		$= A \cdot 1 + BC$; $1 + B + C = 1$
		$= A + BC$; $A \cdot 1 = A$
$\overline{A + B} = \overline{A} \cdot \overline{B}$	反演律(摩根定律)	逻辑运算的特殊规律,不同于普通代数
$\overline{A \cdot B} = \overline{A} + \overline{B}$		

(3) 常用逻辑变换公式　可用于逻辑运算的公式有许多, 表 3-5 中列出了一些在电气控制技术中常用的逻辑变换公式, 实际上, 只要经过证明成立的等式都可以用于继电逻辑控制电路的变换和化简。

表 3-5　电气控制技术中常用表达式

常用表达式	含义	推论与证明	方法说明
$A + AB = A$	在一个与或表达式中,若其中一项包含了另一项,则该项是多余的	$A + AB + ABC + \cdots = A$ $A + AB = A(1 + B) = A \cdot 1 = A$	吸收律和分配律的应用
$A + \overline{A}B = A + B$	两个乘积项相加时,若一项取反后是另一项的因子,则此因子是多余的	$A + AB = AB + AB + AB = A + B$	消因子法,多余因子定律
$A\overline{B} + AB = A$	两个乘积项相加时,若两项中除去一个变量相反外,其余变量都相同,则可用相同的变量代替这两项	$A(B + \overline{B}) = A$	并项法,吸收律和分配律的应用
$AB + \overline{A}C + BC = AB + \overline{A}C$	若两个乘积项中分别包含了 A、$\overline{A}$ 两个因子,而这两项的其余因子组成第 3 个乘积项时,则第 3 个乘积项是多余的,可以去掉	$AB + \overline{A}C + BC$ $= AB + \overline{A}C + (A + \overline{A})CB$ $= AB + \overline{A}C + ABC + \overline{A}BC$ $= AB + \overline{A}C$	消项法,多余项定律

（续）

常用表达式	含 义	推论与证明	方法说明
$\overline{AB+AC} = A\overline{B}+\overline{A}\,\overline{C}$	在一个与或表达式中，如其中一项含有某变量的原变量，另一项含有此变量的反变量，那么将这两项其余部分各自求反，则可得到这两项的反函数		求反函数法
$AB+AC = (A+C)(A+B)$		$(A+C)(A+B)$ $= AB+AC+BC+AA$ $= AB+AC$	"与或"和"或与"转换定律

4. 逻辑运算基本规则

（1）代入规则　任何一个包含变量 A 的等式，如果将所有出现 A 的地方，都以一个逻辑函数 F 代替，则等式仍然成立，这就是代入规则。例如，若两个逻辑函数相等，即 K1 = K2，且 K1 和 K2 中都存在变量 A，如果将所有出现变量 A 的项都用一个逻辑函数 K 代替，则等式仍然成立。因为任何一个逻辑函数，如同一个逻辑变量，只有 0 和 1 两种可能的取值，所以代入规则是正确的。有了代入规则，就可以将基本等式（定理、常用公式）中的变量用某一逻辑函数来代替，从而扩大了它们的应用范围。

【**例 3-1**】　已知等式 $A(B+E) = AB+AE$，将所有出现 E 的项用 $(C+D)$ 代入，证明等式成立。

证明：原式左边 $= A[B+(C+D)] = AB+A(C+D) = AB+AC+AD$；原式右边 $= AB+A(C+D) = AB+AC+AD$；所以等式 $A[B+(C+D)] = AB+A(C+D)$ 成立。

注意：必须将所有出现被代替变量的项均用同一函数代替，本例为用 $(C+D)$ 替代 E，否则将发生错误。

（2）反演规则　设 K 是一个逻辑函数表达式，如果将 K 中所有的"·"和"+"互换，所有的常量 0 和 1 互换，所有的原变量和反变量互换，则将得到一个新的逻辑函数。这个新的逻辑函数就是原函数 K 的反函数，或称为补函数，记作 $\overline{K}$，这个规则称为反演规则，又称为德·摩根（De·Morgan）定理（简称摩根定理），或称为互补规则。摩根定理说明：多变量乘积的"反"等于各变量"反"的和，而多变量和的"反"等于各变量"反"的积。运用反演规则可方便地求出原函数的反函数，或实现互补运算（求反运算）。

【**例 3-2**】　已知 $L = \overline{A}\,\overline{B}+CD+0$，求反函数 $\overline{L}$。

解：按照反演规则，得 $\overline{L} = (A+B)(\overline{C}+\overline{D})\cdot 1 = (A+B)(\overline{C}+\overline{D})$

注意：使用反演规则时，应保证运算优先顺序不变，即如果在原函数表达式中，AB 之间先运算，再和其他变量进行运算。对于反变量以外的逻辑非符号应保留不变。

（3）对偶规则　如果两个表达式相等，则它们的对偶式也一定相等。如 $A(B+C) = AB+AC$ 的对偶式是 $A+BC = (A+B)(A+C)$。设 L 是一个逻辑表达式，如果将 L 中的"·"、"+"互换，所有的"0"、"1"互换，而变量保持不变，那么就得到一个新的逻辑函数式，称为 L 的对偶式，记作 L'。这个规则称为对偶规则。

注意：L 的对偶式 L'和 L 的反演式是不同的，在求 L'时不能将原变量和反变量互换。变换时仍要保持原式中运算的先后顺序。

(4) 逻辑函数的最小项表达式　如果一个具有 n 个变量的逻辑函数的"与项"包含全部 n 个变量,每个变量以原变量或反变量的形式出现,且仅出现一次,同一输入变量的原变量和反变量不同时出现在同一"与项"中,则这种"与项"被称为最小项。最小项又称为标准与项。如果一个逻辑函数表达式是由最小项构成的与或式,其中只有一个最小项的值为 1,其他最小项的值均为 0,则称这种表达式为逻辑函数的最小项表达式,也叫标准与或式。如对 2 个变量 A、B 来说,有 4 种取值组合,可以构成 4 个最小项 $\overline{A}\overline{B}$、$\overline{A}B$、$A\overline{B}$、AB;对 3 个变量 A、B、C 来说,有 8 种取值组合,可构成 8 个最小项 $\overline{A}\overline{B}\overline{C}$、$\overline{A}\overline{B}C$、$\overline{A}B\overline{C}$、$\overline{A}BC$、$A\overline{B}\overline{C}$、$A\overline{B}C$、$AB\overline{C}$、$ABC$;对 4 个变量 A、B、C、D 来说,有 16 种取值组合,可以构成 16 种最小项;依此类推,对于具有 n 个自变量的函数,其最多有 2^n 个最小项。为了叙述和简化,最小项通常用符号 m_i 表示,下标 i 是最小项的编号,编号是一个二进制数对应的十进制数。确定下标 i 的方法是,首先将最小项中的变量按顺序 A、B、C、D … 排列,然后将最小项中的原变量用 1 表示,反变量用 0 表示,这时最小项表示的二进制数对应的十进制数就是该最小项的编号。如对 3 变量的最小项来说,ABC = 111 的编号是 7,符号用 m_7 表示,$A\overline{B}C$ = 101 的编号是 5,符号用 m_5 表示,见表 3-6 和表 3-7。

表 3-6　3 变量最小项及编码

最小项为 1 的变量取值 ABC	对应的十进制数	m_0 $\overline{A}\overline{B}\overline{C}$	m_1 $\overline{A}\overline{B}C$	m_2 $\overline{A}B\overline{C}$	m_3 $\overline{A}BC$	m_4 $A\overline{B}\overline{C}$	m_5 $A\overline{B}C$	m_6 $AB\overline{C}$	m_7 ABC	$F = \sum_{i=0}^{2^n-1} m_i$
0　0　0	0	1	0	0	0	0	0	0	0	1
0　0　1	1	0	1	0	0	0	0	0	0	1
0　1　0	2	0	0	1	0	0	0	0	0	1
0　1　1	3	0	0	0	1	0	0	0	0	1
1　0　0	4	0	0	0	0	1	0	0	0	1
1　0　1	5	0	0	0	0	0	1	0	0	1
1　1　0	6	0	0	0	0	0	0	1	0	1
1　1　1	7	0	0	0	0	0	0	0	1	1

表 3-7　3 变量最小项编码过程

最小项	$\overline{A}\overline{B}\overline{C}$	$\overline{A}\overline{B}C$	$\overline{A}B\overline{C}$	$\overline{A}BC$	$A\overline{B}\overline{C}$	$A\overline{B}C$	$AB\overline{C}$	ABC
二进制数 ↓	000	001	010	011	100	101	110	111
十进制数 ↓	0	1	2	3	4	5	6	7
符号	m_0	m_1	m_2	m_3	m_4	m_5	m_6	m_7

由表 3-6 可见,同一组变量取值的任意两个不同最小项的乘积为 0,即 $m_i \times m_j = 0$,$(i \neq j)$;全部最小项之和为 1,即

$$F = \sum_{i=0}^{2^n-1} m_i = 1$$

再如,$F(A,B,C) = \overline{A}B\overline{C} + A\overline{B}C + ABC = m_2 + m_5 + m_7 = \sum m(2,5,7)$

根据逻辑函数的概念,一个逻辑函数的表达式不是唯一的,n 个变量 X_1、X_2、X_3、…、X_n 的最小项是 n 个因子的乘积,要写出一个逻辑函数的最小项表达式,可以有多种方法,

最简单的方法是先给出逻辑函数的真值表，将真值表中能使逻辑函数取值为1的各个最小项相或即可。

(5) **逻辑函数的最大项表达式** 如果一个具有 n 个变量的逻辑函数的"或项"包含全部 n 个变量，每个变量以原变量或反变量的形式出现，且仅出现一次，则这种"或项"被称为最大项。原、反变量不能同时出现在同一个最大项中。n 个变量有 2^n 个最大项，记作 M_i，其中 i 为最大项的编号。如果一个逻辑函数表达式是由最大项构成的或与式，则称这种表达式为逻辑函数的最大项表达式，也叫标准或与式。对 n 个输入变量，其取值组合有 2^n 种，使最大项取值为1的组合有 2^n-1 种，只有1种取值组合使得最大项取值为0，其他最大项的值均为1，全部最大项的与为0，即

$$F = \sum_{i=0}^{2^n-1} M_i = 0$$

同一组变量取值的任意两个不同最大项的和为1，即 $M_i + M_j = 1$，$(i \neq j)$；相同编号的最小项和最大项存在互补关系，即

$$m_i = \overline{M_i} \quad M_i = \overline{m_i}$$

若干个最小项之和表示的表达式 F，其反函数 $\overline{F}$ 可用等同个与这些最小项对应的最大项之积表示。

(6) **具有约束的逻辑函数的化简** 实际问题中经常会遇到这样的问题，在真值表内对于变量的某些取值组合，函数的值可以是任意的，或者这些变量的取值根本不会出现，这些变量取值所对应的最小项称为约束项（无关项或任意项）。任意项的值可以是任意的，或者是根本不需要关心的，任意项在化简逻辑函数时，它们对应的函数值可以任意假设，可以取0或取1，通常以"×"表示。具体取什么值，可以根据使函数尽量得到简化而定。约束是输入变量取值所受的限制，约束项是不会出现的变量取值所对应的最小项；由约束项相加所构成的值为0的逻辑表达式称为约束条件，在真值表上用"×"表示，在逻辑表达式中，用等于0的条件等式表示。例如，逻辑变量 A、B、C 分别表示升降机械的升、降、停命令。A=1 表示升，B=1 表示降，C=1 表示停。ABC 的可能取值 001、010、100；不可能取值 000、011、101、110、111。

约束项：$\overline{A}\,\overline{B}\,\overline{C}$　$\overline{A}BC$　$A\overline{B}C$　$AB\overline{C}$　ABC

约束条件：$\overline{A}\,\overline{B}\,\overline{C} + \overline{A}BC + A\overline{B}C + AB\overline{C} + ABC = 0$

或 $\sum_d (0, 3, 5, 6, 7) = 0$（下角 d 表示二进制）

综上，逻辑代数是分析和设计继电逻辑电路的工具。一个继电逻辑控制问题可用逻辑函数来描述。逻辑函数可用真值表、逻辑表达式、逻辑图等表达，可根据需要选用。通常是把输出变量所有可能的状态组合一一列出，并将对应的输出变量的状态形成真值表，然后写出逻辑表达式。利用代数法可使逻辑函数变成较简单的形式。但这种方法要求熟练掌握逻辑代数的基本定律，特别是经代数法化简后得到的逻辑表达式是否是最简式较难掌握，需要一些技巧和经验才能比较简便地得到最简的逻辑表达式。

3.1.3 继电逻辑控制线路的逻辑函数

在继电逻辑控制系统中，其控制线路中的开关量符合逻辑规律，可用逻辑函数关系式来表示。在逻辑函数中，将执行元件作为输出变量，将检测信号、中间单元触点及输出变量的

反馈触点等作为逻辑输入变量。再根据各触点之间的连接关系和状态，就可列出逻辑函数关系式。

1. 三相异步电动机起停控制电路的逻辑函数式

图 3-5 是两种三相异步电动机起停、自锁控制电路。

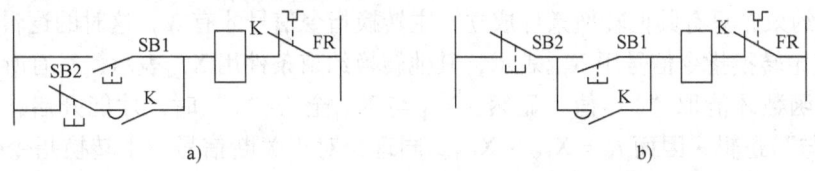

图 3-5 三相异步电动机起停、自锁电路
a) 开启从优形式 b) 关断从优形式

图 3-5 中，按下 SB1，交流接触器 K 的吸引线圈通电，接触器主触头闭合，电动机接通电源直接起动运转。同时与 SB1 并联的常开辅助触头 K 闭合，使接触器吸引线圈经两条路通电。这样，当手松开，SB2 自动复位时，接触器 K 的线圈仍可通过辅助触头 K 使接触器线圈继续通电，从而保持电动机的连续运行。因为这个辅助触头起着自保持或自锁作用，通常称之为自锁触头。这种由接触器（继电器）本身的触头来使其线圈长期保持通电的环节叫"自锁"环节。"自锁"环节是由命令它通电的主令电器（如本例的 SB1）的常开触头与本身的常开触头相并联组成。"自锁"环节具有对命令的"记忆"功能，当起动命令下达后，能保持长期通电；而当停机命令或停电出现后不会自起动。自锁环节不仅常用于电路的起停控制中，而且，凡是需要"记忆"的控制，也需要运用自锁环节。要使电动机 M 停止运转，只要按下停止按钮 SB2，将控制电路断开即可。这时接触器 K 断电释放，其常开主触头将三相电源断开，电动机停止运转。当手松开按钮后，SB2 的常闭触头在复位弹簧的作用下，虽又恢复到原来的常闭状态，但接触器线圈已不再能依靠自锁触头通电了，因为原来闭合的自锁触头已随着接触器的断电而复位。

图 3-5 中，规定接触器的常开触头（动合触头）的状态以正逻辑表示，常闭触头以反逻辑（逻辑"非"）表示。SB1 为起动信号（开启），SB2 为停止信号（关断），接触器的常开触头 K 为自锁（保持）信号，暂不考虑 FR，可列出逻辑函数式为

$$K_a = SB1 + \overline{SB2} \cdot K; \quad K_b = \overline{SB2}(SB1 + K) \tag{3-1}$$

将 SB1 作为开启信号 X_1，$\overline{SB2}$ 作为关断信号 X_0，K 为自锁信号，则接触器 K 的一般逻辑函数表达式为

$$f_{Ka} = X_1 + X_0 \cdot K; \quad f_{Kb} = X_0 \cdot (X_1 + K) \tag{3-2}$$

由图 3-5 可见，两个控制电路的逻辑功能相似，但从式（3-2）一般逻辑函数表达式来看，当 f_{Ka} 中的 $X_1 = 1$ 时，$f_{Ka} = 1$，X_0 不起控制作用，因此，这种电路称为开启从优形式；当 f_{Kb} 中的 $X_0 = 0$ 时，$f_{Kb} = 0$，X_1 不起控制作用，因此，这种电路称为关断从优形式。

生产机械或自动生产线都由许多运动的部件组成，不同的运动部件之间既互相联系又互相制约。例如，电梯及升降机械的上下运行不能同时运行，机械加工车床的主轴必须在油泵电动机起动使齿轮箱有充分的润滑油后才能起动，龙门刨床的工作台运动时不允许刀架移动，传送带顺序控制等。也就是说，实际的异步电动机起停、自锁控制电路往往有一些相互限制的联锁约束条件，以约束开启信号和关断信号，只有全面考虑了约束条件的逻辑函数才

能正确地表达相互间的逻辑关系,这种既互相联系又互相制约的控制称为联锁控制。例如,机床动力头主轴电动机必须在滑台停在原位时才能起动,滑台进给到需要位置时,才允许主轴电动机停止,这就对开启信号和关断信号提出了约束条件。也就是说,这种情况下的开启信号和关断信号有两个及以上的转换条件。对于开启信号,主转换指令信号的有效性受其他转换条件的约束,只有其他转换条件成立,主转换指令信号才有效,这时的逻辑函数才能取"1"值。设主转换指令信号用 $X_{1主}$ 表示,其他转换约束条件用 $X_{1约}$ 表示,只有所有转换条件都具备逻辑函数才能取"1"值,显然,$X_{1主}$ 与 $X_{1约}$ 全为"1"时,才能开启,所以 $X_{1主}$ 与 $X_{1约}$ 构成"与"逻辑,因而 $f_K = X_{1主} \cdot X_{1约}$。同理,对于关断信号,主转换指令信号的有效性受其他转换条件的约束,只有其他转换条件成立,主转换指令信号才有效,这时的逻辑函数才能取"0"值。设主转换指令信号用 $X_{0主}$ 表示,其他转换约束条件用 $X_{0约}$ 表示,只有所有转换条件都具备逻辑函数才能取"0"值,显然,$X_{0主}$ 和 $X_{0约}$ 全为"0"时,才能关断,所以,$X_{0主}$ 和 $X_{0约}$ 构成"或"逻辑,因而,$f_K = X_{0主} + X_{0约}$。综上所述,可将式(3-2)扩展成式(3-3)。

$$f_{Ka} = X_{1主} \cdot X_{1约} + (X_{0主} + X_{0约})K; \quad f_{Kb} = (X_{0主} + X_{0约})(X_{1主} \cdot X_{1约} + K) \quad (3-3)$$

式(3-3)也称为具有联锁条件的异步电动机起停、自锁电路的逻辑函数式。根据式(3-3)可设计具有开启信号和关断信号的动力头主轴电动机控制线路。设起动按钮为SB1,停止按钮为SB2。采用压下行程开关SQ1控制滑台在原位,采用压下行程开关SQ2控制滑台进给到需要位置。其中,$X_{1主} = SB1$,$X_{1约} = SQ1$,$X_{0主} = SB2$,$X_{0约} = SQ2$,则

$$f_{Ka} = SB1 \cdot SQ1 + (\overline{SB2} + \overline{SQ2})K; \quad f_{Kb} = (\overline{SB2} + \overline{SQ2})(SB1 \cdot SQ1 + K) \quad (3-4)$$

式(3-4)对应的线路如图 3-6a、b 所示。

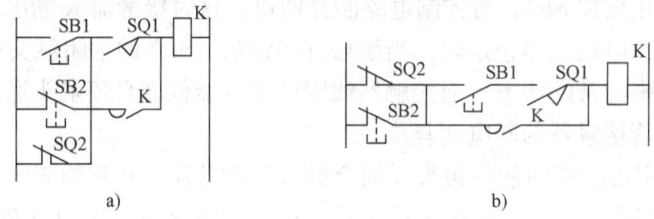

图 3-6 动力头主轴电动机控制线路

2. 可逆控制与互锁控制线路的逻辑函数式

工厂中的各种生产机械通常具有上下、左右、前后、往返等方向的运动控制,这是通过控制电动机的正转或反转实现的,称为"可逆"控制。如电梯的上下运行、起重机吊钩的上升与下降、机床工作台的前进与后退,以及主轴的正转与反转等运动的控制,就是通过"可逆"控制实现的。同一机械的上下、左右、前后、往返等的两个运动方向是唯一的、互斥的、互为反逻辑,即任意时刻只可能有一个方向的运动。由交流电动机工作原理可知,若将接至三相异步电动机的三相电源中的任意两相对调,即可实现三相异步电动机反向旋转。所以,我们可用两个异步电动机的起停电路组合而成,即用两个方向相反的单向控制线路组合成可逆控制线路,如图 3-7 所示。

由图 3-7 可见,主电路中 K1、K2 所控制的电源相序相反,因而可实现电动机反向运行。由控制线路可明显地看到,它只是在每个起停电路中分别串入了常闭辅助触头 K2 和 K1。如果不考虑串入的常闭辅助触头 K1、K2,其原理不言而喻。但是,如果假设不串入常

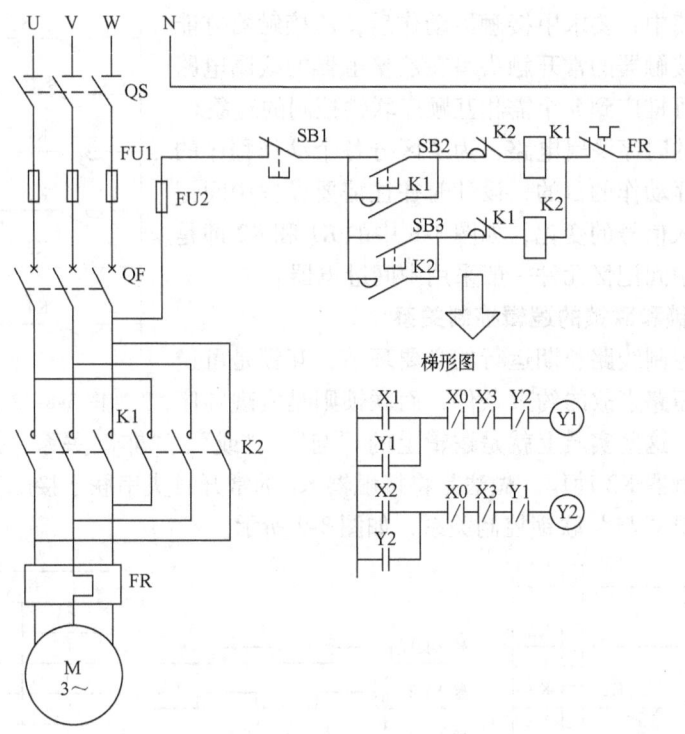

图 3-7 三相异步电动机可逆控制线路

闭辅助触头 K1、K2，而 SB2 和 SB3 又被同时按下，就会造成短路事故，这是绝对不允许的。现在再来分析串入常闭辅助触头 K1、K2 的作用，K1、K2 分别是两个接触器 K1 和 K2 的常闭辅助触头，当一个接触器通电时，如 K1，其常闭辅助触头 K1 断开接触器 K2 的线圈电路，相反，当接触器 K2 通电时，其常闭辅助触头 K2 断开接触器 K1 的线圈电路，所以接触器不会同时带电闭合，我们称这种利用两个接触器（或继电器）的辅助触头互相约束的控制方法为"互锁"控制环节，而起互锁作用的触头叫做互锁触头，这也是实现互锁环节的连接方法。由此可见，互锁环节是可逆控制线路中防止电源短路的保证。由图 3-7 可写出可逆控制与互锁控制线路的逻辑函数式为

$$K1 = \overline{SB1}(SB2 + K1)\overline{K2} \cdot \overline{FR}; \quad K2 = \overline{SB1}(SB3 + K2)\overline{K1} \cdot \overline{FR}$$

对应于梯形图的逻辑函数式为

$$Y1 = (X1 + Y1)\overline{X0} \cdot \overline{X3} \cdot \overline{Y2}; \quad Y2 = (X2 + Y2)\overline{X0} \cdot \overline{X3} \cdot \overline{Y1}$$

图 3-8 是一个 2 选 1 控制电路，KM1 和 KM2 两个输入中，先选者优先，同时另一个会被禁止。

图 3-8 中，K3 和 K4 两个接触器分别由接触器 K4 的常闭辅助触头 K4 和接触器 K3 的常闭辅助触头 K3 互锁，同时常闭辅助触头 K4 和 K3 又是接触器 K1 和 K2 的常开辅助触头 K1 和 K2 的约束条件，由此可写出逻辑函数式如下：

$$K3 = K1 \cdot \overline{K4}$$
$$K4 = K2 \cdot \overline{K3}$$

既相互联系又互相制约，并能起到顺序控制作用的"互锁"控制，称为顺序联锁控制。其控制原则是，要求甲接触器动作时，乙接触器不能动作，则需将甲接触器的常闭触头串在乙

接触器的线圈电路中；要求甲接触器动作后，乙接触器方能动作，则需将甲接触器的常开触头串在乙接触器的线圈电路中，以此类推，可推广到 n 个需相互顺序联锁控制的对象。

对于较复杂的时序逻辑电路，为了区分各个动作程序的状态，以达到顺序动作的目的，设计时往往需要设置中间记忆元件，记忆输入信号的变化，如图 3-8 中的 K1 和 K2 即是中间记忆元件，中间记忆元件一般采用中间继电器。

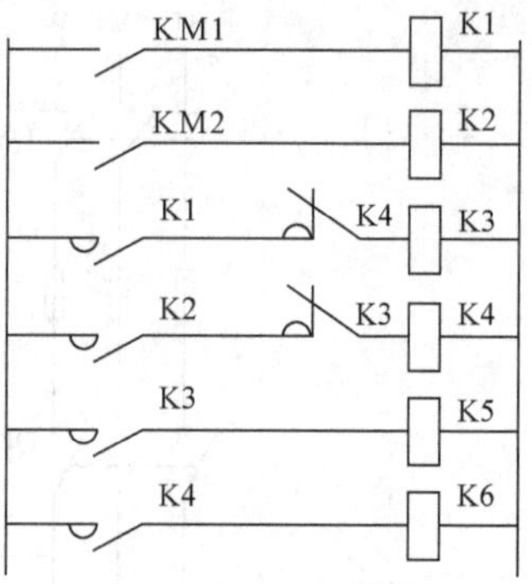

3. 自锁、互锁和联锁的逻辑控制关系

自锁是实现控制线路长期运行的必要环节，互锁是可逆运行控制中防止短路事故的约束条件，而联锁则是实现顺序控制的链接条件。这些实质上就是逻辑上的"与"、"或"、"非"关系。例如当接触器 K1 动作后才允许接触器 K2 动作，做法是将接触器 K1 的常开触头串联于接触器 K2 的线圈回路中，从而构成逻辑"与"联锁控制关系，如图 3-9 所示。

图 3-8　2 选 1 控制电路

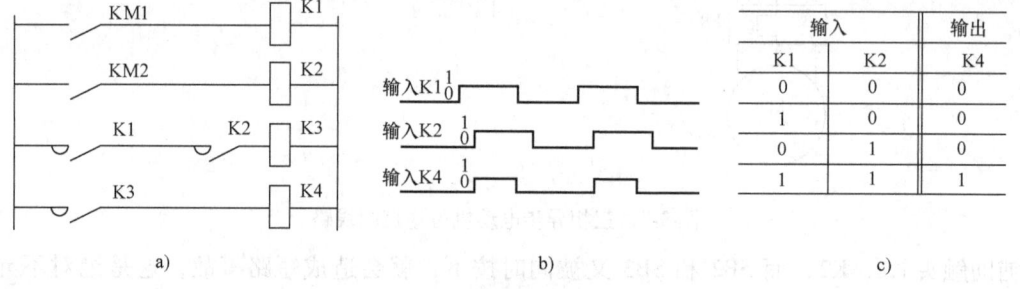

a)　　　　　　　　b)　　　　　　　　c)

图 3-9　逻辑"与"联锁控制原理图
a) 电路图　b) 时序图　c) 真值表

图 3-9 中，KM1 和 KM2 是 K1 和 K2 的动作信号，触头 K1 和 K2 是 K3 动作的约束条件，输出逻辑表达式为 K4 = K1 · K2。

再如，当接触器 K2 动作后不允许接触器 K3 动作，做法是将接触器 K2 的常闭触头串联于接触器 K3 的线圈回路中，构成逻辑"非"互锁控制关系，如图 3-10 所示。

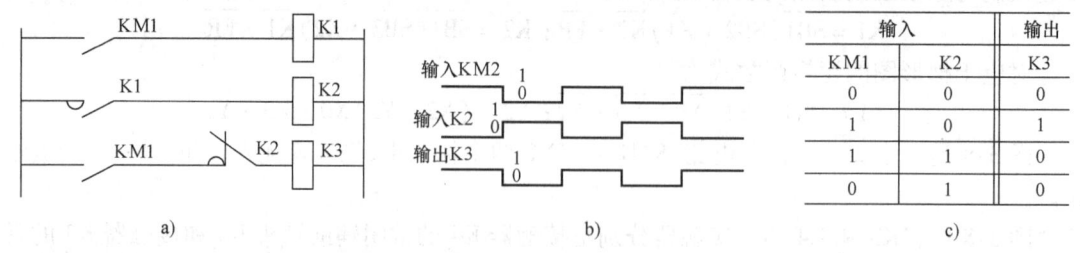

a)　　　　　　　　b)　　　　　　　　c)

图 3-10　逻辑"非"互锁控制原理图
a) 电路图　b) 时序图　c) 真值表

图 3-10 中，KM1 是 K1 的动作信号，触头 K1 是 K2 动作的条件，KM2 是 K3 的动作信号，常闭触头 K2 是 K3 动作的约束条件，输出逻辑表达式为 K3 = KM2 · $\overline{K2}$。

如果将两个及以上常开触头并联，只要其中一个常开触头闭合就使输出电器的线圈通电,这就构成"或"自锁控制关系,如图 3-11 所示。

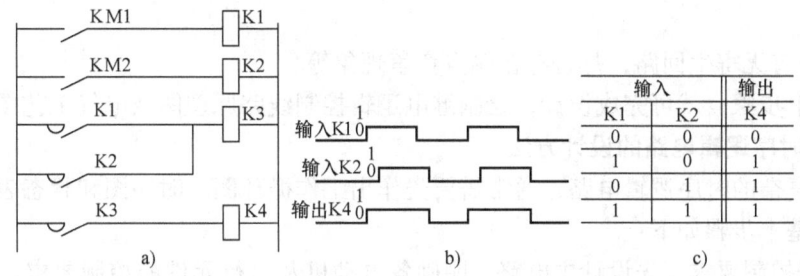

图 3-11 逻辑"或"自锁控制原理图
a) 电路图 b) 时序图 c) 真值表

图 3-11 中,KM1 和 KM2 是 K1 和 K2 的动作信号,触头 K1 或 K2 是 K3 动作的条件,K3 是中间记忆元件,输出逻辑表达式为 K3 = K1 + K2,K4 = K3。

3.1.4 逻辑控制线路的逻辑设计方法

电气控制技术中的逻辑设计法是根据生产工艺的要求,利用逻辑代数来分析、化简、设计线路的方法。这种设计方法是将继电逻辑控制线路中的继电器、接触器等的线圈的通、断,触头的断开、闭合等看成逻辑变量,并根据控制要求将它们之间的逻辑关系用逻辑函数关系式来表达,然后再运用逻辑函数基本公式、基本定律和运算法则进行化简,并综合运用并项、扩项、提取公因子等方法进行化简。根据最简式画出相应的继电逻辑控制线路原理图,最后再做进一步的检查和完善,即能获得需要的控制线路。利用逻辑函数来简化电路,需要注意线路的合理性和可靠性。一般继电器和接触器有多对触头,在有多余触头可利用的情况下,不必强求化简,而应充分考虑发挥元件的功能,让线路的逻辑功能更明确。

1. 逻辑设计方法的一般步骤

继电逻辑控制线路是以按钮、继电器和接触器的触头等作为输入逻辑变量,进行逻辑函数运算后,以执行元件(继电器和接触器等的线圈)为输出变量。逻辑设计法可以使线路简化,充分利用电气元件来得到比较合理的继电逻辑控制线路,能够确定实现一个控制线路所必需的、最少的中间记忆元件(中间继电器)的数目,以达到使设计的继电逻辑控制线路比较简化、合理的目的。对复杂线路的设计,特别是自动生产线、组合机床等控制线路的设计,采用逻辑设计法比经验设计法更为方便、合理。但当设计的控制系统比较复杂时,这种方法就显得十分繁琐,工作量也大。因此,如果设计的控制系统比较大、功能较为复杂,可先将控制系统分成若干个互相联系的控制单元,用逻辑设计方法先完成每个控制单元线路的设计,然后再用经验设计方法把这些控制单元线路组合起来,各取所长,也是一种简捷的设计方法。逻辑设计法的一般步骤如下:

1) 充分了解加工工艺过程,作出工作循环图或工作示意图。

2) 按工作循环图或工作示意图作出执行元件及检测元件的逻辑状态表。

3) 根据逻辑状态表,设置中间记忆元件,并列写中间记忆元件及执行元件的逻辑函数式。

4) 根据逻辑函数式建立继电逻辑控制线路原理图。

5）进一步完善控制线路，增加必要的点动、联锁、保护等辅助环节，检查线路是否符合控制要求。

6）检查有无寄生回路，是否存在触点竞争现象等。

完成以上步骤，就可完成设计，绘制继电逻辑控制线路原理图及电气工艺图等。

2. 复杂时序逻辑电路的设计方法

对于较复杂的时序逻辑电路，通常需要先作出工作循环图、时序图和状态表，再列出逻辑关系式，基本步骤如下：

1）根据控制要求，先设计主电路，明确各电动机及执行元件的控制要求，并选择产生控制信号与检测信号的主令元件（如按钮、控制开关、主令控制器等）和检测元件（如接近开关、行程开关、压力继电器、速度继电器、过电流继电器等）。

2）根据工艺要求作出工作循环图，并列出主令元件、检测元件以及执行元件的状态表，写出各状态的特征码（以二进制数表示的一组状态的代码）。

3）设置必要的中间记忆元件（中间继电器），找出重复特征码，区分所有状态。

4）根据已区分的各种状态的特征码，写出各执行元件与中间继电器、主令元件及检测元件间的逻辑表达式。

5）根据控制要求列出控制系统逻辑表达式，并化简，根据化简后的逻辑表达式绘出相应的控制线路或梯形图。

6）检查并完善所设计的控制线路。

但是，由于这种方法设计量较大，整个设计过程较复杂，还要涉及一些新概念，因此在一般常规设计中，很少单独采用，其具体设计过程可参阅专门论述资料，这里不再做进一步介绍。

3.1.5 梯形图逻辑

梯形图（Ladder Diagram，LD）是可编程序控制器常用的一种编程语言。梯形图程序设计语言是用特定的梯形图图形符号来描述程序的一种最常用的、填空式编程语言，编程时，程序采用梯形图的形式描述。由于梯形图语言是基于以图形表示的继电逻辑控制系统的描述，所以梯形图又称作梯形逻辑图。梯形图程序设计语言与继电逻辑控制线路图很相似，基本设计思想也是一致的，只是在使用符号和表达方式上有一定区别，具有逻辑性强、直观易懂等特点，因此，多数可编程序控制器制造厂商将其列为第一编程语言，也是使用可编程序控制器的基本编程方法。通常，梯形图程序设计语言与指令列表语言配合使用。

梯形图是采用触点、线圈、功能块和连线等图形符号集，以梯级（行）为计算单位，用图形化方式表示控制逻辑关系、实现布尔逻辑运算等。梯形图图形符号集是一组用于编程的软逻辑符号，亦称为编程软元件。梯形图语言程序由若干个梯级组成，每个梯级表示一个逻辑关系，根据相互间的逻辑关系来描述事件发生的条件和结果。梯形图的执行是通过梯级的执行完成的。梯级是由一系列用触点指令表示的条件及在梯级终端的线圈表示的输出指令组成的。在梯级中，描述事件发生的条件表示在左面，事件发生的结果表示在右边。梯形图的图形符号就是用于表示这些输入输出指令或触点的符号。

1. 梯形图图形符号

梯形图符号的图形主要有触点、线圈、数据处理符号、控制母线和连接线。梯形图程序中的左、右两侧的两条垂直线称为控制母线，左侧控制母线为梯形图中的能流（Power Flow）始端，能流从左向右沿着水平梯级通过各个触点、功能块和线圈等，终止于右侧控制母线。这里的能流不是实际意义的电流，线圈也不是物理意义上的实际继电器线圈，每一个线圈只代表一个实际设备的状态，每一个触点代表了一个布尔变量的状态。最基本的梯形图符号有常开触点"┤├"、常闭触点"┤/├"、线圈"（ ）"等。这些梯形图图形符号就是可编程序控制器的编程软元件，每种编程元件与 I/O 接口及信号对应。在可编程序控制器的中间输出映像寄存器单元中的输出数据（文件），统一被认为是"线圈"。也就是说，梯形图实际上是一种采用常开触点、常闭触点、线圈和功能块等构成的图形语言。图 3-12 是基本的继电逻辑图图形符号和梯形图图形符号的对照。

梯形图中的触点要画在水平线上，不能画在垂直线上。梯形图绘制的一般原则是，一个梯形图语言程序是由多个梯级组成的，每个输出线圈组成一个梯级。只有一个梯级绘制完毕才能继续下一个梯级的绘制。按照时间顺序自上而下、从左控制母线到右控制母线依次排列；串联触点多的电路安排在上面；并联触点多的电路安排在靠近左控制母线，输出线圈安排在最右面，右控制母线可以省略不画。

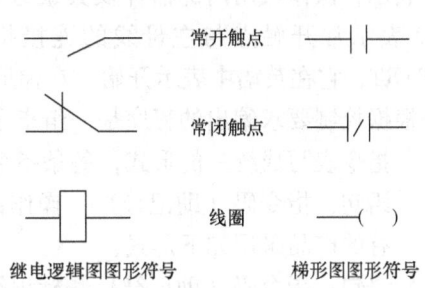

图 3-12 继电逻辑图图形符号和梯形图图形符号的对照

常用的梯形图图形符号有继电器类、定时器和计数器类、算术运算类、数据比较类、数据传送类、浮点运算类、数制转换类和程序控制类等。主要图形符号包括触点类的常开触点、常闭触点、正转换输出触点、负转换输出触点；线圈类包括一般线圈、取反线圈、置位（锁存）线圈、复位去锁线圈、保持线圈、置位保持线圈、复位保持线圈、正转换输出线圈、负转换输出线圈；函数和功能块包括标准函数和功能块及用户自己定义的功能块。几种常见的梯形图图形符号如下：

常开触点 ┤├；常闭触点 ┤/├

上升沿触点 |P|；下降沿触点 |N|

普通线圈 ―( )　　将当前值直接输出到线圈

取反线圈 ―(/)　　将当前值取反后输出到线圈

置位线圈 ―(S)　　若当前值为 1，则置线圈位为 1；若当前值为 0，则保持

复位线圈 ―(R)　　若当前值为 1，则置线圈值为 0；若当前值为 0，则保持

保持线圈 ―(M)　　具有掉电保护的普通线圈

保持置位线圈 ―(SM)　　具有掉电保护的置位线圈

保持复位线圈 ―(RM)　　具有掉电保护的复位线圈

上升沿触发线圈 ―(P)　　检测到上升沿时，线圈置为 1

下降沿触发线圈 ―(N)　　检测到下降沿时，线圈置为 1

其他 〔 〕　　运算处理功能框

不同机型的符号略有不同，只要熟悉了一种，其他类型的也很容易辨认。如有用 ○ 或 ⌒ 的符号表示线圈和功能框的；常闭触点也有用 "⫮" 符号表示等。

2. 指令表（IL）程序设计语言

指令表语言是用助记符来表示操作功能、描述程序的一种程序设计语言，也称为助记符

语言或命令语句表达式语言,通常与梯形图语言配合使用。指令表语言类似于汇编语言,是一种基于行编辑的文本标准语言,可以用来描述函数、功能块和程序,还可以在顺序功能表图中描述动作和转换的状态。可直接进行汇编操作,也可作为其他几种编程语言的基本载体。其他几种语言程序都可以转换为指令表语言,但指令表语言转换为其他语言比较困难。

指令表语言的基本元素是指令,指令由操作符和操作数组成,操作数是已声明的变量和常量。有些操作符可带若干个操作数,这时各个操作数用逗号隔开。指令前可加标签用于代表跳转目标。标签后面要加冒号,在操作数之后可加注释,注释要用星号括起来,即(*注释*)。为了阅读方便,通常将程序制成表格形式。操作码用助记符如 LD、AND、OR 等表示,操作数用内部器件及其编号等来表示。每条指令都有它特定的功能,如用助记符 LD 表示常开触点与左母线的连接指令,而有的可编程序控制器则用助记符 STR 表示 START,它在英语中表示开始,在梯形图中表示连接在梯级母线的第一个元件。用助记符指令根据控制要求编出的程序是一组指令,所以也称它为指令表或语句表。

指令表写成统一的形式,每条指令占一行,即

语句:指令码(助记符)　　操作数　　(注释)

有的产品采用如下形式:

语句:指令码(助记符)　　标识符　　参数

语句是用户程序的基础单元,每个控制功能由一个或多个语句组成的程序来执行。每条语句实际上是规定 CPU 如何动作的指令,它的作用和计算机程序指令一样。

操作数表示一种操作或运算,来源于输入的现场信息和输出的反馈信息再加上一些计算中的中间信息,操作数内包含执行该操作所必需的信息,告诉 CPU 用什么地方的数据来执行此操作。操作数与可编程序控制器的 I/O 模块有关,操作数的参数主要是 I/O 模块所在机架号、槽号及该信号在模块上的位置号。

采用助记符程序设计语言编程具有容易记忆、便于操作的特点,多数助记符与梯形图有一一对应关系,因此,电气技术人员常常采用梯形图编程,在程序输入时再将梯形图转换为助记符键入,这种方法便于对程序的理解和检查,但对较复杂的控制系统,描述不够清晰。常用的操作符及含义见表 3-8。不同的可编程序控制器制造厂商目前采用的常用助记符见表 3-9。

表 3-8　指令表语言常用指令操作符

操 作 符	特定符号	描　　述
LD	N	装入指令:LD;装入取反指令:LDN
ST	N	存储当前结果
S		置位
R		复位
AND、&	N,(	与指令
OR	N,(	或指令
XOR	N,(	异或指令
ADD	(	加指令
SUB	(	减指令
MUL	(	乘指令
DIV	(	除指令

(续)

操作符	特定符号	描述
GT	(	大于
GE	(	大于等于
EQ	(	等于
LE	(	小于等于
LT	(	小于
NE	(	不等于
)	C, N	完成延时操作
CAL	C, N	调用功能块
JMP	C, N	跳转操作符
RET	(	返回调用功能块
MOD		取模指令

表 3-9 不同机型常用的指令操作符

操作性质	指令操作符（助记符）
取常开触点状态	LD、LOD、STR、XIC、I
取常闭触点状态	LDI、LD NOT、LOD NOT、STR NOT、LD N、XIO
对常开触点逻辑与	AND、A
对常闭触点逻辑与	ANI、AN、AND NOT、AND N
对常开触点逻辑或	OR、O
对常闭触点逻辑或	ORI、ON、OR NOT、ORN
对触点块逻辑与	ANB、AND LD、AND STR、AND LOD
对触点块逻辑或	ORB、OR LD、OR STR、OR LOD
输出命令	OUT、=、OUT NOT
定时器	TIM、TMR、ATMR、TIMH
计数器	CNT、CT、UDCNT、CNTR、FUN
微分命令	PLS、PLF、DIFU、DIFD、SOT、DF、DFN、PD
跳转指令	JMP/JME、CJP/EJP、JMP/JEND、JMP、JMPC、JMPCN
移位指令	SFT、SR、SFR、SFRN、SFTR、WSFT
置复位指令	SET、RET、S、R、KR、STC、RST、CLC、KEEP
主控指令	IL/ILC、MC/MCR
比较指令	CMP、GT、GE、EQ、LE、LT、NE
译码、编码指令	MLPX、DMPX
脉冲指令	PLS、DIFU、DIFD
步进指令	S、SET、STL、RET
空操作指令	NOP
程序结束指令	END
运算指令	ADD、SUB、MUL、DIV
数据处理指令	MOV、BCD、BIN
运算功能符	FUN、FNC

不同品牌的可编程序控制器往往采用不同的符号集，因此同一个梯形图，书写的语句形式不尽相同，具体使用时，需要根据具体的产品，按照其说明进行编程。表3-10是用三菱、OMRON、GE公司可编程序控制器的指令操作符编写的同一电路的程序。

表3-10 用三菱、OMRON、GE公司可编程序控制器的指令操作符编写的同一电路的程序

指令语句（三菱）	操 作 数	注 释
LD	X400	逻辑行开始，取输入X400常开触点
OR	Y430	并联触点Y430自锁
ANI	X401	串联触点X401常闭触点
OUT	Y430	输出Y430，本逻辑行结束
LD	X402	逻辑行开始，取X402常开触点
OUT	Y431	输出Y431，本逻辑行结束
指令语句（OMRON）	操 作 数	注 释
LD	00000	逻辑行开始，取输入00000常开触点
OR	01000	并联触点01000自锁
AND NOT	00001	串联触点00001常闭触点
OUT	01000	输出01000，本逻辑行结束
LD	00002	逻辑行开始，取00002常开触点
OUT	01001	输出01001，本逻辑行结束
指令语句（GE）	操 作 数	注 释
STR	X0	逻辑行开始，输入X0常开触点
OR	Y30	并联触点Y30自锁
AND NOT	X1	串联触点X1常闭触点
OUT	Y30	输出Y30，本逻辑行结束
STR	X2	逻辑行开始，输入X2常开触点
OUT	Y31	输出Y31，本逻辑行结束

3. 梯形图逻辑的实现

图3-13所示是图3-7可逆控制线路梯形图的2个梯级，它也可以用于2个互锁的电动机起停控制电路，即两台电动机在任何时候均不能同时运行。图3-13a是梯形图，图3-13b是指令表。

前已述及，图3-13的逻辑函数表达式为

$$Y0 = (X1 + Y0) \cdot \overline{X0} \cdot \overline{Y1}$$
$$Y1 = (X2 + Y1) \cdot \overline{X0} \cdot \overline{Y0}$$

由图3-13a可见，它由编程软元件输出线圈Y0和Y1及其常开触点Y0和Y1、常闭触点Y0和Y1，常开触点X1、X2和常闭触点X0组成。输出线圈Y0和Y1的状态由与其相连的梯形图决定；常闭触点X0是使常开触点X1和X2的约束条件；常闭触点Y0和Y1是互锁条件，它使2台电动机在任何时刻均不能同时起停。如果某个梯形图梯级从左到右各触点都处于"闭合"状态，称作该梯形图的逻辑运算结果为"1"，则与其相连的输出线圈Y0或Y1才被激励，其状态被置"1"，即将可编程序控制器内部I/O映像区中该输出触点的位置

"1"；如果从左到右各触点不能都处于"闭合"状态，称作该梯形图的逻辑运算结果为"0"，则与其相连的输出线圈不能被激励，其状态被置"0"，即将可编程序控制器内部 I/O 映像区中该输出触点的位置"0"。这里，梯形图中的常开触点、常闭触点可以是实际的开关电器的触头，也可以是可编程序控制器内部继电器区的位（触点）；输出线圈可以是实际连接到可编程序控制器端子的外部线圈，也可以是可编程序控制器内部继电器区的位（线圈）。

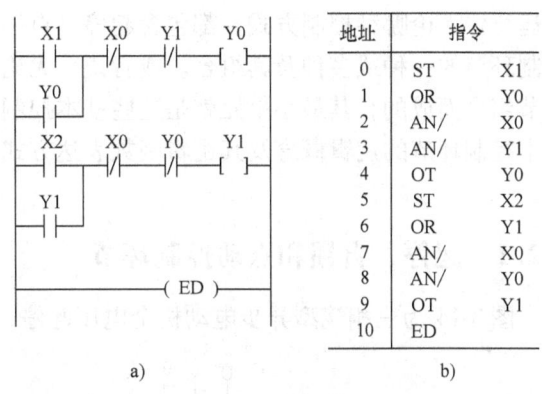

图 3-13　2 个互锁电动机起停控制电路的梯形图

图 3-13b 中，助记符 ST 是取指令，是常开触点与左母线的连接指令；OR 是"或"指令，是常开触点并联连接指令；AN/ 是"与非"指令，是常闭触点串联连接指令；助记符语句 ST X1 表示常开触点 X1 接在左母线的第一个位置；OT（OUT）是输出指令，即线圈激励指令；助记符语句 OT Y0 表示该梯级激励时，继电器线圈 Y0 将被激励。

由上面所描述的程序的执行过程可知，梯形结构表示了信号的流向，从结构图的左上点开始，各指令按照从左到右、从上到下的顺序进行扫描；在一行（梯级）或一组指令中，每一条指令的输出信号被作为其右边一条指令是否执行的条件，直到到达最右侧为止，然后扫描下一行或下一组指令；在一行或一组指令中，如果扫描出任一条指令的条件不满足，则不再往右扫描，原输出信号不变，立即转向另一行或另一组指令执行。梯形图程序的特点是与继电逻辑控制系统的电气原理图相对应，与助记符程序同样有一定的对应关系，因此梯形图逻辑的概念与继电逻辑控制的逻辑概念是一致的，设计方法也是一致的。梯形图与继电逻辑控制线路的区别是，梯形图中的触点和继电器不是物理上存在的继电器，而仅仅是编程元件而已，每一个触点或继电器对应于可编程序控制器中的存储器里的一个存储"位"（逻辑"位"），是一种软逻辑状态，逻辑上也仅可以取"1"值或"0"值。梯形图中的触点是梯形图中的继电器的激励条件。如果梯形图中的触点是常开触点，若操作数取"1"值，则常开触点"动作"，即认为触点是"闭合"的，此时与其相连接的继电器被激励；若操作数取"0"值，则常开触点"不动作"，即触头仍然打开，此时与其相连接的继电器的状态不发生转换；如果触点是常闭触点，若操作数取"1"值，则常闭触点"动作"，即认为是"断开"的，此时与其相连接的继电器被中断激励；若操作数取"0"值，则常闭触点"不动作"，即触点仍然闭合，此时与其相连接的继电器的状态不发生转换。

3.2　三相异步电动机的基本控制环节

在继电逻辑控制系统中，三相异步电动机的起动控制有直接起动、减压起动和软起动等方式。直接起动方式又称为全电压起动方式，即起动时电源电压全部施加在电动机定子绕组上。减压起动方式即起动时将电源电压降低一定的数值后再施加到电动机定子绕组上，待电动机的转速接近同步速后，再使电动机在电源电压下运行。软起动方式即使施加到电动机定子绕组上的电压从零按预设的函数关系逐渐上升，直至起动过程结束，再使电动机在全电压下运行。无论哪种控制方式，都包含起停、自锁、互锁、联锁、顺序、可逆和点动这些基本控制环节的一种或多种及其组合。或者说，无论多么复杂的控制线路，都是由这些基本控制环节组合而成的，其最小单元就是这些基本控制环节。在 3.1.3 节中，我们已经描述了这些基本控制环节的逻辑概念及其逻辑函数表达方式，本节从控制线路结构角度叙述这些基本环节。

3.2.1 起停、自锁和点动控制环节

图 3-14 为三相笼型异步电动机全电压起停、点动控制线路。

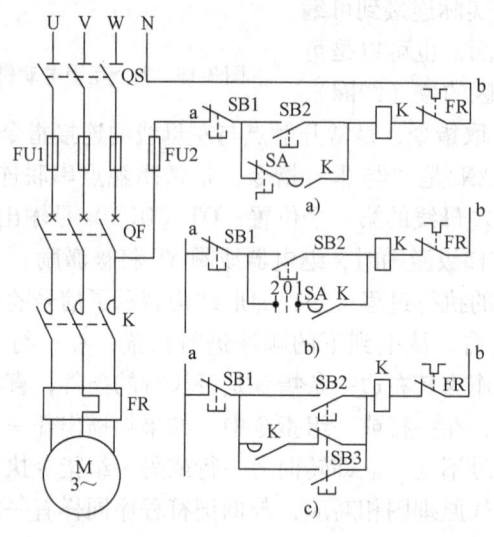

图 3-14 三相异步电动机全电压起停、点动控制线路
a) 方案1 b) 方案2 c) 方案3

图 3-14 是一个常用的最简单、最基本的控制电路，主电路由刀开关 QS、熔断器 FU、接触器 K 的主触头、热继电器 FR 的热元件与电动机 M 构成；控制回路示出了三种方案，其中方案 1 由起动按钮 SB2、停止按钮 SB1、点动控制开关 SA、接触器 K 的线圈及其常开辅助触头、热继电器 FR 的常闭触头等构成。正常起动时，合上 QS，引入三相电源，按下 SB2，交流接触器 K 的吸引线圈通电，接触器主触头闭合，电动机接通电源直接起动运转。同时与 SB2 并联的常开辅助触头 K 闭合，使接触器吸引线圈经两条路通电。这样，当手松开，SB2 自动复位时，接触器 K 的线圈仍可通过辅助触头 K 使接触器线圈继续通电，从而保持电动机的连续运行。因为这个辅助触头起着自保持或自锁作用，通常称为自锁触头。这种由接触器（继电器）本身的触头来使其线圈长期保持通电的环节称为"自锁"环节。"自锁"环节是由命令它通电的主令电器（如本例的 SB2）的常开触头与本身的常开触头相并联组成。"自锁"环节具有对命令的"记忆"功能，当起动命令下达后，能保持长期通电；而当停机命令或停电出现后不会自起动。自锁环节不仅常用于电路的起、停控制中，而且，凡是需要"记忆"的控制，也常运用自锁环节。

要使电动机 M 停止运转，只要按下停止按钮 SB1，将控制电路断开即可。这时接触器 K 断电释放，其常开主触头将三相电源断开，电动机停止运转。当手松开按钮后，SB1 的常闭

触头在复位弹簧的作用下,虽又恢复到原来的常闭状态,但接触器线圈已不再能依靠自锁触头通电了,因为原来闭合的自锁触头已随着接触器的断电而复位。

另外,由图 3-14 可见,电路具有以下保护环节:

1) 熔断器 FU 在电路中起后备短路保护作用,电路的短路主保护由低压断路器承担。

2) 热继电器 FR 在电路中起电动机过载保护作用,具有与电动机的允许过载特性相匹配的反时限特性。由于热继电器的热惯性比较大,即使热元件流过几倍额定电流,热继电器也不会立即动作。因此在电动机起动时间不太长的情况下,热继电器是经得起电动机起动电流的冲击而不动作的,只有在电动机长时间过载情况下 FR 才动作,断开控制电路,使接触器断电释放,电动机停止运转,实现电动机过载保护。

3) 欠电压保护与失电压保护是依靠接触器本身的电磁机构来实现的。当电源电压由于某种原因而严重降低或失电压时,接触器的衔铁自行释放,电动机停止运转。而当电源电压恢复正常时,接触器线圈也不能自行通电,只有在操作人员再次按下起动按钮 SB2 后电动机才会起动,通常也称为零电压保护。控制线路具备了欠电压和失电压保护能力之后,可以防止电动机在低电压下运行而引起过电流,避免电源电压恢复时电动机自起动而造成设备和人身事故。

某些生产机械在安装或维修后常常需要试车或调整,此时就需要所谓"点动"控制,图 3-14 所示就是实现点动的几种控制线路。由图可见,"点动"控制就是当按下某一控制按钮时,其常开触头接通电动机起动控制回路,电动机转动,松开按钮后,由于按钮自动复位,其常开触头断开,电动机停转。点动起停的时间长短由操作者手动控制。

图 3-14a 中,如在自锁回路中设置一个旋转开关 SA,就可构成一个最基本的点动控制线路。当需要点动时,打开旋转开关 SA,使自锁回路断开,当按下按钮 SB2 时,接触器 K 通电吸合,主触头闭合,电动机接通电源起动。当手松开按钮时,接触器 K 断电释放,主触头断开,电动机被切断而停止,从而实现了点动控制。

图 3-14b 是用转换开关 SA 控制点动的方案。当需要点动时,将转换开关 SA 转到断开位置,操作 SB2 即可实现点动控制;当需要连续工作时,将转换开关 SA 转到闭合位置,即可实现连续控制。这种方案比较实用,适用于不经常点动控制操作的场合。

图 3-14c 中是采用一个复合按钮 SB3 控制点动的方案。点动控制时,按下点动按钮 SB3,其常闭触头先断开自锁电路,常开触头后闭合,接通起动控制电路,接触器 K 线圈通电,主触头闭合,电动机起动旋转。当松开 SB3 时,接触器 K 线圈断电,主触头断开,电动机停止转动。若需要电动机连续运转,则按起动按钮 SB2 即可,停机时按下停止按钮 SB1 即可。这种方案的特点是单独设置一个点动按钮,适用于需经常点动控制操作的场合。

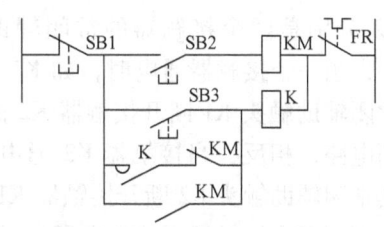

图 3-15 利用中间继电器实现点动控制

图 3-15 是利用中间继电器实现点动的控制线路。利用点动按钮 SB2 控制中间继电器 KM,KM 的常开触头并联在 SB3 两端,控制接触器 K,再控制电动机实现点动。当需要连续运转时,按下 SB3 按钮即可;当需要停转时,按下 SB1 按钮即可。这种方案的特点是,在线路中单独设置一个点动回路,适用于电动机功率较大并需经常点动控制操作的场合。

3.2.2 可逆控制与互锁环节

所谓"可逆"控制,就是可同时控制电动机正转或反转。

生产过程中,各种生产机械常常要求具有上下、左右、前后、往返等方向的运动控制,这就要求电动机能够实现可逆运行。如电梯的上下运行、起重机吊钩的上升与下降、机床工作台的前进与后退,以及主轴的正转与反转等运动的控制,就是通过"可逆"控制实现的。由交流电动机工作原理可知,若将接至异步电动机的三相电源进线中的任意两相对调,即可使异步电动机反向旋转。所以,我们可用两个方向相反的单向控制线路组合成可逆控制线路,如图 3-16 所示。

由图 3-16 可见,主电路中 K1、K2 所控制的电源相序相反,因此可使电动机反向运行。由控制电路的方案 1 可明显地看到,它就是由两个如图 3-14a 所示(去掉点动控制的旋转开关 SA 后)的连续运行电路的组合而成的,只是在每个分支里分别串入了常闭辅助触头 K1、K2。如果不考虑串入的常闭辅助触头 K1、K2,其原理不言而喻。但是,如果假设不串入常闭辅助触头 K1、K2,而 SB2 和 SB3 又被同时按下,就会造成短路事故,这是绝对不允许的。现在再来分析串入的常闭辅助触头 K1、K2 的作用,K1、K2 分别是两个接触器的常闭辅助触头,当一个接触器通电时,如 K1,其常闭辅助触头 K1 断开接触器 K2 的线圈电路,相反,当接触器 K2 通电时,

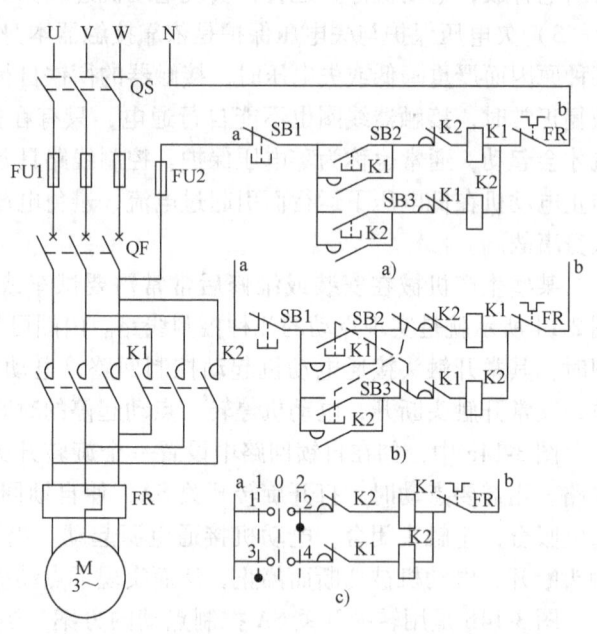

图 3-16 三相异步电动机可逆控制线路
a) 方案 1(互锁控制) b) 方案 2(采用复合按钮的可逆控制线路) c) 方案 3(采用转换开关的可逆控制线路)

其常闭辅助触头 K2 断开接触器 K1 的线圈电路,所以接触器不会同时带电闭合,我们称这种利用两个接触器(或继电器)的辅助触头互相控制的方法为"互锁"环节,而起互锁作用的触头叫做互锁触头,这也是实现互锁环节的连接方法。由此可见,互锁环节是可逆控制线路中防止电源短路的保证。

按照电动机可逆运行操作顺序的不同,有"正-停-反"和"正-反-停"两种控制线路。图 3-16a 控制线路做正反向操作控制时,必须首先按下停止按钮 SB1,然后再进行反向起动操作,因此它是"正-停-反"控制线路。但在有些生产工艺中,希望能直接实现正反转的变换控制。由于电动机正转的时候,按下反转按钮时首先应断开正转接触器线圈线路,待正转接触器释放后再接通反转接触器,为此可以采用两只复合按钮来实现。其控制线路如图 3-16b 所示。在这个线路中既有接触器的互锁,又有按钮的互锁,保证了电路可靠地工作,在电力拖动控制系统中常用。正转起动按钮 SB2 的常开触头用来使反转接触器 K2 的线圈瞬时通电,其常闭触头则串接在正转接触器 K1 线圈的电路中,用来使之释放。反转起动按钮

SB3 也按 SB2 同样安排,当按下 SB2 或 SB3 时,首先是常闭触头断开,然后才是常开触头闭合。这样在需要改变电动机运转方向时,就不必按停止按钮 SB1 了,可直接操作正反转按钮即能实现电动机运转情况的改变。

除采用按钮外,还可用转换开关或主令控制器等实现正反转控制,如图 3-16c 所示。图中的控制开关 SA 有"0"、"1"、"2"三个位置,手柄在"0"位时,电路不通;扳到"2"位时,接触器 K1 接通,电动机正转;手柄在"1"位时,则接触器 K2 接通,电动机反转。

工程上通常还采用可逆接触器进行机械互锁,进一步保证两者不可能同时通电,以提高可靠性。

3.2.3 联锁控制与互锁控制

生产机械或自动生产线都由许多运动的部件组成,不同的运动部件之间既互相联系又互相制约。例如,电梯及升降机械的上下运行不能同时,机械加工车床的主轴必须在油泵电动机起动使齿轮箱有充分的润滑油后才能起动,又如龙门刨床的工作台运动时不允许刀架移动等等。这种互相联系而又互相制约的控制称为联锁控制。相互制约的联锁控制,实际上也称为"互锁"控制,但这里的互锁是为顺序控制做准备的,或是起到顺序控制的作用,从而使互相制约的各方又互相紧密联系,这种控制称为顺序联锁控制。其控制原则是,要求甲接触器动作时,乙接触器不能动作,则需将甲接触器的常闭触头串接在乙接触器的线圈电路中;要求甲接触器动作后,乙接触器方能动作,则需将甲接触器的常开触头串接在乙接触器的线圈电路中,以此类推,可推广到 n 个需相互顺序联锁控制的对象。

如机械加工车床主轴转动时,是需要油泵先起动给齿轮箱供油润滑,即要求保

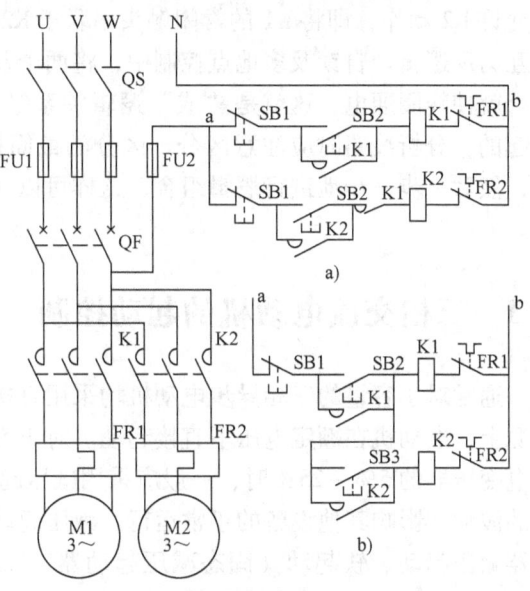

图 3-17 三相异步电动机联锁控制线路
a) 方案 1 b) 方案 2

证润滑泵电动机起动后,主拖动电动机才允许起动,也就是控制对象对控制线路提出了按顺序工作的联锁要求。图 3-17 所示是将油泵电动机接触器 K1 的常开触头串入主拖动电动机接触器 K2 的线圈电路中来实现的,只有当 K1 先起动,K2 才能起动。图 3-17b 的接法可以省去 K1 的常开触头,使线路得到简化。类似的工艺过程在许多其他生产设备上同样存在,因此这是一个典型的联锁控制线路。

3.2.4 多地点控制

实际生活和生产现场中,通常需要在两地或两地以上的地点进行控制操作,如自动电梯就需要多地点控制,人在任意层的楼道上都能够得到控制,当人在梯厢里时在里面控制,人未上梯厢前在楼道上控制等。由前述可想到,用一组按钮可以在一处进行控制,可以推想,

要在多地进行控制，就应该有多组按钮，而且这多组按钮的连接原则必须是各地点起动按钮的常开触头要并联，构成"或"逻辑；各停车按钮的常闭触头应串联，构成"与"逻辑。图 3-18 是实现三地控制的线路。根据这一原则可推广于 n 个地点的控制。

3.2.5 自锁、互锁和联锁的逻辑关系

电气控制系统中的自锁环节是实现设备长期运行的措施；互锁环节是电动机可逆控制中防止两个电器同时通电而产生事故的保证；而联锁环节则是实现几种运动体之间的互相联系又互相制约的桥梁。这些关系实质上是逻辑"与"、"或"、

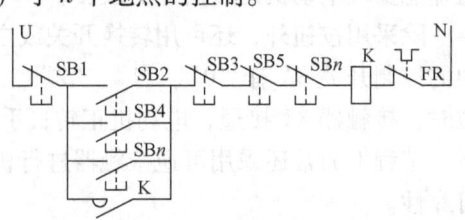

图 3-18 多地点控制线路

"非"的逻辑关系。例如联锁控制中，当接触器 K1 动作后才允许 K2 动作，即将 K1 的常开触头串联于 K2 的线圈电路中，这就是"与"逻辑关系。互锁及联锁控制中，当 K1 动作后不允许 K2 动作，即将 K1 的常闭触头串联于 K2 的线圈电路中，这就是"非"逻辑关系，也称互为反逻辑。自锁及多地点控制中，将两个及以上常开触头并联，只要其中一个常开触头闭合就使线圈通电，这就是"或"逻辑关系等。在工程上，这三种逻辑关系通常是组合在一起的，分析线路时应注意区分，区分的最简捷的办法是将复杂的控制线路拆分成最小单元，然后一步一步地进行逻辑组合，这样可以获得清晰的逻辑控制关系和明确的线路工作原理。

3.3 三相交流电动机的起动控制

通常对小容量的三相异步电动机均采用直接起动方式，起动时，定子绕组直接接在交流电源上，电动机在额定电压下直接起动。对于大、中容量的三相异步电动机，当其容量超过供电变压器的 5%~25% 时，一般应采用减压起动方式，以防止过大的起动电流引起电源电压的波动，影响其他设备的正常运行。减压起动方式有星-三角（Y-△）减压起动、自耦变压器减压起动、软起动（固态减压起动器）、延边三角形减压起动、定子串电阻减压起动等。三相笼型异步电动机广泛采用软起动、Y-△减压起动和自耦变压器减压起动方式。以往绕线转子三相异步电动机广泛采用延边三角形减压起动和定子串电阻减压起动方式。目前，延边三角形减压起动方法已很少采用，因为延边三角形减压起动方法仅适用于定子绕组特别设计的异步电动机，这种电动机共有九个出线端，改变延边三角形连接时，根据定子绕组的抽头比不同，就能够改变相电压的大小，从而改变起动转矩的大小。但一般来说，电动机的抽头比已经固定，所以仅在这些抽头比的范围内做有限的变动，在一定程度上限制了起动装置的使用范围；另外，虽然延边三角形减压起动的起动转矩比Y-△减压起动的起动转矩大，但与自耦变压器起动时最高转矩相比仍有一定差矩，而且延边三角形接线的电动机的制造工艺复杂，故这种起动方法难以得到广泛的应用。所以本书对这种方法不深入进行讨论，需要时可参见参考文献 [13] 等。

3.3.1 星-三角减压起动控制线路

Y-△减压起动方法是，起动时将三相笼型异步电动机的定子绕组接成Y，这时加在电动

机每相绕组上的电压为电源电压额定值的 $1/\sqrt{3}$，从而其起动转矩为△联结直接起动转矩的 1/3，起动电流降为△联结直接起动电流的 1/3，减小了起动电流对电网的影响。待电动机起动后，按预先设定的时间将定子绕组换接成△联结，使电动机在额定电压下正常运转。丫-△起动的转换控制电路可视电动机的容量大小、应用场合等的不同，有不同的接线方式。图 3-19 是一种比较常用的接线形式。

图 3-19a 方案 1 中，当三相笼型异步电动机起动时，合上低压断路器 QF，按下起动按钮 SB2，主接触器 K1 与丫联结的接触器 K3 及时间继电器 KT 的线圈同时得电，接触器 K3 的主触头将电动机接成丫，并经 K1 的主触头接至电源上，电动机减压起动。当 KT 的延时设定值到达时，K3 线圈失电，△联结的接触器 K2 的线圈得电，电动机的主电路被换接成△，电动机正常运转。时间继电器 KT 仅在起动过程中通电，丫-△切换后，KT 处于断电状态。

图 3-19b 方案 2 是省去主接触器的一种方法，当三相笼型异步电动机起动时，合上低压断路器 QF，三相电源电压直接进入电动机定子绕组，但此时 K3 的线圈和 K2 的线圈均不得电，电动机也不会运转。只有按下起动按钮 SB2 后，电动机

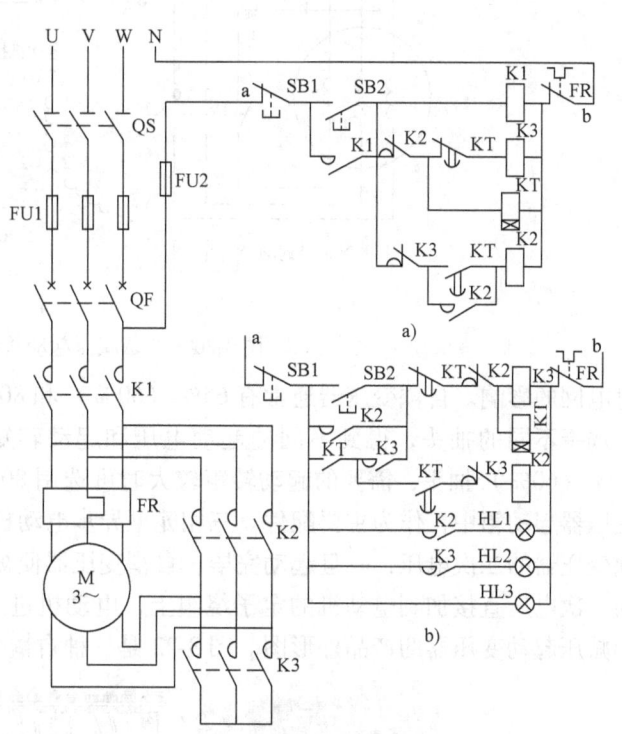

图 3-19　丫-△减压起动控制线路
a）方案 1　b）方案 2
（方案 2 是没有主接触器的丫-△减压起动控制线路）

才能够运转。线路的原理与图 3-19a 相似，其中，K3 和 K2 的常闭触头互锁，KT 的瞬时触头与 K3 串联构成接触器 K3 的自锁回路，HL3 是电源指示灯，HL1 和 HL2 分别是丫-△换接指示。其他请读者自行分析。

与其他减压起动方法相比，丫-△减压起动方法的投资少、线路简单，但起动转矩小。这种起动方法适用于小容量电动机及电动机轻载状态下起动，并只能用于正常运转时定子绕组为△联结的三相异步电动机。

额定功率在 4kW 及以上的三相笼型异步电动机的定子绕组均为△联结，故都可以采用丫-△减压起动方法。丫-△减压起动控制线路的主电路的特点是，电动机定子三相绕组 6 个线头均引出，然后由两个接触器分别进行控制，如图 3-20 所示。

3.3.2　自耦变压器减压起动控制线路

顾名思义，自耦变压器减压起动是先通过自耦变压器降压，再起动三相笼型异步电动机的减压起动方法。它利用降压变压器的特点，降低电动机的起动电流，以改善电动机起动时

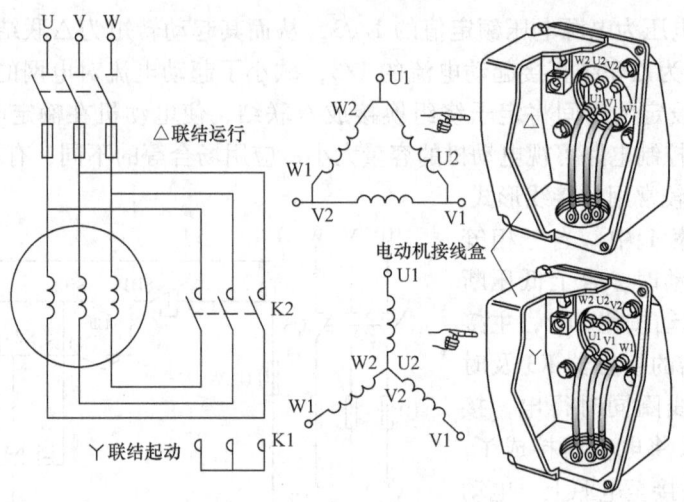

图 3-20　Y-△减压起动接线原理

对电网的影响。自耦变压器通常有 65%（60%）和 80% 两组起动电压抽头，可根据起动转矩选择不同的抽头，得到不同的起动电压和起动转矩。若需要的起动转矩较小时可选用 65%（60%）抽头，需要的起动转矩较大时可选用 80% 抽头。自耦变压器一般装配在自耦变压器起动箱中，作为主要配件。三相笼型异步电动机起动时，其定子绕组得到的电压是自耦变压器的二次电压，一旦起动完毕，自耦变压器便被短接。电源的额定电压即自耦变压器的一次电压直接加到电动机的定子绕组上，电动机进入全电压正常工作状态。图 3-21 是自耦减压起动变压器的产品外形图。图 3-22 是一种自耦变压器减压起动控制线路图。

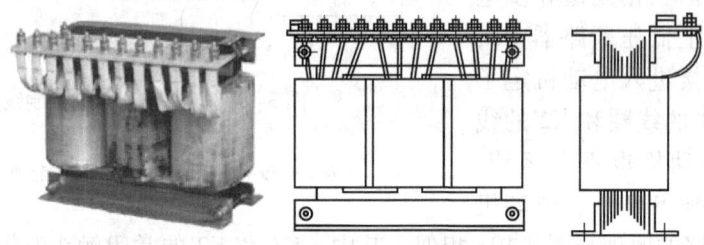

图 3-21　自耦减压起动变压器的产品外形图

起动时，合上刀开关 QS、低压断路器 QF，按下起动按钮 SB2，接触器 K1 的线圈和时间继电器 KT 的线圈同时得电，KT 的瞬时常开触头闭合构成自锁，接触器 K1 的一个常开触头接通接触器 K2，接触器 K1 的主触头闭合，接触器 K2 接通电源，从而将电动机定子绕组经自耦变压器抽头接至电源，电动机开始减压起动。时间继电器 KT 经过一定延时后，其延时常开触头闭合，使中间继电器 KM 线圈得电，其常闭触头打开，使接触器 K1 线圈断电，同时 KM 的常开触头闭合构成自锁，接触器 K1 复位，中间继电器 KM 的另一个常开触头接通接触器 K3 的线圈电源，同时，在 K3 支路中的接触器 K1 的常闭触头复位，接触器 K1 和 K2 的主触头断开，从而将自耦变压器从电网上切除。接触器 K3 的主触头闭合，将电动机直接接到电网电源上运行，完成了整个起动过程。整个起动过程的状态通过控制变压器二次侧的各指示灯显示。

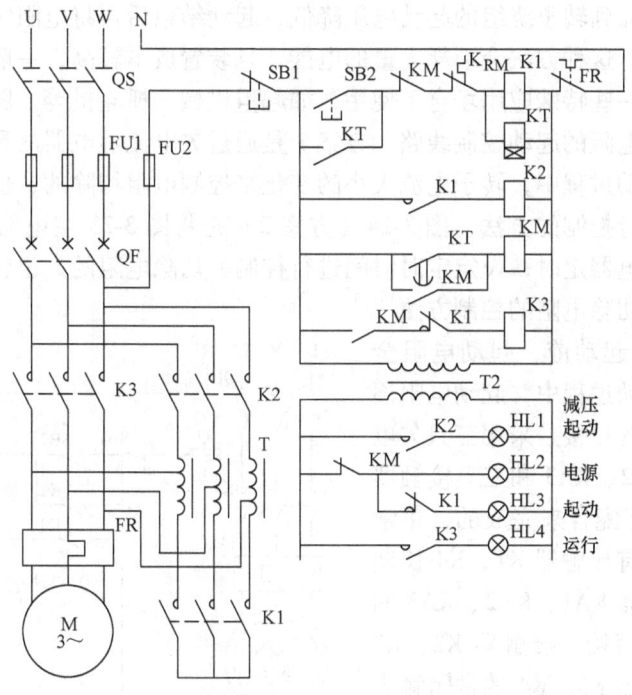

图 3-22 自耦变压器减压起动控制线路

有一些自耦降压变压器线圈内部增加了热敏温度保护开关（动断）。在使用时，其热敏动断常闭触头串入控制回路（见图 3-22 中的 K_{RM}），当电动机起动时间超过自耦降压变压器允许温度限值或电动机起动过于频繁造成自耦降压变压器过热时，热敏温度保护开关就会动作，断开控制回路，使电动机停止工作，此时不能再次起动电动机。只有当自耦降压变压器线圈的温度下降到一定值时，热敏温度保护开关自动复位后，才能重新起动电动机。

同样，自耦变压器减压起动方法的转换控制电路可视电动机的容量大小、应用场合等的不同，有不同的接线方式。

自耦变压器减压起动方法适用于不频繁起动 10kW 及以上的三相笼型异步电动机，起动转矩可以通过改变抽头的连接位置改变，它的缺点是自耦变压器价格较贵，而且不允许频繁起动。

3.3.3 三相绕线转子异步电动机的起动控制

三相绕线转子异步电动机的优点之一是转子回路可以通过集电环外串电阻、串联频敏变阻器或电抗器来达到减小起动电流，提高转子电路功率因数和起动转矩的目的。在要求起动转矩较高的场合，如重机械、卷扬机、天车、轧钢机、大功率水泵等，三相绕线转子异步电动机广泛应用。在三相绕线转子异步电动机的三相转子回路中分别串接起动电阻、串联频敏变阻器或电抗器，再加之自动控制电路，就构成了三相绕线转子异步电动机的起动控制线路。

1. 转子回路串电阻减压起动控制线路

三相绕线转子异步电动机转子回路串电阻减压起动方法是在起动时，在三相转子电路中串接起动电阻，使加到转子绕组的起动电压降低，起动结束后再将电阻短接，使电动机在全电压下运行。显然，这种方法会消耗大量的电能，且装置成本较高，一般仅适用于三相绕线转子异步电动机的一些特殊应用场合下使用，如起重机械、抓斗机等。图 3-23（方案 1）是一种转子回路串接电阻的起动控制线路。方案 1 是通过欠电流继电器的释放值设定进行控制的，利用电动机起动过程中，转子电流大小的变化来控制电阻切除的，也就是根据电动机起动电流变化状态进行控制的方法。图 3-24（方案 2）是将图 3-23 主电路中的欠电流继电器去掉，改用时间继电器定时，设定定时时间进行控制、切除电阻的。也就是根据电动机起动时间，分段控制、切除电阻的控制方法。

图 3-23 中，在起动前，起动电阻全部接入电路，在起动过程中，起动电阻逐段地被短接。电阻的短接是采用三只欠电流继电器 KA1、KA2、KA3 和三只接触器 K2、K3、K4 的相互配合来完成的，正常运行时，线路中只有接触器 K1、K4 长期运行，欠电流继电器 KA1、KA2、KA3 的线圈被接触器 K4 短接，接触器 K2、K3 的线圈分别被接触器 K3、K4 的常闭触头断开。这样一方面可减少耗电，另一方面可延长使用寿命。

欠电流继电器 KA1、KA2、KA3 的线圈分别串接在电动机转子电路中。这三个欠电流继电器的吸合电流都一样，但释放电流不一样。其中，KA1 的释放电流最大，KA2 次之，KA3 最小。电动机刚起动时，起动电流很大，KA1、KA2、KA3 都吸合，它们的常闭触头断开，接触器 K2、K3、K4 不动作，全部电阻被接入电动机转子回路中。当电动机转速升高后，

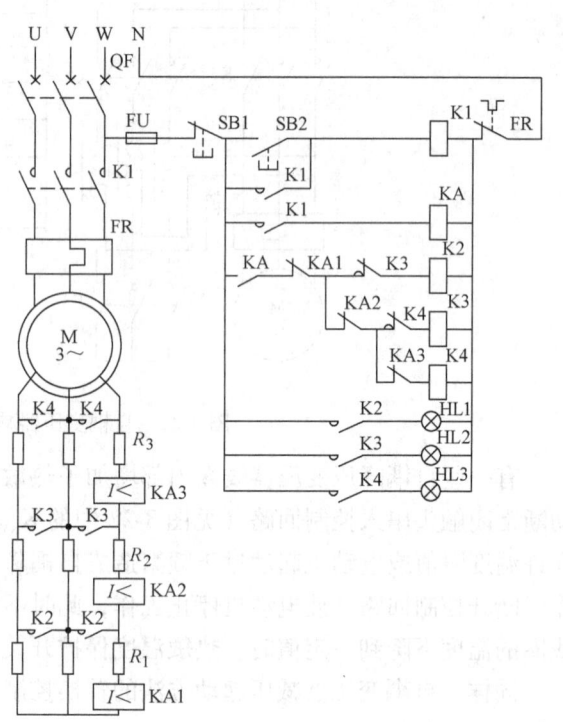

图 3-23 转子电路串电阻减压
起动控制线路（方案 1）

电流减小，KA1 首先释放，它的常闭触头 KA1 复位闭合，使接触器 K2 线圈得电，短接第一段转子电阻 R_1；这时电动机转子电流增加，随着转速升高，电流逐渐下降，使 KA2 释放，它的常闭触头 KA2 复位闭合，接触器 K3 线圈得电，短接第二段起动电阻 R_2；同时利用其常闭辅助触头 K3 将接触器 K2 线圈断电退出运行，这时电动机转子电流又增加，随着转速继续升高，电流进一步逐渐下降，使 KA3 释放，它的常闭触头 KA3 复位闭合，接触器 K4 线圈得电，转子串联电阻全部被短接，同时利用其常闭辅助触头 K4 将接触器 K3 线圈断电退出运行，电动机起动完毕。

起动电阻的分段数量是根据不同要求确定的，可以是 n 段，短接起动过程如上述一样。而短接的方式有三相电阻不平衡短接法和三相电阻平衡短接法两种，所谓不平衡短接是每相的起动电阻轮流被短接，而平衡短接是三相的起动电阻同时被短接。但无论采用不平衡或平衡短接法，其作用基本相同。不平衡短接方法通常采用凸轮控制器，由于凸轮控制器中各对

触头闭合顺序按不平衡短接法设计，这样使得控制电路相对简单。平衡短接法就是采用接触器短接的方法。

如果在起动过程中，采用三只时间继电器 KT1、KT2、KT3 和三只接触器 K2、K3、K4 的相互配合来完成起动电阻的短接，只要根据需要设定三只时间继电器的定时时间满足 $t_1 < t_2 < t_3$ 即可。线路的动作规律与方案 1 相同。同样，正常运行时，线路中只有 K1、K4 长期通电，KT1、KT2、KT3、K2、K3 在完成控制任务后相继退出运行，如图 3-24（方案 2）所示。

图 3-24 中，在起动前，起动电阻全部接入电路，在起动过程中，起动电阻被逐段地短接。正常运行时，线路中只有 K1、K4 长期运行，K2、K3 的线圈分别被 K3、K4 的常闭触头断开。

接触器 K2、K3、K4 的常闭触头控制时间继电器 KT1 的线圈，KT1 的延时闭合触头控制接触器 K2 的线圈，接触器 K2 的常开触头控制时间继电器 KT2 的线圈，KT2 的延时闭合触头控制接触器 K3 的线圈，接触器 K3 的常开触头控制时间继电器 KT3 的线圈，KT3 的延时闭合触头控制接触器 K4 的线圈。

减压起动时，按下起动按钮 SB2，如果接触器 K2、K3、K4 处于原始状态，则起动，接触器 K1 的常开触头自锁，主触头闭合，电动机开始减压运行，同时，控制回路中的接触器 K2、K3、K4

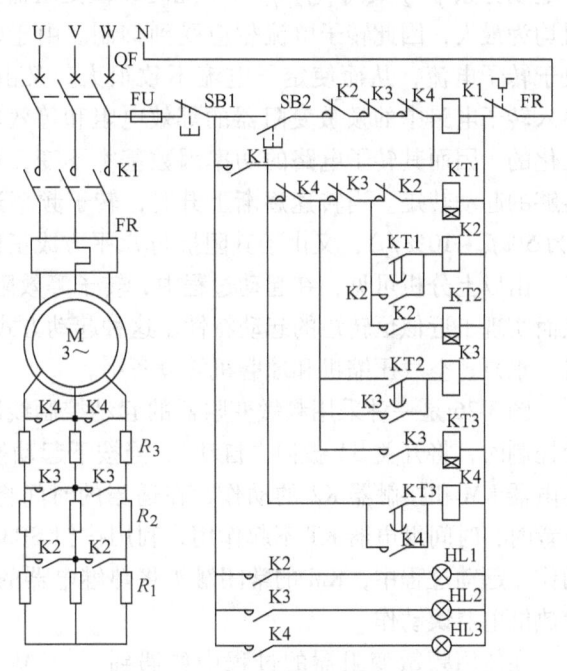

图 3-24　转子电路串电阻减压起动控制线路（方案 2）

常闭触头串联回路使 KT1 得电，当电动机转速升高后，KT1 定时到，KT1 的延时闭合触头控制接触器 K2 的线圈得电吸合，将第一段转子电阻 R_1 短接；同时，接触器 K2 的一个常闭触头断开时间继电器 KT1 的线圈电源，使其退出运行，并使时间继电器 KT2 的线圈得电，当 KT2 定时到，KT2 的延时闭合触头控制接触器 K3 的线圈得电吸合，将第二段转子电阻 R_2 短接；同时，接触器 K3 的一个常闭触头断开时间继电器 KT2 的线圈电源，使其退出运行，并使时间继电器 KT3 的线圈得电，当 KT3 定时到，KT3 的延时闭合触头控制接触器 K4 的线圈得电吸合，将第三段转子电阻 R_3 短接，转子串联电阻全部被短接。同时，接触器 K4 的一个常闭触头断开时间继电器 KT3 的线圈电源，使其退出运行，并自锁时间继电器 KT3 的延时闭合触头，电动机起动完毕，投入正常运行。

2. 转子回路串频敏变阻器起动控制线路

频敏变阻器实质上是一个铁心损耗非常大的三相电抗器。它的铁心由 E 形硅钢片叠成，三个铁心柱上绕有三相线圈，制成开启式、星形联结，通过电刷装置串接在绕线转子异步电动机转子回路中，相当于使其转子绕组接入一个铁损较大的电抗器，每一相可以等效为一个电阻和电抗的串联电路，如图 3-25 所示。在电动机起动过程中，频敏变阻器的阻抗值随着转子转速（转子电流频率）的变化而自动变化，起到了变阻抗的作用，因而无须逐段切除电阻。随着电动机转速的增加，转子电流频率的降低，频敏变阻器阻抗逐步减小，达到连续限制电动机起动电流的目的。

图 3-25 中，R_f 为绕组直流电阻，R 是铁损等效电阻，L 是等效电感，R、L 值与转子电流频率相关。在电动机起动过程中，电动机转子频率是变化的，刚起动时，转速 $n=0$，转子电动势频率 f_2 最高（$f_2 = f_1$），此时频敏变阻器的电感与电阻均为最大，因此转子电流相应受到抑制。由于定子电流取决于转子电流，从而使定子电流不致很大。又由于起动中，串入转子电路中的频敏变阻器的等效电阻和等效电抗是同步变化的，因而其转子电路的功率因数基本不变，从而保证有足够的起动转矩。当转速逐渐上升时，转子频率逐渐减小，当电动机运行正常时，f_2 很低（为 $5\%f_1 \sim 10\%f_1$），又由于其阻抗与 f_2 平方成正比，所以其阻抗变得很小。

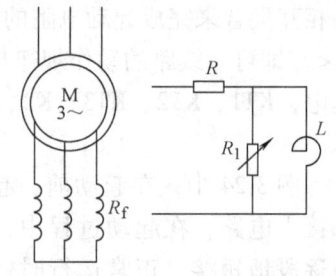

图 3-25 频敏变阻器的等效电路

由以上分析可见，在起动过程中，转子等效阻抗及转子回路感应电动势都是由大到小，从而实现了近似恒转矩的起动特性。这种起动方式一般用在对起动转矩要求不太高的大型风机、水泵、空气压缩机和球磨机等设备中。

图 3-26 是一种采用频敏变阻器的起动控制线路，该线路可以实现自动和手动控制。自动控制时，将开关 SA 扳向"自动"，当按下起动按钮 SB2，利用时间继电器 KT，控制中间继电器 KM 和接触器 K2 的动作，在适当的时间将频敏变阻器短接。开关 SA 扳到"手动"位置时，时间继电器 KT 不起作用，利用按钮 SB3 手动控制中间继电器 KM 和接触器 K2 的动作。起动过程中，KM 的常闭触头将热继电器的热元件 FR 短接，以免因起动时间过长而使热继电器误动作。

在使用频敏变阻器的过程中如遇到下列情况，可以调整匝数或气隙：起动电流过大或过小，可设法增加或减少匝数；起动转矩过大，机械有冲击，而起动完毕时的稳定转速又偏低，可增加上下铁心间的气隙，以使起动电流稍微增加；起动转矩略微减小，但起动完毕时转矩增大，可以提高稳定转速。

由图 3-23 和图 3-24 可见，这几种起动装置是由装在电动机转轴上的集电环、电刷、短路环等元件，以及控制箱中的时间继电器、接触器，电阻器及频敏变阻器等电器元器件组成的。转子电路串电阻减压起动过程中逐段减小电阻时，电流及转矩

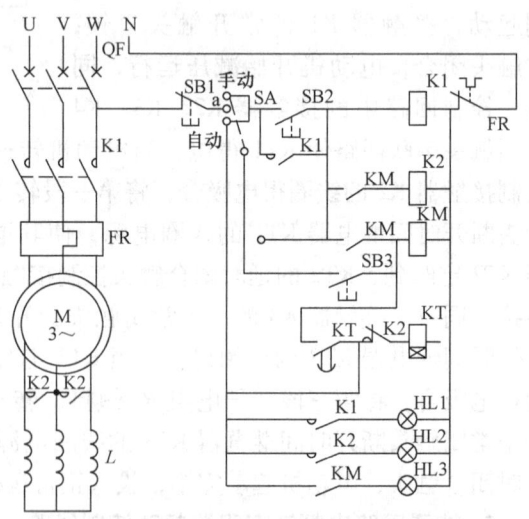

图 3-26 频敏变阻器减压起动控制线路

是呈阶跃性突变，电流及转矩会突然增大，没有一个比较平滑的过渡过程，电动机不能平稳起动，会产生一定的机械冲击，影响电动机的使用寿命。因此有的绕线转子异步电动机采用液态电阻起动，它是将液体电阻串入电动机的转子回路，通过伺服电动机改变液体电阻的大

小，达到无级连续调整电动机起动转矩和起动电流的目的。它的主要优点是可无级连续调整电动机电流；缺点是液体电阻对极板及其传动设备具有腐蚀作用，寿命低，应用范围小，不能安装在有振动的地方和温度较低的室外。由于频敏变阻器减压起动实际上是以降低电动机起动时的功率因数为代价的，如要产生需要的起动转矩，电动机的起动电流要达到额定电流的2.5倍以上。这几种起动装置的元器件多、控制柜体积笨重，占地较大，控制接线复杂、工作可靠性差，而且本身能耗大，控制箱体积较大，接触器触头的损耗也非常大，从而造成维护成本增加。由于采用集电环、电刷、短路环等元件，转子电流通过电刷、集电环、电缆等引到控制柜，在运行中电刷与集电环长期摩擦，产生的导电粉末易进入电动机及轴承内部，会导致电动机绝缘降低，容易造成电动机损坏，不仅要经常更换，而且还容易产生火花，使有些场所不能使用。

三相绕线转子异步电动机的起动装置还有无刷无环起动器和无刷自控电动机软起动器等。

无刷无环起动器是将频敏变阻器直接安装在电动机转子上，实现电动机无刷运行。但是，无刷无环起动器存在一经出厂，起动电流就无法调整的缺陷，并且电动机正常运行时，频敏变阻器不短接，会产生一定的功率损耗。

无刷自控电动机软起动器是将起动电阻直接安装在电动机的转轴上，利用电动机旋转时产生的离心力作为动力，控制电阻的大小，达到减少电动机起动电流、增加起动转矩，实现无刷自控运行的。起动器采用金属全密封结构，主要由机壳、电解液（水电阻）、动极板、弹簧、接线柱、安全排气阀等构成。电解液的冰点为-25℃，沸点为120℃。当电动机起动时，一方面，随着电动机转速的升高，动极板在离心力的作用下，逐步靠近机壳，串入电动机转子内的电阻逐步减少，并在达到额定转速时，与外壳短接，电阻降为零；另一方面，动极板与机壳间的水电阻，因通过电流而发热，在水电阻负温度特性的作用下，电阻也会逐步减少。从而使电动机以恒定电流、恒定转矩起动。在电动机转速达到额定转速后，自动打开排气阀，保证正常运行时，起动器内部的压力与大气压一致。

3.3.4 固态减压软起动控制

前述的减压起动是利用起动设备将施加到三相笼型异步电动机上的电源电压适当降低后进行起动，待电动机起动运转后，再使其在额定电压下正常运行。由于三相笼型异步电动机的转矩与电压的平方成正比，减压起动会使电动机的起动转矩大幅降低，需要在空载或轻载下起动。另外，当电动机端电压降至正常值的65%以下时，相应的起动时间也会加长，并且电动机在通过开关短接或切除起动设备投入全电压运行时，电压突变会产生电流跃变，产生大电流冲击，这是减压起动的主要缺陷。国内通常说的软起动器，国外称为Solid State Soft Starter（固态软起动器），有一种小容量的称Solid State Contactor（固态接触器），是一种固态减压软起动控制装置，它实质上是一种利用晶闸管调压的减压起动控制方法，是一种集软起动、软停车、制动、轻载节能和多种保护功能于一体的三相异步电动机减压起动装置。图3-27是三相笼型异步电动机直接全电压起动、丫-△减压起动和软起动器起动特性的比较。

由图3-27可见，软起动器起动具有明显的优点：起动电压可调，起动电流大幅降低，起动转矩平滑。因此，软起动器在工业企业得到普及应用。

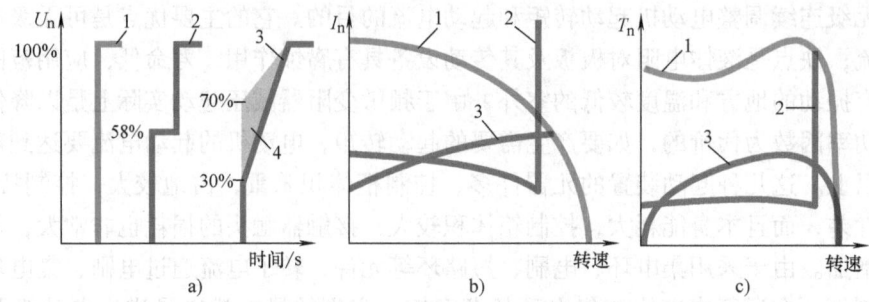

图 3-27 三种起动方法的比较
a) 电动机的起动电压　b) 电动机的起动电流　c) 电动机的起动转矩
1—直接全电压起动　2—Y-△减压起动　3—软起动器起动　4—斜坡调节

近年来，国内外软起动器技术发展很快，从最初的单一软起动、软停机、故障保护、轻载节能等功能，发展为全数字、智能化异步电动机起动控制装置。新型的软起动器控制功能多样化，多种软起动、软停机方式，故障检测和保护功能智能化，具有通信连网功能。体积小型化，规格多，适应范围广。目前，国外的著名电气公司几乎均有固态减压软起动控制装置产品进入中国市场，由于其技术先进，占有较大的市场份额。我国软起动器的技术开发是比较早的。生产厂商也很多，但从技术发展来看，与国外产品相比，具有明显的差距。

1. 固态减压软起动控制的原理

目前市场上的产品分为固态减压软起动柜和软起动器两种。固态减压软起动柜由电动机的起停控制装置和软起动器组成，其核心部件是软起动器，产品一般做成控制柜形式，只要接通电源及相应连线即可工作。软起动器是由晶闸管模块和以单片机为核心的控制电路组成的，产品一般做成装置型，外形类似于通用变频器，使用时需要另外配置电动机起停和旁路控制线路。软起动器的主要结构是一组串接于三相电源与被控电动机之间的三组（有的是两组）反并联晶闸管或双向晶闸管及其控制电路，利用晶闸管移相控制原理，控制三相反并联晶闸管的导通角，从而控制输出电压，使被控电动机的输入电压和电流按照预先设定的起动曲线平滑改变，从而实现平滑起动和控制，即软起动。这样，可基本消除电流的跃变，减小起动电流对电网、电动机本身及相连设备的电气及机械冲击。起动时，使晶闸管的导通角从0°开始，逐渐前移，电动机的端电压从零开始，按预设函数关系逐渐上升，直至达到满足起动转矩而使电动机顺利起动为止。在整个起动过程中，软起动器的输出是一个平滑的升压过程（具有限流功能），直到晶闸管全导通，电动机在额定电压下工作，或通过旁路装置使电动机挂接到电网上全电压运行；停止时，则相反。软起动器一般都具有软起动、软停止、限流起动、脉冲突跳起动、斜坡起动、泵控制、预置低速运行、制动、节能运行等控制和故障诊断功能。这就是软起动器的工作原理。新型的全数字软起动器或称智能化软起动器还采用双CPU，控制电路板采用SMT表面贴片工艺，可靠性高。具有多种起动方式和控制方式；具有一台软起动器拖动多台电动机的功能；具有过电流、过载、断相、晶闸管过热等保护功能以及智能风机控制功能；具有可编程输入输出触点、模拟量输入输出触点、转速反馈控制、电动机热敏电阻输入触点，以及LCD液晶数字显示、键盘操作、标准RS-232/RS-485通信接口，支持MODBUS、PROFIBUS、AS-i、DeviceNet等现场总线通信协议。称为固态接触器的软起动器的外形结构与普通交流接触器的外形几乎相同，可以安装在标准的

35mm 导轨上。用法也与普通交流接触器类似。

图 3-28 是新型的、比较先进的全数字软起动器原理框图，图 3-28a 是其内部结构图，图 3-28b 是控制板原理框图。图 3-29 是接线原理图。图 3-30 是几种软起动器产品的外貌图。

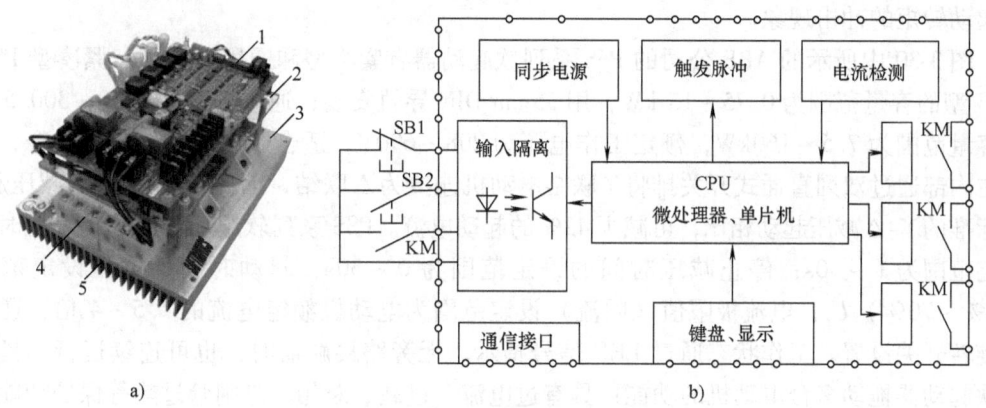

图 3-28 全数字软起动器原理框图
a) 内部结构示意图 b) 控制板原理框图
1—控制板 2—主电路板 3—底板 4—主接线端子 5—散热器

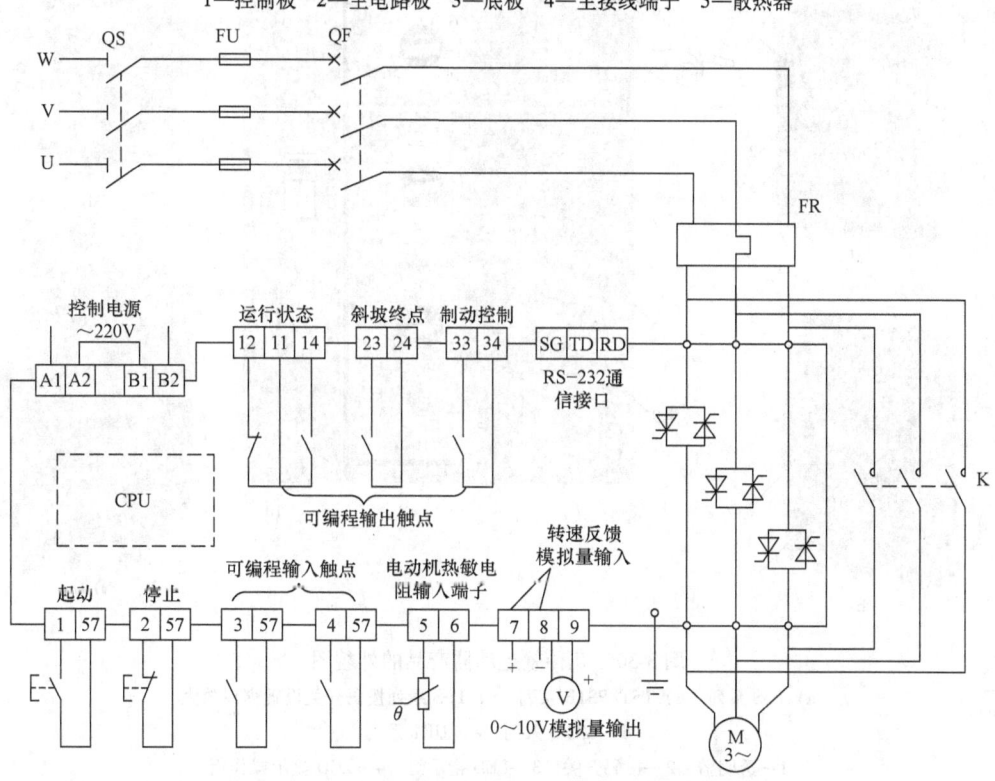

图 3-29 全数字软起动器接线原理图

从图 3-28 和图 3-29 可见，主回路是一个晶闸管调压回路，由 6 个晶闸管组成，另外，利用 3 个霍尔传感器检测三相定子电流。在起动过程中，6 个晶闸管的触发延迟角由 CPU 控制，使加在电动机三相定子绕组上的电压由零逐渐平滑地升至全电压。同时，电流检测单元将检测的三相定子电流送到 CPU 进行运算和判断,并控制输出电压。另外,由电动机理论可知,当电动机的输入电源频率不变时,电动机的输出转矩与输入电压的平方成正比。因此,软起动器不仅使电动机定子电压连续平滑地变化,实现升压限流起动,而且避免了电动机起动转矩的冲击现象。

图 3-30 中所示的 ABB 公司的 PSS 系列软起动器有紧凑型和通用型两种。紧凑型 PSS 03~25 型的容量范围为 0.75~15 kW,用 35mm DIN 导轨安装;通用型 PSS18/30~300/515 型的容量范围为 7.5~160kW,额定工作电压为 208~690V,适合于大多数的应用场合,它可以在内部通过双列直插式开关排将丫联结电动机连接为△联结,因此可替代丫-△减压起动,与标准的丫-△减压起动相比,可减少 42% 的起动电流。PSS 系列软起动器的起动升压时间的设定范围为 1~30s;停止减压时间的设定范围为 0~30s;起动时初始电压设定范围为 $(40\%~70\%)U_e$;电流极限值(限流)设定范围为电动机额定电流的 1.5~4 倍,通过拨码旋转开关设置。工作状态通过 LED 信号指示。无旁路接触器时,也可连续运行。具有一台软起动器拖动多台电动机的功能;具有过电流、过载、断相、晶闸管过热等保护功能、智能风机控制功能。具有标准通信接口,MODBUS-RTU 通信协议,可选 PROFIBUS 总线桥。

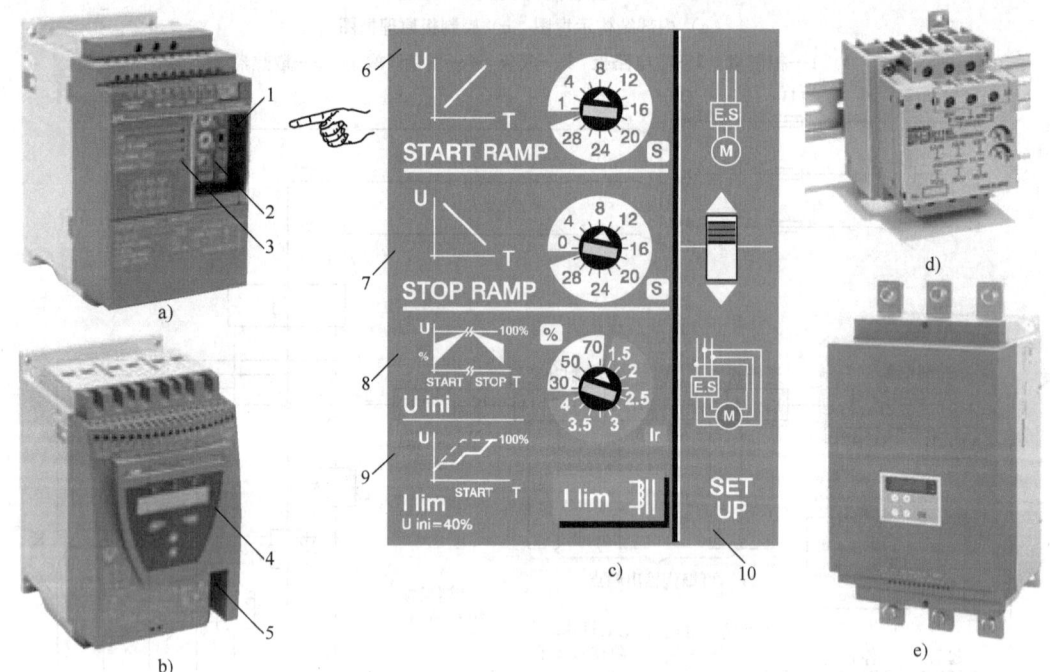

图 3-30 几种软起动器产品的外貌图
a) PSS 系列 b) PST/PSTB 系列 c) PSS 系列拨码开关设置窗口放大
d) G3J-S 系列 e) JJR1 系列
1—透明盖 2—拨码开关 3—LED 指示灯 4—LCD 显示操作板
5—通信接口 6—起动升压时间设置 7—停止减压时间设置
8—初始电压设置 9—电流极限值设置 10—双列直插式开关排(内部△联结)

ABB 公司的 PST/PSTB 系列软起动器是最新产品,内置微处理器,具有 LCD 显示操作板,使用仅有 4 个按键的键盘操作和运行。它有多种语言可供选择,使用文字显示信息,可显示汉语菜单。除一般软起动器具有的功能外,它具有转矩控制、转矩极限、模拟量输出等功能；具有3个可编程信号继电器。出厂默认值设定起动时为电压斜坡方式，可以根据需要设定转矩控制和转矩极限。集成了电子过载继电器、相序监测继电器、大电流和PTC保护以及晶闸管保护。内置的通信接口支持PROFIBUS、AS-i、DeviceNet、MODBUS-RTU等现场总线通信协议。

图3-30中所示的OMRON公司的G3J-S系列固态接触器的外形尺寸仅80mm（宽）×100mm（高）×100 mm（深），约730g，容量范围为0.75～2.2kW，用35mm DIN导轨安装，也可用螺钉安装，具有一般软起动器所具备的功能。初始转矩设定（电位器设定）范围为（200%～450%）I_n，直接输入电动机起动时的初始转矩设为600%I_n；起动升压时间的设定范围为1～25s；停止减压时间的设定范围为0～25s。可以像接触器那样使用。

图3-30中所示的雷诺尔公司的JJR1系列软起动器的容量范围为5.5～660kW。具有可选的限流型和电压斜坡型两种起动方式，键盘设定。停车方式可以是自由停车、软停车和制动停车。所有输出输入触点为可编程触点，内置各种负载智能化程序，内置RS-485通信接口、LED显示和操作键盘。具备键盘控制和远方控制切换功能。

2. 软起动器的工作特性

（1）起动转矩可调，对电网的冲击电流小　异步电动机在软起动过程中，软起动器是通过控制加到电动机上的平均电压来控制电动机的起动电流和起动转矩的，能使电动机的起动电流以恒定的斜率平稳上升，使起动转矩逐渐增加，转速也逐渐增加。软起动器可以通过设定得到不同的起动特性曲线，以满足不同负载的起动特性要求。软起动器的起动转矩可调，从而对电网的冲击电流小，不会造成大的电压降落，也满足了不同负载对起动转矩的不同要求。

（2）恒流起动　软起动过程中，不受电网电压波动的影响。在晶闸管的移相电路中，通过电动机电流反馈，使电动机在起动过程中保持恒流，由于起动电流可整定，当电网电压上下波动时，可自动地通过控制电路跟随增大或减小晶闸管导通角，从而维持原设定值，保持起动电流恒定。

（3）软起动，软停机　使用软起动器时，可根据负载的不同，选择起动方式，整定和控制起动和停止时间的长短，以实现软起动、软停机。软停机功能可消除自由停车方式可能产生的惯性冲击。另外可以制动停机，可实现零速停机，准确定位，在一些应用场合可满足准确停机的需要。软停机控制是当电动机需要停机时，不是立即切断电动机的电源，而是通过调节晶闸管的导通角，从全导通状态逐渐地减小，从而使电动机的端电压逐渐降低而切断电源，这一过程时间可整定。传统的制动控制是通过瞬间停电完成的。但有许多应用场合，不允许电动机瞬间关机。如水泵系统，如果瞬间停机，会产生巨大的"水锤"效应，使管道甚至水泵遭到损坏。为减少和防止"水锤"效应，需要电动机逐渐停机，在泵站中，应用软停机可避免泵站设备损坏，减少维修费用和维修工作量。再如工业上的皮带机、升降机也不希望突然停车。采用软停车方式，在发出停机信号时，电动机端电压逐渐减小，实现软停机目的。

（4）完善的保护、监控功能　新型的软起动器具有比较完善的保护、监控功能，以中文菜单形式显示设备的运行和故障诊断信息。主要保护功能有限流、过载、缺相、晶闸管短路、转子堵塞、CPU故障等。运行中出现故障，系统能快速封锁触发脉冲，使晶闸管关断，并发出报警信号，如起动时间过长、过载等。

(5) 轻载节能功能　有些产品具有轻载节能功能，可设置节能运行方式。可以根据电动机功率因数的高低，自动判断电动机的负载率。当电动机处于空载或负载率很低时，通过相位控制使晶闸管的导通角发生变化，从而改变输入电动机的功率，提高电动机的功率因数，以达到节能的目的。

3. 软起动器的起动和停机方式和功能

软起动器产品一般有如下几种起动和停机方式。典型的特性曲线如图3-31所示。

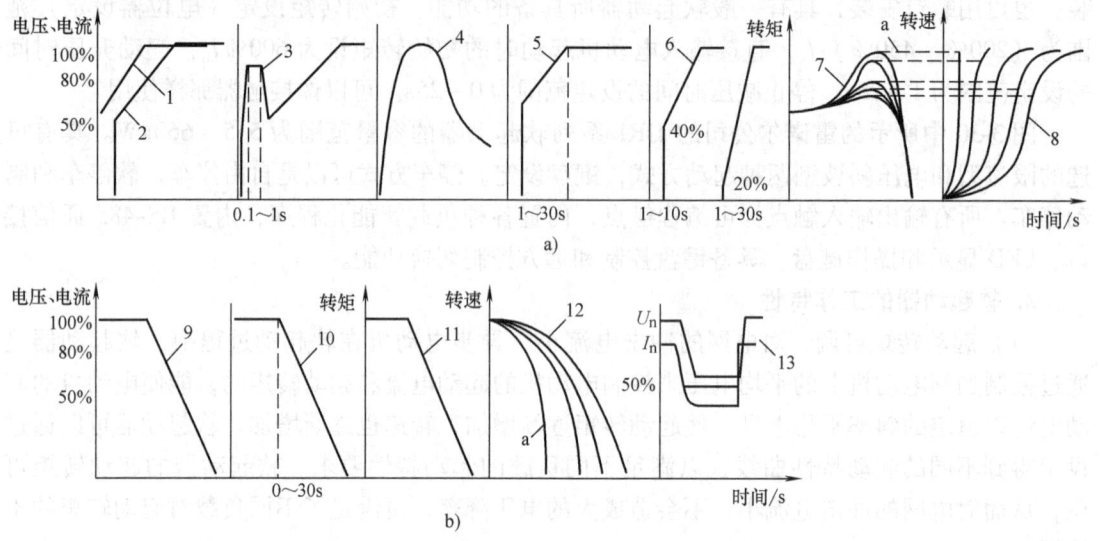

图3-31　软起动器的典型特性曲线示意图
a) 软起动特性曲线　b) 软停机特性曲线
1—起动极限电压　2—起动斜坡　3—脉冲阶跃　4—电流极限　5—加速时间　6—双斜坡
7—起动转矩　8—起动转速　9—停机斜坡　10—停机时间　11—制动转矩
12—停机速度　13—节电模式

注：一般情况下是在曲线 a 所示的转矩和转速方式下运行，其他几种曲线可通过设定值实现。

(1) 限流起动　限流起动是限制电动机的起动电流，主要用在轻载起动时降低起动电压。限流起动可使电动机在起动时的最大电流不超过预先设定的限流值 I_m，I_m 可根据电网容量及电动机负载情况而定。设定范围一般规定在电动机额定电流 I_e 的 1.5~5.0 倍之间选择。在保证起动电压下发挥电动机的最大起动转矩，缩短起动时间，是较优的轻载软起动方式。

(2) 电压（电流）斜坡起动　电压（电流）斜坡起动方式是在晶闸管的移相电路中引入电动机电流反馈实现的，通过设定电动机输入电压（电流）的上升速率来完成电动机的起动过程，电压（电流）由小到大斜坡线性上升，从而将电动机的起动转矩由小到大线性上升。也就是将传统的有级减压起动变成了无级减压起动。它的优点是起动平滑，柔性好，同时降低电动机起动时对电网的冲击，主要用于重载起动。由于电压（电流）从初始值到额定值是线性变化（初始值可保证电动机的最大起动力矩），所以整个起动过程可保证电动机平稳地起动。

这种起动方式在电动机起动的初始阶段，起动电流逐渐增加，当电流达到预先所设定的限流值后保持恒定，直至起动完毕。起动过程中，电流上升变化的速率是可以根据电动机负载调整设定的。斜坡陡，电流上升速率大，起动转矩大，起动时间短。当负载较轻或空载起动时，所需起动转矩较低，应使斜坡缓和一些，当电流达到预先所设定的限流值后，再迅速增加转矩，完成起动。这种软起动方式是应用最多的起动方法，尤其适用于风机、泵类负载的起动。

有的产品具有双斜坡起动方式，即同时设定电压和电流的初始斜坡起动值。

（3）转矩控制起动　通过控制起动转矩，从而改善电动机的起动特性，抑制浪涌转矩并且降低冲击电流。转矩控制起动主要用于重载起动。转矩加脉冲阶跃控制是在起动的瞬间用脉冲阶跃转矩克服电动机的静转矩，然后转矩平滑上升，缩短起动时间，但是脉冲阶跃转矩会产生尖脉冲，影响电网安全运行，要特别引起注意。

（4）脉冲阶跃起动　脉冲阶跃起动特性曲线如图3-31所示。在起动开始阶段，晶闸管在极短时间内以较大电流导通，经过一段时间后回落，再按原设定值线性上升，进入恒流起动状态。该起动方法适用于重载并需克服较大静摩擦的起动场合。

（5）停机方式　软起动器的停车可以靠负载惯性自由停机。在有些场合，并不希望电动机突然停止，可以采用斜坡降速方式软停机。采用软停机方式，在发出停机信号时，电动机端电压逐渐减小，实现软停机目的。对于惯性力矩大的负载或需要快速停机的场合，可以选择快速制动。软起动器是采用向电动机输入直流电，以实现快速制动的。

在这种软停机方式下，如果有旁路接触器，则需要切换到软起动器，使软起动器的输出电压由全电压逐渐减小，使电动机转速平稳降低，以避免机械震荡，直到电动机停止运行。

在自由停机方式下，软起动器接到停止命令后，立即断开旁路接触器，并禁止软起动器晶闸管的电压输出，电动机依负载惯性逐渐停车。

4. 软起动器的应用

在使用软起动器时，需要附加一些起停控制电路及旁路电路，将软起动器、旁路电路、断路器和控制电路等组装为软起动柜，以实现电动机的软起动、软停车、故障保护、报警、自动控制等功能。有些场合还需要具有运行和故障状态监视、通信功能、图形显示操作等。这样就需要选用全数字（智能）软起动器，以便与可编程序控制器等连网通信。当然也可以选购成套固态减压软起动控制柜或电动机控制中心（MCC）。

对于一般用途的泵类、风机类负载往往只需要软起动、软停车，电动机全速运行；另外，可能需要用一台软起动器起动多台电动机机组，以节约资金投入，这时就需要采用旁路接触器。但是，最好一台软起动器控制一台电动机机组，这样，控制既方便，又能充分发挥软起动器的故障检测、故障保护和节电等功能。

（1）单台软起动器控制起动多台电动机　图3-32所示是用一台软起动器对2台水泵机组进行软起动的示例。一台软起动器对2台以上机组进行软起动的原理与此类似，但不能同时起动或停机，只能一台一台按顺序起动和停机。

图3-32a中，在软起动器两端并联接触器K1和K2，接触器K1和K2分别是泵组1和泵组2的旁路接触器。当泵组1软起动时，接触器K1处于断开位置，合上接触器K3，电动机软起动；起动结束后，将接触器K3断开，合上接触器K1，泵组1被切换到电网运行。若需要电动机软停机，一旦发出停车信号，先将接触器K1分断，再合上接触器K3，由软起动器对电动机进行软停车。软起动器仅在起动、停机时工作，可以避免长期运行使晶闸管发热，延长使用寿命。图3-32b是泵组1的控制电路，泵组2的控制电路与此图一样，只是原件编

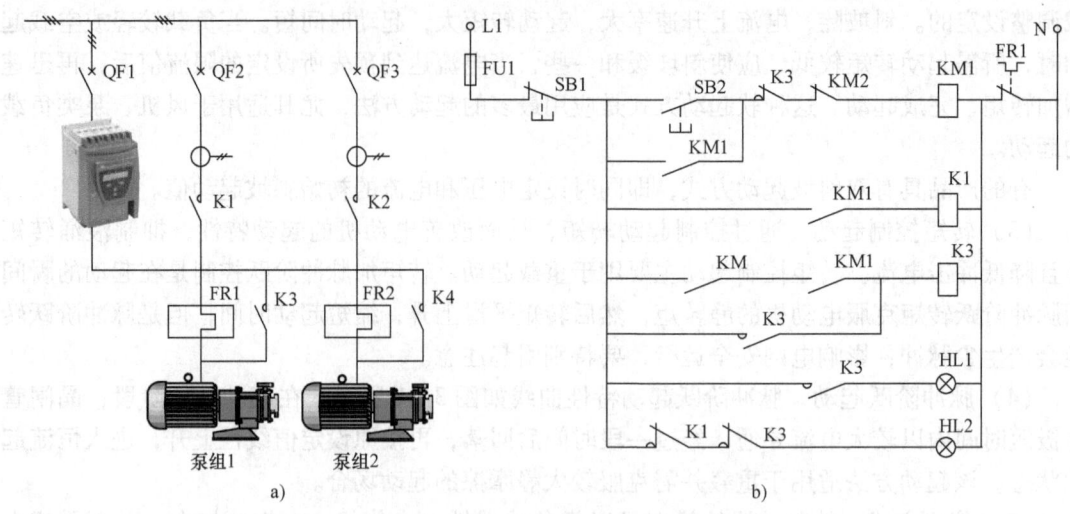

图 3-32 用一台软起动器对 2 台水泵机组软起动示例
a) 主电路 b) 泵组 1 的控制电路

号不一样,另外,泵组 1 的控制电路和泵组 2 的控制电路互锁,如图 3-32b 中的 KM2。图 3-32b 中的 KM 是软起动器的控制输出转接触点。该电路也可用于泵组的一用一备控制,一用一备控制方式下,机组起动后,可使软起动器运行在节电方式。

(2) 软起动器参数的设置 软起动器参数的设置就是设定电动机起动、停机时的工作曲线,如图 3-33 所示。软起动器用于典型负载时的基本参数设置(仅供参考)见表 3-11。

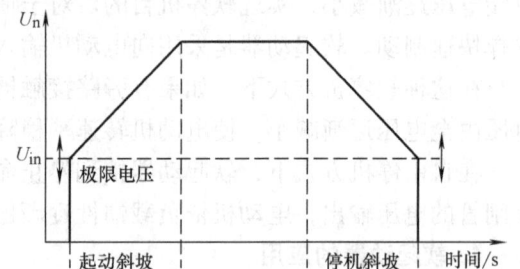

图 3-33 电动机工作曲线的设置

表 3-11 软起动器用于典型负载的参数设置(仅供参考)

负载种类	初始电压 U_{in}(%)	起动斜坡时间/s	停机斜坡时间/s	电流极限 I_{lim}(I_e 的倍数)
离心风机	15	20	0	3.5
离心泵	20	6	6	3
活塞式压缩机	20	15	0	3
螺旋压缩机	20	15	0	3.5
提升机械	30	15	6	3.5
搅拌机	40	15	0	3.5
破碎机	30	15	6	3.5
轻载电动机	20	10	0	2.5
皮带传送带	20	15	10	3.5
自动扶梯	20	10	0	3
热泵	20	15	6	3
气泵	20	10	0	2.5

（3）软起动柜一次回路配线规格　组装软起动柜的一次回路配线规格（仅供参考）见表 3-12。

表 3-12　组装软起动柜的一次回路配线规格（仅供参考）

软起动器标称功率/kW	适配电动机/kW	额定电流/A	断路器额定电流/A	旁路接触器额定电流/A	截面积/mm²	电流互感器电流比
7.5	7.5	18	20	25	6	50/5
11	11	24	25	32	10	50/5
15	15	30	32	32	16	100/5
18.5	18.5	39	40	40	16	100/5
22	22	45	50	50	16	100/5
30	30	60	63	63	25	100/5
37	37	76	80	80	25	200/5
45	45	90	100	100	35	200/5
55	55	110	125	115	50	300/5
75	75	150	160	150	70	300/5
90	90	180	180	185	20×3	400/5
110	110	218	225	225	20×3	500/5
132	132	260	315	265	25×3	500/5
160	160	320	350	330	30×3	600/5
185	185	370	400	400	30×4	600/5
220	220	440	500	500	30×4	800/5
250	250	500	630	500	40×4	1000/5
280	280	560	630	630	40×4	1000/5
315	315	630	700	630	40×5	1500/5
400	400	780	800	800	50×5	1500/5
470	470	920	1000	1000	50×5	1500/5
530	530	1000	1250	1000	50×6	1500/5

3.4　三相异步电动机的制动控制

三相异步电动机从切断电源到完全停止旋转，由于惯性的关系，总要经过一段时间，这往往不能适应某些生产机械工艺的要求。如卷扬机、机床设备等，无论是从提高生产效率，还是从安全及工艺要求等方面考虑，都要求能对电动机进行制动控制，能迅速使电动机停机、定位。三相异步电动机的制动方法一般有两大类：机械制动和电气制动。机械制动是用机械装置来强迫电动机迅速停机；电气制动是在异步电动机接到停机命令时，同时产生一个与原来旋转方向相反的制动转矩,迫使电动机转速迅速下降。电气制动控制线路包括反接制动和能耗制动。

3.4.1 反接制动控制

反接制动是利用改变异步电动机电源的相序,使定子绕组产生相反方向的旋转磁场,从而产生制动转矩的一种制动方法。由于反接制动时,转子与旋转磁场的相对速度接近于两倍的同步转速,所以定子绕组中流过的反接制动电流相当于全电压直接起动时的电流的两倍,因此,反接制动的特点之一是制动迅速,效果好,但冲击电流效应较大,通常仅适用于10kW 及以下的小容量异步电动机。为了减小冲击电流,通常要求在异步电动机主电路中串接一定的电阻以限制反接制动电流。这个电阻称为反接制动电阻。反接制动电阻的接线方法有对称和不对称两种接法,显然,采用对称电阻接法可以在限制制动转矩的同时,也限制了制动电流,而采用不对称制动电阻的接法,只是限制了制动转矩,未加制动电阻的那一相,仍具有较大的电流。反接制动的另一要求是在异步电动机转速接近于零时,及时切断反相序电源,以防止反向再起动。下面分别用单向反接制动和正反向反接制动控制线路为例来说明。

1. 单向反接制动控制线路

图 3-34 是一种异步电动机单向反接制动控制线路。

在图 3-34 中,三相异步电动机起动时,按下起动按钮 SB2,接触器 K1 通电并自锁,异步电动机 M 通电旋转。在电动机正常运转时,速度继电器 KS 的常开触头闭合,为反接制动做好了准备。停机时,按下停止按钮 SB1,其常闭触头断开,常开触头闭合,接触器 K1 线圈断电,常闭触头复位,异步电动机 M 脱离电源,由于此时异步电动机的惯性很高,KS 的常开触头依然处于闭合状态,所以 SB1 常开触头闭合时,反接制动接触器 K2 线圈通电并自锁,其主触头闭合,使异步电动机定子绕组得到与正常运转相序相反的三相交流电源,异步电动机进入反接制动状态,使电动机转速迅速下降,当异步电动机转速接近于零时,速度继电器常开触头复位,接触器 K2 线圈电路被切断,反接制动结束。

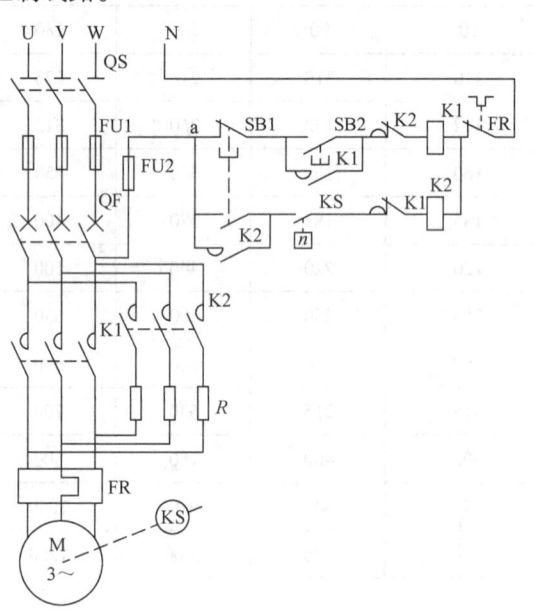

图 3-34 三相异步电动机单向反接制动控制线路

2. 正反向反接制动控制线路

图 3-35 是具有反接制动电阻的正反向反接制动控制线路。

图 3-35 中,电阻 R 是反接制动电阻,具有限制起动电流的作用。

异步电动机起动时,先合上电源开关 QF,按下正转起动按钮 SB2,中间继电器 KM3 线圈通电并自锁,其常闭触头打开,互锁中间继电器 KM4 线圈电路,KM3 的另一个常开触头闭合，使接触器 K1 线圈通电，K1 的主触头闭合，使定子绕组经电阻 R 接通正序三相电源，电动机开始减压起动。此时虽然中间继电器 KM1 线圈电路中的接触器 K1 的常开触头已闭合，但是速度继电器 KS 的正转常开触头 KS-1 尚未闭合，KM1 线圈仍无法通电，只有当电动机转速上升到一定值时，KS 的正转常开触头闭合，中间继电器 KM1 才通电并自锁，这时由于 KM1、KM3 等中间继电器的常开触头均处于闭合状态，接触器 K3 线圈通电，于是电阻 R 被短接，异步电动机被接入电网电压稳定运行。

异步电动机停机制动时，按下停止按钮 SB1，KM3、K1、K3 三只线圈相继断电。由于此时异步电动机转子的惯性转速仍然很高，速度继电器的正转常开触头尚未复原，中间继电器

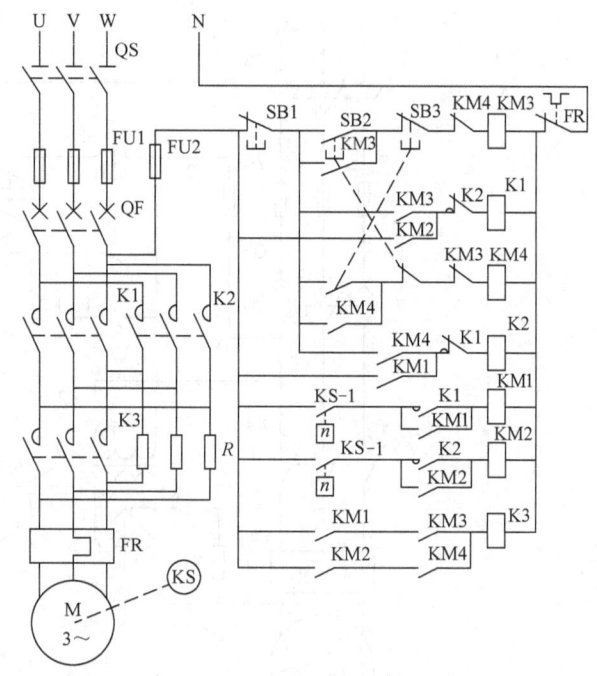

图 3-35 具有制动电阻的正反向反接制动控制线路

KM1 仍处于工作状态，所以接触器 K1 常闭触头复位后，接触器 K2 线圈便通电，其常开主触头闭合，使定子绕组经电阻 R 获得反相序的三相交流电源，对电动机进行反接制动。转子速度迅速下降，当其转速小于 100r/min 时，KS 的正转常开触头恢复断开状态，KM1 线圈断电，接触器 K2 释放，反接制动过程结束。电动机反向起动和制动停机过程与正转时相同，此处不再复述。

3.4.2 能耗制动控制

所谓能耗制动，就是在异步电动机脱离三相交流电源之后，在异步电动机定子绕组上立即施加直流电压，利用转子感应电流与静止磁场的相互作用达到制动的目的。能耗制动可用时间继电器进行控制，也可用速度继电器进行控制。下面用单向能耗制动控制线路为例来说明。

图 3-36a（方案 1）是用时间继电器控制的单向能耗制动控制线路。

在图 3-36a（方案 1）中，时间继电器 KT 的瞬时常开触头的作用是保证直流电源只在制动时接入定子绕组。该线路是手动控制能耗制动，只要按下停止按钮 SB1，电动机就能实现能耗制动。

异步电动机停机制动时，按下停止按钮 SB1，接触器 K1 断电释放，异步电动机脱离三相交流电源，同时，接触器 K2 线圈通电，时间继电器 KT 线圈与接触器 K2 线圈同时通电并自锁，直流电源经接触器 K2 的主触头而加入定子绕组，异步电动机进入能耗制动状态。当其转子的惯性速度接近于零时，时间继电器延时打开的常闭触头断开接触器 K2 线圈电路。由于 K2 常开辅助触头复位，时间继电器 KT 线圈的电源也被断开，异步电动机能耗制动结

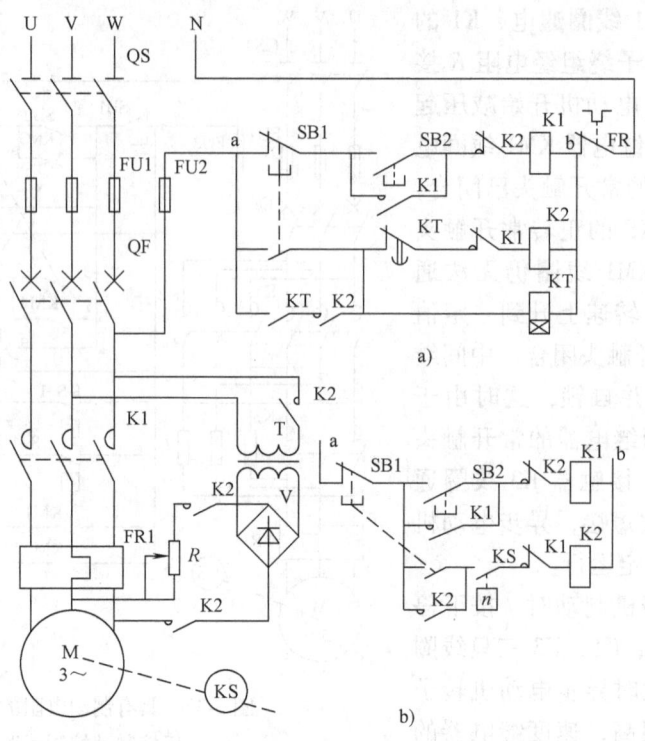

图 3-36 三相异步电动机单向能耗制动控制线路
a) 方案 1　b) 方案 2

束。

图 3-36b（方案 2）是用速度继电器控制的单向能耗制动控制线路。线路原理与图 3-36a 基本相同，只是在控制电路中取消了时间继电器 KT 的线圈及其触头电路，而在异步电动机轴端上安装了速度继电器 KS，并且用 KS 的常开触头取代了 KT 延时打开的常闭触头。这样，异步电动机在刚刚脱离三相交流电源时，由于异步电动机转子的惯性很高，速度继电器 KS 的常开触头仍然处于闭合状态，所以接触器 K2 线圈能够通过按下停机按钮 SB1 通电自锁。于是，两相定子绕组获得直流电源，异步电动机进入能耗制动。当异步电动机转子的惯性速度接近零时，KS 常开触头复位，接触器 K2 线圈断电而释放，能耗制动结束。

由以上分析可知，能耗制动比反接制动消耗的能量少，其制动电流也比反接制动电流小得多；但是能耗制动的制动效果不及反接制动明显，同时需要一个直流电源，控制线路相对比较复杂，通常能耗制动适用于电动机容量较大和起动、制动频繁的场合。在要求比较高的场合可以采用软起动器或变频器控制方式，同时对电动机实施制动控制，往往在技术经济上是合理的。

3.4.3　速度继电器简介

速度继电器主要用于三相笼型异步电动机的反接制动电路，也可用在异步电动机能耗制动电路中，作为电动机停转后，自动切断直流电源的一种控制电器，因此速度继电器又称反接制动继电器。常用的感应式速度继电器有 JY1 和 JFZ0 系列。速度继电器有两对常开、常闭触头，分别对应于被控电动机的正、反转运行。触头电流容量小于或等于2A，工作电压小于或等于500V。一般情况下，触头能在继电器轴转速为150r/min左右时即能动作，100r/min以下时触头复位，数值可调节。JY1系列的工作范围为700～3600r/min。JFZ0型的触头为微动开关，触头动作速度不受定子柄偏转快慢的影响。JFZ0-1型适用于300～1000r/min，JFZ0-2型适用于1000～3000r/min。感应式速度继电器的结构原理如图3-37所示。

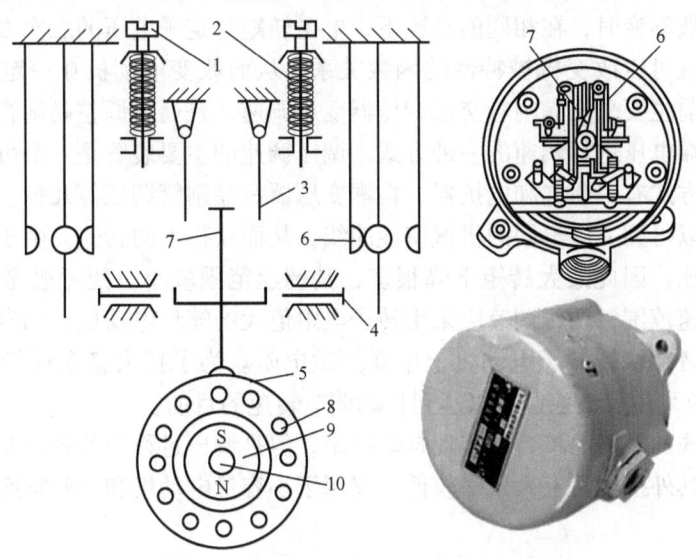

图3-37 感应式速度继电器的结构原理
1—调节螺钉 2—反力弹簧 3—杠杆 4—推杆 5—摆锤 6—触头
7—摆杆 8—笼型导条 9—永磁转子 10—转轴

感应式速度继电器是根据电磁感应原理实现触头动作的。从结构上看，与交流电动机相似，主要由定子、转子和触头三部分组成。定子的结构与笼型异步电动机相似，是一个笼型空心圆环，由硅钢片冲压而成，并装有笼型导条（绕组）。转子是一个圆柱形永久磁铁。速度继电器的转轴与电动机的转轴同轴连接。转子固定在轴上，定子与轴同心。当电动机转动时，速度继电器的转子随之转动，绕组切割磁场产生感应电动势和电流，此电流和永久磁铁的磁场作用产生转矩，使定子向轴的转动方向偏摆，通过定子柄（摆杆）拨动触头，使常闭触头断开、常开触头闭合。当电动机转速下降到接近零时，转矩减小，定子柄在弹簧力的作用下复位，触头也复位。

3.5　三相异步电动机的转速控制

根据异步电动机的基本原理可知，交流电动机转速公式如下：

$$n = (60 f_1/p)(1-s) \tag{3-5}$$

式中　p——电动机极对数；
　　　f_1——供电电源频率；
　　　s——转差率。

由式（3-1）分析，通过改变定子电压频率f_1、极对数p以及转差率s都可以实现交流异步电动机的速度调节，具体可以归纳为变极调速、变转差率调速和变频调速三大类，而变转差率调速又包括转子串电阻调速、串级调速（转差电压）、电磁耦合器调速等，这些都属于转差功率消耗型的调速方法。

3.5.1 变压调速

变压调速是异步电动机调速系统中比较简便的一种。由电气传动原理可知，当异步电动机的等效电路参数不变时，在相同的转速下，电磁转矩与定子电压的二次方成正比，因此改变定子外加电压就可以改变机械特性的函数关系，从而改变电动机在一定输出转矩下的转速。调压调速目前主要采用晶闸管交流调压器变压调速，是通过调整晶闸管的触发延迟角来改变异步电动机端电压进行调速的一种方式。调压调速的主要装置是一个可使电压变化的电源，常用的调压方式有串联饱和电抗器、自耦变压器及晶闸管调压等几种。当改变电动机的定子电压时，可以得到一组不同的机械特性曲线，从而获得不同转速。由于电动机的转矩与电压的平方成正比，因此最大转矩下降很多，其调速范围较小，使一般笼型电动机难以应用。为了扩大调速范围，调压调速应采用转子电阻值大的笼型电动机，如专供调压调速用的力矩电动机，或者在绕线转子电动机上串联频敏电阻。为了扩大稳定运行范围，当调速在 2:1 以上的场合应采用反馈控制，以达到自动调节转速的目的。

这种调速方式的线路简单，易实现自动控制，但是调压过程中的转差功率以发热形式消耗在转子电阻或其外接电阻上，效率较低，仅用于小容量电动机和一些特殊情况下应用，目前已很少应用。

3.5.2 变极调速

变换异步电动机绕组极数从而改变同步转速进行调速的方式，称为变极调速。如果电网频率不变，异步电动机的同步转速与它的极对数成反比。因此，变更异步电动机绕组的联结方式，使其在不同的极对数下运行，其同步转速便会随之改变。异步电动机的极对数是由定子绕组的联结方式来决定的，变极调速就是通过改换定子绕组的联结方式来改变电动机定子极对数从而达到调速目的。这种方法具有较硬的机械特性、无转差损耗、效率高、控制方便、价格低；有级调速，级差较大，不能获得平滑调速；可以与调压调速、电磁转差离合器配合使用，获得较高效率的平滑调速特性。适用于不需要无级调速的生产机械，如金属切削机床、升降机、起重设备、风机、水泵等。

绕线转子异步电动机的定子绕组极对数改变后，它的转子绕组必须相应地重新组合，这一点就生产现场来说往往是难以实现的。而笼型异步电动机转子绕组本身没有固定的极对数，其极对数能够随着定子绕组的极对数变化而变化，所以变更极对数的调速方法仅适用于三相笼型异步电动机。

三相笼型异步电动机通常采用两种方法来变更绕组的极对数：一是改变定子绕组的联结方式，或者说变更定子绕组每相电流的方向；二是在定子绕组上设置具有不同极对数的两套互相独立的绕组，有时同一台电动机为了获得更多的速度等级，如需要得到 4 个以上的速度等级，上述两种方法往往同时采用。

图 3-38 是 4/2 极双速异步电动机定子绕组联结示意图，图 3-38a 将电动机定子绕组的 U1、V1、W1 三个接线端接三相交流电源，而将 U2、V2、W2 三个接线端悬空，三相定子绕组接成三角形。此时每相绕组中的①、②线圈串联，电流方向如图 3-38a 中的虚线箭头所

示，电动机以四极低速运行。若将电动机定子绕组的 U2、V2、W2 三个接线端子接三相交流电源，而将另外三个接线端子 U1、V1、W1 连在一起，则原来三相定子绕组的三角形联结变为双星形联结，此时每相绕组中的①、②线圈相互并联，电流方向如图中虚线箭头所示，于是电动机便以两极高速运行。T68 卧式镗床的主轴电动机就是采用这种原理的双速电动机驱动主轴旋转运动和进给运动。

双速电动机起动一般是用手柄操作的双速开关（不能带负载起动），另一种是用交流接触器连接出线端以改变电动机转速，其控制线路如图 3-39 所示。

图 3-39a 中 SB2 和 SB3 分别为低速和高速的起动按钮，当按下 SB2 时，接触器 K1 通电，将电动机定子绕组接成三角形，电动机以低速运转。若按下 SB3，则接触器 K1 断电释放，并接通接触器 K2 将电动机定子绕组接成双星形，电动机以高速运转。在有

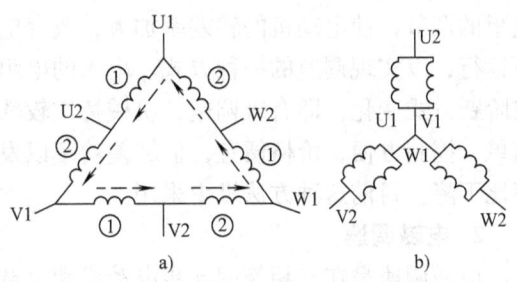

图 3-38 4/2 极双速电动机三相定子绕组联结示意图
a) 三角形联结 b) 双星形联结

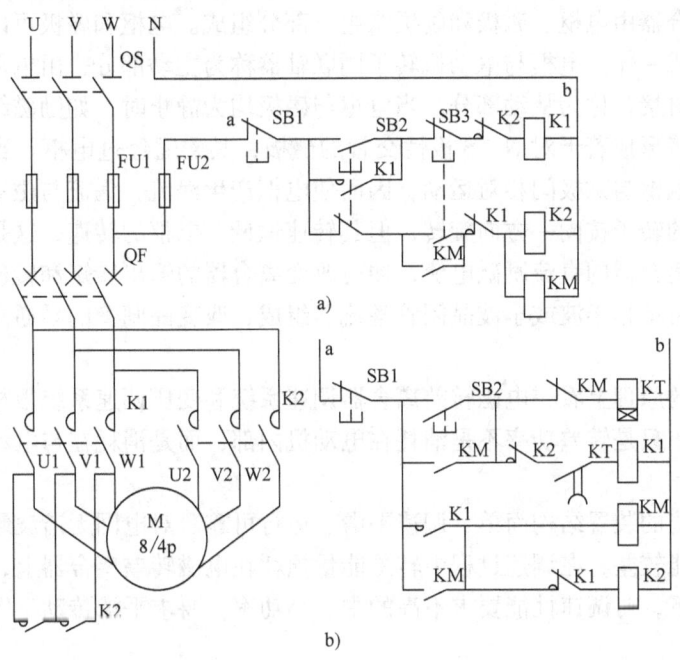

图 3-39 双速电动机的控制线路

些场合需要电动机以三角形起动，然后自动地将转速加快到双星形运转，从起动到运转这段时间可以用延时继电器来调节，其控制线路如图 3-39b 所示。该线路中的时间继电器 KT 是用来调节电动机起动到运转的时间的。当按下 SB2 时，时间继电器 KT 通电，KT 的瞬时闭合常开触头立即闭合，使接触器 K1 通电，将电动机定子绕组接成三角形起动，并通过中间继电器 KM 使时间继电器 KT 断电，经过一定时间后，KT 的常开触头断开，接触器 K1 断电，而使接触器 K2 通电，电动机便自动地从三角形变成双星形运转，完成了自动加速的过

程。

3.5.3 变转差率调速

1. 转子串电阻调速

转子串电阻调速是在绕线转子异步电动机转子外电路上串入附加可变电阻，通过对可变电阻的调节，使电动机的转差率加大，改变电动机的机械特性斜率，使电动机在较低的转速下运行，以实现调速的一种方式。串入的电阻越大，电动机的转速越低。电动机的转速可以按阶跃方式变化，即有级调速，机械特性较软，也可以连续变化实现无级调速。其设备结构简单，控制方便，价格便宜，但转差功率以发热的形式消耗在电阻上，效率随转差率增加而等比下降，目前这种方法极少采用。

2. 电磁调速

电磁调速是在三相笼型异步电动机和负载之间串接电磁转差离合器（电磁耦合器），调节电磁转差离合器的励磁、改变转差率进行调速的一种方式。电磁转差离合器调速系统，由作为原动机的笼型异步电动机、作为调速装置的电磁转差离合器、直流励磁电源及其控制装置组合而成，为改善其运行特性，常加上测速反馈环节构成闭环控制系统。

电磁转差离合器由电枢、磁极和励磁绕组三部分组成。电枢和磁极可以分别旋转，通过磁路上的气隙形成一体。电枢与电动机转子同联轴器称为主动部分，由电动机带动；磁极用联轴器与负载轴对接，称为从动部分。当电枢与磁极均为静止时，如励磁绕组通以直流，则沿气隙圆周表面将形成若干对N、S极性交替的磁极，其磁通经过电枢。当电枢随拖动电动机旋转时，由于电枢与磁极间相对运动，因而使电枢产生涡流，涡流与磁通相互作用产生转矩，带动有磁极的转子按同一方向旋转，但其转速恒低于电枢的转速，这是一种转差率调速方式，变动转差离合器的直流励磁电流，便可改变离合器的输出转矩和转速。直流励磁电源功率较小，通常由单相半波或全波晶闸管整流器组成，改变晶闸管的导通角，可以改变励磁电流的大小。

从调速系统的原理上看，电磁转差离合器调速系统和变压调速系统很相似，也是属于转差功率消耗型的，只是转差功率不是消耗在电动机内部，而是消耗在与电动机同轴的电磁转差离合器中。

这种调速系统的装置结构简单、调速平滑、运行可靠、对电网无谐波影响，但在低速带负载运行时，性能较差，在调速过程中转差能量损耗在电磁转差离合器上，效率低，仅适用于特殊应用场合下，对调速性能要求不高的中、小功率，要求平滑传动、短时低速运行的生产机械。

3. 串级调速

除笼型异步电动机外，绕线转子异步电动机在工矿企业中也被广泛使用。由于绕线转子异步电动机的转子绕组能通过集电环与外部电气设备相连接，所以除了可在其定子侧控制电压、频率等以实现对电动机的转速调节外，还可在其转子侧引入控制变量，如附加电动势进行调速，如图3-40所示。

前述的在绕线转子异步电动机的转子回路串入可调电阻，从而获得不同的电动机机械特性，以实现转速调节就是基于这一原理的一种方法。串级调速是在绕线转子异步电动机转子回路中串入可调节的附加电动势来改变电动机的转差率，从而达到调速目的。其中的大部分转差功率被串入的附加电动势所吸收，再利用产生附加电动势的装置，把吸收的转差功率回馈电网或转换能量加以利用。根据转差功率吸收利用的方式不同，串级调速可分为机械串级调速、电气串级调速（晶闸管串级调速）两种形式。

机械串级调速系统也称谢尔比斯系统或克莱玛系统，其基本原理是绕线转子异步电动机与一台直流电动机同轴，共同带动负载。异步电动机的转差功率经整流器

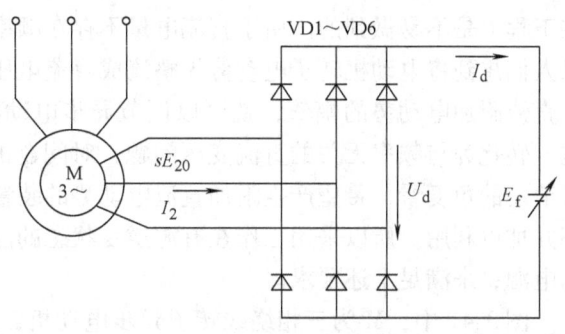

图 3-40 附加电动势原理

变换后传输给直流电动机，直流电动机再将这部分电功率转变为机械功率传送给负载。这样就相当于在负载轴上增加了一个拖动转矩，从而很好地利用了转差功率。其中，直流电动机的电动势作为附加电动势，通过调节直流电动机的励磁电流就可以改变直流电动机的电动势，从而调节交流电动机的转速。增大直流电动机的励磁电流可以减速，反之则加速。

晶闸管串级调速的基本原理是在绕线转子异步电动机转子侧通过晶闸管整流桥，将转差频率交流电变为直流电，再经可控逆变器获得可调的直流电压作为调速所需的附加直流电动势，将转差功率变换为机械能加以利用或使其反馈回电源而进行调速的一种方式，其电气原理如图 3-41 所示。

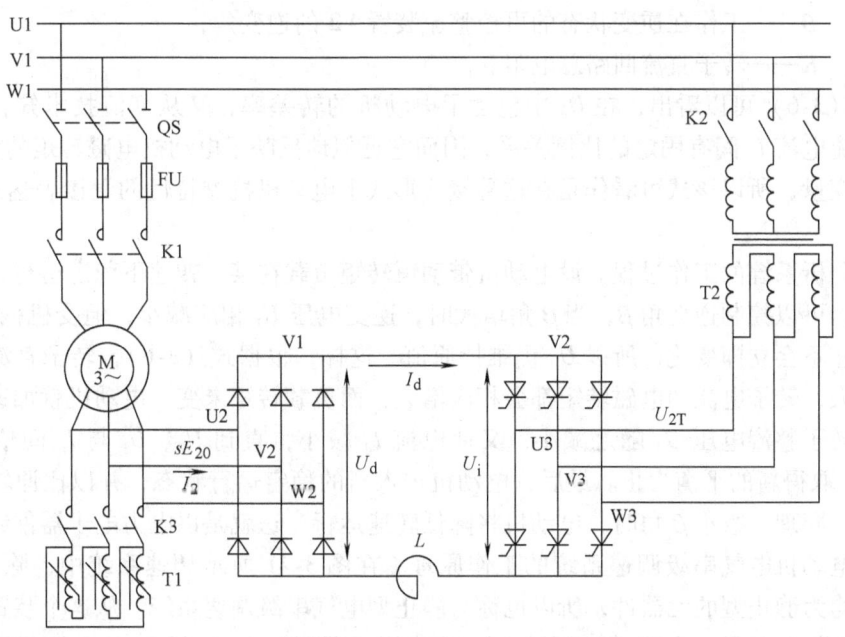

图 3-41 晶闸管串级调速系统原理图

由电动机理论可知，在绕线转子异步电动机转子回路中引入可控的交流附加电动势，可以改变电动机的转速，但由于电动机转子电动势的频率是其转速的函数，所以附加电动势的频率亦必须能随电动机转速而变化，且在调速的动态过程中保持一致。由此可见，在转子回路中附加交流可控电动势的调速方法，需要在转子侧加入可变频率、可变电压幅值的量，这

在工程上是不易做到的。由于直流电量不存在频率与相位的问题，直流电压又易于获得，所以人们想到将电动机转子电动势先整流成直流电压，然后引入一个直流附加电动势，而控制此直流附加电动势的幅值，就可以调节异步电动机的转速。这样，就把交流变压变频的问题，转化为与频率无关的直流变压问题，对问题的分析与工程上的实现都方便多了。另外，从节能的角度看，希望产生附加直流电动势的装置能吸收从电动机转子侧传送过来的转差功率并加以利用。所以采用工作在有源逆变状态的晶闸管可控整流器作为产生附加直流电动势的电源，来满足上述要求。

图 3-41 中，M 为三相绕线转子异步电动机，其转子相电动势 sE_{20}，经三相不可控整流装置 V1 整流，输出直流整流电压 U_d。工作在逆变状态的三相可控整流装置 V2，除提供可调的直流电压 U_i 作为调速所需的附加直流电动势外，还可将经 V1 整流后输出的异步电动机转差功率逆变成交流，并回馈到交流电网。图中 T1 为逆变变压器，L 为平波电抗器。两个整流装置电压 U_d 与 U_i 的极性以及直流回路电流 I_d 的方向如图 3-41 所示。由此可以写出整流后的转子直流回路电压平衡方程式

$$U_d = U_i + I_d R$$

或

$$K_1 s E_{20} = K_2 U_{2T} \cos\beta + I_d R \tag{3-6}$$

式中　K_1、K_2——电压整流系数，对于三相桥式电路，$K_1 = K_2 = 2.34$；

　　　U_i——逆变器直流侧电压（即直流附加电动势）；

　　　U_{2T}——逆变变压器的二次相电压；

　　　β——工作在逆变状态的可控整流装置 V2 的逆变角；

　　　R——转子直流回路总电阻。

从式 (3-6) 可以看出，在 U_d 中包含了电动机的转差率，又从变流技术知，I_d 与电动机转子交流电流 I_2 间有固定的比例关系，因而它近似地反映了电动机电磁转矩的大小，而 β 角是控制变量，所以该式可看作是在这种接线形式下电动机机械特性的间接表达式 $s = f(I_d, \beta)$。

下面分析系统的工作过程。设电动机带动恒转矩负载在某一转速下稳定运行，现在要改变其转速，可以控制逆变角 β，当 β 角增大时，逆变电压 U_i 相应减小，但受机械惯性作用，电动机转速不会立即变化，所以 U_d 仍维持原值。这样，根据式 (3-6)，转子直流回路电流 I_d 就要增大，转子电流和电磁转矩都会相应增大，而负载转矩未变，电动机就加速。在加速过程中，转子整流电压 U_d 随之减小，又使电流 I_d 减小，直到 U_d、U_i 与 I_d 间依式 (3-8)（见下节）取得新的平衡为止。最后，电动机进入新的稳定运行状态，并以比原转速更高的转速运行。同理，减小 β 角时，电动机将降低转速运行。这就是以电力电子器件组成的绕线转子异步电动机电气串级调速系统的工作原理。在图 3-41 所示调速系统中，除电动机外，其余装置均为静止型的元器件，所以也称为静止型电气串级调速系统。从这个装置的连接可以看出，它们构成了一个交-直-交变频器，由于逆变器通过变压器与交流电网相连，它输出的频率即电网频率，是恒值，所以 V2 是个有源逆变器。从变频角度看，串级调速系统也可以看作是在定子恒压恒频供电下的转子变频调速系统。

另外，通过调节 β 值改变电动机转速时，由于逆变角 β 可平滑连续调节，所以异步电动机的转速也能被平滑连续地调节。此外，由于电动机的转差功率能通过转子整流器变换为直流功率，再通过逆变器变换为交流功率而回馈到交流电网或生产机械上，这样转差功率不再

被浪费而可利用，效率较高，而且装置容量与调速范围成正比，投资省，调速装置故障时可以切换至全速运行，避免停产，所以是一种节能型调速方式，在大功率风机、泵类及轧钢机、矿井提升机、挤压机等传动电动机上广泛应用。晶闸管串级调速的主要缺点是功率因数偏低，谐波影响较大。

3.5.4 通用变频器调速

由式（3-5）可见，改变异步电动机的供电频率，即可平滑地调节同步转速，实现调速运行。即变频调速是利用电动机的同步转速随频率变化的特性，通过改变电动机的供电频率进行调速的方法。在交流异步电动机的诸多调速方法中，变频调速的性能最好，调速范围大，稳定性好，运行效率高。采用通用变频器对笼型异步电动机进行调速控制，由于使用方便、可靠性高并且经济效益显著，所以逐步得到推广应用。通用变频器主电路可分成交-直-交型和交-交型两大类。交-交变频器可将工频交流直接变换成频率、电压均可控制的交流，又称直接式变频器。而交-直-交变频器则是先把工频交流通过整流器变成直流，然后再把直流变换成频率、电压均可控制的交流，又称间接式变频器。目前常用的通用变频器即属于交-直-交型变频器，以下简称通用变频器。

通用变频器的显著特点是其通用性，可以应用于通用的普通异步电动机调速控制的通用变频器。除此之外还有高性能专用变频器、高频变频器、单相变频器等。通用变频器的优点是效率高，调速过程中没有附加损耗；应用范围广，调速范围大、特性硬、精度高。适用于要求精度高、调速性能较好的场合。

通用变频器分为单相通用变频器和三相通用变频器，以适应不同的场合。两者的工作原理相同，但电路的结构不同，单相变频器是单相输入三相输出型，选择时应加以注意。

目前，世界上生产、销售通用变频器的国内外公司、厂商甚多，几乎世界上所有大的电气公司、厂商都有自己的通用变频器品牌，并在中国市场上销售，品牌、产品类型繁多。我国自行设计、生产变频器的公司、厂商也有几十家，有些品牌还大量出口。图3-42是罗克韦尔PF700通用变频器的外形结构示意图。

图3-42中，右上角图是LCD显示数字操作面板，可以通过连接电缆远离通用变频器本体与通用变频器连接而远距离操作。在通用变频器的上后部有冷却风扇，当开机时，与通用变频器同步工作。控制端子与通用变频器控制板安装在一起。主回路端子（见图3-42中的中下方的两小图）与主电路的功率模块连接在一起。

1. 异步电动机在变频调速时的机械特性

由电动机理论可知，对异步电动机进行调速控制时，电动机的主磁通应保持额定值不变。若磁通太弱，铁心利用不充分，同样的转子电流下，电磁转矩小，电动机的负载能力下降；而磁通太强，则处于过励磁状态，使励磁电流增大，这就限制了定子电流的负载分量，为使电动机不过热，负载能力也要下降。异步电动机的气隙磁通（主磁通）是定、转子合成磁动势产生的，下面说明怎样才能使气隙磁通保持恒定。由电动机学，三相异步电动机定子每相电动势的有效值为

$$E_1 = 4.44 f_1 N_1 \Phi \tag{3-7}$$

式中 E_1——定子每相由气隙磁通感应的电动势的均方根值（V）；

f_1——定子频率（Hz）；

图 3-42 通用变频器的外形结构示意图

N_1——定子相绕组有效匝数；

Φ——每极磁通量（Wb）。

如果不计定子阻抗压降，则

$$U_1 \approx E_1 = 4.44 f_1 N_1 \Phi \tag{3-8}$$

由式（3-8）可见，若端电压 U_1 不变，则随着 f_1 的升高，气隙磁通 Φ 将减小，又从转矩公式

$$T = C_M \Phi I_2 \cos\varphi_2 \tag{3-9}$$

可以看出，Φ 的减小势必导致电动机允许输出转矩 T 下降，降低电动机的出力。同时，电动机的最大转矩也将降低，严重时会使电动机堵转。若维持端电压 U_1 不变，而减小 f_1，则气隙磁通 Φ 将增加，这就会使磁路饱和，励磁电流上升，导致铁损急剧增加，这也是不允许的。因此，在许多场合，要求在调频的同时改变定子电压 U_1，以维持 Φ 接近不变。下面分两种情况说明。

(1) 基频以下的恒磁通变频调速　这是考虑从基频（电动机额定频率）向下调速的情况。为了保持电动机的负载能力，应保持气隙主磁通 Φ 不变，这就要求降低供电频率的同时降低感应电动势，保持 E_1/f_1 = 常数，即保持电动势与频率之比为常数进行控制，这种控制又称为恒磁通变频调速，属于恒转矩调速方式。但是，E_1 难于直接检测和直接控制。当 E_1 和 f_1 的值较高时，定子的漏阻抗压降相对比较小，如忽略不计，则可以近似地保持定子电压 U_1 和频率 f_1 的比值为常数，即认为 $E_1 \approx U_1$，保持 U_1/f_1 = 常数。这就是恒压频比控制方式，是近似的恒磁通控制。

当频率较低时，U_1 和 E_1 都变小，定子漏阻抗压降（主要是定子电阻 r_1 的压降）不能再忽略。这种情况下，可以人为地适当提高定子电压以补偿定子电阻压降的影响，使气隙磁通基本保持不变，如图 3-43 所示。实际的通用变频器中 U_1 与 f_1 之间的函数关系有很多种，需要根据负载性质和运行状况进行选择和设定，图 3-44 示出了常用的通用变频器控制风机、水泵的 U_1/f_1 曲线。

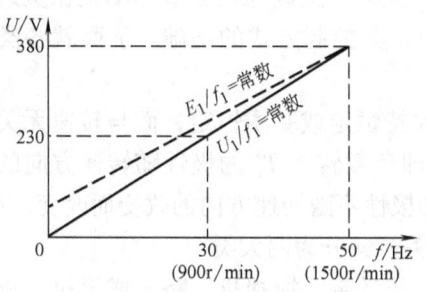
图 3-43 通用变频器的 U/f 曲线

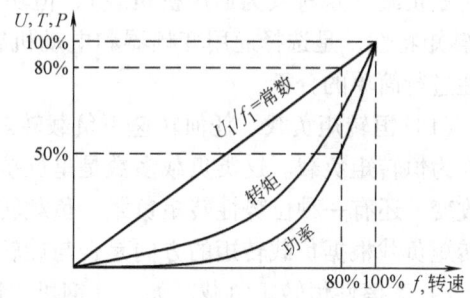
图 3-44 通用变频器控制风机、水泵的 U_1/f_1 曲线

（2）基频以上的弱磁变频调速 这是考虑由基频开始向上调速的情况。频率由额定值向上增大时，电压 U_1 由于受额定电压 U_{1N} 的限制不能再升高，只能保持 $U_1=U_{1N}$ 不变，这样必然会使主磁通随着 f_1 的上升而减小，相当于直流电动机弱磁调速的情况，即近似的恒功率调速方式。

上述两种情况综合起来，异步电动机变频调速的基本控制方式如图 3-45 所示。

由上面的讨论可知，异步电动机的变频调速必须按照一定的规律同时改变其定子电压和频率，基于这种原理构成的通用变频器即所谓的 VVVF （Variable Voltage Variable Frequency）调速控制，这也是通用变频器的基本原理。综上所述，根据 U_1 和 f_1 的不同比例关系，将有不同的变频调速方式。从上述三种控制方式可以看出，保持 U_1/f_1 为常数的比例控制方式适用于调速范围不太大或转矩随转速下降而减少的负载，如风机、水泵等；

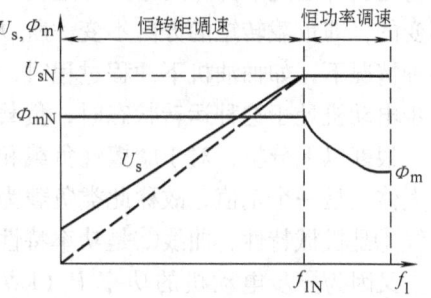
图 3-45 异步电动机变频调速时的控制特性

保持 T 为常数的恒磁通控制方式适用于调速范围较大的恒转矩性质的负载，如升降机械、搅拌机、传送带等；保持 P 为常数的恒功率控制方式适用于负载随转速的增高而变轻的地方，如主轴传动、卷绕机等。

2. 负载的转矩特性

交流异步电动机的功率与负载转矩和转速的积成比例，即

$$P = Tn/9550 \tag{3-10}$$

式中　P——功率（kW）；
　　　T——转矩（N·m）；
　　　n——转速（r/min）。

由式（3-10）可见，负载种类不同，其转矩 T 与转速 n 的关系亦不同，选用通用变频器

时应根据负载性质正确选择,否则不但不能充分发挥通用变频器的性能,有时还会发生损坏通用变频器和电动机的故障。负载种类大体可分为三种,如下所述。

生产机械的负载转矩 T_L 的大小和许多因素有关,通常把生产机械的负载转矩 T_L 与转速 n 的关系称为生产机械的负载转速-转矩特性,有时也简称为负载特性。生产机械虽然种类繁多,性能及工艺要求各异,但从其转速-转矩的特性来看,可将其分为恒转矩负载、平方降转矩负载(也称其为通风机负载)、恒功率负载三大类。正确地区分被驱动机械负载的转速-转矩特性,是选择通用变频器和电动机容量、决定其控制方式的基础。下面就各类负载特性进行简单的分析。

(1) 恒转矩负载　任何转速下负载转矩 T_L 总保持恒定或基本恒定,而与转速无关的负载称为恒转矩负载。这类负载多数是呈反抗性的,即负载转矩 T_L 的极性随转速方向的改变而改变。还有一种位势性转矩负载,负载转矩 T_L 的极性不随转速方向的改变而改变。因此,恒转矩负载根据负载转矩的方向是否与旋转方向有关,又分为两大类:

1) 摩擦性恒转矩负载。如,轧钢机、造纸机、传送带、搅拌机、挤压成形机、机床等设备属摩擦类负载(或称反抗性负载),摩擦类负载的静阻转矩的作用方向总是与旋转方向相反,旋转方向改变后,负载转矩的方向也随之改变,即这类负载的转矩 T 总是作反抗运动的。显然反抗性转矩负数特性曲线应在第一与第三象限内。

2) 势能性恒转矩负载。如,电梯、卷扬机、起重机、抽油机等设备的提升机构属势能性负载(或称重力性负载),势能性负载是由重力引起的,其作用方向不因转速的方向的改变而改变。这类负载的转矩 T 具有固定的方向,且不随转向的改变而改变,如起重机,不论重物是提升还是下降,无论升降速度大小,其重量在地球引力的作用下而产生的重力是永远不变的,即负载转矩的方向不变,所以势能性负载的特性曲线应在第一与第四象限内。但在某种情况下,如抽油机下冲程过程时,其游轮储存的势能力矩对异步电动机起加速作用,当异步电动机处于这种运转状态时,负载转矩特性应在第二象限。

根据以上分析,对于摩擦性负载和重力性负载,无论其速度变化与否,负载所需要的转矩大体上是一个定值,故称此类负载为恒转矩负载,其负载特性曲线如图 3-46 所示。其中,曲线①是机械特性,曲线②是功率特性。

又因为异步电动机的功率 P (kW) 可以表达为 $P = Tn/9550$,其中 T 为转矩 (N·m), n 为转速 (r/mim),即转速和转矩之积与功率成正比,则恒转矩特性负载消耗的能量与转速成正比。所以这类生产机械所需的异步电动机的功率应与最高转速下的负载功率相适应,并有较大飞轮力矩,施加负载时,速度略降低,飞轮发出能量做功,对电气传动装置的基本要求是要有足够的起动和过载转矩。

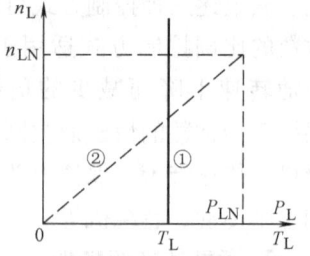

图 3-46　生产机械的恒转矩特性

从以上分析可知,当用通用变频器驱动恒转矩负载时,低速下的转矩,尤其是起动转矩要求足够大,并且要有足够的转矩过载能力。对于 U/f 控制方式的通用变频器而言,其基本特性是在低速下应具有转矩提升功能。当低速下,如果 U/f 的值不足,异步电动机产生的转矩可能无法满足起动或低速稳速运行的需要;如果 U/f 的值过大,又可能使异步电动机因磁路饱和而过电流。因此,应用时应选择合适的 U/f 特性曲线才能满足负载的需要。新型的通用变频器的转矩提升能力一般是可以人为或自整定的,并有比较高的转矩过载能力和保护功能。高质量通用变频器的起动转矩一般能达到 150% 以上，过载电流达到 250% 以上，持续时间在 30s 左右。

(2) 平方降转矩负载 对于风扇、通风机、鼓风机、水泵、油泵等流体机械（风机水力机械），随叶轮的转动，其工作介质如空气、水、油等对叶片的阻力在一定转速范围内大致与转速 n 的平方成比例变化。在低速时由于流体的流速低，阻力矩小，所以负载只需很小的起动转矩；而随着异步电动机转速的增加，流速加快，所需转矩越来越大，其转矩大小以转速的平方的比例增加。它们的特点是负载转矩与转速的平方成正比，即 $T = kn^2$，较小的速度变化将使机械出力有较大变化。这样的负载称为平方降转矩负载（或称风机、泵类负载），其负载特性曲线如图 3-47 所示，图中曲线①是其机械特性，曲线②是其功率特性。因为风机、泵类负载所消耗的能量正比于转速的三次方，所以通过通用变频器控制流体机械的转速可以得到显著的节能效果。这类机械对电气传动装置的要求简单，只要有足够的功率和起动转矩就可以。

(3) 恒功率负载 当负载功率恒定，与转速无关，或负载功率 P_2 为一定值时，负载转矩 T_L 则与转速 n 成反比的负载特性称为恒功率负载，其负载特性曲线如图 3-48 所示，图中曲线①是其机械特性，曲线②是其功率特性。如机床的主轴驱动、造纸机、卷纸机、塑料胶片生产机械的中央传动部分、卷扬机等属恒功率负载。例如，卷纸机要求以一定的速度和相同的张力卷取纸张，在卷取初期由于纸卷的直径较小，所以为了保持恒速纸卷必须以较高速度旋转，而转矩可以较小，但随着纸卷直径的逐渐变大，纸卷的转速也应随之

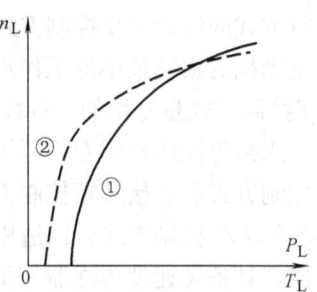

图 3-47 平方降转矩负载的特性

变低，而转矩则必须相应增大。又如车床车削工件，粗加工时，切削量大，切削阻转矩也大，用低速；精加工时，切削量小，为保证加工精度，用高速，负载功率近似为一恒值，负载转矩与转速成反比，形成恒功率负载。再如轧钢机中的卷取机及开卷机要求恒张力轧制时也是恒功率负载。

负载的恒功率性质是就一定的速度变化范围而言的，当速度很低时，受机械强度限制，负载转矩 T_L 不可能无限增大，在低速区呈恒转矩性质。负载的恒功率和恒转矩区对传动方案的选择有很大影响，根据异步电动机原理，异步电动机在恒磁通调速时，最大输出转矩不变，属于恒转矩调速；而在弱磁调速时，最大输出转矩与转速成反比，属于恒功率调速。

如果异步电动机的恒功率和恒转矩调速范围与负载的恒功率和恒转矩区域一致，异步电动机及供电装置功率最小；

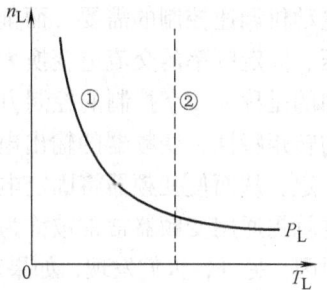

图 3-48 恒功率负载的特性

但若负载恒功率区很宽，要继续维持上述关系，就需要适当增大异步电动机功率，减小弱磁调速范围。例如某些恒速轧钢机，这类机械除要求电气传动装置有足够功率和起动转矩外，还要求有足够的过载转矩。

上述介绍的是三种典型的负载转矩特性，而实际的负载转矩特性往往是几种典型特性的综合。例如实际的鼓风机除了主要是通风机负载特性外，由于其轴上还有一定的摩擦转矩

T_{zo}，因此实际鼓风机的负载特性应为 $T = T_{zo} + kn^2$。泵类负载当流体浓度和粘度较大时，就要考虑其起动转矩、加速转矩等增大的问题，有时往往呈恒转矩特性。

3. 通用变频器的控制方式

通用变频器产品根据用途的不同，通常有 U/f 控制方式、矢量控制方式和直接转矩控制方式三种。其中，矢量控制方式又分为无速度传感器矢量控制方式和有速度传感器矢量控制方式等。U/f 控制方式又有线性 U/f 控制方式、带磁通电流控制（FCC）的线性 U/f 控制方式、抛物线型 U/f 控制方式、多点 U/f 控制方式、平方 U/f 控制方式、带节能运行方式的线性 U/f 控制方式、纺织机械的 U/f 控制方式、用于纺织机械的带 FCC 功能的 U/f 控制方式、与电压设定值无关的 U/f 控制方式等。线性 U/f 控制方式可用于平方降转矩负载和恒转矩负载。带磁通电流控制（FCC）的线性 U/f 控制方式可用于提高异步电动机的效率和改善异步电动机的动态响应。抛物线型 U/f 控制方式主要用于风机、水泵等流体机械。多点 U/f 控制方式是一种可编程的 U/f 控制方式，可对一些参数进行提升，用于特殊的应用情况。带节能运行方式的线性 U/f 控制方式，可自动增加或降低异步电动机的电压，以便搜寻和运行在异步电动机的损耗最小的工作点。纺织机械的 U/f 控制方式、用于纺织机械的带 FCC 功能的 U/f 控制方式是专用的一种控制方式，具有转差频率补偿和谐振阻尼功能等。一般地，除风机、水泵等流体机械专用通用变频器多采用 U/f 控制方式外，其他均采用不同控制策略的矢量控制方式和直接转矩控制方式。高性能矢量型和直接转矩控制型通用变频器通常兼有不同类型的 U/f 控制方式，以适用于不同负载的需要。如西门子 MM4 系列高性能矢量型通用变频器，具备无速度传感器矢量控制方式和 U/f 控制方式及其上述的各种控制方式。各种品牌的通用变频器均有其中的几种控制方式、不同型号的产品可供选择，用户可根据需要选择适合的机型，选择机型时应以能满足实际需要为原则，过高的或不适当的选择要求会造成经济上的浪费和使用上的麻烦。

（1）U/f 控制方式 从某种意义上来说，通用变频器就是一个可以任意改变频率和输出电压可调的交流电源。但是，由于在实际的调速控制过程中，还必须考虑到起动转矩、限制起动电流和得到理想的转矩特性等方面的问题，因此简单地调整电源频率并不能满足对异步电动机调速控制的需要，而能满足对异步电动机调速控制的变频器应当是一个能将固定电压、固定频率的交流电变换为可调电压、可调频率的交流电的变换器。早期的通用变频器采用的是称为 U/f 控制的控制方式来达到上述目的的。在这种控制方式中，为了得到比较满意的转矩特性，变频器的输出电压频率 f 和输出电压幅值 U 同时得到控制，并基本保持 $U/f =$ 恒定，从而使变频器将固定电压、固定频率的交流电变换为可调电压、可调频率的交流电。这就是通用变频器常常被称为 VVVF 变频器（Variable Voltage Variable Frequency Inverter）的原因。另外，人们发现，如果对异步电动机进行控制，能够像控制直流电动机那样，用直接控制电枢电流的方法控制转矩，那么就可以使异步电动机得到与直流电动机同样的静、动态特性。而转差频率控制方式和矢量控制方式就是基于这种思路控制异步电动机转矩的方法。

（2）矢量控制方式 $U/f =$ 恒定、速度开环控制方式和转差频率速度闭环控制方式通用变频器，基本上解决了异步电动机平滑调速的问题。然而，当生产机械对调速系统的动、静态性能提出更高要求时，上述系统还是比直流调速系统略逊一筹。原因在于其系统控制的规律是从异步电动机稳态等效电路和稳态转矩公式出发推导出的稳态值控制，完全不考虑动态过渡过程，系统在稳定性、起动及低速时转矩动态响应等方面的性能尚不能令人满意。考虑到异步电机是一个多变量、强耦合、非线性的时变参数系统,很难直接通过外加信号准确控制电磁转矩,但若以转子磁通这一旋转的空间矢量为参考坐标,利用从静止坐标系到旋转坐标系之间的变换,则可以把定子电流中的励磁电流分量与转矩电流分量变成标量独立开来,分别进行控制。这样,通过坐标变换重建的电动机模型就可等效为一台直流电动机,从而可像直流电动机那样进行快速的转矩和磁通控制,即矢量控制。

矢量控制实现的基本原理是通过测量和控制异步电动机定子电流矢量,根据磁场定向原理分别对异步电动机的励磁电流和转矩电流进行控制,从而达到控制异步电动机转矩的目的。具体是将异步电动机的定子电流矢量分解为产生磁场的电流分量(励磁电流)和产生转矩的电流分量(转矩电流),分别加以控制,并同时控制两分量间的幅值和相位,即控制定子电流矢量,所以称这种控制方式称为矢量控制方式。矢量控制方式又有基于转差频率控制的矢量控制方式、无速度传感器的矢量控制方式和有速度传感器的矢量控制方式等。

基于转差频率控制的矢量控制方式同样是在进行 U/f = 恒定控制的基础上,通过检测异步电动机的实际速度 n,并得到对应的控制频率 f,然后根据希望得到的转矩,分别控制定子电流矢量及两个分量间的相位,从而对通用变频器的输出频率 f 进行控制。基于转差频率控制的矢量控制方式的最大特点是,可以消除动态过程中转矩电流的波动,从而提高了通用变频器的动态性能。早期的矢量控制通用变频器基本上都是采用基于转差频率控制的矢量控制方式。

无速度传感器的矢量控制方式是基于磁场定向控制理论发展而来的。实现精确的磁场定向矢量控制需要在异步电动机内安装磁通检测装置,而要在异步电动机内安装磁通检测装置是很困难的,但人们发现,即使不在异步电动机中直接安装磁通检测装置,也可以在通用变频器内部得到与磁通相应的量,并由此得到了所谓的无速度传感器的矢量控制方式。它的基本控制思想是根据输入的电动机的铭牌参数,分别对作为基本控制量的励磁电流(或者磁通)和转矩电流进行检测,并通过控制电动机定子绕组上的电压的频率使励磁电流(或者磁通)和转矩电流的指令值和检测值达到一致,从而实现矢量控制。

采用矢量控制方式的通用变频器不仅可在调速范围上与直流电动机相匹配,而且可以控制异步电动机产生的转矩。由于矢量控制方式所依据的是准确的被控异步电动机的参数,有的通用变频器在使用时需要准确地输入异步电动机的参数,有的通用变频器需要使用速度传感器和编码器,并需使用厂商指定的变频器专用电动机进行控制,否则难以达到理想的控制效果。目前,新型矢量控制通用变频器中已经具备异步电动机参数自动检测、自动辨识、自适应功能,带有这种功能的通用变频器在驱动异步电动机进行正常运转之前,可以自动地对异步电动机的参数进行辨识,并根据辨识结果调整控制算法中的有关参数,从而对普通的异步电动机进行有效的矢量控制。除了上述的无传感器矢量控制和转矩矢量控制等,可提高异步电动机转矩控制性能的技术外,目前的新技术还包括异步电动机控制常数的调节及与机械系统匹配的适应性控制等,以提高异步电动机应用性能的技术。为了防止异步电动机转速偏差以及在低速区域获得较理想的平滑转速,应用大规模集成电路并采用专用数字式自动电压调整(AVR)控制技术的控制方式,已实用化并取得良好的效果。图 3-49 是矢量控制型通用变频器的原理示意图。

矢量控制的基本思路是根据坐标变换的设想,将三相坐标系上的定子电流 i_U、i_V、i_W,通过三相/两相变换,等效成两相静止坐标系上的交流电流 $i_{\alpha 1}$、$i_{\beta 1}$,再通过同步旋转变换,

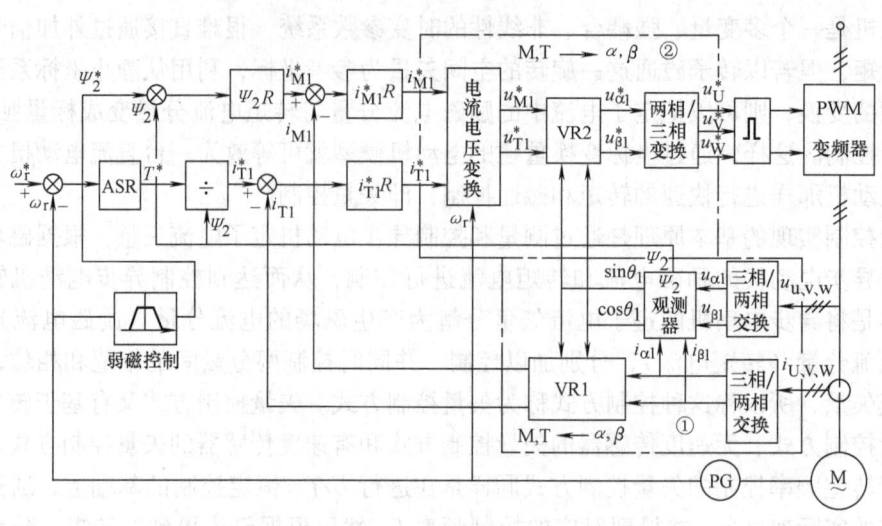

图 3-49 矢量控制型通用变频器的原理示意图

等效成同步旋转坐标系上的直流电流 i_{M1} 和 i_{T1}。这时设想，如果人站在 M、T 坐标系上，观察到的一定是一台直流电动机。M 绕组相当于直流电动机的励磁绕组，i_M 相当于励磁电流，T 绕组相当于静止的电枢绕组，i_T 相当于与转矩成正比的电枢电流。在图 3-49 中，点划线框内的①和②是坐标变换关系结构图，坐标变换矢量如图 3-50 所示。

图 3-50 中，两相交流电流 i_α、i_β 和两个直流电流 i_M、i_T 产生同样的以同步转速 ω_s 旋转的合成磁动势 F_s。由于各绕组匝数都相等，可以消去磁动势中的匝数，直接用电流矢量 i_s 电流表示。M、T 轴和矢量 F_s（i_s）都以转速 ω_s 旋转，分量 i_M、i_T 的大小不变，相当于 M、T 绕组的直流磁动势。α、β 轴是静止的，α 轴与 M 轴的夹角 θ 随时间而变化，因此 i_s 在 α、β 轴上的分量的长短也随时间变化，相当于绕组交流磁动势的瞬时值。从整体看，三相交流 i_U、i_V、i_W 输入，得出转速 ω_r 输出，是一台异步电动机。从

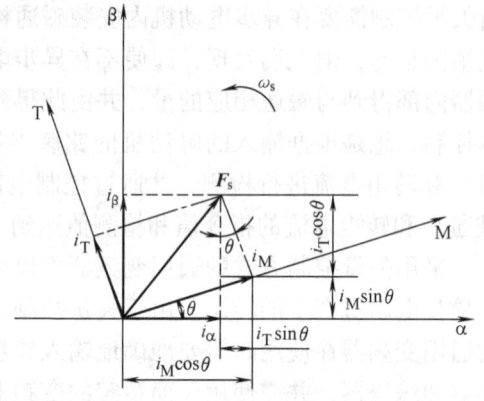

图 3-50 坐标变换矢量图

内部看，经过三相/两相变换和同步旋转变换，则变成一台输入为 i_{M1} 和 i_{T1}，输出为 ω_r 的直流电动机。既然异步电动机可以等效成直流电动机，那么就可以模仿直流电动机的控制方法，求得等效直流电动机的控制量。再经过相应的反变换，就可以按控制直流电动机的方式控制异步电动机了。如图 3-49 所示，点划线框内①和②所示的两相/三相变换和三相/两相变换、VR1 和 VR2 变换实际上互相抵消了。如果再忽略通用变频器本身可能产生的滞后，那么点划线框以内完全可以删去，点划线外侧则是一个直流调速系统，如图 3-51 所示。

目前的通用变频器产品主要是无速度传感器的矢量控制方式，即不在异步电动机中直接安装速度传感器（图 3-49 中的 PG），也可以在通用变频器内部得到与磁通相应的量，并由此得到所谓的无速度传感器的矢量控制方式。在需要精确控制时，可以通过接口输入编码器信号等。无速度传感器的矢量控制方式的基本控制思想是，分别对作为基本控制量的励磁电

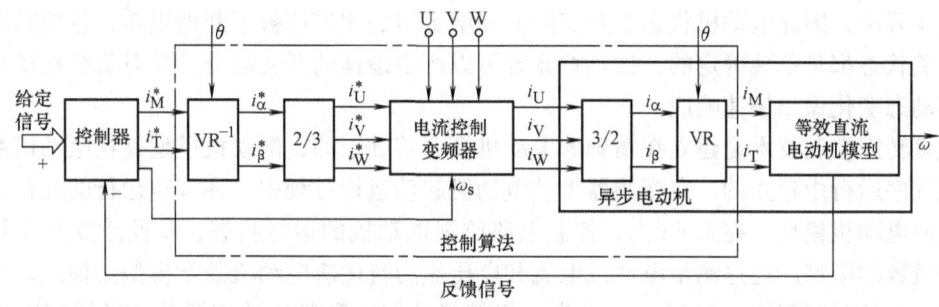

图 3-51 矢量控制系统原理结构图

流（或者磁通）和转矩电流进行检测，并通过控制电动机定子绕组上的电压频率使励磁电流（或者磁通）和转矩电流的指令值和检测值达到一致，从而实现矢量控制。当按照上述方式实现矢量控制时，就可以对电动机的实际转速进行推算，从而实现无速度传感器的矢量控制。采用矢量控制方式高性能通用变频器和通用变频器专用电动机所组成的调速系统在性能上已经达到和超过了直流电机控制系统。此外，由于异步电动机具有对环境适应性强、维护简单等许多直流电动机所不具备的优点，在许多需要进行高速、高精度控制的应用中，这种高性能交流调速系统逐步替代直流伺服系统。

（3）直接转矩控制方式　直接转矩控制也称之为"直接自控制"，这种"直接自控制"的思想是以转矩为中心来进行磁链、转矩的综合控制。和矢量控制不同，直接转矩控制摒弃了解耦的思想，取消了旋转坐标变换，简单地通过检测电动机定子电压和电流，借助瞬时空间矢量理论计算电动机的磁链和转矩，并根据与给定值比较所得差值，实现磁链和转矩的直接控制。

直接转矩控制技术是利用空间矢量、定子磁场定向的分析方法，直接在定子坐标系下分析异步电动机的数学模型，计算与控制异步电动机的磁链和转矩，采用离散的两点式调节器（Band-Band 控制），把转矩检测值与转矩给定值作比较，使转矩波动限制在一定的容差范围内。容差的大小由频率调节器来控制，并产生脉宽调制（PWM）信号，直接对逆变器的开关状态进行控制，以获得高动态性能的转矩输出。它的控制效果不取决于异步电动机的数学模型是否能够简化，而是取决于转矩的实际状况，它不需要将交流电动机与直流电动机作比较、等效、转化，即不需要模仿直流电动机的控制，它省掉了矢量变换方式的坐标变换与计算和为解耦而简化异步电动机的数学模型，没有通常的脉宽调制（PWM）信号发生器。它的控制结构简单，控制信号处理的物理概念明确，系统的转矩响应迅速且无超调，是一种具有高静、动态性能的交流调速控制方式。

与矢量控制方式比较，直接转矩控制磁场定向所用的是定子磁链，它采用离散的电压状态和六边形磁链轨迹或近似圆形磁链轨迹的概念。只要知道定子电阻就可以把它观测出来。而矢量控制磁场定向所用的是转子磁链，观测转子磁链需要知道电动机转子电阻和电感。因此，直接转矩控制大大减少了矢量控制技术中控制性能易受参数变化影响的问题。直接转矩控制强调的是转矩的直接控制与效果。

与矢量控制方法不同，它不是通过控制电流、磁链等量来间接控制转矩，而是把磁通和转矩直接作为被控量直接控制转矩。在直接转矩控制中，定子磁通和转矩被作为主要的控制变量，采用高速数字信号处理器与先进的电动机软件模型相结合，使电动机的状态每秒钟可被更新 4 万次，因此电动机状态以及实际值和给定值的比较值被不断地更新，且变频器的每一次开关状态都是单独确定的，这就意味着可以产生最佳的开关组合，并对负载扰动和瞬时掉电等动态变化做出快速响应。

直接转矩控制技术是建立在精确的电动机模型基础上的，电动机模型是在电动机参数自动辨识程序运行中建立的。在变频器带动电动机起动运行过程中，在零速运行的几秒钟内建立自适应电动机模型，在 1min 内，控制电路监视电动机的运行状态，从而建立并优化自适应电动机数学模型。通过测量电动机电流和电压作为自适应电动机数学模型的输入，这个模型每隔一定的时间间隔，如 $25\mu s$，产生一组精确的转矩和磁通的实际值，通用变频器中的电动机转矩比较器将转矩实际值与转矩给定调节器的给定值比较，同时，通用变频器中的磁通比较器将实际值与磁通给定调节器的给定值做比较，通用变频器依据这两个比较器的输出，优化脉冲选择器，决定逆变器的最佳开关位置。每一次开关都是单独地由磁通和转矩值决定的，而不是像磁通矢量控制方式中是按预先确定的开关矩阵表来控制的。直接转矩控制可以在不使用速度传感器的情况下，从零速开始就可以实现电动机速度和转矩的精确控制。开环动态速度控制精度可以达到闭环磁通矢量控制的精度，静态速度控制精度可以达到标称速度的 0.1% ~ 0.5%；开环转矩阶跃上升时间小于 5ms，而不带速度传感器的磁通矢量控制变频器的开环转矩阶跃上升时间一般大于 100ms。

4. 通用变频器的基本结构原理

通用变频器的基本结构由主电路、内部控制电路板、外部接口及显示操作面板组成，软件丰富，各种功能主要靠软件来完成。通用变频器的基本结构原理如图 3-52 所示。

由图 3-52 可见，通用变频器主要由主电路（包括整流器、中间直流环节、逆变器）和控制电路组成。

（1）整流器 电网侧的变流器 I 是整流器，有可控整流桥和不可控整流桥两种，通用变频器大多采用不可控整流桥方式。它的作用是把三相交流整流成直流。

（2）逆变器 负载侧的变流器 II 为逆变器，最常见的结构形式是利用 6 个 IGBT 组成的三相桥式逆变电路。有规律地控制逆变器中主开关的通与断，可以得到任意频率的三相交流输出。IGBT 称为绝缘栅双极型晶体管，是综合了场效应晶体管（MOSFET）和双极晶体管（BJT）特点的新型器件，在通用通用变频器中已得到广泛应用。

（3）中间直流环节 通用变频器的中间直流储能环节是一个（组）大容量电解电容器。由于逆变器的负载为异步电动机，属于感性负载，无论电动机处于电动或发电制动状态，其功率因数总不会为 1。因此，在中间直流环节和电动机之间总会有无功功率的交换，这种无功能量要靠中间直流环节的储能元件（电容器或电抗器）来缓冲，所以常称中间直流环节为中间直流储能环节。

（4）控制电路 控制电路是通用变频器的心脏，它包括主控制电路、控制策略算法电路、信号检测电路、控制信号的输入与输出电路、驱动电路和保护电路等构成。其主要作用是完成对逆变器的开关控制、对整流器输出电压的控制、通过外部接口电路接受/发送控制信息，以及完成各种保护功能等。外部接口有模拟量和数字量输入/输出、通信接口等。高性能的通用变频器目前已经采用微处理器进行全数字控制，采用尽可能简单的硬件电路，主要靠软件来完成各种功能。由于软件的灵活性，数字控制方式常可以完成模拟控制方式难以完成的功能。

第3章 电气控制的基本原理

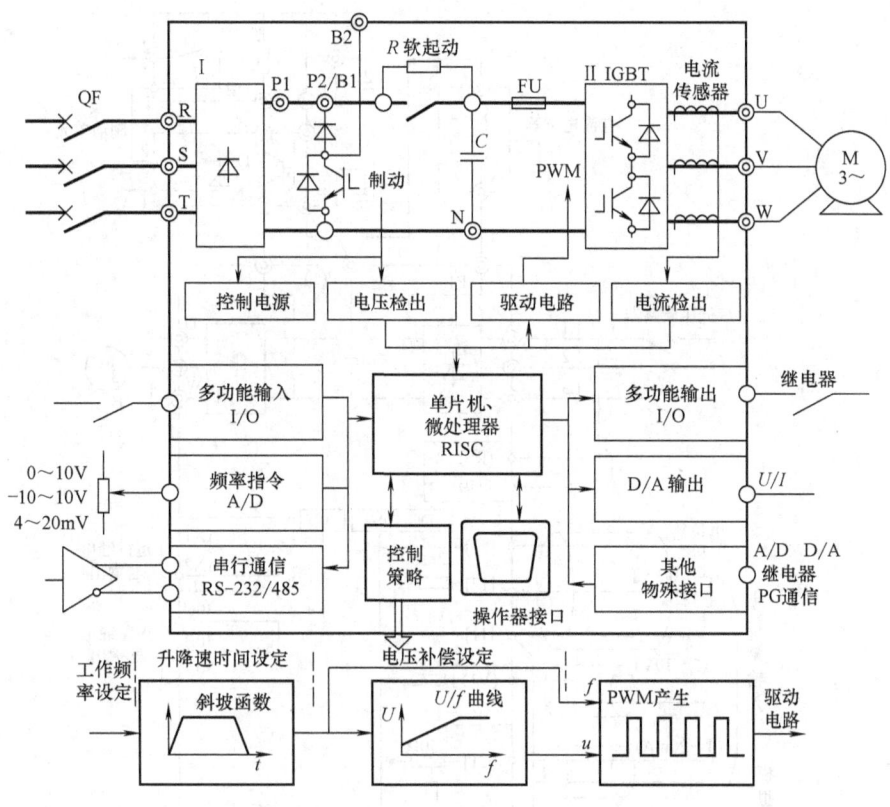

图 3-52 通用变频器的内部结构原理图

高性能通用变频器主要指具有转矩控制功能的 U/f 控制方式通用变频器和矢量控制型通用变频器。具有转矩控制功能的高功能型 U/f 控制通用变频器的特点是，电动机机械特性硬度高，低速过载能力大，可实现挖土机特性，即具有过电流抑制功能。通常，这类通用变频器需要在 EPROM 中存入电动机的参数，以便根据电动机的参数进行计算，不同厂家生产的通用变频器的不同机型，其硬件构成和控制算法是不同的。这种类型的通用变频器，其控制方式是建立在异步电动机稳态数学模型基础上的，动态性能不高。为适应高动态性能的需要，常采用矢量控制方式。

5. 通用变频器的外部接口电路

随着通用变频器的发展，其外部接口电路的功能也越来越丰富。外部接口电路的主要作用就是为了使用户能够根据系统的不同需要对通用变频器进行各种操作，并和其他电路一起构成高性能的自动控制系统。通用变频器的外部接口电路通常包括以下的硬件电路，逻辑控制指令输入电路、频率指令输入输出电路、过程参数监测信号输入输出电路和数字信号输入输出电路等。而通用变频器和外部信号的连接则需要通过相应的接口进行，如图 3-53 所示。

图 3-53 所示是通用变频器产品的外部接线图。由图可见，外部信号接口主要有以下内容。

(1) 主电路接线端子　由图可见，有 9 个主电路接线端子。主电路接线端子中，L1、L2、L3 是电源输入端子，接电网三相交流电；U、V、W 是交流输出端子，接电动机；P1、P(+) 之间用来连接直流电抗器（功率因数校正电抗器）；P(+)、N(-) 之间用来连接制动单元。R0、T0 是辅助控制电源输入端，小功率变频器没有这两个端子。

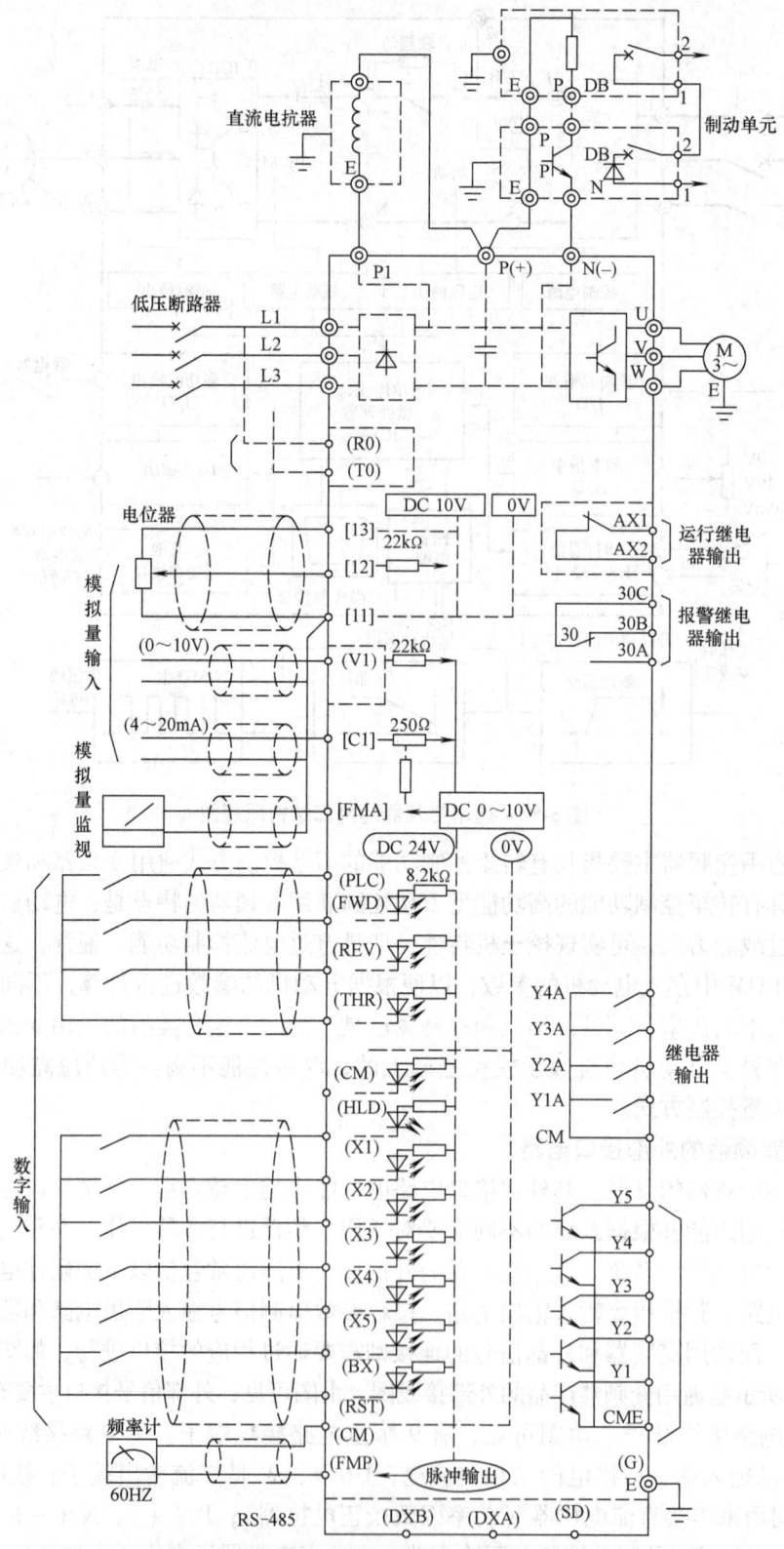

图 3-53 通用变频器的外部接口示意图

(2) 模拟量输入/输出端子　模拟量输入端用于从外部输入模拟量设定速度给定值时使用。频率设定电位器用于就地手动调节速度给定时使用。当需要从外部输入模拟量（0～10V、4～20mA 等）设定速度给定值时，可构成简单的闭环控制系统。模拟量监视和数字式频率计输出端子用于需要在远离变频器的地方显示运行状态时使用，可以从 FMA 或 FMP 处引出接线至监视仪表。通用变频器的模拟输入信号主要包括过程参数，如温度压力等指令及其参数的设置、直流制动的电流指令、过电流检测值；模拟输出信号主要包括输出电流、电压检测、输出频率检测。多功能模拟输入输出信号接点的作用就是使操作者可以将上述模拟输入信号输入通用变频器，并利用模拟输出信号检测通用变频器的工作状态。

(3) 数字量控制输入/输出端子　数字量控制输入端的输入电路与可编程序控制器的输入电路类似，接通有效，有些端子的定义是固定的，不能改变。有些端子是可编程的，可以通过编程定义其功能。图中，FWD 为变频器正转控制端；REV 为反转控制端；THR 为外接保护控制端，如有热保护或其他故障使 THR 与公共点 CM 接通，变频器会立即停止运行；RST 为复位控制端，如在排除故障后欲恢复运行时，应将此端子与公共点 CM 接通一次；X1、X2、X3 为多段速选择端，使用这三个端子与公共点 CM 之间的不同通断状态组合，可以预选设定变频器的多档工作速度，如 000 表示选择第 0 档速度，001 表示第 1 档速度，111 表示第 7 档速度，等等；X4、X5 为多档升降速模式控制端，这两点的通断状态的配合，决定变频器升降速时的不同模式，如 00 表示选择第 0 档加减速时间，01 表示选择第 1 档加减速时间，等等。

运行继电器输出端子在变频器运行时闭合，如果有些设备或电路需要在变频器运行后才能动作，则可使用该触头控制。报警继电器输出端子在变频器故障时动作，对外可控制需要故障时动作的保护电路或显示。晶体管输出端 Y1～Y5 的电路与可编程序控制器的晶体管输出型端子类似，当输出有效时，Y 端子与公用端子间导通，用来控制其他外部设备或电路。这些端子的定义一般是固定的，如 RUN 为运行信号，SU 为频率到达信号，OL 为变频器过载，LU 为供电电压不足，FAT 为报警信号，等等。通用变频器的数字输入输出接口主要用于与数字器件、设备及 PLC 配合使用。其中，数字输入接口的作用是使通用变频器可以根据输入数字器件、设备或 PLC 输出的数字信号指令运行，而数字输出接口的作用则主要是通过输出接点给出变频器的输出信号。

(4) 通信接口　通用变频器具有 RS-232 或 RS-485 的通信接口，主要作用是与计算机、PLC 及其他可通信设备进行通信，并按照计算机或 PLC 的指令完成所需的动作。另外还有与编程设备连接的专用通信接口。

6. 数字操作显示面板

数字操作显示面板是一个具有 LED 显示或 LCD 显示，以及操作键的人机界面，用户可以利用数字操作面板对系统进行各种参数编程、监视和运行操作，监视通用变频器的运行状态，显示故障内容及发生原因等。数字操作面板主要包括以下功能。

(1) 运行操作　通用变频器的运行操作包括运行/停止、正转/反转、点动、输出频率的设定等内容，这些操作可以根据外部给定信号通过通用变频器的数字操作面板进行设定。

(2) 内部参数设定　在通用变频器中，由于使用了高性能的微处理器，内部软件功能非常强，可以通过数字操作面板来设定各种参数和选择各种所需要的功能。虽然通用变频器因品牌不同，其内部参数的定义各不相同，但一般来说，内部参数可以分为两大类：与运行环境和功能有关的参数和与通用变频器工作方式有关的参数。这些参数包括 S 形加减速曲线、U/f 模式、加减速时间设定、过转矩检测、防失速功能、PWM 载频频率、转矩提升等功能的数值设定，以及其他控制参数的设定等。

(3) 监测运行状态 在通用变频器产品说明书中通常说明可提供的操作显示面板的类型及是否有可选件的操作显示面板，如远程操作面板、高级操作员操作显示面板等。操作面板可以显示出频率指令值和实际的输出频率、输出电压指令值和实际的输出电压，以及输出电流等各种反映通用变频器状态的量。运行过程中可以显示的参数，如输出频率（Hz）、输出电流（A）、输出电压（V）、设定频率（Hz）、线速度（m/min）、PID 设定值、PID 远方设定值、PID 反馈值、电动机同步速度（r/min）、通信参数等，当主电路直流电压约大于 50V 时，充电指示灯点亮。

通用变频器在停止输出时，可以显示设定值或输出值等。

(4) 查看记录和显示故障内容 当通用变频器的保护功能动作后，可以通过操作面板显示故障内容，查看其发生原因，以便根据这些信息排除故障等。通用变频器在故障跳闸时以代码方式显示跳闸原因，如 OC1（表示加速时过电流）、OU1（表示加速时过电压）、OC2（表示减速时过电流）、OU2（表示减速时过电压）、OLU（表示变频器过载）、Er8（表示 RS-485 通信出错）等，能保存显示过去几次跳闸原因代码。

7. 通用变频器的主要控制功能

随着变频器技术的发展，通用变频器的功能越来越丰富。以下按其用途将通用变频器的主要功能进行分类并加以简单说明，详细内容请参见具体通用变频器厂商的操作手册。表 3-13 是日本富士 FRENIC 5000G11S 系列高性能多功能通用变频器的基本功能表。

表 3-13 FRENIC 5000G11S 系列高性能多功能通用变频器的基本功能表

功能代码	名称	LCD 画面显示	设定范围	单位	最小单位	出厂设定值	运行时变更
F00	数据保护	F00 数据保护	0、1	—	—	0	×
F01	频率设定 1	F01 频率设定 1	0~11	—	—	0	×
F02	运行操作	F02 运行操作	0、1	—	—	0	×
F03	最高输出频率 1	F03 最高输出频率 1	50~400	Hz	1	60	×
F04	基本频率 1	F04 基本频率 1	25~400	Hz	1	50	×
F05	额定电压 1	F05 额定电压 1	0V：输出电压正比于输入电压 320~480	V	1	380	×
F06	最高输出电压 1	F06 最高输出电压 1	320~480	V	1	380	×
F07	加速时间 1	F07 加速时间 1	0.01~3600	s	0.01	≤22kW 6.0 ≥30kW 20.0	√
F08	减速时间 1	F08 减速时间 1	0.01~3600	s	0.01	≤22kW 6.0 ≥30kW 20.0	√

(续)

功能代码	名称	LCD画面显示	设定范围	单位	最小单位	出厂设定值	运行时变更
F09	转矩提升1	F09 转矩提升1	0.0、0.1~20.0	—	0.1	0.0	✓
F10	电子热继电器1选择	F10 热继电器1	0、1、2	—	—	1	✓
F11	电子热继电器1动作值	F11 OL设定值1	变频器额定电流的20%~135%	A	0.01	100%电动机额定电流	✓
F12	电子热继电器1热时间常数	F12 热常数t1	0.5~75.0	min	0.1	≤22kW 5.0 ≥30kW 10.0	✓
F13	电子热继电器（制动电阻用）	F13 DB电阻OL	≤7.5kW 0、1、2 ≥11kW 0	—	—	1 0	✓
F14	瞬时停电再起动（动作选择）	F14 再起动	0~5	—	—	1	×
F15	上限频率	F15 上限频率	0~400	Hz	1	70	✓
F16	下限频率	F16 下限频率	0~400	Hz	1	0	✓
F17	频率设定信号增益	F17 设定增益	0.0~200.0	%	0.1	100%	✓
F18	频率偏值	F18 频率偏值	-400.0~+400.0	Hz	0.1	0.0	✓
F20	直流制动开始频率	F20 DC制动Hz	0.0~60.0	Hz	0.1	0.0	✓
F21	直流制动值	F21 DC制动值	0~100	%	1	0	✓
F22	直流制动时间	F22 DC制动t	0.0（不动作） 0.1~30.0	s	0.1	0.0	✓
F23	起动频率（频率值）	F23 起动频率	0.0~60.0	Hz	0.1	0.5	×
F24	起动频率（保持时间）	F24 保持时间	0.0~10.0	s	0.1	0.0	×
F25	停止频率	F25 停止频率	0.0~6.0	Hz	0.1	0.2	×
F26	电动机运行声音（载频）	F26 载波频率	0.75~15	kHz	1	2	✓
F27	电动机运行声音（音调）	F27 电机音调	0~3	—	—	0	✓
F30	FMA端子（电压调整）	F30 FMA电压	0~200	%	1	100	✓
F31	FMA端子（功能选择）	F31 FMA功能	0~10	—	—	0	✓
F33	FMP端子（脉冲率）	F33 FMP脉冲率	300~6000（100%时的脉冲数）	p/s	1	1440	✓

（续）

功能代码	名称	LCD画面显示	设定范围	单位	最小单位	出厂设定值	运行时变更
F34	FMP端子（电压调整）	F34 FMP电压	0、1~200	%	1	0	✓
F35	FMP端子（功能选择）	F35 FMP功能	0~10	—	—	0	✓
F36	30RY动作模式	F36 30RY模式	0、1	—	—	0	×
F40	转矩限制1（驱动）	F40 驱动转矩1	20~200、999	%	1	999	✓
F41	转矩限制1（制动）	F41 制动转矩1	20~200、999	%	1	999	✓
F42	转矩矢量控制1	F42 转矩矢量1	0、1	—	—	0	×

一般通用变频器必须具有以下基本功能：

（1）自动转矩补偿功能　由前分析知，当采用 U/f 控制方式时，在电动机的低速区域将出现转矩不足的情况。为了在电动机进行低速运行时对其输出转矩进行补偿，在通用变频器中采取了在低频区域提高 U/f 值的方法。这种方法称为通用变频器的转矩补偿功能。所谓自动转矩补偿功能指的是通用变频器在电动机的加速、减速和定常运行的所有区域中可以根据负载情况自动调节 U/f 值，对电动机的输出转矩进行必要的补偿。

（2）防失速功能　通用变频器的防失速功能包括加速过程中的防失速功能、恒速运行过程中的防失速功能和减速过程中的防失速功能三种。加速过程中的防失速功能和恒速运行过程中的防失速功能的基本作用是，当由于电动机加速过快或负载过大等原因出现过电流现象时，通用变频器将自动降低通用变频器的输出频率，以避免通用变频器因为电动机过电流而出现保护电路动作和停止工作的情况。对于通用变频器来说，由于在电动机的减速过程中回馈能量将使通用变频器直流中间电路的电压上升，并有可能出现因保护电路动作带来的通用变频器停止工作的情况，因此减速过程中防失速功能的基本作用是，在电压保护电路未动作之前暂时停止降低通用变频器的输出频率或减少输出频率的降低速率，从而达到防止失速的目的。通用变频器具有上述防失速功能，即使在通用变频器的加速或减速时间过短时也不会出现过电流、失速或者通用变频器跳闸的现象，所以可以充分发挥通用变频器的驱动能力。

（3）过转矩限定运行　过转矩限定运行功能的作用是对机械设备进行保护和保证运行连续性。利用该功能可以对电动机的输出转矩极限值进行设定，使得当电动机的输出转矩达到该设定值时，通用变频器停止工作并给出报警信号。

（4）无传感器速度控制功能　无传感器速度控制功能的作用是为了在无速度传感器的情况下，提高通用变频器的速度控制精度。具有该功能时，通用变频器是通过检测电动机电流而得到负载转矩，并根据负载转矩进行必要的转差补偿，从而得到提高速度控制精度的目的。

(5) 减少机械振动、降低冲击的功能 为了达到减少噪声、减小机械振动、减低冲击、保护机械设备的目的，通用变频器设置了包括对 U/f 和转矩补偿值进行调节、选择 S 形加减速模式、选择停止方式、对载频进行调节、电动机参数设定与调节和设定跳跃频率等功能，用户可以根据实际情况选定其中一项或多项进行调节。

(6) 瞬时停电再起动功能 通用变频器的这项功能的作用是，当发生电网停电时，通用变频器将停止输出；当电源恢复时，通用变频器可以按照设定自动再起动，通过自己的自寻速功能对电动机进行检测，直至电动机恢复原有状态。通常用户可以根据需要设定 10 次以内的再试次数。

(7) 外部信号起、停控制 通用变频器通常都具有通过外部信号对通用变频器进行控制的功能。这类功能包括：外部信号运行控制和外部异常停止信号。通过外部信号接点可以控制通用变频器的工作状态。当被驱动的机械设备出现异常时，也可以利用外部异常停止信号，使变频器停止工作。在这种情况下可以将电动机设定为以不同频率减速停止的停止模式。

(8) 频率设定功能 通用变频器和频率设定有关的功能主要有以下内容。

1) 多段转速设定功能。多段转速设定功能是为了使电动机能够以预定的速度按一定的程序运行。用户可以通过对多功能端子的组合选择记忆在内存中的频率指令，以满足工艺要求。

2) 频率上下限设定功能。频率上下限设定功能是为了限制电动机的转速，从而满足设备运行控制的目的而设置的。它通过设置频率指令的上下限，来限定过程控制参数的上下限，并按一定的比例进行控制。

3) 频率跳跃功能。由于在调速控制的过程中，机械设备在某些频率点上可能会与系统的固有频率形成共振而造成较大振动，产生噪声，该功能就是为了避开这些共振频率而设置的。它可以用于泵、风机、机床等机械设备，以达到防止机械系统发生共振的目的。

4) 禁止加减速功能。为了提高通用变频器的可操作性，在加减速过程中，可以通过外部信号，使频率的上升/下降在短时间暂时保持不变。

5) 加减速时间设定。加减速时间设定功能的作用是可对通用变频器的加减速时间分别进行设定。该功能对于一些机械设备需要缓慢起动、缓慢停机等情况，是十分实用的，其性能要比一般的软起动器好得多。

6) S 形加减速功能。S 形加减速功能的作用是当被驱动的负载较重，需要缓慢起停运行时，选择该功能可以使通用变频器按照 S 形曲线比较平滑地运行。

(9) 与保护有关的功能 由于在变频调速系统中，驱动对象往往相当重要，不允许发生故障，随着通用变频器技术的发展，通用变频器的保护功能也越来越强，以保证系统在遇到意外情况时也不出现破坏性故障。在通用变频器的保护功能中，有些功能是通过通用变频器内部的软件和硬件直接完成的，而另外一些功能则与通用变频器的外部工作环境有密切关系，它们需要和外部信号配合完成，或者需要用户根据系统要求对其动作条件进行设定。前一类保护功能主要是对通用变频器本身的保护，而后一类保护功能则主要是对通用变频器所驱动的电动机的保护以及对系统的保护等内容。

1) 电动机的保护。对电动机的保护功能的主要作用是通过通用变频器内部的电子热继电器功能为电动机提供过载保护。当电动机电流（通用变频器输出电流）超过电子热保护功能所设定的保护值时，则电子热继电器动作，使通用变频器停止输出，从而达到对电动机进行保护的目的。用户可以根据需要在一定范围内对电子热继电器的动作点和动作特性（热能时间常数）进行调节，以达到最大限度地发挥电动机的作用并为电动机提供过载保护的目的。

对于通用异步电动机，是在电动机轴上安装冷却风扇的方法进行冷却的。当采用通用变频器驱动时，在低速范围内冷却风扇转速也降低，这将使风扇的冷却效果变差，电动机的容许温升也相应降低。考虑到上述因素，对普通电动机的电子热保护功能，虽然已在低频范围按照容许温升范围进行了一定的补偿，但使用时尚需特别注意。而对于通用变频器专用电动机来说，因为可以用100%的转矩进行连续运行，就不存在冷却问题。

应该注意的是，这种功能的保护对象主要是单台普通三相异步电动机。当用同一台通用变频器同时驱动数台电动机时，则应该采用外部热继电器保护。

2）系统的保护。系统的保护包括以下内容。

① 外部报警输入功能：该功能是为了将被通用变频器拖动的设备的故障信号输入到通用变频器配合工作而设置的。当设备发生故障并发出报警信号时，使通用变频器停止工作，以避免故障范围扩大。

② 通用变频器过热预报：该功能主要是为了当通用变频器环境温度过高将危及通用变频器正常运行时发出报警信号，以便采用相应的保护措施。在利用该功能时需要在通用变频器外部安装热敏温度传感器。

③ 制动电路异常保护：该功能的作用是为了给系统提供安全保障措施。当检测到制动电路出现异常或者制动电阻过热时发出报警信号，并使通用变频器停止工作。

3）与运行方式有关的功能。与运行方式有关的功能包括以下内容。

① 直流制动功能：该功能的作用是在不使用机械制动器和制动电阻的条件下，使电动机制动。当通用变频器通过降低输出频率使电动机减速，并达到预先设定的频率时，通用变频器将给电动机加上直流电压，使电动机绕组中流过直流电流，使电动机进入直流制动状态，达到直流制动的目的。

② 自寻速跟踪功能：对于风机、绕线机等惯性负载来说，当由于某种原因使通用变频器暂时停止输出，电动机进入自由运行状态时，具有这种自寻速跟踪功能的通用变频器可以在没有速度传感器的情况下自动寻找电动机的实际转速，并根据电动机转速自动进行加速，直至电动机转速达到所需转速，而无需等到电动机停止后再进行驱动。

③ 载频频率调整：具有载频频率调整功能的通用变频器，可以通过调整载频频率，达到降低系统运行噪声的目的。

3.6 逻辑控制系统

现代工业生产机械及其自动控制系统中，需要根据生产工艺流程，预先制定工艺流程及生产机械的动作或工作状态，以预先编制的动作次序（步序）、条件、时间、状态等工艺要素为依据，对生产机械及控制过程的各阶段，按次序一步一步地进行逻辑控制，这种控制系统传统上称为顺序控制系统。从现代工业自动化控制角度看，顺序控制系统是一种开关量或数字量控制的时序逻辑控制系统。在这个系统中，简单的开关量顺序控制只是局部的、或单一的单元控制，整体上已是一种全数字化的逻辑控制系统，其中包含了各种标准工业信号的数字化控制，顺序控制只是逻辑控制系统中的一个功能或概念。因此，本书将上述顺序控制系统的概念定义为逻辑控制系统。现在，逻辑控制系统可以由继电逻辑控制方法实现，也可以由可编程序控制器或计算机控制及其网络通信系统实现。较复杂的工业生产机械及其自动控制系统已经实现了以可编程序控制器或计算机控制为核心的数字化控制，有些已经实现了网络化控制。

3.6.1 逻辑控制系统的原理

最基本的逻辑控制的概念也就是传统意义上的顺序控制的概念。其中包含了信号、动作和步序三个要素。在顺序控制系统中，信号通常是一些主令信号或转换信号，如按钮信号、继电器触点、时间继电器触点、传感器触点，以及行程开关、接近开关、光电开关等位置检测信号等，作为顺序或步序的状态转换信号；动作即状态转换的结果，也就是逻辑转换；步序（工步）即上一个状态转换后到下一个状态转换前的一个工艺过程，在电路图上表现为一段线路的工作或一个元件或设备的运行或停止，从程序角度说，它是一段子程序或梯形图的一个或多个梯级。

对生产机械而言，受控设备的任一个工步的动作是否执行，取决于前一个工步是否已完成，并输出转换信号。若前一工步的动作未完成，则后一工步的动作无法执行。工步与动作间在逻辑上互锁和联锁严密，即便转换主令信号元件失灵或出现误操作，亦不会导致动作顺序紊乱。这是顺序控制系统的主要特点，也是实现逻辑控制系统的基础。早期，生产机械的顺序控制是由顺序控制装置实现的。自20世纪60年代至今，顺序控制装置经历了继电逻辑顺序控制装置、晶体管分立元件的组件式顺序控制装置、矩阵式顺序控制装置、微处理器式顺序控制装置等。随着计算机控制技术的发展，顺序控制系统的控制装置不再单独设计和制造，而是将其与PLC、DCS、计算机等融为一体。顺序控制功能只是其中的一种逻辑模块。逻辑模块或逻辑控制系统的要素是"与"、"或"、"非"及其组合，"与"、"或"、"非"的基本逻辑关系在3.1节中已有较详细的叙述，在此不再重复。

根据"与"、"或"、"非"的基本逻辑关系，可组合成串联、并联及其复合电路结构，其最小单元就是一个步序（工步）或动作转换信号；最小单元间的逻辑上的连接就是动作间的转换。这里说的逻辑可以用物理接点实现，也可以用数字"1"和"0"及其组合实现，组合的数字"1"和"0"的控制，即数字控制，也称为软逻辑控制。与此对应，通过物理接点实现的逻辑，称为硬逻辑。单一的数字"1"和"0"是软逻辑控制中的一个"位"，是数字逻辑控制中的一个最小单位。因此，所谓软逻辑就是可编程序控制器或计算机存储器中的一个存储"位"、"字节"或"字"。如梯形图中的输入继电器、输出继电器、内部继电器、时间继电器以及一些功能指令，就是对应于存储区中的一个存储"位"、"字节"或"字"，而不是物理意义上的继电器或器件。由它们构造的逻辑就是软逻辑。软逻辑控制也就是根据控制数据和预先编制好的程序，如梯形图程序，控制生产机械或流水线按规定的动作顺序、运动轨迹、运动距离和运动速度等，自动地完成工作的一种数字程序控制。数字程序控制系统一般由输入器件、输出器件、控制器、驱动装置等组成，核心是控制器，现在工业现场多用可编程序控制器作为系统控制器。

3.6.2　顺序控制的原理

从顺序控制的概念上说，顺序控制线路就是在一个设备起动之后，另一个设备才能按照一定的条件或判据起动运行的一种控制方法。常用于主、辅设备之间、多台设备之间、多段生产线或传送带之间的控制等。如，有一条由 3 段传送带组成的生产线，每段传送带由 1 台异步电动机拖动，工艺要求第 1 段传送带起动 1min 后，第 2 段传送带自动起动；第 2 段传送带运行 30s 后，第 3 段传送带自动起动，3 段传送带运行 5min 后全部停止。根据控制要求，采用时间继电器定时，并用其延时闭合触头控制 3 个接触器 K1、K2 和 K3 的方法，实现 3 段传送带（3 台异步电动机）顺序起停控制。因为顺序起动时间间隔分别为为 1min、30s 和 5min，完成一次循环需要用 3 个延时定时器 T1～T3 来完成。具体的控制线路可以设计为：接触器 K1 与时间继电器 T1 同时起动，时间继电器 T1 的延时闭合触头控制接触器 K2 起动，接触器 K2 的辅助触头控制时间继电器 T2 起动，时间继电器 T2 的延时闭合触头控制接触器 K3 起动，接触器 K3 的辅助触头控制时间继电器 T3 起动，时间继电器 T3 的延时闭合触头控制 3 个接触器 K1、K2 和 K3 同时断电，其中，使 3 个接触器 K1、K2 和 K3 互锁，以保证 3 台异步电动机中的任何一台发生故障，整个系统全部停机或不起动。这是一个典型的顺序控制线路或顺序控制的思路。实际上，我们在 3.3.3 节讨论的图 3-23 转子电路串电阻减压起动控制线路（方案 1）和图 3-24 转子电路串电阻减压起动控制线路（方案 2）的控制思路，也是十分典型的顺序控制的思路和设计方法。虽然在那里讨论的是三相绕线转子异步电动机的起动控制线路，但是这两个线路的控制思路和设计方法适合于任何具有类似控制逻辑的场合。

在工程上，顺序控制的方法应用十分普遍，有相对简单一些的、规范一些的，也有一些十分复杂的，但是无论是简单的还是复杂的顺序控制系统，其基本的控制规律基本上与上述类似，都是按步序组合，根据不同的判据实现的。只是实现的方式、采用的装置不同而已。诚然，一个顺序控制系统的设计和应用效果，在很大程度上取决于设计者对被控对象工艺流程的了解和掌握程度、对经典控制线路的掌握和理解程度，以及对控制设备（仪表与计算机）、新型器件和装置的了解程度。能得到成功应用的一个重要原因，就是其线路或应用程序设计要周密而合理，如什么工况下要转换运行，转换到哪个步骤既安全又经济，一个判据对设备起停全过程有哪些影响，它的有效区是多少个步序或动作，等等，这些都需要对设备起停的工艺流程有深入的了解，才能设计出完善的控制方案。

如，注塑机的工作原理是借助螺杆（或柱塞）的推力，将已塑化好的熔融状态（即粘流态）的塑料注射入闭合好的模腔内，经固化定型后取得制品的工艺过程。注射成型是一个顺序控制的循环过程，每一顺序控制的循环周期主要包括：定量加料→熔融塑化→施压注射→充模冷却→启模取件。取出塑件后又再闭模，进行下一个循环。一般注塑机包括注射装置、合模装置、液压系统和电气控制系统等部分。

注射装置的主要作用是使塑料均匀地塑化成熔融状态，并以足够的压力和速度将熔料注射入模具中。它主要由塑化部件（机筒、螺杆或柱塞、喷嘴等）、料斗、螺杆传动装置（液压马达等）、注射油缸、注射座、移动油缸等组成。

合模装置是保证成型模具可靠地闭合和实现启闭模动作以及取出制品的部件。由于熔料以很高的压力注入模腔中，为了锁紧模具而不致使制品产生飞边或影响制品质量，就要对模具施加足够的锁紧力（即合模力）。合模装置主要包括固定模板、移动模板、后墙板、连接前后模板用的拉杆、合模油缸、顶出油缸、调模装置等组成。

注射成型的基本要求是塑化、注射和成型。塑化是实现和保证成型制品质量的前提，而为满足成型的要求，注射必须保证有足够的压力和速度。同时，由于注射压力很高，相应地在模腔中产生很高的压力，模腔内的平均压力一般在 20～45MPa 之间，因此必须有足够大的合模力。由此可见，注射装置和合模装置是注塑机的关键部件。

液压系统和电气控制系统是保证注塑机按工艺过程预定的要求（如压力、速度、温度、时间等）和动作程序准确有效地进行工作而设置的动力和控制系统。一般螺杆式注塑机的成型工艺过程是：首先将粒状或粉状塑料加入机筒内，并通过螺杆的旋转和机筒外壁加热使塑料成为熔融状态，然后机器进行合模和注射座前移，使喷嘴贴紧模具的浇口道，接着向注射缸通入压力油，使螺杆向前推进，从而以很高的压力和较快的速度将熔料注入温度较低的闭合模具内，经过一定时间和压力保持（又称保压）、冷却，使其固化成型，便可开模取出制品。保压的目的是防止模腔中熔料的反流、向模腔内补充物料，以及保证制品具有一定的密度和尺寸公差。

由上述的工艺分析可以得到注塑机的动作程序：关门→合模→喷嘴前进→注射→保压→预塑→松退→喷嘴后退→冷却→开模→顶出→退针→开门。这就是设计注塑机电气控制系统的依据。

再如，一套汽轮发电机组自动起停顺序控制装置，从起动直到并网带负载的全部过程中，自动控制汽轮发电机组和汽轮机辅助设备自动进行，停机时的操作也是自动完成的。一套 300 MW 再热式汽轮发电机组，其起动过程从静止状态到带负载运行分为 5 个阶段，每个阶段中又分为 14 个程序步序。每个程序步序发出的操作指令应具备的条件称作一次判据，一次判据满足之后，步序单元就发出操作指令，指令时间是 2 s。指令发出后，检查被操作设备的运行情况称作二次判据。从指令发出到完成操作，如起动某台泵运行正常或开关某个阀门直到全开或全关，需要一定的时间，这段时间称作"允许时间"。如果在允许时间内完成了操作，则向下一个程序步骤前进，否则发出报警并停止程序前进。在一个程序步序的最后一个二次判据完成后，到执行下一个程序步序之前，有一段时间间隔，以使各个生产过程达到执行下一个程序步序的条件，这段时间叫做"等待时间"。5 个程序阶段及 14 个程序步序为：①不带旁路的盘车阶段，包含 3 个程序步序，即起动电动润滑油泵、投盘车装置和盘车；②带旁路的盘车阶段，包含 5 个程序步序，即投冷却水系统、投凝结水系统及控制油供油装置、凝汽器抽真空、向汽轮机轴封送汽和投入旁路；③汽轮机空载运行阶段，包含 3 个程序步序，即建立安全油压、汽轮机升速和空载运行（转速大于 2900r/min）；④励磁阶段只有 1 个程序步序，即投入发电机励磁；⑤带负载运行阶段，包含 2 个程序步序，即同期并网和升负载。

在每个程序步序上，如果一次判据满足（判据灯熄灭），顺序控制装置就发出一个或几个指令给汽轮发电机组和汽轮机辅助设备的控制功能组，并由它们去操作有关设备。如果某个一次判据不满足，判据灯闪光，顺序控制装置自动停步，发出闭锁指令。当判据满足，"停止复归"后，可重新发指令。二次判据在"允许时间"内不满足时，判据灯持续发光，不影响程序步序，如果过了"允许时间"尚未满足时，判据灯由持续发光变为闪光，在发出信号报警的同时程序停步。运行过程中一旦出现故障，顺序控制装置可根据机组状态和事故类型，自动反向到安全运行状态或停止汽轮发电机组。通过监视润滑油压、主汽温度、安全油压等危及汽机安全的各种参数，并将它们作为引起程序反向的一次判据，可以使顺序控制装置根据事故类型按事先安排好的反向程序自动地退回到反向目标。此外，停机程序也可由运行员操作阶段按钮来执行。

顺序控制装置设置了 5 个反向目标，当发生事故时，机组究竟反向到哪一步序，则根据具体的反向判据来判断。反向判据对应的反向目标是固定的，但机组起停程序进行状态的作用区间（通称有效区间）是不同的，即每个判据都对若干程序步序有影响。在作为反向判据的一次判据不满足或手动操作阶段按钮引导机组反向时，正向程序立即停止，程序停止指示灯亮，同时引起程序反向的一次判据指示灯闪光并发出音响报警。执行反向程序时，反向指示灯亮，由反向程序所确定的反向单元指示灯亮，反向指令完成情况由反向校核（反向程序的二次判据）指示灯显示。如果反向指令未能完成，则反向校核指示灯闪光。如果有中间反向步序，则反向到中间步序，再依次反向到规定步序。在程序反向时，反向以前的程序步序指示灯和引起反向的一次判据指示灯仍保持灯光信号不熄灭，以便于进行事故分析。当故障消失后，方可操作"复归"按钮，清除"停止"和"反向"信号后，程序重新由此步序按起动程序做好准备。

顺序控制装置有"手动"、"自动"和"模拟"3 个运行方式。

由此可见，汽轮发电机组自动起停顺序控制装置是一个十分复杂的控制系统，但是每一个步序也是由一些基本逻辑组成的，只是现在的装置是采用可编程序控制器，通过编制程序实现的。

3.6.3 顺序功能图（SFC）程序设计语言

顺序功能图（SFC）程序设计语言也称为功能表图（Function Chart）语言，在 IEC 60848—2002 中称顺序功能图，在我国国家标准 GB/T 6988 中称功能表图，是设计可编程序控制器控制程序的一种工具。

顺序功能图（SFC）语言是用图形符号和文字叙述相结合的表示方法描述控制系统的控制过程、功能和特性的一种图形描述的方法，它可描述控制系统的组成部分的技术特性，而不涉及所描述的控制功能的具体技术，是一种通用的技术语言。适合于系统的规模较大、程序关系较复杂的场合，特别适合于对顺序操作的控制。在一些可编程序控制器中的步进指令常用顺序功能图编程。在编制复杂的顺序控制程序时，采用顺序功能图比梯形图更直观，所以一般首先根据控制过程的要求画出顺序功能图，然后根据顺序功能图转换为梯形图（LAD）、功能块图（FBD）或语句表（STL）输入到可编程序控制器中。下面简单介绍顺序功能图的基本原理及编程方法。

1. 顺序功能图的基本原理

顺序功能图用来描述工艺逻辑的顺序和控制转移的关系，它利用条件、状态转移和动作等几个步骤表示一个控制的逻辑关系。采用顺序功能图对控制系统的描述，控制系统将被分为若干个子系统，使系统的操作具有明确的含义，条理清楚，便于设计人员和操作人员的沟通、程序的分工设计和检查调试。对大型的程序，可分工设计，采用较为灵活的程序结构，可节省程序设计时间和调试时间。

顺序功能图编程的三要素为：步、条件和动作，由步、有向连线、转换、转换条件和动作（或命令）组成顺序功能图，如图 3-54 所示。

顺序功能图所描述系统的实际控制或操作过程是将一个过程周期分解为若干个清晰而连续的阶段，这种阶段称为"步"，每一步完成一个动作，当该步功能完成或下一步的开始条件为"真"时，可以进入下一步，步和步之间由"转换"分隔，当两步之间的转换条件得到满足时，实现转换，即上一步的活动结束而下一步的活动开始。一个步可以是动作的开始、持续或结束，一个过程循环分的步越多，过程的描述也越精确，步和步通过"有向连线"连接。步、转换和有向连线就是顺序功能图中使用的三个图形符号，也是顺序功能图的基本组成元素。将这三种符号按规定的方法组合，即可表示系统的状态（初始步、工作步），根据系统是否运行，工作步又可分为静态（静步、非活动步）或动态（动步、活动步）。静态表示当前没有运行的步，动态是指当前正在运行的步。步表示过程中的一个动作。每一步可与一个或一个以上的命令或动作相对应；每一个转换必须与一个转换条件相对应。

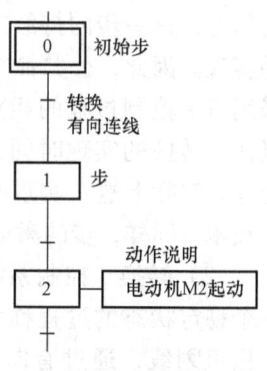

图 3-54　顺序功能图编程的组成要素

(1) 步　控制系统中一个相对不变的稳定状态称为步，在顺序功能图中，步通常表示某个执行元件的状态变化。在控制过程中某一给定时刻，一个步可以是活动的或非活动的。一系列活动步决定了系统的状态。当步处于活动状态时，称为"活动步"；当步处于非活动状态时，称为"非活动步"。一个步的活动或非活动状态可分别由逻辑值"1"或"0"来表示，图 3-55 中的编号 0、1、2 等表示相应步的标号或步序。当一个步处于活动状态时，发出相应的命令或执行相应的动作。在这样的状态中，系统仅仅与关系到下一个相应的转换条件或使条件使能的命令有关。从网络的角度来说，活动步是取得令牌的步，它可以执行相应的命令和动作。

控制过程的开始阶段的活动步与初始状态相对应，称作"初始步"，它表示系统的初始状态或动作。在顺序功能图中，"初始步"用附有编号的双线矩形框表示，如图 3-55 中的初始步所示。工作步是指控制系统正常时的状态。当一个步处在活动状态时，相应的命令或动作即被执行。在顺序功能图中，对于系统，一个活动步能导致一个或数个命令或动作。命令或动作用矩形框内的文字或符号语句表示，该矩形框应与相应步的符号相连，画在其右边。当相应步活动时，命令或动作被执行。当相应步不活动时，如果命令或动作返回到该步活动前的状态，则命令或动作是非存储型的；如果命令或动作继续保持它的状态，则命令或动作是存储型的。存储型的命令或动作被后续的步激励复位，仅能返回到它的原始状态。

正确选用文字或符号语句，可以区分命令和动作之间的差别。如，"打开阀门 A"是命令，"A 阀打开"则是动作，进而为了表明命令或动作是否是存储型的，可以发出命令"打开 A 阀并保持"，它表示该命令是存储型的，并且表示了 A 阀的状态。因此，说明语句必须十分明确，以避免误解，为此，可以在功能表图中增加说明性的注解，如图 3-55 所示。

一个步可以同时与几个命令或动作相连，这些命令或动作可以水平布置或垂直布置，如图 3-56 所示，其中图 3-56a 是水平布置，几个动作 A、B、…、N 与步 S 水平相连，在这里，S (STEP) 表示步，下同。图 3-56b 是垂直布置，几个动作 A、B、…、N 与步 S 垂直相连。

上述的这种语句说明的命令或动作称为公共命令或动作，它们表示在控制过程各步所执行的命令或动作，但不给出在执行期间内部时序上的信息，每一步的持续时间取决于步与步之间转换的实现。因此，公共命令或动作和公共转换条件可采用有关控制过程的相对时间进行描述。理论上可以认为转换的实现时间为一个任意短的值，但不能为零。实际上这个实现时间取决于实施系统所采用的技术。同样，步的激活时间也不能认为是零。

(2) 转换　控制系统从一个稳定状态过渡到另一个稳定状态的过程称为转换。转换的图形符号是一根短划线，通过有向连线与有关步的符号相连，如图 3-54 所示。水平双线用来表示同步实现的转换。转换是描述从某步到另一步活动状态可能实现的进展。在顺序功能图中，步的活动状态的进展是按有

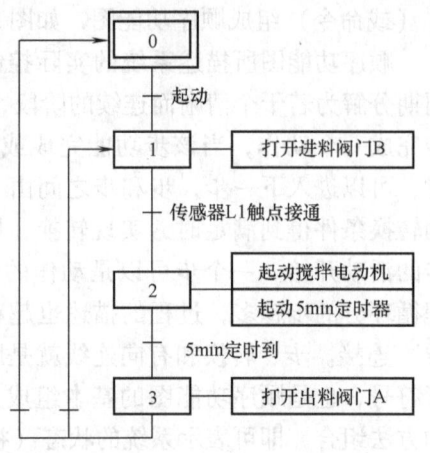

图 3-55　使用文字和符号语句示例

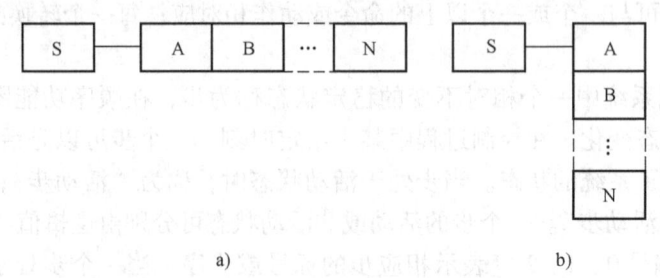

图 3-56　命令和动作的布置
a) 水平布置　b) 垂直布置

向连线所规定的路线进行的，进展是由一个或多个转换的实现来完成的，并与控制过程的发展相对应。初始状态由初始步来表征，而初始步决定了操作开始时的活动状态，每个表图至少应该有一个初始步。转换的实现必须同时满足下列条件，该转换才为"实现转换"，即该转换所有的前级步都是活动步且相应的转换条件得到满足；转换的实现使所有由有向连线与相应转换符号相连的后续步都变为活动步，而使所有前级步都变为不活动步。有当某一步的所有前级步都是活动步时，该步才有可能通过转换的实现成为活动步。因此，为了使初始步成为活动步，在编程时应采用上电后可编程序控制器内部已经闭合的触点来起动初始步，使它成为活动步。以上规则适用于任意结构中的转换，是设计梯形图的基础，但对于不同的程序结构是有区别的，如在单序列中，一个转换仅有一个前级步和一个后续步；在并行序列的分支处，转换有几个后续步，在转换实现时应同时将它们变为几个活动步（对应的编程元件置位）；在并行序列的合并处，转换有几个前级步，它们均为活动步时才有可能实现转换，在转换实现时应将它们变为不活动步（对应的编程元件复位）；在选择序列的分支与合并处，一个转换实际上也只有一个前级步和一个后续步，但一个步可能有多个前级步或多个后续步，只能选择其一。

转换条件是一个与每个转换相关的逻辑命题，它们可能是真的也可能是假的。如果存在一个相应的逻辑变量，则当转换条件为真时，逻辑变量的值为 1。如果两个转换的使能以同一步为条件时，应确保与这两个转换联系的转换条件是不相容的，即不会同时为真。转换条

件可以采用文字语句、布尔表达式和功能图形符号三种方法表示。根据顺序功能图设计梯形图时，通常用编程元件代表步。当某步为活动步时，对应的编程元件为"1"态，当该步之后的转换条件满足时，转换条件对应的触点或电路接通，因此可以将该触点或电路与代表前级步的编程元件的常开触点串联，作为与转换实现的两个条件同时满足对应的电路，当此电路接通时应使代表前级步的编程元件复位，同时使代表后续步的编程元件置位（变为"1"态）并保持。

（3）有向连线　步和步之间的进展由有向连线表示，它将步连接到转换并将转换连接到步。有向连线可以是垂直的或水平的。按照惯例进展的方向总是从上到下或从左到右，除此之外的其他情况可采用带箭头的连线。当垂直线和水平线之间没有内在联系时，它们可以交叉；但是当连线与同一个进展相关时，不允许交叉。如果因为表图比较复杂或因画在几张图纸上而有向连线不得不中断时，应表明下一步的编号和该步所在的页数。

符号连接规则是：对每个所涉及的序列都应用"步—转换"和"转换—步"两种形式交替说明，即两个步不能直接相连，必须用一个转换分隔；两个转换也不能直接相连，必须用一个步分隔。

2. 顺序功能图的基本结构

顺序功能图有单序列、选择序列和并行序列三种基本结构，任何复杂的顺序功能图都可由上述三种序列组合而成。

不同的生产过程有不同的控制要求，因此需用不同的程序结构来完成不同的控制要求，常用的控制程序大致有下列几种基本结构形式。

（1）单序列程序结构　当一个被控系统的控制过程是顺序进行、其间不分支时，常采用单序列程序结构。这种程序结构由单一的、不分支的程序组成。程序的大小由控制过程的要求决定。若在被控系统的整个控制程序中，有相同的控制要求，并要求重复执行的程序段，称为循环程序。循环程序是否执行是根据循环程序执行的判别条件是否满足来确定的。单序列程序结构由一系列相继激活的步组成，每个步后面仅接一个转换，并且每个转换也仅连接一个步。如图3-57a的单序列程序结构中，只有当步2处于活动状态，并且与转换相关的逻辑转换条件"B"为真（B=1）时，才会发生从步3到步4的进展。当步4处于活动状态时，会发生同样的进展。如果转换条件"D"为真（D=1），则转换的实现导致步5活动，而步4不活动。

例如，某生产过程顺序功能图如图3-58所示。4个依设定时间而顺序循环执行的状态：S2、S3、S4和S5，另设一个初始状态S1。由于控制比较简单，用单流程循环实现。图中，R表示置位，=表示输出，T1、T2等表示定时器。

在图3-58所示的顺序功能图中，在系统起动运行期间，只要停止按钮被按动，立即将所有状态S2~S5复位，并返回到待命状态S1。在待命状态下，只要按动起动按钮，系统即开始按顺序功能图所描述的过程循环执行。

（2）选择序列程序结构　图3-57b是选择序列程序结构。一个被控系统在不同的条件下执行不同的控制程序，整个程序结构由两个或两个以上的分支程序组成，被控系统根据分支判别条件的判别结果确定执行哪个分支程序。选择序列程序结构分为分支和合并两种情况。

1）选择序列程序结构的开始：分支

在一步之后有若干个单一序列程序等待选择，而一次只能选择一个单一序列程序。在几个序列程序中的选择由与进展相同数量的标示在水平线以下的转换符号表示,水平线以上不能出现公共转换符号。

2) 选择序列程序结构的结束:合并

几个序列程序会合到一个公共序列,可由与重新组合的序列相同数量的转换符号表示。这些转换符号应标在水平线之上,水平线之下不允许出现公共转换符号。

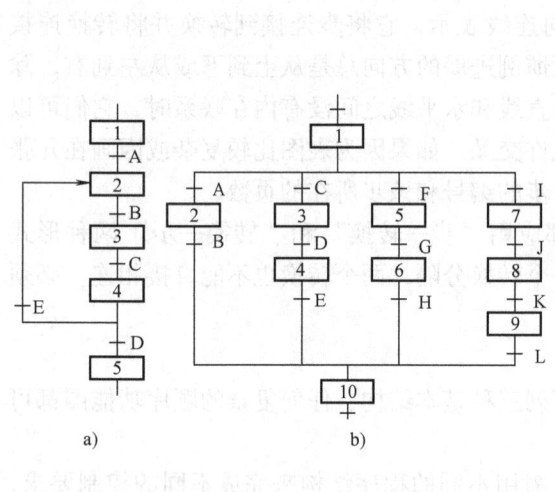

图3-57 单序列、选择序列程序结构
a) 单序列 b) 选择序列

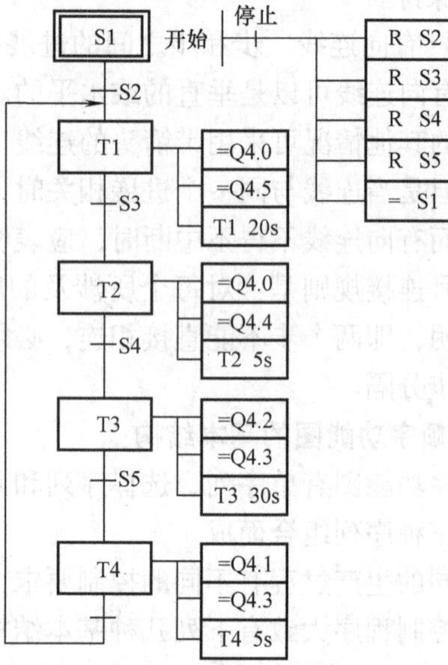

图3-58 按照4个设定时间顺序循环执行的状态

例如,图3-59所示是一个生产过程流程图。包含三个工艺流程:工艺1、工艺2和工艺3。系统设置"自动"和"手动"两种控制方式。控制要求如下:

① 若方式置于"手动"方式,按起动按钮起动,则按下面的顺序动作:首先执行工艺1→按工艺1按钮SB1,则执行工艺2→按工艺3按钮SB2,则执行工艺3→按完成按钮SB3,则结束作业。

② 若选择方式开关置于"自动"方式,按起动按钮后,则自动执行工艺流程:工艺1运行10s→工艺2运行20s→工艺3运行5s→结束→回到待机状态。

③ 任何时候按下停止按钮,则立即停止作业。

待机状态用S1表示。在"自动"和"手动"方式下可分别用3个状态来表示:自动方式使用S2~S4;手动方式使用S5~S7。作业完成状态使用S8。由于"手动"和"自动"工作方式只能选择其一,因此使用选择性分支来实现。

3. 并行序列程序结构

在一个被控系统中,存在两个或两个以上相互独立的分系统分别执行各自的程序,其中,某些程序受到另一些程序执行结果的影响,这样的程序结构称为并行序列程序结构,如图3-60所示。

1) 并行序列程序的开始:分支

如果某一转换的实现导致几个序列同时激活,这些序列称为并行序列程序。它们同时激

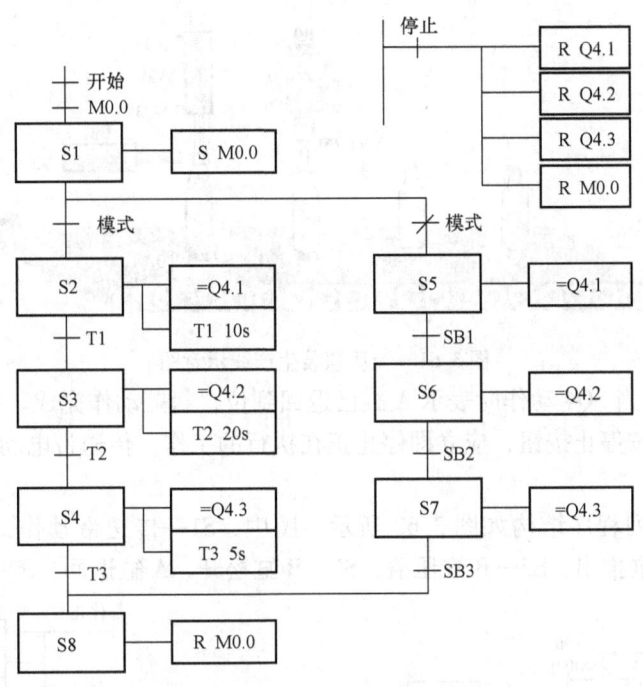

图 3-59 三个工艺流程生产过程流程图

活后,每个序列中活动步的进展将是独立的。在表示同步的水平双线之上只允许有一个转换符号。

2) 并行序列程序的结束:合并

为了使几个序列程序同时同步停止,在表示同步的水平双线之下只允许有一个公共转换符号。在并行序列程序结构中转换的完整符号由转换符号和水平双线组成。只有直接连在双线之上的步都处于活动状态,并且公共转换条件 A = 1 时,才会发生从步 S2、S4、S6 等到步 S8 的进展。

例如,图 3-61 所示是一个为流质灌装

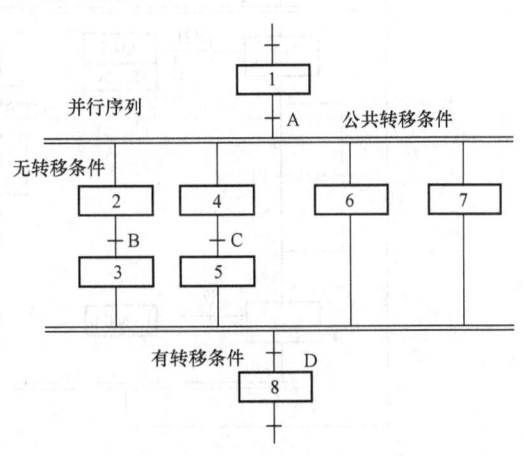

图 3-60 并行序列程序结构

生产线示意图,在传送带上设有灌装工位和封盖工位,能自动完成灌装及封盖操作。传送带由电动机 M 驱动,传送带上设有灌装工位工件传感器 SQ1、封盖工位工件传感器 SQ2 和传送带定位传感器 SQ5。工艺过程如下:

① 按动起动按钮,传送带开始转动,若定位传感器 SQ5 动作,表示饮料瓶已到达一个工位,传送带应立即停止。

② 在灌装工位上部有一个灌装罐,当该工位有瓶子时,则由电磁阀 YV1 对瓶子进行 3s 定时灌装(传送带已定位)。

③ 在封盖工位上有 2 个单作用气缸(A 缸和 B 缸),当工位上有瓶子时,首先 A 缸向下推出瓶盖,当 SQ3 动作时,表示瓶盖已推到位,然后 B 缸开始执行压接,1s 后 B 缸打开,

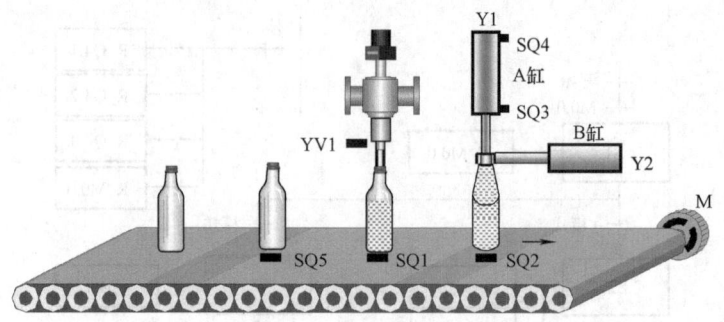

图 3-61 流质灌装生产线示意图

再经 1s A 缸退回，当 SQ4 动作时表示 A 缸已退回到位，封盖动作完成。

④ 任何时候按停止按钮，应立即停止正在执行的工作，传送带电动机停止、电磁阀关闭、气缸归位。

设计的并行序列程序结构如图 3-62 所示。图中，S1—传送带动作，S2—电磁阀动作，S3—等待，S4—A 缸推出，S5—B 缸压盖，S6—B 缸松开、A 缸退回，S7—等待。

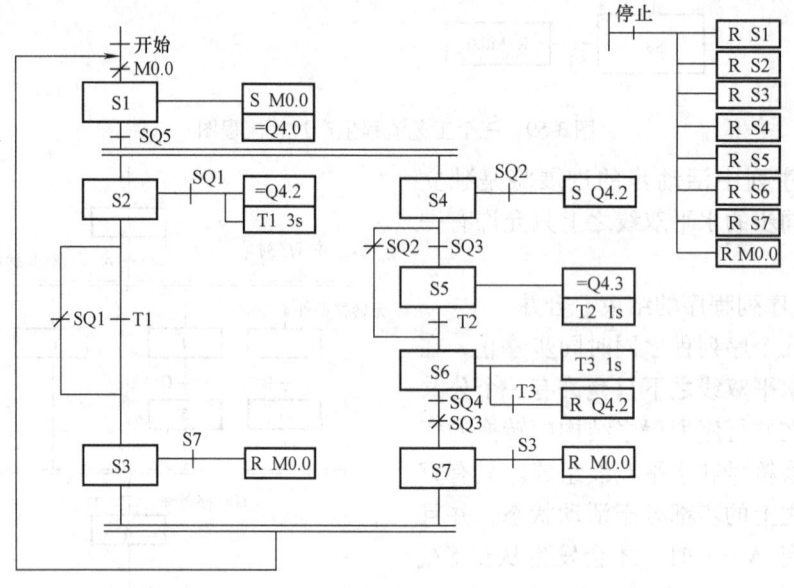

图 3-62 并行序列工艺流程程序结构

单序列、选择序列和并行序列是顺序功能图的基本形式，在很多情况下，这些基本形式往往是混合出现的。如在一个被控系统的整个控制程序中，有一个称为主程序的程序段，并有子程序段存在。执行时，在主程序的某位置，有转入子程序的要求时，程序转入子程序执行，子程序执行完毕后，程序返回到主程序原来的断点，并继续执行下去。子程序的执行是断续重复的。又如，在一个大的被控系统中，常由一个主系统和若干个子系统组成。主系统执行主程序，子系统执行各自的子程序，由主系统指挥和协调各个子系统的工作，整个程序是主程序协调的集中控制程序。在这些情况下就需要根据情况灵活地采用不同的序列结构来组合程序。在绘制顺序功能图时，要遵循下列原则：

① 在绘制顺序功能图时，首先应把复杂的控制问题用一系列子问题进行描述，即按照

程序的结构把复杂问题用简单的结构表示。例如，把复杂问题表示为主程序与各子程序的关系，并列程序、选择程序和简单程序的控制关系等。

② 动作或命令与步是有机地联系在一起的。每个动作或命令与一个步有对应的关系，每个步与一定的命令或动作相关。

③ 步与步之间要有一定的转换条件。转换条件可以是时间因素或其他动作或命令的结果，对复杂逻辑运算关系表示的转换条件应列写逻辑表达式，通过简化运算，使表达式既符合逻辑运算的要求，又能达到简化的目的。

④ 步可以是一个实际的顺序步，也可以是程序中的一个阶段。

⑤ 只有活动步的命令或动作才起作用，因此对连续的几步中持续作用的某些命令的动作要采用自保持形式的继电器或 SR 触发器，其 S 端在开始步被激励，而它的 R 端在连续步的后续步被置位。对分散在不连续各步中的同一命令或动作，可以采用双线圈的方式，也可以用相应触点或操作的方式实现。

⑥ 在顺序功能图编程时，要考虑对紧急停车信号和在停车后再起动信号的设置。

3.6.4 布尔逻辑指令

布尔逻辑指令是可编程序控制器中最基本、使用最频繁的一类基本逻辑指令。基本逻辑指令是可编程序控制器最基本的编程指令，是设计梯形图程序的基本单元。不同品牌的可编程序控制器，由各自的编程软件支持，互不兼容。但是，各种品牌的可编程序控制器的布尔逻辑指令的功能用途大同小异，只是代码符号及操作数的表示方法不同。功能指令则有所区别，指令系统的工作情况亦大致相同。本节以西门子公司的 S7-300 系列可编程序控制器的布尔逻辑指令为例，简单介绍基本逻辑指令的功能及用法，旨在介绍软逻辑的概念及通过编程实现逻辑控制的原理与应用。

1. 位逻辑指令

位逻辑指令主要包括位逻辑运算指令、位操作指令和位检测指令，它们可以对布尔操作数（BOOL）的信号状态进行逻辑操作。逻辑运算结果（RLO）用以赋值、置位、复位操作数，有的也控制定时器和计数器的运行。位逻辑指令可以用语句表（STL）、梯形图（LAD）或功能块图（FBD）表示。

位逻辑运算指令是"与"（AND）、"或"（OR）、"异或"（XOR）指令及其组合。位逻辑指令使用"0"或"1"两个数字，对"0"或"1"布尔操作数扫描，经逻辑运算后将逻辑操作结果送入状态字的 RLO 位。"0"或"1"表示信号状态，构成二进制逻辑的基础。"0"或"1"称为二进制数或位。对于触点和线圈而言，"1"表示已闭合、通电，"0"表示断开、断电。

位逻辑指令是实现逻辑控制的基本指令，将其按逻辑控制要求进行组合，称为"逻辑运算结果"（Result of Logic Operation，RLO）的结果"0"或"1"，也就是布尔逻辑表达式的运算结果。位逻辑指令的运算规则是"先与后或"操作，或者"先或后与"操作，用括号将需先运算的部分括起来，运算规则是"先括号内，后括号外"。这也是电路块的串并联连接规则。具有两个节点及以上的电路称为电路块。语句表（STL）表示的位逻辑基本指令见表 3-14。梯形图（LAD）表示的位逻辑基本指令见表 3-15。功能块图（FBD）表示的位逻辑基本指令见表 3-16。

表 3-14 语句表（STL）表示的位逻辑基本指令

助记符	说 明
用于逻辑组合的基本指令	
A	"与"，And
AN	"与非"，And Not
O	"或"，Or
ON	"或非"，Or Not
X	"异或"，Exclusive Or
XN	"异或非"，Exclusive Or Not
O	先与运算，后或运算
可使用下列指令构成嵌套表达式	
A(	"与"操作嵌套开始
AN(	"与非"操作嵌套开始
O(	"或"操作嵌套开始
ON(	"或非"操作嵌套开始
X(	"异或"操作嵌套开始
XN(	"异或非"操作嵌套开始
)	嵌套闭合
使用下列指令之一终止布尔位逻辑串	
=	赋值；输出必须赋值
R	复位
S	置位
可使用下列指令之一更改逻辑运算结果（RLO）	
CLR	RLO 清零（=0），RLO=0
NOT	RLO 取反
SET	置位，RLO=1
SAVE	把 RLO 存入 BR 寄存器
对上升沿或下降沿转换做出反应的其他指令	
FN	脉冲下降沿
FP	脉冲上升沿

表 3-15 梯形图（LAD）表示的位逻辑基本指令

助记符	描 述
用于逻辑组合的基本指令	
─┤ ├─	常开触点（地址）
─┤/├─	常闭触点（地址）
──(SAVE)	将 RLO 保存到状态字的 BR 位。未复位第一个校验位/FC。因此，BR 位的状态将包含在下一程序段的 AND 逻辑运算中
──( )	输出线圈

助记符	描述
——(#)——	中间输出
—| NOT |—	取反能流
XOR	逻辑"异或"
RLO 为 1 时将触发下列指令	
——(R)	复位线圈
RS	置位优先型 RS 双稳态触发器
——(S)	置位线圈
SR	复位优先型 SR 双稳态触发器
上升沿或下降沿触发功能	
NEG	地址下降沿检测,比较 <地址 1> 的信号状态与前一次扫描的信号状态(存储在 <地址 2> 中)
——(N)——	RLO 负跳沿检测,边沿存储位,存储 RLO 的上一信号状态
——(P)——	RLO 正跳沿检测,边沿存储位,存储 RLO 的上一信号状态
POS	地址上升沿检测,比较 <地址 1> 的信号状态与前一次扫描的信号状态(存储在 <地址 2> 中)

表 3-16 功能块图(FBD)表示的位逻辑基本指令

助记符	描述
用于逻辑组合的基本指令	
&	"与"逻辑操作
>=1	"或"逻辑操作
XOR	"异或"逻辑操作
=	赋值
#	中间输出
—|	插入数字输入
—o|	数字输入取反
SAVE	将 RLO 存入 BR 存储区
RET	返回
上升沿或下降沿触发功能	
N	RLO 负跳沿检测,检测指定地址从 1 到 0 的下降沿变化,并在执行指令后以 RLO = 1 表示
NEG	地址负跳沿检测,比较 <地址 1> 的信号状态与存储在 M_BIT 中的前一次检查的信号状态
P	RLO 正跳沿检测,检测指定地址从 1 到 0 的上升沿变化,并在执行指令后以 RLO = 1 表示
POS	地址正跳沿检测,比较 <地址 1> 的信号状态与存储在 M_BIT 中的前一次检查的信号状态
RLO 为 1 时将触发下列指令	
R	复位输出
RET	返回
RS	复位/置位触发器
S	置位输出
SR	置位/复位触发器

(1) 逻辑"与"、"或"操作 逻辑"与"在梯形图里是用串联的触点回路表示的，被扫描的操作数则表示为触点符号，操作数标在触点上方。如果触点是常开触点（动合触点），则对"1"扫描相应操作数。在 PLC 中，若操作数是"1"，则常开触点"动作"，即认为是"闭合"的；若操作数是"0"，则常开触点"不动作"，即触点仍然打开。如果触点是常闭触点（动断触点），则对"0"扫描相应操作数，若操作数是"1"，则常闭触点"动作"，即触点"断开"；若操作数是"0"，则常闭触点"不动作"，即触点仍保持闭合。如果串联回路里的所有触点皆闭合，则该回路能流流通，构成回路。即，逻辑"与"，当所有的输入信号都为"1"，则输出为"1"；只要输入信号有一个不为"1"，则输出为"0"。逻辑"或"，只要有一个输入信号为"1"，则输出为"1"；所有输入信号都为"0"，输出才为"0"。

逻辑"或"在梯形图里是用并联的触点回路表示的，被扫描的操作数标在触点上方。在触点并联的情况下，若有一个或一个以上的触点闭合，则该回路能流流通，构成回路。典型的逻辑"与"、"或"操作是一台电动机的自动控制电路，如图 3-63 所示。

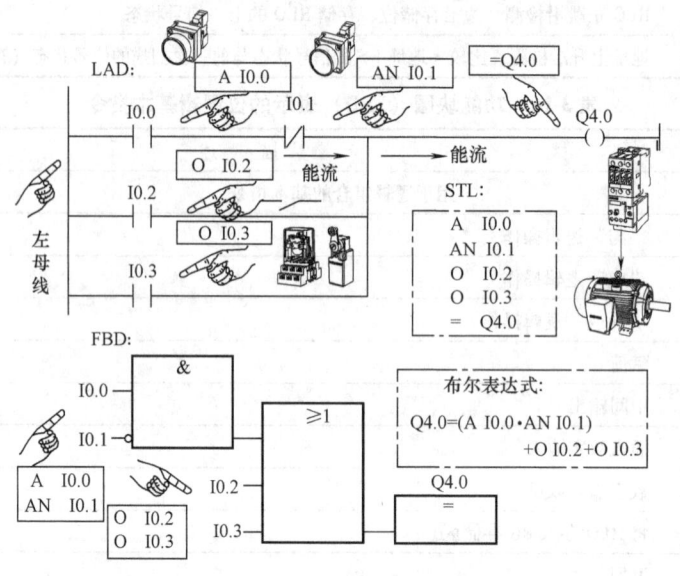

图 3-63 逻辑"与"、"或"操作示例

语句表（STL）如下：

A   I0.0
AN   I0.1
O   I0.2
O   I0.3
=   Q4.0

逻辑表达式：

Q4.0 =（A I0.0 · AN I0.1）+ O I0.2 + O I0.3

只要 I0.1 = 1，则当输入信号 I0.0 为"1"，输出就为"1"；或只要输入信号 I0.2 和 I0.3 中有一个为"1"，则输出为"1"；所有输入信号都为"0"，输出也为"0"。在图 3-63

中,一般现场的起动按钮 SB1 对应于 I0.0,停止按钮 SB2 对应于 I0.1,I0.2 和 I0.3 对应于有其他控制传递过来的继电器触点、行程开关等传感器信号。当操作 SB1 时,图 3-63 中梯形图的状态如图 3-64 所示。

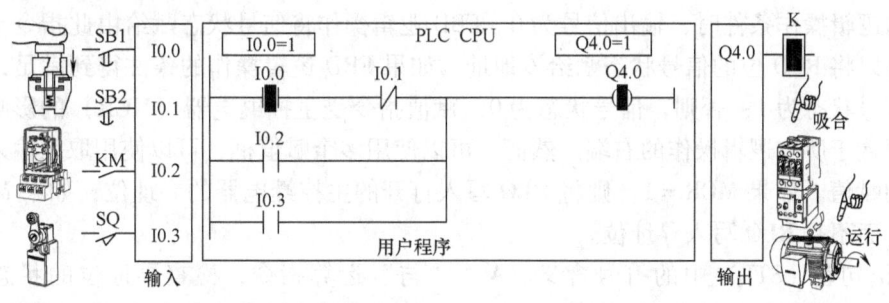

图 3-64　当操作 SB1 时,图 3-63 中梯形图的状态

在上面的图中,操作数是被依次扫描的,第一行扫描的结果为逻辑"与"。对信号状态进行"1"扫描,并做逻辑"与"运算,则用助记符"A"来标识,相关的操作数指定了要扫描对象。当操作数的信号状态是"1"时,其扫描结果也是"1";如果操作数的信号状态是"0",则扫描结果也是"0"。若对信号状态进行"0"扫描,并做逻辑"与"运算,则用助记符"AN"来标识取反的"与"逻辑操作。当操作数的信号状态是"0"时,其扫描结果就是"1";如果操作数的信号状态是"1",则扫描结果就是"0"。第二、三行扫描的结果为逻辑"或",做逻辑"或"运算,用助记符"O"来标识。当操作数的信号状态是"1"时,其扫描结果也是"1"。若对信号状态进行"0"扫描,并做逻辑"或"运算,则用助记符"ON"来标识取反的"或"逻辑操作。当操作数的信号状态是"0"时,其扫描结果就是"1";如果操作数的信号状态是"1",则扫描结果就是"0"。

1)梯形图中的符号含义。┤├,常开触点,存储在指定<地址>的位值为"1"时,处于闭合状态。触点闭合时,梯形图梯级能流流过触点,逻辑运算结果(RLO)= "1"。否则,如果指定<地址>的信号状态为"0",触点将处于断开状态。触点断开时,能流不流过触点,逻辑运算结果(RLO)= "0"。串联使用时,通过 AND 逻辑将┤├与 RLO 位进行链接。并联使用时,通过 OR 逻辑将其与 RLO 位进行链接。存储区 I、Q、M、L、D、T、C 中的选中位。

┤/├,常闭触点,存储在指定<地址>的位值为"0"时,处于闭合状态。触点闭合时,梯形图梯级能流流过触点,逻辑运算结果(RLO)= "1"。否则,如果指定<地址>的信号状态为"1",将断开触点。触点断开时,能流不流过触点,逻辑运算结果(RLO)= "0"。串联使用时,通过 AND 逻辑将┤├与 RLO 位进行链接。并联使用时,通过 OR 逻辑将其与 RLO 位进行链接。存储区 I、Q、M、L、D、T、C 中的选中位。

——( ),输出线圈,输出线圈的工作方式与继电器逻辑图中线圈的工作方式类似。如果有能流通过线圈(RLO=1),将置位<地址>位置的位为"1";如果没有能流通过线圈(RLO=0),将置位<地址>位置的位为"0"。只能将输出线圈置于梯级的右端。可以有多个(最多 16 个)输出单元。使用┤NOT├(能流取反)元素可以取反输出。存储区 I、Q、M、L、D 中的分配位。

=,赋值,逻辑串输出指令,赋值指令生成逻辑操作的结果。赋值操作指令把状态字中

RLO 的值赋给指定的操作数（位地址）。若 RLO 为 "1"，则操作数被置位，否则操作数被复位。赋值指令对应于输出线圈，输出线圈必须经赋值后才能有输出。即逻辑操作结束后，框中的信号为 1 或 0。满足该输出框之前的逻辑操作条件时，输出信号为 1；不满足该输出框之前的逻辑操作条件时，输出信号为 0。FBD 逻辑操作将信号状态赋给由此指令寻址的输出，也可以将 RLO 位的信号状态赋给该地址。如果 FBD 逻辑操作的条件得到满足，则输出框中的信号状态为 1；否则，信号状态为 0。赋值指令受主控继电器（MCR）的影响。只能将赋值框置于所有逻辑操作的右端。然而，可以使用多个赋值框，可以使用取反输入指令创建取反的赋值。如果 MCR = 1，则将 RLO 写入打开的主控继电器的寻址位；如果 MCR = 0，则将值 0 而不是 RLO 写入寻址位。

2）语句表（STL）中的符号含义。A，"与"运算指令，检查寻址位的状态是否为 "1"；AN，检查寻址位的状态是否为 "0"；O，检查寻址位的状态是否为 "1"，同时，将测试结果与 RLO 进行或运算。AND 指令还可通过下列地址直接检查状态字：= = 0、< > 0、> 0、< 0、> = 0、< = 0、OV、OS、UO、BR。

A（，"与"运算嵌套开始；AN（，"与非"运算嵌套打开；O（，"或"运算嵌套打开；ON（，"或非"运算嵌套打开；X（，"异或"运算嵌套打开；XN（，"同或"运算嵌套打开。这些都是将 RLO 和 OR 位及一个函数代码保存到嵌套堆栈中。最多可有 7 个嵌套堆栈条目。

)，嵌套结束，从嵌套堆栈中删除条目，恢复 OR 位，根据函数代码将包含在堆栈条目中的 RLO 与当前 RLO 互连，并将结果分配给 RLO。如果函数代码为 "A" 或 "AN"，则 OR 位也包括在内。

示例：
A （
A   I0.0
AN   I0.1
O   I0.2
）
A   I0.3
ON   C5
=   L20.0
A   L20.0
BLD 102   //自动生产编号，下同
=   Q4.3
A   L20.0
BLD 102
=   Q4.4
A   L20.0
AN   I3.4
=   Q4.6

对应的 LAD 和 FBD 如图 3-65 所示。

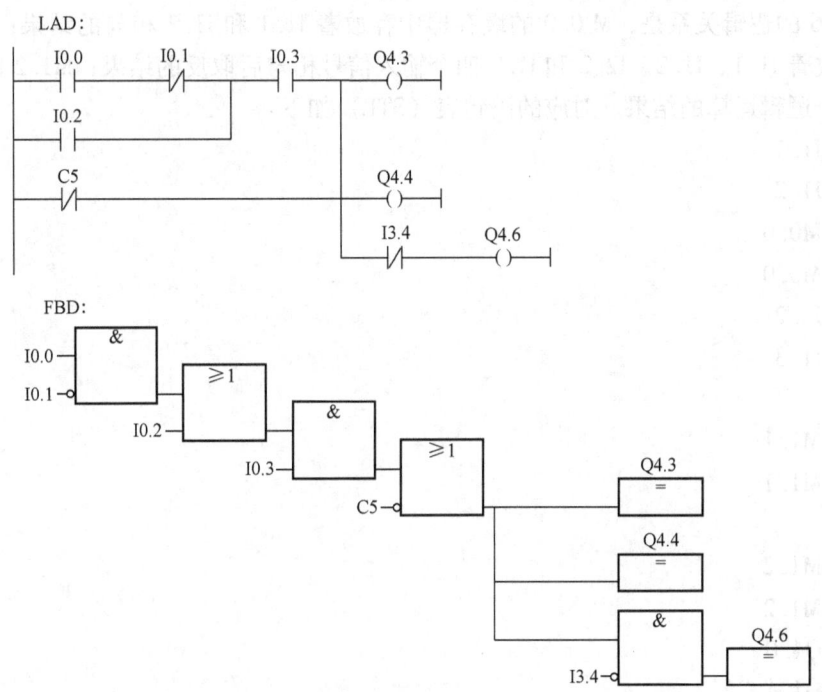

图 3-65　触点与输出指令示例

（2）中间输出和取反操作　——(#)——，中间输出，中间输出用于存储 RLO 的中间值，该值是中间输出指令前的位逻辑操作结果。它将 RLO 位状态（能流状态）保存到指定 <地址>。中间输出单元保存前面分支单元的逻辑结果。以串联方式与其他触点连接时，可以像插入触点那样插入——(#)——。不能将——(#)——单元连接到左母线或将它直接连接在分支连接的后面或分支的尾部。中间输出指令不能用于直接输出，即中间输出指令不能放在逻辑串的结尾处。存储区 I、Q、M、L、D 中的分配位。

使用功能块图（FBD）符号：——◁；梯形图（LAD）符号：┤NOT├；语句表（STL）符号：NOT，能流取反元素，可以取反操作——(#)——。逻辑取反操作是对逻辑运算结果（RLO）取反，如图 3-66 所示。

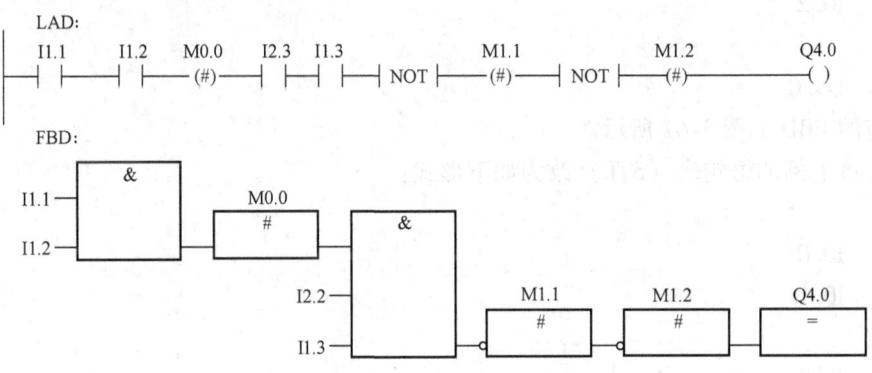

图 3-66　中间输出和取反操作示例

图 3-66 的逻辑关系是，M 0.0 的缓存器中存放着 I1.1 和 I1.2 相与的结果；M1.1 的缓存器中存放着 I1.1、I1.2、I2.2 和 I1.3 四个输入信号相与后取反的结果；M1.2 的缓存器中存放着整个逻辑运算的结果。对应的语句表（STL）如下：

 A I1.1
 A I1.2
 = M0.0
 A M0.0
 A I2.2
 A I1.3
 NOT
 = M1.1
 A M1.1
 NOT
 = M1.2
 A M1.2
 = Q4.0

逻辑表达式：

$Q4.0 = I1.1 \cdot I1.2 \cdot M0.0 \cdot I2.2 \cdot I1.3 \cdot \overline{M1.1} \cdot M1.2$

例如，只有当 I0.3 和 I0.4 相与的结果为"0"，并且 I0.0 和 I0.1 相与的结果为"1"或 I0.2 为"1"时，输出 Q4.0 才为"1"；否则 Q4.0 为"0"。语句表（STL）如下：

 A I0.3
 A I0.4
 NOT
 A (
 A I0.0
 A I0.1
 NOT
 O I0.2
)
 = Q4.0

对应的 FBD 如图 3-67 所示。

假若将上例的语句表（STL）改为如下形式：

 A (
 A I0.0
 A I0.1
 NOT
 O I0.2
)
 A I0.3

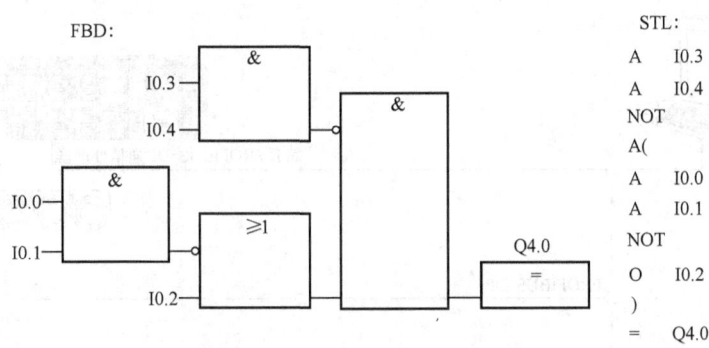

图 3-67 逻辑取反操作示例 1

```
A    I0.4
NOT
=    Q4.0
```

逻辑关系是,只有当 I0.0 和 I0.1 相与的结果为 "1" 或 I0.2 为 "1" 时,I0.3 和 I0.4 相与的结果为 "0",输出 Q4.0 才为 "1";否则 Q4.0 为 "0"。显然,逻辑上与上例相同。对应的 LAD 和 FBD 如图 3-68 所示。

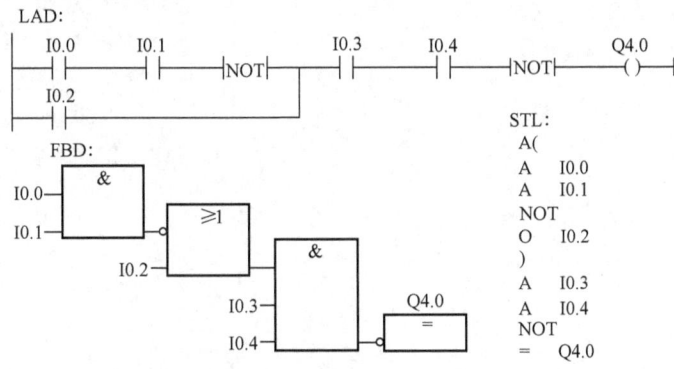

图 3-68 逻辑取反操作示例 2

请注意分析上述两段语句表表达方式上的区别,由图 3-66 和图 3-68 可见,尽管从逻辑上两者是完全相同的,但图形逻辑却有很大的不同。因此可以说,在采用不同的编程语言编制程序时,在表达逻辑关系时是有一定的区别的,并不是一一对应的。另外,在用梯形图编程时,应遵守"接点多的电路块放在左边,接点多的分支放在上面"的原则。

中间输出指令应用示例:某设备由三个工段组成,如图 3-69 所示。

每个工段用一台主电动机控制,需要监视整个设备的工作状况。要求是:当设备处于运行状态时,如果至少有两个工段在运行,则指示灯常亮;如果仅有一个工段在运行,则指示灯以 0.5 Hz 的频率闪烁;如果没有任何工段在运行,则指示灯以 2 Hz 的频率闪烁;当设备不运行时,指示灯不亮。下面给出实现工段工作状态检测的语句表程序,从中可看出中间输出指令的用法。

```
A (
A (
```

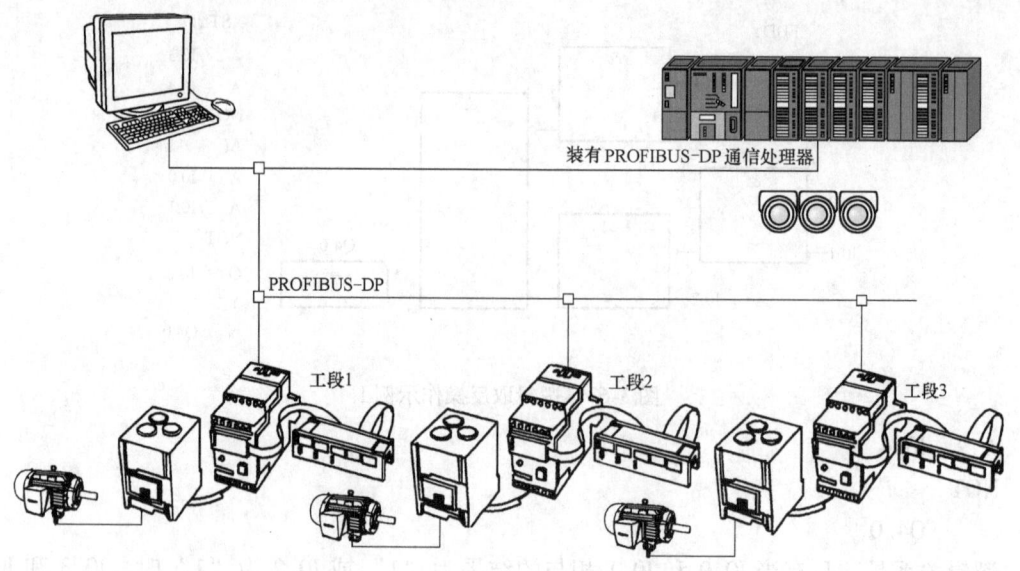

图 3-69 某设备工段组成示意图

```
A    I0.0
A    I0.1
O
A    I0.0
A    I0.2
O
A    I0.1
A    I0.2
)
=    M20.0
A    M20.0
O(
AN   I0.0
AN   I0.1
AN   I0.2
=    M20.1
A    M20.1
A    M20.3
)
O
AN   M20.0
AN   M20.1
A    M20.7
)
```

```
A    Q6.0
=    Q6.1
```

其中,输入位 I0.0、I0.1、I0.2 分别表示工段 1~3。当设备处于运行状态时,信号状态为 1。使用 CPU 中的时钟存储器功能,并将其存储在字节 MB20 中,则存储位 M20.3 为 2Hz 频率信号,M20.7 为 0.5Hz 频率信号。存储位 M20.0 为 1 时,用于表示至少有两个工段在运行;M20.1 为 1 时,表示没有工段在运行。设备运行状态用输出位 Q6.0 表示,R6.0 为 1 时,表示设备运行。工段运行状态指示灯由 Q6.1 控制。实现上述功能的梯形图如图 3-70 所示,功能块图如图 3-71 所示。

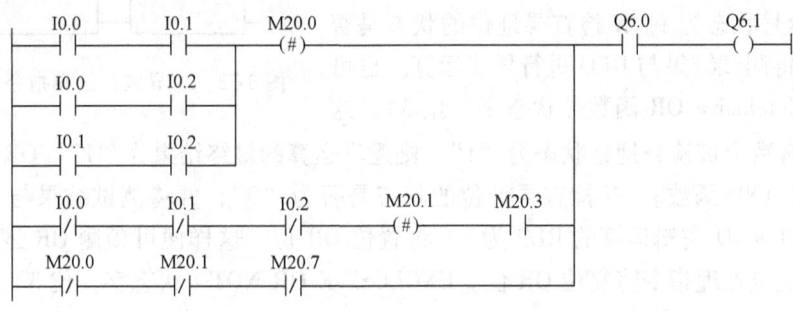

图 3-70 工段工作状态检测梯形图

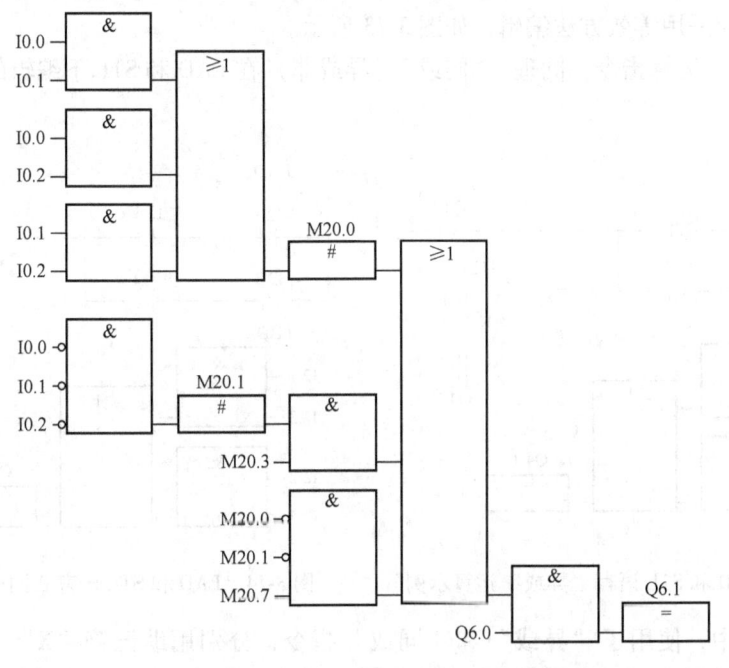

图 3-71 工段工作状态检测功能块图

(3)"异或"与"同或"逻辑 在语句表中,使用了"异或"和"异或非"指令,分别用助记符"X"和"XN"来标识。它类似"或"和"或非"指令,用于扫描并联回路能流是否流通。

"异或"与"同或"是一对互补的逻辑运算,2 输入(也适用于偶数输入)变量异或与同或之间互为反码,称为具有互补关系。3 输入(奇数输入)变量异或与同或之间具有相等关系。

1)"异或"运算指令。使用"异或"运算指令,可以根据"异或"运算真值表检查信号状态的结果。对于"异或"逻辑操作,两个指定地址之一的信号状态为 1 时,其信号状态为 1。也可以重复使用"异或"运算功能。因此,如果有奇数个被检查地址为"1",则逻辑操作的交互结果为"1"。FBD 中符号 XOR 如图 3-72 所示。

图 3-72 中,如果输入端 I3.0 "或"输入端 I3.1 的信号状态为 1(互斥,换言之不同时为 1),则输出 Q3.1 的信号状态为 1。X 检查寻址位的状态是否为"1",并将测试结果与 RLO 进行异或运算。也可以重复使用 Exclusive OR 函数(状态字,位 3)。这

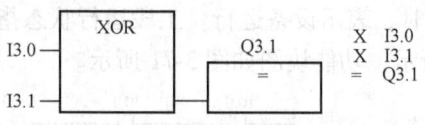

图 3-72 "异或"运算指令 XOR 示例

样,如果有奇数个被检查地址状态为"1",则逻辑运算的最终结果为"1"。OR 位用于合并 OR 函数前的 AND 函数。XN 检查寻址位的状态是否为"0",并将测试结果与 RLO 进行异或运算。如果 AND 逻辑运算的 RLO 为 1,将置位 OR 位。这样便可预测 OR 逻辑运算的结果。所有其他位处理指令将复位 OR 位。EXCLUSIVE OR NOT(状态字,位 3)指令还可通过使用下列地址直接检查状态字: = = 0、< > 0、> 0、< 0、> = 0、< = 0、OV、OS、UO、BR。但是要注意,X 和 XN 这两个指令不适用于 LAD 和 STL 直接编辑。要在 LAD 和 STL 下编辑,应采用等效方法编辑,如图 3-73 所示。

2)"同或"运算指令。同理,"同或"(异或非)在 LAD 和 STL 下编辑的等效方法,如图 3-74 所示。

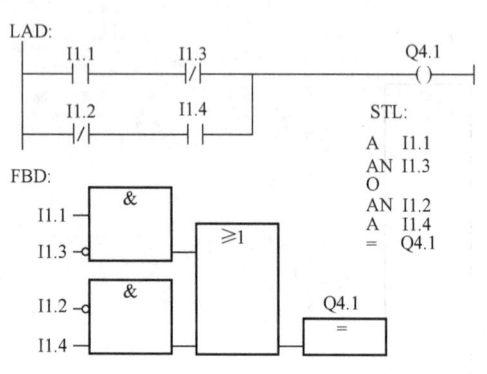

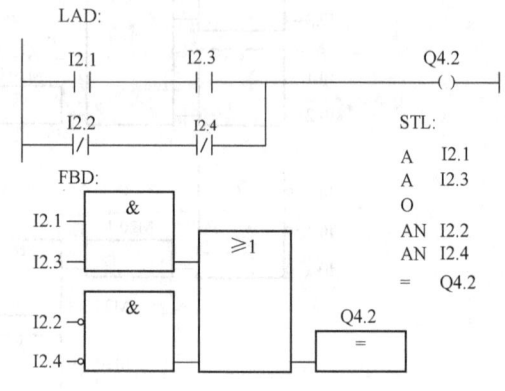

图 3-73 LAD 和 STL 语言"异或"运算示例　　图 3-74 LAD 和 STL 语言"同或"运算示例

在语句表中,使用了"异或"和"同或"指令,分别用助记符"X"和"XN"来标识。它类似"或"和"或非"指令,用于扫描并联回路能否"通电"。

图 3-73 和图 3-74 语句表中的 O 函数根据对 AND 函数执行逻辑 OR 指令,先与运算,后或运算。再举例如下:

语句表(STL)为

　　A　　I0.0
　　A　　M10.0

O
A   I0.2
A   M10.1
O   M10.2
=   Q4.2

对应的 LAD 和 FBD 如图 3-75 所示。

由图 3-75 可见，这实际上是一个电路块的并联电路块。对于先"与"后"或"逻辑操作，至少有一个"与"逻辑操作得到满足时，信号状态才为 1。如果至少有一个"与"逻辑操作得到满足，则输出 Q4.2 信号状态为 1。如果全部"与"逻辑操作均不满足，则输出 Q4.2 状态为 0。

如果是先"或"后"与"逻辑操作，必须满足全部"或"逻辑操作，信号状态才为 1。举例如下：

语句表 (STL) 为
A   (
O   I0.0
O   I0.1
)
A   (
O   I0.2
O   I0.3
)
=   Q4.6

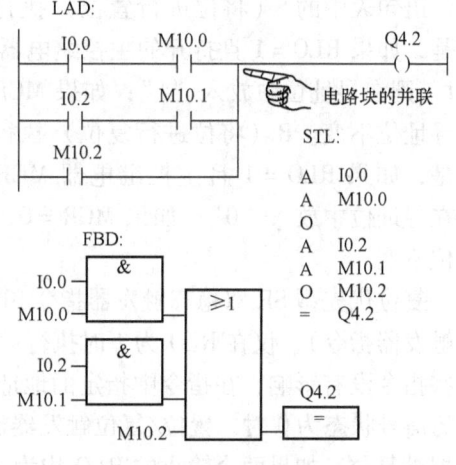

图 3-75　先与运算后或运算示例

LAD 和 FBD 如图 3-76 所示。

由图 3-77 可见，这实际上是一个电路块的串联电路块。图 3-77 中，如果两个"或"逻辑操作都满足，则输出 Q4.6 的信号状态为 1。如果至少有一个"或"逻辑操作不满足，则输出 Q4.6 的信号状态为 0。

(4) 置位/复位指令　置位、复位指令根据 RLO 的值决定被寻址位的信号状态是否需要改变。若 RLO 的值为 1，则被寻址位的信号状态被置 1 或清 0；若 RLO 是 0，则被寻址位的信号保持原状态不变。对于置位操作，一旦 RLO 为 1，则被寻址信号（输出信号）状态置 1，即使 RLO 又变为 0，输出仍保持为 1；对于复位操作，一旦 RLO 为 1，则被寻址信号（输出信号）状态置 0，即使 RLO 又变为 0，输出仍保持为 0；这一特性又被称为静态置位/复位，相应地，赋值输出被称为动态赋值输出。置位/复位指令也用于结束一个逻辑串，因此，在 LAD 中置位/复位指令要放在逻辑串的最右端，而不能放在逻辑串中间。复位指令还可用于复位定时器和计数器。

在梯形图和功能块图中，只有在 RLO 为 1 时，才会执行置位线圈——(S) 或执行复位线圈——(R)。置位线圈将把单元的指定 <地址> 置位为 "1"。复位线圈将把单元的指定

<地址>复位为"0"。RLO=0（没有能流通过线圈）将不起作用，单元的指定地址的当前状态将保持不变。<地址>也可以是值复位为"0"的定时器（T 编号）或值复位为"0"的计数器（C 编号）。置位/复位输出指令受主控继电器（MCR）的影响。

语句表中的 S（将位进行置位）执行的条件是，如果 RLO=1 且打开的主控继电器 MCR=1，则在寻址位中放入"1"；如果 MCR=0，则寻址位不变。R（将位进行复位）执行的条件是，如果 RLO=1 且主控继电器 MCR=1，则在寻址位中放入"0"；如果 MCR=0，则寻址位不变。

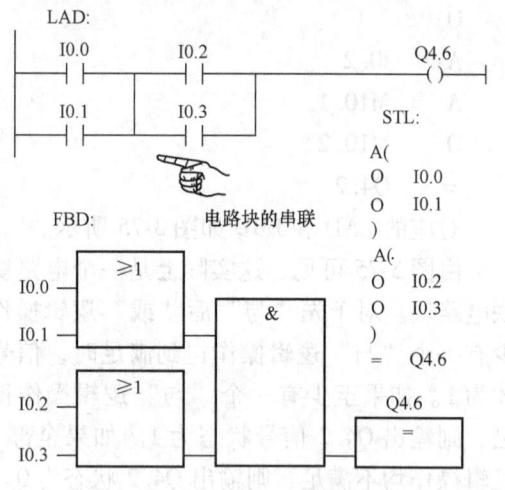

图 3-76　先或运算后与运算示例

复位优先型 SR 双稳态触发器指令 SR 和置位优先型 RS 双稳态触发器指令 RS（复位/置位触发器指令），仅在 RLO 为 1 时执行"置位"（S）或"复位"（R）指令。RLO 为 0 时对这些指令没有影响，在指令中指定的地址保持不变。在输入端 S 的信号状态为 1，而输入端 R 的信号状态为 0 时，置位/复位触发器被置位。如果输入端 S 为 0，而输入端 R 为 1，则触发器被复位。如果两个输入的 RLO 均为 1，则该触发器被复位。置位/复位触发器指令受主控继电器（MCR）的影响。

只有将置位线圈置于激活的 MCR 区内时，才会激活 MCR 依存关系。在激活的 MCR 区内，如果 MCR 处于接通状态并且置位线圈有能流通过，将把寻址位的状态置位为"1"。如果 MCR 处于断开状态，则无论能流状态如何，单元指定地址的当前状态均保持不变。只有将复位线圈置于激活的 MCR 区内时，才会激活 MCR 依存。在激活的 MCR 区内，如果 MCR 处于接通状态并且复位线圈有能流通过，将把寻址位状态复位为"0"。如果 MCR 处于断开状态，则无论能流状态如何，单元指定地址的当前状态均保持不变。

1）置位/复位线圈指令。置位/复位指令符号见表 3-14 ~ 表 3-16。置位存储区 I、Q、M、D、L、T、C；复位存储区 I、Q、M、D、L。置位/复位指令示例语句表如下：

```
A    I0.0
A    I0.1
ON   I0.2
S    Q4.0
A    I0.0
A    I0.1
ON   I0.2
R    Q4.1
A    I0.3
R    T1
A    I0.1
R    C1
```

当 I0.0 和 I0.1 输入都为 "1" 或者 I0.2 输入为 "0" 时，Q 4.0 被置位，即输出为 "1"，否则，Q 4.0 的输出状态不变。当 I0.0 和 I0.1 输入都为 "1" 或者 I0.2 输入为 "0" 时，Q 4.0 被复位，即输出为 "0"；不满足上述条件时，Q 4.0 的输出状态不变。如果 RLO 为 "0"，输出端 Q4.0 的信号状态将保持不变。当 I0.3 和 I0.1 输入为 "1" 时，复位定时器和计数器。对应的 LAD 和 FBD 如图 3-77 所示。

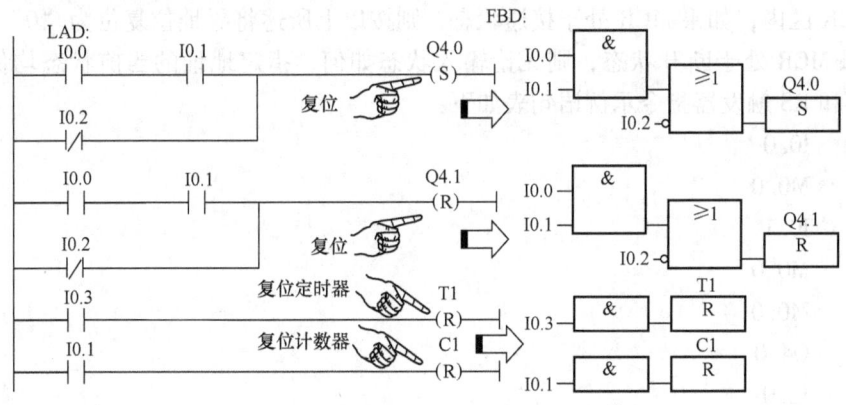

图 3-77 置位/复位指令示例

如果实例梯级在激活的 MCR 区之内：MCR 处于接通状态时，则按以上所述置位 Q4.0；MCR 处于断开状态时，无论 RLO 状态（能流状态）如何，Q4.0 状态均保持不变。

2）置位/复位双稳态触发器指令。置位/复位双稳态触发器的存储区 I、Q、M、D、L。符号如图 3-78 所示。

图 3-78 中，

＜地址＞，地址指定将要置位或复位的位。

SR，复位优先型 SR 双稳态触发器。

RS，置位优先型 RS 双稳态触发器。

S，启用置位指令。

R，启用复位指令。

Q，＜地址＞的信号状态。

复位优先型 SR 触发器的 S 端在 R 端之上，当两个输入端都为 1 时，下面的复位输入最终有效，即复位输入优先，触发器或被置位或保持置位不变。

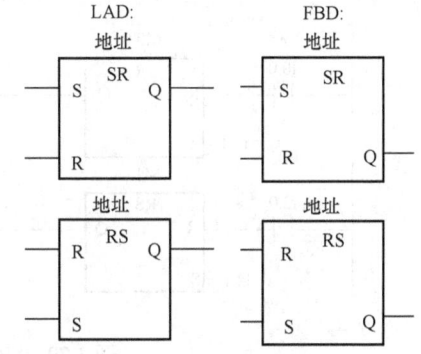

图 3-78 置位/复位双稳态触发器的符号

置位优先型 RS 触发器的 R 端在 S 端之上，当两个输入端都为 1 时，下面的置位输入最终有效，即置位输入优先，触发器或被复位或保持复位不变。

SR 触发器先在指定＜地址＞执行置位指令，RS 触发器先在指定＜地址＞执行复位指令，然后执行复位指令，以使该地址在执行余下的程序扫描过程中保持复位状态。只有在 RLO 为 "1" 时，才会执行 S（置位）和 R（复位）指令。这些指令不受 RLO 为 "0" 的影响，指令中指定的地址保持不变。

如果 S 输入端的信号状态为 "1"，R 输入端的信号状态为 "0"，则置位 SR。否则，如果 S 输入端的信号状态为 "0"，R 输入端的信号状态为 "1"，则复位触发器。如果两个输入端的 RLO 状态均为"1",则指令的执行顺序是最重要的。

如果 R 输入端的信号状态为"1",S 输入端的信号状态为"0",则复位 RS。否则,如果 R 输入端的信号状态为"0",S 输入端的信号状态为"1",则置位触发器。如果两个输入端的 RLO 均为"1",则指令的执行顺序是最重要的。

只有将 SR 触发器和 RS 触发器置于激活的 MCR 区内时,才会激活 MCR 依存关系。在激活的 MCR 区内,如果 MCR 处于接通状态,则按以上所述将寻址位复位为"0"或置位为"1";如果 MCR 处于断开状态,则无论输入状态如何,指定地址的当前状态均保持不变。SR 触发器和 RS 触发器指令示例语句表如下:

```
A    I0.0
S    M0.0
A    I0.1
R    M0.0
A    M0.0
=    Q4.0
A    I2.0
R    M1.0
A    I2.1
S    M1.0
A    M1.0
=    Q4.1
```

对应的 LAD 和 FBD 如图 3-79 所示。

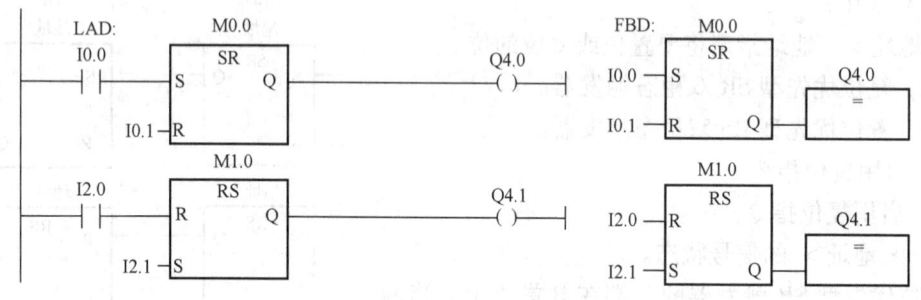

图 3-79　SR 触发器和 RS 触发器指令示例

如果输入端 I0.0 的信号状态为"1",I0.1 的信号状态为"0",则置位存储器位 M0.0,输出 Q4.0 将是"1"。否则,如果输入端 I0.0 的信号状态为"0",I0.1 的信号状态为"1",则复位存储器位 M0.0,输出 Q4.0 将是"0"。如果两个信号状态均为"0",则不会发生任何变化。如果两个信号状态均为"1",将因顺序关系执行复位指令;复位 M0.0,Q4.0 将是"0"。

如果输入端 I2.0 的信号状态为"1",I2.1 的信号状态为"0",则置位存储器位 M1.0,输出 Q4.1 将是"0"。否则,如果输入端 I2.0 的信号状态为"0",I2.1 的信号状态为"1",则复位存储器位 M1.0,输出 Q4.1 将是"1"。如果两个信号状态均为"0",则不会发生任何变化。如果两个信号状态均为"1",将因顺序关系执行置位指令;置位 M0.0,Q4.0 将是

"1"。

如果在激活的 MCR 区之内，MCR 处于接通状态时，将按以上所述复位或置位 Q4.0 和 Q4.1；MCR 处于断开状态时，无论输入状态如何，Q4.0 和 Q4.1 均保持不变。

2. 定时器、计数器指令

在 S7-300/400 CPU 的定时器存储区的每个定时器地址为 16 位字。梯形图指令支持 256 个定时器。每个定时器相当于继电逻辑控制系统中的时间继电器。通过定时器指令和定时时钟更新定时器字，可访问定时器存储区。在 S7-300/400 CPU 的计数器存储区的每个计数器地址为 16 位字。梯形图指令集支持 256 个计数器。通过计数器指令可访问计数器存储区。

（1）定时器、计数器的种类　语句表（STL）表示的定时器、计数器指令见表 3-17。梯形图（LAD）表示的定时器、计数器指令见表 3-18。功能块图（FBD）表示的定时器、计数器指令见表 3-19。

表 3-17　语句表（STL）表示的定时器、计数器指令

助记符	说明
定时器指令	
FR	定时器再起动
L	将当前定时值作为整数装入累加器 1（当前计数值可以是 0~255 间的一个数字，如 L T32）
LC	将当前定时值作为 BCD 码装入累加器 1（当前计数值可以是 0~255 间的一个数字，如 LC T32）
R	复位定时器（当前定时值可以是 0~255 之间的一个数字，如 R T32）
SD	接通延时定时器
SE	扩展脉冲定时器
SF	断开延时定时器
SP	脉冲定时器
SS	保持型接通延时定时器
计数器指令	
CD	减计数器
CU	加计数器
FR	使能计数器（任意）（任意，FR C0~C255）
S	置位计数器（当前计数值可以是 0~255 之间的一个数字，如 S C15）
R	复位计数器（当前计数值可以是 0~255 之间的一个数字，如 R C15）
L	将当前计数值装入累加器 1（当前计数值可以是 0~255 之间的一个数字，如 L C15）
LC	将当前计数值作为 BCD 码装入累加器 1（当前计数值可以是 0~255 间的一个数字，如 LC C15）

表 3-18　梯形图（LAD）表示的定时器、计数器指令

助记符	描述
定时器指令	
——(SD)	接通延时定时器线圈，起动定时器 Tno. 以接通延时定时器方式工作。Tno. 为定时器号，数据类型为 TIMER；时间值的数据类型为 S5TIME，可在存储区 I、Q、M、D、L 中，也可为常数
——(SE)	扩展脉冲定时器线圈，起动定时器 Tno. 以扩展脉冲定时器方式工作（其他同上）
——(SF)	断开延时定时器线圈，起动定时器 Tno. 以断开延时定时器方式工作（其他同上）

(续)

助记符	说　明
S_ODT	接通延时 S5 定时器
S_ODTS	保持型接通延时 S5 定时器
S_OFFDT	断开延时 S5 定时器
——(SP)	脉冲定时器线圈，起动定时器 Tno. 以脉冲定时器方式工作。Tno. 为定时器号，数据类型为 TIMER；时间值的数据类型为 S5TIME，可在存储区 I、Q、M、D、L 中，也可为常数
S_PEXT	扩展脉冲 S5 定时器
S_PULSE	脉冲 S5 定时器
——(SS)	保持型接通延时定时器线圈，起动定时器 Tno. 以保持型接通延时定时器方式工作。Tno. 为定时器号，数据类型为 TIMER；时间值的数据类型为 S5TIME，可在存储区 I、Q、M、D、L 中，也可为常数
计数器指令	
——(CD)	减计数器线圈
——(CU)	加计数器线圈
——(SC)	设置计数器值
S_CD	减计数器
S_CU	加计数器
S_CUD	双向计数器

表 3-19　功能块图（FBD）表示的定时器、计数器指令

助记符	描　述
定时器指令	
SD	起动接通延时定时器
SE	起动延时脉冲定时器
SF	起动断开延时定时器
S_ODT	设置接通延时定时器参数并起动
S_ODTS	设置掉电保护接通延时定时器参数并起动
S_OFFDT	设置断开延时定时器参数并起动
SP	起动脉冲定时器
S_PEXT	设置延时脉冲定时器参数并起动
S_PULSE	设置脉冲定时器参数并起动
SS	起动掉电保护，接通延时定时器
计数器指令	
CD	值减计数器
CU	值加计数器
SC	设置计数器值
S_CD	分配参数和递减计数
S_CU	分配参数和递增计数
S_CUD	分配参数和递增/递减计数

1）定时器的种类。定时器包括脉冲定时器、扩展脉冲定时器、接通延时定时器、保持型接通延时定时器、断开延时定时器，如图 3-80 所示。

① S_PULSE，脉冲定时器，输出信号保持为 1 的最大时间与设定的时间值 t 相同。如果输入信号变为 0，则输出信号在较短的时间内保持为 1。

② S_PEXT，扩展脉冲定时器，输出信号在设定的时间长度内保持为 1，无论输入信号保持 1 多长时间。

③ S_ODT，接通延时定时器，只有在设定的时间已过且输入信号仍为 1 时，输出信号才变为 1。

④ S_ODTS，保持型接通延时定时器，只有在设定的时间已过时，输出信号才从 0 变为 1，无论输入信号保持 1 多长时间。

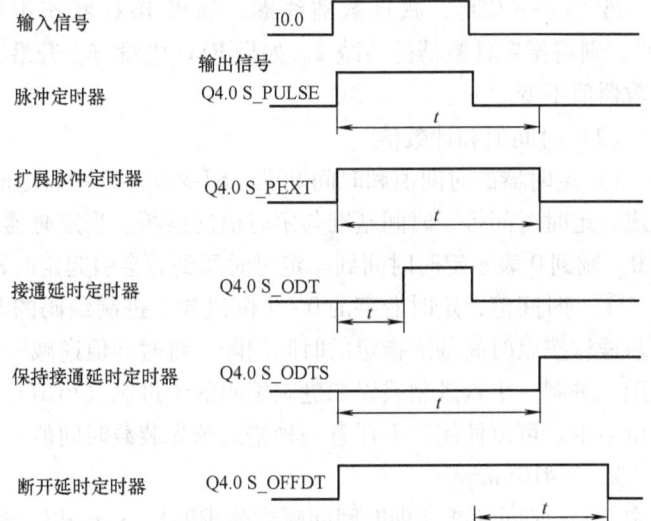

图 3-80 定时器的种类与工作时序状态

⑤ S_OFFDT，断开延时定时器，输入信号变为 1 或定时器运行时，输出信号变为 1。输入信号从 1 变为 0 时，时间起动。

2）计数器的种类。S7 中的计数器用于对 RLO 正跳沿计数。有加计数器、减计数器和可逆计数器三种。计数器是一种由位和字组成的复合单元，计数器的输出由位表示，其计数值存储在字存储器中。在 CPU 的存储器中留出了计数器区域，该区域用于存储计数器的计数值。每个计数器为 2 个字节（Byte），称为计数字。计数范围是 0～999。当计数值达到上限 999 时，累加停止；计数值到达下限 0 时，将不再减小。只要计数器的计数值不是"0"，计数器的输出就为"1"。对计数器进行置数（设置初始值）操作时，累加器 1 低字中的内容被装入计数器字。计数器的计数值，将以此为初值增加或减小。可以用多种方式为累加器 1 置数。

① S_CUD，双向计数器，如果输入 CU 的信号状态从"0"切换为"1"，并且计数器的值小于"999"，则计数器的值增 1。如果输入 CD 有上升沿，并且计数器的值大于"0"，则计数器的值减 1。如果两个计数输入都有上升沿，则执行两个指令，并且计数值保持不变。

② S_CD，减计数器，如果输入 CD 的信号状态从"0"切换为"1"，并且计数器的值大于"0"，则计数器的值减 1。

③ S_CU，加计数器，如果输入 CU 的信号状态从"0"切换为"1"，并且计数器的值小于"999"，则计数器的值加 1。

④ ——(SC)，设置计数器值，仅在 RLO 中有上升沿时才会执行。此时，预设值被传送至指定的计数器。

⑤ ——(CU)，加计数器线圈，如果在 RLO 中有上升沿，并且计数器的值小于

"999",则将指定计数器的值加 1。如果 RLO 中没有上升沿,或者计数器的值已经是"999",则计数器值不变。

⑥ ——(CD),减计数器线圈,如果 RLO 状态中有上升沿,并且计数器的值大于"0",则将指定计数器的值减 1。如果 RLO 中没有上升沿,或者计数器的值已经是"0",则计数器值不变。

(2) 时间值和计数值

1) 定时器的时间值和时间基准。S7-300/400 中,定时时间由时间基准和定时值两部分组成,定时时间等于时间基准与定时值的乘积。当定时器运行时,定时值不断减 1,直至减到 0,减到 0 表示定时时间到。定时时间到后会引起定时器触点动作。

① 时间值,定时器字的 0~9 位包含二进制编码的时间值。时间值指定单位数。时间更新操作按以时间基准指定的时间间隔,将时间值递减一个单位。递减至时间值等于零。可以用二进制、十六进制或以二进制编码的十进制(BCD)格式,将时间值装载到累加器 1 的低位字中。可以使用以下任意一种格式预先装载时间值:

L W#16#wxyz

其中,w—时间基准(即时间间隔或分辨率);xyz—以二进制编码的十进制格式表示的时间值。t—时间基准,取值 0、1、2、3,分别表示时间基准为 10ms、100ms、1s、10s。xyz—定时值,取值范围为 1~999。

L S5T#aH_bM_cS_dMS

其中,H—小时,M—分钟,S—秒,MS—毫秒;a、b、c、d 由用户定义。时间基准是自动选择的,原则是根据定时时间选择能满足定时范围要求的最小时基。数值会根据时间基准四舍五入到下一个较低数。可以输入的最大时间值是 9990 秒或 2 小时_46 分钟_30 秒。如,S5TIME#4S = 4 秒;S5T#2h_15m = 2 小时 15 分钟;S5T#1H_12M_18S = 1 小时 12 分钟 18 秒。

② 时间基准,定时器字的第 12 和 13 位包含二进制编码的时间基准。时间基准定义将时间值递减一个单位所用的时间间隔。最小的时间基准是 10 毫秒;最大的时间基准是 10 秒。时间基准的二进制编码、分辨率和定时范围见表 3-20。分辨率超出范围限制的值将被舍入到有效的分辨率。

表 3-20 时间基准、分辨率和定时范围

时间基准	二进制编码	分辨率	用于 S5TIME 格式的定时范围
10ms	00	0.01s	10ms~9s_990ms
100ms	01	0.1s	100ms~1m_39s_900ms
1s	10	1s	1s~16m_39s
10s	11	10s	10s~2h_46m_30s

当定时器起动时,累加器 1 低位字的内容被当作定时时间装入定时器字中。这一过程是由操作系统控制自动完成的,只需给累加器 1 装入不同的数值,即可设置需要的定时时间。

③ 时间单元中的位组态,定时器的第 0~11 位存放 BCD 码格式的定时值,三位 BCD 码表示的范围是 0~999。第 12、13 位存放二进制格式时间基准。定时器起动时,定时器单元的内容用作时间值,如图 3-81 所示。

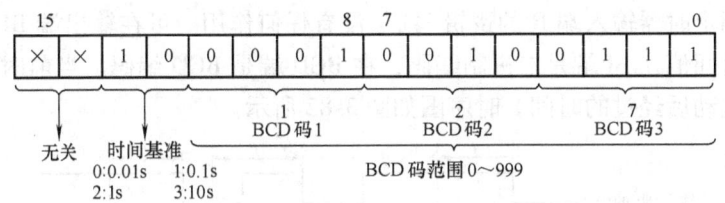

图 3-81 定时器字的数据格式

④ 读取时间和时间基准，每个定时器逻辑框提供两种输出：BI 和 BCD，从中可指示一个字位置。BI 输出提供二进制格式的时间值；BCD 输出提供二进制编码的十进制（BCD）格式的时间基准和时间值。

2）计数值。在 S7-300 中，计数器区为 512 个字节（Byte），因此最多允许使用 256 个计数器。

① 计数值，计数器字中的 0~9 位包含二进制代码形式的计数值。当设置某个计数器时，计数值移至计数器字。计数值的范围为 0~999。可使用计数器指令在此范围内改变计数值。

② 计数器中的位组态，输入从 0~999 的数字，可为计数器提供预设值，如输入 127：C#127，其中 C#代表二进制编码十进制格式。BCD 格式由四个位组成的每个集合包含一个十进制数值的二进制代码。计数器中的 0~11 位包含二进制编码十进制格式的计数值。格式与图 3-81 中的 0~11 位相同。第 12~15 位没有用途。

当计数器起动时，累加器 1 低位字的内容被当作计数初值装入计数器字中。这一过程是由操作系统控制自动完成的，用户只需给累加器 1 装入不同的数值，即可设置需要的计数初值。

(3) 定时器指令

1) 脉冲定时器。脉冲定时器见表 3-21。

表 3-21 脉冲定时器

LAD 方块	参数	数据类型	存储区	说明
Tno. S_PULSE S　　Q TV　　BI R　　BCD	no.	TIMER	T	定时器标识号，范围与 CPU 有关
	S	BOOL	I、Q、M、D、L	起动输入端
	TV	S5TIME	I、Q、M、D、L	预置时间值（范围：0~999）
	R	BOOL	I、Q、M、D、L	复位输入端
	Q	BOOL	I、Q、M、D、L	定时器状态
	BI	WORD	I、Q、M、D、L	当前运行时间值（整数格式）
	BCD	WORD	I、Q、M、D、L	当前运行时间值（BCD 格式）

如果在起动输入端（S）有一个上升沿，S_PULSE（脉冲 S5 定时器）将起动指定的定时器。信号变化始终是启用定时器的必要条件。定时器在输入端 S 的信号状态为"1"时运行，但最长周期是由输入端 TV 指定的时间值决定的。只要定时器运行，输出端 Q 的信号状态就为"1"。如果在时间间隔结束前，输入端 S 从"1"变为"0"，则定时器将停止。这种情况下，输出端 Q 的信号状态为"0"。如果在定时器运行期间定时器复位（R），输入从"0"变为"1"时，则定时器将被复位。当前时间和时间基准也被设置为零。如果定时器不

是正在运行,则定时器输入端 R 的逻辑"1"没有任何作用。可在输出端 BI 和 BCD 上扫描当前时间值。时间值在 BI 端是二进制编码,在 BCD 端是 BCD 编码。当前时间值为初始 TV 值减去定时器起动后经过的时间。时序图如图 3-82 所示。

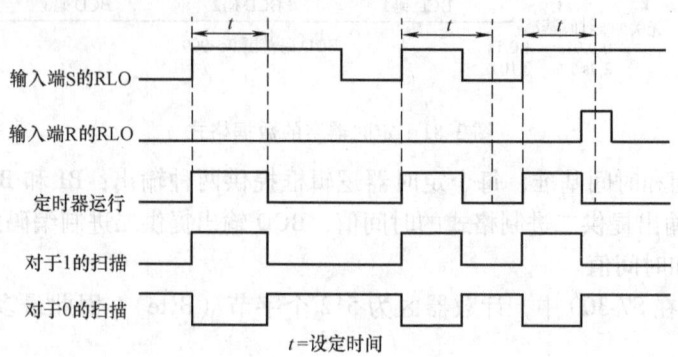

图 3-82　脉冲定时器时序图

示例:语句表(STL)如下:

```
A    I0.7
L    S5T#35S    //装入定时时间到 ACCU1
SP   T4         //起动脉冲定时器 T4
A    I0.5
R    T4         //定时器 T4 复位
L    T4
T    MW0        //标志字 MW0
LC   T4
T    QW6        //输出字
A    T4
=    Q8.5
```

对应的 LAD 和 FBD 及时序图如图 3-83 所示。

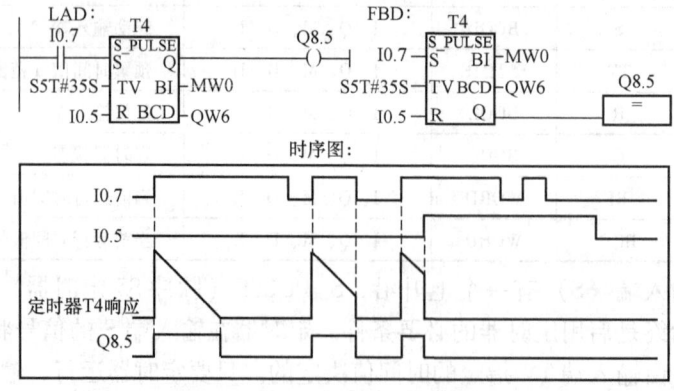

图 3-83　脉冲定时器的 LAD 和 FBD 以及时序图示例

如果输入端 I0.7 的信号状态从"0"变为"1"(RLO 中的上升沿),则定时器 T4 将起动。只要 I0.7 为"1",定时器就将继续运行指定的 35s 时间。如果定时器达到预定时间前,I0.7 的信号状态从"1"变为"0",则定时器将停止。如果输入端 I0.5 的信号状态从"0"变为"1",而定时器仍在运行,则时间复位。只要定时器运行,输出端 Q8.5 就是逻辑"1";如果定时器预设时间结束或复位,则输出端 Q8.5 变为"0"。

2) 接通延时定时器。接通延时定时器见表 3-22。

表 3-22 接通延时定时器

LAD 方块	参数	数据类型	存储区	说明
Tno. S_ODT S　Q TV　BI R　BCD	no.	TIMER	T	定时器标识号,范围与 CPU 有关
	S	BOOL	I、Q、M、D、L	起动输入端
	TV	S5TIME	I、Q、M、D、L	预置时间值(范围:0~999)
	R	BOOL	I、Q、M、D、L	复位输入端
	Q	BOOL	I、Q、M、D、L	定时器状态
	BI	WORD	I、Q、M、D、L	当前运行时间值(整数格式)
	BCD	WORD	I、Q、M、D、L	当前运行时间值(BCD 格式)

如果在起动输入端(S)有一个上升沿,S_ODT(接通延时 S5 定时器)将起动指定的定时器。信号变化始终是启用定时器的必要条件。只要输入端 S 的信号状态为正,定时器就以在输入端 TV 指定的时间间隔运行。定时器达到指定时间而没有出错,并且输入端 S 的信号状态仍为"1"时,则输出端 Q 的信号状态为"1"。如果定时器运行期间输入端 S 的信号状态从"1"变为"0",则定时器将停止。这种情况下,输出端 Q 的信号状态为"0"。如果在定时器运行期间复位(R),输入从"0"变为"1",则定时器复位。当前时间和时间基准被设置为零。然后,输出端 Q 的信号状态变为"0"。如果在定时器没有运行时,输入端 R 有一个逻辑"1",并且输入端 S 的 RLO 为"1",则定时器也复位。可在输出端 BI 和 BCD 扫描当前时间值。时间值在 BI 处为二进制编码,在 BCD 处为 BCD 编码。当前时间值为初始 TV 值减去定时器起动后经过的时间。接通延时定时器的时序图如图 3-84 所示。

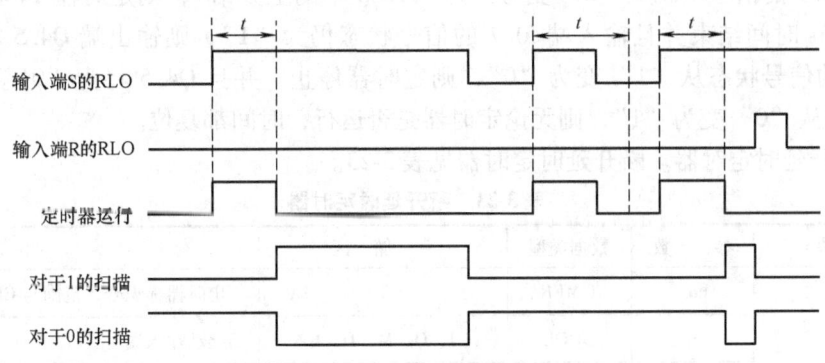

图 3-84 接通延时定时器时序图

示例:语句表(STL)如下:
A   I0.7
L   S5T#35S   //装入定时时间到 ACCU1
SD   T4   //起动接通延时定时器 T4

```
A    I0.5
R    T4           //定时器 T4 复位
L    T4
T    MW0
LC   T4
T    QW6
A    T4
=    Q4.5
```

对应的 LAD 和 FBD 及时序图如图 3-85 所示。

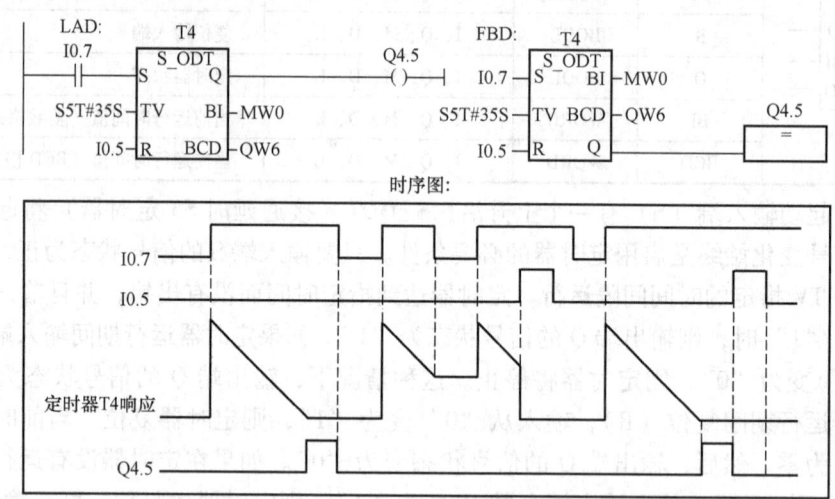

图 3-85　接通延时定时器的 LAD 和 FBD 以及时序图示例

如果 I0.7 的信号状态从 "0" 变为 "1"（RLO 中的上升沿），则定时器 T4 将起动。如果指定的 35s 时间结束并且输入端 I0.7 的信号状态仍为 "1"，则输出端 Q4.5 将为 "1"。如果 I0.7 的信号状态从 "1" 变为 "0"，则定时器停止，并且 Q4.5 将为 "0"。如果 I0.5 的信号状态从 "0" 变为 "1"，则无论定时器是否运行，时间都复位。

3）断开延时定时器。断开延时定时器见表 3-23。

表 3-23　断开延时定时器

LAD 方块	参　数	数据类型	存　储　区	说　　明
Tno. S_OFFDT S Q TV BI R BCD	no.	TIMER	T	定时器标识号，范围与 CPU 有关
	S	BOOL	I、Q、M、D、L	起动输入端
	TV	S5TIME	I、Q、M、D、L	预置时间值（范围：0~999）
	R	BOOL	I、Q、M、D、L	复位输入端
	Q	BOOL	I、Q、M、D、L	定时器状态
	BI	WORD	I、Q、M、D、L	当前运行时间值（整数格式）
	BCD	WORD	I、Q、M、D、L	当前运行时间值（BCD 格式）

如果在起动输入端（S）有一个下降沿，S_OFFDT（断开延时S5定时器）将起动指定的定时器。信号变化始终是启用定时器的必要条件。如果输入端S的信号状态为"1"，或定时器正在运行，则输出端Q的信号状态为"1"。如果在定时器运行期间输入端S的信号状态从"0"变为"1"时，则定时器将复位。输入端S的信号状态再次从"1"变为"0"后，定时器才能重新起动。如果在定时器运行期间复位（R），输入从"0"变为"1"时，定时器将复位。可在输出端BI和BCD扫描当前时间值。时间值在BI端是二进制编码，在BCD端是BCD编码。当前时间值为初始TV值减去定时器起动后经过的时间。断开延时定时器的时序图如图3-86所示。

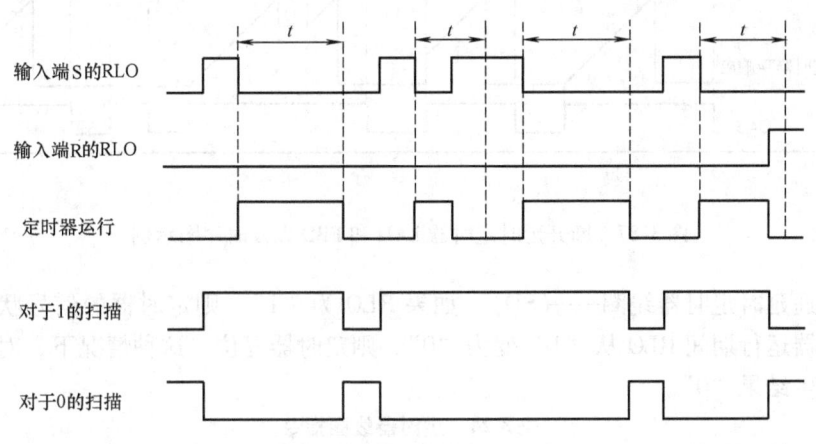

图3-86 断开延时定时器时序图

示例：语句表（STL）如下：

```
A    I0.7
L    S5T#35S    //装入定时时间到ACCU1
SF   T4         //起动断开延时接通定时器T4
A    I0.5
R    T4         //定时器T4复位
L    T4
T    MW0
LC   T4
T    QW6
A    T4
=    Q4.5
```

对应的LAD和FBD以及时序图如图3-87所示。

如果I0.7的信号状态从"1"变为"0"，则定时器T4起动。I0.7为"1"或定时器运行时，Q4.5为"1"。如果在定时器运行期间I0.5的信号状态从"0"变为"1"，则定时器复位。

4）定时器线圈指令。定时器线圈指令是一种位操作指令。定时器线圈指令见表3-24。

如果RLO状态有一个上升沿，将以<时间值>起动指定的定时器。

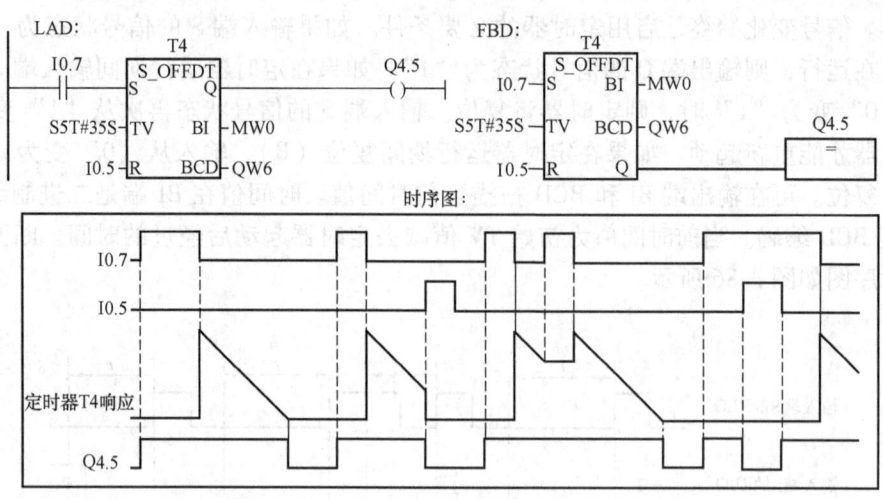

图 3-87 断开延时定时器 LAD 和 FBD 以及时序图示例

对于接通延时定时器线圈——(SD)：如果 RLO 为"1"，则定时器的信号状态为"1"。如果在定时器运行期间 RLO 从"1"变为"0"，则定时器复位。这种情况下，对于"1"的扫描始终产生结果"0"。

表 3-24 定时器线圈指令

LAD 指令	STL 指令	功　能	说　明
Tno. ——(SP) 时间值	SP Tno.	起动脉冲定时器	该指令起动定时器 Tno. 以脉冲定时器方式工作；Tno. 为定时器号，数据类型为 TIMER；时间值的数据类型为 S5TIME，可在存储区 I、Q、M、D、L 中，也可为常数。对 STL 指令来说，以累加器 1 中的内容为时间值
Tno. ——(SE) 时间值	SE Tno.	起动扩展脉冲定时器	该指令起动定时器 Tno. 以扩展脉冲定时器方式工作（其他同上）
Tno. ——(SD) 时间值	SD Tno.	起动接通延时定时器	该指令起动定时器 Tno. 以接通延时定时器方式工作（其他同上）
Tno. ——(SS) 时间值	SS Tno.	起动保持型接通延时定时器	该指令起动定时器 Tno. 以保持型接通延时定时器方式工作（其他同上）
Tno. ——(SF) 时间值	SF Tno.	起动断开延时定时器	该指令起动定时器 Tno. 以断开延时定时器方式工作（其他同上）
	FR Tno.	允许再起动定时器	

对于脉冲定时器线圈——(SP)：只要 RLO 保持正值（"1"），定时器就继续运行指定的

时间间隔。只要定时器运行，计数器的信号状态就为"1"。如果在达到时间值前，RLO 中的信号状态从"1"变为"0"，则定时器将停止。这种情况下，对于"1"的扫描始终产生结果"0"。

对于扩展脉冲定时器线圈——（SE）：定时器继续运行指定的时间间隔，即使定时器达到指定时间前 RLO 变为"0"。只要定时器运行，计数器的信号状态就为"1"。如果在定时器运行期间 RLO 从"0"变为"1"，则将以指定的时间值重新起动定时器（重新触发）。

对于保持型接通延时定时器线圈——（SS）：如果达到时间值，定时器的信号状态为"1"。只有明确进行复位，定时器才可能重新起动。只有复位才能将定时器的信号状态设为"0"。如果在定时器运行期间 RLO 从"0"变为"1"，则定时器以指定的时间值重新起动。

如果 RLO 状态有一个下降沿，断开延时定时器线圈——（SF）将起动指定的定时器。当 RLO 为"1"时或只要定时器在 <时间值> 时间间隔内运行，定时器就为"1"。如果在定时器运行期间 RLO 从"0"变为"1"，则定时器复位。只要 RLO 从"1"变为"0"，定时器即会重新起动。

以——（SD）接通延时定时器线圈为例，LAD/FBD/STL 的图形格式及表达式如图 3-88 所示。

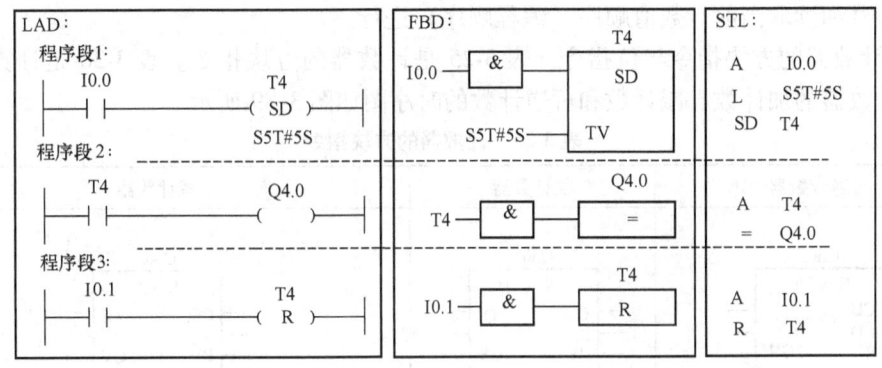

图 3-88 接通延时定时器线圈 LAD/FBD/STL 的图形格式及表达式示例

定时器再起动指令 FR 格式：FR <定时器>

无论是起动定时器还是正常的定时器指令，都不需要定时器的启用。启用只适用于重触发一个正在运行的定时器，即重新起动定时器。只有在 RLO = 1 的情况下继续处理起动指令时，才可进行重新起动。

定时器再起动指令 FR 用于重新装载定时时间，定时器以新装入的时间值运行。当 RLO 从"0"跳转到"1"时，FR <定时器> 清除用于起动寻址定时器的边沿检测标记。启用指令（FR）前，RLO 位由"0"跳转到"1"即可启用定时器。

例，语句表（STL）如下：

```
A    I2.0
FR   T1           //启用定时器 T1
A    I2.1
L    S5T#10S      //在 ACCU 1 中预置 10s
SI   T1           //起动定时器 T1 以作为脉冲定时器
```

```
A    I2.2
R    T1         //复位定时器 T1
A    T1         //检查定时器 T1 的信号状态
=    Q4.0
L    T1         //以二进制的格式装载定时器 T1 的当前时间值。表格 MW10
```

(4) 计数器指令

计数器指令包括加计数器、减计数器和可逆计数器三种方块指令，以及设置计数器线圈——(SC)、加计数器线圈——(CU) 和减计数器线圈——(CD) 三种位指令。语句表指令集支持 256 个计数器。CPU 中具体有多少可用计数器可参考 CPU 的技术数据。计数器字中的 0~9 位包含二进制代码形式的计数值。当设置某个计数器时，计数值移到计数器字。计数值的范围为 0~999。输入 0~999 的数字，可设置计数器的预设值，如使用 C#xyz 格式输入 127，即 C#127，其中，C#代表 BCD 格式（二进制编码十进制格式），由四个位组成的每个集合包含一个十进制数值的二进制代码；xyz 为计数初值，取值范围 1~999。使用复位指令 R 可使计数器复位。计数器被复位后，其计数值被清 0，计数器输出状态也为 0（常开触点断开）。计数器的各项操作应按加计数、减计数、计数器置数、计数器复位、使用计数器输出状态信号和读取当前计数值顺序（编程顺序）进行。

1) 计数器的方块指令与位指令。表 3-25 是计数器的方块指令。表 3-26 是计数器的位指令。计数器的加计数、减计数和可逆计数的时序图如图 3-89 所示。

表 3-25 计数器的方块指令

可逆计数器	加计数器	减计数器
Cno. S_CUD CU Q CD S CV PV R CV_BCD	Cno. S_CU CU Q S PV CV R CV_BCD	Cno. S_CD CD Q S PV CV R CV_BCD

参数	数据类型	存储区	说明
no.	COUNTER	C	计数器标识号，范围与 CPU 有关
CU	BOOL	I、Q、M、D、L	加计数输入
CD	BOOL	I、Q、M、D、L	减计数输入
S	BOOL	I、Q、M、D、L	计数器预置输入
PV	WORD	I、Q、M、D、L	计数初始值输入（BCD 码，范围：0~999）
R	BOOL	I、Q、M、D、L	复位输入端
Q	BOOL	I、Q、M、D、L	计数器状态输出
CV	WORD	I、Q、M、D、L	当前计数值输出（整数格式）
CV_BCD	WORD	I、Q、M、D、L	当前计数值输出（BCD 格式）

表3-26 计数器的位指令

LAD 指令	STL 指令	功　能	说　明
Cno. ——(SC) <预置值>	S Cno.	计数器设置初始值	指令为计数器设置初始值，Cno. 为计数器号，数据类型为 COUNTER；<预置值> 的数据类型为 WORD，可在存储区 I、Q、M、D、L 中，也可为常数。STL 指令的初始值在累加器 1 中
Cno. ——(CU)	CU Cno.	加计数	执行指令时，RLO 每有一个正跳沿，计数值加 1，若达上限 999，则停止累加计数
Cno. ——(CD)	CD Cno.	减计数	执行指令时，RLO 每有一个正跳沿，计数值减 1，若达下限 0，则停止减计数
	FR Cno.	允许计数器再起动	类似于定时器再起动指令 FR <timer>，计数器再起动指令用于重新装载计数初值，计数器以新装入的计数值运行。若 RLO 为 1，则初始值再次装入，它不是计数器正常运行的必要条件

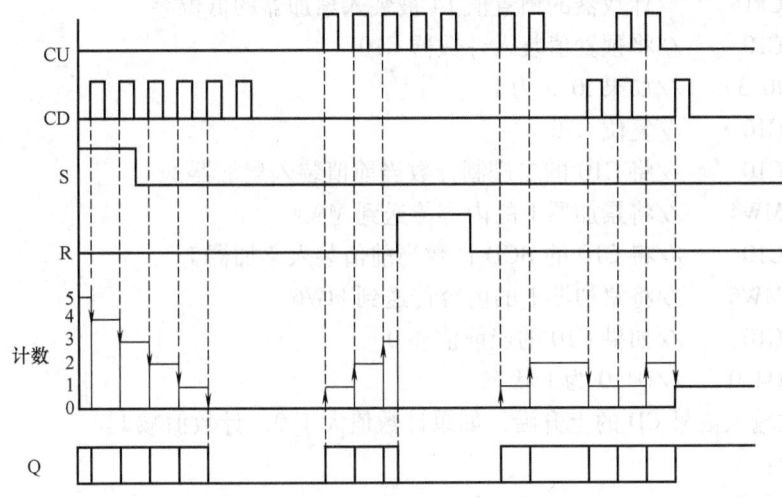

图 3-89　计数器的时序图

2) 减计数、加计数和双向计数方块指令示例。方块指令语句表如下：

加计数：

```
A     I0.0      //在 I0.0 的上升沿
CU    C10       //加计数器 C10 的当前值加 1
BLD   101       //自动生成编号
A     I0.2      //在 I0.2 的上升沿
L     C#14      //计数器的预置值 14 被装入累加器的低位字
S     C10       //将预置值装入计数器 C10
A     I0.3      //如果 I0.3 为 1
R     C10       //复位 C10
L     C10       //将 C10 的二进制计数当前值装入累加器 1
T     MW4       //将累加器 1 的内容传送到 MW4
LC    C10       //将 C10 的 BCD 计数当前值装入累加器 1
```

T	MW6	//将累加器 1 的内容传送到 MW6
A	C10	//如果 C10 的当前值非 0
=	Q4.0	//Q4.0 为 1 状态

CU 的线圈为加计数器线圈。设置计数值线圈 SC 用来设置计数值，在 RLO 的上升沿预置值被送入指定的计数器。在 I0.0 的上升沿，如果计数值小于 999，计数值加 1。复位输入 I0.3 为 1 时，计数器被复位，计数值被清零。计数值大于 0 时计数器位（即输出 Q）为 1；计数值为 0 时，计数器位亦为 0。

减计数：

A	I0.0	
CD	C10	//当 RLO 根据输入 I0.0 的状态从"0"跳转至"1"时，将计数器 C10 减 1
BLD	101	//自动生产编号
A	I0.2	//在 I0.2 的上升沿
L	C#14	//计数器的预置值 14 被装入累加器的低位字
S	C10	//将预置值装入计数器 C10
A	I0.3	//如果 I0.3 为 1
R	C10	//复位 C10
L	C10	//将 C10 的二进制计数当前值装入累加器 1
T	MW4	//将累加器 1 的内容传送到 MW4
LC	C10	//将 C10 的 BCD 计数当前值装入累加器 1
T	MW6	//将累加器 1 的内容传送到 MW6
A	C10	//如果 C10 的当前值非 0
=	Q4.0	//Q4.0 为 1 状态

在减计数输入信号 CD 的上升沿，如果计数值大于 0，计数值减 1。

双向计数：

A	I0.0	
CU	C10	//加计数器 C10 的当前值加 1
A	I0.1	//在 I0.1 的上升沿
CD	C10	//当 RLO 根据输入 I0.0 的状态从"0"跳转至"1"时，将计数器 C10 减 1
A	I0.2	//在 I0.2 的上升沿
L	C#14	//计数器的预置值 14 被装入累加器的低位字
S	C10	//将预置值装入计数器 C10
A	I0.3	//如果 I0.3 为 1
R	C10	//复位 C10
L	C10	//将 C10 的二进制计数当前值装入累加器 1
T	MW4	//将累加器 1 的内容传送到 MW4
LC	C10	//将 C10 的 BCD 计数当前值装入累加器 1
T	MW6	//将累加器 1 的内容传送到 MW6
A	C10	//如果 C10 的当前值非 0

```
=    Q4.0    //Q4.0 为 1 状态
```
对应的 LAD 和 FBD 如图 3-90 所示。

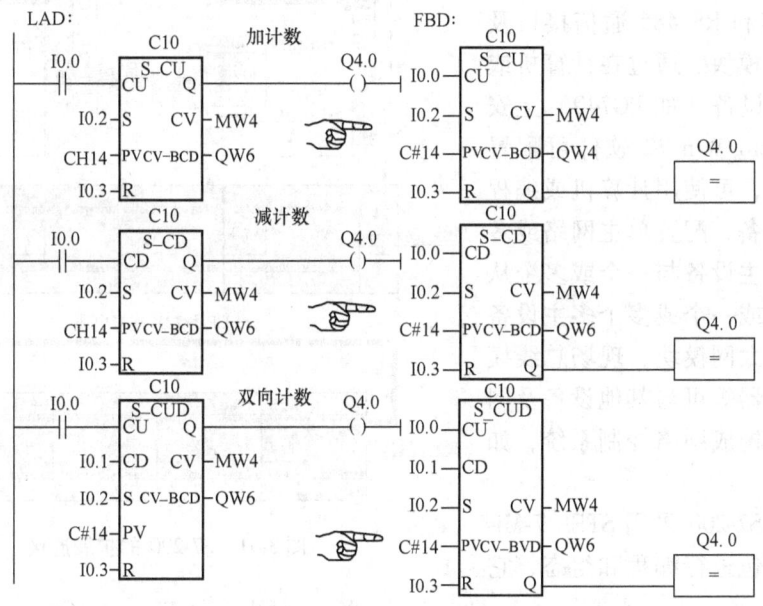

图 3-90　减计数、加计数和双向计数的 LAD 和 FBD 示例

3.6.5　西门子 SIMATIC S7 PLC 简介

西门子 SIMATIC S7 系列可编程序控制器（PLC）包括小型 SIMATIC S7-200（S7-200 CN 是中国本地化产品）、中大型 SIMATIC S7-300 和 SIMATIC S7-400 三种。SIMATIC S7 系列 PLC 都采用了模块化、无排风扇结构，在国内应用十分广泛。STEP7 支持 IEC61131-3—1993 的 PLC 编程语言，包括语句表（STL）、梯形图（LAD）、功能块图（FBD）、顺序功能图（SFC）、结构文本（ST）和连续功能图（Continuous Function Chart，CFC）语言等，其中语句表（STL）、梯形图（LAD）、功能块图（FBD）3 种基本编程语言可以相互转换。

1. SIMATIC S7-200 简介

SIMATIC S7-200 具有 CPU-221、CPU-222、CPU-224、CPU-224XP、CPU-226、CPU-226XM 等 6 个不同的基本型号。每种型号的 CPU 均带有 RS-485 通信/编程口，具有 PPI、MPI 通信协议和自由口通信方式。CPU-22X 主机的输入点为 24V 直流双向光电耦合输入电路，输出有继电器和直流（MOS 型）两种类型。CPU-221 和 CPU-222 适合于小点数控制场合。CPU-221 价格低廉，能满足多种集成功能的需要。CPU-222 是 S7-200 家族中低成本的单元，通过可连接的扩展模块即可处理模拟量。其他型号具有较强的控制能力，可构成较复杂的控制系统，如 CPU-224 具有更多的输入输出点及更大的存储器。CPU-226 和 CPU-226XM 是功能最强的单元，可满足一些中小型复杂控制系统的要求。

SIMATIC S7-200 系列 PLC 的最小配置为 8DI/6DO，可扩展 2~7 个模块，最大 I/O 点数为 64 DI/DO、12 AI/4 AO。通过 EM277 PROFIBUS-DP 扩展从站模块，可将 S7-200 CPU 连接到 PROFIBUS-DP 网络。

SIMATIC S7-200 可以通过安装孔或标准 DIN 导轨垂直或水平安装在机柜上，距离较远的机架可以通过连接电缆串联安装，如图 3-91 所示。

SIMATIC S7-200 具有 PPI/MPI/自由口数据通信和 RS-485 通信接口及各种网络通信模块。通过在计算机或 SIMATIC 编程设备（如 PG740）上安装 STEP 7-Micro/Win 32 软件可配置网络通信方式，可使用计算机或编程设备作为主设备，配置单主网络或多主网络，使单主设备与一个或多个从属设备相连，或一个或多个多主设备相连。通过以太网模块、现场总线模块、调制解调器等可与其他设备及网络系统连接，构成网络控制系统，如图 3-92 所示。

SIMATIC S7-200 采用 STEP 7-Micro/ Win 软件包进行编程和组态，它

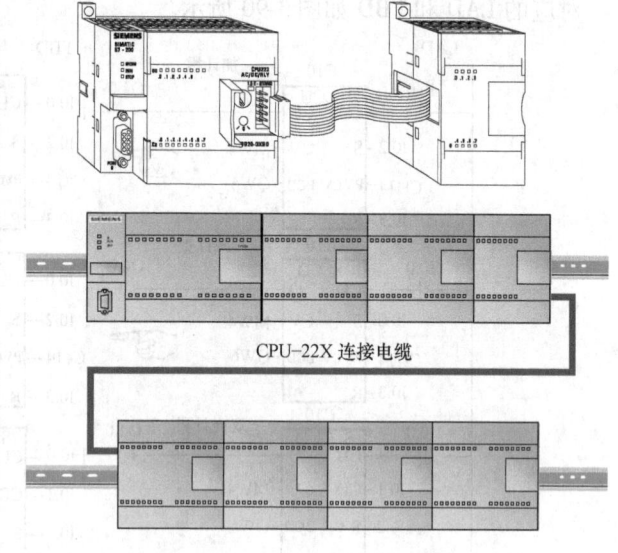

图 3-91 S7-200 的扩展连接

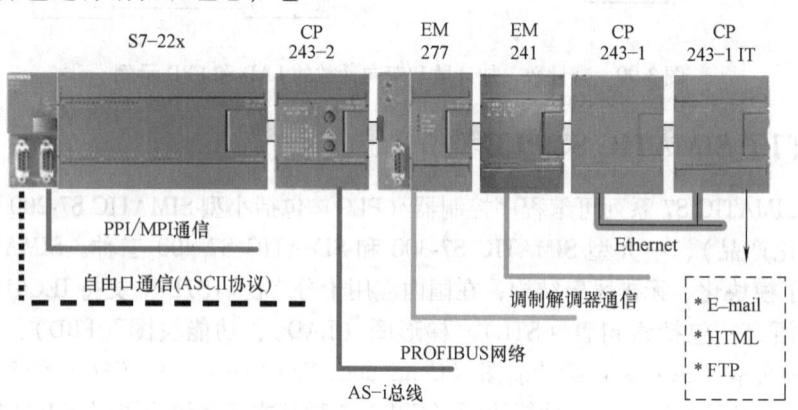

图 3-92 S7-200 的网络通信功能概览

是基于 Windows 平台的标准应用软件。最新版本 STEP7 Micro/Win V4.0 的安装运行环境为 Windows 2000 SP3 以上、Windows XP Home 和 Windows XP Professional。Micro/Win V4.0 生成的项目文件，旧版本的 Micro/Win 不能打开或上载。

SIMATIC S7-200 系列可编程序控制器的最小应用系统示意如图 3-93 所示。

图 3-93 所示的系统通过 PC/PPI 电缆将计算机与 S7-200 系列 PLC 连接，S7-200 系列 PLC 内部集成的 PPI 接口的物理特性为 RS-485 串行接口，插口为 9 针 D 型。在进行调试时，将 S7-200 接入网络时，该端口一般是作为端口 1 出现的。通过 PC/PPI 电缆上的 DIP 开关选择波特率。PPI 通信协议是 S7-200 系列 PLC 开发的一个通信协议，可通过普通的两芯屏蔽双绞电缆进行连网，波特率为 9.6kbit/s、19.2kbit/s 和 187.5kbit/s。在运行 Windows 或 Windows NT 操作系统的个人计算机（PC）上安装编程软件后，PC 作为通信中的主站运行。S7-200 的语句表手持编程设备是 PG702。

第 3 章 电气控制的基本原理   329

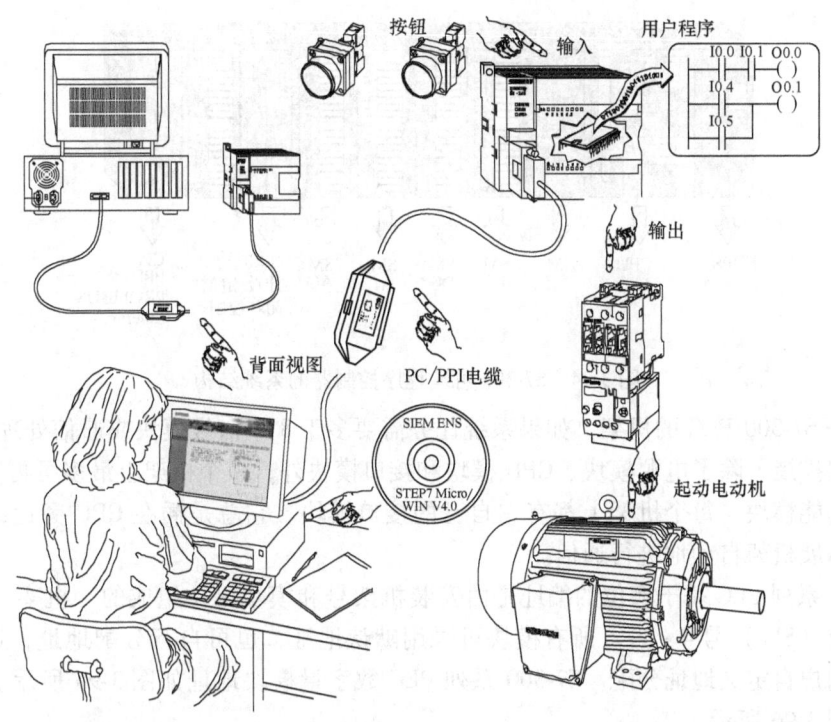

图 3-93 SIMATIC S7-200 系列可编程序控制器的最小应用系统示意图

2. SIMATIC S7-300 简介

SIMATIC S7-300 是一种模块化可编程序控制器系统，根据需要可将各种功能模块组合和扩展，以构成不同要求的系统和控制网络，指令运算速度可达到 0.6～0.1μs；采用浮点数运算实现更为复杂的算术运算；在 S7-300 操作系统内集成了人机界面（HMI）服务功能，具备强大的通信功能，可通过工程工具 STEP 7 的用户界面的通信组态功能进行组态，并可通过多种通信处理器连接 PROFIBUS、AS-i 现场总线和工业以太网；串行通信处理器用来连接点到点的通信系统；多点接口（MPI）集成在 CPU 中，用于同时连接编程器、PC、人机界面系统及其他 SIMATIC S7/M7/C7 等自动化控制系统。

SIMATIC S7-300 PLC 系统由中央处理单元（CPU），用于数字量和模拟量输入/输出的信号模块 SM，用于执行特殊功能，如计数、定位、闭环控制等的功能模块 FM，用于连接网络和点对点连接的通信处理器 CP，用于将 SIMATIC S7 300 连接到 AC 120/230V 电源的电源模块 PS，用于多机架配置时连接主机架 CR 和扩展机架 ER 的接口模块 IM，以及占位模块 DM、导轨 Rack 等组成。接口模块 IM 可用来进行多层组态，把总线从一层传到另一层；占位模块 DM 是为没有设置参数的信号模块保留一个插槽或为以后安装接口模块保留的插槽。S7-300 可通过 MPI 接口直接与编程器 PG、操作员面板 OP 和其他 S7 PLC 相连。S7-300 PLC 的结构如图 3-94 所示。

图 3-94 中，自左到右分别是 0、1、2、3、4…槽位。槽 1～槽 3 固定分配，其中，槽 1 插入 PS（电源），槽 2 插入 CPU，槽 3 插入 IM，槽 4～槽 11 自由分配，SM、FM、CP 可以插入这 8 个槽中的任何一个。S7-300 采用背块总线的方式将各模块从物理上和电气上连接起来，只需简单地将模块钩在 DIN 标准的安装导轨上，转动到位，然后用螺栓锁紧。

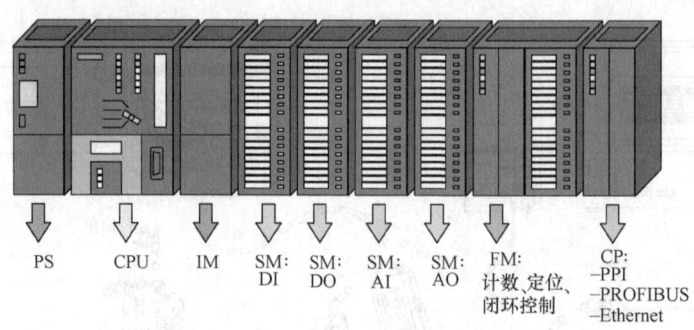

图 3-94 S7-300 可编程序控制器的系统结构

导轨是 S7-300 PLC 的机架。如果系统任务需要多于 8 个信号模块或通信处理器模块时，可以多机架扩展，除了电源模块、CPU 模块和接口模块外，一个机架上最多可再安装 8 个信号模块或功能模块。每个机架上都有它自己的接口模块。它总是插在 CPU 旁边的槽内，负责与其他扩展机架自动地进行通信。

S7-300 系列 PLC 基于槽位的编址是由安装机架号和模块槽位组成的，机架（Rack）号 0~3；槽位（Slot）号 4~11。所有模块可采用默认地址，也可自行分配地址，通过 STEP7 软件进行用户自定义地址分配。S7-300 系列 PLC 数字量模块地址如图 3-95 所示。模拟量模块地址如图 3-96 所示。

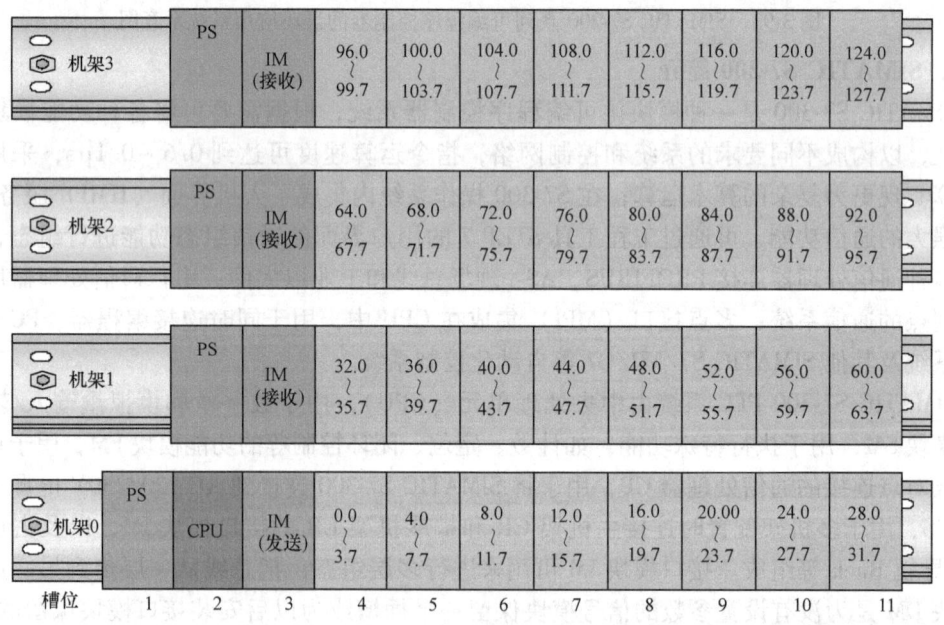

图 3-95 S7-300 系列 PLC 数字量模块起始地址

根据机架上模块的类型，地址为输入（I）或输出（O）。数字量 I/O 模块每个槽划分为 4 B（等于 32 个 I/O 点）。模拟量 I/O 模块每个槽划分为 16 B（等于 8 个模拟量通道），每个模拟量输入通道或输出通道的地址总是一个字地址。如，机架 0 的第 1 个数字量模块槽（4 号槽）的地址为 0.0~3.7，共 32 个输入点。数字量模块中的输入点和输出点的地址由字

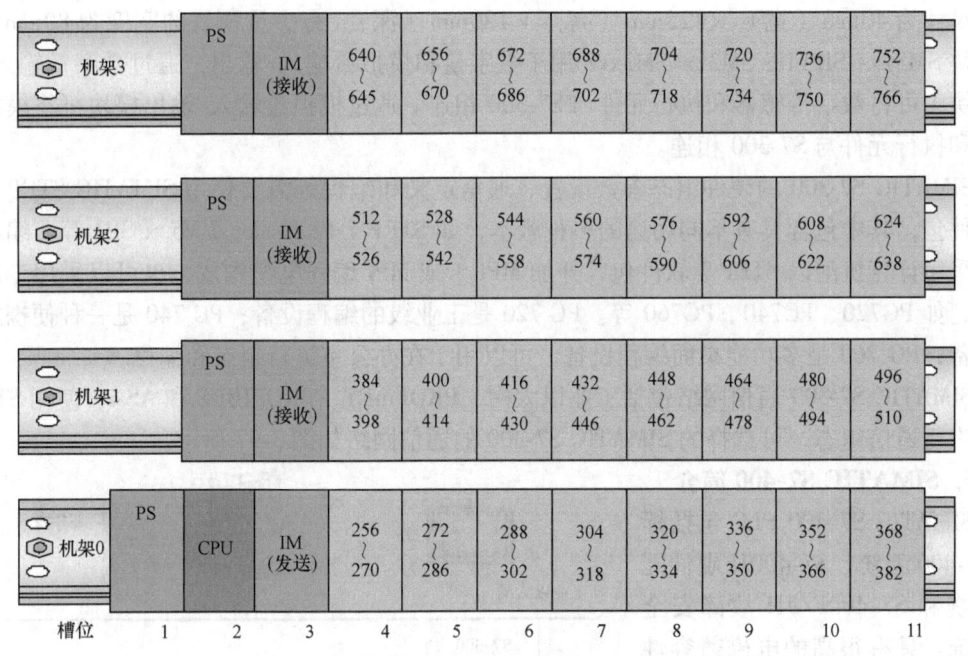

图 3-96　S7-300 系列 PLC 模拟量模块起始地址

节部分和位部分组成。如 I0.2，其中，I 表示输入助记符或编码，0 表示第一个字节地址，2 表示第 1 个字节地址第 3 位的位地址。

中央处理单元总是在机架 0 的 2 号槽位上，1 号槽安装电源模块，3 号槽总是安装接口模块，4～11 槽用于分配信号模块、功能模块和通信模块。但槽位号是相对的，每一机架（导轨）并不存在物理上的槽位。接口模块总是装在机架 0 的 3 号槽位上。

SIMATIC S7-300 的中央处理单元 CPU 模块有标准型、紧凑型（C）、技术型（T）和故障安全型（F），以及用于恶劣环境条件下（SIPLUS CPU）的标准型、紧凑型（C）、故障安全型（F）等多种型号。用于恶劣环境条件下的 CPU 允许安装于环境温度范围 –25～+70℃，运行于有害的气体环境。如果按照 CPU 的装载存储器来分类，分为标准型 S7-300 CPU、新型 S7-300 CPU 和带内置 EEPROM 的 S7-300 CPU。标准型 S7-300 CPU 指的是不使用微型存储卡（Micro Memory Card，MMC）的 S7-300 PLC，也称为老式的 S7-300 CPU。MMC 是一种 FEPROM 卡，用于新型 S7-300 CPU，包括紧凑型 CPU 和由标准型更新的新型 CPU。除了 CPU318-2DP 外，其他产品已被淘汰。标准型 S7-300 含有内置的 RAM 装载存储器，并可以使用 EEPROM 卡来扩充装载存储器。只有 CPU318-2DP 可以使用 RAM 卡来扩充装载存储器。CPU 与 MMC 是分开订货的。

各种新型 S7-CPU 的性能各不相同，但共同的特点是集成接口，CPU 运行时需要微存储器卡 MMC。信号模块（SM）也称输入/输出（I/O）模块，是 CPU 模块与现场 I/O 元件和设备连接的桥梁，可根据现场 I/O 设备选择各种用途的 I/O 模块。S7-300 的 I/O 模块外部连线接在插入式的前连接器的端子上，前连接器插在前盖后面的凹槽内。不需断开前连接器上的外部连线，就可更换模块。信号模块面块上的 LED 用来显示各数字量输入/输出点的信号状态,模块安装在 DIN 标准导轨上,通过总线连接器与相邻的模块连接。信号模块和接口模块的尺寸为 40mm(宽)×125mm(高)×120mm(深)。有少量模块的宽度为 80mm。信号模块 SM3xx/ SIPLUS SM3xx/SM3xxF 用于数字量和模拟量输入/输出,通过数字量输入/输出模块,可将数字传感器和执行元件与 S7-300 相连。通过模拟量输入/输出模块可将模拟传感器和执行元件与 S7-300 相连。

SIMATIC S7-300 的硬件组态参数设置、通信定义和编程等需要使用 SIMATIC STEP 7 标准软件包,其中包含具有不同用途的多种版本,如 STEP 7 Professional V5. x SP3 等。编程工具除采用计算机配以 STEP 7 软件包,并加 MPI 卡或 MPI 编程电缆构成,也可以采用专用编程器,如 PG720、PG740、PG760 等。PG 720 是工业级的编程设备;PG 740 是一种便携式编程设备;PG 760 是多功能桌面编程设备,可以用于在办公室进行组态和编程。

SIMATIC S7-300 通信网络包括工业以太网、PROFinET、PROFIBUS 和 AS-i,使用 STEP7 软件进行通信组态,可选择的 SIMATIC S7-300 的通信网络如图 3-97 所示。

3. SIMATIC S7-400 简介

SIMATIC S7-400 PLC 包括标准 S7-400 系统、S7-400H 硬件冗余系统和 S7-400F/FH 故障安全型系统。具有很高的电磁兼容性和抗冲击、耐振动性能,模块能带电插拔,能最大限度地满足各种工业标准,适用于中、高档性能范围的可编程序控制器。与 S7-300 相比,主要是规模和性能上更强大,起动类型有冷启动(CRST)和热启动(WRST)之分,还有一个外部的电池电源接口,当在线更换电池时可以向 RAM 提供后备电源,其他基本一样。

S7-400 PLC 采用模块化设计,无风扇的设计,可以选用多

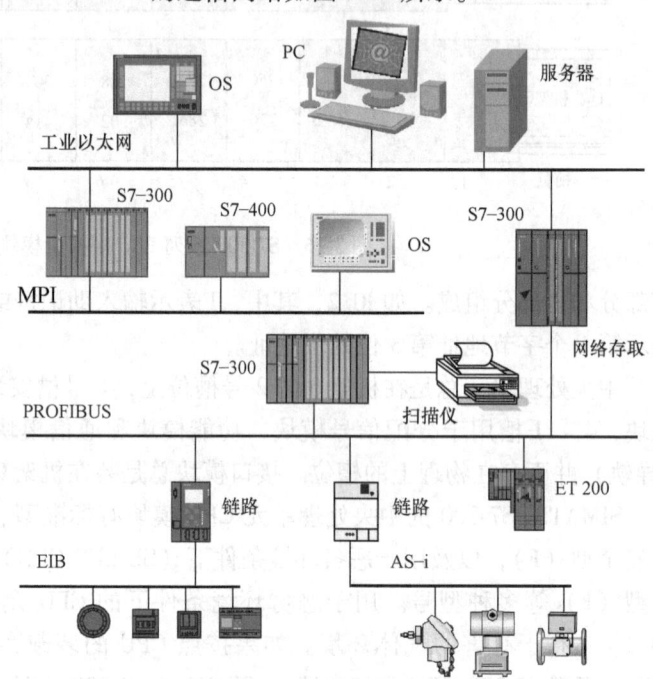

图 3-97 可选择的 SIMATIC S7-300 的通信网络

种级别的 CPU,并可配多种通用功能的模块,根据需要组合成不同的专用系统。S7-400 PLC 的 CPU 分为各种不同的功能分级,各级标准 CPU 之间的唯一区别是性能范围,如 RAM 容量、地址范围、可以连接的模块数量以及指令处理时间。几个 CPU 可以组合在一起运行,形成多 CPU 的结构,控制、计算或通信可分离并分配给不同的 CPU,每个 CPU 可赋予其本地 I/O。除了专用的 S7-400 模块外,S7-400 还可通过集成的 PROFIBUS-DP 接口对 PROFIBUS 网络进行访问。

所有 S7-400 CPU 都有装载存储器和主存储器两种类型。装载存储器用于项目数据(数据块、符号、说明、配置和参数化数据等)和用户文件。主存储器用于与过程相关的模块、过程映像和本地数据。CPU 在一个周期内同时访问代码存储器和数据存储器。这是通过分

开的代码总线和数据总线实现的。主存储器的容量由不同分级的 CPU 系列决定。集成的存储器适用于中、小型程序。对于大型程序可通过插入附加 RAM 卡以增加存储器的容量。此外，插入闪存卡可获得保持存储器的功能而不需要使用电池。

新型 S7-400 PLC 增加了等时模式和运行中修改配置（CiR）功能。等时模式可使分布式 I/O 设备通过等距 PROFIBUS 同步获得输入和输出信号，并将这些信号发送给 PLC 同步处理。所有输入信号都可被同步读取、处理，并与输出信号一致。因此，过程响应时间是可重复的，并可进行定义，保证分布式 I/O 系统同步、同时处理信号。运行中修改配置（CiR）功能是在运行模式下，允许进行硬件配置，而无任何影响，如增加新的传感器或执行器等，这样可降低调试和系统修改时间。另外，由于在更换硬件时，无需重新初始化和同步化设备，技术人员可很容易地响应过程变化，实现过程优化。可以添加和删除分布式 I/O 站，如 PROFIBUS-DP 和 PROFIBUS-PA 从站，在 I/O 系统 ET200M 中添加和删除 I/O 模块，并赋予新的参数等。新型 S7-400，需要使用 STEP 7 V5.2 SP1 以上版本组态编程。

S7-400/400H/400F/FH 系统由中央处理单元（CPU）、信号模块（SM）、功能模块（FM）、通信处理器（CP）、负载电源模块（PS）、接口模块（IM）、SIMATIC S5 模块和占位模块（DM）等组成。中央控制器最多可连接 21 个扩展单元（EU），可以通过接口模块连接、集中式扩展、用 EU 进行分布式扩展和用 ET200 进行远程扩展方式，以实现分布式控制系统。S7-400 允许将 IT 技术集成到自动化系统内。使用插入式 CP443-1/T ® 通信处理器可用 HTML 工具建立用户自己的 Web 网页，用于 S7-400 的过程变量可以方便地分配给 HTML 对象，使用浏览器可监控 S7-400；通过功能调用从 S7-400 的用户程序发送电子邮件；可使用 TCP/IP 的 WAN 属性，通过电话线网络远距离进行编程。

S7-400/400H/400F/FH 系统有多种型式的机架，可使用 18 槽或 9 槽的机架，通过接口模块最多可连接 21 个扩展单元。每个扩展单元具有用于插入 S7-400 模块的 18 个槽位或 9 个槽位。S7-400 系统既可以通过 PROFIBUS-DP 扩展，也可以将更多的扩展机架链接到中央机架上。最大的扩展距离达 600m。如通过通用框架 UR1 或中央机架 CR2 可连接 18 个模块，扩展机架 ER1 可以扩展 18 个模块，背块总线也在模块内集成，各种单独的模块之间可任意组合，信号模块和通信处理模块可以不受限制地插到任何一个槽上，系统自行组态。S7-400 PLC 的系统结构如图 3-98 所示，自左到右分别是 0、1、2、3、4…槽位。S7-400 采用背块总线的方式将各模块从物理上和电气上连接起来，全部模块统一使用 48 针前连接器连接，前连接器机械自锁定连接，模块无插槽规则限制。

SIMATIC S7-400 CPU 有多种型号，如 CPU 412-1/CPU 412-2、CPU 414-2/CPU 414-3、CPU 414-3 PN/DP、CPU 416-2/CPU 416-3、CPU 416-3 PN/DP、CPU 417-4DP、CPU414-4H、CPU 417-4H 等。所有的 CPU 都安装在一个塑料盒中，里面集成了操作器和显示部件，前面块上有显示状态和故障的 LED（发光二极管）、用于选择操作模式的按键操作选择器、用于存储长的槽路（用于负载存储器的扩展）、组合式 MPI/DP 接口、集成式 PROFIBUS-DP 接口（CPU 412-1 无）、PROFInet 接口（CPU 414-3 PN/DP、CPU 416-3 PN/DP），以及用于从外部给电池充电的电池输入器。

SIMATIC S7-400 的机架包括通用机架（Universal Rack，UR）、中央机架（Central Rack，CR）和扩展机架（Extension Rack，ER）三种。通用机架（UR）集成了 I/O 总线和通信总

线，用于安放 SIMATIC S7-400/S7-400H/S7-400F/FH 的模块，为模块提供机械支持和工作电源，模块通过背块总线连接模块。每个槽位 25 mm。机架设计为壁挂式，可以安装在框架内或安装在机柜内。

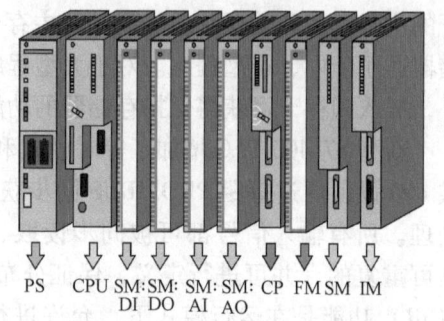

UR1 和 UR2 通用机架用于中央控制器和扩展单元，可插冗余电源。UR1 和 UR2 机架都有 I/O 总线和通信总线。UR1 机架最多可容纳 18 个模块；可插入 6 个接口模块，连接 21 个扩展单元，适用于 S7-400。UR2 机架最多可容纳 9 个模块，可插入 6 个接口模块，连接 21 个扩展单元，适用于 S7-400H。UR2-H 机架用于在一个机架上装配两个中央机架或扩展机架，实质上是同一机架导轨上的两个电隔离的 UR2 机架。UR2-H 主要应用于紧凑结构的冗余 S7-400H 系统（同一机架上有两个设备或系统）。UR2-H 机架上的两个独立运行的 CPU，均有它本身的 I/O（本身的 P 和 K 总线），也能用作扩展单元，最多可容纳 18 个模块，2 个 CPU，每个 CPU 有它自身的 I/O，它们能相互操作 2 个总线段和 2 个 K 总线网段，每个有 9 个槽和 1 个用于带自身 I/O 的 CPU，穿越 K 总线，从两个网段都可以对 K 总线进行访问。

图 3-98 S7-400 可编程序控制器的系统结构

ER1 和 ER2 扩展机架有 1 段 P 总线，用于有信号模块的扩展单元，可插冗余电源。ER1 机架用于以低成本配置扩展单元，可容纳 18 个模块；ER2 机架最多可装配 9 个模块，用于标准 S7-400 系统。

CR2 中央机架的 I/O 总线（外设总线）分为两个部分，其中一部分有 10 个槽，另一个有 8 个槽。这两部分的通信总线是相连的，具有两段 P 总线，共用集成 K 总线，控制器 I/O 独立，可共用电源。CR2 中央机架用于有分隔的中央控制器，构成分段式中央机架。CR2 机架最多可装配 18 个模块，可插入 6 个接口模块，连接 21 个扩展单元，可插冗余电源。2 个 CPU 在单一机架内彼此独立地并行运行，每个 CPU 有它自身的 I/O 模块，它们能相互操作和并行运行 2 个分割的 P 总线段，一个有 10 槽，另一个有 8 槽，每段有一个 CPU 和其自身的 I/O。穿越 K 总线，从两个网段都可以对 K 总线进行访问。CR3 机架用于在非容错标准系统中装配 CR。CR3 有一条 I/O 总线和一条通信总线。

利用接口模块（IM）可以把扩展机架（ER）连接到中央机架（CR）。在中央机架上可以插一个或多个接口模块。发送接口模块有两个接口，每个接口可以连接 4 个扩展机架。

信号模块（SM）用于数字量和模拟量输入/输出，主要有数字量输入模块 SM421、数字量输出模块 SM422；模拟量输入模块 SM431、模拟量输出模块 SM432 等。S7-400 系列 PLC 的模拟量表示方法等与 S7-300 一样，CPU 也是用 16 位的二进制补码表示模拟量值。其中，最高位为符号位，位 15＝0 表示正数，位 15＝1 表示负数。"双极性输入范围"、"单极性输入范围"、"零信号阈值输入范围"均以补码的二进制形式表示。SIMATIC S7-400 具有多种网络通信方式，主要通信处理器有 CP440、CP441-1、CP441-2、CP443-1、CP443-1 IT、CP443-5 基本型、CP443-5 扩展型、CP444 等。除 CP441-2 有 2 个串行通信口外，这些模块具有 1 个 RS-232C 或 TTY 或 RS-485/422 串行通信口。可以使用这种通信模块实现 S7300/400 与其他串行通信设备的数据交换，如打印机、扫描仪、仪表、MODBUS 主/从站、数据总线、通用变频器、USS 站等。当需要实现 MODBUS 或数据总线通信时，需要在 CP341/

CP441-2 模块上插入相应协议硬件狗后，CP 模块才能够支持 MODBUS（RTU 格式）或数据总线（DF1）协议，CP441-2 使用同样的硬件狗，经常说的硬件狗、Dongle、协议驱动或 Loadable driver 指的是同一个东西。

SIMATIC S7-400 通信网络包括工业以太网、MPI、PROFIBUS、AS-i 和 EIB 等。SIMATIC S7-400 的点对点连接，数据传输率最大为 115kbit/s，可使用多种协议，如用于连接调制解调器、打印机、扫描仪、驱动器、外部设备等。采用通信处理器可连接 AS-i 接口、PROFIBUS 和工业以太网总线系统，多点接口 MPI 可用于同时连接编程器、计算机、人机界面系统及其他 SIMATIC S7/

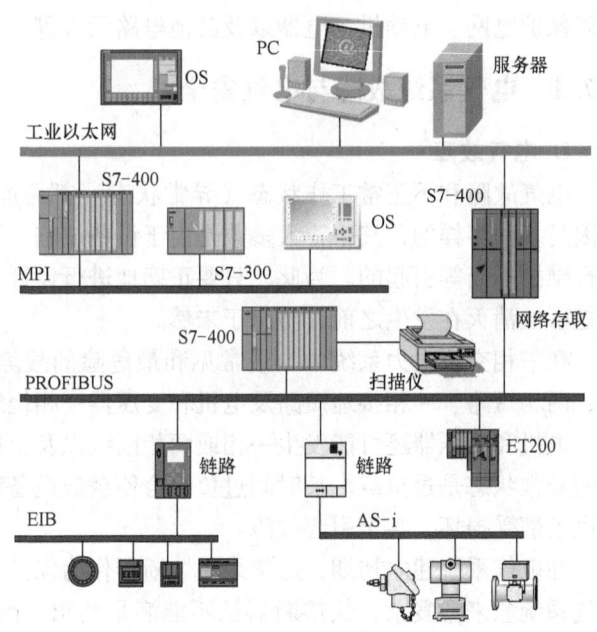

图 3-99 SIMATIC S7-400 的通信网络

M7/C7 等自动化控制系统。S7-400 作为 DP 主站，可通过集成在 S7-400 CPU 上的 PROFI-BUS-DP 接口、DP 或 FMS 协议（DP-V0 和 DP-V1）连接到 PROFIBUS。通过 ISO/TCP 或 TCP/IP 数据通信协议连接工业以太网；通过以太网连接到 Internet，用于装载网络和使用电子邮件。通过全局数据（GD）通信，网络上的 CPU 之间可周期地交换数据包。应用通信功能块，网络上各站点之间进行基于事件驱动的通信。可选择的 SIMATIC S7-400 的通信网络如图 3-99 所示。

SIMATIC S7-400 总计可以连接 125 个 MPI 站，传输速率可达 12Mbit/s，以便在各个控制器之间交换过程数据，或实现 HMI 功能，而无需任何编程。MPI 也可以用作 PROFIBUS-DP 接口，并允许进一步配置 DP 总线。PROFIBUS-DP 可以将 SIMATIC S7-400 连接到开放式的 PROFIBUS-DP 现场总线中。工业以太网是区域和单元连网的国际标准，可以与 IT 环境相连。AS-i 接口是建筑物安装系统的全球标准和建筑物维护自动化的基础。过程或现场通信用于将执行器/传感器连接到 CPU。PROFIBUS-DP 支持 S7-400 的过程或现场通信，可以通过集成在 CPU 上的接口或一个专用接口模块或通信处理器（CP）来实现。从 S7-400 访问 AS-i 接口、EIB 网络及其他总线系统，可以通过 PROFIBUS 网关进行。

3.7 电气控制系统的控制与保护环节

电气控制系统的可靠性和安全是从事电气工作人员的重要任务。为了提高电气控制系统运行的可靠性，在电气控制系统的设计与运行中，都必须考虑到系统有发生故障和不正常工作情况的可能性。因为发生这些情况时，会引起电流增大，电压和频率降低或升高，致使故障和异常现象蔓延，导致严重故障。在现代电气系统中，如果没有专门的电气保护装置，要想维持系统正常工作是根本不可能的。因此，所有电气控制系统均应具有完善的保护环节，用以保护电网、电动机、电器以及其他电路元件等。

3.7.1 电气系统故障与电气安全

1. 电气故障

电气故障和不正常工作状态（异常状态）都可能在电气系统中引起事故，发生事故的原因是多种多样的，其中，大多数是由于设备缺陷、设计错误和安装、检修质量不高，以及运行维护不当等引起的。为此，只要正确地进行设计、制造与安装，加强设备维护，就有可能把事故消灭在发生之前，防患于未然。

在三相交流电力系统中，最常见和最危险的故障是各种型式的短路，其中包括三相短路、两相短路、一相接地短路及电机和变压器一绕组上的匝间短路等。除此以外，配电线路、电机和变压器还可能发生一相或两相断线以及上述几种故障同时发生的复杂故障。最常见的异常状态是过负载。长时间过负载会使载流设备和绝缘的温度升高，而使绝缘加速老化或设备遭受损坏，甚至引起故障。

在电气系统建立初期，通常采用熔断器作为保护装置。随着电气设备容量的增大，以及电气系统愈来愈复杂，仅熔断器已不能满足要求，因而各种电气保护装置得到了应用和发展。这些电气保护装置是能反应电气系统各电气设备故障或不正常工作情况，并作用于自动动作电器跳闸或发出信号的一种自动装置。由此可见，电气保护装置是电气系统自动化的重要组成部分，是保证电气系统安全可靠运行的主要措施之一。

电气系统故障可能引起下列严重后果：

1）电气系统发生短路和过电流等故障时，电气量将发生下述变化。电流增大，在短路点与电源间直接联系的电气设备上的电流会增大；电压降低，电气系统故障相的相电压或相间电压会下降，而且离故障点愈近，电压下降愈多，甚至降为零；电气相位角会发生变化。如，正常运行时，同相的电流与电压间的相位角为负载功率因数角，约20°；三相短路时电流与电压间的相位角则为线路阻抗角，对于架空线路，电流与电压的相位角约是60°~85°等。

2）短路电流通过短路点将燃起电弧，使电气设备烧坏甚至烧毁，严重时会引发火灾。据资料报道，我国每年所发生的火灾，大约有70%以上是由于电器或配电线路绝缘遭到破坏而引发的。

3）短路电流通过故障设备和非故障设备时，产生热和电动力的作用，致使其绝缘遭到损坏或缩短使用寿命，引发人身触电、损坏设备、爆炸、火灾等电气事故，会影响生产，甚至造成整个企业生产瘫痪，其后果非常严重。

4）造成电网电压下降，波及其他用户和设备，使正常工作和生产遭到破坏甚至使事故扩大，造成整个配电系统瘫痪。电气系统各设备之间是电和磁的联系，当某一设备发生故障时，在极短的时间内就会影响到同一电气系统的非故障设备。为了防止电气系统事故的扩大，保证非故障部分仍然可靠运行，必须尽快切除故障，切除故障的时间有时甚至要求短到微秒级。在这样短促的时间内，由运行人员来发现故障设备并将故障设备切除是不可能的。要完成这样的任务，只有借助于安装在每一电气设备上的自动保护装置。

电气保护装置在电气系统中的作用是：

1）自动动作电器将故障设备与电气系统的非故障设备自动隔离，使系统的运行恢复正常,但对于某些不正常工作情况,如小倍数过载,由于立即不会破坏电气系统的正常运行,在许多情况下,为了不影响设备工作的连续性,保护装置可只作用于信号。

2)反应电气设备的不正常工作情况,并根据不正常工作情况和设备运行维护条件的不同发出信号,以便值班人员进行处理,或由装置自动地进行调整,或将那些继续运行而会引起事故的电气设备予以切除。反应不正常工作情况的保护装置一般带有一定的延时动作。

利用上述短路时的电气量的变化,可以构成各种作用原理的电气保护。如,利用电流增大的特点可以构成过电流保护;利用电压降低的特点可以构成低电压保护;利用电流电压间的相位角的变化特点可以构成断相保护、漏电保护等。常用的保护环节有过电流、短路、过载、过电压、失电压、断相保护等。有时还设有合闸、分闸、正常工作、事故等指示信号。下面章节中将从电气设计角度讨论电气故障的类型、产生原因、常用电气保护方法,以供设计中参考。

2. 电气安全

电气安全主要包括人身安全和设备安全两个方面。人身安全是指在从事电气工作和电气设备操作人员的安全;设备安全是指电气设备及其关联的设备、建筑物等的安全。安全用电详见2.3.9节。

人体触电事故可分为直接接触事故和间接接触事故两类。直接接触事故是在电气装置运转时,操作人员直接与带电体接触的触电事故。间接接触事故是当电气装置的绝缘发生劣化,绝缘性能降低,造成内部带电体漏电,导致设备外壳等非导电部位带电,此时操作人员触及这个部位就会形成触电事故,称为间接接触事故。从对各种触电事故原因的分析来看,一方面是电气设备的结构、装置有缺陷,不能满足安全要求,而造成的事故;另一方面,是作业人员违章操作而造成的事故。因此,必须加强电气设备的强制检测和维护保养,防止触电事故的发生。在电气设备设计、制造和安装时,在安全技术上应满足规范要求。

1)用电设备要采取保护性接地。保护性接地就是将电气设备的金属外壳与接地体连接,在中性点不接地的低压系统中,在正常情况下,各种电力装置的不带电的金属外露部分,除有规定外,都应接地。如,电动机及其拖动装置、变压器、电器、移动式用电器具的外壳;配电屏与控制屏的框架;电缆外皮及电力电缆接线盒、终端盒的外壳;电力线路的金属保护管、敷设的钢丝及起重机轨道;装有避雷器的杆塔;安装在电力线路杆塔上的开关电器、电容器等装置的外壳及支架等。低压电力系统要装设保护线(PE线)。电气设备的导线应严格按照规定敷设,防止导线的绝缘包皮被磨破,避免造成漏电和触电的危险。

2)用电设备的带电部分对地和其他带电部分相互之间必须保持一定的安全距离。安全距离是人与带电体、带电体与带电体、带电体与地面(水面)、带电体与其他设施之间需保持的最小距离,又称安全净距、安全间距。当实际距离大于安全距离时,人体及设备才安全。安全距离既用于防止人体触及或过分接近带电体而发生触电,也用于防止移动物体碰撞或过分接近带电体及带电体之间发生放电和短路而引起火灾和电气事故。安全距离应保证在各种可能的最大工作电压或过电压的作用下,不发生闪络放电,还应保证工作人员对电气设备巡视、操作、维护和检修时的绝对安全。各类安全距离在国家颁布的有关规程中均有规定。安全距离分为线路安全距离、变配电设备安全距离和检修安全距离等。

线路安全距离指导线与地面(水面)、杆塔构件、跨越物(包括电力线路和弱电线路)之间的最小允许距离。变配电设备安全距离指带电体与其他带电体、接地体、各种遮栏等设施之间的最小允许距离。检修安全距离指工作人员进行设备维护检修时与设备带电部分间的最小允许距离,可分为设备不停电时的安全距离、工作人员工作中正常活动范围与带电设备的安全距离、带电作业时人体与带电体间的安全距离。一般地,运行电压在10kV及以上者,不得小于3m;10kV及以下者,不得小于1.5m。不得在带电导线、带电设备、变压器、充油开关电器附近使用电炉或喷灯等,发现导线断落地面或悬在空中时,应立即派人看守,任何人不得接近断头(室外8m以内,室内4m以内),并立即通知负责人前往处理。

3) 明确划定标示电气危险场所,禁止未经许可之人员进入(如变电室或配电室)。在电气设备系统和有关的工作场所装设安全标志。在全部停电或部分停电的电气设备上工作时,为保证安全,应采取停电、验电、悬挂标识牌和装设遮栏。检修时,在断路器和隔离开关操作手柄上,均应悬挂"禁止合闸,有人工作"的标识牌。在带电运行的无绝缘包皮的架空裸电线附近施工时,应保持安全距离,并设置监视人员监视指挥,设置护围,装设绝缘用防护装备。

4) 根据电气设备的特性和要求,采取特殊的安全保护措施。如,电焊机使用过程中,由于生产条件受到限制,电焊机的出头线较短。对于这种情况,要采取重复接地的方法。重复接地是指零线上的一处或多处通过接地装置与大地再连接,其作用是降低漏电设备的对地电压,减轻零线断线时的触电危险,缩短碰壳或接地短路持续时间,从而尽可能保证安全。再如,使用手电钻、电动砂轮机时,外壳应接地,并站在绝缘垫上或戴绝缘手套操作。

5) 对于没有电气操作证或资质的工作人员,不得安装或拆卸电气设备、装置和线路。要保持电器、带电体绝缘部分干燥、清洁。在对设备进行保养和进行电气操作时,必须严格遵守操作规程。在遇到设备发生电气故障时,要及时通知电气检修人员,不得擅自乱动。在温度较高或设备因漏雨而淋湿等情况下,必须先经电气工作人员验电,测试绝缘合格后,方可进行操作。

3.7.2 电流型保护

在正常工作中,电气设备通过的电流一般不超过额定电流,若少量超过额定电流,在短时间内,只要温升不超过允许值也是允许的,这也是各种电气设备或元件应具有的过载能力。但当通过电气设备或元件的电流过大,将因发热而使温升超过绝缘材料的承受能力,就会破坏绝缘,造成事故,甚至烧毁电气设备。在散热条件一定的情况下,温升决定于发热量,而发热量不仅决定于电流大小,而且还与通电时间密切相关。电流型保护就是基于这一原理构成的,它是通过传感元件检测过电流信号,经过信号变换、放大后,控制执行机构及被保护对象动作,切断故障电路。属于电流型保护的主要有短路、过电流、过载和断相保护等。

1. 短路保护

当电器或线路绝缘遭到损坏、负载短路、接线错误等,将产生短路现象。短路时产生的瞬时故障电流可达到额定电流的十几倍到几十倍,使电气设备或配电线路因过流产生的电动力而遭到损坏,甚至因电弧而引起火灾。短路保护要求具有瞬动特性,即要求在很短时间内切断电源。当电路发生短路时,短路电流引起电气设备绝缘损坏和产生强大的电动力,使电路中的各种电气设备产生机械性损坏。因此,当电路出现短路电流时,必须迅速、可靠地断开电源。短路保护的常用方法是采用熔断器、低压断路器或采用专门的短路保护装置,可以根据第2章介绍的方法选用和整定动作值。在对主电路采用三相四线制或对变压器采用中性点接地的三相三线制的供电电路中，必须采用三相短路保护。若主电路容量较小，其电路中的熔断器可同时作为控制电路的短路保护；若主电路容量较大，则控制电路一定要单独设置短路保护熔断器。

2. 过电流保护

在电网中，电气设备发生故障时，故障电流很大，如果过电流保护装置能按照预先计算和整定的动作电流动作，就可对发生故障的设备进行保护。过电流保护包括带动作时限的电流保护和电流速断保护两种。为了保证动作的选择性，当短路发生时，应由电流速断保护立即动作而切断故障。电流速断保护不能保护线路全长，只能有选择性地保护线路一部分，余下部分为电流速断保护的死区。为保护线路全长，速断保护也做成略带时限，称为带时限电流速断保护。它和无时限电流速断配合，以消除电流速断保护的动作死区。线路末端的保护则由反时限过电流保护承担。这种保护通常用于变电站的继电保护中。

在低压电气系统中，过电流保护是区别于短路保护的一种电流型保护。过电流是指电动机或电器元件超过其额定电流的运行状态，不正确的起动和负载转矩过大等而引起的。这种过电流一般比短路电流小，不超过$6I_n$，在过电流情况下，电器元件并不是马上损坏，只要在达到最大允许温升之前，电流值能恢复正常，还是允许的。较大的冲击负载，将使电路产成很大的冲击电流，以致损坏电气设备，同时，过大的电流引起电路中的电动机转矩很大也会使机械的转动部件受到损坏，因此需要瞬时切断电源。在电动机运行中产生过电流，比发生短路的可能性要大，特别是在频繁起动和正反转、重复短时工作的电动机更是如此。上述情况，在异步电动机回路中采用热继电器，由于热惯性的原因，通常动作迟缓，起不到保护作用。这时需要采用过电流继电器构成保护装置。将过电流继电器线圈串联在被保护电路中，电路电流达到其整定值时，过电流继电器动作，其常闭触头串联在接触器控制回路中，由接触器切断电源。这种控制方法，既可用于过电流保护，也可达到一定的自动控制目的。过电流保护需要与熔断器保护配合，根据负载的工作特性和电动机的起动时间整定动作值。主要应用于起动时间较长的大容量电动机和绕线转子异步电动机控制电路中。

3. 过载保护

过载保护是过电流保护中的一种，也属于电流型保护。过载也是指电动机的运行电流大于其额定电流，但超过额定电流的倍数小一些，通常在$1.5I_n$以内。引起电动机过载的原因很多，如负载的突然增加、缺相运行以及电网电压降低等。若电动机长期过载运行，其绕组的温升将超过允许值而使绝缘老化、损坏。异步电动机过载保护应采用热继电器或电动机保护器作为保护元件。热继电器具有与电动机相似的反时限特性，但由于热惯性的关系，热继电器不会受短路电流的冲击而瞬时动作。当有6倍以上额定电流通过热继电器时，需经5s后才动作，这样，在热继电器动作前，就可能使热继电器的发热元件先烧坏，所以在使用热继电器作过载保护时，还必须装有熔断器或低压断路器配合使用。由于过载保护特性与过电流保护不同，故不能采用过电流保护方法充当过载保护，因为引起过载保护的原因往往是一种暂时因素，如负载的临时增加而引起过载，过一段时间又转入正常工作，对电动机来说，只要过载时间内绕组不超过允许温升是允许的。如果采用过电流保护，势必动作频繁，会影响生产机械的正常工作。过载保护要求保护电器具有与电动机反时限特性相吻合的特性，即根据电流过载倍数的不同，其动作时间是不同的，它随着电流的增加而减小。

4. 断相保护

异步电动机在正常运行中,由于电网故障或一相熔断器熔断引起三相电源缺相,电动机将在缺相电源中低速运转或堵转,定子电流很大,这是造成电动机绝缘及绕组烧损的常见故障之一。断相时,由于负载的大小、绕组的接法等因素,会引起相电流与线电流的变化差异较大。对于正常运行采用三角形联结的三相笼型异步电动机(我国生产的三相笼型异步电动机在4.0kW及以上均采用三角形联结),如负载率在53%～67%之间,发生断相故障,会出现故障相的线电流小于对称性负载保护电流动作值,但相绕组最大一相电流却已超过额定值。如果在三相笼型异步电动机起动前发生断相,当电动机起动时会出现堵转现象,电动机无法正常起动。因此,需要装设断相保护,如带断相保护的热继电器,详见2.5节。除此之外,还有电子式过电流继电器或称电子式电动机保护器、数字式电动机保护器等,具有过载保护和断相保护功能。电子式过电流继电器通过内部各相电流互感器检测故障电流信号,经电子电路处理后执行相应的动作。数字式电动机保护器以单片机作为控制器,采用交流采样技术、多点线性校正技术、量程自动切换技术,采样精度高,可实现电动机的智能化综合保护,有的还具有远程通信功能。采用数字设定动作值,具有声光报警、过载、堵转、短路、漏电、断相、故障记忆等功能。电子式或数字式电动机保护器的电流整定范围广,特别适用于电动机负载经常变动的场合。图3-100是一种电子式电动机断相、过载、短路保护的电路原理图。

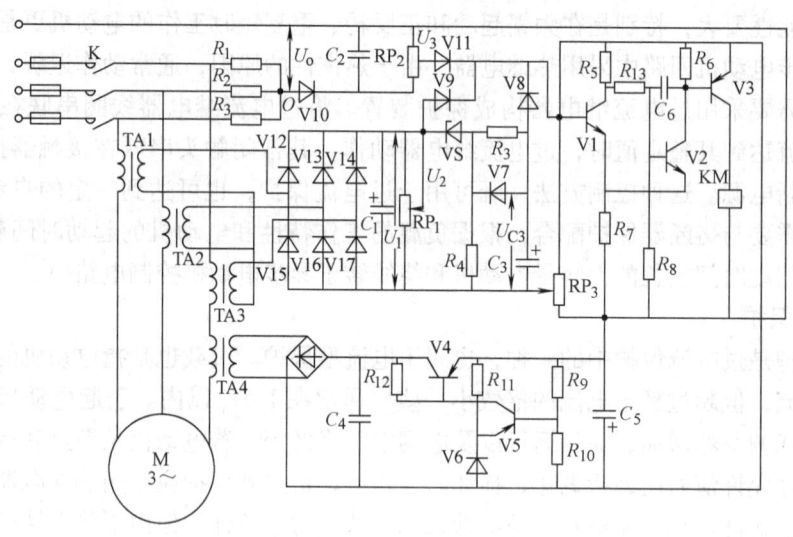

图3-100 电子式异步电动机保护电路原理图

由图3-100可见,电路由断相取样、短路取样、电流取样、延时、射极耦合双稳态触发器、功率推动晶体管V3、继电器KM、直流稳压电源等部分组成。在正常运行时,接触器K工作,电动机运转。触发器V1管的基极输入信号较小,V1截止,V2和V3导通,使继电器KM动作,KM的常开触头闭合,将起动按钮自锁,维持K吸合。根据三相平衡时,零序电压为零的原理,用R_1、R_2、R_3三个电阻形成一个零序点O,三相电压平衡时,该点电位趋于零,当发生断相或三相严重不平衡时,U_o升高,经V10、C_2整流滤波后送至电位器

RP$_2$,在 RP$_2$ 上取出电压 U_3 经二极管 V11 加到 V1 的基极,使 V1 导通,V2 和 V3 截止,继电器 KM 释放,K 断开,将电源切除,达到断相保护的目的。调节 RP$_2$ 使三相不平衡值小于某值,如 5% 时,U_3 不足以使 V1 导通。电流信号由三个电流变换器 TA1、TA2、TA3 取得,电流变换器的一次绕组串接在电动机定子三相电路里,二次绕组产生的交流电压,经三相桥式整流、滤波后得到一直流电压 U_1。当电动机短路时,电枢电流很大,U_1 升高,由电位器 RP$_1$ 上引出的电压 U_2 也随即升高,它经二极管 V9,加到 V1 基极,使 V1 导通,V2、V3 截止,KM 释放,K 断开,以实现过载保护。RP$_1$ 用以调整被保护电路的短路电流值,当电动机电流超过额定值时,增大的 U_1 克服稳压管 VS 的稳压值,经电阻 R_3 和电容 C_3 等组成的充电延时环节使 U_{C3} 升高,它经二极管 V8 使 V1 导通,V2、V3 截止,KM 释放,K 断开,达到短路保护的目的。其他部分请读者自行分析。

图 3-101 是交流电动机常用保护类型示意图,具体选用时,应根据实际情况取舍。

图 3-101 中,采用低压断路器的电磁脱扣器作为短路主保护,熔断器作为后备短路保护;热继电器用作电动机的过载主保护,低压断路器的热脱扣器作为后备过载保护。当电动机或线路发生短路故障时,低压断路器动作并切断故障,如果低压断路器的电磁脱扣器拒动,则由熔断器保护;电动机发生异常过载时,热继电器按反时限曲线动作,事故处理完毕后,热继电器可以自动复位或手动复位,使线路重新工作。如果热继电器拒动,则由低压断路器的热脱扣器动作保护。当低压断路器的保护范围不能满足要求时,应采用熔断器作为短路主保护,而使低压断路器作为短路保护的后备保护。

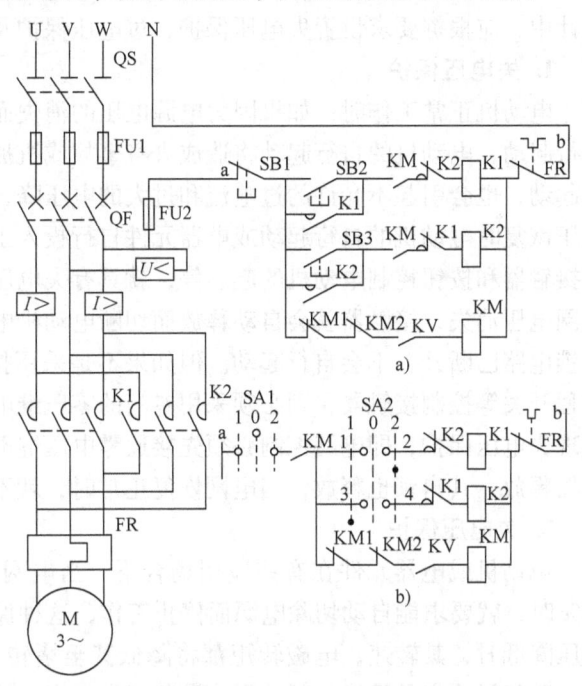

图 3-101 交流电动机常用保护类型示意图

图 3-101 中,电压继电器用于低电压保护,当接触器的欠电压保护功能不能满足要求时使用。过电流继电器用作电动机工作时的过电流保护,用于电动机的容量大、起动时间较长的场合,以及绕线转子异步电动机的过电流保护。当电动机工作过程中,由某种原因而引起过电流时,过电流继电器动作,其动断触头断开,电动机便停止工作,起到保护作用。当用过电流继电器保护电动机时,其线圈的动作电流可按下式计算。

$$I = 1.2 I_{ST} \tag{3-11}$$

式中 I——过电流继电器的动作电流;
I_{ST}——电动机的起动电流。

应当指出,过电流继电器不同于熔断器和低压断路器,它是一个测量元件,低压断路器是把测量元件和执行元件装在一起,熔断器的熔体本身就是测量和执行元件。过电流保护要通过执行元件接触器来完成，因此为了能切断过电流，接触器触头容量应加大，但不能可靠地切断短路电流。通常为避免起动电流的影响，常将时间继电器与过电流继电器配合，起动时，时间继电器的动断触头闭合，动合触头尚未闭合时，过电流继电器的线圈不接入电路，尽管电动机的起动电流很大，而过电流继电器不起作用。起动结束后，时间继电器延时结束，动断触头断开，动合触头闭合，过电流继电器线圈得电，开始起保护作用。工作过程中，由某原因而引起过电流时，过电流继电器动作，其动断触头断开，电动机便停止工作，起到保护作用。

3.7.3 电压型保护

电动机或电器元件都是在一定的额定电压下才能正常工作，电压过高、过低或者工作过程中非人为因素的突然断电，都可能造成生产机械的损坏或人身事故，因此在电气控制线路设计中，应根据要求设置失电压保护、过电压保护及欠电压保护。

1. 失电压保护

电动机正常工作时，如果因为电源电压的消失而停转，那么在电源电压恢复时，就可能自行起动，电动机的自行起动将造成人身事故或机械设备损坏。对电网来说，许多电动机同时起动，也会引起不允许的过电流和过大的电压降，而电热类电器则可能引起火灾。为防止电压恢复时电动机的自行起动或电器元件自行投入工作而设置的保护，称为失电压保护。采用接触器和按钮控制电动机的起、停，就具有失电压保护作用，这是因为正常工作中，如果电网电压消失，接触器就会自动释放而切断电动机电源，而当电网恢复正常时，由于接触器自锁电路已断开，不会自行起动。但如果不是采用按钮，而是用不能自动复位的手动开关、行程开关等控制接触器，则必须采用专门的零压继电器。对于多位开关，要采用零位保护来实现失电压保护，即电路控制必须先接通零电压继电器。工作过程中，一旦失电，零电压继电器释放，其自锁也释放，当电网恢复正常时，就不会自行投入工作。

2. 欠电压保护

电动机或电器元件在有些应用场合下，当电网电压降到额定电压 U_n 以下时，如 60% ~ 80% 时，就要求能自动切除电源而停止工作，这种保护称为欠电压保护。因为电动机在电网电压降低时，其转速、电磁转矩都将降低甚至堵转。在负载一定情况下，电动机电流将增加，不仅影响产品质量，还会影响设备正常工作，使机械设备损坏，造成人身事故。另一方面，由于电网电压的降低，如降到 U_n 的 80% 以下时，控制线路中的各类交流接触器、继电器既不释放又不能可靠吸合，处于抖动状态并产生很大噪声，线圈电流增大，甚至过热造成电器元件和电动机的烧毁。除上述采用接触器及按钮控制方式时，利用接触器本身的欠电压保护作用外，还可以采用低压断路器或专门的电磁式电压继电器来进行欠电压保护，其方法是将电压继电器线圈跨接在电源上，其常开触头串接在接触器控制回路中。当电网电压低于整定值时，电压继电器动作使接触器释放。

3. 过电压保护

电磁铁、电磁吸盘等大电感负载及直流电磁机构、直流继电器等，在通断时会产生较高的感应电动势，较高的感应电动势易使工作线圈绝缘击穿而损坏，因此必须采用适当的过电压保护措施。通常过电压保护的方法是在线圈两端并联一个电阻，电阻串电容或二极管串电阻等形式，以形成一个放电回路，从而实现过电压保护方法。另外，在雷电比较频繁的地区,雷击会引起配电线路过电压,通常需要在配电线路首端加装避雷器或压敏电阻保护,在一些设备电源输入端也加装压敏电阻,以防止过电压。

3.7.4 位置控制与保护

一些生产机械的运动部件的行程、超程及相对位置,往往要求限制在一定范围内,如直线运动切削机床、升降机械等需要有限位控制,有些生产机械工作台的自动往复运动需要有行程限位等。如起重设备的左、右、上、下、前、后运动行程都必须有适当的位置保护,否则就可能损坏生产机械并造成人身事故,这类保护称为位置保护。位置保护、限位控制和行程限位在控制原理上是一致的,可以采用限位开关、干簧继电器、接近开关等电器元件构成控制电路,当运动部件到达设定位置时,开关动作,其常闭触头通常串联在接触器控制电路中,因常闭触头打开而使接触器释放,于是运动部件停止运行。图 3-102 是一种自动往返循环控制线路,电路的原理可适用于各种控制进给运动到预定点后自动停止的限位控制保护等,其应用相当广泛。

图 3-102 所示的控制线路是采用行程开关来实现的,是将行程开关安装在事先安排好的地点,当装于生产机械运动部件上的撞块压合行程开关时,行程开关的触头动作,从而实现电路的切换,以达到控制的目的,也可以采用非接触式接近开关代替行程开关。图 3-102 中,限位开关 SQ1 放在左端需要反向的位置,而 SQ2 放在右端需要反向的位置,机械挡铁装在运动部件上。起动时,利用正向或反向起动按钮,如按正转按钮 SB2,接触器 K1 通电吸合并自锁,电动机作正向旋转并带动机械运动部件左移,当运动部件移至左端并碰到 SQ1 时,将 SQ1 压下,其常闭触头断开,切断接触器 K1 线圈电路,同时其常开触头闭合,接通反转接触器 K2 线圈电

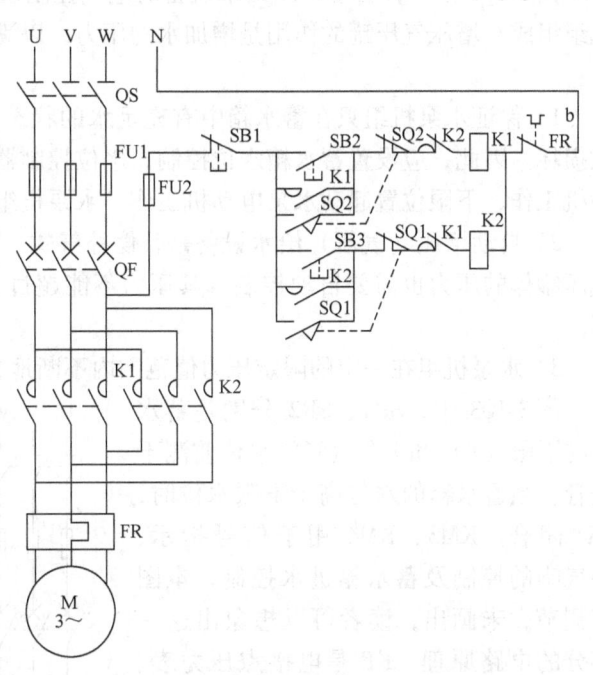

图 3-102 自动往复循环控制线路

路,此时电动机由正向旋转变为反向旋转,带动运动部件向右移动,直到压下 SQ2 限位开关,电动机由反转又变成正转,这样,驱动运动部件的运动是往复循环运动。运动部件每经过一个自动往复循环,电动机要进行两次反接制动过程,将出现较大的反接制动电流和机械冲击。因此,这种线路只适用于电动机容量较小、循环周期较长、电动机转轴具有足够刚性的拖动系统中。另外,在选择接触器容量时应比一般情况下选择的容量大一些。

3.7.5 温度、压力、流量、转速等物理量的控制与保护

在电气控制线路设计中,常要对生产过程中的温度、压力(液体压力或气体压力)、流

量、运动速度等设置必要的控制与保护,将以上各物理量限制在一定范围以内,以保证整个系统的安全运行。如对于冷冻机、空调压缩机,因其电动机的散热条件较差,为保证电动机绕组温升不超过允许温升,而直接将热敏元件预埋在电动机绕组中,或用贴片式热敏电阻或温度保护开关来控制其运行状态,以保护电动机不至于因过热而烧毁;大功率中频逆变电源、各类自动焊机电源的晶闸管、变压器等水冷循环系统,当水压、流量不足时将损坏器件,可以采用压力开关和流量继电器进行保护。

另外对于风机、水泵等流量机械往往需要对管网压力进行控制,其恒压控制部分往往需要对模拟量进行 PID 控制,而其上下极限控制部分的控制原理与上述相似。

为实现以上各种控制与保护,需要采用各种专用的温度、压力、流量、速度传感器或继电器,它们的基本原理都是在控制回路中串联一些受这些参数控制的常开触头或常闭触头,通过逻辑组合、联锁控制等实现的。有些继电器的动作值能在一定范围内调节,以满足不同场合的保护需要。

图 3-103 是一种自动增压给水设备的电气控制系统,系统由蓄水箱、增压气压罐和水泵机组组成。增压气压罐的作用是增加水的压力,以满足给水水压的要求。系统的运行要求如下:

1)保证水泵机组只在蓄水箱中有充足水的状态下工作,防止水泵电动机空转,造成机械损坏。因此,应设置蓄水箱水位控制,水位控制器应自动控制在水位上限位置停止水泵电动机工作、下限位置起动水泵电动机工作,水泵机组只工作在上、下限之间范围。

2)自动增压(气压)给水设备是补偿补气式,在运行过程中需要及时补气,因此增压气压罐体的压力也需要自动控制,其压力不能超过上、下限值运行。为此,应设置压力控制。

3)水泵机组在一定的限定压力值范围内不断地自动循环运行,向用户供水。

图 3-103 中,SR1、SR2 分别是蓄水箱的下限(L)和上限(H)水位监测干簧管,当蓄水箱的水位高于下限水位时,SR1 闭合。KM3、KM4 用于信号指示、补气罐的控制及蓄水箱进水控制,本图有删节,未画出,读者可以想象出这一部分的电路原理。KP 是电接点压力表。系统工作时,合上刀开关 QS、低压断路器 QF、旋转开关 SA,电源指示灯 HL1 发亮,指示系统开始工作。当蓄水池水位正常时,SR2 闭合,中间继电器 KM 经干簧管 SR1 动作并自锁,KM 的常开触头闭合,指示灯 HL2 发亮,指示蓄水箱水位正常。当增压气压罐压力下降时,电接点压力表 KP 下限(L)触头闭合,中

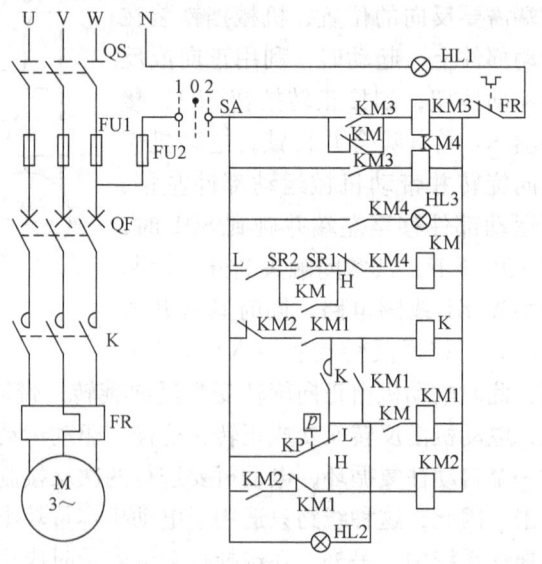

图 3-103 自动增压给水设备电气控制原理图

间继电器 KM1 动作,其常闭触头断开,常开触头同时闭合,接触器 K 得电动作,水泵电动机起动运转,其常开辅助触头 K 闭合,并由 KM1 自锁,当增压气压罐压力上升到上限值时,

电接点压力表 KP 断开，但不切断电路，增压气压罐压力继续上升，KP 上限（H）触头闭合，中间继电器 KM2 得电，其常闭触头断开、常开触头闭合，并由 KM2 自锁，切断 K、KM1，水泵电动机断电而停止运转。随着用户不断地用水，增压气压罐压力下降，当压力下降到电接点压力表 KP 的下限值时，KP 下限触头闭合，自动进入下一个循环，以此类推。如要停止系统运行，可断开 S 或 QS 即可。检修时应断开 QS 隔离电源。

由上可见，系统中采用了位置控制及压力控制的原理。其功能是保证给水的连续性并保持一定的给水压力。此外，还有保护作用，水位（置）控制除了控制蓄水箱的进水量以保证有足够的水量外，还起到避免水泵机组在无水状态下空转而损坏的可能性。压力控制除了控制水压能满足用水的要求外，还起到避免压力过高而引起增压气压罐损坏等事故。这种控制原理在电气控制系统中是常见的，只要能掌握一些基本的单元控制电路及逻辑组合的方法，举一反三，就能设计出理想的控制电路或系统。

3.8 电气控制线路分析基础

电气控制的基本方法是一种逻辑思维的方法。任何复杂的电气控制系统都是靠逻辑组合来完成的，这种逻辑组合是依据各种物理量的变化实现的，并使被控机械的运动与输入指令、期望运动参数相吻合。显然，这种逻辑组合就是一种控制系统。

3.8.1 电气控制系统的一般功能原理

在现代化工业生产中，已实现生产工艺过程自动化，对生产过程的自动控制，主要是根据一些物理量的变化，进行跟踪、调节，从而达到工艺要求和目的。这些变化的物理量通常是行程、速度、温度、压力、时间、位置及一些电量的变化等，对这些量的控制通常是逻辑控制和模拟量控制或两者的组合控制，从电气控制系统来看，可分为开环控制和闭环控制。早期的电气控制主要是逻辑控制和开环控制，而现代电气控制系统由于生产过程越来越复杂、要求自动化程度越来越高，单纯的逻辑控制远远满足不了现代电气运动控制的要求，往往是逻辑控制和模拟量控制两者的协调控制，甚至是闭环控制。因此，各种 PID 控制方式、智能化控制方式、网络化控制方式等被引入到电气控制系统中，使得现代电气控制系统具有智能化、可通信、网络化控制的基本特征，同时传统的电动机控制的概念被引申到运动控制的范畴，并成为运动控制的主要组成部分之一，即电气运动控制。本节讨论如何根据生产工艺过程的特点，通过一些常用物理参量的检测，反映这些参量的变化来实现自动控制的目的及最基本的方法，强调的是一种思路，而不是一种格式。图 3-104 是现代电气控制系统的主要内容示意图，图 3-105 是电气控制系统的一般功能原理框图。

图 3-104 表示了现代电气控制系统所包含和涉及的主要技术内容及概况。图 3-105 表示了一个完整的电气控制系统，包含 a~i 等 9 个基本的功能单元。基本控制环节前进通道有 3 个单元：指令源单元 a、控制单元 c 和执行单元 d。指令信号源有多种形式，可能是由人工、PLC、计算机、运动控制器和传感器等发出的开关或数字指令，也可能是由其他系统引申过来的控制信号；输入参量的接收和转换，也可能是由人工操作的开关或调节器的输出量，向 h 单元送入相应的控制信息；还有各种传感器送来的运动参数、过程参数实测值的反馈信息。控制单元 c 利用这些信息，以模拟或数字方式进行逻辑运算、判断、变换、比较等，向

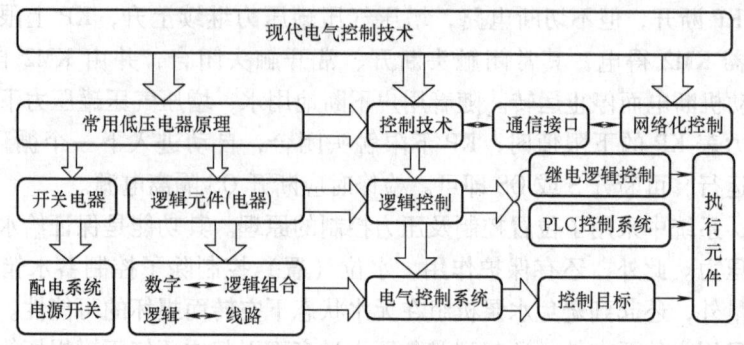

图 3-104　现代电气控制系统的主要内容示意图

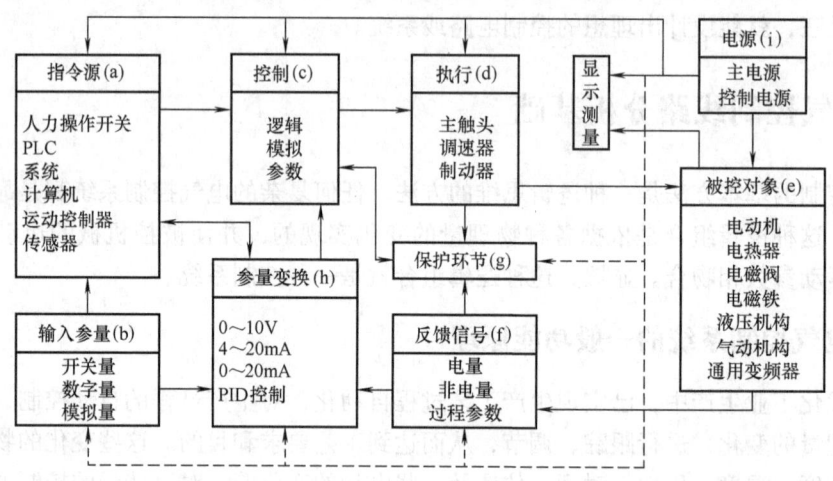

图 3-105　电气控制系统的一般功能原理框图

d 单元输出控制指令，执行单元 d 则按被驱动电动机和工作模式不同，选择不同的电路结构进行控制。

　　反馈信号通道包括生产过程控制参量以及反映运行状态的参量，它们实际是指电流、电压、速度、温度、压力、流量、位移等电量或非电量的反馈，通过变换或直接输入到控制环节进行控制，以达到控制、改善、保护系统运行性能要求。而 h 单元是专为对生产现场过程参量进行模拟量控制设置的传感器或控制器的信息通道，它向控制单元 c 提供实时逻辑控制信号，产生正确的控制逻辑顺序，控制执行单元和被控对象。在输入参量单元中也为模拟量的设置提供了一个通道。最后一个 g 单元是自保护单元，它是双向的，对电动机等被控对象的温度、电流、电压等参量进行检测和监视，对故障进行判断，或产生报警信号或直接关断执行单元。

　　这 9 个功能单元的电气控制系统是根据具体的控制要求有取舍的，但一个电气控制系统或电路至少应包括 a、c、d、g 四个单元中的基本部分，即 a 单元的人力操作开关、c 单元的逻辑、d 单元的主触头及基本的保护环节 g。这一部分就是根据前述的控制单元进行逻辑组合而成的。如果需要对生产现场过程参量进行模拟量控制，一般有两种方式，一是对极限值进行控制，另一种是进行 PID 控制，它是在模拟控制系统中最常用的控制规律，如图 3-106 所示。

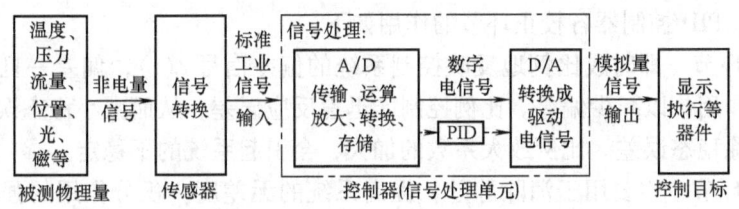

图 3-106 物理量检测环节的结构原理示意图

图 3-106 中,常用的标准工业信号即模拟量控制信号有 0~10V、0~20mA、4~20mA、0~5V、±10V 等。控制器的含义,可以是专用控制器,如温度控制器,也可以是 PLC、计算机、通用变频器等设备中的信号处理单元。

3.8.2 PID 控制

PID 控制是最早发展起来的控制策略之一,由于其算法简单、鲁棒性好和可靠性高,被广泛应用于工业过程控制,尤其适用于可建立精确数学模型的确定性控制系统。而在实际工业生产过程中的参量,往往是非线性、时变不确定性、难以建立精确的数学模型,应用常规 PID 控制器难以达到理想的控制效果。随着微处理机技术的发展、现代控制理论的研究和应用的深入,以及计算机控制技术的发展,为控制复杂无规则系统开辟了新途径,诸如智能控制、自适应模糊控制、神经网络技术、预测 PID 控制和自整定控制技术等已得到实际应用。并出现了许多新型 PID 控制器,如瑞典著名学者 K. J. Astrom 等人推出的智能型数字 PID 自整定控制器,对于复杂对象,其控制效果远远超过常规 PID 控制。目前,可编程数字 PID 自整定控制器已成为生产过程中一种最普遍采用的控制方法,在冶金、机械、化工等行业中获得广泛应用。

1. PID 控制原理

过程控制器有相当多的形式,而在实用上多数仍采用比例-积分-微分(PID)控制器,尤其是在温度、压力、流量等的定值控制上应用最为广泛。对使用 PID 控制器的闭环回路的常规 PID 控制系统原理框图如图 3-107 所示。

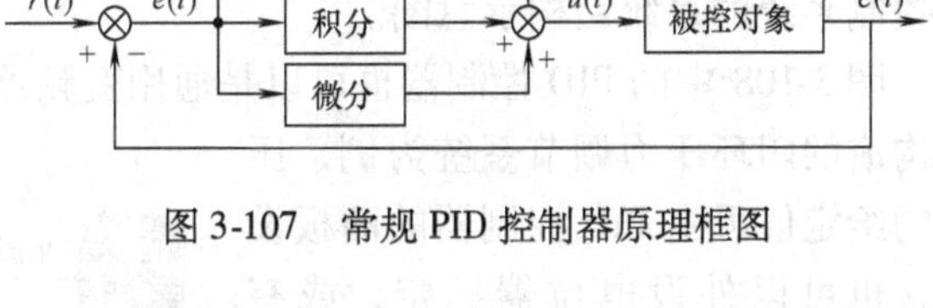

图 3-107 给出一个闭环 PID 控制系统(负反馈)的结构图。系统由模拟 PID 控制器和被控对象组成。PID 控制器是一种线性控制器,它根据给定值 $r(t)$ 与实际输出值 $c(t)$ 构成控制偏差

$$e(t) = r(t) - c(t) \quad (3-11)$$

图 3-107 常规 PID 控制器原理框图

将偏差的比例(P)、积分(I)和微分(D)通过线性组合构成控制量,对被控对象进行控制,故称 PID 控制器。其控制规律为

$$G(s) = \frac{U(s)}{E(s)} = K_P \left(1 + \frac{1}{T_I s} + T_D s\right) \quad (3-12)$$

式中 K_P——比例系数;

T_I——积分时间常数;

T_D——微分时间常数。

简单地说，PID 控制器各校正环节的作用如下：

（1）比例环节　即时成比例地反映控制系统的偏差信号 $e(t)$，偏差一旦产生，控制器立即产生控制作用，以减少偏差。比例控制能迅速反应误差，从而减小稳态误差。但是，比例控制不能消除稳态误差。比例放大系数的加大，会引起系统的不稳定。

（2）积分环节　主要用于消除静差，提高系统的无差度。积分作用的强弱取决于积分时间常数 T_I，T_I 越大，积分作用越弱，反之则越强。只要系统有误差存在，积分控制器就不断地积累，输出控制量，以消除误差。因而，只要有足够的时间，积分控制将能完全消除误差，使系统误差为零，从而消除稳态误差。积分作用太强，会使系统超调加大，甚至使系统出现振荡。

（3）微分环节　能反映偏差信号的变化趋势（变化速率），并能在偏差信号值变得太大之前，在系统中引入一个有效的早期修正信号，从而加快系统的动作速度，减小调节时间。微分控制可以减小超调量，克服振荡，使系统的稳定性提高，同时加快系统的动态响应速度，减小调整时间，从而改善系统的动态性能。

应用 PID 控制，必须适当地调整比例放大系数 K_P、积分时间 T_I 和微分时间 T_D，使整个控制系统得到良好的性能。实际应用中，可根据受控对象的特性和控制的性能要求，采用不同的控制组合，构成比例（P）控制器、比例 + 积分（PI）控制器和比例 + 积分 + 微分（PID）控制器。

闭环控制系统的特点是系统被控对象的输出（被控制量）会反馈回来影响控制器的输出，形成一个或多个闭环。闭环控制系统有正反馈和负反馈，若反馈信号与系统给定值信号相反，则称为负反馈；若极性相同，则称为正反馈。一般闭环控制系统均采用负反馈，又称负反馈控制系统。闭环控制系统的例子很多。如人就是一个具有负反馈的闭环控制系统，当他去拿东西的时候，眼睛便是传感器，充当反馈，人体系统能通过不断地修正，最后拿到所要取的东西。当然，如果这个人是一个瞎子，他没有眼睛，不能看见所要拿的物品，就没有了反馈回路，也就成了一个开环控制系统。另一个例子是全自动洗衣机，当一台全自动洗衣机具有能连续检查衣物是否洗清及在洗清之后能自动切断电源的功能，它就是一个闭环控制系统。实际工程上的例子也很多，如锅炉风机控制、通用变频器控制的恒压供水系统、中央空调系统，以及一些温度控制系统等。图 3-108 是通用变频器控制的恒压供水系统或锅炉风机控制系统的系统结构示意图。

图 3-108 中的 PID 控制器也可以是通用变频器或 PLC 内置的 PID 控制功能。以 PID 控制器构成的闭环压力调节系统为例，压力的给定值可由 PID 控制器的面板设定，也可以外设电位器给定，或有 PLC 输出给定。压力传感器将实际的压力变换为 4～20mA 的压力反馈信号，并送入 PID 控制器的输入端。PID 控制器将输入的模拟电流信号经数字滤波、A/D 转换后变为数字信号，一方面作为实际压力值显示在控制器的面板上；另一方面与给定值作

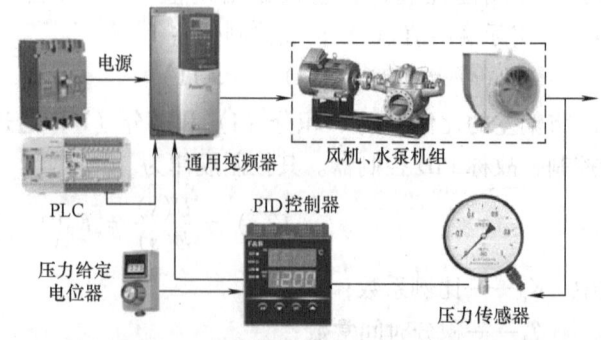

图 3-108　通用变频器控制的闭环控制系统结构示意图

差值运算，偏差值经数字 PID 运算器运算后输出一个数字结果，其结果又经 D/A 转换后，在 PID 控制器的输出端输出 4~20mA 的电流信号（或 0~10V 电压信号）送入通用变频器，用于调节通用变频器的频率，通用变频器再驱动水泵电动机（或风机），使压力变化。当给定值大于实际压力值时，PID 控制器输出值朝向最大值 20mA（或 10V）变化，压力上升；当给定值刚小于实际压力值时，PID 控制器输出朝向下限值变化，输出值减小，压力下降。压力超调后也逐渐下降，最后压力稳定在设定值处，通用变频器频率也稳定在某个频率附近。这种 PID 控制方式的主要优点是操作简单、响应快、动态调节性能好，同时控制器还具有传感器断线和故障自动检测功能。缺点是 PID 调节有时会过于频繁，影响稳态性能。调试时，P 参数值不宜太大，一般为 0.5~1，I 参数和 D 参数的比值大约为 4，I 参数的值一般为 5~20s，由于 PID 控制器的响应快，为了防止调整过程中压力波动过大，通用变频器的上升和下降时间应调大些，一般为 30~60s。数字 PID 控制比模拟 PID 控制更为优越，因为计算机程序的灵活性，很容易克服连续 PID 控制中存在的问题，经修正而得到更完善的数字 PID 算法。

2. 专家智能自整定 PID 控制

智能控制与常规 PID 控制相结合即为智能 PID 控制。智能 PID 控制器已得到较为广泛的应用，它具有不依赖系统精确数学模型的特点，对系统的参数变化具有较好的鲁棒性。智能 PID 控制器具有自整定、自综合和监控三种运行状态。自整定是指控制器根据对象特性变化自动整定 PID 参数，对控制系统具有稳定鲁棒性；自综合用来保证控制系统的性能鲁棒性；监控运行状态用来保证控制系统安全可靠运行。

随着微处理器技术和人工智能技术的发展，出现了多种形式的专家式智能自整定控制器，它将专家系统（Expert System）技术应用于 PID 控制器。专家系统是一个具有智能特点的计算机程序，它的智能化主要表现为能够在特定的领域内模仿人类专家思维来求解复杂问题。因此，专家系统必须包含领域专家的大量知识，拥有类似人类专家思维的推理能力，并能用这些知识来解决实际问题。如，一个医学专家系统就能够像真正的专家一样，诊断病人的疾病，判别出病情的严重性，并给出相应处方和治疗建议等。专家系统应用（Expert System Application）是针对实际领域，建造专家系统，用来辅助或代替领域专家解决实际问题。专家系统是人工智能的重要分支，它是人工智能学者从探讨一般思维规律方法走向以专门知识信息处理为中心的转折点。专家控制（Expert Control）的实质是，基于受控对象和控制规律的各种知识，而且要以智能的方式来利用这些知识，求得受控系统尽可能地优化和实用化，它反映出智能控制的许多重要特征和功能。目前，专家系统的应用几乎渗透到各行各业。

人工智能领域中发展起来的专家系统是一种基于知识的、智能的计算机程序系统。专家系统有两个要素：

（1）知识库　存储有某个专门领域中经过事先总结的按某种格式表示的专家水平的知识条目。

（2）推理机制　按照类似专家水平的问题求解方法，调用知识库中的条目进行推理、判断和决策。

专家控制的理想目标是要实现这样一个控制器或控制系统：

1）满足复杂动态过程的控制需要，例如任何时变的、非线性的、受到各种干扰的受控过程。

2）控制系统的运行可以利用一些先验知识，而且只需要最少量的先验知识。

3）有关受控过程的知识可以不断地增加、积累，据以改进控制性能。

4）潜在的控制知识以透明的方式存放，易于修改和扩充。

5）用户可以对控制系统的性能进行定性的说明，例如"速度尽可能快"、"超调要小"等。

6）能对控制性能和控制闭环中的单元进行诊断，包括传感器和执行机构的故障诊断等。

7）用户可以访问系统内部的信息，进行交互。例如受控过程的动态特性、控制性能的统计分析、限制控制性能的因素，以及对当前采用的控制作用的解释等。

专家控制的上述目标可以看作是一种比较含糊的功能定义，它们覆盖了传统控制在一定程度上可以达到的功能，但又超过了传统控制技术。作一个形象的比喻，专家控制是试图在控制闭环中加入一个有经验的控制工程师，系统能为他提供一个"控制工具箱"，即可对控制、辨识、测量、监视等各种方法和算法选择方便、调用自如。因此，专家控制实质上是对一个"控制专家"的思路、经验、策略的模拟、延伸和扩展。

专家控制是基于知识的智能控制技术，因而又称为基于知识的控制或专家智能控制。专家控制技术对于复杂的受控对象或过程尤为必要，因而对于各种实际的工业过程控制具有广泛的实用性，应用前景广阔。

专家智能自整定 PID 控制的原理框图如图 3-109 所示。

专家系统应包括专家知识库、数据库和逻辑推理机三部分。

专家系统可视作为广义调节器，专家知识库中已经把熟练操作工或专家的经验和知识，构成 PID 参数选择手册，这部手册记载了各种工况下被控对象特性所对应的 P、I、D 参数，数据库根据被控对象的输入与输出信号及给定信号提供给知识库和推理机。推理机能进行启发式推理，决定控制策略。优秀

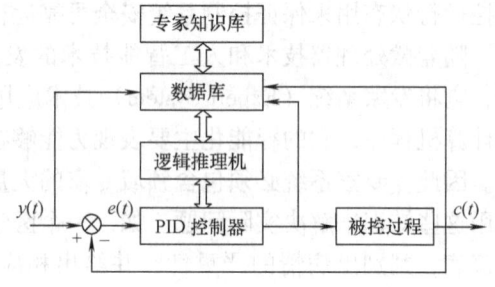

图 3-109　专家智能自整定 PID 控制器原理框图

的专家系统可对已有知识和规则进行学习和修正，这样对被控过程对象的知识了解可大大降低，仅根据用户的输入、输出信息，就能实现智能自整定控制。

工程上专家系统应用的例子也很多，如循环流化床锅炉（Circulating Fluidized Bed Boiler，CFBB）燃烧系统的专家模糊控制系统。循环流化床锅炉（CFBB）是现代一种高效节能、低污染清洁能源，它同时还具有燃料适应性广、负载调节性能好等优点。循环流化床锅炉燃烧系统过程自动控制的基本任务是保证锅炉安全、稳定、经济运行的同时，主要还是使燃料燃烧所提供的热量适应蒸汽负载的需求，完成系统的能量平衡。保护控制功能的要求是，当锅炉安全运行出现故障时，燃烧协调系统要采取相应的动作，实现保护锅炉的安全；当锅炉部分辅机故障时，燃烧协调系统要求锅炉自动减载；当机组快速降负载时，燃烧协调系统要快速调节锅炉负载，同时机组总协调系统迅速动作减温减压器系统，要确保热用户的需求；负载增减指令的闭锁和限制，从而保护锅炉辅机。在 CFBB 燃烧协调系统中，专家控制系统中，负载与床温解耦，采用压力与温度的误差为两个输入变量，进行专家控制；一、

二次风配比建立相应专家控制库，完成对一、二次风的调节，同时还建立相应事故库来调节和控制设备；其他简单调节控制回路采用自整定 PI 调节和超驰切换控制来实现，同时这些回路与上述调节控制回路组成 CFBB 燃烧系统的协调控制系统，以使 CFBB 满足安全、稳定、经济的燃烧。

3. 模糊控制 PID 控制

模糊控制是一种基于模糊数学理论的新型控制方法。模糊控制中的模糊量的描述是以模糊集合为基础的。但是，模糊控制既不是指被控过程是模糊的，也不意味着控制器是不确定的，它是表示知识、概念上的模糊性，是一种基于语言规则和模糊推理的控制方法。模糊逻辑在控制领域中的应用称为模糊控制，它的基本特征是能将操作者或专家的控制经验和知识表示成语言变量描述的控制规则，然后用这些规则去控制系统。模糊控制的核心是模糊控制器。模糊控制要经过模糊化、模糊推理和形成精确控制量 3 个过程。再加上 PID 控制器就构成了模糊控制 PID 控制器。模糊化是将输入的精确量（一般是系统的误差及误差变化率）经模糊语言规则映射成模糊输入变量，并用模糊规则对模糊输入变量推理（如图 3-110 中的规则库）和判决，从而得到模糊控制变量，再用模糊规则将推理的结果从模糊控制变量转化成可以用于实际控制的精确量，输出 PID 控制器的比例、积分、微分系数。模糊控制原理框图如图 3-110 所示。

从理论上讲，模糊控制器的维数越高，控制越精细。但维数越高，控制规则越复杂，控制算法实现起来越困难。一般地，采用模糊控制器的输入量为误差量（E）和误差的变化量（EC）构成二维模糊控制器，输出量为控制量的变化

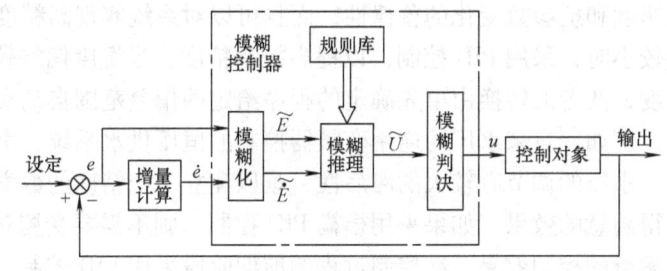

图 3-110 模糊控制原理框图

（U）。E、EC 和 U 的论域被划分为多个等级。如划分为 15 个等级时，描述输入和输出变量的词集（模糊变量）表示为 {负大，负中，负小，零，正小，正中，正大} 或用符号表示为 {NB, NM, NS, O, PS, PM, PB}；误差变量的词集表示为 {负大，负中，负小，负零，正零，正小，正中，正大} 或用符号表示为 {NB, NM, NS, NO, PO, PS, PM, PB}。E 和 EC 的论域（赋值）：如，{-6, -5, -4, -3, -2, -1, 0, 1, 2, 3, 4, 5, 6}；控制量 U 的论域：如，{-7, -6, -5, -4, -3, -2, -1, 0, 1, 2, 3, 4, 5, 6, 7}。或者，E = EC = U = {NB, NM, NS, ZE, PS, PM, PB}；论域（赋值）：如，E = EC = U = {-7, -6, -5, -4, -3, -2, -1, 0, 1, 2, 3, 4, 5, 6, 7}。

与一般数字逻辑的"0"和"1"不同，模糊逻辑并不是非 0 即 1，它表示了程度的概念，描述某个确定量隶属于某个模糊语言变量的程度。如，全自动洗衣机通过传感器判别衣物的重量、衣物质地，以及污染的程度，以此来自动确定水位的高低、用水量的多少、洗涤剂的用量、洗涤时间和遍数，并确定最佳洗涤程序。再如，采用模糊逻辑也可以准确表示人体发烧的程度，38℃属于高烧，程度为 0.7 等，当然，这是根据经验事先确定的模糊集的范围而确定的。

在工业生产过程中，许多被控对象随着负载变化或干扰因素影响，其对象特性参数或结

构也会发生改变，如果采用传统的 PID 算法，PID 参数的整定方法很多，并且大多数以对象特征为基础，这就很难做到精确控制。另外，由于操作者经验不易精确描述，控制过程中各种信号量及评价指标也不易定量表示，如果运用模糊数学，把规则的条件、操作用模糊集表示，并把这些模糊控制规则及有关信息（如评价指标、初始 PID 参数等）作为知识存入控制器知识库中，然后根据控制系统的实际响应情况，即专家系统的输入条件，运用模糊推理，即可自动实现对 PID 参数的最佳调整，这就是模糊自适应 PID 控制。模糊自适应 PID 控制器目前有多种结构形式，但其工作原理基本一致。自适应模糊 PID 控制器以误差量（E）和误差的变化量（EC）作为输入，可以满足不同时刻的误差量（E）和误差的变化量（EC）对 PID 参数自整定的要求。利用模糊控制规则，在线对 PID 参数进行修改，便构成了自适应模糊 PID 控制器。

自适应模糊 PID 控制器在实际工程上的例子也很多，如锅炉控制、通用变频器控制的恒压供水系统、中央空调系统、起重机控制，以及一些温度控制系统等。在这些领域的实际控制中存在着时变性、非线性与模型不确定性，PID 不能很好地控制；而模糊控制是依赖于人和专家的经验进行控制，无需建立被控对象的数学模型，对时滞、非线性和时变的系统有良好的控制能力，但不具有积分环节，在变量分级不够多的情况下，在平衡点附近常会出现振荡现象和稳态余差。因此，常在控制中把模糊控制和 PID 控制结合起来，不仅具有较快的响应速度和抗参数变化的鲁棒性，而且可以对系统实现高精度控制。其主要设计思想是，当偏差较小时，采用 PID 控制，以提高控制精度；当温度偏差较大时采用模糊控制，以加快响应速度，两者的转换由事先确定的程序给定的偏差范围自动实现。

例如，自来水厂的通用变频器控制的恒压供水系统，由于供水系统管网长，流量变化缓慢，水压的调节有较大的滞后性，难以建立一个精确的数学模型，用传统的 PID 调节器难以获得满意的效果。如果采用模糊 PID 控制，则不需要受控对象的精确数学模型，可以获得比较满意的控制效果，在控制过程的前期阶段采用 PID 控制，具有动态响应快，而在控制过程的后期阶段采用模糊控制，又具有静态误差小的特点。

再如，中央空调系统采用智能模糊 PID 控制不仅可对中央空调冷冻水系统、冷却水系统、冷却塔风机等各个环节进行全面控制，而且可将各个控制系统在逻辑上和功能上互连在一起，实现信息综合、资源共享，实现集中控制和统一管理，从而使中央空调系统整体协调运行和综合性能优化。当环境温度、空调末端负载发生变化时，各路冷冻水供回水温度、温差、压差和流量亦随之变化，可以将流量计、压差传感器和温度传感器检测到的这些参数送至模糊 PID 控制器，模糊 PID 控制器依据所采集的实时数据及系统的历史运行数据，可实时计算出末端空调负载所需的制冷量，以及各路冷冻水供回水温度、温差、压差和流量的最佳值，并以此调节各变频器的输出频率，控制冷冻水泵的转速，改变其流量，使冷冻水系统的供回水温度、温差、压差和流量运行在模糊 PID 控制器给出的最优值。由于输出能量的动态控制，可实现空调主机冷媒流量跟随末端负载的需求供应，使空调系统在各种负载情况下，都能既保证末端用户的舒适性，又最大限度地节省了系统的能量消耗。

4. WP 系列 PID 自整定控制器

图 3-111 所示是 WP 系列智能自整定 PID 控制器结构原理图。

WP 系列智能自整定 PID 控制器集数字仪表与模拟仪表于一体，可对测量值及控制目标值（输出量）进行数字量显示，并同时对测量值及控制目标值进行相对模拟量显示，显示

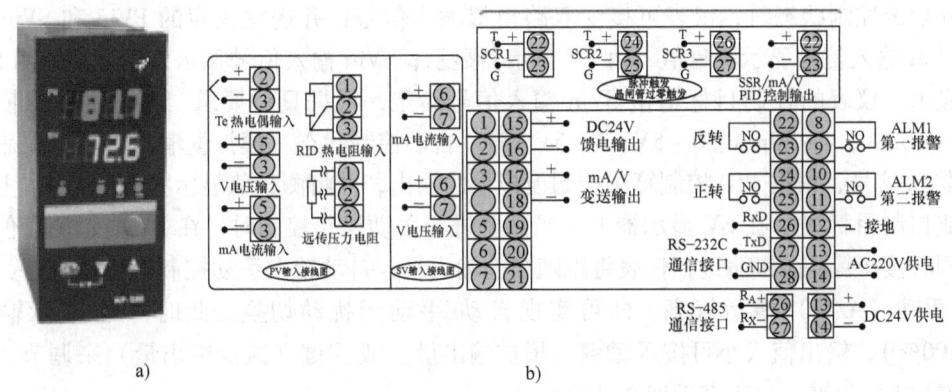

图 3-111 WP 系列智能自整定 PID 控制器结构原理图
a) 外形示意图 b) 端子接线图

方式为双 LED 数码显示，使测量值的显示清晰直观。WP 系列智能自整定 PID 控制器适用于需要进行高精度测量控制的系统。它可根据被控对象自动计算出最佳的 PID 控制参数，可随意改变仪表的输入信号类型。WP 系列智能自整定 PID 控制器采用了最新无跳线技术，只需设定仪表内部参数，即可将仪表从一种输入信号改为另一种输入信号；可分别带有一路 PID 控制输出及一路变送输出，可适用于各种测量控制场合。WP 系列 PID 自整定控制器带串行通信输出，可与各种带串行输入/输出的设备进行双向通信，组成网络控制系统。

控制输出工作原理：

WP 系列智能自整定 PID 控制器的工作过程分 PID 自整定工作状态、阀位控制状态和外给定控制状态三种。每种状态又分自动控制状态和手动操作状态两种。

PID 自整定工作状态时，当仪表上电后，自动处于跟踪状态，并采样 PVin 输入信号，并将 PVin 输入值显示于 PV 显示器上，控制目标值（或输出量的百分比）显示于 SV 显示器上。当需要进行手动操作控制时，在 PV 显示输入值状态下，同时按压 SET 键和 ▽ 键，仪表将跟随当前输出量，自动转入手动控制输出量状态，仪表自动/手动（A/M）指示灯亮，即可实现自动/手动无扰动切换。此时，SV 显示输出量(0～100%)，输出值大小可按压 △ 键（增加输出量）或 ▽ 键（减少输出量）来调节。同时按压 SET 键和 ▽ 键，仪表即返回自动控制输出量状态，此时仪表将跟随当前输出量，根据控制器设定参数中的积分时间，按控制逼近方法，自动跟随 PV 变化，转回自动控制状态。

阀位控制状态时，仪表可接受双路模拟输入信号，并送往仪表的 PVin 和 SVin 接线端，PVin 输入信号显示测量值，由 PV 显示器显示；SVin 输入信号显示阀位反馈值，由 SV 显示器显示。根据具体要求，仪表可输出模拟量（如 0～10mA、4～20mA、0～5V、1～5V 等）或其他控制信号（如阀位控制的正反转等）。仪表在自动控制输出时，当控制输出量百分比小于 SV 阀位反馈值时，仪表输出反转，直至控制输出量等于 SV 阀位反馈值。当控制输出量百分比大于 SV 阀位反馈值时，仪表输出正转，直至控制输出量等于 SV 阀位反馈值。在仪表自动跟踪状态下，同时按压 SET 键和 ▽ 键，仪表将跟随当前输出量，转入手动控制输出量状态，仪表自动/手动（A/M）指示灯亮，即可实现自动/手动无扰动切换。SV 显示百分比输出值（0～100%）。

外给定控制状态时，仪表可接受双路模拟输入信号，并送往仪表的 PVin 和 SVin 接线端，PVin 输入信号显示测量值，由 PV 显示器显示；SVin 输入信号显示外给定值，由 SV 显示器显示。仪表的控制目标值由 SVin 输入信号给定，根据具体要求，仪表可输出模拟量（如 0~10mA、4~20mA、0~5V、1~5V 等）。自动控制状态（模拟量输出）下，仪表采样 PVin 输入信号，根据 PID 控制算法控制模拟量的输出，并将测量值显示在 PV 显示器上，输出量或控制目标显示在 SV 显示器上。当需要进行手动操作控制时，在 PV 显示测量值状态下，同时按压SET键和▽键，仪表将跟随当前输出量，自动转入手动控制输出量状态，仪表自动/手动（A/M）指示灯亮，即可实现自动/手动无扰动切换。此时，SV 显示输出量（0~100%），输出值大小可按压△键（增加输出量）或▽键（减少输出量）来调节。同时按压SET键和▽键，仪表即返回自动控状态。

WP 系列智能自整定 PID 控制器的主要技术指标如下，供参考。

(1) 输入信号

电阻——Pt100、Cu100、Cu50 等或远传压力电阻 30~350Ω

电偶——B、S、K、E、T、J、WRe 等

电压——0~5V、1~5V 或 mV 等（输出阻抗 ≥250kΩ）

电流——0~10mA、4~20mA 或 0~20mA 等（输出阻抗 ≤250Ω）。

(2) 测量范围　-1999~9999 字

(3) 测量精度　0.2%FS±1 字或 0.5%FS±1 字

(4) 分辨率　　±1 字

(5) 温度补偿　0~50℃

(6) 显示方式　-1999~9999 测量值显示、设定值显示和外给定值显示

　　　　　　0~100.0% 阀位反馈值显示

　　　　　　0~100% 输出量显示

　　　　　　发光二极管工作状态显示

　　　　　　双高亮度 LED 数字显示，双光柱显示

(7) 控制输出　PID 电流/电压控制输出

　　　　　　0~10mA（负载电阻 ≤750Ω）

　　　　　　4~20mA（负载电阻 ≤500Ω）

　　　　　　0~5V（输出电阻 ≤250Ω）

　　　　　　1~5V（输出电阻 ≤250Ω

　　　　　　PID 正转/反转阀位控制输出

　　　　　　继电器控制输出（AC220V/3A，DC24V/5A，阻性负载）

　　　　　　单相晶闸管控制输出——SCR（晶闸管过零触发脉冲）输出，可触发
　　　　　　　晶闸管：AC 400V/0.5A

　　　　　　双相晶闸管控制输出——SOT 双相晶闸管软触点输出，光电隔离，AC
　　　　　　　400V/7A。

　　　　　　固态继电器控制输出——SSR（固态继电器控制电压信号）输出，DC
　　　　　　　6~24V/30mA

(8) 馈电输出　DC 24V±1V，负载电流 ≤30mA

(9) 通信输出　标准串行双向通信接口：二线制、三线制或四线制（RS-485，RS-232C等）；波特率 1200～9600bit/s 可由仪表内部参数自由设定；采用标准 MODBUS RTU 通信协议。接口和主机采用光电隔离。RS-485 通信距离可达 1000m，上位机可采集各种信号与数据构成能源管理和控制系统。配用工控组态平台软件，可实现多台仪表与一台或多台计算机进行连机通信，系统采用主/从通信方式。整个控制回路只需一根 2（3）芯电缆即可实现与上位机通信，上位机可呼叫用户设定的设备号，随时调用各台仪表的现场数据，并可进行仪表内部参数设定。

(10) 报警方式　可选择继电器上限、下限报警输出，继电器偏差内报警输出，继电器偏差外报警输出和继电器 LBA 报警输出，LED 指示

(11) 报警精度　±1 字

(12) 设定方式　面板轻触式按键数字设定；参数设定值密码锁定；设定值断电永久保存

(13) 保护方式　输入回路断线报警（继电器输出，LED 指示）

超/欠量程报警指示（继电器输出，LED 指示）

欠电压自动复位

工作异常自动复位（Watch dog）

(14) 供电电源　AC 220V（50Hz±2Hz，线性电源）

AC 90～265V——开关电源

DC 24V±2V——开关电源

3.8.3　电气控制线路分析的内容

分析电气控制线路是通过对各种技术资料的分析，掌握电气控制线路的工作原理、技术指标、使用方法、维护要求等。如，设备用户手册中的电气原理图、安装和调试步骤和工艺图，主要包括电气安装位置图、接线图和维护图等。

1. 分析电气控制线路的具体内容和要求

分析电气控制线路的具体内容和要求主要包括以下几个方面。

(1) 产品说明书　机电设备产品说明书中一般由机械（包括液压、气动部分）与电气两部分组成。在分析时，首先要阅读这两部分说明书，了解以下内容：

1）设备的构造，主要技术指标，机械、液压、气动等部分的工作原理。

2）电气传动方式，电动机、执行电器的数目、规格型号、安装位置、用途及控制要求。

3）了解设备的使用方法，各操作手柄、开关、旋钮、指示装置的布置以及在控制线路中的作用。

4）必须清楚地了解与机械、液压、气动等部分直接关联的电器（行程开关、电磁阀、电磁离合器、传感器等）的位置、工作状态及与机械、液压、气动等部分的关系，在控制中的作用等。

(2) 电气控制原理图　分析电气原理图是电气控制线路分析的中心内容，电气控制原理图一般由主电路、控制电路、保护与联锁环节及特殊控制电路等部分组成。在分析电气原理图时，必须与阅读其他技术资料结合起来。如，各种电动机及执行元件的控制方式、位置及作用，各种与机械有关的位置开关、主令电器的状态等，只有通过阅读说明书才能了解。

在原理图分析中还可通过所选用的电器元件的技术参数,分析出控制线路的主要参数和技术指标,估计出各部分的电流、电压值,以便在调试或检修中合理地使用仪表。

(3) 电气设备的总装接线图　阅读分析总装接线图可以了解系统的组成分布状况,各部分的连接方式,主要电气部件的布置、安装要求,导线和穿线管的规格型号等。这是安装设备不可缺少的资料。阅读分析总装接线图要与阅读分析说明书、电气原理图结合起来。

(4) 电器元件布置图与接线图　电器元件布置图与接线图是制造、安装、调试和维护电气设备必需的技术资料。在调试、检修中可通过布置图和接线图方便地找到各种电器元件和测试点,进行必要的调试、检测和维修保养。

2. 电气原理图阅读分析的方法与步骤

在仔细阅读了产品说明书,了解了电气控制系统的总体结构,电动机、电器的分布状况及控制要求等内容之后,便可以阅读分析电气原理图了。

(1) 电气原理图分析的方法与步骤

1) 分析主电路。从主电路入手,根据每台电动机和执行电器的控制要求去分析各电动机和执行电器的控制内容,包括已讨论过的电动机起动、正反转控制、调速、制动等基本控制环节。

2) 分析控制电路。根据主电路中各电动机和执行电器的控制要求,逐一找出控制电路中的控制环节,用已学过的基本控制环节的知识,将控制线路"化整为零",自上而下、自左到右,按功能不同划分成若干个局部控制线路逐行来进行分析。如果控制线路较复杂,则可先排除照明、显示等与控制关系不密切的电路,以便集中精力进行功能分析。控制电路一定要分析透彻。分析控制电路的最基本的方法是"查线读图法"。

3) 分析辅助电路。辅助电路包括执行元件的工作状态显示、电源显示、参数测定、照明和故障报警等部分,辅助电路中很多部分是由控制电路中的元件来控制的,所以在分析辅助电路时,还要回过头来对照控制电路进行分析。

4) 分析联锁与保护环节。生产机械对于安全性、可靠性有很高的要求,实现这些要求,除了合理地选择拖动、控制方案以外,在控制线路中还设置了一系列电气保护和必要的电气联锁。在电气控制原理图的分析过程中,电气联锁与电气保护环节是一个重要内容,不可遗漏。

5) 分析特殊控制环节。在某些控制线路中,还设置了一些与主电路、控制电路关系不密切、相对独立的某些特殊环节。如产品计数装置、自动检测系统、晶闸管触发电路、自动调温装置等。这些部分往往自成一个小系统,其读图分析的方法可参照上述分析过程,并灵活运用所学过的电工基础、电子技术、变流技术、自控系统、检测与转换等知识逐一分析。

6) 总体检查。经过"化整为零",逐步分析了每一局部电路的工作原理以及各部分之间的控制关系之后,还必须用"集零为整"的方法,检查整个控制线路,看是否有遗漏。特别要从整体角度去进一步检查和理解各控制环节之间的联系,以达到清楚地理解原理图中每一个电器元件的作用、工作过程及主要参数。

(2) 分析举例　现以普通车床和普通龙门刨床的控制线路为例,说明生产机械电气控制线路的分析过程。

1) 普通车床的主要结构和运动形式。普通车床是一种应用极为广泛的金属切削机床,能够车削外圆、内圆、端面、螺纹和定型表面,并可用钻头、铰刀、镗刀进行加工。普通车床主要由床身、主轴变速箱、进给箱、溜板箱、刀架、尾架、丝杆、光杠、主轴电动机、冷却泵、电器箱等部分组成，其结构如图3-112所示。

普通车床有两种主要运动：一是主轴上的卡盘或顶尖带着工件的旋转运动，称为主运动；另一种是溜板带着刀架的直线移动，称为进给运动。为了加工螺纹等工件，主轴需要正反转，主轴的转速应随工件的材料、尺寸、工艺要求及刀具的种类不同而变化，所以要求能在相当宽的范围内进行调节；刀架的进给运动由主轴电动机带动，用走刀箱调节加工时的纵向和横向进给量。

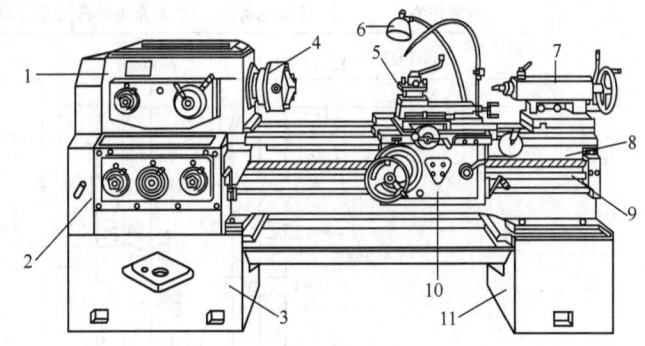

图3-112 普通车床结构示意图
1—主轴变速箱 2—进给箱 3—电器箱 4—卡盘
5—刀架 6—照明灯 7—尾架 8—丝杆 9—光杠
10—溜板箱 11—床腿

2）电力拖动和控制的要求。从车床的加工工艺出发，对拖动控制有以下要求：

① 主拖动电动机选用不调速的笼型异步电动机，主轴采用机械调速，其正反转采用机械方法实现。

② 主电动机采用直接起动方式。

③ 车削加工时，为防止刀具和工件的温升过高，需要用冷却液冷却，因此要装一台冷却泵。

④ 主电动机和冷却泵电动机应具有必要的短路和过载保护，冷却泵因过载停止时，不允许主电动机工作，以防工件和刀具损坏。

⑤ 应具有安全的局部照明装置。

3）电气控制线路分析。普通车床的电气控制线路原理如图3-113所示，对其工作原理分析如下。

① 主电路分析。QS为电源开关，主电路中有两台异步电动机，M1为主轴异步电动机，M2为冷却泵异步电动机，接触器K的主触头控制M1的起动和停止。转换开关QS1控制M2的起动和停止。

② 控制电路分析。控制电路采用380V/24V/36V交流电源供电，由指示灯HL指示。EL是机床工作照明用灯，采用24V安全电压供电，QS2是照明转换开关。按动起动按钮SB2，接触器K的线圈得电，位于6区的接触器K的辅助常开触头闭合并自锁，位于3区的K主触头闭合，异步电动机M1起动。操作QS2，冷却泵电动机可起动或停止。按下SB1，异步电动机M1停止。

图3-113中的图区3中，接触器主触头K和热继电器FR下面的5为索引代号，它指出接触器主触头K的线圈位置在图区5，热继电器FR的辅助触头也在图区5。图区5中，接触器K的辅助触头下面的5，表示接触器K的线圈位置在图区5。在复杂的电气原理图中，接触器和继电器的线圈与触头的从属关系用附图表示，即在原理图中相应线圈的下方，给出触头的图形符号，并在其下面注明相应触头的索引代号，未使用的触头用"×"表明。有时

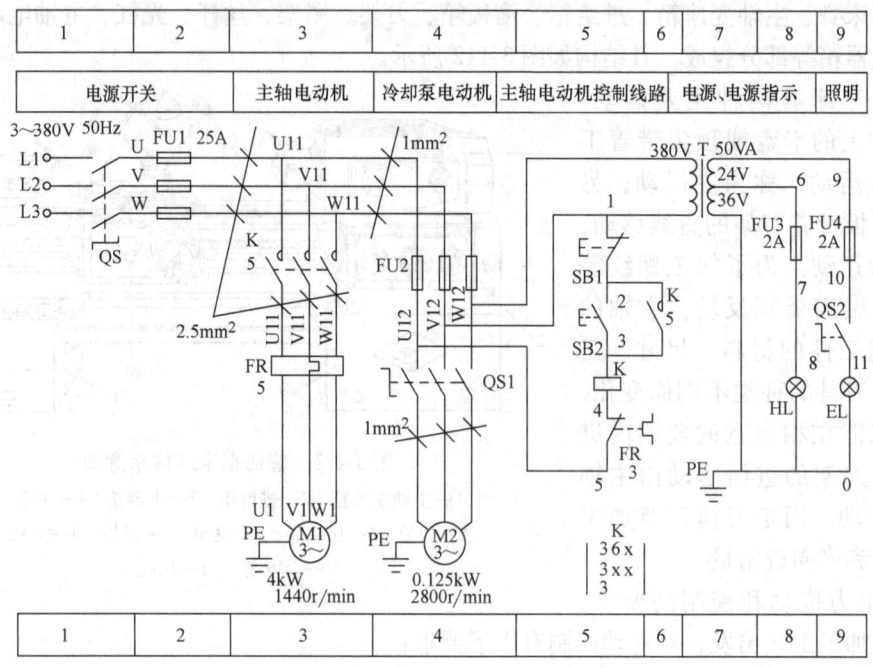

图 3-113 普通车床电气原理图

也可采用省去触头图形符号的表示法。如图 3-113 中的图区 5 中，接触器 K 的线圈的下方是接触器 K 相应触头的位置索引。

在接触器 K 触头的位置索引中，左栏为主触头所在的图区号（有 3 个主触头在图区 3）；中间栏为辅助常开触头所在的图区号（一个触头在图区 6，另一个没有使用）；右边栏为辅助常闭触头所在的图区号（两个触头都没有使用）。

控制电路中，元器件两端的数字表示接线端编号。如 SB1 两端的 1 和 2 表示，1 端与变压器的一次绕组的一端连接，2 端与 SB2 和接触器 K 的自锁触头的一端并接。

③ 保护环节分析。熔断器 FU1 是机床电路的总短路保护。FU2 是异步电动机 M2 回路的短路保护，因向车床供电的电源侧已安装熔断器，所以异步电动机 M1 未用熔断器进行短路保护。热继电器 FR1 对异步电动机 M1 进行过载保护，其触头串联在 K 线圈回路中，异步电动机 M1 过载时，热继电器 FR1 的常闭触头打开，接触器 K 的线圈将失电而使异步电动机 M1 停止运行，即机床停止工作。

④ 总体检查。分析完之后，再进行总体检查，看是否有遗漏。

在以上分析中，我们采用的是"查线读图法"，即从异步电动机着手，看主电路上有哪些控制元件的触头，根据其组合规律看其控制方式。然后在控制电路中由主电路控制元件的主触头的文字符号找到有关的控制环节及各环节间的联系。接着从按起动按钮开始，查对线路，观察元件的触头信号是如何控制其他控制元件动作的，然后再查看这些被带动的控制元件的触头是如何控制异步电动机或其他电器元件动作的，并随时注意控制元件的触头使异步电动机有何运动或动作，进而看异步电动机驱动被控机械部件有何运动等。

"查线读图法"是分析电气原理图的最基本方法，应用也最广泛。此外还有"图示分析法"、"逻辑分析法"，一般只用来进行局部电路原理的分析或配合"查线读图法"使用，应用较少。

图 3-114 是普通龙门刨床结构示意图。

龙门刨床因有一个"龙门"式的框架结构而得名，主要用于刨削大型工件或同时加工多个工件，对中小型零件，它可以一次装夹好几个，用几把刨刀同时刨削。它的主运动是工作台的直线往复运动，进给运动是刀架带着刨刀作横向或垂直的间歇运动。工作台与床身之间靠一个山形、一个平形导轨滑动。工作台行走时龙门上刀架的刀与其形成相对移动，实现了刨削。主要用于重型工件粗、精加工平面、倾斜面、T型槽，较大型的龙门刨床一般都附有铣头和磨头，完成铣、磨加工，变型为龙门刨铣床和龙门刨铣磨床。大型龙门刨床主动力采用直流电动机

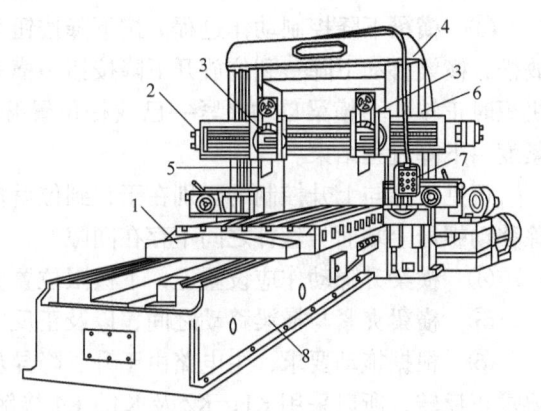

图 3-114　龙门刨床结构示意图
1—工作台　2—横梁　3—刀架　4—龙门顶
5—刨刀　6—立柱　7—侧刀架　8—底座

驱动工作台移动，形成切削运动。大多数大型龙门刨床工作台换向是依靠直流电动机正反转实现的，也有依靠正反转离合器实现正反转的。机床工作台的驱动可用发电机-电动机组或用晶闸管直流调速方式，调速范围较大，在低速时也能获得较大的驱动力。

图 3-114 中，龙门刨床上装有横梁机构，刀架装在横梁上，随加工件大小不同，横梁需要沿立柱上下移动，横梁上一般装有两个垂直刀架，刀架滑座可在垂直面内回转一个角度，并可沿横梁作横向进给运动。刨刀可在刀架上作垂直或斜向进给运动；横梁可在两立柱上作上下调整。一般在两个立柱上还安装可沿立柱上下移动的侧刀架，以扩大加工范围。工作台回程时，能机动抬刀，以免划伤工件表面。在加工过程中，横梁需要保证夹紧在立柱上不允许松动。横梁升降电动机安装在龙门顶上，通过蜗轮传动，使立柱上的丝杆转动，通过螺母使横梁上下移动。横梁夹紧电动机通过减速机构传动夹紧螺杆，通过杠杆作用使压块将横梁夹紧或放松。

图 3-115 是其横梁升降电气控制线路，可按上述方法、步骤分析其工作原理。在立式车床、摇臂钻床等设备中均采用类似的结构和控制方法。这种机械机构的电气传动控制方法具有普遍意义，可以举一反三，应用于其他方面。

横梁的拖动方式及其控制要求是：为适应不同高度工件加工时对刀的需用，要求安装有左、右立刀架的横梁能通过丝杆传动，快速作上升、下降的调整运动。丝杆的正反转由一台 13kW 三相交流异步电动机（M1）拖动，同时，为了保证零件的加工精度，当横梁移动到需要的高度后应立即通过夹紧机构将横梁夹紧在立柱上。每次移动前要先放松夹紧装置，因此设置另一台 2.8kW 三相交流异步电动机（M2）拖动夹紧放松机构，以实现横梁移动前的放松和到位后的夹紧动作。在夹紧、放松机构中设置两个行程开关 SQ1 与 SQ2，分别检测已放松与夹紧信号。横梁升降控制的要求是：

① 用短时工作的点动控制。

② 横梁上升控制动作过程。按上升按钮 SB1→横梁放松（夹紧异步电动机反转）→压下放松位置开关→停止放松→横梁自动上升（升降异步电动机正转）→到位放开上升按

钮→横梁停止上升→横梁自动夹紧（夹紧异步电动机正转）→已放松位置开关松开，已夹紧位置开关压下，达到一定夹紧紧度→上升过程结束。

③ 横梁下降控制动作过程。按下降按钮 SB2→横梁放松→压下已放松位置开关→停止放松，横梁自动下降→到位放开下降按钮→横梁停止下降并自动短时回升（升/降异步电动机短时正转）→横梁自动夹紧→已放松位置开关松开，已夹紧位置开关压下并夹紧至一定紧度→下降过程结束。

可见下降与上升控制的区别在于，到位后多了一个自动的短时回升动作，其目的在于消除移动螺母上端面与丝杆之间不存在间隙。

④ 横梁升降动作应设置上、下极限位置保护。

⑤ 横梁夹紧与横梁移动之间，以及正反向运动之间具有必要的联锁。

⑥ 根据拖动要求，主电路由于升、降异步电动机 M1 与夹紧、放松异步电动机 M2 都要求正反转，所以采用 K1、K2 及 K3、K4 接触器主触头变换相序控制。

⑦ 考虑到横梁夹紧时有一定的紧度要求，故在 M2 正转即 K3 动作时，其中一相通过过电流继电器 KA（图中未画出）检测电流信号，当 M2 处于堵转状态，电流增长至动作值时，过电流继电器 KA 动作，使夹紧动作结束，以保证每次夹紧紧度相同。

对图 3-115 分析如下，如果暂不考虑横梁下降控制的短时回升，则上升与下降控制过程完全相同。当发出"上升"或"下降"指令时，首先是夹紧、放松异步电动机 M2 反转，由于平时横梁总是处于夹紧状态，行程开关 SQ1（检测已放松信号）不受压，SQ2 处于受压状态（检测已夹紧信号），将 SQ1 常开触头串在横梁升降控制回路中，常闭触头串于放松控制回路中（SQ2 常开触头串在工作台传动控制回路中，用于联锁控制），因此在发出上升或下降指令时（按 SB1 或 SB2），必须是先放松（SQ2 立即复位，夹紧解除），当放松动作完成，SQ1 受压，K4 释放，K1（或 K2）自动吸合，实现横梁自动上升

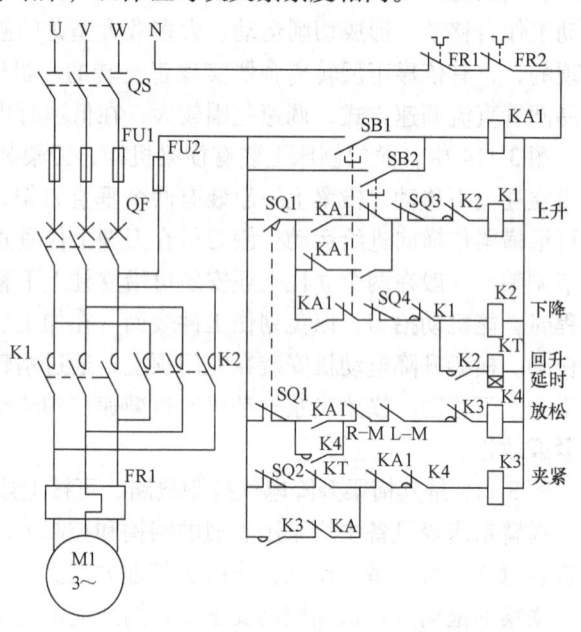

图 3-115 龙门刨床横梁控制线路
（注：夹紧、放松异步电动机 M2 的主电路同 M1，图中未画出。）

（或下降）。上升（或下降）到位，放开 SB1（或 SB2）停止上升，由于此时 SQ1 受压，SQ2 不受压，所以 K3 自动吸合，夹紧动作自动发出直到 SQ2 压下，再通过 KA 常闭触头与 K3 的常开触头串联的自锁回路继续夹紧至过电流继电器动作（达到一定的夹紧紧度），控制过程自动结束。

第4章 电气控制系统设计

电气控制系统设计包括电气原理图设计与电气工艺设计两个方面的内容。电气原理图设计是为满足生产机械及其工艺要求而进行的电气部分设计；电气工艺设计是为满足电气控制装置本身的制造、使用、运行及维修需要而进行的生产工艺设计，包括箱（柜）体设计、布线工艺设计、保护环节设计、人体工学设计及操作和维修工艺设计等。电气原理图设计的质量决定着一台（套）设备的实用性、先进性和自动化程度的高低，是电气控制系统设计的核心。电气工艺设计决定着电气控制设备的制造、使用、维修等的可行性，直接影响电气原理图设计的性能目标及经济技术指标的实现。因此，电气原理图设计和电气工艺设计的重要性是共同的。

现代工业生产和生活中，所用的机电设备品种（类）繁多，其电气控制设备类型也是千变万化的，但是电气控制系统的设计规则和方法是有一定规律可循的，这些规则、方法和规律是人们通过长期的实践而总结和发展的。作为电气工程技术人员，必须掌握这些基本原则、规则和方法，并通过工作实践，取得较丰富的实践经验后，才能做出满意的工程设计。一项电气控制系统的设计，应根据机电一体化工程项目提出的技术要求、工艺要求，拟定总体技术方案，并与机械结构设计协调，才能开始进行设计工作。设计的先进性和实用性，是由机电设备的结构性能及其电气自动化程度共同决定的。

本章将在已掌握较为典型的电气控制线路单元及其线路分析能力的基础上，讨论电气控制系统的设计过程及一般方法。电气原理图设计的方法主要有经验分析设计法和逻辑分析设计法两种。电气工艺设计必须在电气原理图设计完成后，根据工程现场要求，合理考虑工艺设计的具体内容。

4.1 电气控制设计基础

4.1.1 电气控制系统设计的基本方法

完整的电气控制系统设计程序一般包括初步设计、技术设计和施工图设计三个阶段。初步设计完成后，经过技术审查、标准化审查、技术经济指标分析等工作后，才能进入技术设计和施工图设计阶段。但对于比较简单的设计，可以直接进入技术设计工作。本书讨论的是各阶段的共性问题，不涉及各阶段的设计程序。实际上根据不同行业的特点，设计程序是有差异的。但是，共同的特点是要严格遵循技术规程、国家颁布的技术标准和行业技术规范进行设计。在参考已有技术时，应能充分理解其内涵，分析其适应性和可用性，绝不能盲目照搬，更不能想当然处置。

1. 电气控制系统设计的基本内容

电气控制系统设计的基本任务是根据控制要求设计和编制出设备制造和使用维修过程中所必需的图样、技术资料，包括项目总图、系统图、电气原理图、总装配图、部件装配图、电器元器件布置图、电气安装接线图、电气箱（柜）制造工艺图、控制面板及电器元件安装底板、非标准件加工图等，编制外购元器件目录、单台材料消耗清单，设备使用维护说明书，用户使用手册等。

（1）电气原理图设计的主要内容　电气控制系统是由电气传动和若干电器元件按照一定的逻辑规律连接而成的，以完成生产过程控制的特定功能。为了表达生产机械及电气控制系统的组成及工作原理，以及设备的安装、调试、运行和维护，而将系统中的各电器元件及连接关系用一定的图样表示出来，在图样上用规定的图形符号表示各电器元件，这样的图样叫做电气原理图。电气原理图是整个设计的中心环节，因为它是工艺设计和制订其他技术资料的依据。电气原理图中，代表电动机、各种电器元件的图形符号和文字符号必须根据国家已颁布实施的标准，用统一的文字符号、图形符号及画法绘制。电气控制系统原理设计内容主要包括以下内容：

1）制订电气设计技术条件（任务书）。
2）选择电气传动方案与控制方式。
3）确定传动系统的电动机类型及其技术参数。
4）设计电气控制原理框图，确定各部分之间的关系，拟订各部分技术指标与要求。
5）设计并绘制电气控制原理图，计算主要技术参数。
6）选择电器元件，制订元器件目录清单。
7）编写设计说明书。

（2）电气工艺设计的主要内容　电气工艺设计的主要目的是便于组织电气控制装置的制造与施工，实现电气原理图设计功能的各项技术指标，为设备的制造、调试、维护、使用提供必要的图样资料。电气工艺设计的主要内容包括，总装配图及总接线图、电气箱（柜）设计等，详细内容见4.4节。

2. 电气控制系统设计的技术条件

电气控制系统设计的技术条件是由参与设计的各方面人员，根据所需设计的总体技术要求共同讨论拟定的。通常以设计（技术）任务书的形式表达。它是整个设计的依据。在任务书中，除了简要说明设计的目的、条件、用途、工艺过程、技术性能、传动参数及现场工作条件外，还必须说明如下内容：

1）供电电网的种类、电压、频率及容量等。
2）有关电气传动的基本特性，如运动部件的数量和各自的用途、负载特性、动作要求、调速范围等，电动机的起动、反向和制动的要求等。
3）有关电气控制的特性，如电气控制的基本方式、自动控制要素的组成、自动控制的动作程序、电气保护及联锁条件等。
4）有关操作方面的要求，如操作面（台）的布置、操作按钮的设置和作用、测量仪表的种类及显示、报警和照明等要求。
5）主要执行元件的安装位置及环境情况等，如液压、气动或电动等。
6）电磁兼容性（EMC）要求，如接地、滤波、屏蔽、隔离、防雷、布线等方面的要求。
7）通信与连网方面的要求。

3. 电气控制设计的一般程序

通常电气控制系统的设计程序是按以下步骤进行的。

(1) 设计任务书　电气设计任务书或技术建议书（或项目合同中的"标的"条款）是整个系统设计的依据，同时又是今后设备竣工验收的依据。在很多情况下，设计任务下达部门（或合同甲方）对系统的功能要求、技术指标只能给出一个粗糙的轮廓，设计应达到的各种具体的技术指标及其他各项要求实际是由技术部门、设备使用部门及技术设计部门（或合同乙方）等几个方面共同协商，最后以技术协议形式予以确定的。电气设计任务书中，除简要说明所设计任务的用途、工艺过程、动作要求、传动系统的参数、工作条件外，还应说明以下主要技术经济指标及要求：

1）电气传动基本特性要求、自动化程度要求及控制精度。

2）所采用的执行元件、其他器件的品牌，目标成本与经费限额。

3）控制方式、设备布局、安装要求、控制柜（箱）、操作台布置、照明、信号指示、报警方式等。

4）工期、验收标准及验收方式。

(2) 电气控制原理图设计　电气控制原理图设计是在总体方案确定后，具体设计的核心内容。电气控制系统的各项性能指标、功能是通过电气控制原理图来实现的，同时它又是电气工艺设计和编制各种技术资料的依据。电气控制原理图设计完成后，就可选所需电器元件、编制元器件目录清单。具体选择方法见第2章。

(3) 设计电气施工图　工程项目的电气原理图设计完成后，很重要的一步是进行电气施工图设计，这是具体实现设计目标的重要步骤。包括总装配图、部件装配图、箱柜配线工艺图、箱柜安装图、现场布线图和电缆走线施工图、电缆桥架施工图等，并以此为根据编制各种材料定额清单。

(4) 电气工艺设计　为了满足电气控制设备的制造和使用要求，必须进行合理的电气工艺设计。电气工艺设计主要包括控制箱（柜）、控制屏和控制台、布线等设计。基本要求是，柜、屏、台和设备的机械结构（包括造型、色彩、布局等）先进合理，符合人机关系。使用的材料应环保，无公害。有些机柜和机箱结构不仅要求防尘、防水、防腐蚀，还要求具有对高温、低温、潮湿、冲击、太阳辐射、工业大气、电磁屏蔽、抗破坏等特殊环境的防护。特别是抗严酷环境条件的机柜和机箱，如适用湿热地带、污秽地区户外环境下的机柜和机箱等。

(5) 编写设计说明书　设计说明书应包括对设计的文字叙述、设计计算和必要的简图，以及有关计算结果和简短结论。

4. 电气控制原理图设计的基本步骤与方法

电气控制原理图设计的基本步骤如下：

1）根据选定的控制方案及方式设计系统原理框图，拟订各部分的主要技术要求和技术参数。

2）根据各部分的要求，设计电气原理框图及各个部分的单元电路，对于每一部分的设计，总是按主电路→控制电路→联锁与保护→总体检查的顺序进行，最后，经反复修改与完善后完成设计。

3）按系统框图结构将各部分连成一个整体，绘制系统原理图，通常简称为系统图。在系统图的基础上选定故障点，进行必要的短路电流计算，根据需要计算出的相应参数，选择保护类型及其配合。

4) 根据计算数据正确选用电器元件,必要时应进行动稳定和热稳定校验,最后制订元器件规格、型号目录清单。

5) 对于比较简单的控制电路,如非标准设备的电气配套设计,或技术改造的电气配套设计,可以简化步骤,直接进行电气原理图设计,但对于比较复杂的电气自动控制线路,如新产品开发设计、新上工程项目的配套设计,就必须按上述过程按部就班地进行设计,有些情况尚需对上述步骤进一步细化,分步进行,只有各个独立部分都能达到功能要求、技术指标时,才能保证总体技术要求的实现。

4.1.2 电气控制设计的若干规则

工业产品的生产过程是把原材料转变为成品过程中的各生产环节的总和。生产工艺过程是生产过程中直接改变生产对象的形状、尺寸、特性和性质等,使之成为成品或半成品的过程,它是生产过程的主体。任何生产工艺过程、机械功能的实现,主要依靠电气控制系统的正常运行,电气控制系统的任一环节的正常运行,都将保证着生产工艺过程、机械功能的实现。相反,电气控制系统的非正常运行,将会造成事故甚至重大的经济损失。任何一项工程设计的成功与否,必须经过安装和运行才能证明,而设计者也只能从安装和运行的结果来验证设计工作,一旦发生严重错误,必将付出沉重代价和承担法律责任。因此,保证电气控制系统正常运行的首要条件取决于严谨而正确的设计,总体设计方案和主要设备的选择应正确、可靠、安全及稳定,无安全隐患。这就要求设计者应正确理解设计任务、明确控制目标及其要求,精通生产工艺要求、准确计算、合理选择产品型式及规格型号,并进行校验。工程意识和正确的设计思想是高质量完成设计任务的基本保证。为了保证实现设计功能,设计者还应精心设计施工图样,并进行全面的核算,有时会在其中找到纰漏,只有这样才能保证设计质量和工程质量,保证电气控制系统的正常运行。以下说明一些设计原则及注意事项。

1. 电气控制线路常用的图形符号、文字符号及项目代号

电气控制线路是用导线将电动机、电器、仪表等电器元件连接起来,并实现控制功能、要求的。为了便于分析系统的工作原理,便于电气设备的安装、调整、使用和维护,必须用统一规定的图形符号和文字符号来代表各种电器,并按统一的规则进行绘制、编号,这样才有共同的语言。一套完整的电气控制系统设计一般应包括系统图、电气原理图、分部电气原理图、盘箱柜外形图、施工图等。施工图包括电气安装接线图、电器布置图、盘箱柜结构图、电缆清册等。

在电气控制线路中,原理图绘制、各种电器元件的图形、文字符号及项目代号必须符合国家标准 GB/T 4728《电气简图用图形符号》,绘制时要合理安排版面;项目和端子代号应符合 GB/T 5094《工业系统、装置与设备以及工业产品结构原则与参照代号》的规定,端子标志按 GB/T 4026—2004《人机界面标志标识的基本方法和安全规则 设备端子和特定导体终端标识及字母数字系统的应用通则》规定标注。相关的标准还有 GB 4884—1985《绝缘导线的标记》、GB/T 6988.1~5—1997~2006《电气技术用文件的编制》等。

(1) 项目代号 项目代号是用以识别图、图表、表格中和设备上的项目种类,并提供项目的层次关系、实际位置等信息的一种特定的代码。完整的项目代号包括 4 个代号段,即包括高层代号、位置代号、种类代号、端子代号四个层次和前缀符号。具有相关信息的完整项目代号的一部分称为代号段。4 段代号可采用拉丁字母与阿拉伯数字组合或仅采用其一组合，如仅用拉丁字母。

项目是在图上用一个图形符号表示的基本件、部件、组件、功能单元、设备、系统等，如控制柜、电阻器、继电器、放大器、电源装置、开关设备等，都可称为项目。其中，基本件是在正常情况下不破坏其功能就不能分解的一个（或互相连接的几个）零件、元件或器件，如连接片、电阻器、集成电路等；部件是两个或更多的基本件构成的组件的一部分，可以整个地替换也可以分别替换其中一个或几个基本件，如过电流保护器、端子板等；组件是若干基本件或若干部件，或者是若干基本件和若干部件组装在一起，用以完成某一特定功能的组合体，如电源装置、开关设备等。

（2）高层代号 高层代号是系统或设备中任何给予代号的项目的较高层次项目的代号。如一个工程项目中包括泵、电动机、起动器和控制设备的泵装置。

（3）位置代号 位置代号是项目在组件、设备、系统或装置中的实际位置的代号。

（4）种类代号 种类代号主要用以识别项目种类的代号。种类代号中项目的种类同项目在电路中的功能无关，如各种电阻器都可视为同一种类的项目。组件可以按其在给定电路中的作用分类。

（5）端子代号 端子代号是用以同外电路进行电气连接的电器导电件的代号。

（6）前缀符号 前缀符号是用以区分各个代号段的符号，包括等号"="、加号"+"、减号"-"和冒号":"。如一个完整的项目代号表示为：= T2 + D14 - K3：11。其中，"= T2"是高层代号，表示设备 T2；"+ D14"是位置代号，表示设备 T2 在 D14 位置上；"- K3"是种类代号，表示 K3 类器件，而"：11"表示其端子代号为 11。

项目代号虽共有 4 段，但实际使用时往往不采用顺序组合的方法，而是根据需要按照下述方法之一组合："前缀符号 + 种类代号"、"前缀符号 + 位置代号 + 种类代号"、"前缀符号 + 高层代号 + 种类代号 + 位置代号"、"仅用其中某一段"。最后一种情况适用于线路比较简单的情况。常用电气图形符号、文字符号见第 1 章。特定导体终端字母数字的识别应符合表 4-1 中的规定。

表 4-1 设备特定接线端子的标记和特定导体终端的识别

导体名称		字母数字符号	
		设备端子标记	导体终端的识别
交流系统 电源导体	第 1 相	U	L1
	第 2 相	V	L2
	第 3 相	W	L3
	中性线	N	N
直流系统 电源导体	正极	C	L+
	负极	D	L-
	中间线	M	M
	保护导体	PE	PE
	不接地的保护导体	PU	PC
	保护中性导体	—	PEN
	接地导体	E	E
	低噪声接地导体	TE	TE
	接机壳、接地架	MM①	MM①
	等电位联结	CC①	CC①

① 只有当这些接线端子或导体的电位与保护导体或接地导体的电位不等时，才采用这些识别标记。

2. 电气原理图设计

电气原理图是根据工作原理而绘制的，具有结构简单、层次分明、便于研究和分析电路工作原理等优点，在各种电气控制中，无论在设计部门或生产现场都得到广泛的应用。绘制电气原理图应遵循以下原则：

（1）电气总图　电气总图是以电气系统的总装配图与总接线图形式来表达的。设计时应先根据电气原理图的工作原理与控制要求，将控制系统划分为几个部件，再根据复杂程度，把每一部件划分为若干组件，然后再根据接线关系给出各部分的进出线编号。必要时，图中可以示意形式反映各部分组件的位置及各部分的接线关系、走线方式及使用的行线槽、管线等。

总装配图和总接线图是进行分部设计和组件设计的依据。根据需要可以分开，也可并在一起绘制。总体设计要使整个系统集中、紧凑，同时要将发热元件、噪声振动大的电气部件，尽量放在箱柜底部，尽量离其他元件远一些，或隔离起来；对于多工位的大型设备，还应考虑两地操作的方便性；总电源开关、紧急停止开关应安放在操作方便、明显的位置。电气总图设计得合理与否关系到电气控制线路、电气系统的制造、装配质量，将影响电气控制系统性能的实现及工作可靠性，以及操作、调试、运行和维护等工作的可操作性程度。

（2）组件的划分　在划分组件的同时，要解决组件之间、电气箱柜之间，以及电气箱柜与被控制装置之间的连线方式。一般按照下列原则划分组件：

1）一个组件是一个完整的最小功能部件或控制功能。

2）把接线关系密切的部件或控制电路置于同一组件中。

3）组件之间的连线数量最少。

4）电源电路与控制线路分离，主电路和控制电路分离，可把外形尺寸、用途相近的电器组合在一起。

5）为便于检查与调试，把需经常调节、维护和易损元件组合在一起。

（3）电气控制线路图的绘制　电气控制线路包括主电路和控制电路。主电路包括从电源到电动机或线路末端的电路，是工作电流的通路部分。控制电路一般由按钮，接触器及各种继电器的线圈及辅助触头，热继电器、控制开关电器的辅助触头，控制变压器，信号回路及保护回路等组成的逻辑控制电路。

1）图面区域的划分。对于较复杂的电气原理图，为了便于读图分析、避免遗漏，应对图面进行区域划分或电路编号，必要时可注明回路的用途。图区编号在图纸上、下方各用 1、2、3…等数字表示，在图纸左、右方各用英文字母编号，如图 4-1 所示。

区域分区代号用该分区的字母和数字表示，如 A3、E8 等。图面上方的横向图区编号为检索、阅读分析电气线路而设置，

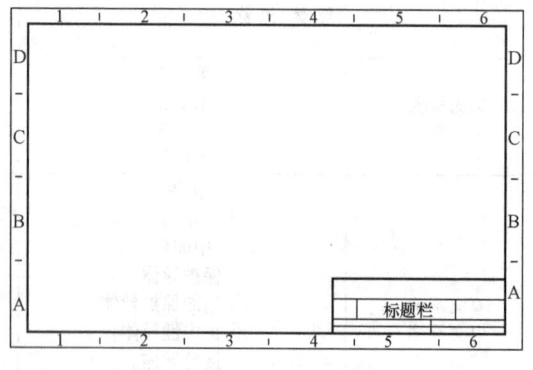

图 4-1　图纸分区编号示例

其下方对应的文字（有时也可排列在电气原理图的底部）用于标注该区元件或电路的功能，如图 3-113 所示。主电路标号一般由文字符号和数字组成。文字符号用以标明主电路中的元

件或线路的主要特征,数字标号用以区别电路不同线段。控制线路由三位或三位以下的数字组成,交流控制电路的标号一般以主要电器元件线圈为分界,左侧用奇数标号,右侧用偶数标号。直流控制电路中正极按奇数标号,负极按偶数标号。接线端子的标记见表4-1。

2) 图面布局。绘制电气控制线路图时,主电路一般排在图面的左面或上面,控制电路或辅助电路排在右面或主电路的下面,元器件目录表排在标题栏上方,按倒置顺序编写。为了帮助读图,有时以动作状态表或工艺过程示意图形式将主令开关的通断、电磁阀动作要求及控制流程等表示在图面上,也可以在控制线路的每一支路边上标注支路功能。有些情况下需要将电器元件用展开图展开才能清楚表达,这种情况下同一电器元件的各部件可以不画在一起,但需用同一文字符号标出,若有多个同一种类的电器元件,应在文字符号后加上数字序号予以区分,如K1、K2等。所有按钮、触头等均按操作前、电路未带电的原始状态画出。

控制电路原则上按照动作先后顺序排列,自左至右、自上而下按行依次绘出,可水平布置或垂直布置,一般以水平绘制为宜。并应做到布局合理、排列均匀、图面清晰、便于看图。

电气原理图中电器元件的数据和型号,一般用小号字体注在电器代号附近,导线用其截面积标注,如1.5mm²字样表明该导线的截面积为1.5mm²,必要时尚需标出采用导线的颜色。

采用电路编号方法时,应按支路顺序自上而下或自左到右依次编号,如图3-113所示。必要时,可以编制电气原理图中的项目、符号、位置索引,索引可用图号、页次和图区编号的组合索引法,即用"图号/页次/图区号"。图4-2是一种数控机床的主传动电路原理图的版面安排示例。

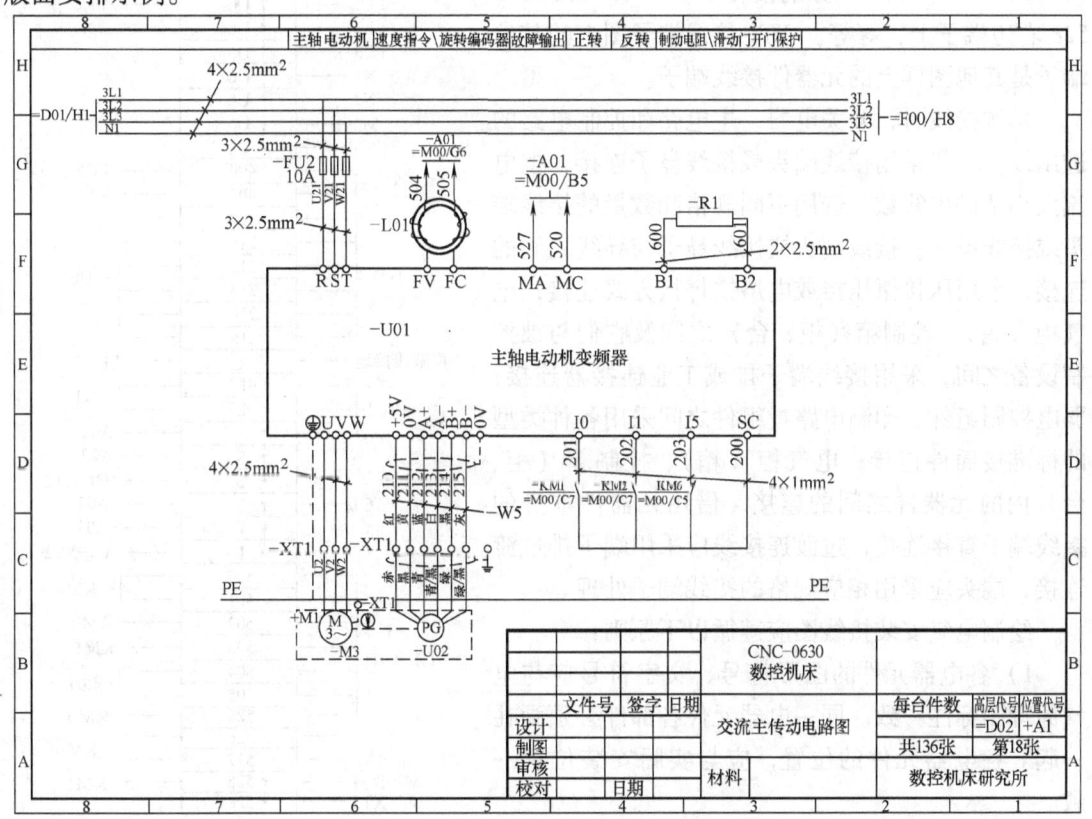

图4-2 电气原理图版面安排示例

3. 电气安装接线图

电气安装接线图用于电气设备和电器元件的安装、配线或检修电器故障。图中标出各元件之间的关系、接线情况及相对安装与敷设位置等。对于简单的电气安装接线图，仅画出接线图就可以了。对复杂的电气安装接线图，电气安装板上元件较多时，还应画出各安装板的接线图及端子功能图等。实际工作中，电气安装接线图常与电气原理图结合起来使用。图4-3是一种数控机床的-XT1端子接线图，图 4-2 所示的数控机床的主传动电路的接线端子接入该端子接线图中。

对照图4-2，主轴电动机变频器（-U01）的输出端接在 U2、V2、W2 端子上，控制端子分别接在 210～215 右边和 527 左边端子上；电动机 M1（+M1）接在 U1、V1、W1 端子上；编码器 PG（-U02）接在 210～215 左边端子上；滤波器（-L01）接在 504 和 505 右边端子上；继电器（KM1、KM2、KM6）分别接在 500～502 和 520～528 右边端子上，等等。-XT1 接线端子图上的其他端子是其他图样上的元器件接线端子。

具体接线时，开关电器、主电路和控制电路的进出线，一般采用接线端头或接线鼻子连接，按电流大小及进出线数，选用不同规格和数量的接线端头或接线鼻子；接线端头或接线鼻子与导线之间的连接，采用压接钳压接或电烙铁焊接方式连接；电气柜（箱）、控制箱（柜、台）之间及它们与被控制设备之间，采用接线端子排或工业连接器连接；弱电控制组件、印制电路板组件之间采用各种类型的标准接插件连接；电气柜（箱）、控制箱（柜、台）内的元器件之间的连接，借用元器件本身的接线端子直接连接，过渡连接线应采用端子排过渡连接，端头应采用相应规格的接线端子处理。

绘制电气安装接线图应遵循以下原则：

1）各电器元件的图形符号、文字符号应与电气原理图标注一致。同一电器元件各部件必须画在一起。各电器元件的位置，应与实际安装位置一致。

2）不在同一安装板或控制柜（屏）上的电器

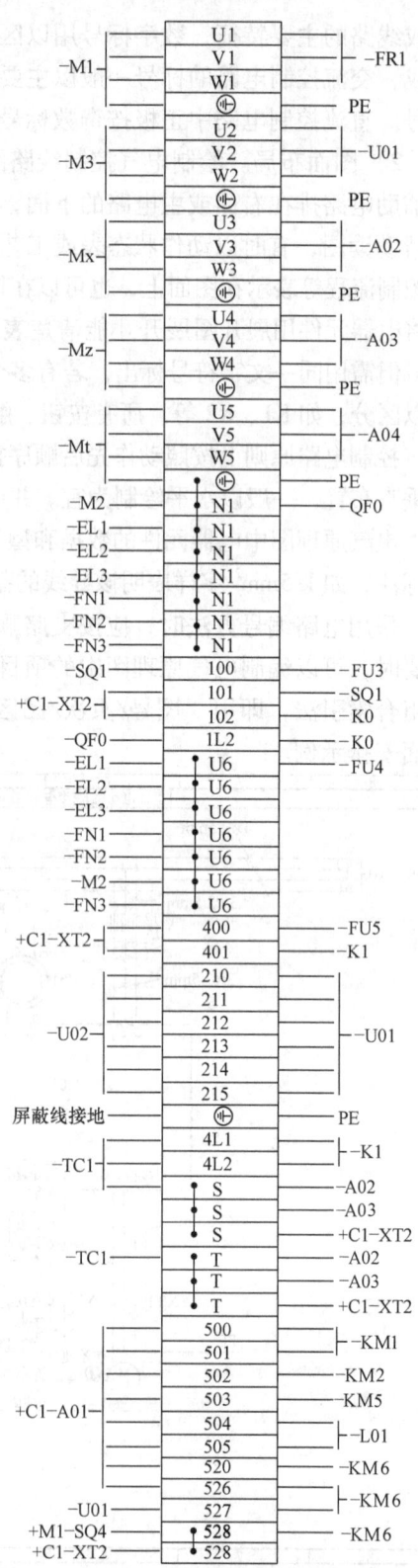

图 4-3　电气安装端子接线图示例

元件的电气连接一般应通过端子排连接，并按电气原理图的接线编号连接。

3）走向相同的多根导线可用单线或线束表示。画连接导线时，应标明导线的规格、型号、根数、颜色和穿线管的尺寸。

4）电器元件布置图主要是用来表明电气设备上所有电器的实际位置，为制造、安装、维修提供必要的资料。电器元件布置图可按电气控制系统的复杂程度集中绘制或单独绘制，元件轮廓线用细实线或点划线表示，所有能见到的及需表示清楚的元件，均用粗实线绘制出简单的外形轮廓。

4. 电气设计中应注意的问题

在电气控制系统设计过程中，通常应遵循以下几个原则：

1）应根据不同行业的特点，最大限度地满足生产过程工艺对电气控制的要求。生产机械的工艺过程对电气控制系统的要求是电气设计的依据。不同行业的应用要求通常是有差异的。对于有特殊要求的场合，应明确运行技术指标，妥善处理机械与电气关系，除此之外，其他要求应根据生产工艺需要充分考虑。

2）在满足控制要求的前提下，设计方案应力求简单、实用、经济、可靠，不宜盲目照搬其他行业的设计，要结合生产工艺要求、现场实际、制造成本、使用维护方便等各方面，协调处理各方关系。

3）正确、合理地选用电器元件，严禁使用国家已明令禁止和淘汰的产品，应优先选用技术先进的新产品，确保使用安全、可靠。另外还应考虑造型美观、技术进步等。

4）设计时，应以行业技术设计规范或国家标准技术设计规范为依据。图形符号、图样或其他文件应严格按照国家标准绘制，技术说明书、用户使用手册中的技术术语应叙述准确、明晰，并应以国家标准规范中的定义为准，没有相应定义的，应以行业术语为准。不得出现"土话"，需要用俗语叙述时，应注明行业术语的含义。

5）尽量缩短连接导线的数量和长度。设计控制线路时，应考虑各个元件之间的实际接线。特别要注意控制柜、操作台和按钮、限位开关等元件之间的连接线，如按钮一般均安装在控制柜或操作台上，而接触器安装在控制柜内，这就需要经控制柜端子排与按钮连接，所以应先将起动按钮和停止按钮的一端直接连接，另一端再与控制柜端子排连接，这样就可以减少一次引出线，如图4-4所示。需要说明的是，图4-4b只是一个复合按钮用法示意图，事实上，在电气控制线路中，线圈后面除了热继电器的辅助触头外，严禁再连接其他触头，在同一个梯级

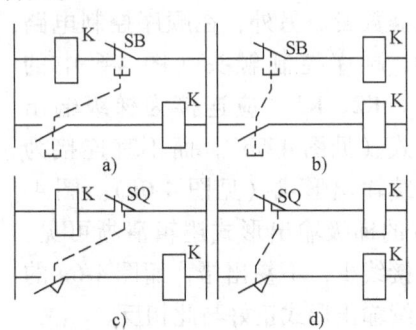

图4-4 合理连接电器的触头
a）错误 b）正确 c）错误 d）正确

中的触头均应该接在线圈的左面，以保证安全。再如，应合理安排电器元件及触头位置。对一个串联回路，各电器元件或触头位置互换，并不影响其工作原理，但从实际连线上有时会影响到安全、节省导线等方面的问题。如图4-4c、图4-4d两种接法所示，两者工作原理相同，但是采用图4-4c的接法既不安全又浪费导线，因为限位开关SQ的常开、常闭触头靠得很近，在触头断开时，由于电弧可能造成电源短路，很不安全，而且这种接法控制柜到现场要引出5根线，很不合理，而采用图4-4d所示的接法只引出3根线即可，较合理。

6）尽量减少电器元件的品种、规格与数量。同一用途的器件尽可能选用相同品牌、型号的产品。电气控制系统的先进性总是与电器元件的不断发展紧密联系在一起的，因此应关注相关技术的新发展，不断收集新产品资料，以便及时应用于设计中，使控制线路在技术指标、先进性、稳定性、可靠性等方面得到进一步提高。

7）合理、灵活地使用电器触头。在复杂的电气控制系统中，各类接触器、继电器数量较多，使用的触头也多，在设计中应注意尽可能减少触头使用数量，以简化线路。使用触头容量、断流容量应满足控制要求，避免使用不当而出现触头磨损、粘滞和释放不了等故障，以保证系统工作寿命和可靠性。另外，灵活使用电器触头，可减少通电运行的电器数量，以利节能，延长电器元件寿命及减少故障，如图 4-5 所示。

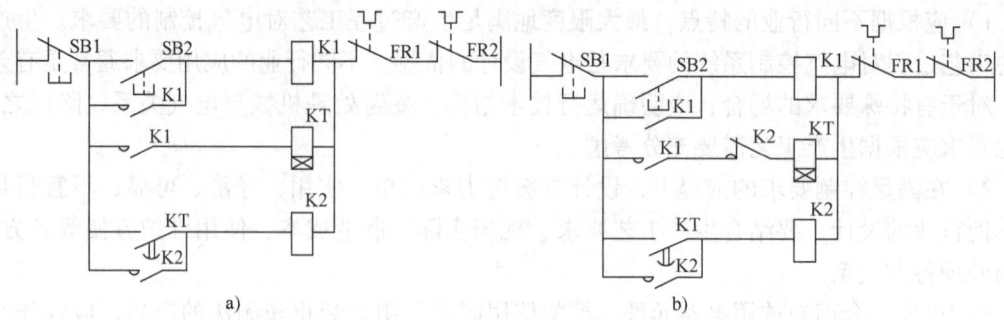

图 4-5　灵活使用电器触头
a）时间继电器 KT 长期带电运行　b）时间继电器 KT 断电运行

图 4-5 中，利用接触器 K2 的常闭触头使时间继电器 KT 在定时结束后断电运行，减少了通电运行的电器数量。另外，在顺序控制电路中，顺序控制触头（图 4-6 中的 K1、K2、K3）应连接为梯级输出形式（见图 4-6b），而不宜连接为连续输出形式（见图 4-6a）。图 4-6b 的梯级输出形式逻辑清晰可见，连接线少，不易出错，而图 4-6a 连续输出形式正好与此相反。

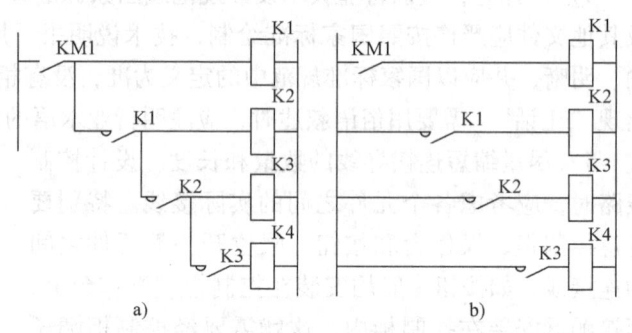

图 4-6　顺序控制触头的连接
a）不合理的连续输出形式　b）合理的梯级形式

8）正确连接电器的线圈。在电气控制电路中，电器元件的线圈只能并联连接，而不能串联接入，即使外加电压是两个线圈额定电压之和，也是不允许的，如图 4-7 所示。

两个线圈串联接入形成分压，电器元件的线圈不能吸合。因为每个线圈上所分配到的电压与线圈阻抗成正比，由于制造上的原因，两个电器总有差异，不可能同时吸合。假如交流接触器 K1 先吸合，由于 K1 的磁路闭合，线圈的电感显著增加，因而在该线圈上的电压降也

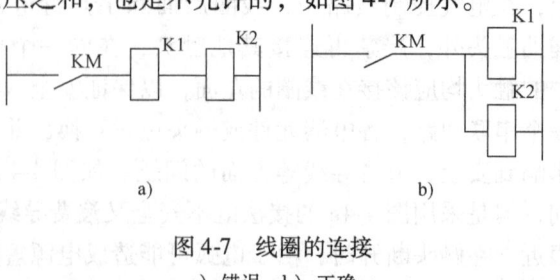

图 4-7　线圈的连接
a）错误　b）正确

相应增大，从而使另一个接触器 K2 的线圈电压达不到动作电压。因此，两个电器需要同时动作时，其线圈应并联连接。不同电器的线圈，逻辑上需要并联使用时，应采用触头控制，如图 4-8 所示。

图 4-8 中，接触器 K1 和继电器 KM2 这两个不同电器线圈的阻抗不同，直接并联连接可能会降低某一只电器的阻抗值，而增加另一只电器的阻抗值，前者易发热，后者则可能吸力减弱，影响其性能。通过不同电器的触头（如图 4-8 中的继电器 KM3）转接是比较合理的。

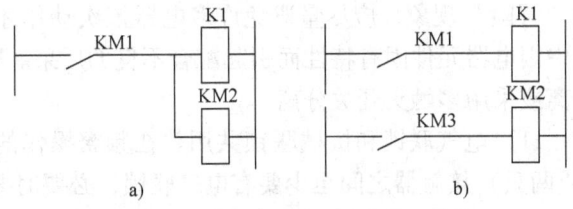

图 4-8 不同电器线圈的连接
a) 不合理 b) 合理

9）避免出现寄生电路。在电气控制线路的动作过程中，意外接通的电路叫寄生电路，如图 4-9 所示。

图 4-9 所示是一个具有指示灯和热继电器保护的正反向控制电路。在正常工作时，能完成正反向起动、停止和信号指示。但当热继电器 FR 动作时，线路就出现了寄生电路，如图 4-9 中虚线所示，使正向接触器 K1 不能释放，起不了保护作用。在设计电气控制线路时，严格按照"线圈、能耗元件右边接电源（零线），左边接触头"的原则，就可降低产生寄生回路的可能性；另外，还应注意消除两个电路之间可能产生联系的可能性，否则应加以区分、联锁隔离或采用多触头开关分离。如将图中的指示灯分别用 K1、K2 的另外的常开触头直接连接到左边控制母线上，加以区分就可消除寄生。

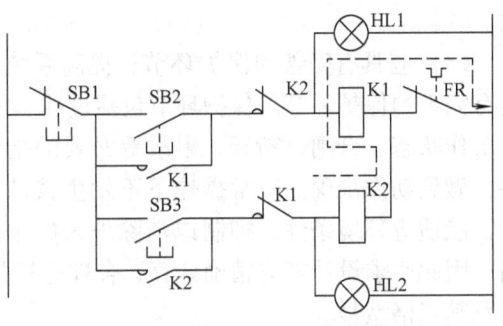

图 4-9 寄生电路

10）避免发生触头"竞争"与"冒险"现象。在电气控制电路中，在某一控制信号作用下，电路从一个状态转换到另一个状态时，常常有几个电器的状态发生变化，由于电器元件总有一定的固有动作时间，往往会发生不按预定时序动作的情况，触头争先吸合，发生振荡，这种现象称为电路的"竞争"。另外，由于电器元件的固有释放延时作用，也会出现开关电器不按要求的逻辑功能转换状态的可能性，我们称这种现象为"冒险"，如图 4-10 所示。

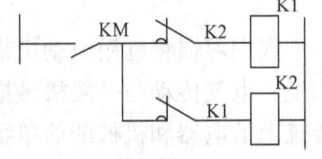

图 4-10 触头的"竞争"与"冒险"

"竞争"与"冒险"现象都将造成控制回路不能按要求动作，引起控制失灵。如图 4-10 所示电路，当 KM 闭合时，K1、K2 争先吸合，只有经过多次振荡吸合竞争后，才能稳定在一个状态上，同样在 KM 断开时，K1、K2 优会争先断开，产生振荡。通常我们分析控制回路的电器动作及触头的接通和断开时，都是采用静态分析，没有考虑其动作时间。实际上，由于电磁线圈的电磁惯性、机械惯性、机械位移量等因素，通断过程中总存在一定的固有时间（几十毫秒到几百毫秒），这是电器元件的固有特性，它不同于因控制需要人为设置的延时，前者的延时通常是不确定、不可调的，而后者的延时是可调的。当电器元件的动作时间可能影响到控制线路的动作程序时，就需要用时间继电器配合控制，这样可清晰地反映元件动作时间及它们之间的互相配合，从而消除竞争和冒险。设计时要避免发生触头"竞争"与"冒险"现象，应尽量避免许多电器依次动作才能接通另一个电器的控制线路，防止电路中因电器元件固有特性而引起配合不良的后果。同样，若不可避免，则应将其区分、联锁隔离或采用多触头开关分离。

11) 电气联锁和机械联锁共用。在频繁操作的可逆线路、自动切换线路中，正、反向（或两只）接触器之间至少要有电气联锁，必要时要有机械联锁，以避免误操作可能带来的危害，特别是对一些重要设备应仔细考虑每一控制程序之间必要的联锁，即使发生误操作也不会造成设备事故。对重要场合应选用机械联锁接触器，再附加电气联锁电路。

12) 设计的线路应能适应所在电网情况。在确定电动机的起动方式是直接起动还是减压起动时，应根据配电网或配电变压器容量的大小、电压波动范围，以及允许的冲击电流数值等因素全面考虑，必要时应进行详细计算，否则将影响设计质量甚至发生难以预测的事故。

13) 应具有完善的保护环节，提高系统运行可靠性。电气控制系统的安全运行主要靠具有完善的保护环节。保护环节包括过载、短路、过电流、过电压、失电压等，有时还应设有工作状态、合闸、断开、事故等必要的指示信号。保护环节应工作可靠，满足负载的需要，做到动作准确。正常操作下不发生误动作，并按整定和调试的要求可靠工作，稳定运行，能适应环境条件，抑制或消除外来的干扰；事故情况下能准确可靠动作，切断事故回路。因此要求设计者应精确计算、合理选择并进行校验，再者是要精心、准确选定恰当的产品及其规格型号。

14) 线路设计要考虑操作、使用、调试与维修的方便。如设置必要的显示，随时反映系统的运行状态与关键参数；考虑到运动机构的调整、修理，设置必要的单机点动；必要的易损触头及电器元件的备用等。

4.2 电气传动基础

人们习惯将利用电动机带动工作机械的运动称作电气传动，又称电力拖动。但是，一般来说，电气传动与一般机械拖动里的传动含义不同，因为现代的电气传动系统已远远超出了传统上的电器和机械的简单组合的传动概念，而是由电动机、机械传动机构和控制电动机的控制系统所组成的一种综合自动化传动系统或装置。国际电工委员会（IEC）将电气传动归入"运动控制"范畴。

4.2.1 电气传动系统的概念

电气传动系统是利用电动机和控制系统将电能变为机械能和信息处理的系统，以驱动机器工作的传动。其特征是它能自动地完成能量变换和控制所需的信息处理。电气传动由电动机、传动机构（联轴器）和控制电动机运行的电气控制系统组成。电气传动一般分为交流电动机传动和直流电动机传动两大类。电气传动控制系统的基本结构如图 4-11 所示。

图 4-11 中，包含两个相互有信息耦合的分系统：一个是以能量为主的分系统，即通常

说的电气传动装置的功率部分，也是传统上说的电气传动与控制部分，在能量分系统里面进行电能-机械能的转换和控制；另一部分是信息处理分系统，这一分系统用于实现控制与监视及保护功能等。与信息处理分系统有关的输入量就是操纵量和来自功率部分的反馈量，如转速、转矩、转角、位置、电流实际值等。这些量是控制与监视功率部分内部进行能量交换过程所必需的，也是与现代电气控制技术紧密联系的部分，并且包含于其中。测量和反馈部分的核心是传感器。以传感器为核心的测量反馈部分向控制器反映系统的状况，如位置、速度和加速度、转矩、电压和电流等，同时也可以在闭环控制系统中形成反馈回路，将指定的输出量馈送给驱动控制器，而控制器则根据这些信息进行控制决策。传感器可以是利用各种各样的物理学原理构成的，如由电磁感应、光电变换、光栅效应、霍尔效应等构成的传感器，以实现各物理量的检测。

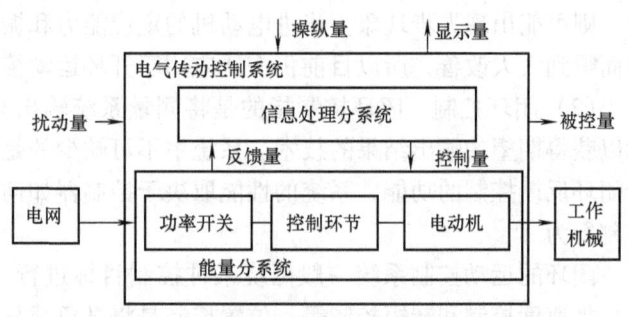

图 4-11 电气传动控制系统的基本结构

信息处理单元（控制或调节装置）：信息处理分系统的输出量为控制量 y，通过控制系统，把这些量传送到功率部分中可以影响的部件，包括功率开关、控制环节、开关驱动电路等。显示量 v 主要用于操作指示。控制量 y 和显示量 v 按照一定的规则由操纵量 w 和反馈量 r 形成，这些规则存放在传动系统的信息处理装置内。

每种传动系统都是根据系统元件的工作方式及结构去实现一种确定的系统外部函数关系：

$$x = f(w, z) \tag{4-1}$$

在特定的场合下，将上式解释为：一个被控量，如电动机轴转速，一方面取决于一个相应的操作量 w，另一方面也取决于 1 个或多个扰动量 z。

1. 电气传动系统的类型与特点

电气传动系统按其结构和功能可以分成三种类型。第一种是基本的，也是经典的系统，可称为开环电气传动系统，主要用在要求不高的一些专用设备上，即传统的电气传动部分。第二种是自动化电气传动系统，即一般称作的电气传动控制系统，它具备自动控制和调节的作用，广泛应用在各种工作机械上。第三种是综合自动化电气传动系统，它往往是由多个自动控制系统和中央控制器组成的复杂控制系统，应用在生产过程自动化控制系统等场合。

在电气工程及自动化的专业领域中，主要研究电气传动装置与系统、运动系统的控制策略和运动参数的测量与反馈三个方面的内容。其中应用是主要的。

（1）开环控制　开环控制指的是一种不需要测量系统输出，以及不需要根据输出作出响应的控制技术。开环电气传动系统是以电动机为核心元件的开环系统。电动机的输入端经过功率开关和控制元件由电网供电，而输出端则通过传递机构以一定的传递比与工作机械相连接。保护装置用以在出现不允许的过负载时切断电动机的电源。这一类的系统主要用在对起动、调速和制动过程没有特殊要求以及不要求精确地保持电量或机械量为某一确定位置的场合。如基于步进电动机的运动控制系统是最常见的开环系统，因为其脉冲频率是良好的速度指示，而脉冲计数则是良好的位置指示。但是在超越其负载能力和对加速度与速度的限制时，则可能出现失步现象。步进电动机的定位能力和振动水平由于细分技术和阻尼技术的使用而得到大大改善，所以目前仍广泛应用于开环运动控制系统。

（2）闭环控制　闭环控制指的是将测量系统输出与输入给定值相比较，并采取正确行动以获得期望的输出结果的技术。系统中不可缺少的是一个称为控制器的装置，这个装置履行闭环反馈控制的功能，系统的性能取决于控制器如何对反馈信息进行处理，以得到正确的控制行为。

闭环的运动控制系统一般围绕某种控制目标进行，这些控制目标有位置控制、速度控制、加速度控制和转矩控制等。位置控制是将某负载从某一确定的空间位置按某种轨迹移动到另一确定的空间位置，数控机床和机器人就是典型的位置控制系统。速度和加速度控制是以确定的速度曲线使负载产生运动，如风机、水泵通过调速来调节流量，电梯通过速度和加速度调节来实现平稳升降和平层。转矩控制则要通过转矩的反馈来维持转矩的恒定，或遵循某一变化规律，这样的系统如轧钢机械、造纸机械和传送带中的张力控制等。闭环控制器中最主要的是PID控制技术，PID是对误差（控制对象实际输出值与期望输出值之间的差）进行处理，以得到控制器的控制量的三种方式的统称。它用来实现预先给定的控制或调节算法，以便按着一定的规律建立起调节指令。其输入量是由手动或上一级装置给出的；另一个输入量为反馈量，也就是系统被调节量的实际值。控制或调节装置的输出指令控制该系统中相应元件，从而实现自动控制或调节的作用。这一类系统主要应用在对起动、调速和制动过程有一定要求，如电流或转矩限制，转速或转差率保持常数等的场合。典型的例子如各种精密机床、起重与运输机械以及试验台的传动装置。在这类系统中，测量装置是必不可少的组件，它一方面向显示、报警和记录装置提供信息，同时也向控制或调节装置提供反馈信息。而且，如果它还向下一级或上一级装置提供测量信息的话，那么这类系统就是下述拥有内部数据处理的综合电气传动系统的一个组成部分。

（3）综合电气传动系统　综合电气传动系统是由一组自动化系统和信息处理单元所组成的，通常是按照一定等级来构成的，即上一级的输出作为下一级的输入量。它们从上一级功能组自动装置获取给定值或运算指令并实现，由功能组自动装置集中提出生产过程的工艺要求。功能组自动装置由中央控制装置来控制，而中央控制装置一般是由可编程序控制器、计算机等进行管理的。至于中央控制装置本身，则是由操作人员操作的输入设备，或者由其他具有一定工作规程的上一级信息处理装置来提供指令的。这一类系统在进行处理时仅在两相邻级之间的相应部分上有信号联系。这样一旦出现事故时能使受干扰的元件仅局限在整个系统的小范围内，而不对同一层其他级产生影响。这种信号处理方式也便于起动工作，因为从最低一级系统的各个功能环节同其他可能投入运行的功能单元无关。此外，这种安排也有利于进行维护、修理与更换。综合电气传动系统常用于计算机过程控制系统及其他应用计算机控制的工业自动线等。

电气传动系统的主要特点是功率范围大，单个设备的功率可从几毫瓦到几百兆瓦；调速范围宽，转速从每分钟几转到每分钟几十万转，在无变速机构的情况下调速范围可达1:10000；适用范围广，可适用于任何工作环境与各种各样的负载。电气传动与国民经济、人民生活有着密切的联系并起着重要的作用，广泛用于电力、化工、冶金、机械、轻工、矿山、港口、石化、航空航天等各个行业以及日常生活之中。它既有轧钢机、起重机、泵、风机、精密机床等大型调速系统，也有空调机、电冰箱、洗衣机等小容量调速系统。

2. 电气传动与电力电子技术

电气传动可分为不调速和调速两大类。按照电动机的类型不同,电气传动又分为直流传动与交流传动两大类。直流电气传动与交流电气传动随着社会化大生产的不断发展,生产制造技术越来越复杂,对生产工艺的要求也越来越高,这就要求生产机械能够在工作速度、快速起动和制动、正反转运行等方面具有较好的运行性能,从而推动了电动机的调速技术不断向前发展。

直流传动具有良好的调速性能和转矩控制性能,在工业生产中应用较早并沿用至今。早期直流传动采用有触点控制,通过开关设备切换直流电动机电枢或磁场回路电阻实现有级调速。1957年晶闸管问世后,采用晶闸管相控装置的可变直流电源一直在直流传动中占主导地位。近年来其发展速度明显滞后于交流传动系统,最终将由交流传动系统所取代。

电气传动与自动控制关系密切,调速传动的控制装置主要是各种电力变流器,它为电动机提供可控的直流或交流电流,并成为弱电控制强电的媒介。电力电子技术的前身是汞弧整流器、闸流管变流技术。

(1) 电力电子开关器件 自20世纪60年代后半期开始,电力电子开关器件经历了普通晶闸管(SCR)、门极关断(GTO)晶闸管、双极型功率晶体管(GTR或BJT)、金属氧化物半导体场效应晶体管(MOSFET)、静电感应晶体管(SIT)、静电感应晶闸管(SITH)、MOS控制晶闸管(MCT)、绝缘栅双极型晶体管(IGBT)、耐高压绝缘栅双极型晶体管(HVIGBT)、集成门极换向晶闸管(IGCT)、复合功率模块或智能功率模块(Intelligent Power Module, IPM)的发展过程,这些开关器件不断地更新换代,促使了电力变换技术的不断发展。变频器技术的发展就是建立在这些技术基础之上的。在交流电动机的传动控制中,应用最多的功率开关器件有SCR、GTO晶闸管、GTR、IGBT以及IPM,其中,IGBT及IPM是集GTR的低饱和电压特性和MOSFET的高频开关特性于一体,是目前通用变频器中最广泛使用的功率开关器件。IGBT集电极-发射极电压V_{ce}可<3V,开关频率可达到20kHz,内含的集电极-发射极间超高速二极管的T_{rr}可达150ns。1992年前后IGBT开始在通用变频器中得到应用,并持续向开关损耗更低、开关速度更快、耐压更高、容量更大的方向发展,目前已达到单只耐压4kV、电流1200A的水平,目前第四代IGBT采用沟道型栅极技术、非穿通技术等方法,大幅度降低了集电极-发射极间的饱和电压$V_{ce(sat)}$,使通用变频器的性能有了很大的提高。

智能功率模块(IPM)内包含了IGBT芯片及外围的驱动电路和保护电路,有的还集成了霍尔传感器和光耦合器。日本三菱电机公司的专用智能功率模块(ASIPM)就不需要外接光耦合器,通过内部自举电路可单电源供电,并采用了低电感封装技术,在实现系统小型化、专用化、高性能、低成本方面又推进了一步。日立公司的通用变频器专用集成功率模块(ISPM),将整流电路、逆变电路、逻辑控制、驱动和保护、电源回路全部集成在一个模块内,通用变频器整机的元器件数量比原来减少了40%以上。因此智能功率模块(IPM)是一种高度集成型功率开关器件,目前该模块的最大额定电流可达600A,小型通用变频器基本上是采用IPM作为主电路,采用IPM后的综合性能大大提高,其性能价格比已超过IGBT,有很好的经济性。智能功率模块(IPM)除了在通用变频器中被大量采用之外,经济型的IPM开始在一些家用电器如变频空调、变频冰箱、变频洗衣机中得到广泛应用。

(2) 交流调速 交流电动机,特别是笼型异步电动机具有结构简单、运行可靠、价格低廉、维修方便等特点，应用面很广。几乎所有不调速传动都采用交流电动机。尽管从1930年开始，人们就致力于交流调速的研究，然而主要局限于利用开关设备来切换主电路，达到控制电动机起动、制动和有级调速的目的。如星-三角起动器、变极调速、电抗或自耦减压起动以及绕线转子异步电动机转子回路串电阻的有级调速。交流调速进展缓慢的主要原因是决定电动机转速调节主要因素的交流电源频率的改变和电动机转矩控制都是极为困难的，使交流调速的稳定性、可靠性、经济性及效率均不能满足生产要求。后来发展起来的调压调频控制只控制了电动机的气隙磁通，而不能调节转矩；转差频率控制能够在一定程度上控制电动机的转矩，但它是以电动机的稳态方程为基础设计的，并不能真正控制动态过程中的转矩。随着电力电子技术、计算机技术的不断发展和电力电子器件的更新换代，变频调速技术获得了飞速的发展。今天全控型高频率开关器件组成的脉宽调制（PWM）逆变器取代了晶闸管构成的方波形逆变器，而且PWM逆变器及其专用芯片也得到了普遍的应用，增强和扩展了变频器的功能和应用范围。与此同时，交流电动机的控制技术也得到了突破性进展，能够有效地控制转矩，使电动机的转速得到快速响应。

1964年德国人A. Schonung和H. Stemmler首先在《BBC评论》上提出把通信技术中的脉宽调制（Pulse Width Modulation，PWM）技术应用到交流传动中，从此，自20世纪70年代初，对PWM调速技术的研究引起了人们的高度重视。到20世纪80年代初，日本学者提出了基本磁通轨迹的磁通轨迹控制方法，该方法以三相波形的整体生成效果为前提，以逼近电动机气隙的理想圆形旋转磁场轨迹为目的，一次生成三相调制波形，使VVVF（Variable Voltage Variable Frequency，变压变频）技术（又称为U/f方式）成为变频调速技术的核心。此后，人们着力于PWM模式的优化问题的研究，并得出诸多的优化模式，进一步活跃了变频调速技术的发展。脉宽调制（PWM）技术是通用变频器的核心技术之一，任何控制算法的最终实现几乎都是以各种PWM控制方式完成的。在20世纪70年代开始至80年代初，由于大功率晶体管主要为双极型达林顿晶体管，载波频率一般最高不超过5kHz，电动机绕组的电磁噪声及谐波引起的振动引起人们的关注，为求得改善，PWM控制技术一直是人们研究的热点。随着以IGBT为代表的高速功率开关技术的发展，PWM控制技术进一步成为人们研究的热点，关于PWM控制技术的文章在很多著名的电力电子国际会议上，如PESC、IECON、EPE年会上已形成专题。尤其是微处理器应用于PWM控制技术并使之数字化以后，人们更多地关注了电流波形和磁通的正弦波形的实现，以及效率最优、减少转矩脉动和噪声等。

1968年德国人哈斯（Hasse）博士首先提出了磁场定向（Field Orientation）控制理论，1971年德国人伯拉斯切克（F. Blaschke）以专利文献的形式提出了异步电动机转子磁场定向矢量控制的方法，并以直流电动机和交流电动机比较的方法分析阐述了这一原理，使人们了解到尽管交流电动机电磁关系复杂，但同样可以实现转矩、磁场分别控制的方法。自1992年开始，德国西门子公司相继开发了6SE70系列通用变频器，通过FC、VC、SC板可以分别实现频率控制、矢量控制、伺服控制等，至1994年该系列通用变频器的容量就扩展至315kW以上。现在，通用变频器技术已趋于成熟，并得到了广泛的应用。通用变频器原理见第3章。

直接转矩控制（Direct Torque Control，DTC），英文有的也称为Direct Self Control（DSC），直译为直接自控制，这种控制思想以转矩为中心进行综合控制，不仅控制转矩，也用于磁链量的控制和磁链自控制。直接转矩控制与矢量控制的区别是：它不是通过控制电流、磁链等量间接控制转矩，而是把转矩直接作为被控量控制，其实质是用空间矢量的分析方法，以定子磁场定向方式，对定子磁链和电磁转矩进行直接控制的。1985年德国鲁尔大学的狄普布洛克（M. Depenbrock）教授首先提出了基于六边形的圆形磁链轨迹直接转矩控制理论，他称为直接自控制（DSC）。这种方法不需要复杂的坐标变换，而是直接在电动机定子坐标上计算磁链的模和转矩的大小，并通过磁链和转矩的直接跟踪，实现脉宽调制和系统的高动态性能。ABB公司的直接转矩控制通用变频器，目前已成为其各系列通用变频器的核心技术，动态转矩响应已达到<2ms，在带速度传感器时的静态速度精度达±0.001%，在不带速度传感器的情况下即使受到输入电压的变化或负载突变的影响，同样可以达到±0.1%的速度控制精度。

4.2.2 电气传动方式

电气传动系统的基本任务是实现预期运动和传递动力。将电动机的功率和转矩传递到机械执行机构，实现速度改变和运动形式的转变，使机械执行机构完成预定运动，改变自动机生产动作或状态。运动形式可以是连续转动、间歇转动、摆动、直线运动、平面曲线或空间曲线运动等。连续转动可采用传动带、齿轮、链条、蜗杆、蜗轮等机构实现；间歇转动可采用棘轮、槽轮、蜗形凸轮等机构实现；摆动可采用曲柄连杆、偏心轮及凸轮机构实现；直线运动可采用齿轮齿条、丝杠螺母、曲柄滑块、凸轮等机构实现；平面曲线或空间曲线运动可采用双凸轮、双曲柄连杆或组合机构实现。这些运动形式的实现都离不开各种各样的电动机，即表现为电气传动形式的不同。因此，电气传动形式的选择是电气设计的主要内容之一，也是以后各部分设计内容的基础和先决条件。一个电气传动系统一般由电动机、电源装置及控制装置三部分组成，电源装置和控制装置紧密相关，一般放在一起考虑，三部分各自有多种设备或线路可供选择，设计时应根据生产机械的负载特性、工艺要求及环境条件和工程技术条件选择电气传动方案。它是由工程技术条件来确定的。

1. 电气传动方式的选择依据

电气传动方式的选择，是根据生产机械的负载特性、工艺及结构的具体情况，决定选用电动机的种类、数量，是单机拖动，还是多机拖动。电气传动方式的不同，将影响机器结构的复杂程度和产品加工质量。电气传动系统的发展趋势是电动机逐步接近工作机构，形成多电动机的传动方式。这样，不仅能提高传动效率，便于自动化，而且也能使总体结构得到简化。

电气传动方式的选择依据是机械设备的工作要求，如工作精度、运动轨迹、速度特性、负载特性、行程、工作环境等。各种工作要求对传动形式选择的影响是不同的，应依据决定质量指标的主要要求，结合其他因素，综合考虑，确定传动方式。一般地，小功率传动要结构简单、初始费用低；大功率传动要考虑效率、节能、运转费用低；要求调速运行时，应优先采用通用变频器或伺服控制系统调速，再考虑采用变速比传动；通用变频器调速功率范围大、易实现控制，但恒功率特性差。机械无级变速传动简单、恒功率特性好，但耐冲击力差，多用于响应速度要求不高的小功率传动；负载变化频繁或有过载时，应考虑过载保护。除此之外，还要注意技术标准和技术的适应性。

2. 常用的定比传动机械装置的特点与选择

1）齿轮传动紧凑、效率高，但要求也较高。行星齿轮传动效率高，结构小，且能传递较大功率。

2）带传动简单方便，多用于中小功率传动中，但效率稍低。

3）高强度平型齿形带传动效率高，可达到或超过齿轮传动。

4）蜗杆、蜗轮传动可进行大传动比传动，但效率较低。

5）单级传动比不能满足要求时，可采用多级传动，但效率会降低。

6）主从动轴平行时，可选带、链、齿轮传动。

7）主从动轴相交时，可选锥齿轮、圆锥摩擦轮、蜗杆、蜗轮、螺旋齿轮等传动。

8）齿轮、带、链等传动及变极电动机可实现机械有级变速传动。

9）液压无级变速传动装置小、重量轻、转动惯量小，但受管路限制，多用于响应速度要求较高的场合。

10）气压无级变速传动多用于小功率传递和恶劣环境。

3. 调速性能

许多机械设备从工艺和节能诸方面考虑，均有调速要求，如机床设备、风机、水泵、起重设备等。不同设备可能要求不同的调速范围、调速精度等，为了满足一定的调速性能，应选用不同的调速方案，如采用机械变速、多速电动机、通用变频器调速等方法来实现。随着交流调速技术的发展，其经济技术指标不断提高，已能替代直流调速装置，各种生产机械越来越多地实现了变频调速。不同机械设备具有不同的负载特性，如机床的主轴运动通常属恒功率负载，而进给运动则为恒转矩负载，又如风机、水泵则属变转矩负载等。因此，选择调速方案时，应使电动机的调速特性与负载特性相适应，以充分发挥电动机本身的性能。

1）需要调速的机械包括长期工作制、短时工作制和重复短时工作制机械，应优先采用交流电动机。仅在某些操作特别频繁，以及交流电动机在发热和起动、制动特性不能满足要求时，才考虑直流电动机，只需几级固定速度的机械可采用多速交流电动机。

2）需要调速的机械宜采用笼型三相异步电动机。目前，通用变频器的性能、转矩响应时间与成本已可替代直流调速装置，越来越多的直流调速应用领域被通用变频器取代；再者交流电动机具有结构简单、价格便宜、维护工作量小等优点。

3）在环境恶劣场合，如高温、多尘、多水汽、易燃、易爆等场合，宜采用交流电动机。

4）电动机的结构型式应当适应机械结构的要求，再考虑到现场环境，可选用防护式、封闭式、防腐式、防爆式以及变频器专用电动机等结构型式。

4. 执行元件

电气传动方案确定之后，执行元件与控制方式及其控制要求就已基本确定，采用什么方法去实现控制要求，就是控制方式的选择问题。在确定控制方案时，应尽可能采用新技术、新器件和新的控制方法。控制方式包括继电逻辑控制、顺序控制、通用变频器控制、PLC控制、计算机连网控制或几种控制方式的组合等。主要执行元件如图4-12所示。

液压式执行元件主要包括往复运动液压缸、回转液压缸、液压马达等。在同等输出功率的情况下，液压元件具有重量轻、快速性好等特点。气压式执行元件除了用压缩空气作工作介质外，与液压式执行元件没有区别。气压驱动虽可得到较大的驱动力、行程和速度，但由于空气黏性差，具有可压缩性，故不能在定位精度要求较高的场合使用。各种形式的液压式和气动式执行元件也都需要电动机作为动力元件。电气控制系统中，连同电磁式执行元件统称为电气执行元件。电气执行元件除了要求运转平稳以外，一般还要求动态性能好、便于维修等。

5. 电动机的选择

设计方案确定以后，就可以进一步选择电动机的类型、数量及容量等。电动机的电气和机械参数包括工作制、额定功率、最大转矩、最小转矩、堵转转矩、飞轮转矩、转速、调速范围等，应满足工艺设备在起动、制动、运行等各种运行方式的要求。电动机选择的基本原则是：

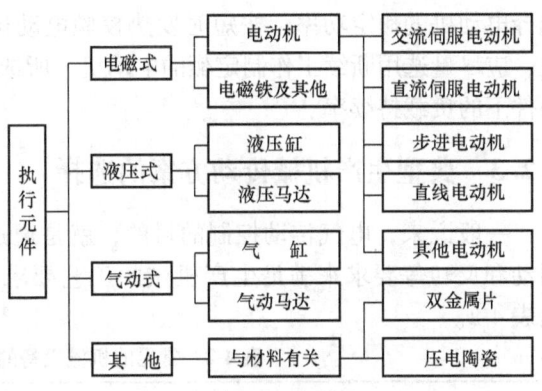

图 4-12　主要执行元件的分类

1）电动机的机械特性应满足生产机械提出的要求，要与被拖动负载特性相适应，以保证运行稳定并具有良好的起动、制动性能，对有调速要求时，应合理选择调速方案。

2）电动机的结构型式、冷却方式、绝缘等级、允许的海拔等，应符合周围环境工作条件和工作环境要求。电动机的额定容量应留有适当裕量，负载率一般在 0.8～0.9 范围内。工作过程中，电动机容量能得到充分利用，使其温升尽可能达到或接近额定温升值。但为改善功率因数，同步电动机的容量不受此限。对异步电动机，选择过大的容量，不仅造价增加，且效率和功率因数降低，还可能因最大转矩过大而需要增大机械设备的强度。

3）电动机的型式应满足机械设计要求，选择恰当的使用类别和工作制。机械设备对起动、调速及制动无特殊要求时，应优先采用结构简单、使用维护方便的笼型三相交流异步电动机。当对起动、调速及制动有特殊要求时，应考虑选用通用变频器调速，并选用通用变频器专用三相交流异步电动机。但功率较大且连续工作的机械，当在技术经济上合理时，宜采用同步电动机。重载起动的机械，若笼型三相交流异步电动机不能满足起动要求或加大功率不合理时，以及调速范围不大的机械，且低速运行时间较短，宜采用绕线转子三相交流电动机。在交流电动机不能满足机械特性要求时，宜采用直流电动机。

4）对于不需要调速的水泵、压缩机、风机等设备，一般应选用相应转速的异步或同步电动机，并且直接与机械同轴连接。对于不需要调速的低转速恒转矩机械，如球磨机、轧钢机、抽油机、传送带等，宜选用适当转速的笼型三相交流异步电动机，并通过减速机传动，再通过通用变频器调速，以使其与生产机械要求的速度相适应，但应合理选择电动机的基速，并留有 10%～15% 的调速裕量。

5）对于恒功率调速的某些机械，应适当选择减速机传动比及电动机的基速，使电动机在基速附近或以上运行。在机械允许条件下，减速机变速比宜适当大些，这样可选择较高基速的电动机，以减少电动机造价。对于反复短时工作的机械，电动机的转速需从保证生产机械能达到最大加、减速度，而选择最合适的传动比，使生产机械获得最高生产率。对于某些低速反复短时工作机械，如轧机主传动，宜采用无减速机直接传动，以提高传动系统的效率，减少能耗，并提高传动系统的动态性能，减少机械传动系统的飞轮力矩，缩短正、反转过渡过程。

6）对于负载平稳的连续工作制的电动机，按轴功率确定电动机的额定功率；按起动时的最小转矩和允许的最大飞轮力矩校验额定功率。对于短时工作制的电动机，应按过载能力选择电动机的额定功率;按短时发热校验电动机的额定功率。对于反复短时工作制的电动机,应尽量选用断续工作制定额的电动机,所选用的负载持续率额定值应尽量接近实际工作条件下的负载持续率。

4.2.3 典型生产机械传动方案的选择

一般说来,电气传动控制的目的,就是通过电气控制装置控制电动机的起动、停止、制动和反转等要求来满足生产机械的工艺要求。常见的机械设备的负载特性和转矩特性见表4-2。

表 4-2 常见的机械设备的负载特性和转矩特性

应用		负载特性				负载转矩特性			
		摩擦性负载	重力负载	流体负载	惯性负载	恒转矩	恒功率	降转矩	降功率
流体机械	风机、泵类			✓				✓	
	压缩机			✓		✓			
	齿轮泵	✓				✓			
	压榨机			✓		✓			
	卷扬机、拔丝机	✓				✓			
	离心铸造机				✓				
金属加工机床	自动车床	✓							✓
	转塔车床					✓			
	车床及加工中心						✓		✓
	磨床、钻床	✓							
	刨床	✓					✓		
输送机械	电梯控制装置		✓			✓			
	电梯门	✓				✓			
	传送带	✓				✓			
	门式提升机		✓			✓			
	起重机、升降机升降		✓			✓		✓	
	起重机、升降机平移	✓				✓			
	运载机				✓	✓			
	自动仓库	✓	✓			✓			
加工机械	搅拌器			✓		✓			
	农用机械、挤压机								
	分离机			✓					
	印刷机、食品加工机械					✓			
	商业清洗机			✓					✓
	鼓风机						✓		
	木材加工机	✓				✓			✓

1. 风机和泵类机械

风机、泵等流体机械，以及干燥机、冷冻机、吹塑机用鼓风机、分离机用的风机、空调设备等均属于降转矩负载。降转矩负载的特点是负载转矩随转速按二次方关系发生变化，随着转速的降低，转矩也变小。如风机、泵等流体机械在低速下负载（流量、流速）小，所需转矩也小；随着转速的增加，流量、流速加大，所需转矩越来越大，其转矩大小以转速的二次方的比例增减。

对于降转矩负载来说，多属长期工作制，如平稳运行的风机、泵类、空调设备等，其特点是起动转矩小、运行稳定，随着转速的降低，所需转矩以二次方的比例下降，所以低频时的负载电流很小，异步电动机也不会发生过热现象。因此，一般的风机、泵类、空调设备很适合由 U/f 方式控制的通用变频器进行驱动。多数厂商都做成风机、泵类、空调设备专用机型。

对于泵类输送流体负载往往由于输送的流体介质的变化，会使其性质发生变化，如工作于浓度大的液体、混合流体、黏度变化大的流体等情况，负载特性往往是交替变化的，即时而呈降转矩特性，时而呈恒转矩特性，这种情况下应考虑按恒转矩特性对待，并应在参数设置上加以注意。

风机和泵类机械传动系统一般采用母线供电、电气控制。为节能，实现经济运行，多采用通用变频器调速，调速范围不大。风机和泵类机械可能的传动方案有：

1) 通用变频器变频调速，优点是使用笼型三相异步电动机调速，性能好，功率因数较高，节能效果显著。缺点是一次投资较大，但回收期短。

2) 串级调速，当系统采用绕线转子交流异步电动机时，需采用串级调速。优点是变流设备容量小，较其他无级调速方案经济；缺点是变流和控制装置复杂，功率因数较低，转子电流波形呈方波，增加电动机损耗，最高转速受限。

3) 对于某些特大功率风机和泵，虽不调速，但需减压起动，可采用软起动装置方案。

2. 提升机械类

提升机械是具有位势负载的生产机械，如电梯、卷扬机、升降机、抽油机和起重设备等。其特点是当下放重载时，其负载转矩大于平衡重转矩，储存于负载中的位能被释放出来变成动能，负载拖着机械和电动机转动，电动机转矩方向和转速方向相反，这类机械属于恒功率负载。恒功率负载的特点是输出功率为恒定值，并与转速无关，转矩随转速成反比变化，转速越高，转矩越小。这类负载要求：

1) 能在较大范围内调速，以满足爬行和准确停车需要，对转速变化要求不高。

2) 对速度变化率有限制，为确保按给定速度运行，须有良好的速度跟随性能。

3) 准确定位停车。

4) 在有平衡重的情况下，是四象限运行，需附加制动电阻或能量回馈装置。

5) 低速中小卷扬机通常采用绕线转子异步电动机驱动，及转子回路串电阻起动方式，稳速段速度固定，不调速；为准确停车，停车前把电动机定子切换到低频电源上，频率约 5Hz，低速爬行一段时间后再停车。

6) 高速电梯及大中功率卷扬机，以前以直流调速为主。目前广泛采用矢量控制型通用变频器控制。

7) 起重设备以电气控制驱动交流电动机为主，为改善传动性能，目前多采用通用变频器控制。

3. 球磨机和滚筒磨类

球磨机和滚筒磨类机械属于长期工作制，平稳负载，恒转矩类型负载。这类机械一般不要求调速，但起动困难；另一特点是转速低，通常带有庞大的减速机，造价高，磨损严重。电气传动系统方案通常采用母线供电，电气控制，交流电动机不调速。为改善性能，可以采用通用变频器控制，取消减速机，可获得较好的经济效益。

4. 张力控制类机械

在许多带材（金属带、布带、纸带）和线材（丝、铜、钢、铝线）、压延机（或张力辊）等生产线中，有各种卷取机和卷出机，为使带（线）材卷得均匀、紧而齐，以及改善产品质量，均要求在卷取机、开卷机、拉丝机和压延机（或张力辊）之间维持张力恒定。这类机械属位势类负载，在卷取时，张力矩是阻力矩，异步电动机拖带线材建立张力；开卷时，张力拖动电动机和机械移动，电动机转矩方向和转速方向相反。卷取机和开卷机的控制目标是转矩而不是速度，电气传动系统工作于机械特性的下垂段，即软特性区（堵转区）。电气传动系统方案可采用以下几种：

1）采用高性能矢量控制带张力控制功能的通用变频器拖动，并选用变频器专用电动机为宜。

2）采用不可逆或不对称可逆整流的直流调速装置。

3）小功率或中小功率设备也可采用电磁离合器调速方式。

对于卷取机、开卷机、拉丝机和压延机等生产线上采用通用变频器时，应选用高性能矢量控制或直接转矩控制型通用变频器。有些通用变频器厂商还备有松紧架控制器、同步接口、PG 信号切换卡及 U/f 变换器等选件供需要时选择，如富士公司的 MCA11-PU 松紧架控制器等。

5. 多分部（单元）速度协调类

有些生产机械是由多个分部（单元）组成的，它们通过被加工的工件，如造纸机通过纸、印染机通过布、连轧机通过钢材等，通过被加工的工件将机械的多个分部或单元连成一个整体，各分部之间的运行速度必须维持一定的比例关系的生产线，称为多分部协调机械或生产线。这类机械的负载特性属于单象限或要求较小制动力矩的四象限运行负载。由于该类机械对变频调速控制系统的动态性能要求很高，必须采用高性能的矢量控制或直接转矩控制型通用变频器构成传动控制系统。这类机械变频调速控制时要求尽量减小运行速度受电源、负载、环境、温度变化等外界干扰的影响，以免破坏各分部间的速度协调关系；当运行过程中速度给定值变化时，实际运行速度应能尽快地跟上给定值的变化。虽然多分部速度协调机械和稳速类机械的工艺要求有些相似，都要求运行速度稳定，但多分部协调机械更强调其可靠性及动态指标。

6. 宽调速类

有些生产机械要求从高速到低速有宽的调速范围，并要求在最低速运行时，仍能平稳运行且保持较小的转速变化率，如各类机床的进给机构、变速机、打磨机等都属于宽调速机械。宽调速机械和稳速机械都要求有小的转速变化率，从高速到低速有宽的调速范围（1:20 以上）。一般宽调速类机械功率不大，有时需要四象限运行，其电气传动系统方案宜选用通用变频器控制方案，对于恒转矩负载，应采用矢量控制型通用变频器。若采用直流调速方案，采用功率晶体管（GTR）的 PWM 控制方案比用晶闸管相控方案效果好。

7. 快速正反转或冲击负载类

某些机械，如可逆轧机主副传动、龙门刨床等，工作时频繁起停、制动、加减速、正反转，其生产率在很大程度上取决于电气传动系统的快速性，属于重复短期工作制，要求起动、制动、反转过程尽可能短，以满足高生产率和频繁操作的要求；能在较大范围内调速，以满足爬行和小行程时低速运转的需要，但对转速变化率要求不高；若负载转矩超过规定限度时，应快速可靠地制动，以保护机械和电动机不致损坏。这对某些负载的电气传动系统方案，过去主要以直流传动为主，其供电装置是正反向组功率器件的对称可逆装置，成本较高。目前高性能的通用变频器已具备了挖掘机性能，因此采用具有挖掘机性能的通用变频器交流变频调速方案可以获得更好的技术经济指标。

压缩机、捆扎机、装订机、切碎机、工业缝纫机、压力机等往复运动的机械设备以及用离合器开合的负载机械属于脉动转矩类负载或冲击负载，这类机械的特点是具有大的瞬间冲击电流，在工作时会呈现大转矩脉动状态。如往复式压缩机是利用曲轴将异步电动机的旋转运动转换成直线往复运动，异步电动机的转矩随着曲轴的旋转角度而变动。在这种应用场合，除应选用高性能矢量控制型通用变频器外，应慎重调整加减速时间，开始时应设定得长一些，再根据情况适当回调，缩短设定时间。此外，因为减速时的回馈能量较大，所以在需要短减速时间时，还必须考虑通用变频器的能量回馈电路。目前有的厂商提供了压缩机专用通用变频器，可根据需要选用。对用离合器开合的负载机械，如压力机，重负载是瞬间加上去的，异步电动机的转速瞬间下降，电流急剧增加，对于通用变频器来说，是一种瞬间电流冲击，所以为了避免通用变频器因过电流保护动作而跳闸，一般采取增加通用变频器容量和加装中间储能电容器等缓冲措施。

8. 随动（伺服）类负载

随动（伺服）类负载一般功率不大，系统的电动机通常是永磁同步电动机、永磁无换向器电动机、三相交流异步电动机或直流电动机，要求四象限运行、机械的位置（或转角）和速度紧紧地跟随给定量（随机时间函数）变化。如数控机床刀具和工作台的定位、注塑机、雷达天线跟踪等。对电气传动装置的基本要求是快速响应、精确跟随（位置、速度和加速度误差小）。对这类负载，应选用高性能矢量控制或直接转矩控制型通用变频器。

9. 高速运转的负载

木工机械、机床、纺织机械、印刷机械、离心分离机、真空泵、电子部件加工机及电动工具用电动机等一般使用 3600～30000r/min 的高速电动机，大多数属于恒转矩负载。若采用通用变频器驱动，应选用中、高频通用变频器，最好选用专用机型或在某一应用方面有特长的机型。另外，由于电动机的电流波形失真较大，极易发生电动机过热、变频器跳闸、加速时防失速功能动作而无法加速等现象。因此，选用时应考虑适当加大通用变频器容量，并在通用变频器输出端设置减低电流波动用的滤波电抗器等。由于普通异步电动机在进行 50Hz 以上的高速运转时，会发生强烈振动、共振、轴承的寿命下降、噪声、过热、旋转部件破损等问题，因此一定要在厂商允许的频率下运转。

10. 大起动转矩负载

对于挤压成形机、搬运机械、破碎机、食品搅拌机、金属加工机床等需要大起动转矩的负载，应考虑采用最大起动转矩能保证在 150% 以上的高性能矢量控制或直接转矩控制型通用变频器。如前所述，U/f 特性的转矩补偿量增大，起动转矩也会增大，但是若补偿量过大，则低速运转时会出现异步电动机过励磁并产生振动、噪声、过热、过电流等现象，通常起动时的转矩补偿量应为额定电压的 10%，当需要更大的起动转矩时应选用高性能、高起动转矩的通用变频器。但增加通用变频器的容量可以提高过载电流值，再加上转矩补偿的量的增加，也可使起动转矩增大。另外，也可采取加大异步电动机极数的方法提高起动转矩，如将 4 极异步电动机改为 6 极以提高转矩，6 极异步电动机的起动转矩是 4 极异步电动机的起动转矩的 1.5 倍。

11. 大惯性负载

离心分离机、流体混合机、空调设备、运送机械等飞轮力矩 GD^2 比较大的设备属于大惯性负载。采用通用变频器拖动大惯性负载时没有特殊要求，采用通用变频器就可满足运行要求。但应注意，对于大惯性负载，若加速时间设定得太短，往往在起动过程中防失速功能动作而不能加速，因此应适当加大加速时间，否则变频器会因过电流而跳闸。而在减速时由于回馈能量很大，减速时间若设置得过短，也会使变频器产生过电压跳闸的现象，因此应将加、减速时间设定得长一些。如果需要在停机时，希望比自由停机快些停止时，应加装制动电阻，并应恰当地确定制动电阻的容量以及回馈放电回路的容量。对于这类负载宜选用专用机型。

12. 单相异步电动机的特性

单相异步电动机的定子绕组为单相绕组，转子绕组一般为笼型绕组，仍为多相绕组，故在分析单相异步电动机的运行性能时，可以把它看作为多相异步电动机在不对称电压下运行的特殊例子。例如，可以把它看作为三相异步电动机，其中一相开路。

根据单相异步电动机的等效电路，在正常运行情况下，由于转差率 s 很小，正序阻抗要比负序阻抗大得多。因此作用在正序阻抗上的电压也要比作用在负序阻抗上的电压大得多。也就是说，正序旋转磁场远较负序旋转磁场为大，因此在空气隙中形成的磁场是一椭圆形旋转磁场，转子上将受到一正向转矩，使它继续向前旋转。另外，单相异步电动机的转矩为正序转矩和负序转矩的代数和。正序转矩随着 s 而变化的曲线和负序转矩随着 $2-s$ 而变化的曲线是完全对称的。因此，单相异步电动机的正序转矩-转差率曲线和三相异步电动机正常运行时的转矩-转差率曲线不同。因为三相异步电动机在外施电压不变的情况下，旋转磁场的振幅是不变的。而在单相异步电动机中，即使外施电压不变，但由于正序电压分量随转差率的增加而减小，正序旋转磁场的振幅也将随着 s 的增加而减小，故在同一转差率时，单相异步电动机的正序转矩将较相应的三相异步电动机的转矩为小。且当转差率 s 愈大时，它们之间的区别也愈大。又由于负序转矩的制动作用，合成转矩也就更小。因此，由单相异步电动机的转矩-转差率曲线可以得出以下各种结论：单相异步电动机的转速与所供电电源的频率无关；单相异步电动机的起动转矩为零；与三相异步电动机相比较，单相异步电动机有较小的过载能力；在以同步转速旋转时，单相异步电动机的转矩有微小的负值，因此即使在理想的空载情况下，单相异步电动机仍不能达到同步速度，所以如不外加措施，单相异步电动机不能自行起动。

如要使单相异步电动机有起动转矩，必须设法另加一交轴磁场，使在起动时的空气隙磁场也为旋转磁场。如采取措施使其起动时，由于单相异步电动机的转矩特性两边方向是完全对称的，运行时的旋转方向将依起动时的旋转方向而定，需固定转向时尚需采取措施。因此，单相异步电动机常用的起动方法有两种：一是电容起动，即通常采用的电容起动运转异步电动机，是将电容器与单相异步电动机起动绕组串联后，与运行绕组一起并接在同一电网上，流入起动绕组的电流将较流入运行绕组的电流超前一相位，当起动电流流入时，便可产生一椭圆形旋转磁场，从起动绕组转向运行绕组，借以产生起动转矩；另外是罩极起动，罩极式单相异步电动机的定子铁心通常为凸极式，每个极上绕有工作绕组，接到单相电源上工作，在磁靴的一边开有一个小槽，在此特设的槽中嵌入一短路的铜环，称为罩极线圈，其转子为笼型。用了短路环后，在被短路环所围绕的极面下的磁通的建立较迟，这样就使极面下的磁通分为两部分，这两部分磁通在时间轴上和在空间轴上都不同相，于是便有一椭圆形旋转磁场产生，借以产生起动转矩。旋转的方向为从未罩极的部分转向罩极的部分。罩极式单相异步电动机的起动转矩较小，仅适用于很小的电动机。

根据以上分析可知，单相异步电动机不能像三相异步电动机那样产生旋转磁场，并且其转速与所供电电源的频率无关，因此不能直接用变频调速的方式对其进行控制，若需要在其应用场合下进行变频调速控制，必须将其改为三相异步电动机。因此，所谓的单相通用变频器是单相进、三相出，即单相交流电源→整流滤波变换成直流电源→经逆变器再变换为三相交流调压调频电源→驱动三相交流异步电动机，这也是一些家用变频电器的工作原理，如变频空调、变频洗衣机等。

13. 无刷直流电动机的特性

无刷直流电动机是在有刷直流电动机基础上发展起来的。但它的电枢绕组是经变流器接到直流电源上的，从供电变流器的角度来看，它实际上属于交流同步电动机的一种，因为无刷直流电动机转速变化以及电枢绕组中的电流变化是和变流器的频率一致的。无刷直流电动机电枢绕组中流过的电流以方波形式变化，气隙磁场的波形接近于梯形，因此是一种梯形磁场。20世纪80年代以来，又出现了一种新型的永磁无刷电动机，它的结构型式和无刷直流电动机一样，但在绕组中流过的电流是按正弦规律变化的，其性能也和直流电动机一样。因为两者都是用永久磁铁的转子形成励磁磁场，电枢绕组安放在定子上，又都是大多数用于伺服系统中，因此从应用的角度，又将两者分别称为方波电流永磁交流伺服电动机和正弦波电流永磁交流伺服电动机，但是它们和传统的交流伺服电动机已有很大区别。

无刷直流电动机有着类似交流电动机的定子结构，而转子是永久磁铁，从总体上看，它相当于有三个换向片的直流电动机，其换向工作是由变流器来完成的，具备两个特点：一是具有直流电动机那样的优良特性；二是由直流电源供电，没有电刷和换向器，它的绕组里电流的通、断和方向的变化，是通过电子换向电路实现的。和普通直流电动机一样，无刷直流电动机转矩的获得也是通过改变相应电枢绕组电流在不同极下时的方向，从而使转矩总是沿着一个固定的方向。为了实现这一点，必须有位置传感器，由传感器确认磁极与绕组之间的相对位置。和普通有刷直流电动机不同，无刷直流电动机的永久磁铁的磁极安放在转子上，电枢绕组安放在定子上。位置传感器也有相应的两部分：转动部分和电动机本体中转子同轴连接；固定部分和定子相连。无刷直流电动机的转速是由变流器的开关频率决定的，转速指令是通过变流器的控制电路给定的，无刷直流电动机运行过程中，控制电路通过其转子位置的识别调整输出电压、频率来完成对电动机的任意转速的控制。

无刷直流电动机的机械特性是在电源电压一定的情况下，电动机的电磁转矩 T 与转速 n 之间的关系，即 $T = f(n)$；无刷直流电动机的调节特性是在输出电磁转矩一定的情况下，

转速 n 与外加电压 U 之间的关系，即 $n = f(U)$，每条曲线都是平行的下斜的曲线簇。

14. 开关磁阻电动机

开关磁阻电动机具有结构简单、运行可靠及效率高等突出特点，目前已成为交流电动机调速系统、直流电动机调速系统和无刷直流电动机调速系统的强有力的竞争者，引起各国学者和企业界的广泛关注。目前开关磁阻电动机已广泛或开始应用于工业、航空业和家用电器等各个领域。随着对开关磁阻电动机认识的深入，其应用必将更为普遍。

开关磁阻电动机的典型结构为定、转子是与步进电动机的定、转子一样采用双凸极（齿槽）铁心结构，转子仅由叠片叠压而成，既无绕组也无永磁体；定子各极上绕有集中式励磁绕组，径向相对极的绕组串联，构成一相。电动机和位置传感器组成一体，其外形结构及要求和普通电动机完全一样，电动机和位置传感器各自有定、转子，安置在同一机座内。其工作原理遵循"磁阻最小原理"——磁通总是要沿磁阻最小的路径闭合，因磁场扭曲而产生磁阻性质的电磁转矩。开关磁阻电动机还具有能量再生的能力，系统效率高。

开关磁阻电动机调速系统是由电动机、功率变换器、控制器、位置传感器及电源五个基本部分组成的控制装置。位置传感器是用来确定转子磁极的相对位置，将其传感信号反馈给控制器，使转子位置与绕组导通的顺序很好地配合，以保证正常运行。位置传感器与其他电动机的位置传感器相似，有光电式、磁电式、磁敏式等几种，但要求较低。功率变流器、控制器和电源是跟开关磁阻电动机相独立的电子电气装置，往往组成单独部分。功率变流器是由功率开关器件组成，向开关磁阻电动机提供运转所需的能量，由蓄电池或交流电整流后得到的直流电供电。由于开关磁阻电动机绕组电流是单向的，使得其功率变流器主电路不仅简单，而且具有普通交流变频驱动及无刷直流驱动系统所没有的优点，即相绕组与主开关器件是串联的，因而可预防短路故障。开关磁阻电动机的功率变流器主电路的结构型式与供电电压、电动机相数及主开关器件的种类等有关。控制器是系统的中枢。它综合处理速度指令、速度反馈信号及电流传感器、位置传感器的反馈信息，控制功率变流器中主开关器件的工作状态，实现对开关磁阻电动机运行状态的控制。当控制器发出一系列控制信号，使开关磁阻电动机各相主开关器件按一定规律循序导通，电动机则连续按一定的方向旋转，并输出机械能；若输出相反顺序的触发信号，则电动机将反转。显然，通过控制各相功率开关器件的起始导通角和关断角，可控制输出转矩的大小及方向。控制相绕组通电时刻即可改变电流的大小及波形，由此将产生不同的电磁转矩、转速、转向及运行状态。因此，为了以最有效的方式产生所需的转矩，控制器必须借助从位置传感器获得转子位置信息，以保证在合适的时刻接通或断开相应的相绕组。

开关磁阻电动机具有许多显著的特点：电动机结构简单、坚固，制造工艺简单，成本低；可工作于极高转速，可高达 100000r/min；能适用于各种恶劣、高温甚至强振动环境；电动机损耗主要产生在定子，电动机易于冷却；转子无永磁体，可允许有较高的温升；转矩方向与电流方向无关，从而可最大限度地简化功率变流器，降低系统成本；功率变流器不会出现直通故障，可靠性高；起动转矩大，低速性能好，无异步电动机在起动时所出现的冲击电流现象；调速范围宽，控制灵活，易于实现各种特殊要求的转矩-速度特性；在宽广的转速和功率范围内都具有高效率，功率范围可从 10W 到 10MW；能四象限运行，具有较强的再生制动能力；与异步电动机变频调速控制相比，开关磁阻电动机控制系统在成本、效率、调速性能、单位体积功率、可靠性、散热性等方面都具有明显的优势或竞争力，更难得的是，开关磁阻电动机在宽广的速度和功率范围内都能保持较高的效率，这是异步电动机变频调速系统难以比拟的；异步电动机要取得与直流电动机相近的调速特性需采用较复杂的矢量控制系统，而开关磁阻电动机通过调整功率开关器件的导通角、关断角、电压和电流，就可以得到不同负载要求的机械特性，控制简单、灵活，能容易地实现软起动和四象限运行，而且由于这是一种纯逻辑的控制方式，因此很容易实现智能化，可以通过修改软件调整电动机工作特性满足不同应用要求。

目前，开关磁阻电动机变频调速系统已在食品加工机械、电动车、地板打磨机和变频洗衣机等家用电器中广泛应用。

15. 通用变频器专用电动机

通用变频器专用电动机是专门为了满足某一类通用变频器驱动需要而设计的，与此配套的专用变频器的各种内部参数也都是根据专用电动机的特性而设定的，其控制性能要高于普通的异步电动机。与通用变频器驱动普通异步电动机相比，变频器专用电动机具有更好的转矩特性。此外，由于通用变频器专用电动机在设计上通常都还考虑了低速运转时的散热问题以及高速运转时的动态平衡和轴承的承受能力等问题，当使用标准电动机难以得到所需的性能时，可以考虑选用通用变频器专用电动机或通用变频器电动机一体机。高性能要求的变频控制系统均采用通用变频器专用异步电动机。但是，由于通用变频器专用电动机需要和指定的通用变频器系列进行配合才能得到理想特性，在选用时应该加以注意。

专用异步电动机从外形结构、安装要求等方面来说，与通用标准异步电动机一样，但两者设计有些差别。通用标准异步电动机转子大多采用深槽、双笼槽或特殊槽等形式，以便得到高起动电阻和高漏电抗，提高起动转矩，减少起动电流。而专用异步电动机采用变频变压起动，不需采用高电阻方法起动，因此，专用异步电动机的转子电阻、槽形是从系统电源频率大小和变化范围来考虑设计的。通常异步电动机规定的额定频率是指正常运行的频率，一般只允许运行频率在额定频率附近的较小范围内变化。通用变频器专用异步电动机的运行频率变化范围很大，规定了基值频率，允许运行频率在基值频率基础上作较大范围的变化，以适应变频控制的要求，通常取专用异步电动机的基值频率作为它的额定频率，它的长期运行极限按异步电动机变频调速下的机械特性确定。这样，专用异步电动机能适应变频调速控制系统的机械负载要求，专用异步电动机与逆变器也能达到优化匹配的要求。专用异步电动机的极数选择要比通用异步电动机的灵活些，通常相同情况下专用异步电动机的极数要比通用异步电动机的极数为多。通用变频器用于普通异步电动机时存在谐波电流、电压分量，谐波损耗较大，使电动机损耗增加，温升增高，输出功率下降。专用异步电动机铁心的磁通饱和程度低，铁心齿槽多，绕组漏抗低，绕组导线尺寸按不产生集肤效应为原则选择，绕组和铁心的设计兼顾了稳态和动态两者的要求，从而大大减少了谐波损耗，效率大幅度提高。为提高电动机热容量，专用异步电动机不仅采用较高绝缘等级，还采取特殊通风冷却方式，以满足变速下额定负载线以及过载运行的要求。

4.3 电气控制线路的设计方法

电气控制又称为继电器-接触器逻辑控制，一般包括电源装置（或部分）、电动机控制线路及其辅助电路。电源装置可独立存在，也可是继电逻辑控制系统中的一部分。继电逻辑控制线路的设计方法主要有经验设计法和逻辑设计法两种。经验设计法是采用基本控制环节（单元电路）进行逻辑组合，或根据掌握和熟悉的典型控制线路和设计资料进行修改和补充，完成设计的一种方法。这种设计方法，对于经验丰富的电气设计人员能较快地完成设计任务，并且不容易出现大的技术错误，因为典型控制线路已经实践证明是正确的，因此在电气设计中被普遍采用。逻辑设计法是利用逻辑代数来分析、化简、设计线路的方法。这种设计方法较为科学，设计的线路比较简化、合理，容易达到最简逻辑组合的目的。但是，当控制系统比较复杂时，这种方法工作量也大，而且容易出错，所以它一般适用于简单的系统设计。但是，如果将一个较大的、功能较为复杂的控制系统分成若干个互相联系的控制单元，用逻辑设计方法先完成每个单元控制线路的设计，然后再用经验设计方法把这些单元电路组合起来，各取所长，也是一种简捷的设计方法，可以获得理想、经济的方案，所用元器件数量少，各元器件能充分发挥作用，当给定条件变化时，容易找出电路相应变化的内在规律，在设计复杂控制线路时，更能显示出它的优点。

4.3.1 电气控制设计方法

电气控制设计方法通常以熟练掌握各种电气控制线路的基本环节和具备一定的阅读分析电气控制线路的经验为基础，要求设计人员必须掌握和熟悉大量的典型控制线路、多种典型线路的设计资料，同时具有丰富的设计经验，也就是说，它主要靠经验进行设计，因此通常称其为经验设计法。经验设计法的特点是无固定的设计程序、固定的设计模式，灵活性很大，但相对来说，设计方法较简单，容易掌握，对于具有一定工作经验的电气人员来说，能较快地完成设计任务，因此在电气设计中被普遍采用。从另一个角度来说，高水平的电气设计人员除必须具备系统的基础理论、分析问题、解决问题的能力及很强的学习和接受新知识的能力外，还必须深入生产第一线，熟悉现场，掌握生产过程工艺，了解生产机械的性能，以及实际工作能力和丰富的实践经验。用经验设计方法初步设计出来的控制线路可能有多种，需要加以比较分析，反复地修改简化，甚至要通过实验加以验证，才能使控制线路符合设计要求，确定比较合理的设计方案，除非借鉴了已经经过实际运行考验、被认为是成熟的方案。另外，用经验设计法设计的线路可能不是最简，所用的电器及触头不一定最少，所得出的方案不一定是最佳方案。

采用经验设计法设计，通常是先根据生产工艺的要求，画出功能流程图，再用一些成熟的典型线路环节来实现某些基本要求，确定适当的基本控制环节（单元电路），而后再根据生产工艺要求逐步完善其功能，并适当配置联锁和保护等环节，利用基本控制原则把它们综合地组合成一个整体，成为满足控制要求的完整线路。当找不到现成的典型环节时，可根据控制要求，将主令信号经过适当的组合与变换，在一定条件下得到执行元件所需要的工作信号，再套用典型控制线路完成设计。设计过程中，要随时增减元器件和改变触头的组合方式，以满足被拖动系统的工作条件和控制要求，经过反复修改得到理想的控制线路。

在进行具体线路设计时，首先设计主电路，然后设计控制电路、信号线路、局部特殊电路等。初步设计完成后，应当仔细检查，反复验证，看线路是否符合设计的要求，并进一步使之完善和简化，最后选择恰当的电器元件的规格型号，使其能充分实现设计功能。最好是根据已设计的控制线路写出逻辑表达式，再用逻辑分析方法进一步进行逻辑分析，以优化设计，但当设计的系统比较复杂时，也难以奏效。所以本书主要采用经验设计法，通过实例介绍电气控制的基本设计方法和思路。

1. 通用变频器外部电气控制线路设计

通用变频器已在工业电气控制中得到广泛应用，对提高电气传动性能、提高产品质量、节约能源等方面起到重要作用。本例通过一种通用变频器外部控制线路的设计，说明设计思路。所设计的电路具有通用性，可适用于额定电压380V、功率不超过200kW、连续运行的笼型三相异步电动机变频调速的多种控制场合，如工业锅炉的引风机、送风机控制等。系统主要设计要求如下：

1）采用一台通用变频器拖动单台笼型三相异步异步电动机。
2）系统需连续运转，非特殊情况不允许停机。
3）当变频器输出频率达到45Hz时，应将电动机切换到工频电网运行。
4）系统应设置电动机运行状态指示。

根据设计要求，应考虑：① 为保证电动机连续运行，采用双电源供电，当一个电源故障或停电时，自动或手动切换到备用电源工作；② 为使当通用变频器输出频率达到45Hz时，将电动机自动切换到工频电网运行，设置通用变频器旁路装置，同时设置联锁环节保证切换安全。

设计思路：对于第一步考虑，可以借鉴双电源切换装置的成熟电路构成。而对第二步，可以考虑用一个单机通用变频器控制电路与一个单机笼型三相异步电动机控制电路并联。另外，再考虑切换过程中的自动切换、安全防护等。通用变频器运行和工频运行应考虑两种情况：一种情况是考虑通用变频器故障时将电动机切换到工频电源上工作，这种情况可以通过通用变频器的故障报警信号作用于自动切换，或给出灯光或音响报警信号由运行人员手动切换；另一种情况是当通用变频器输出频率达到45Hz时，将电动机自动切换到工频电网运行。若电动机的容量较大，尚需考虑工频起动时电动机的减压起动问题等，本例中将这一部分的实际电路省略。设计的电路如图4-13所示。主要电器元件清单见表4-3。

图4-13中，工作电源和备用电源通过接触器K1（控制工作电源）、K2（控制备用电源）自动切换。两路电源状态通过指示灯HL1、HL2指示。当工作电源停电时，备用电源自动切换。

正常起动时，按下SB2，中间继电器KM得电吸合、自锁，其常开触

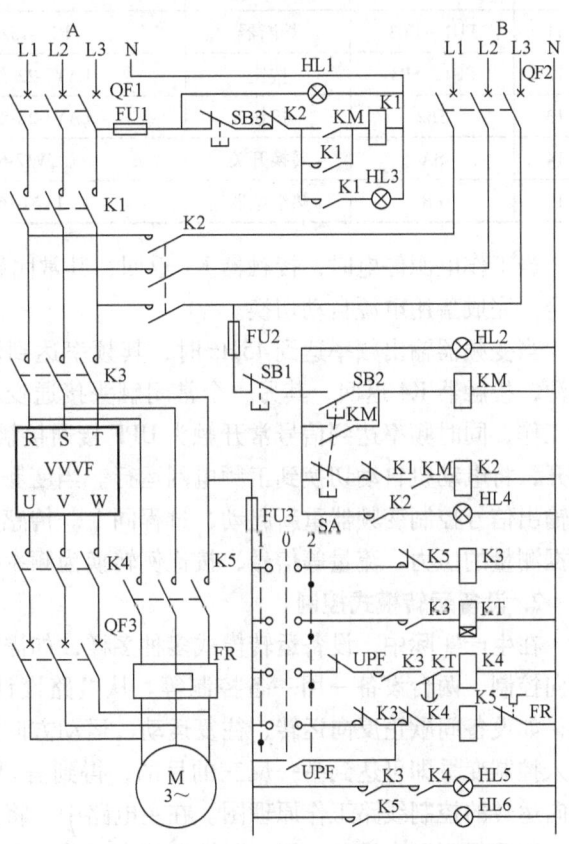

图4-13 通用变频器外部电气控制线路

头分别闭合,接通接触器 K1,K1 将工作电源接入主电路,并自锁;KM 的另一个常开触头接通接触器 K2 支路,但此时接触器 K1 的常闭触头断开,接触器 K2 不能吸合;接触器 K1 闭合后,当 SA 在 2 位时,且接触器 K5 在断开位置时,接触器 K3 得电吸合,其常开触头接通时间继电器 KT,经过设定的延时时间后,KT 的延时触头闭合,接通接触器 K4,变频器起动运行,当 QF3 在合闸位置时,电动机起动运行。

表 4-3 图 4-13 中的主要电器元件清单

序号	电路符号	器件名称	规格型号	数量	单位	备注
1	VVVF	通用变频器	FVR-G7S-7.5 7.5kW	1	台	
2	QF1、QF2	低压断路器	DZ20Y-20 380V 32A	2	台	
3	QF3	低压断路器	DZ20Y-20 380V 20A	1	台	
4	K1~K5	交流接触器	CJ20-30 380V 30A	5	台	线圈电压 220V
5	HL1、HL2	指示灯	AD11-25/220 白色	2	只	电源正常指示
6	HL3	指示灯	AD11-25/220 绿色	1	只	K1 运行
7	HL4	指示灯	AD11-25/220 绿色	1	只	K2 运行
8	HL5	指示灯	AD11-25/220 绿色	1	只	变频器运行
9	HL6	指示灯	AD11-25/220 绿色	1	只	工频运行
10	KM	中间继电器	JZ7-44 220V	1	只	
11	FU1~FU3	熔断器	RL1-15/4	3	只	
12	SB1、SB3	按钮	LAY3-22 红色	2	只	停止按钮
13	SB2	按钮	LAY3-22 绿色	1	只	起动按钮
14	SA	转换开关	LW12-6	1	只	
15	FR	热继电器	JR20-16	1	台	

当工作电源停电时,接触器 K1 返回,其常闭触头接通接触器 K2 支路,接触器 K2 得电吸合,完成备用电源自动切换。

当变频器输出频率达到 45Hz 时,其频率达到信号常闭触头 UPF 断开,切断接触器 K4 电源,接触器 K4 返回,其另一个常闭触头接通变频器停机端口(图中未画出),变频器停止工作,同时频率达到信号常开触头 UPF 接通接触器 K5,K5 得电吸合,将接触器 K3 支路断开,将电动机自动切换到工频电网运行。当变频器输出频率降低到 45Hz 以下时,由传感器输出信号控制变频器重新起动,过程同上。传感器可以是压力传感器、流量传感器等,是根据测量的压力、流量等信号,按比例转换为频率信号控制变频器的。

2. 设备运转模式控制

在生产实际中,设备运转模式多种多样,如需要设备间歇正反向运转、往复运动、运动方向控制、两台设备一用一备控制等。从电路设计来讲,这类控制是相似的,可以归为一类,如设备间歇正反向运转、往复运动、运动方向控制均可归结为正反向控制,只要恰当地引入控制变量即可达到举一反三的目的,得到需要的控制环节。图 4-14 是一个设备间歇正反向运转的控制线路工作原理图。在主电路中,将正、反向控制改为两个单机控制电路的并联,即可得到两台设备一用一备控制的主电路,在控制电路中将相应的时间继电器改为需要的物理量控制,如压力控制、行程开关控制等,就可得到需要的控制线路。

第 4 章 电气控制系统设计

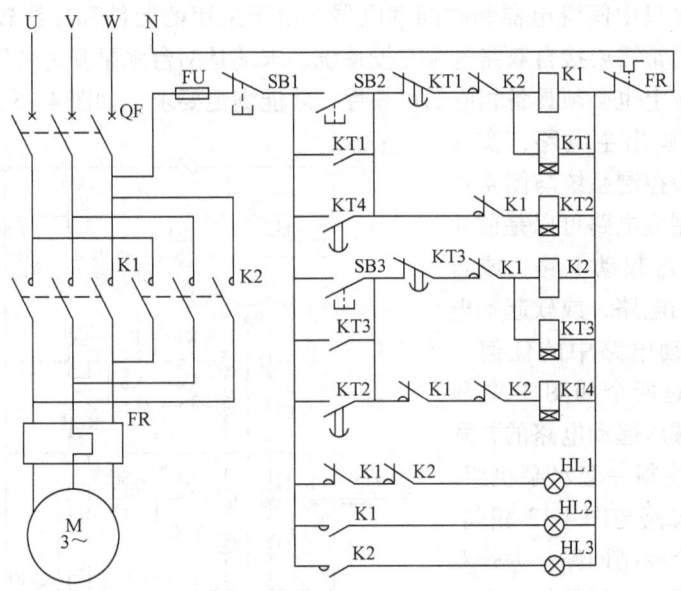

图 4-14 设备间歇正、反向运转控制线路原理图

图 4-14 中，按下 SB2，接触器 K1 和时间继电器 KT1 得电吸合，同时，时间继电器 KT1 常开瞬动触头使接触器 K1 和时间继电器 KT1 自锁，经过一定延时后，时间继电器 KT1 延时断开触头使接触器 K1 线圈断电，电动机停止运转。接触器 K1 断电后，其常闭触头将时间继电器 KT2 线圈接通，经过一定时间，时间继电器 KT2 延时触头使接触器 K2 和时间继电器 KT3 吸合并自锁，电动机开始反转；又经过一定时间，时间继电器 KT3 的延时断开触头使接触器 K2 线圈断电，电动机反方向运转停止。由选用的时间继电器的定时范围按需要调节电动机的正反转及停顿时间。

接触器 K2 断电后，其常闭触头闭合，使时间继电器 KT4 接通吸合，经过一定时间，时间继电器 KT4 延时动合触头接通，接触器 K1 和时间继电器 KT1 再次投入运行，同时使时间继电器 KT4 断电，电动机又开始正转，以后将按整定时间循环往复地动作。电动机也将按整定时间间歇运转。

图 4-14 中的按钮 SB3 的设置与按钮 SB2 相同，只不过是反转起动按钮，只要按停止按钮 SB1，即可使电动机停转。HL1 是电源指示灯，HL2、HL3 是正、反转指示灯。接触器 K1 接通，HL2 亮，HL1 与 HL3 处于熄灭状态。接触器 K2 接通，HL3 亮，HL1 与 HL2 处于熄灭状态。当热继电器 FR 动作，同时切断接触器 K1 和接触器 K2 的电源，从而使电动机停转。

3. 高层建筑消防水泵控制系统

现代高层建筑的发展对消防系统提出了越来越高的要求，这使得消防控制柜受多种信号的控制，如本柜控制、消控中心控制、消火栓起动、烟感信号的控制、水池水位控制等。另外，由于消防系统的特殊要求，一旦有危急信号必须万无一失，确保迅速安全起动运行，这就对系统提出了必须有备用机组的要求。一般情况下，多数采用一用一备的模式，当一组泵故障的情况下必须起动备用机泵。而且由于消防泵一般功率比较大，须采用减压起动方式，如 Y-△ 起动、自耦变压器减压起动、软起动或变频器起动等，这样控制线路就比较复杂，控制电路需采用多只中间继电器和时间继电器。由于采用的元件和接线较多,容易发生故障,主电路前端通常需要接自双路电源互投系统,末端是两台水泵互为备用装置,以提高可靠性,在控制系统上也必须具备相应的可靠性,才能满足要求,如图 4-15 所示。

图 4-15 中未画出主电路,实际上,双路电源互投控制系统与图 4-13 类似。电动机控制主电路可以是前述的单机控制的 Y-△ 起动电路,或自耦变压器减压起动电路,或软起动电路,或变频器起动电路中的任何一种,本图采用的是两个如图 3-22 所示的自耦变压器减压起动电路的并联电路,每个电路控制一套水泵机组。控制电路的基本思路与图 4-13 相同。整个系统分为三个控制回路:一是双路电源互投控制系统;另外是两台水泵独立的控制系统分别与其控制电源及水泵电动机,与主电源连接。这样既能满足自动控制使用要求,而且在特殊情况下还能分别手动控制每台水泵电动机。

图 4-15 控制电路中,将备用水泵机组自动投入,用一个中间继电器和一个时间继电器及其延时触头控制。中间继电器 KM2 的常开触头控制备用水泵电动机起动。

整个电路的自动起动和自动停机均由中间继电路 KM1 的常开触头控制,既能达到全自动的要求,又能防止万一在灭火过程中,有可能误动作而造成不应有的停机事故。

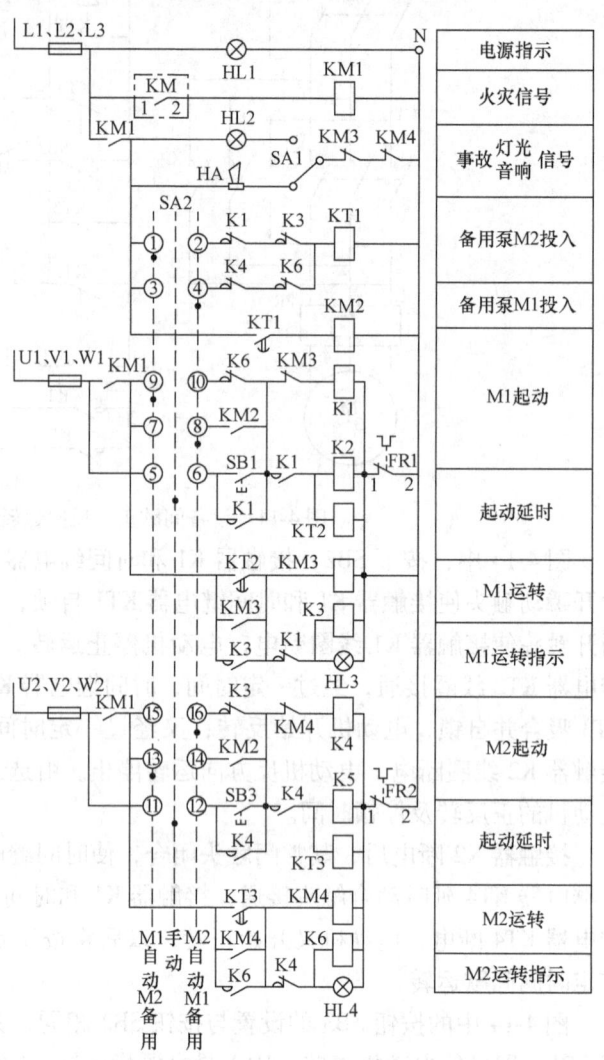

图 4-15 消防水泵继电逻辑控制系统电气原理图

手动控制时,首先扳动转换开关 SA,使其手动触头接通后,方能按动按钮使电动机运转。扳动转换开关也可停机,不但可以取代停机按钮,而且当手动控制后要求恢复自动位置时,可以强制操作人员为了停机而去扳动转换开关,使其恢复到自动控制位置。

由图 4-15 可见,线路比较复杂,采用的元器件和接线较多,发生故障的几率高,为此可采用新器件以提高其可靠性。

图 4-16 是采用西门子公司生产的可编程序逻辑控制继电器 LOGO! 230RL,改造上述复杂的控制线路。由图 4-16 可见,改造后的线路简单、明晰,运行、维护、检修都十分方便。控制电源为 AC 230V,12 点输入、8 点输出。控制电路的功能块图,如图 4-17 所示。

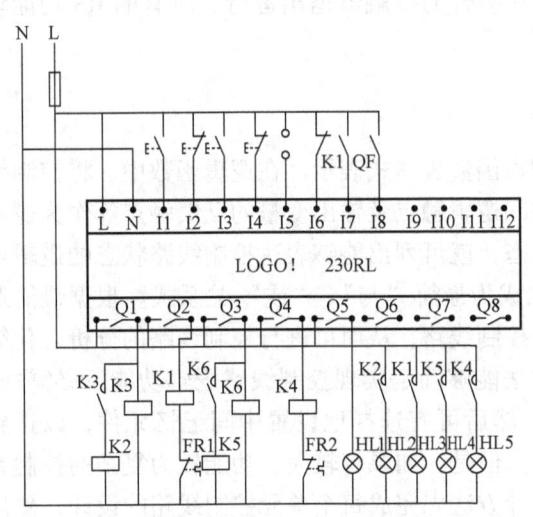

图 4-16 用 LOGO！实现消防水泵控制系统电气接线图

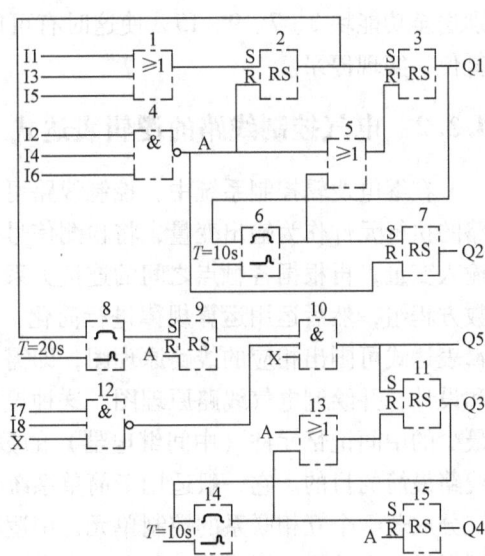

图 4-17 逻辑功能图

图 4-16 中，K1～K3 是工作泵减压起动控制接触器，其中 K1 是工作（主）接触器，K1～K3 分别接在逻辑控制继电器 LOGO！的输出端 Q1、Q2 端；K4～K6 是备用泵减压起动控制接触器，其中 K4 是工作（主）接触器，K4～K6 分别接在逻辑控制继电器 LOGO！的输出端 Q3、Q4 端。逻辑控制继电器 LOGO！的输出端 Q5 接泵运行指示灯。HL1 是水泵故障指示灯，HL2 是工作泵起动指示灯，HL3 是工作泵运行指示灯，HL4 是备用泵起动指示灯，HL5 是备用泵运行指示灯。逻辑控制继电器 LOGO！的输入端 I1、I3、I5 分别为手动起泵、消防控制中心起泵及烟感信号起泵或消火栓起泵信号输入；I2、I4、I6 分别为手动停泵、消防控制中心停泵及水池水位过低而连锁停泵信号输入；I7 为工作泵接触器 K1 的输入信号；I8 为控制工作泵的断路器跳闸信号，故障信号为逻辑非。工作原理如下：

1）I1、I3、I5 中任何一个有输入信号时，其内部逻辑是通过一个或门与锁定继电器功能块在 Q1 点输出一个信号使 K2、K3 起动接通，工作泵减压起动。

2）由图 4-17 可见，Q1 输出状态同时接入功能块 6 延时（延迟 10s，是根据减压时间要求设定的时间），通过延时使功能块 3 复位，减压起动接触器 K3、K2 退出运行；同时功能块 7 置位锁定继电器使 Q2 输出，工作泵运行接触器 K1 投入，工作泵正常运行。

3）当 I7、I8 有输入信号时，它们通过与非门功能块 12 送出一个工作泵未正常运行指示信号，水泵故障指示灯 HL1 亮。

4）通过功能块 2 输出的起泵信号，通过功能块 8 接通延时（延迟时间 20s 或必须大于功能块 6 的设定时间），输出一个避开减压起动时间的延迟信号。该信号与工作泵未运行信号，通过与功能块 10 输出工作泵故障信号 Q5，接通故障指示灯 HL1，同时该信号通过 RS 功能块 11 置位输出 Q3，起动备用泵减压起动接触器 K5、K6。

5）Q3 输出接入功能块 14，接通延迟，使 RS 功能块 11 复位，减压起动接触器 K5、K6 退出运行，同时送入锁定继电器功能块 15，输出 Q4 信号使备用泵运行接触器 K4 投入，实现备用泵的正常运行。

6）I2、I4、I6 中任何一个有输入信号时，它们通过与非功能块 4 送出停泵信号 A，分别送至功能块 2、7、9、15，使这时有可能正在吸合的接触器退出运行，所有的 RS 功能块复位，实现停泵。

4.3.2 电气控制线路的逻辑表达式

在继电逻辑控制系统中，控制线路可用逻辑函数表达式表示。在逻辑函数中，将控制线路的执行元件作为输出变量，将检测信号、中间逻辑触点及输出变量的反馈触点等作为逻辑输入变量，再根据各触点之间的连接关系和状态，就可列出能够表达控制线路状态的逻辑函数方程组，然后运用运算规律进行简化，使之成为最简"与"、"或"关系式。根据最简逻辑表达式可画出相应的线路原理图，即需要的控制线路，从而可进行控制线路的分析、化简和设计，并绘制电气线路原理图。这种设计方法能够确定实现控制线路逻辑功能所必需的、最少的中间记忆元件（中间继电器）的数目，然后可有选择地设置中间记忆元件，以达到线路最简的目的。它一般适用于简单系统设计。但是，如果将较大、功能较为复杂的控制系统分成若干个互相联系的控制单元，用逻辑设计方法先完成每个单元控制线路的设计，然后再用经验设计方法把这些单元电路组合起来，各取所长，也是一种简捷的设计方法。可以获得理想、经济的方案，所用元件数量少，各元件能充分发挥作用，当给定条件变化时，容易找出电路变化的内在规律，在设计复杂控制线路时，更能显示出它的优点。

任何控制线路、控制对象与控制条件之间都可以用逻辑函数表达式表示，所以逻辑设计法不仅可用于线路设计，也可以用于线路简化和读图分析。利用逻辑分析法读图的优点是各控制元件的关系能一目了然，不会读错和遗漏。

1. 逻辑控制线路基本环节的逻辑函数

图 3-5 是两种简单的笼型三相异步电动机起停、自锁电路形式，将其采用梯形图表示，如图 4-18 所示。

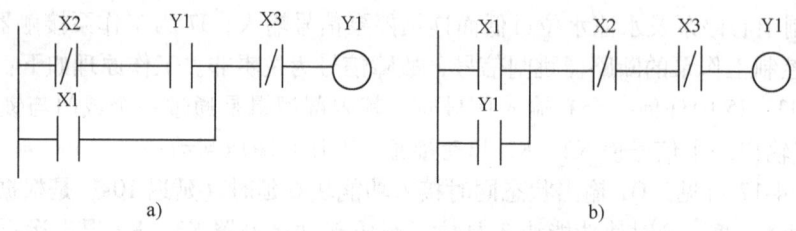

图 4-18 笼型三相异步电动机起停、自锁电路的梯形图
a) 开启从优形式 b) 关断从优形式

图 4-18 中，操作数 X1、X2、X3 和 Y1 分别对应于图 3-5 中的起动按钮 SB1、停止按钮 SB2、热继电器触点 FR 和接触器线圈 K 及其辅助触点 K。操作数 X1、X2、X3 和 Y1 的具体表达方式视可编程序控制器的品牌不同而不同，例如，欧姆龙机型可用存储器 IR 区的 00000、00001、00002 分别表示图 4-18 中的操作数 X1、X2 和 X3，而用 01000 表示操作 Y1；再如，西门子机型可用存储器 I 区的 I0.0、I0.1、I0.2 分别表示图 4-18 中的操作数 X1、X2 和 X3，而用 Q4.0 表示操作 Y1；其他机型的表示方法类似，即不同机型对于存储区的分类及其操作码的规定是不同的，因此表示方法从表面上看也大不相同。但是，其逻辑概念是完全相同的，也就是说，不管用什么符号方式表示，都是表达了一个逻辑位的状态转换，即逻辑位是"1"或是"0"，也就是表达了一个开关、按钮、触点或是一个线圈的状态转换，

"闭合"、"断开"或是"通电"或"断电"。综上可见，上述所谓的操作数，不管用什么方式表示，它仅仅是一个符号而已。

在图 4-18 中，X1（对应于图 3-5 中的 SB1）为起动信号，X2（对应于图 3-5 中的 SB2）为停止信号，Y1 线圈表示可编程序控制器的输出，实际接线时用于控制现场的接触器线圈，Y1 的常开触点 Y1 为自锁（保持）信号，它实际上是可编程序控制器内部的一个逻辑位。由此，可列出图 4-18 的逻辑函数表达式为

$$f_{Y1(a)} = (\overline{X2} \cdot Y1 + X1)\overline{X3}$$
$$f_{Y1(b)} = (X1 + Y1)\overline{X2} \cdot \overline{X3} \tag{4-2}$$

式中　X1——开启信号；
　　　X2——关断信号；
　　　X3——保护动作信号；
　　　Y1——自锁信号。

在式（4-2）中，若 X1 = 1，$\overline{X3}$ 保持为 1，则 $f_{Y1(a)}$ = 1。$\overline{X2}$ 在这种状态下不起控制作用。若 $\overline{X2}$ = 0，则 $f_{Y1(b)}$ = 0。X1 在这种状态下不起控制作用。若 $\overline{X3}$ = 0，即保护动作，$f_{Y1(a)}$ = $f_{Y1(b)}$ = 0，所控制的电动机不能起动。

在实际的笼型三相异步电动机起停、自锁电路中，往往有许多联锁约束条件。如前述的龙门刨床横梁立柱的上升、下降时的返回行程，必须到达原位才停车，然后进行下一个动作，即使油压不足也不能中途停车。这时，开启信号和关断信号都增加了约束条件，把约束条件都考虑进去的逻辑函数就能全面地表示其相互关系。

现在，把式（4-2）扩展一下，对于开启信号来说，当开启的条件是：仅当主令信号 $X1_Z$ 和其他需具备的条件 $X1_Y$ 同时满足时，才能开启。由于当全部条件同时都具备为"1"时才会开启，可见 $X1_Z$ 与 $X1_Y$ 的逻辑关系是"与"的关系。对于关断信号，仅当关断主令信号 $X0_Z$ 和其他需具备的条件 $X0_Y$ 同时满足时，才会关断。$X0_Z$ 与 $X0_Y$ 全为"0"时，则关断信号为"0"；$X0_Z$ 为"0"，而 $X0_Y$ 为"1"时，则不具备关断条件，所以 $X0_Z$ 与 $X0_Y$ 的逻辑关系是"或"的关系。

考虑了约束条件后，把 $X1 = X1_Z \cdot X1_Y$；$X0 = X0_Z + X0_Y$ 代入式（4-2）中，可得一般形式：

$$f_{k(a)} = X1_Z \cdot X1_Y + \overline{(X0_Z + X0_Y)} K$$
$$f_{k(b)} = \overline{(X0_Z + X0_Y)}(X1_Z \cdot X1_Y + K) \tag{4-3}$$

图 4-19 是一种笼型三相异步电动机手动可逆运行电路形式，其逻辑函数表达式见式（4-4）。

$$K1 = \overline{SB1}(SB2 + K1)\overline{K2} \cdot \overline{FR}$$
$$K2 = \overline{SB1}(SB3 + K2)\overline{K1} \cdot \overline{FR} \tag{4-4}$$

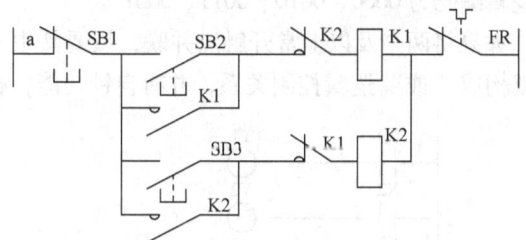

图 4-19　一种笼型三相异步电动机手动可逆运行电路

2. 自锁、互锁和联锁的逻辑控制关系

继电逻辑控制系统中的自锁是实现控制线路长期运行的必要环节；互锁是可逆运行、顺序控制等运行状态中，实现控制逻辑、防止短路事故的约束条件；而联锁则是实现顺序控制的链

接条件。这些实质上就是逻辑上的"与"、"或"、"非"关系。如,当逻辑元件 Y1 动作后才允许逻辑元件 Y2 动作,做法是将逻辑元件 Y1 的常开触点串联于逻辑元件 Y2 的线圈回路中,从而构成逻辑"与"联锁逻辑控制关系。"与"联锁逻辑控制关系梯形图如图 4-20 所示。

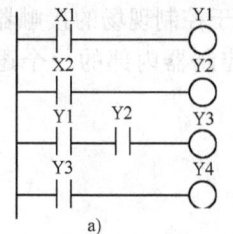
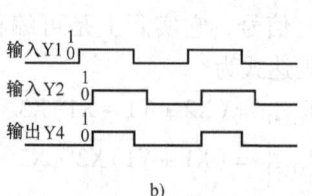

图 4-20 逻辑"与"联锁控制原理图
a) 梯形图 b) 时序图 c) 真值表

图 4-20 中,逻辑元件的常开触点 X1 和 X2 是逻辑元件 Y1 和 Y2 的动作信号,逻辑元件 Y1 和 Y2 的常开触点 Y1 和 Y2 是逻辑元件 Y3 的线圈动作的约束条件,输出逻辑表达式为 Y4 = Y1·Y2。从而,输入逻辑编码为 0000、0010、0001、0011。

再如,当逻辑元件 Y2 动作后不允许逻辑元件 Y3 动作,做法是将逻辑元件 Y2 的常闭触点串联于逻辑元件 Y3 的线圈回路中,构成逻辑"非"互锁控制关系,梯形图如图 4-21 所示。

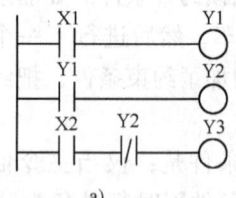
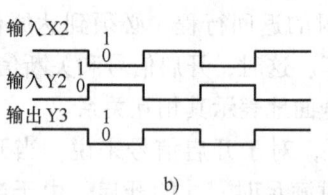

图 4-21 逻辑"非"互锁控制原理图
a) 梯形图 b) 时序图 c) 真值表

图 4-21 中,逻辑元件的常开触点 X1 是逻辑元件 Y1 的动作信号,逻辑元件 Y1 的常开触点 Y1 是逻辑元件 Y2 的动作条件,逻辑元件 X2 的常开触点 X2 是逻辑元件 Y3 的动作信号,逻辑元件 Y2 的常闭触点 Y2 是逻辑元件 Y3 动作的约束条件,输出逻辑表达式为 Y3 = X2·$\overline{Y2}$。输入逻辑编码为 0000、0010、0011、0001。

如果将两个及以上常开触点并联,只要其中一个常开触点闭合就使输出电器的线圈通电,这就构成"或"逻辑控制关系,并有自锁功能,梯形图如图 4-22 所示。

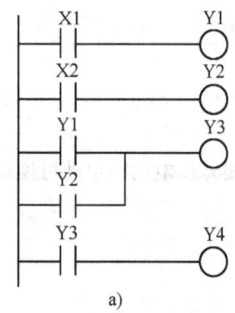
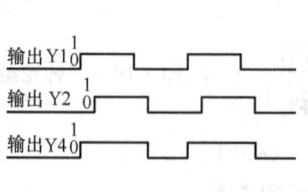

图 4-22 逻辑"或"自锁控制原理图
a) 电路图 b) 时序图 c) 真值表

图 4-22 中,逻辑元件的常开触点 X1 和 X2 是逻辑元件 Y1 和 Y2 的线圈动作信号,其常开触点 Y1 或 Y2 是逻辑元件 Y3 线圈的动作条件,逻辑元件 Y3 是中间记忆元件,输出逻辑表达式为 Y3 = Y1 + Y2,Y4 = Y3。输入逻辑编码为 0000、0010、0001、0011。

图 4-23 是一个"与"、"或"、"非"电路的梯形图,其逻辑表达式见式 (4-5)。

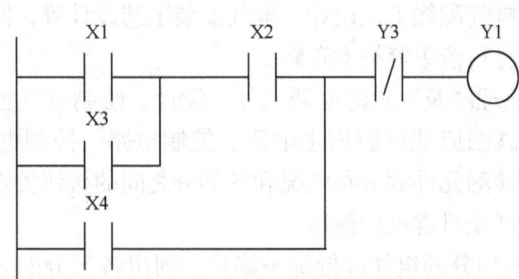

图 4-23 "与"、"或"、"非"电路的梯形图

$$Y1 = [(X1 + X3)X2 + X4]\overline{Y3} \tag{4-5}$$

3. 复杂时序逻辑电路的逻辑表达式

对于较复杂的时序逻辑电路,为了区分各个动作程序的状态,以达到顺序动作的目的,设计时,需要设置中间记忆元件,记忆输入信号的变化。因此,实际得到的逻辑关系式要比上述复杂得多,通常需要先做出工作循环图和状态表,再列出逻辑关系式,基本步骤如下:

1) 根据控制要求,先设计主电路,明确各电动机及执行元件的控制要求,并选择产生控制信号与检测信号的主令元件(如按钮、控制开关、主令控制器等)和检测元件(如接近开关、行程开关、压力继电器、速度继电器、过电流继电器等)。

2) 根据工艺要求作出工作循环图,并列出主令元件、检测元件以及执行元件的状态表,写出各状态的特征码(二进制代码)。

3) 设置必要的中间记忆元件(中间继电器),找出重复特征码,区分所有状态。

4) 根据已区分的各种状态的特征码,写出各执行元件与中间继电器,主令元件及检测元件间的逻辑关系式。

5) 化简逻辑关系式,并绘出相应的控制线路。

6) 检查并完善设计线路。

4.4 电气工艺设计基础

电气工艺设计的目的是为满足电气控制设备的制造和使用要求。电气工艺设计的内容包括钣金工艺设计、电气配线工艺设计、电气安装工艺设计等。

近年来,随着电气自动化技术的快速发展和需求,对产品的尺寸、结构产品工业设计(包括造型、色彩、布局等)等都有相应的特殊要求,这就需要合理的结构设计、人机工学设计及制作工艺设计。虽然现在已有一些标准化箱柜产品,但很多情况下还是不能满足现场安装位置、控制方式、布线方式等方面的要求,需要专门设计,或者选用标准化箱柜进行组合。有时还需要进行配套的电缆桥架设计等。

4.4.1 电气工艺设计的主要内容

电气工艺设计是在电气原理图设计完成后进行，设计内容包括电气控制设备的结构设计、控制箱、控制柜、控制屏和控制台等的钣金工艺设计；总配置图、总接线图及各部分的电气装配图与接线图设计，包括电气配线工艺设计、电气安装工艺设计等，同时还要有各部分的元器件目录、进出线号及主要材料清单等技术资料。

1) 根据设计的电气原理图及选定的电器元件，设计、绘制电气控制系统的总装配图及总接线图。总装配图及总接线图应能反映出主电路、控制电路、控制电器、电器箱（柜）各组件、操作台布置、电源及检测元件的分布状况和各部分之间的接线关系与连接方式。本部分设计资料供制造、总装、调试及日常维护使用。

2) 按照电气原理图或划分的组件进行统一编号，列出各部分的元件目录表，并根据总图编号统计出各组件的进出线号。

3) 根据组件电路原理及选定的元件目录表，设计组件装配图（电器元件布置与安装图）、接线图，图中应反映各电器元件的安装方式与接线方式。这些资料是组件装配和生产管理的依据。

4) 根据组件装配要求，绘制电器安装板和非标准的电器安装零件图，标明技术要求。这些图样是制造、加工所必需的技术资料。

5) 设计电气箱（柜），根据组件尺寸及安装要求确定电气箱（柜）的结构与外形尺寸、安装支架、安装尺寸、面板安装方式、各组件的连接方式、通风散热以及维修操作位置、方式等。在电气箱（柜）设计中，应注意操作维护方便与造型美观。

6) 根据总原理图、总装配图及各组件原理图等资料进行汇总，分别列出外购清单、标准件清单以及主要材料消耗定额等。这些是生产管理和成本核算所必须具备的技术资料。

7) 编制调试、试验、使用、维护、技术说明书、用户使用手册等。

4.4.2 电气设备总体配置设计

电气设备总体配置是根据电气原理图的工作原理与控制要求，将控制系统划分为几个组成部分（称为部件），根据电气设备的复杂程度，每一部件又可划成若干组件，如开关电器安装板组件、控制电器组件、控制面板组件、印制电路板组件、电源组件等，根据电气原理图的接线关系整理出各部分的进出线号，并调整它们之间的连接方式。总体配置设计是以电气系统的总装配图与总接线图形式来表达的，图中应以示意形式反映出各部分主要组件的位置及各部分接线关系、走线方式及使用行线槽、管线要求等。

总装配图、接线图（根据需要可以分开，也可以并在一起）是进行分部设计和协调各部分组成一个完整系统的依据。总体配置设计要使整个系统集中、紧凑，同时在空间允许条件下，对发热元件、噪声振动大的电气部件，如热继电器、起动电阻箱等尽量放在离其他元件较远的地方或隔离起来；对于多工位加工的大型设备，应考虑两地操作方便；总电源开关、紧急停止控制开关应安放在方便而明显的位置。总体配置设计合理与否关系到电气系统的制造、装配质量，将影响到电气控制系统性能的实现及其工作的可靠性，以及操作、调试、维护等工作的方便及质量。

1. 组件的划分

电气设备中的各种电动机、各类电器元件根据各自的作用及操作要求，都有一定的装配位置要求，例如交流电动机与各种执行元件（电磁铁、电磁阀、电磁离合器、电磁吸盘等），一般安装在靠近机械的部位；各种检测元件（限位开关、传感器、温度、压力、速度继电器等），安装在生产机械的一些特殊部位；各种开关电器（接触器、继电器、刀开关、低压断路器等）、控制电器（熔断器、电流、电压保护继电器等）安放在电气柜（箱）内；而各种控制按钮、控制开关、指示灯、指示仪表等，则安放在电气箱、控制箱、柜（台）的面板上。由于各种电器元件安装位置不同，在构成一个完整的自动控制系统时，必须划分组件，同时要解决组件之间、电气箱之间以及电气箱与被控制装置之间的连线问题，划分组件的原则是：

1）功能类似的元件组合在一起。例如用于操作的各类按钮、转换开关、键盘、指示灯、检测仪表、调节器等元件集中为控制面板组件；各种刀开关、低压断路器、继电器、接触器、熔断器、照明变压器等开关电器集中为开关电器板组件；热继电器则单独列为一个组件等。

2）尽可能减少组件之间的连线数量，接线关系密切的控制电器置于同一组件中。

3）强弱电控制器分离，以减少干扰。

4）力求整齐美观，外形尺寸，重量相近的电器组合在一起。

5）便于检查与调试，需经常调节、维护和易损元件组合在一起。

2. 电气控制设备各部分及组件之间的接线方式

电气控制设备各部分及组件之间的接线方式一般遵循以下原则：

1）开关电器板、控制面板的进出线一般采用接线端头或接线鼻子连接，按电流大小及进出线数选用不同规格的接线端头或接线鼻子。

2）电气柜（箱）、控制箱、柜（台）之间以及它们与被控制设备之间，采用接线端子排或工业连接器连接。

3）弱电控制组件、印制电路板组件之间应采用各种类型的标准接插件连接。

4）电气柜（箱）、控制箱、柜（台）内的元件之间的连接，可以借用元件本身的接线端子直接连接，过渡连接线应采用端子排过渡连接，端头应采用相应规格的接线端子处理。

3. 电器元件布置图的设计与绘制

电器元件布置图是某些电器元件按一定原则的组合。电器元件布置图的设计依据是部件原理图、组件的划分等，应遵循以下原则：

1）同一组件中电器元件的布置应注意将体积大和较重的电器元件应安装在电器板的下面，而发热元件应安装在电气箱（柜）的上部或后部，但热继电器宜放在其下部，因为热继电器的出线端直接与电动机相连便于出线，而其进线端与接触器直接相连接，便于接线并走线最短。

2）强电弱电分开并注意屏蔽，防止外界干扰。

3）需要经常维护、检修、调整的电器元件安装位置不宜过高或过低，人力操作开关及需经常监视的仪表的安装位置应符合人体工学原理。

4）电器元件的布置应考虑安全间隙，并做到整齐、美观、对称，外形尺寸与结构类似的电器安放在一起，以利加工、安装和配线。若采用行线槽配线方式，应适当加大各排电器间距，以利布线和维护。

5) 各电器元件的位置确定以后，便可绘制电器布置图，布置图是根据电器元件的外形轮廓绘制的，以其轴线为准，标出各元件的间距尺寸。每个电器元件的安装尺寸及其公差范围，应按产品说明书的标准标注，以保证安装板的加工质量及各电器的顺利安装。大型电气柜中的电器元件，宜安装在两个安装横梁之间，这样，一可减轻柜体重量，节约材料，另外也便于安装，设计时应计算纵向安装尺寸。

6) 在电器布置图设计中，还要根据本部件进出线的数量、采用导线规格及进出线位置等，选择进出线方式及接线端子排、连接器或接插件，按一定顺序标上进出线的接线号。

4. 电气部件接线图的绘制

电气部件接线图是根据部件电气原理及电器元件布置图绘制的，它表示成套装置的连接关系，是电气安装与维修、查线的依据。电气部件接线图应按以下原则绘制：

1) 接线图和接线表的绘制应符合 GB/T 6988.3—1997 中《电气技术用文件的编制 第3部分：接线图和接线表》的规定。

2) 所有电器元件及其引线应标注与电气原理图中相一致的文字符号及接线号。原理图中的项目代号、端子号及导线号的编制分别应符合 GB5094《工业系统、装置与设备以及工业产品结构原则与参照代号》、GB/T 4026—2004《人机界面标志标识的基本方法和安全规则 设备端子和特定导体终端标识及字母数字系统的应用通则》及 GB 4884—1985《绝缘导线的标记》等规定。

3) 与电气原理图不同，在接线图中同一电器元件的各个部分（触头、线圈等）必须画在一起。

4) 电气接线图一律采用细线条绘制，走线方式有板前走线及板后走线两种，一般采用板前走线。对于简单电气控制部件，电器元件数量较少，接线关系不复杂，可直接画出元件间的连线。但对于复杂部件，电器元件数量多，接线较复杂的情况，一般是采用走线槽，只要在各电器元件上标出接线号，不必画出各元件间连线。

5) 接线图中应标出配线用的各种导线的型号、规格、截面积及颜色要求等。

6) 部件与外电路连接时，大截面导线进出线宜采用连接器连接，其他应经接线端子排连接。

5. 各类元器件及材料清单的汇总

在电气控制系统原理设计及工艺设计结束后，应根据各种图样，对本设备需要的各种零件及材料进行综合统计，按类别列出外购成品件汇总清单表、标准件清单表、主要材料消耗定额表及辅助材料消耗定额表等，以便采购人员、生产管理部门按设备制造需要备料，做好生产准备工作。这些资料也是成本核算的依据。特别是对于批量生产的产品，此项工作尤为重要。

6. 编写设计说明书

设计说明书的编写是设计工作中的主要组成部分之一。也是通过设计审查、施工、使用、维护等必不可缺少的技术资料。设计说明书一般应包括以下及部分内容：

1) 所设计的方案选择依据及本设计的主要技术要点。
2) 主要参数及计算过程。
3) 设计任务书中要求各项技术指标的核算与评价。

4) 主要设备及元器件安装的技术要求。
5) 设备调试、使用步骤、技术要点、调试方法及注意事项。
6) 使用、维护要求及注意事项等。

4.4.3 电气柜、箱及非标准零件的设计

1. 设计内容

工程项目中的电气控制装置通常都需要制作单独的非标准电气控制柜、箱，设计时需要考虑以下几方面：

1) 根据操作需要及控制面板、箱、柜内各电气部件的尺寸，确定电气箱、柜的总体尺寸及结构型式，非特殊情况下，一般应选用标准尺寸系列。

2) 根据总体尺寸及结构型式、安装尺寸，设计箱内安装支架、安装板，并标出安装孔、安装螺栓及接地螺栓尺寸，注明配作方式。柜、箱的材料一般选用钢板冷压成型或选用柜、箱用专用型材组装。

3) 根据现场安装位置、操作、维修方便等要求，设计开门方式及型式。为利于箱内电器的通风散热，在箱体适当部位设计百叶窗式通风孔或通风槽，必要时应在柜体上部设计强迫通风装置与通风孔，安装强迫通风装置。

4) 为便于电气箱、柜的运输，应设计合适的起吊钩或在箱体底部设计活动轮。

5) 根据上述，先勾画出箱体的外形草图，估算出各部分尺寸，然后确定各部分尺寸，按比例绘制外形图。再从对称、美观、使用方便等方面考虑进一步调整各尺寸比例。外形确定后，按上述要求进行各部分的结构设计，绘制箱体总装图及门、控制面板、底板、安装支架、装饰条等零件图。视需要选用适当的门锁。应根据机械零件设计要求绘制零件图，凡配合尺寸应注明公差要求，并说明加工要求，如镀锌、喷塑、漆及颜色要求等。电气箱、柜的造型结构各异，在箱体设计中应注意吸取各种型式的优点。

2. 电气柜、箱的结构设计

电气柜、箱的柜体结构及柜体制造工艺是电气控制装置的组合基础，柜体既要满足各电器单元的功能组合条件，如型式统一、标准化、功能分配等，还要满足柜体坚固可靠、整齐美观、调整容易等要求。由于工程项目中的柜体结构要求不一，以及加工制造单位的加工设备和手段的差异，制造工艺不完全一致，但制造中也存在带有普遍意义的关键工艺特点，简要介绍如下。

（1）柜体结构特点　从柜体结构形式上分，柜体结构有固定式和抽屉式两大类。从柜体制造工艺上分，有焊接式、紧固式和混合结构等。从柜体构件材料上分，有板材构件和型材构件两大类。

（2）柜体制造工艺特点

1) 固定式柜体。固定式柜体能满足各电器元件可靠地固定于柜体中。柜体外形一般为屏式、箱式、台式等。有单面和多面排列方式。为了保证柜体的形位尺寸，通常采取构件组合方式，即柜体各面及内部安装板分离制造，然后通过紧固件组装成柜体。组成柜体的零部件尺寸要求精度高，公差取负值，才能保证整体外形要求。对于柜体两侧面，不能有凸凹现象。另外，从安装角度考虑，底面不能有下陷现象。在排列安装中，应保证地基平整，以免造成柜体变形，影响母线联结及产生组件安装异位、应力集中，甚至影响电器寿命。紧固件

组装柜体的优点是有利于零部件涂装，易美化处理，零部件可标准化设计，并可预生产库存，构架外形尺寸误差小。缺点是不如焊接坚固，要求零部件的精度高，加工成本相对高。紧固件种类主要有常规的螺钉、螺母及预紧而可微调的卡箍螺母和预紧的拉固螺母，还有自攻螺钉等，也有专用紧固螺钉。焊接固定式柜体多用板材冷折成形不同的部件后焊接成形，优点是加工方便、坚固可靠，缺点是误差大、易变形、难调整、美观性差，一般需要定做。柜体变形现象是焊接时由于焊接处受热膨胀、挤压产生的微观位移，冷却后不能复位而产生的应力所致。为了克服变形影响，必须整形。

2) 抽屉式柜体。抽屉式柜体由固定的柜体和装有开关等主要电器元件的可移动装置部分组成。柜体部分加工方法基本与固定式柜体相似。可移动部分要求移动时要轻便，移入后定位要可靠，能可靠地承装元器件，并且相同类型和规格的抽屉能互换。由于互换性要求，柜体的精度高，结构部分要有足够的调整量，有较高的机械强度。

3) 型材式柜体。型材式柜体采用统一的特种型钢和封板，型钢面上有标准间距的模数孔，配以通用联结件，按统一模数组合成柜体。优点是便于柜体设计、备制构件和生产准备，但加工孔量多而用得少，而且空间利用率低。这种柜体的制造工艺特点是要保证构件和联结件的通用性及其精度。

4.4.4 设计示例

示例1：通用变频器与PLC控制柜的设计原则

1. 设计的基础资料

在通用变频器与PLC控制柜设计前，首先要了解系统概况，如通用变频器与PLC的供电质量、工作方式、应用环境、是新增加的系统还是设备改造、控制方式及其他具体要求，如手动/自动、本地/远程、是否需要通信连网。对旧设备改造，应该确切知道如下技术参数及要求：电动机的具体参数，包括额定功率、额定转速、额定电压、额定电流等；电动机的负载特性、工作制、运行方式等，最好能取得以往的运行数据；工作环境，如现场的运行环境温度、防护等级、EMC等级、防爆等级；通用变频器与PLC控制柜的安装位置及与电动机间的实际距离；通用变频器与PLC控制柜与原有电气系统的关系；需要引入的传感器信号参数及采样地点；另外还要考虑实现符合EMC要求需采取的措施的可能性，如接地、电磁干扰、浪涌抑制、电磁辐射、防雷等措施。对新增加的通用变频器与PLC控制系统，应对传动系统负载特性有深入了解，根据负载特性、电动机容量，选用通用变频器与PLC的品牌、类型、容量及应具备的功能等，另外也同样要考虑如上所述的内容。

2. 通用变频器与PLC控制柜的设计内容

对通用变频器与PLC控制柜的电气设计时应按如下几个方面进行。

(1) 电气系统图设计　通用变频器与PLC控制系统的电气系统图设计包括电气原理图设计、主电路设计、控制电路设计。控制电路设计包括继电逻辑控制电路、PLC控制接口电路、通信连网系统图等。其中，主电路设计按如下顺序选择主电路电器元件：根据确定的负载特性和电动机参数选择通用变频器；根据技术条件和实际需要，选择低压断路器、交流接触器、制动电阻等，低压断路器及交流接触器等开关器件一般按通用变频器的额定电流的1.2倍选择。

(2) 电气工艺设计　电气柜、箱及非标准零件图的基本设计步骤见4.4.1节。

通用变频器与 PLC 控制系统的电气工艺设计包括变频控制柜钣金工艺设计、电气配线工艺设计、电气安装工艺设计等。其中,电气配线工艺设计包括电线电缆类型、线径、走向、线色、编号、进出线电缆管接头配置、接地配线、抗干扰布线措施等,除要进行必要的导线截面积计算与选择外,还应进行 EMC 设计,并应按照有关外壳防护等级、颜色规定等国家标准配置导线、指示灯和按钮等。对于控制电路设计,应注意将输入/输出的弱电信号如 PLC、仪表、传感器等采取隔离措施,必要时应加装滤波器、浪涌吸收器、电抗器等;控制电路电源易采用隔离变压器进行电气隔离。控制电缆应采用屏蔽电缆,强电电缆最好也采用带屏蔽电缆,电缆及屏蔽层用金属卡固定安装在屏蔽总排上。

1) 钣金工艺设计。钣金工艺设计应根据电气系统图设计,应充分考虑工作环境、温度、湿度、振动、有无爆炸及腐蚀性气体、柜体承载重量等,柜体上一定要考虑设置合适的通风散热通道,柜下部进风处应设置过滤网,防止灰尘和油雾等杂质进入柜内。通用变频器与 PLC 的环境湿度允许为 90% 以下,湿度过高,会使电气绝缘降低、金属部分腐蚀。如果受安装场所的限制,变频器不得不安装在湿度高的场所,变频器的柜体应采取密封措施或采用密封结构。另外,若地处沿海具有盐雾、潮湿和腐蚀气体等环境,还应有防潮防腐措施。为了防止变频器结露,需加对流加热器,在柜内设置加热器,如电热板加热、远红外电加热装置等,并能根据环境情况自动地将电加热器投入运行,去湿和干燥。另外要考虑柜体上所需要的标示牌及铭牌。为了运输安全和方便,一般要加装吊装挂钩,保证搬运安全。除上述外,应根据抗电磁干扰和屏蔽辐射的能力进行必要的设计。

2) 安装底板设计。为了提高电气控制柜的抗电磁干扰和屏蔽辐射的能力,控制柜内应有变频器专用安装底板,控制柜内的所有金属部件都必须相互金属性连接在一起。其中,控制柜的盖板,例如边盖板、后盖板、上盖板、中间隔板相互连通并保持足够的间距;边盖板、后盖板、支撑托架、安装附件和上盖板必须通过柜的框架组装并进行金属性连接;在喷漆和电镀的金属件上进行螺钉连接,应采用能保证金属性连接的垫圈进行连接,也可以在安装前去掉连接部位的表面涂层后再连接,对于大面积去除涂层,为避免长期使用时出现锈蚀,必须考虑附加措施,例如涂上油脂等;各个被连接的部件,包括螺钉、带锯齿连接垫片等的电化学成分必须接近一致。

3) 屏蔽设计。电气控制柜的屏蔽效果会受到诸如预开的通风窗口、观察窗口、操作单元等的影响,如果这些开窗达到干扰信号波长的一半,控制柜将失去屏蔽效果。例如当电磁干扰信号为 500MHz,1/2 波长 = 30cm;当电磁干扰信号为 1000MHz,1/2 波长 = 15cm 等。因此,电气控制柜内开的通风窗口的形式为:交错排列的孔状或密度高的网格状比狭缝式的好,因为狭缝会在柜中传导高频信号。操作面板安装在控制柜门板上时,必须保证其金属安装框架的四面紧密安装,紧固螺钉的扭矩适当。屏蔽电缆进线口应直接连接柜壳对地屏蔽,防止柜内的干扰磁场通过已被屏蔽的电缆泄漏出去。在屏蔽电缆进线口的位置,其外部屏蔽部分与柜内嵌板都要进行金属性连接,若柜壳有涂层,必须去除围绕渗漏干扰部位的隔离保护层,确保电缆进线口接触可靠。另外,选择适当的金属材料,以保证以上接触部位不被锈蚀。电源滤波器外壳必须与柜壳有大面积的接触安装面。柜内应设置屏蔽总线,用于各个电缆的可靠屏蔽连接,横梁式接地排和等电位排都可以作为屏蔽总线使用。接地排作为保护地,而等电位排作为功能地使用。接地排还要通过另外的电缆与保护接地电极连接,只有这样才能安全地释放和旁路电磁干扰电流。

4）走线设计。安装好电气控制柜内包括通用变频器与PLC在内的元件即正确处理各种走线是最基本的工作，但往往由于安装不当，引起通用变频器与PLC及设备运行异常或损坏，设计时应注意安装工艺设计。通用变频器与PLC除非必要和允许，必须垂直向上安装，并留足安装空间，一般上下空间应大于120mm，左右空间应大于50mm，还必须可靠接地。在当安装柜内电器元件时，必须可靠地将这些部件准确无误地安装在支撑托架或导轨上，从而能使它们正常工作，另外还要检查紧固螺钉所用的扭矩是否得到保证。不能将操作面板安装在靠电缆和带有线圈设备很近的地方，例如电源电缆、接触器、继电器、螺线管阀、变压器等，因为它们可以产生很强的磁场。功率部件（变压器、驱动部件、负载功率电源等）与控制部件（继电器控制部分、PLC等）必须分开安装。但是，变频器和相关的滤波器的金属外壳必须与柜体进行金属性连接，理想的情况是将它们安装到导电良好的金属板上，并将金属板安装到柜体框架上，尽量避免将它们安装在喷过漆的安装板、DIN导轨或其他支撑表面很小的安装件上，这些都不符合EMC要求。

5）抗干扰设计。用于通用变频器与PLC的抗干扰抑制器，不能用于其他产品，电源滤波器必须安装在靠近主电源供电馈入线端。电缆安装的基本原则是：

信号电缆线和电源电缆线最大可能地远离，如果不可能使电缆保持适当的距离，则必须使用屏蔽良好的屏蔽电缆和接地良好的金属电缆管道走线。所有电缆都应尽量安排在离金属外壳部件近一些的位置，如控制柜面板、安装板、横梁、金属导轨等。

信号电缆与电源电缆可以交叉，但绝对不要相互并行走线。信号电缆、数据电缆、动力电缆和电源电缆要分别排线，在柜中的最小距离为20mm，如有必要应采用接地的隔离部件。

相同电路的未被屏蔽的电缆应采用双绞线或将发送线和接收线之间的距离安排得尽量靠近一些。信号电缆和与之相连的等电位联结导体尽量安排为最短距离。信号电缆必须远离那些能产生严重的磁场干扰信号的设备，如电动机、变压器等。只要有可能，所有的信号电缆、数据电缆都应该在同一水平高度进入柜中，如都安排在由柜底部进入。避免使用多余长度的电缆，走线多余的部分应剪掉。信号电缆，尤其是设定值和实际值电缆，安装时不能被中断。在遇到屏蔽电缆的芯线断开时，必须确保屏蔽连接的延续性，延续屏蔽的正确方法应是通过具有良好屏蔽接触和抗高频干扰的插头（座）来保证，在有些情况下，需要中断屏蔽连接，应从电缆插头分线上中断，并在插头（接线端子）之前和之后将电缆的屏蔽层用螺钉连接的形式固定到屏蔽总线排上。

具有大电流、高电压的脉动负载线都应分别安装。必须用金属电缆支架托住电缆。各个电缆支架连接处必须保证金属性连接并接地。特殊部位应采取措施保护电缆免遭机械损伤，如利用电缆护管或护套，在实际使用中遇有拖拽电缆的情况时，一定要使用特殊电缆。如果不能将电缆直接连接到等屏蔽总接线排上，也可以通过将电缆屏蔽层与夹持型导轨连接到一起，从而实现良好的屏蔽。

对于五金件的安装，应考虑不同部位的扭力规定，不要将接线端子的连接螺钉拧得太紧，从而挤坏电缆。

6）通用变频器与PLC的安装方法。以下简单介绍几种通用变频器与PLC的安装方法，供参考。

① 壁挂式安装。目前大多数通用变频器与PLC都为壁挂式安装方式，只要利用通用

变频器与 PLC 的固定挂孔用螺栓固定即可。这种安装方式只适用于无尘、防滴、防潮以及温度适宜的室内环境中使用。

② 挂箱式安装。将通用变频器与 PLC 安装在电气箱内或者安装在机械设备的内腔内。在箱内变频器垂直向上安装，并留足散热空间。通用变频器与 PLC 的使用环境温度与元件的使用温度有关，通常应该在 5～40℃ 的范围内。柜内下方要有进气通道，上方要有排气通道，进、排气通道应有避免异物掉入和避免液体滴入的防护。这种安装方式适用于一般工业场合。

③ 柜内安装。将通用变频器与 PLC 安装在电气柜内。在柜内，变频器与 PLC 应垂直向上安装在柜体的中下部，柜体上部一般安装电器元件，千万不能将变频器与 PLC 设置在柜内热空气聚集的最上部。为确保通风空间，变频器与 PLC 上下部要和其他的设备、配线管等之间应维持充分的间隔距离。柜内下方要有进气通道，上方要有排气通道，并加装排气扇，使排气畅通；进、排气通道要装金属丝网以避免灰尘、液体和异物进入柜内。这种安装方式适用于一般工业设备就地控制的场合。

④ 封闭性安装。将通用变频器与 PLC 安装在封闭的电气柜内，柜内通用变频器与 PLC 垂直向上安装，并留足空间。电气柜内下方要有进气通道，上方要有排气通道。电气柜内装一台空调器，让空调器的排气孔通过风道进入电气柜内的下方进气通道；电气柜内的上方排气通道通过风道进入空调器的进气孔，使空调器运行时的冷空气能进入电气柜内下方；电气柜内上方的热空气进入空调器进行热交换，使空气变冷后再进入新的循环。空调器的热交换散热器将电气柜内的热量排出柜外。电气柜内由于密封，所以具有除尘、防潮、防滴、防水、降温、散热等优点，使通用变频器与 PLC 在良好的封闭低温空间中安全运行。这种安装方式适用于纺织厂、化学工厂、皮革制造厂、食品加工厂、矿山等运行环境恶劣的场所。

⑤ 与机械设备配套安装。在有些机械成套设备中，由于结构原因不能将通用变频器与 PLC 安装在设备外部，而要求安装在设备内腔内，将操作面板或者调速旋钮与设备的操作面板统一布置安装。通常采取三种方法：

a) 目前多数通用变频器的操作面板可与主体分离，这样只需将操作面板用专用电缆和接插件与设备的操作面板统一设计连接即可。

b) 从通用变频器与 PLC 的外部控制端子上引出控制按钮、调速电位器或模拟信号、显示信号和报警信号等，并将它直接设计并安装在设备操作面板上，这种方法既方便又实用。

c) 目前已有生产机械设备专用的一体化变频器，变频器主体上无任何操作部件，操作部件提供给用户，通过电缆线接入变频器。

示例 2：某企业金属表面处理生产线电气控制装置设计

1. 生产线概况

某企业具有多条金属表面处理生产线，生产线采用直线式行车，行车架上有可升降的吊钩。行车和吊钩各由一台电动机带动。在行车的适当位置装有接近开关 SQ，行车的平移和吊钩的上下运动均由接近开关 SQ 定位。生产线的结构与动作流程如图 4-24 所示。

行车中的小车、大车及升降运动由笼型三相异步电动机传动，每台电动机的额定功率 1.1kW、额定电压为 380V、额定电流为 1.99A、同步转速为 1410r/min，并采用机械减速。行车机械结构与普通小型行车结构类似，跨度较小，但要求准确停位，以便吊篮能准确进入

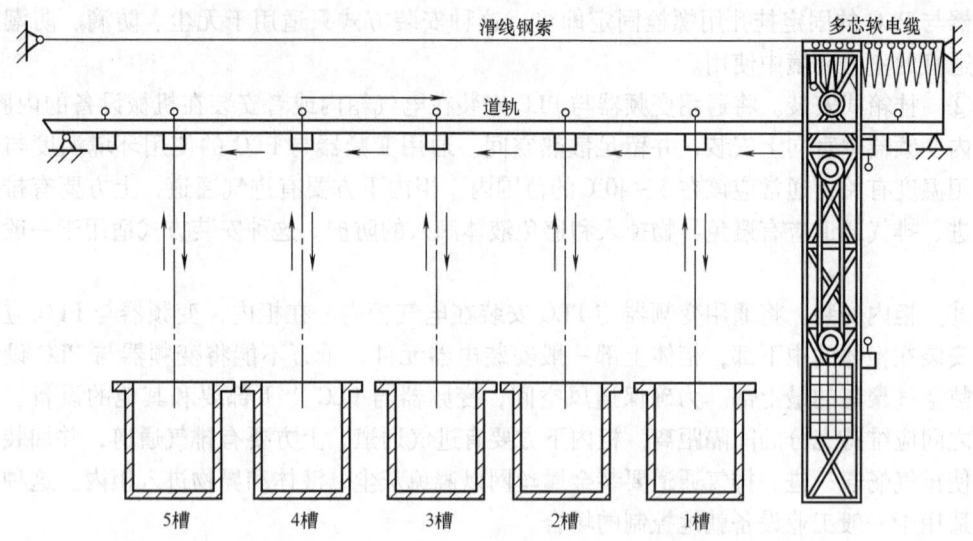

图 4-24 生产线的结构与动作流程示意图

电镀槽内。工作时，除具有自动控制的大车前/后移动与吊物上/下运动外，还有调整吊篮位置的小车运动（左/右）。

控制装置具有程序预选功能，可按电镀工艺要求确定需要的停留工位，一旦程序选定，除上、下装卸零件，整个电镀工艺应能自动进行。行车中的小车、大车及升降运动要求准确停位。前后、升降及左右运动之间有联锁作用。采用远距离控制，整机电源及各动作需要有相应灯光指示。具有限位保护和电气保护。

(1) 生产工艺流程

1) 金属件镀锌工艺流程：镀件—去油—碱性清洗—去锈—酸性清洗—镀锌—清洗—钝化—清洗—烘干—成品。

2) 金属件镀镍工艺流程：镀件—去油—碱性清洗—去锈—酸性清洗—预镀铜—清洗—镀镍—清洗—干燥—成品。

3) 金属件镀铬流程：镀件—去油—碱性清洗—去锈—酸性清洗—预镀镍—清洗—镀铜—清洗—镀亮镍—清洗—镀铬—清洗—干燥—成品。

(2) 生产线工作过程　生产线采用远距离控制，起吊重量在 500kg 以下，起吊物品是待进行表面处理的各种产品零件。生产线上有 5~9 个镀槽，30 余个工位，镀槽一字排开，工件由装有可升降吊钩的行车带动，升降吊钩在各个镀槽上将吊篮提起、放下、转移，即经过电镀、镀液回收、清洗等工序，完成工件的电镀全过程。在各个槽停留时间预先按工艺设定。如工作时，工件放入镀槽中电镀，约 5min 后提起，再停放 30s，让镀液从工件上流回镀槽，然后放入回收液槽中浸 30s，提起后停 15s，接着放入清水槽中清洗 30s，最后提起停 15s，行车返回原位，一个工件的电镀过程结束。对于不同零件，其镀锌、镀镍、镀铬、镀镍镉及镀层要求和工艺过程是不相同的。因此，设备还要求电气控制系统能针对不同工件的工艺流程，有程序预选和修改性能。主要工位有上料工位、前处理工位、镀槽工位、后处理工位、下料工位等。上、下料工位是行车运行的始末位置。在生产线起始位置，人工将待加工零件装入吊篮，并发出信号，吊钩上升，专用行车便提升并自动逐段前进，按工艺要求在需要停留的槽位停止（由接近开关 SQ 定位），并自动下降，停留一定时间后自动提升，行车左移,直至下一步工序接近开关 SQ 检测位置时才停止,吊钩正好在该处理工位上方,吊钩下降,直至下降定位接近开关 SQ 检测位置时才停止,镀件放入处理槽内,按工艺要求定时处理镀件,定时时间到,吊钩上升提起镀件,直至上升接近开关 SQ 检测位置时才停止,继续转到下一步工序,如此循环完成电镀工艺规定的每一道工序,直至生产线的末端下料处卸下处理好的镀件,自动返回上料工位(原位),重新装料,发出信号进入下一循环电镀工作。

(3) 技术改造要求 为了提高电镀生产线的自动化生产水平,实现对电镀生产的实时监控,提高生产效率,在不影响生产的情况下,拟分期分批进行技术改造,按照工艺要求,将电镀处理槽、行车、电气系统、电源设备、抽风系统、循环过滤系统、温控加热系统、空气搅拌系统、液位控制系统、阴极移动装置等改造为多功能自动控制系统。行车和吊钩电动机改造为通用变频器控制。由可编程序控制器(PLC)、工控机(IPC)、触摸屏组成自动化控制系统。

2. 原系统电气控制系统概况

(1) 主电路 原系统行车电气控制主电路如图 4-25 所示。

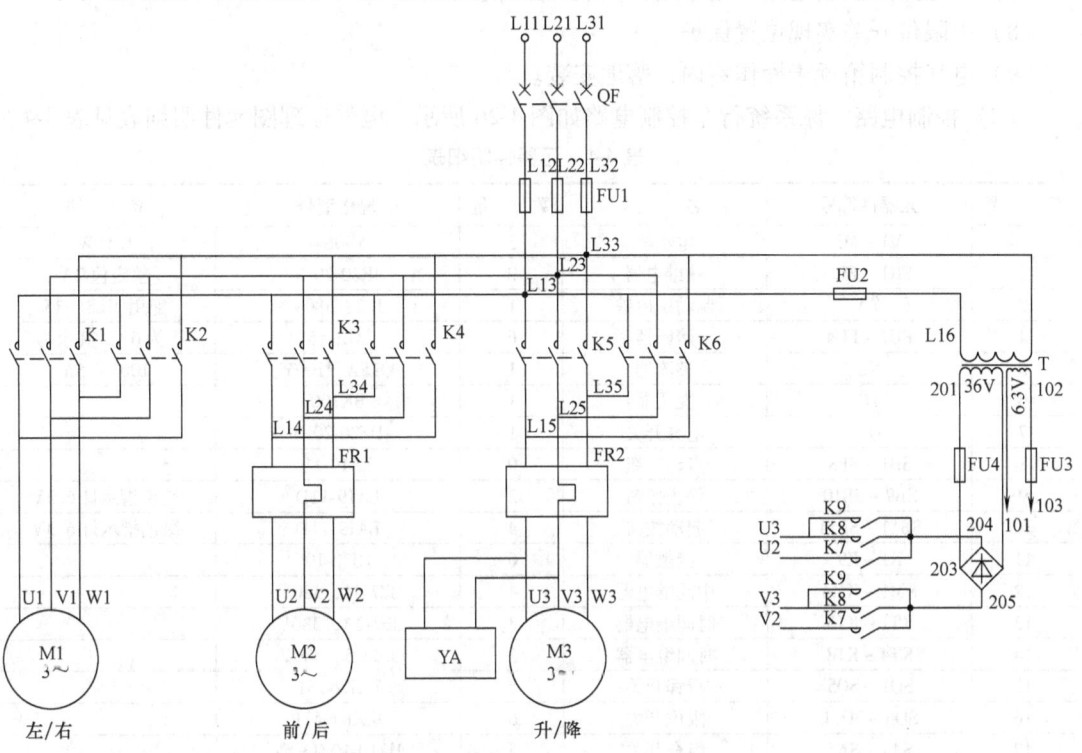

图 4-25 行车电气控制主电路

1) 行车的左右、前后及上下运动分别由电动机 M1、M2、M3 拖动,并通过正、反转控制实现两个方向的移动。由接触器 K1、K2、K3、K4 及 K5、K6 分别控制电动机 M1、M2、M3 的正、反转。因设备调整需要,进退及升降控制也有点动控制。M2、M3 由热继电器 FR1、FR2 实现过载保护。吊篮的左右移动,由 K1、K2 控制 M1 的正、反转实现。M1 正转则左移,反转则右移,采用点动控制,两地操作(控制操作台、现场操作)。电动机 M1 为点动短时工作,故不设过载保护。由 FU1 实现短路保护。低压断路器 QF 为电源开关。

2）进退与升降运动停止时，采用能耗制动定位。平移中，升降电动机 M3 采用电磁抱闸制动定位。由于进退与升降运动由同一型号电动机拖动，相互联锁不会同时工作，所以停车时采用同一个直流电源实现能耗制动。直流电源为单相桥式整流。能耗制动回路中设有单独的熔断器 FU2、FU4 短路保护。电磁铁 YA 与 M3 并联，当 M3 得电时，YA 工作，松开刹车，允许升降运动。M3 失电时，YA 释放，抱闸刹车，使吊篮稳定停留在空中，能安全地前后平移。

3）位置控制指令信号，由固定在轨道一侧的限位开关发出，并用调节挡铁保证吊篮与镀槽相对位置的准确性。

4）制动时间与各槽停留时间，由延时继电器控制。采用带指示灯控制按钮，以显示设备运动状态。

5）采用串入或短接位置指令信号的方法，实现程序可调。

6）M2、M3 为自动控制连续运转，采用热继电器实现过载保护，左、右移动为调整运动，短时工作无过载保护。

7）主电路及控制电路采用熔断器实现短路保护。

8）由限位开关实现位置保护。

9）电气控制箱置于操作室内，落地安装。

（2）控制电路　原系统行车控制电路如图 4-26 所示。电气原理图元件明细表见表 4-4。

表 4-4 元器件明细表

序号	元器件符号	名称	数量	规格型号	备注
1	M1～M3	电动机	3	Y90S-4	1.1kW
2	FR1、FR2	热继电器	2	JR20-20/3	整定值 2A
3	YA	制动电磁铁	1	JC2，380V	配用 MLS1-15
4	FU1～FU4	熔断器	6	RL1-15	FU1 为 6A，其余为 2A
5	VC	整流器	1	QL5A，100V	100V，5A
6	TC	变压器	1	BK100	
7	QF	电源开关	1	DZ20-20/3	
8	SB1～SB8	点动按钮	9	LA19-11	
9	SB9～SB10	停止按钮	2	LA19-11D	红色指示灯 6.3V
10	SB11～SB14	起动按钮	4	LA19-11D	绿色指示灯 6.3V
11	K1～K9	接触器	6	CJ20-10	
12	KM1～KM4	中间继电器	4	JZ7-44，380V	
13	KT1～KT3	时间继电器	3	JS7-2A，380V	
14	KT4～KT8	时间继电器	5	JS11-5，380V	
15	SQ1～SQ5	行程开关	5	LXK2-131	
16	SQ6～SQ11	限位开关	6	JLXK1-411	
17	SA1～SA5	组合开关	5	HZ10-10/13 型	
18	HL0～HL11	指示灯	10	XD1	6.3V，0.05A
19	FU3	熔断器	1	BHC 型	熔芯 2A

1）根据电镀工艺要求，行车前进与升降运动为自动控制，其控制过程是：按下 SB11，K3 及 KM1 吸合，行车前进，当运行至需要停留的槽位，如第 1 个槽清洗，由运动挡铁压下固定于导轨一侧的行程开关 SQ1，SQ1 常闭触头串在 M2 的控制回路中，使 K3、KM1 失电，M2 停止旋转，同时由 KM1 常闭触头及 SQ1 常开触头接通前进制动回路，K7 和时间继电器 KT1 得电，使 M2 制动，行车准确停在第 1 槽。制动时间由时间继电器 KT1 设定，停留时间

第4章 电气控制系统设计

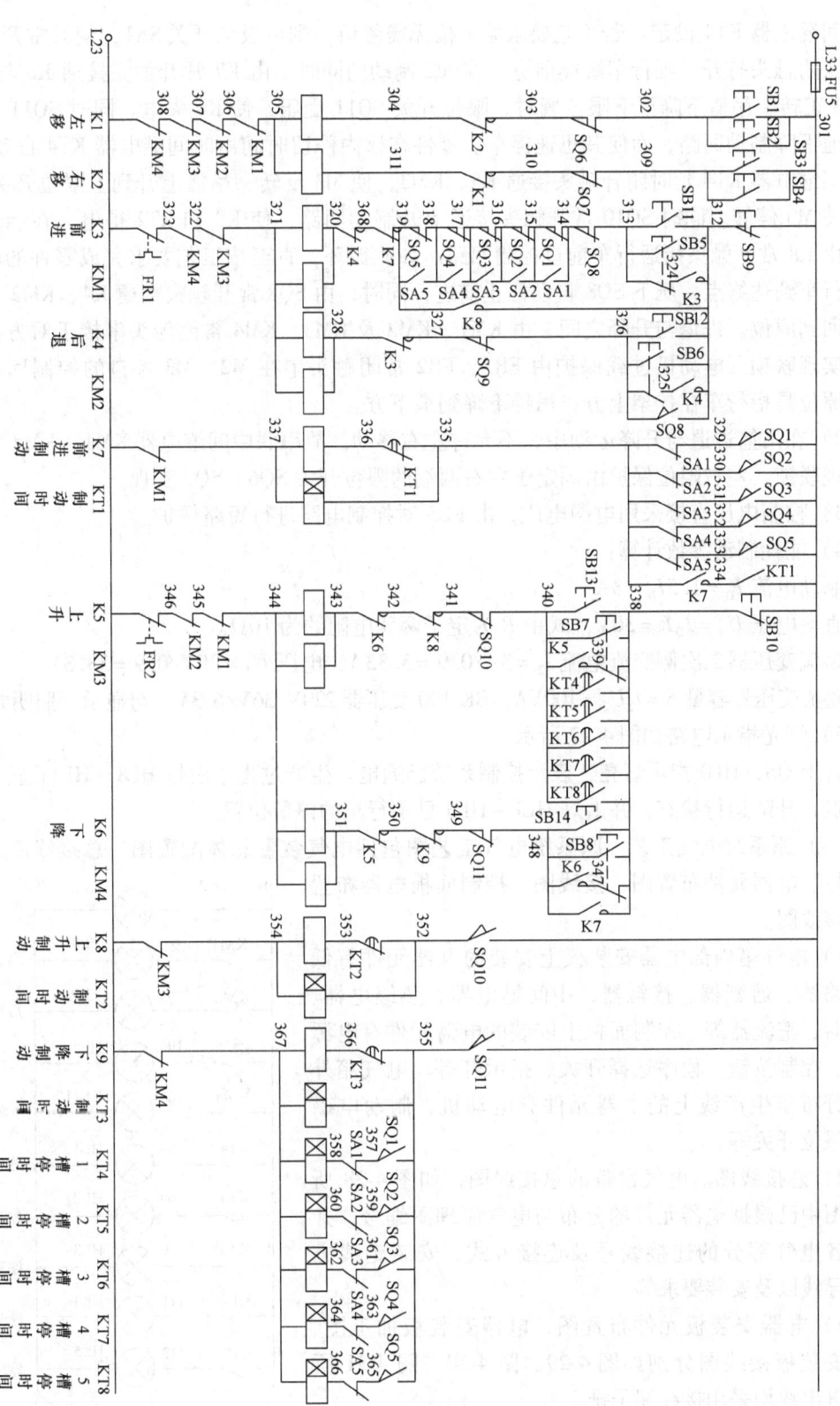

图 4-26 控制电路

由时间继电器 KT4 设定。若工艺要求第 1 槽无需停留，则可扳动开关 SA1，使其常开触头闭合，常闭触头打开，则行车继续前进。在 M2 制动的同时，由 K7 常开触头接通 K6 与 KM4，使 M3 正转，吊篮下降至下限位置时，限位开关 SQ11 受压，使 K6 失电。同时 SQ11 常开触头接通下降制动回路，而使其迅速停车。零件在槽内停留时间由时间继电器 KT4 自动控制，由时间继电器 KT4 延时闭合触头接通 K5、KM3，使 M3 反转，吊篮上升到上限位开关 SQ10 时，使 M3 停转。同时 SQ10 常开触头接通上升制动回路，使 K8 和 KT2 得电，在制动的同时，由 K8 常开触头接通行车前进控制回路。如此循环，直至按工艺要求完成零件的电镀过程，行车到达终点，压下 SQ8 自动停止前进，同时，由 SQ8 常开触头接通 K4、KM2 使行车自动回到原位。进退与升降之间，由 KM1、KM2 及 KM3、KM4 常闭触头串接于对方控制回路，实现联锁。电动机过载保护由 FR1、FR2 常闭触头串在 M2、M3 各自的控制回路中实现。原位是指行车在挂架上方，吊钩下降到最下方。

2) 在吊篮进退与升降运动中，不允许左右移动，故串联中间继电器 KM1~KM4 常闭触头实现联锁。左右限位保护由固定于左右两端的限位开关 SQ6、SQ7 实现。

3) 控制电压直接采用电网电压，由 FU5 对控制电路进行短路保护。

4) 能耗制动参数计算：

制动电流 $I_D = 1.5 I_N = 3A$

直流电压 $U_D = I_D R = 30V$，式中 R 为定子两相电阻约为 10Ω。

整流变压器二次侧交流电流 $I_2 = 3A/0.9 = 3.33A$；电压 $U_2 = 30V/0.9 = 33.3V$

整流变压器容量 $S = I_2 U_2 = 100VA$，BK-100 变压器 220V/36V/6.3V，与显示、照明共同。

5) 灯光指示电路如图 4-27 所示。

合上 QS，HL0 指示灯亮，表示控制系统已通电。生产过程中由灯 HL8~HL11 显示行车的进退、升降运行状态，并由灯 HL1~HL5 显示行车的停留位置。

(3) 原系统电气工艺 原系统电气工艺图包括电气装置总体配置图、总接线图、电器安装板、电器元件布置图、接线图、控制面板电器布置图及接线图。

1) 电气箱内部电器安装板上安装的电器元件有低压断路器、熔断器、接触器、中间继电器、热继电器、变压器、整流器等。控制面板上安装的电器元件有电源开关、控制按钮、程序选择开关、指示灯等。电气箱外部，分布于生产线上的电器元件有电动机、制动电磁铁、限位开关等。

2) 总接线图。电气设备的总接线图，如图 4-28 所示。图中已根据电器元件的分布与电气原理图编号，并标明各电气部分的连接线号及连接方式、安装走线方式、导线以及安装要求等。

3) 电器安装板元件布置图、电器安装板加工图、电器安装板接线图分别如图 4-29、图 4-30、图 4-31 所示。进出线均采用接线端子排。

4) 控制面板加工图、控制面板元件布置及接线图

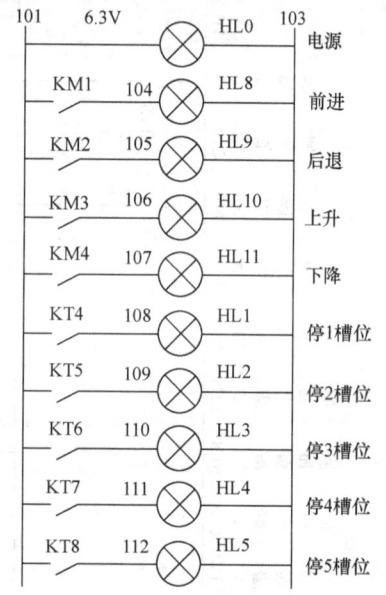

图 4-27 灯光指示电路

第 4 章 电气控制系统设计

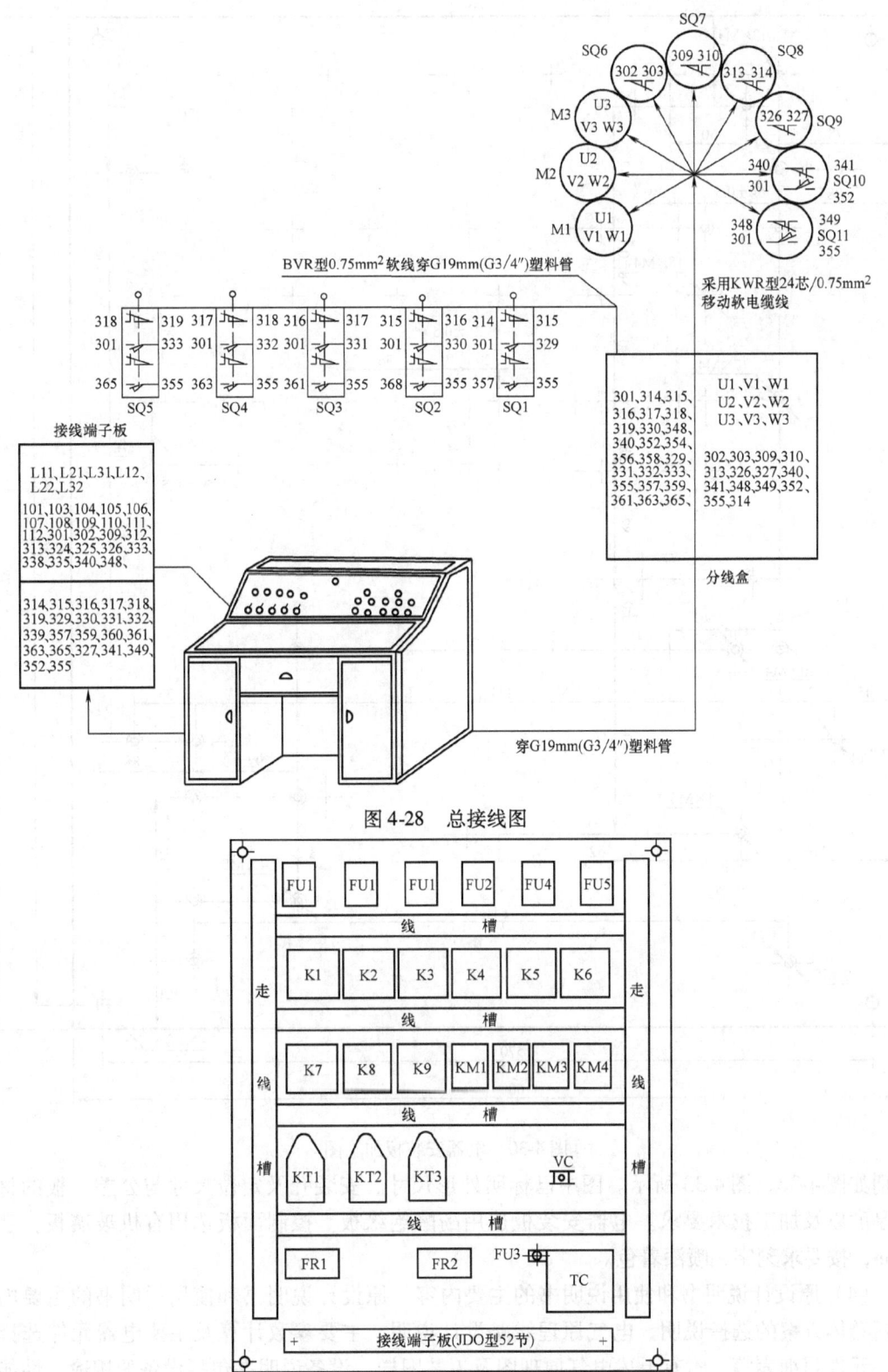

图 4-28　总接线图

图 4-29　电器安装板元件布置图

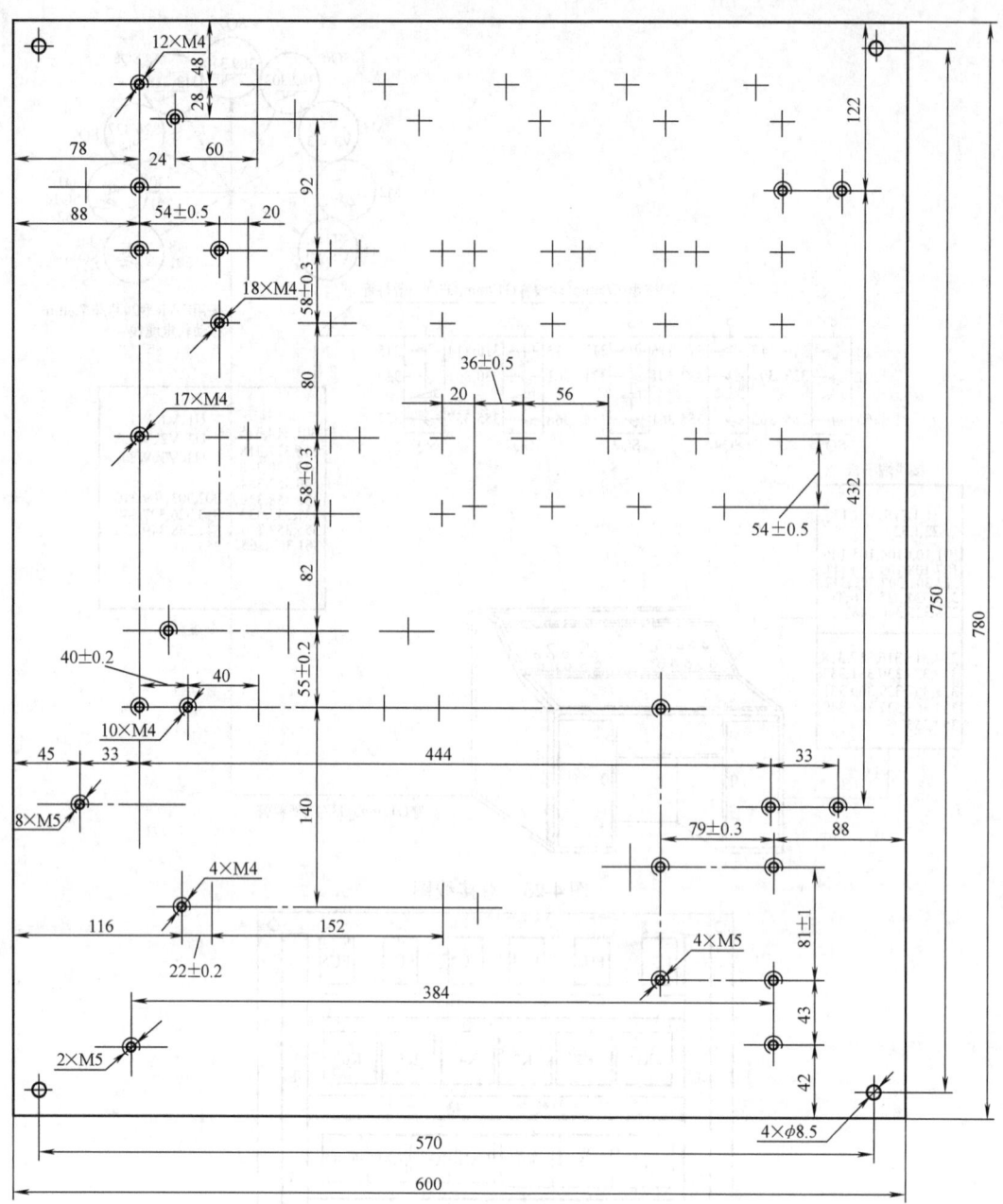

图 4-30 电器安装板加工图

分别如图 4-32、图 4-33 所示。图中已标明外形尺寸、安装孔及定位尺寸与公差、板的材料与厚度以及加工技术要求。电器安装板选用酚醛绝缘板。控制面板选用有机玻璃板，字体 2mm，按要求刻字，喷漆着色。

(4) 原设计说明书和使用说明书的主要内容　原设计说明书和使用说明书的主要内容包括总体方案的选择说明、电气原理线路设计说明、主要参数计算及主要电器元件选择说明、元件明细表等。附有上述电气原理图及工艺图样。设备说明书包括设备的用途、性能及特点。工作原理简单说明、安装、使用与维护注意事项等。

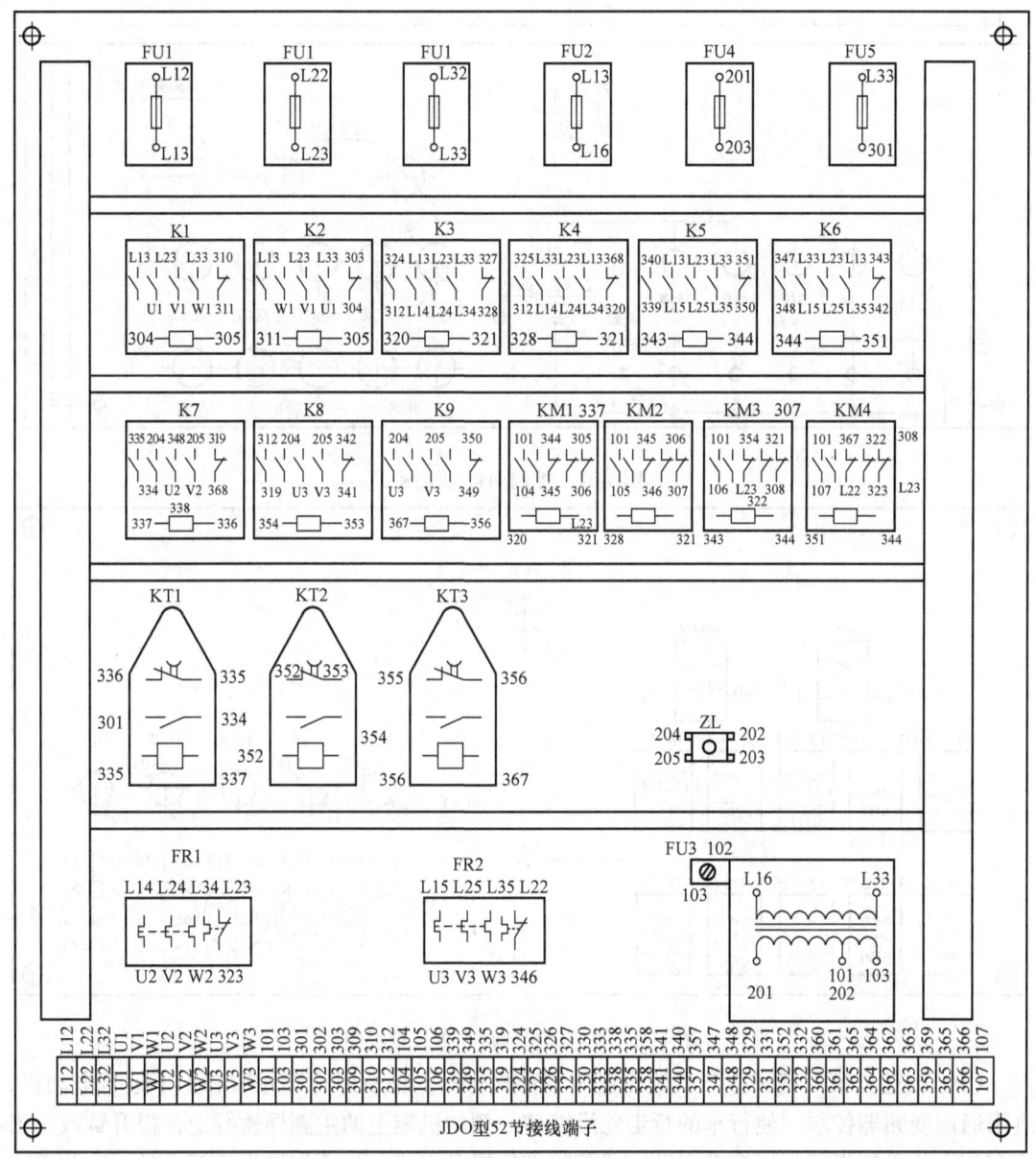

图 4-31　电器安装板接线图

（5）原设计设计审查的主要内容　原设计设计审查的主要内容包括总体方案的选择依据及正确性；控制线路满足任务书中提出的各项控制要求，可靠性程度评估；联锁、保护、显示、参数计算及元件选择的正确性；各种图样、说明书及应提供技术资料的完整性和标准化审查等。

3. 技术改造

第一批进行技术改造，拟先改造原有的一条半自动生产线，成功后再陆续改造其他生产线。按照工艺要求，行车和吊钩电动机改造为通用变频器控制，由可编程序控制器（PLC）控制，最终采用工业计算机、触摸屏组成网络化自动控制系统。

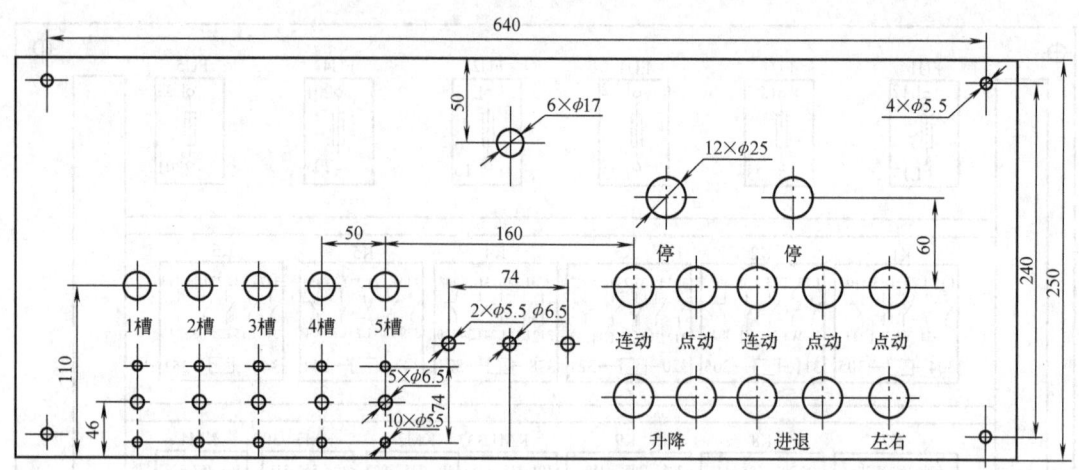

图 4-32 控制面板加工图

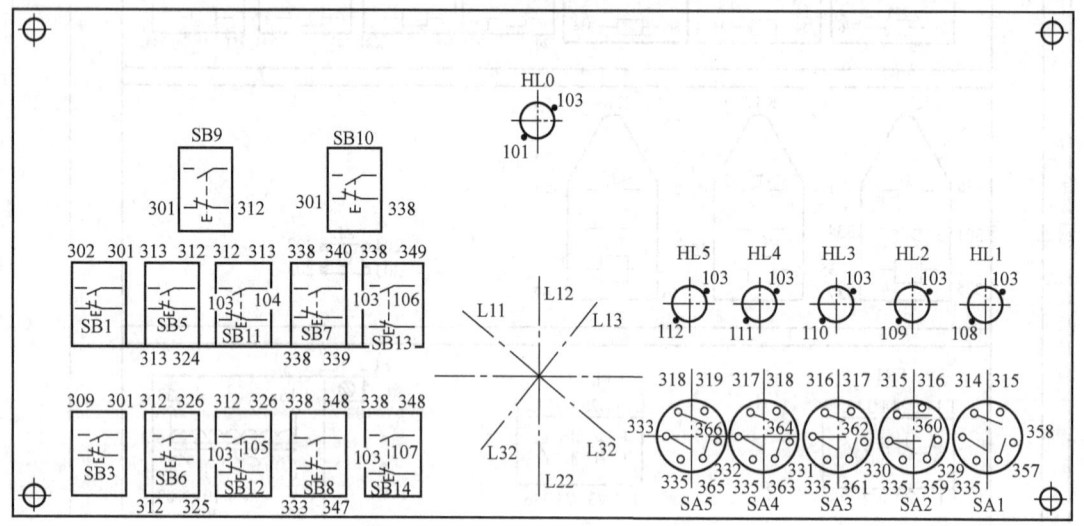

图 4-33 控制面板元件布置及接线图

（1）改造方案 将原生产线改为直线悬臂式行车，保留原行车左右和上下运行电动机，改用通用变频器控制。使行车的行走轮沿镀槽一侧的机架上的主副导轨行走，提升臂改为沿行车架上的导轨滑行，以滚动滑动方式替代直接提升方式。将原控制柜重新设计，改为 PLC 控制。

（2）通用变频器控制 为了使小车能准确定位，需要对行车的速度进行控制。选用 2 台三菱高性能通用型变频器 A740-1.5K-CHTFR 分别控制行车的平移、升降，进行无级变频调速，拆除原来的电磁抱闸。

A700 系列变频器过载能力强、控制功能多，适合大多数通用场合，具有速度、转矩、位置控制模式及各模式的切换。在 0.3Hz 的低速下最高可实现 200% 的输出转矩。转矩模式下，控制范围为 1:20；速度响应为 120rad/s，速度控制范围为 1:200。闭环矢量控制下，速度控制范围为 1:1500；速度波动率为 0.01%；速度响应为 300rad/s；转矩控制范围为 1:50，并具有零速控制和伺服锁定功能。内置 15 段预设位置段，并且可与 PLC 构成通用伺服系统,实现定位操作。内置的 PLC 编程功能可方便地利用 GX-Developer 对变频器内的 PLC 编制程序,进行相关的电气控制,做到一机多用。内置 USB 通信接口,可方便连接 FR-Configurator 变频器设置软件。除内置的基本 485 通信方式外,通过选用总线适配器可链接 CC-Link、PROFIBUS-DP、Device-Net、LonWorks、CANopen、Ethernet、SSCNETⅢ 等现场总线,实现设备网络化控制。

通过通用变频器的设定值可控制电动机正反转,即行车左右移动、吊钩上升和下降,并且速度可调。为了防止行车运行时镀件摇晃,行车平移时,先快速,当快接近工位时,再转为慢速,以减小制动力矩,提高定位的准确性。

(3) 可编程序控制器控制 由于电镀生产线需要根据不同的工艺要求,完成不同的任务,要求能方便地修改工艺流程和运行参数,同时要求系统安全、可靠、准确、性能稳定。为此选用 OMRON CPM2A 系列 PLC 控制。图 4-34 是电镀生产线的状态流程图。根据行车的控制要求,其输入/输出及控制信号共有 22 个,其中,输入信号 18 个,输出信号 4 个,地址配置见表 4-5。图 4-35 是部分梯形图程序。

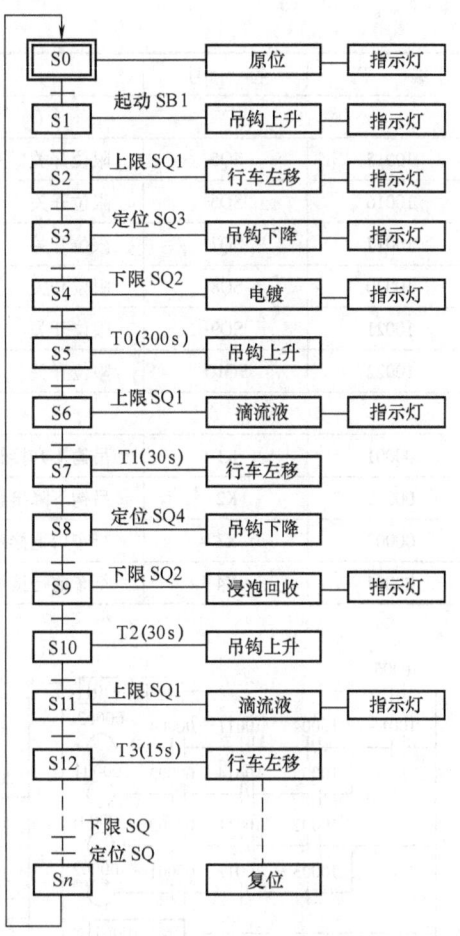

图 4-34 电镀生产线的状态流程图

表 4-5 I/O 配置表

编码	符号	功能	备注
输入			
10000	SB1	起动	按钮
10001	SB2	停止	按钮
10002	SB3	吊钩提升	手动按钮
10003	SB4	吊钩下降	手动按钮
10004	SB5	行车前进	手动按钮
10005	SB6	行车前进	手动按钮
10006	SA1	选择开关	自动
10007	SA2	选择开关	手动
10011	SQ1	限位开关	吊钩下限位
10012	SQ2	限位开关	吊钩上限位
10013	SQ3	限位开关	行车左行限位 1
10014	SQ4	限位开关	行车左行限位 2

(续)

编码	符号	功能	备注
		输入	
10015	SQ5	限位开关	行车左行限位3
10016	SQ6	限位开关	行车左行限位4
10017	SQ7	限位开关	行车左行限位5
10020	SQ8	限位开关	行车左行限位6
10021	SQ9	限位开关	行车左行限位7
10022	SQ10	限位开关	行车右行限位
		输出	
00001	K1	吊钩上升接触器	
00002	K2	吊钩下降接触器	
00003	K3	行车后退接触器	
00004	K4	行车前行接触器	

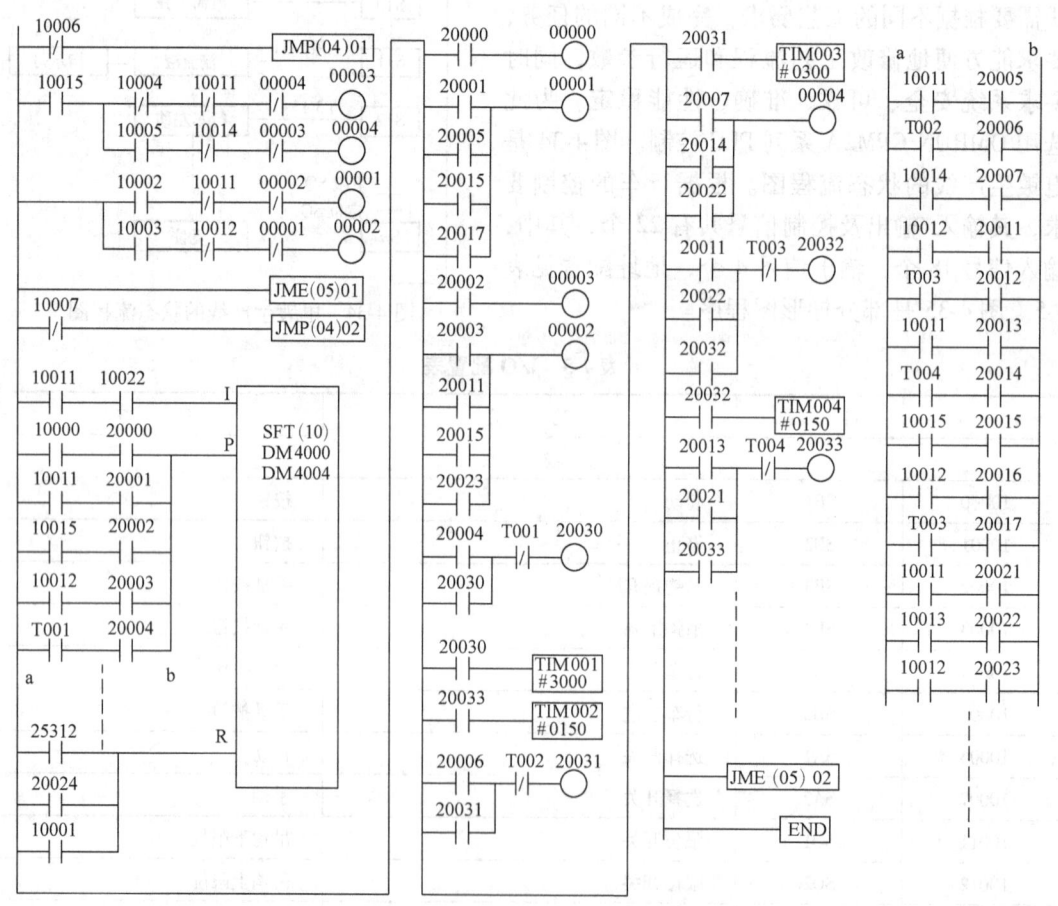

图 4-35 电镀生产线的部分梯形图程序

图 4-35 所示梯形图程序是从第 4 槽开始的，数据传送部分图中未示出。图 4-35 所示梯形图程序分析如下：

1）原位，限位开关 SQ1 和 SQ2 被压下，10011 和 10022 闭合，接通移位寄存器输入通道 20000，数据存于 DM4000 通道中。

2）按起动按钮 SB1，10000 闭合，K1 工作，吊钩提起工件上升，当碰到上限位开关 SQ2 时，10012 闭合，吊钩停止上升，K3 工作，00003 闭合，行车开始向下一道工序前行。

3）当行车前行至镀锌槽限位开关 SQ6 时，10016 闭合，行车停止前行，Y00004 得电，K4 工作，吊钩刚好在镀锌槽的上方开始下降。

4）当吊钩下降至下限位开关 SQ1 时，10011 闭合，吊钩下降停止，工件浸入镀液槽中，并开始定时。

5）定时 300s 后，00003 闭合，K3 工作，电镀结束，吊钩提起工件，开始上升，当碰到上限位开关 SQ2 时停止，10012 闭合，吊钩停止上升，并在镀槽上方停留 30s，让镀液滴回槽中。

6）当行车在镀槽上方停留 30s 后，K1 工作，00001 闭合，行车继续向下一道工序前行，直到碰压回收液槽限位开关 SQ7 时，10017 闭合，K4 工作，00004 闭合，行车停止前行，并且吊钩刚好在回收液槽的上方开始下降。

7）当吊钩下降至下限位开关 SQ1 时，10011 闭合，吊钩下降停止，工件被放置回收液槽中，并开始定时。

8）定时 30s 后，K3 工作，00003 闭合，吊钩又开始上升，当碰到上限位开关 SQ2 时停止，10017 接通，吊钩停止上升，并定时停留 15s。

9）当 15s 定时到后，K1 工作，00001 闭合，行车继续向下一道工序前行，直到碰压清水槽限位开关 SQ8 时，10020 闭合，行车停止前行，并且在清水槽上方停留 15s。

10）定时 15s 后，K4 工作，00004 闭合，吊钩开始下降，当吊钩下降至下限位开关 SQ1 时，10011 闭合，吊钩下降停止，工件置于清水槽中，并开始定时清洗 30s。

11）定时清洗 30s 后，K3 工作，10003 闭合，吊钩提起工件，开始上升，当碰到上限位开关 SQ2 时停止，10012 闭合，吊钩停止上升，并定时停留 15s。

12）定时 15s 后，K2 工作，10002 闭合，行车开始后退，当后退至原位限位开关 SQ10 时，10023 闭合，K2 工作，00002 闭合，行车停止后退，吊钩开始下降，当吊钩下降至下限位开关 SQ1 时，10011 闭合，吊钩下降停止，镀好的工件被取下来。

13）按下按钮 SB3 ~ SB6，能实现行车的手动控制。

至此，整个电镀生产完成一个工作循环，当再次按下起动按钮 SB1 时，则开始第二个工作循环。

在自动模式下，行车按照工艺流程所设定的参数自动运行；手动模式下，通过行车上的手操盒人工操作控制行车运动，并可用急停按钮紧急刹车停止任何运动。这两种工作模式可以通过选择开关切换。

工艺参数可以通过上位机修改和设置。在上位机上采用组态软件组态监控画面。现场有触摸屏，可在现场进行工艺参数的修改，若有报警，触摸屏显示报警画面，并且显示报警原因。在排除故障后按下解除按钮方可显示初始画面，恢复正常状态。动作指示灯安装在现场操作台上。

4.5 电气控制线路计算机辅助设计

随着计算机技术的发展,在工程设计领域应用计算机软件进行工作越来越广泛。尤其在机械、电子、建筑等行业,计算机辅助设计(CAD)软件非常丰富,使设计人员能够高效率地进行各自领域的产品分析、设计等工作。这些应用于工程设计领域的 CAD 软件有多种,具有代表性的有 AutoCAD、Protel、Visio、MATLAB、PCschematic ELautomation 等。AutoCAD 是一个机械制图与建筑制图的辅助工具,主要应用于机械产品设计和开发。Protel 主要应用于电子线路图、印制板的设计和绘制,以及电子线路逻辑分析和仿真等。Visio 是一种完备的软件制图和建模工具,主要功能是用于流程图、计划图、工程图等的设计,Visio 中提供了许多图形模板,这些模板中的图形可以用鼠标直接拖过来使用,并可修改,可广泛应用于电子、电气、机械、通信、建筑、软件设计和企业管理等众多领域。MATLAB 是一种数值计算和图形图像处理工具软件,主要应用于工程方面的数学计算、自动控制系统的分析,以及图形与图像处理等。电气工程绘图软件 PCschematic ELautomation 是基于项目和电气设计元件数据库进行开发的。一个项目的所有图纸都位于一个文件中,在不同页面之间根据元件的属性自动建立交叉参考指示,自动产生元件清单、零部件清单、电缆清单、接线端子清单、PLC 清单、图形化的电缆接线和接线端子连接图,以及自动产生元件的接线图,不同语言绘制的图纸可以自动地进行翻译,完全兼容 AutoCAD 数据格式,可以与 AutoCAD 之间建立双向数据传输。特别是具有超过 60 万个国产元件的数据库、国际标准图形符号库,使用十分方便。但由于各种原因,尚达不到普及应用的程度,工程设计人员只能借用其他软件,自建图形库,用于一般设计中。本书以 Protel 99 为例,介绍其在电气控制线路中的应用,期望读者能从中得到启发,进一步开发其功能,并推广应用。

4.5.1 Protel 99 简介

Protel 公司于 1998 年推出 Protel 98,这是第一个包含五个核心模块的 32 位 EDA 工具。全新一代 EDA 软件 Protel for Windows 95 将 Advanced SCH 98(电路原理图设计)、PCB 98(印制电路板设计)、Route 98(无网格布线器)、PLD 98(可编程逻辑器件设计)、SIM 98(电路图模拟/仿真)集成于一体化设计环境。1998 年后期,Protel 公司再次引进仿真技术和信号完整性分析技术,使得 Protel 的 EDA 软件步入了与 Unix 上大型 EDA 软件相抗衡的局面。1999 年正式推出 Protel 99,它是基于 Win95/Win98/WinNT 的完全 32 位 EDA 设计系统。Protel 99 继承了 Protel 98 原有的功能特点,并采用了三大技术:SmartDoc、SmartTool、SmarTeam。这些技术把进行产品开发的人、由人建立的文件和建立文件的工具三个方面有机地结合到了一起。

SmartDoc 技术——所有文件都存储在一个综合设计数据库中。从原理图、PCB、输出文件到材料清单等,都存储在一个综合设计数据库中,以便对它们进行有效管理。

SmartTool 技术——把所有设计工具,如原理图设计、电路仿真、PLD 设计、PCB 设计、自动布线、信号完整性分析以及文件管理器等都集中到一个独立、直观的设计管理器界面上。

SmartTeam 技术——使设计组的所有成员可同时访问同一个设计数据库的综合信息,更改通告以及文件锁定保护，确保整个设计组的工作协调配合。

根据 Protel 99 的这些功能特点，只要能充分利用其中的 Advanced SCH（电路原理图设计）的功能特点及其 SmartTool 技术，就可将 Protel 99 应用于电气控制线路中。

4.5.2 Protel 99 的功能特点

1. Protel 99 的主要组成部分

（1）电路设计部分 主要有用于原理图设计的 Advanced Schematic 99。这个模块主要包括：

1) 原理图设计编辑器。
2) 用于修改、生成图形符号库编辑器以及各种报表的生成器。
3) 用于电路板设计的 Advanced PCB 99，这个模块主要包括用于设计电路板的电路板编辑器。
4) 用于修改、生成零件封装的零件封装编辑器以及电路板组件管理器。
5) 用于 PCB 自动布线的 Advanced Route 99。

（2）电路仿真与 PLD 设计部分 主要有用于可编程逻辑器件设计的 Advanced PLD 99，这个模块主要包括：

1) 具有语法意识的文本编辑器。
2) 用于编译和仿真设计结果 PLD 以及用来观察仿真波形的 Wave。
3) 用于电路仿真的 Advanced SIM 99，这个模块主要包括一个功能强大的数/模混合信号电路仿真器，能提供连续的模拟信号和离散的数字信号仿真。
4) 用于高级信号完整性分析的 Advanced Integrity 99。这个模块主要包括一个高级信号完整性仿真器，能分析 PCB 设计和检查设计参数，测试过冲、下冲、阻抗和信号斜率。

2. Protel 99 的主要功能特性

（1）能充分利用 Windows 的特性 如同在 Windows 窗口环境中，能够同时执行多个应用程序一样，也可以在 Protel 客户环境中同时执行多个服务器程序，然后通过简单的鼠标操作就可以在各个服务器程序之间来回切换。此外，还可以通过 Windows 的剪贴板，将在某个服务器程序中剪切或复制的元件、文字及图形粘贴到另外的电路文件中。通过 Windows 支持的鼠标、打印机、字体及文件的管理功能，我们可以得到与其他应用程序一致的操作界面。

（2）集成性高 在 Protel 的 Client/Server 环境中，用户可将任何符合要求的服务器程序集成在一起。必要时，甚至可以挂上非 Protel 公司出品的服务器程序。在客户环境中，整个设计的流程可一气呵成，无需再来回切换工作环境，省去了不少麻烦。

（3）支持层次化设计 电路设计时，可先将整个电路按照其特性及复杂程度切割成适当的子电路，必要时可以使用层次化树状结构来完成。设计者先单独绘制及处理好每一个子电路，然后再将它们组合起来继续处理，最后完成整个电路。Advanced Schematic 完全提供了层次化设计所需要的功能。

（4）丰富而又灵活的编辑功能

1) 具有自动连接功能，在原理图设计时，有一些专门的自动化特性来加速电气件的连接。电气栅格特性提供了所有电气件，包括端口、原理图、总线、总线端、网络标号、连线和元件等的真正"自动连接"。当它被激活时，一旦光标走到电气栅格的范围内，它就自动跳到最近的电气"热点"上，接着光标形状发生改变，指示出连接点。当这一特性和自加入连接点特性配合使用时，连线工作就变得非常轻松。

2）具有交互式全局编辑功能，在任何设计对象，如元件、连线、图形符号、字符等上，只要双击鼠标左键，就可打开它的对话框，对话框显示该对象的属性，此时可以立即进行修改，并可将这一修改扩展到同一类型的所有其他对象，即进行全局修改。如果需要，还可以进一步指定作全局修改的范围。

3）具有便捷的选择功能，设计者可以选择全体，也可以选择某个单项，或者一个区域。在选择项中还可以不选某项，也可以增加选项，已选中的对象可以移动、旋转，也可以使用标准的 Windows 命令，如 Cut（剪切）、Copy（复制）、Paste（粘贴）、Clear（清除）等。

4）具有在线库编辑及完善的库管理功能，不仅可以打开任意数目的库，而且不需要离开原来的编辑环境就可以访问元件库，通过计算机网络还可以访问多用户库。元件可以在线浏览，也可以直接从库编辑器中放置到设计图纸上，不仅库元件可以增加或修改，而且原理图和元件库之间也可以进行相互修改。

5）具有元件库扩充功能，Advanced Schematic 中已经内置了很多标准的电子元件库，但允许用户根据需要任意新建元件库或修改现有元件的特性，Advanced Schematic 为元件库的管理提供了完善的工具程序。

6）具有数据库连接功能，它提供了强大灵活的数据库连接，原理图中任何对象的任意属性值都可以输入和输出，可以选择某些属性（可以是两个属性，也可以是全部属性）进行传送，也可以指定输入/输出的范围是当前图样，或是当前项目或元件库，或是全部打开的图样或元件库。一旦所选择的属性值已输出到数据库，它可以由 DBMS（数据库管理系统）来处理支持的数据库，包括 dBASEIII 和 dBASEIV 等。

7）具有自动标注功能。在设计过程的任何时候都可以使用"自动标注"功能，以保证标号正确无重复。

(5) 可以任意设置绘图页尺寸　Advanced Schematic 能够处理多种尺寸的单一绘图页、多张绘图页和层次化设计。内置的标准绘图页尺寸包括 A、B、C、D、E 五种尺寸，以及 A4～A0 大小的纸张尺寸，用户也可以自定义绘图页的尺寸。除此之外，还可以在绘图页中选用或建立自己习惯的边框和标题区块，并将这些格式保存为模板以供以后重复使用。

(6) 提供专用字串，多种字体支持　用户可以使用一些预先定义好的专用字串在绘图页内放置日期、绘图页名称、文件名称、元件计数等信息。它们在打印电路图时才被解释出来，因此可以得到最新最确切的信息。在 Windows 的图形环境下，Advanced Schematic 允许用户在电路图上使用只要是 Windows 操作系统可以接受的字体。

(7) 支持多种打印机　只要是 Windows 操作系统可以接受的点阵式打印机、激光打印机、喷墨打印机、PostScript 语言打印机或绘图仪，均可用来打印 Advanced Schematic 电路文件。为了使打印出来的电路图美观大方，Advanced Schematic 提供了任意缩放打印及横向打印、竖向打印的功能。

4.5.3　Protel 99 在电气控制线路设计中的应用

1. 进入 Protel 99

点击 Protel 99 的快捷键，启动 Protel 99 后将出现启动界面，如图 4-36 所示。

第 4 章　电气控制系统设计

图 4-36　启动 Protel 99

接着进入 Protel 99 的主窗口，如图 4-37 所示。

图 4-37　Protel 99 的主窗口

在"File"菜单中点击"New Design"命令，就会弹出如图 4-38 所示的"建立新设计库"对话框。只要输入文件名，如"电气图形库"、"电气控制线路图库"等，并选择该义件所存储的位置即可，如图 4-39 所示。

假设用户创建 MyDesign1.ddb 完毕后，在设计管理器的导航树中会出现 MyDesign1.ddb 的分枝，并在面板中出现一个设计窗口。创建完后，导航树中出现三个分枝，同样在主设计窗口中出现三个图标：设计工作组管理器、垃圾桶、文件夹。

导航树与 Windows 的资源管理器的使用方法是一致的。主窗口是一个标准的 Windows 窗口。在导航树中点击分枝，就会在主窗口标签栏里显示出该图标，并在窗口里显示该项所包括的内容。如图 4-40 中，选中导航树中的 MyDesign1.ddb，则在主窗口中显示出其本身自带的三项内容：设计工作组管理器、垃圾桶、文件夹。

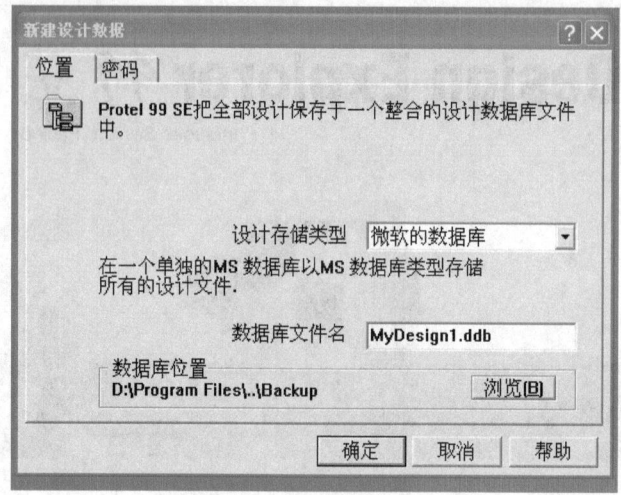

图 4-38 建立新设计库

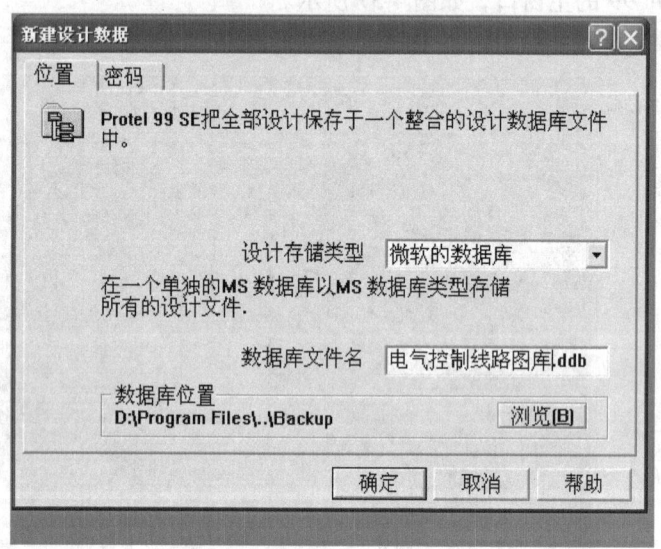

图 4-39 建立专门的设计库

在主窗口里切换已打开的文档，只需在标签栏里用鼠标点击想要的文档标签即可。而且同时打开的多个文档在主窗口里有多种显示方式，只需在标签栏点击鼠标右键，就会弹出菜单，然后选择需要的显示方式。

要打开项目数据库，只要在"File"菜单里选取"File/Open"命令；要关闭项目数据库只要在"File"菜单里选取"File/Close Design"命令，将关闭所有已打开的设计数据库。需要新建一个文件夹，在"File/New"命令下会弹出如图 4-41 所示的选择设计服务器对话框。

由图 4-41 可见，文件的类型可以是电路原理图生成文件（Schematic Document）、元件库编辑文件（Schematic Library）等，这样我们可以在前者中绘制"电气控制线路图库"，而在后者中创建和调用"电器元件符号库"。当选取了所需建立的文件类型后，如选择"Schematic Document"，然后点击"OK"按钮即可，这时会弹出如图 4-42 所示界面，将

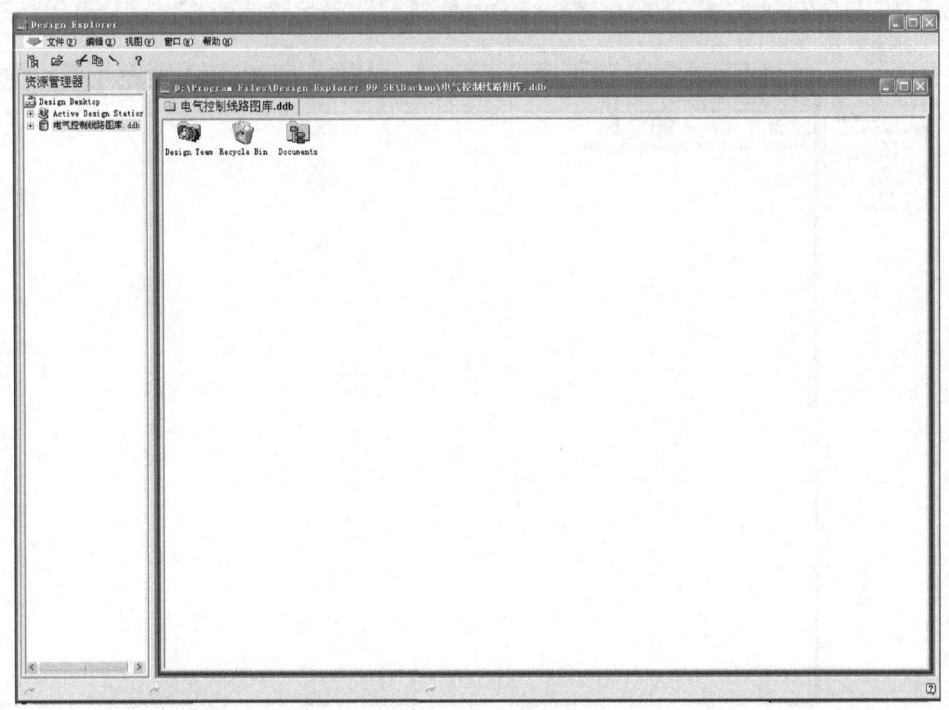

图 4-40　新建 MyDesign1.ddb

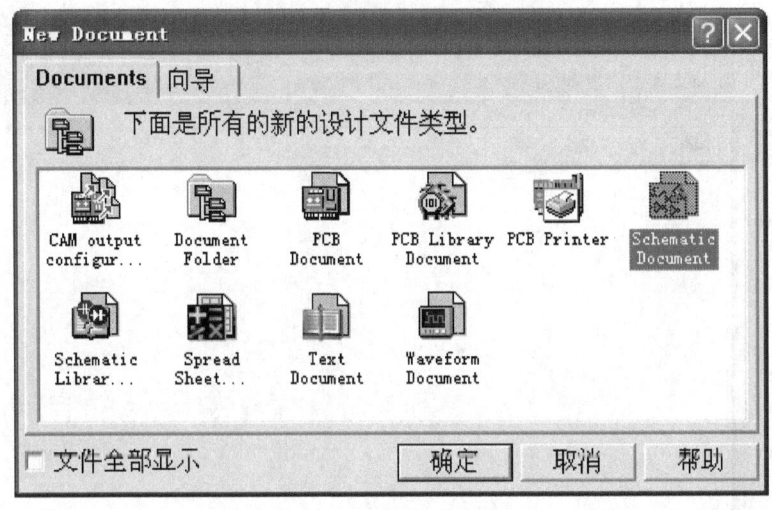

图 4-41　选择设计服务器

"Sheet1"改为所想定义的文件名，如"电气控制线路图库"、"图 1-1"等，如图 4-43 所示。

新建的文件将包含在当前的设计库中，可以在设计管理器中更改文件名，系统将进入定义的"电气控制线路图库"编辑器界面，如图 4-44 所示。

在原理图设计过程中，Protel 99 所提供的各种工具和管理器如图 4-45 所示。由图 4-45 可见，左边一栏内就是创建的元件符号库，可以随时调用，图纸区的画图工具就是我们经常需要使用的基本工具。以下仅说明基本绘图步骤。

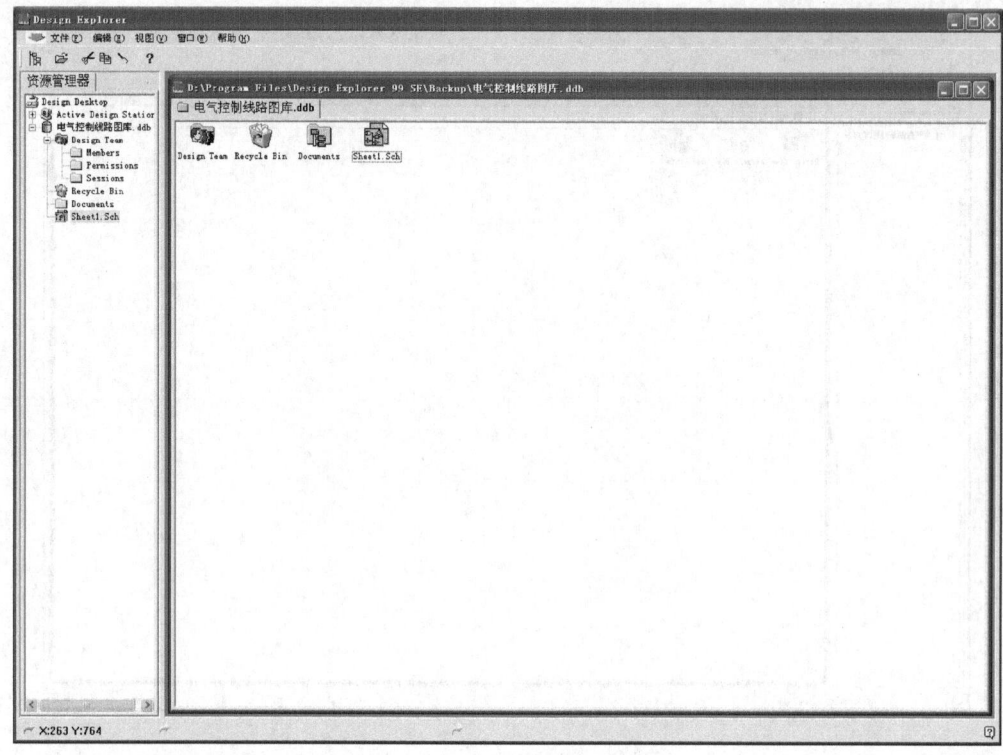

图 4-42　建立一个原理图文档

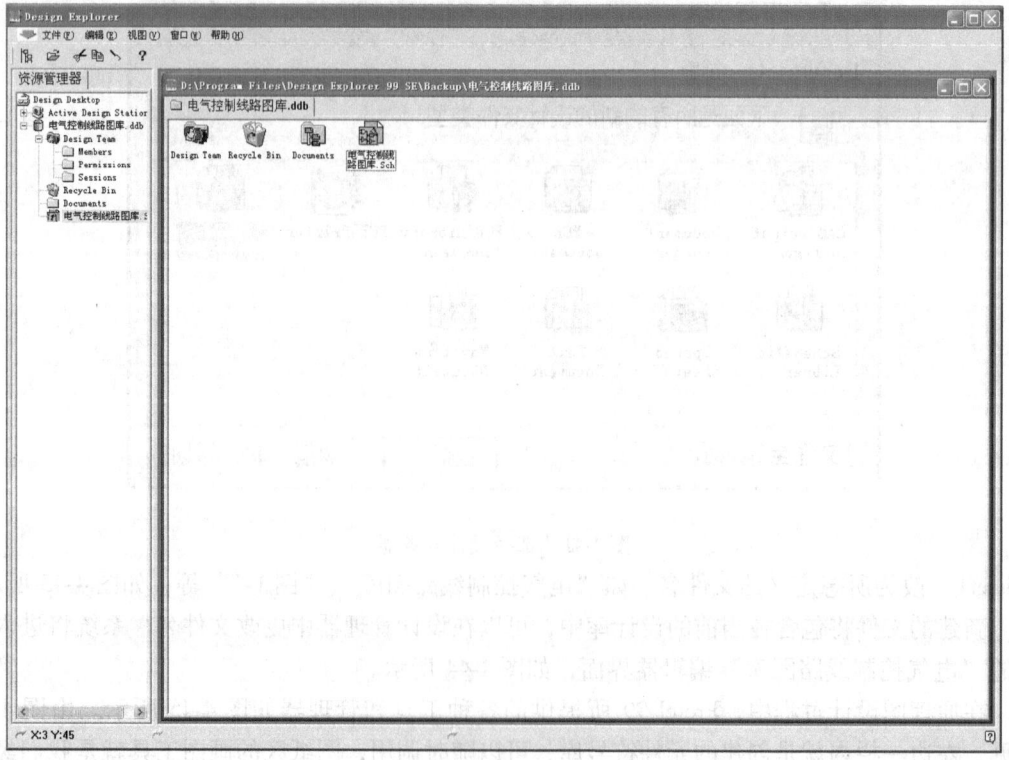

图 4-43　建立一个电气控制线路图库文档

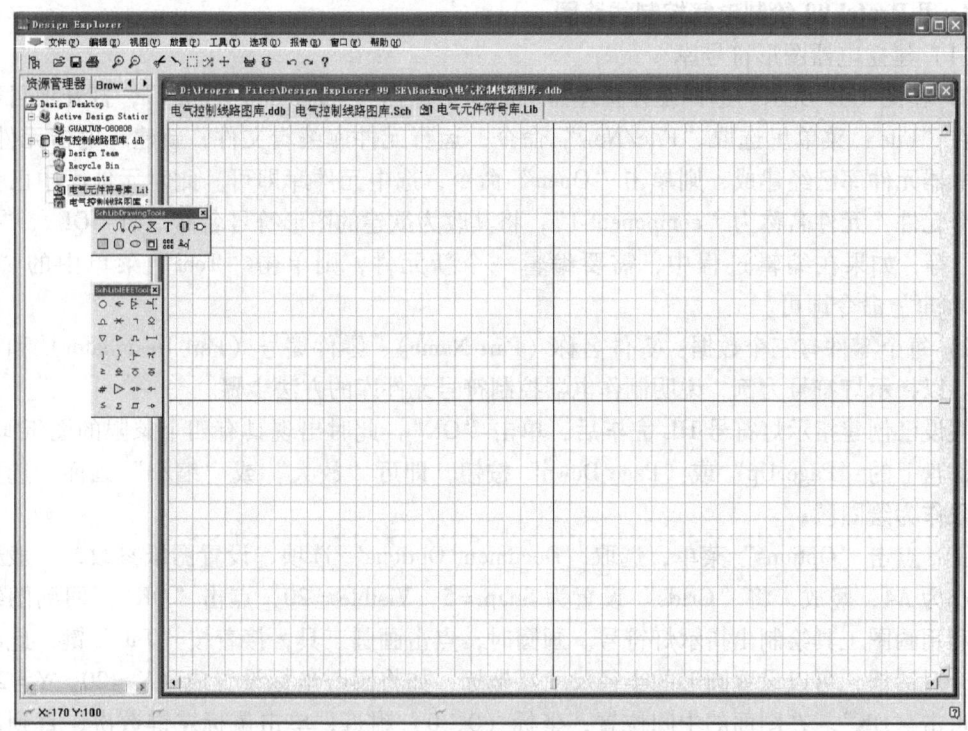

图 4-44 原理图设计工作环境

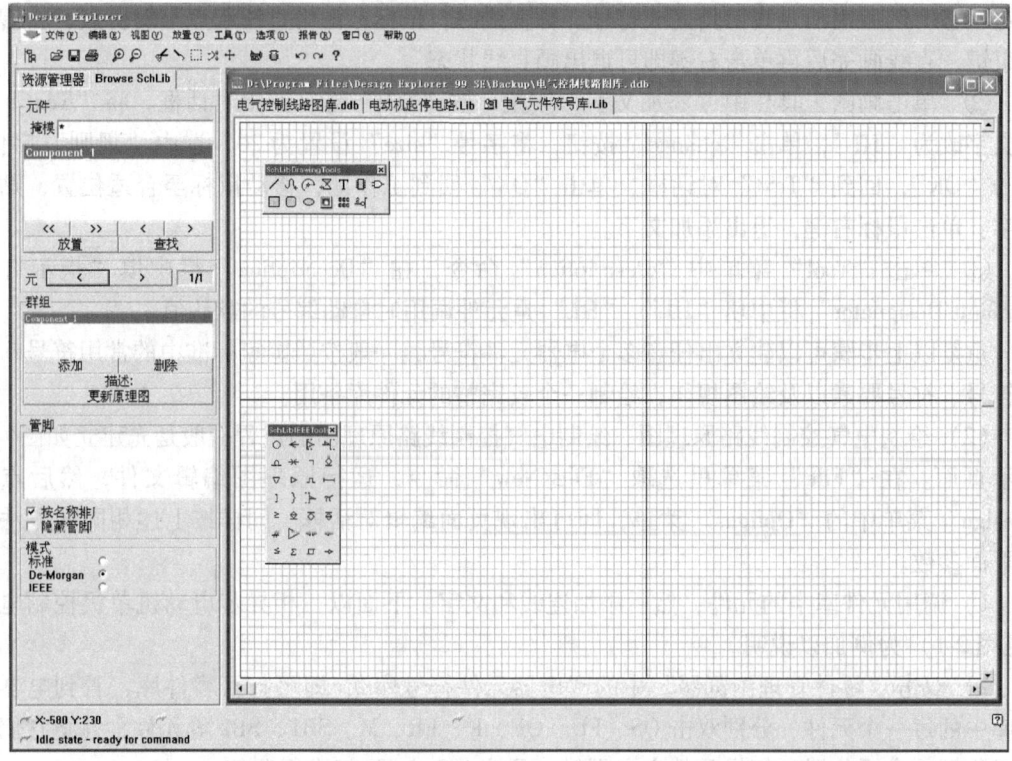

图 4-45 各种管理器及工具栏都处于打开状态

2. 用 Protel 99 绘制电气控制线路图

（1）建立电器图形符号库

1）在图 4-41 所示的选择设计管理器对话框中选择"Schematic Library"，打开项目数据库，在"File"菜单里选取"File/New"命令，运行元件库编辑文件，新建一电器元件库。如果电器元件库已经建成，则单击"Open"命令，选中元件库即可。此时元件库中已显示第一个元件，元件名称为"component-1"，将其改为欲建的图形符号名称，如"QF"、"K"、"FU"等，如果在编辑过程中，需要编辑一个新元件，则单击"Tool"菜单中的"new component"命令即可。

2）每个零件有三个数据：零件名称（Part Name）、零件编号（Part Designator）和零件符号。以指示灯符号为例，说明制作电器控制符号元件库的方法步骤。

假设已创建指示灯符号 HL 完毕后，单击"OK"，此时出现具有四个象限的图纸画面，敲击键盘上的"Page Up"或"Page Down"按钮，即可"放大"或"缩小"画面，选择第四象限作为绘图区。

① 点击"Options"菜单，选取"Document Options"选项，设置图纸参数，一般选图纸大小为 A4，竖放，将"Grids"设置为 Snap = 5，Visible = 20，点击"OK"，回到图纸画面，利用画图工具绘制出指示灯符号。画圆时，点击画圆工具，接着按"Tab"键，此时弹出一个对话框，可以设置圆形的半径尺寸及坐标，如将圆心坐标设置成（X = 20，Y = 20），然后点击"OK"。在图面的中间位置，坐标（0，0）附近，单击鼠标左键数次，直到出现另一个圆，即可绘制一个圆，作为指示灯的基本符号，按"ESC"键或单击鼠标右键，退出画圆状态。然后用画直线工具完成符号。画直线时，鼠标左键为直线起点与转折点，右键为结束键，直线画完后再单击右键即可退出画直线状态。

② 单击画图工具栏中"添加文字"按钮，按"Tab"键，调出对话框，将"Text"中的文字改为"HL"，单击"change"按钮，将字号"size"设置为 20，选中"规则"字体，单击"OK"，回到"Text"对话框，单击"OK"回到工作区，移动鼠标至合适位置，贴上文字，单击鼠标右键，退出添加文字。

③ 单击"Tool"菜单中"Description"命令，在"Description"栏中填"指示灯"，"Default Designator"栏中填"HL"，"HL"是元件调用时自动编号的默认值。

重复以上步骤可以建立出任意多个电器元件符号，一般按照国家标准中的常用符号、限定符号、符号要素以及绘图规律，绘制一个较完整的元件库备用。

（2）绘制电气控制线路原理图　绘制电气控制线路原理图的过程一般是先建立如图 4-45 所示页面。在"File"菜单里选取"File/New"命令，运行原理图编辑文件，然后点击"design"菜单中的"Options"菜单，即可出现页面编辑对话框。同样按上述相同的方法设置页面参数。

1）调用元件库中的元件，然后添加连线和文字。下面以三相异步电动机单机控制电路（见图 2-1）为例加以说明。

2）双击"零件管理浏览器"中的"电器元件符号库"，即可打开零件库，看到电器元件库中的每一个元件，分别双击 QS、FU、QF、K、FR、M、SB1、SB2 等元件，并将它们拖至工作区的合适位置，如果元件方向不对，可按"Space"键进行调整。

3）单击画图工具栏中画直线按钮，添加各元件之间的连接线，画直线方法同上。

4) 单击画图工具栏中画结点按钮,添加连线结点。

5) 修改元件编号与名称,方法是双击字符,调出对话框,进行字号、字体及内容修改。

6) 对不满意的线条、字符、结点,均可双击进行修改。

通过以上操作,可绘制出满意的电路图,核对无误即可打印,单击"File"菜单中"Printer"命令,进行打印机及其参数设置,单击"OK"按钮,即可打出电路图。本书中的电气控制电路就是用这种方法绘制的。

以上所述仅是应用 Protel 99 绘制电气控制电路图的最基本操作,当然也可以绘制接线图、安装图等。

第 5 章　可通信低压电器与现场总线

5.1　概述

随着现代工业自动化技术的进步，现代设计技术、微电子技术、自动控制技术、智能化技术、通信技术、可靠性技术、测试技术、计算机技术和网络技术、现场总线技术的迅速发展，计算机网络已渗透到各行各业乃至家庭，基于智能化电器的低压配电网也迅速发展，给传统电器带来了新的活力，低压电器向可通信、网络化发展。新型低压开关电器产品几乎都可带 RS-232/485 串行通信接口，使低压电器功能发生了质的变化。智能化电器是以微处理器为核心技术的电器。它一方面使电器具有智能化功能，即能够根据运行状态，通过感知、推理、学习、决策手段自动地选择最优模式进行控制与保护；另一方面智能化电器进一步信息化，具有双向通信功能，能与多种开放式现场总线连接，通常称为可通信电器。主要包括智能化万能式断路器（ACB）、塑料外壳式断路器（MCCB）、真空断路器（VCB）、剩余电流动作断路器（RCCB）、自动转换开关电器（ATSE）、交流接触器、真空接触器、软起动器、电动机保护断路器、控制与保护开关电器等。

可通信电器的应用，提高了配电控制系统的信息化、自动化程度。可通信电器的核心技术是微处理器和网络通信技术，它与中央控制设备，包括中央控制计算机和可编程序控制器（PLC）实现双向数据通信，并在低压配电系统和电动机控制中心中，统一形成了智能化监控、保护与信息网络系统。这种系统使操作人员在控制室中能方便地控制各种现场设备，并且能及时了解现场设备运行情况，处理各种故障，因而能降低停机维修时间，另一方面通过对负载的合理调度，使系统长期工作于经济合理的运行环境下。另外，这种系统也增加了使用的灵活性，可根据现场需要方便地设置开关设备保护特性等参数。

可以说，网络控制技术促使了智能化电器的发展，智能化电器使电气控制技术网络化成为可能。智能化电器是根据传统电器的工作原理和微处理器相结合而构成的，它充分利用微处理器的计算和存储能力，对电器的数据进行处理，并能对它的内部行为进行调理，使采集的数据最佳。因为可通信电器具有双向通信功能，所以可以与其他数据网络进行双向数据交换和传输，在现场级实现网络控制功能，其技术核心是基于现场总线技术，实现 TCP/IP（Transmission Control Protocol/Internet Protocol），把 TCP/IP 嵌入到智能电器的 ROM 中，使得信号的收发以 TCP/IP 方式进行，进一步发展智能电器的信息化功能。利用网络控制技术功能，不但使企业的网络授权用户可共享现场信息，并对现场的智能电器进行远程在线控制、编程和组态等。目前，现场总线技术已延伸到工业控制现场设备区域，并可通过连接器与工业以太网连网。

近年来，现场总线技术给工业自动化带来了划时代的变革。现场总线是一种造价低、可靠性强、并适合工业环境使用的通信系统，和传统的通信系统相比较，传统方法要用多芯电缆让数据并行传送，而现场总线仅需要一个双芯电缆，使布线非常简单，减少了安装维护费用。现场总线按国际标准采用统一的通信规范，因而它具有很好的互换性和互操作性，它是与生产商无关的系统,各种现场设备只要按这种规范和协议生产都可在网络上使用。现场总线生产工厂能提供现场总线各种标准部件,包括各种接口、中继器、电缆、模块化I/O站等,并做到了即插即用,适合于现场设备分散布置的特点。

综合以上两种崭新的技术,奠定了可通信电器的发展基础,也就是说,可通信电器是和一定的现场总线、通信规约、通信协议相联系的。

可通信低压电器可直接与现场总线系统连接,也可以通过通信适配器连接。可以安装在带现场总线系统的智能化开关柜内,也可以安装在被控制设备现场,通过现场总线与上位机连接,进行实时数据交换,并使系统具有"四遥"功能。采用现场总线系统后,低压控制柜的智能化控制单元,直接安装在现场,通过现场总线与上位机连接起来,从而可大大节省主电路电缆和二次控制线。

现场总线的种类很多,目前应用于低压电器产品和低压配电与控制系统的主要有PROFIBUS、DeviceNet、MODBUS、AS-i等。通过现场总线可实现低压配电系统与中压配电系统连网,实现低压配电系统和中压配电系统区域联锁,进而实现配电自动化。区域联锁的目标是扩大选择性保护范围,直至实现全范围选择性保护,减少配电系统动、热稳定要求。

目前,国内可用的智能低压电器产品虽然还不多,但某些关键的智能电器产品已经研制成功,并已经形成了生产规模。如智能化框架断路器、智能化塑料外壳式断路器都具有带通信接口的智能化电子脱扣器,它们与控制网络的"连接"是通过计算机通信接口来实现的。在电力系统中作为配电与保护电器的智能化断路器具有许多可设定的三段式保护曲线,并且在电网运行时,可由上位计算机根据配电自动化的要求来及时地改变这些曲线,这样,智能化断路器就从原来的静态保护变成了动态保护,保护水平有了很大提高。

总地来说,智能电器具有了数据通信接口,就能链入控制网络,网络控制使得智能电器的控制与保护性能有了"质"的变化。而具有使用统一规约的数据通信接口,能使控制网络更易设计和应用。智能化电器的结构原理已在第2章详细介绍,本章主要介绍现场总线及通信的基本概念。

5.2 低压电器数据通信的技术基础

5.2.1 低压电器数据通信的概念

1. 现场总线

现场总线是安装在制造或过程区域的现场装置与控制室内的自动装置之间的一种数字式、串行、多点通信的数据总线。MODBUS是一种现场总线的工业自动化网络规范,物理层使用RS-485的主从型现场总线。DeviceNet是一种位于设备层的现场总线,物理层使用CAN总线的主从型及生产者/使用者模式的现场总线。PROFIBUS现场总线有FMS、PA、DP三种不同的类型,其中,PA用于过程控制,DP用于工业现场控制。两者的物理层不同,PROFIBUS-DP是一种现场总线的工业自动化网络规范,物理层使用RS-485的主从型及多主从令牌系统现场总线。主从型通信是一种面向子站设备的现场总线通信模式,由1个主站进行通信控制,一般以周期性轮询方式进行通信。发生事件的子站只有在被轮询到时才能向主站报告事件,面向事件的响应可能因轮询周期有较大时间延迟。生产者/使用者通信是一种面向事件的现场总线通信模式，当事件突发时，系统可以对产生事件的子站快速响应。

2. 通信规约

通信规约是对低压电器在通信中的方式、传送信息的格式、参数类型、数据编码等要素的一种约定。低压电器的数据通信参数包括参数项、数据类型、单位、访问规则、地址、属性、支持该参数的设备代号等，如断路器通用数据通信参数表、电动机保护器数据通信参数表、ATSE 数据通信参数表、电量监控仪数据通信参数表等。

可通信电器能否完成与其他网络的连接通信，是评价产品开放性的指标。要想达到网络互连，不同厂家生产的控制设备，在网络上传输信息的格式、方式应遵循同一规约。国际标准化组织（International Standard Organization，ISO）制定了开放系统互连（Open Systems Interconnection，OSI）参考模型，为协调研制系统互连的各类标准提供了共同的基础和规约，为研究、设计、实现和改造信息处理系统提供了功能上和概念上的框架，为开放系统提供一个概念上和功能性的主体结构，而不是开放系统互连的具体实现规范，相反地，给予开放系统互连标准的具体实现以充分的灵活性。ISO/OSI 提出了七层参考模型，即物理层、数据链路层、网络层、传输层、会话层、表示层、应用层，具体应用时可采用其中的几层。

国家标准 JB/T 10542—2006《低压电器通信规约》规定了低压电器通信规约，用于现场总线系统的通信。采用 JB/T 10542—2006 标准的低压电器可直接或通过通信适配器与 MODBUS、DeviceNet、PROFIBUS-DP 等现场总线系统通信。

通信适配器是一种通信设备，对符合某一通信规约的设备进行协议转换后与其他现场总线系统通信。它具有两个通信接口，分别符合相应的通信规约，使得设备可与不同的现场总线系统进行连接。当采用不同通信适配器与不同总线连接时，低压电器与通信适配器之间的通信规约需要采用统一的数据通信规约。统一的低压电器数据通信规约可使得控制系统可以容纳各种各样的智能电器，只要它们具有使用统一规约的数据通信接口就可以相互通信，从而使控制系统的设计和应用具有可互操作性。

国家标准 JB/T 10542—2006 中包括术语、定义和代号；通信规约；关于使用通信适配器来连接上层现场总线系统的规定；检测的要求；试验；相关的工业规范和版本号的规定；断路器通用数据通信参数表；电动机保护器数据通信参数表等几个部分。规定了低压电器的数据通信参数表、相关的说明及检测的要求、低压电器数据传输格式、数据编码及传输规则、参数类型和相应的参数代码及通信格式。主要内容如下：

（1）低压电器元件工作状态参数

1）工作状态：通、断；

2）待命状态：准备好、未准备好；

3）报警；

4）故障：已动作，未动作；

5）故障类型；

6）故障相代号。

（2）低压电器元件及其工作支路的电参数

1）电流（分相参数）；

2）故障参数（故障值）。

（3）控制网络工作参数

1) 遥调相关参数；
2) 遥控信号。

(4) 通信的格式

通信格式规定了数据传输格式、传输规则、数据链路符号、字节格式、帧格式、功能编码、波特率、差错处理等。

采用 JB/T 10542—2006 标准的低压电器可直接或通过通信适配器与 MODBUS、DeviceNet、PROFIBUS-DP 等现场总线系统通信。但是，有时尽管设备使用了统一规约，当在同一现场总线控制系统中通信时，各种设备还有可能因互相影响而导致可重复的通信失败或导致某设备失效，为保证通信成功，设备除了需要采用统一的通信规约外，还需要具有可互操作性，也就是各种设备在通信时不会互相影响，若无影响，则相关设备称为具有可互操作性，可以在同一系统中工作。

3. 低压电器的数据交换接口形式

低压电器电子控制器对外通信接口有多种，如 CAN 接口、USART 串行接口、双端口 RAM、IC 芯片总线和双机并口通信方式等，与各种现场总线连接可采用不同的接口。

CAN 通信接口是芯片或微处理器上直接带片上 CAN 接口，主要用于基于 CAN 接口规范的现场总线，如 DeviceNet 现场总线。USART 串口方式需加驱动电路，如 MODBUS。双端口 RAM 用于控制器的微处理器与专用协议芯片之间的数据交换，如 PROFIBUS-DP 推荐的方式。IC 芯片总线包括 I^2C 和 SPI 方式，与驱动电路配合可用于某些系统的数据交换。双机并口通信方式是两个微处理器或 CPU 之间通过并口进行的通信。

4. 使用通信适配器连接上层现场总线系统的规定

低压电器采用 MODBUS、DeviceNet 或 PROFIBUS-DP（简称 3S-NET）通信适配器的网络拓扑结构，如图 5-1 所示。

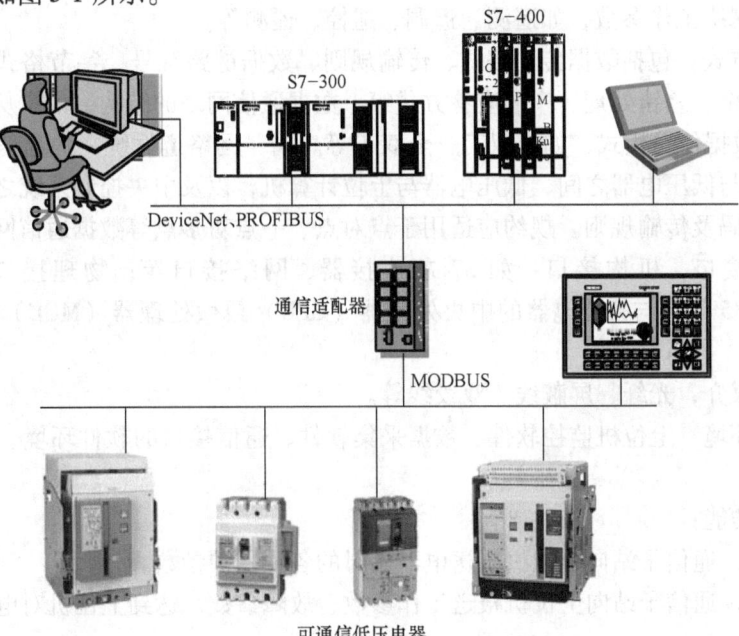

图 5-1 使用通信适配器的网络拓扑结构

(1) 以 MODBUS 转换 DeviceNet 模式的通信适配器相关要求　与两层现场总线连接的规范，MODBUS 与 DeviceNet 现场总线连接的规范应符合 GB/T 18858.3—2002《低压开关设备和控制设备　控制器-设备接口（CDI）　第 3 部分：DeviceNet》的规定。推荐使用波特率 500kbit/s。

与 MODBUS 现场总线连接的规范应符合 GB/Z 19582—2004《基于 MODBUS 协议的工业自动化网络规范》的规定。推荐使用波特率 19200bit/s。

(2) 以 MODBUS 转换 PROFIBUS-DP 模式的通信适配器相关要求　与两层现场总线连接的规范，与 PROFIBUS-DP 现场总线连接的规范应符合 IEC61158-3—2000 现场总线技术标准中 PROFIBUS-DP 部分。使用与 PROFIBUS-DP 现场总线连接的波特率。应该注意，3S-NET 现场总线组态软件适用 PROFIBUS-DP 的 DV2 及以下版本。

与 MODBUS 现场总线连接的规范应符合 MODBUS 通信规约。推荐使用波特率 19200bit/s。

对于低压电器的数据通信来说，主要涉及三方面的内容：与电力网络控制有关的信息，以及这些信息如何编码（数据代码）；通信规约，如数据传输格式和传输规则等；数据通信网络的网络层次等。

5.2.2　网络控制的内容

从网络控制的角度来看，低压电器通信内容的特点在于有较强的时效性，特别是在配电支路发生故障的情况下，系统响应的时间应该是毫秒级的。在有区域闭锁功能的控制系统，对响应时间的要求就更高。低压电器数据通信的主要内容是网络控制的对象参数。

1) 低压电器元件自身工作状态参数，如工作状态是通断还是待命状态、已准备好还是未准备好、报警、故障状态等。

2) 低压电器元件所在工作支路的电参数，如电流、故障参数以及相关参数。

3) 控制网络工作参数，如遥测、遥调、遥控、遥测等。

4) 通信方式，包括数据传输格式、传输规则、数据链路符号、字节格式、帧格式、功能编码、波特率、差错处理、广播应答方式等。数据通信网络的结构，如主从结构、生产者/使用者等。数据传送模式，如半双工、全双工等。同一网络遵循统一的通信规约，规约规定了低压电器与低压电器之间、低压电器与上位计算机，以及中央控制系统之间的数据传输格式、数据编码及传输规则。规约应适用于点对点、一点对多点等数据通信网络。

5) 通信接口，机构接口：如 37 芯连接器、网络接口等；物理接口：如 RS-232、RS-422、RS-485 等；与智能电器的中央处理器（CPU）或微处理器（MCU）的通信接口连接等。

6) 通信媒介，光纤、屏蔽线、双绞线等。

7) 软件环境，上位机监控软件、数据采集软件、通信接口的软件环境、通信软件模块化等。

8) 通信功能：

① 遥信，通信子站向上位机报送电器实时的各项保护参数。

② 遥测，通信子站向上位机报送工作参数、故障参数，达到上位机对电力电网系统遥测的目的。

③ 遥调，通信子站接收上位机的遥调参数来改变电器中智能脱扣器的保护特性参数，

以达到改变电力电网干路参数设定值的目的。

④ 遥控,通信子站接收上位机的控制信号来实现电力网计算机控制系统的遥控功能。

⑤ 与其他设备通信。

5.3 OSI 参考模型简介

国际标准化组织(International Standard Organization,ISO)的计算机与信息处理标准化技术委员会 TC 97 的分委员会 SC16 制定、颁布的"开放系统互连参考模型"(Open System Interconnection Reference Model,OSI/RM),即 ISO/IEC 7498 国际标准,是一个标准化开放式计算机网络层次结构模型(网络体系结构),又称 OSI 参考模型。我国相应的国家标准为 GB/T 9387《信息处理系统 开放系统互连 基本参考模型》。

ISO/OSI 参考模型定义了通信所需要的所有元素、结构和任务,并把它们安排在 7 个层(layers or levels)中,其中的每一层建立在下一层之上。在通信过程中,每一层完成规定的功能。如果某个通信系统不需要某些特定功能,则绕过不使用的相应层。

ISO/OSI 参考模型定义了连接对象和互连的范围,描述了 OSI 中所使用的模型化原则。所谓"开放系统"是指通信遵循标准信息交换格式的彼此"开放"的系统,通过共同使用适当的标准而实现信息的交换。因此,"系统是开放的"并不隐含特殊的系统实现,也不隐含互连的技术和方法,它是指各系统互相识别并且支持适当的标准实现信息交换。OSI 所使用的模型结构是分层技术,用 N 层表示某一特定的层,用 $N+1$、$N-1$ 层表示其相邻的高层和低层。分层的概念也适用每一层所完成的服务,如 N 协议、$N+1$ 服务、$N-1$ 服务等。

ISO/OSI 参考模型包括了网络体系结构、网络服务定义和网络协议规范。所谓网络体系结构就是计算机网络各层次及其协议的集合,并作为一个框架来协调各层标准的制定。每层都有相对的独立功能,相对的两层之间有清晰的接口,因而系统层次分明,便于设计、实现和修改补充。低四层对用户数据进行可靠的透明传输,另外的高三层分别对数据进行分析、解释、转换和利用。网络服务定义描述了各层所提供的服务,以及层与层之间的抽象接口和交互用的服务原语。网络协议规范定义了应当发送何种控制信息及何种过程来解释该控制信息。但 ISO/OSI 参考模型并非具体实现的描述,它只是一个为制定标准而提供的概念性框架。在 ISO/OSI 参考模型中,只有各种协议是可以实现的,网络中的设备只有与 ISO/OSI 参考模型和有关协议相一致时才能互连。

ISO/OSI 参考模型不是通信标准,它只给出了一个不会由于技术发展而必须修改的、稳定的网络模型,使有关标准和协议能在模型定义的范围内开发和相互配合。这样不同的网络产品供应商的产品具有互通性和互操作性。互通性是指在计算机之间传输信息的方法一致,包括物理介质、数据打包机制和从起点到达终点之间的多个网络设备之间的路由。互操作性包括使应用不同的计算机操作系统和语言的计算机之间可以相互传送数据。

ISO/OSI 参考模型的七层协议结构如图 5-2 所示。模型描述了每个层如何与其他节点上的对应层进行通信。但是,数据并非是从一台机器的第 n 层直接传递到另一台机器的第 n 层,而是每一层都将数据和控制信息传递给它的下一层,这样一直传递到最底下的层。第一层下面是物理介质,通过它进行实际的通信。在图 5-2 中,虚线表示逻辑流(虚拟通信),实线表示真正的数据流(物理通信)。

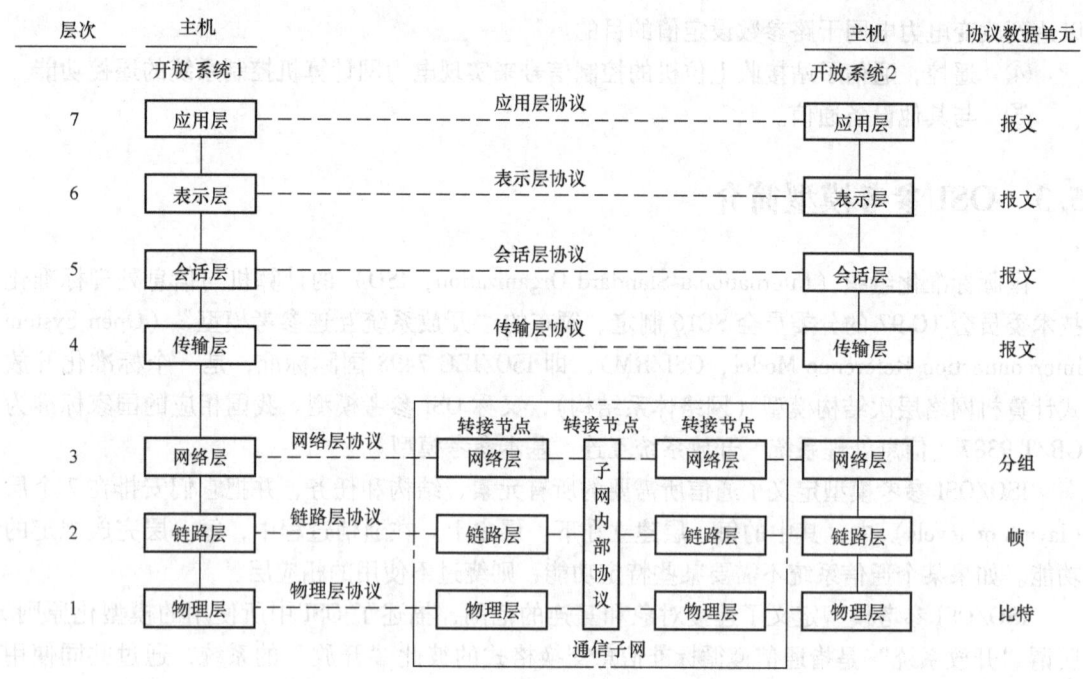

图 5-2 ISO/OSI 参考模型的分层结构

ISO/OSI 参考模型从下到上分为七层，各有不同的功能及含义，而修改某层的功能不会影响其他层。

1. 物理层

物理层是一个功能模型，是原始比特流的传输、电子信号传输和硬件接口，用于将信号放到传输介质上，以及从介质上收到信号。具体涉及接插件的规格，"0"、"1"信号的电平表示，收发双方的协调等内容。物理层的下层边界是连向传输介质的物理连接器，但并不包含传输介质。物理层从数据链路层接收数据帧，并将帧的结构和内容串行发送即每次发送一个比特，然后这些数据流被传输给数据链路层重新组合成数据帧。物理层的特性包括机械特性：物理连接器的尺寸、形状、规格；电气特性：信号电平、脉冲宽度、频率、数据传送速率、最大传送距离等；功能特性：接口引脚的功能作用；规程特性：信号时序、应答关系、操作过程。如插接件型号、每根线的定义、"1"和"0"电平的规定、位脉宽、传输方向的规定，如何进行初始连接，如何拆除连接等。RS-232C、RS-422、RS-485 等均为物理层协议。传输介质包含真正用于传输由物理层所产生信号的方法。传输介质包括同轴电缆、光纤、双绞线等。

2. 数据链路层

数据链路层所传送的不再是原始的比特流，而应具备相应的语法和语义，以达到可靠传输的功能。数据链路层将从网络层接收的分组（Packet）数据分帧，并处理流控制，传送给物理层，通过物理层传送到对方的数据链路层。数据链路层协议要规定帧的类型与格式，类型包括控制信息帧与数据信息帧等，格式则规定帧所包含的域。类型与格式包括物理地址、网络拓扑；组帧：把数据封装在帧中，按顺序传送，处理返回的确认帧；定界与同步：产生/识别帧边界；差错恢复：采用重传（ARQ）的方法；流量控制：收发双方传输速率的匹配等。

数据链路层把输入的数据组成数据帧，并在接收端检验传输的正确性。若正确，则发送确认信息；若不正确，则抛弃该帧，等待发送端超时重发。数据链路层包含 2 个子层，上一层是逻辑链路控制（LLC），下一层是介质访问控制（MAC）。硬件地址实际上是数据链路层中的 MAC 地址。物理地址将放置在这里，因为物理层仅仅处理原始的比特流函数。数据在这个层分解为小的"帧"。物理层和数据链路层通常是以硬件/软件组合解决方案来实现的。如集线器、交换机和网络适配器及其软件驱动程序、用于连接网络节点的介质或电缆等。同步数据链路控制（SDLC）、高级数据链路控制（HDLC），以及异步串行数据链路协议等都属于数据链路层范围。数据链路控制协议也称链路通信规程，可分为异步通信协议和同步通信协议两大类。

3. 网络层

网络层通过寻址来建立两个节点之间的连接，也称分组，它包括通过互连网络来路由和中继的数据。网络层控制网络上信息的切换和路由选择，因此网络层要为数据从源点到终点建立物理和逻辑上的连接。网络层关心的是通信子网的运行控制，主要解决如何使数据分组跨越通信子网从源传送到目的地的问题，这就需要在通信子网中进行路由选择。另外，为避免通信子网中出现过多的分组而造成网络阻塞，需要对流入的分组数量进行控制。当分组要跨越多个通信子网才能到达目的地时，还要解决网际互连的问题。

4. 传输层

传输层是主机-主机（端-端）的层次，提供透明数据传输服务，使高层用户不必关心通信子网的存在，由此用统一的传输原语书写的高层软件便可运行于任何通信子网上。传输层还要处理主机-主机的差错控制和流量控制问题。传输层提供"面向连接"（虚电路）和"无连接"（数据报）两种服务。它从会话层接收数据并传到网络层，保证这些数据正确地到达目的地，起到网络层和会话层之间的接口作用，即传输层以上各层面向应用，传输层以下各层面向传输。传输层位于资源子网和通信子网的交界处，起着承上启下的作用。

5. 会话层

会话层是进程-进程的层次，其主要功能是组织和同步不同的主机上各种进程间的通信（也称为会话）。会话层的基本功能是在两个节点之间建立端连接，控制一个通信会话进程的建立或结束。包括建立连接是以全双工还是以半双工的方式进行设置，尽管可以在层 4 中处理双工方式。在半双工情况下，会话层提供一种数据权标来控制某一方何时有权发送数据。会话层检查并确定一个正常的通信是否正在发生，如果没有发生，该层必须在不丢失数据的情况下恢复会话，或根据规定，在会话不能正常发生的情况下终止会话。还提供在数据流中插入同步点的机制，使得数据传输因网络故障而中断后，可以不必从头开始而仅重传最近一个同步点以后的数据。为了建立会话，用户必须提供其希望连接的远程地址（会话地址）。会话双方须彼此确认，然后双方按照共同约定的方式，如半双工通信或全双工通信方式，开始数据传输。

6. 表示层

表示层为上层用户提供共同的数据或信息的语法表示进行格式化数据，实现不同信息格式和编码之间的转换，如不同计算机之间不相容文件格式的转换（文件传输协议），不相容终端输入、输出格式的转换（虚拟终端协议）等。为了让采用不同编码方法的计算机在通信中能相互理解数据的内容，可以采用抽象的标准方法来定义数据结构，并采用标准的编码表示形式。表示层管理这些抽象的数据结构,并将计算机内部的表示形式转换成网络通信中采用的标准表示形式。表示层还提供数据压缩和加密、解密服务,例如将常用词用缩写字母或特殊数字编码,消去重复的字符和空白等。

7. 应用层

应用层是开放系统互连环境的最高层。不同的应用层为特定类型的网络应用提供访问OSI 环境的手段。网络环境下不同主机间的文件传送访问和管理、传送标准电子邮件的文件处理系统、使不同类型的终端和主机通过网络交互访问的虚拟终端协议等都属于应用层的范畴。应用层直接对应用程序提供服务,负责与其他层次的通信,如分布式数据库和文件传输等。它规定了在不同应用情况下,所允许的报文集合和对每个报文所应采取的动作等。应用层协议包括远程登录协议(Telnet)、文件传输协议(FTP)、超文本传输协议(HTTP)、域名服务(DNS)、简单邮件传输协议(SMTP)、邮局协议(POP3)等。

5.4 现场总线基础

5.4.1 现场总线的技术特点和优点

1. 现场通信网络

现场总线系统位于控制网络结构的底层,承担着对生产过程的测量控制任务,它一方面将现场测量控制设备互连为通信网络,实现不同网段、不同现场通信设备间的信息共享,同时又将现场运行的各种信息传送到远离现场的控制室,进一步实现与操作终端、上层控制管理网络的连接和信息共享,可通过以太网或光纤通信网与高速网上的服务器、数据库、打印绘图等外部设备交换信息。

2. 系统的开放性、互操作性和互用性

现场总线为开放式互连网络,既可与同类网络互连,也可与不同网络互连,通过网络可对现场设备统一组态,无缝地把不同厂商的网络及设备融为统一的现场总线系统。开放是指通信协议公开、与相关标准的一致性,各不同厂商的设备之间可互连并实现信息交换,建立统一的工厂底层网络的开放系统。系统集成可采用不同供应商的产品,不会受到设备选择范围的限制,也不会发生接口和协议不兼容问题,在设备出现故障时,可以自由选择替换的设备。此外,由于现场总线产品标准化和功能模块化,因而还具有设计简单、易于重构等优点。系统的开放性决定了它具有互操作性和互用性。互操作性是指实现互连设备间和系统间的信息传送与交换,而互用性意味着不同生产厂商的性能类似的设备可相互替换,不仅可以互相通信,而且可以统一组态,构成所需的控制回路,共同实现控制策略。

3. 系统可靠性高

现场总线系统的现场设备本身具有高度智能化与功能自主性,因此通过现场总线很容易构成分布式控制体系结构,简化系统结构,操作站可直接与现场设备相连,使现场总线系统的可靠性提高。同时,由于系统结构简化,设备与连线减少,现场仪表内部功能加强,减少了信号的往返传输量,提高了系统的可靠性。各种开关量、模拟量信号就近转变为数字信号,避免了信号的衰减和变形。传输介质供电方式允许现场仪表从通信线上摄取能量,可用于本征安全环境的低功耗现场仪表。

4. 现场环境的适应性强

现场总线是专为工业现场环境下工作而设计的，支持双绞线、同轴电缆、光纤电缆、无线、微波、射频、红外线、电力线等通信介质，具有较强的抗干扰能力，能采用两线制实现供电与通信的双重功能，允许现场仪表直接从通信线上获取电源，并可满足本质安全防爆要求等。由于总线节点具有 IP67 防护等级，具有防水、防尘、抗振动的特性，可直接安装于工业设备上，大量减少了现场接线箱数量，特别适合直接安装于石油、化工等危险防爆场所，减少系统发生危险的可能性。另外，总线在通信介质、信息检验、信息纠错、重复地址检测等方面都有严格的规定，从而确保数据通信快速、安全、可靠。

5. 节省硬件数量与投资

传统的集中控制需要大量的布线，如图 5-3 所示。如果采用现场总线控制，系统连线只需要一根双绞线，如图 5-4 所示。

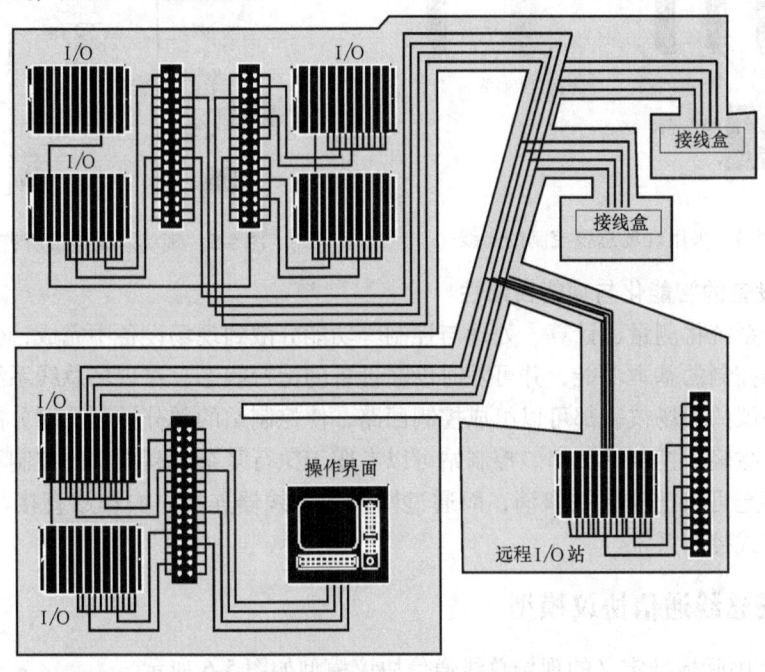

图 5-3 传统的集中控制的布线

由于现场总线系统中分散在设备前端的智能设备能直接执行传感、控制、报警和计算功能，因而可减少变送器、隔离器、I/O 卡和端口等的数量，这样既节省安装空间，又减少了大量电缆，不再需要单独的控制器、计算单元等，可以用工业控制计算机作为操作站，从而节省硬件投资。现场总线系统的一对双绞线或一条电缆上通常可挂接多个设备，因而导线、电缆、端子、槽盒、桥架、连接附件大幅度减少，由原来的几百根，甚至几千根控制电缆减少到一根总线电缆；采用标准接插件可快速地安装，接线工作量大大减少，从而也使设计、安装、调试和维护的费用、停工时间大幅度减少，并且使原来复杂的电气原理图、布线图设计清晰简单。当需要增加现场控制设备时，无需增设新的电缆，可就近连接在原有的电缆上，既节省了投资，也减少了设计、安装工作量。同时，由于系统结构简化，连线简单而减少了维护工作量。

图 5-5 是现场总线系统的基本结构，由图可见，采用一根双绞线就可连接所有现场设

备，可见，使用现场总线技术具有明显的技术优势，易于实现企业综合自动化。

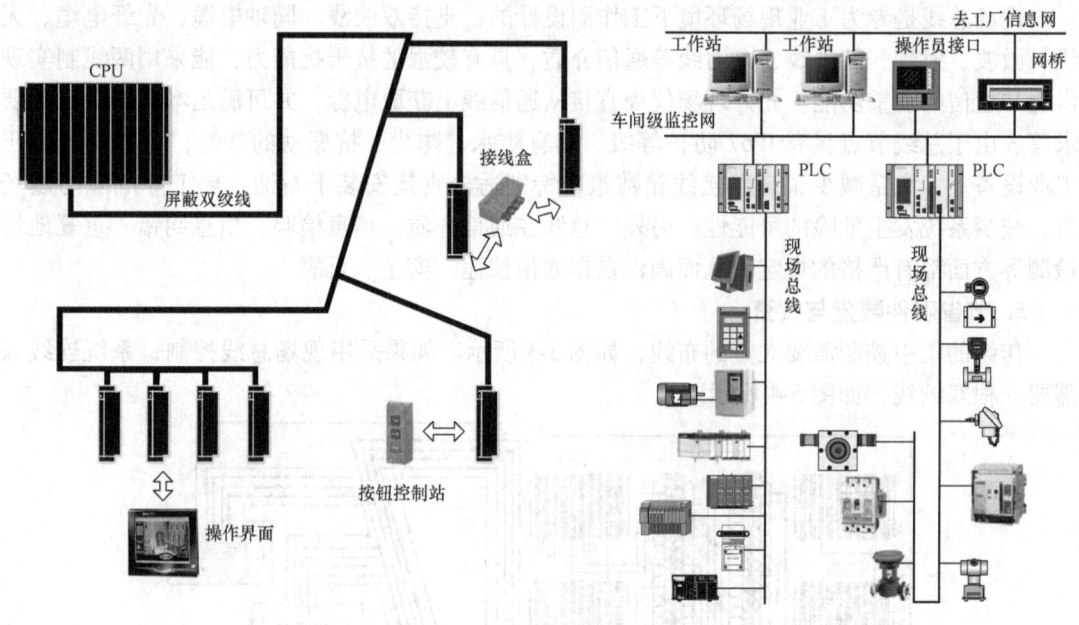

图 5-4　采用现场总线控制的布线　　　图 5-5　现场总线连接所有现场设备

6. 现场设备的智能化与功能自治性

现场总线系统将测量、计算、处理与控制等功能分散到现场设备中完成，仅靠现场设备即可完成自动控制的基本功能，并可随时诊断设备的运行状态。在现场总线系统中，遵循一定现场总线协议的现场仪表都可以组成控制回路，使控制站的部分控制功能分散到各个现场仪表中，从而减轻了控制站负担。控制站可以专职于执行复杂的高层次的控制算法。对于简单的控制，甚至可以把控制站取消，而通过网桥和集线器连接，操作站直接与现场仪表相连，构成分布式控制系统。

5.4.2　现场总线通信协议模型

IEC61158 国际标准定义的现场总线通信协议模型如图 5-6 所示。

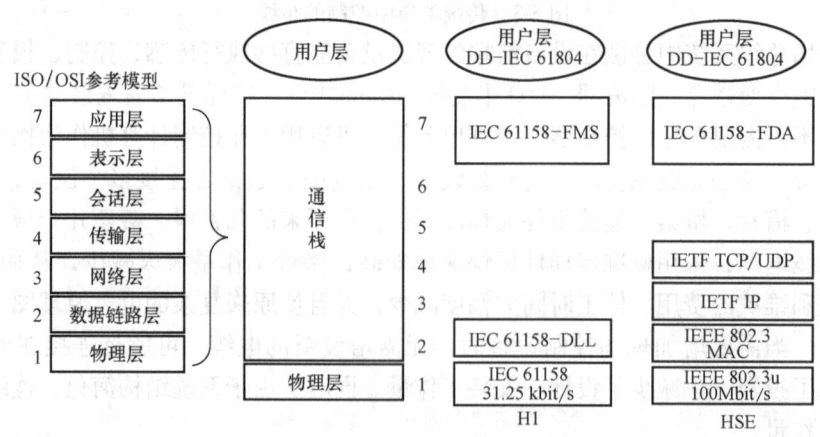

图 5-6　现场总线通信协议模型

从图 5-6 中可以看出，现场总线通信协议模型在 ISO/OSI 参考模型的第 7 层之上增加了面向用户的用户层，由物理层、数据链路层、应用层和用户层组成。各层功能定义如下：

1. 物理层

物理层提供机械、电气、功能性和规程性功能，以便在数据链路实体之间建立、维护和拆除物理连接。物理层通过物理连接在数据链路实体之间提供透明的位流传输。规定了通信信号的大小和波形，并有基带和宽带两种方式。传输介质可以是双绞线、同轴电缆、光纤和无线传输。用现有的模拟电缆可构成低速星形拓扑，对于新的电缆可构成高速多引线和光纤拓扑。IEC61158 国际标准定义的现场总线传输速率和功能又分为低速现场总线（H1）和高速现场总线（HSE）。H1 现场总线主要用于底层现场设备层，可两线制向现场仪表供电，并能支持带现场总线供电设备的本质安全。不经由总线传输介质供电，每个网段可挂 2～32 台设备；经由总线传输介质供电，每个网段可挂 2～12 台设备；经由总线传输介质供电本质安全，每个网段可挂 2～6 台设备。传输速率为 31.25kbit/s，能够用于现场总线的传输介质的长度和类型取决于现场总线段的长度，如使用屏蔽双绞线，H1-#18AWG，长度为 1900m，最多可挂接 4 个中继器，通信距离最大可达 9500m。H1 总线在 31.25kbit/s 时，典型的响应时间约为 1ms，误码率为工作 20 年差错不大于 1。HSE 现场总线主要面向过程控制级、远程 I/O 和高速工厂自动化的应用，主要应用于控制网内的互连，连接控制计算机、PLC 等智能程度较高、处理速度快的设备，以及实现低速现场总线网桥间的连接，是充分实现系统的全分散控制结构所必需的。其传输速率为 1Mbit/s、2.5Mbit/s 和 100Mbit/s，传输距离分别为 750m、500m、100m，典型的响应时间约为 3.2ms，现场总线供电非本质安全，每个网段可挂 2～12 台设备。

2. 数据链路层

数据链路层是现场总线的核心，所有连接到同一物理通道上的应用进程都是通过数据链路层的实时管理来协调的。数据链路层定义了一系列服务于应用层的功能和向下与物理层的接口，使用物理层的服务，提供了介质存取控制功能、信息传输的差错检验。数据链路层提供原语服务和相关事件、与原语服务相关的参数格式，以及这些服务及事件之间的相关关系。数据链路层为用户提供了可靠且透明的数据传送服务。现场总线的实时通信主要由数据链路层提供，为了满足实时性要求，它没有采用分布式物理通道管理，而是采用了集中式管理方式以实现实时性。在这种方式下，有效利用了物理通道，并减少或避免了实时通信的延迟。所谓实时就是提供一个"时间窗"，在该时间窗内，需要完成具有某个指定级别确定度的一个或多个动作。

数据链路层负责实现链路活动调度、数据的接收与发送、活动状态的响应和总线上各设备间的链路时间同步等。在这里，总线访问控制采用链路活动调度器（Link Active Scheduler, LAS）方式，LAS 拥有总线上所有设备的清单，能够调度本网络段各个设备的通信活动。LAS 的全部操作分为：CD 调度、活动表维护、数据链路时间同步、令牌传送和 LAS 冗余。

数据链路层分为介质存取控制（MAC）子层和逻辑链路控制（LLC）子层。MAC 子层主要实现对共享总线介质的"交通"管理，并检测传输线路的异常情况。LLC 子层是在节点间用来对帧的发送、接收信号进行控制，同时检验传输差错。介质存取控制将令牌传送的灵活性和实时性相结合，可以按照用户的需要实现集中或分散方式，数据传输有很高的确定性和优先级,网络的时间同步小于1ms。数据链路层还可以为实体间数据交换提供连接服务和元件连接服务。

3. 应用层

现场总线应用层包括应用进程、应用进程对象、应用实体、应用管理和系统管理的分布式信息服务等,它由现场总线访问子层(Fieldbus Access Sublayer, FAS)和现场总线报文规范(Fieldbus Message Specification, FMS)子层构成。FAS 为 FMS 子层提供发布者/接收者(Publisher/Subscriber)方式、客户机/服务器(Client/Server)方式和报告分发(Report Distribution)方式三类报文传送服务。这三类服务被称为虚拟通信关系(Virtual Communication Relationships, VCR)。发布者/接收者方式的数据由一个发布者广播到网络上,再由接收者接收。它又分为循环的 VCR 和单向的 VCR 两种情况,循环的 VCR 根据每个网段上 LAS 的调度,强迫发布者定期发送信息;单向的 VCR 由一个发布者启动向一个或多个接收者单向发送没有确认的信息。在客户机/服务器方式下,由向服务器发出请求,当服务器收到请求后,进行相应处理及操作,然后向客户机返回一个应答。客户机/服务器方式可以提供确认服务和非确认服务。报告分发方式下,事件报告由源设备发送到网络上,由收集器设备收听。客户机/服务器模式是目前较为流行的网络计算机服务模式。服务器表示数据源(提供者),客户机则表示数据使用者,它从数据源获取数据,并进一步进行处理。服务器使用通信双方的智能、资源、数据来完成任务。

FMS 子层规定了用于向应用进程对象提供的服务及报文格式,提供对象字典(Object Dictionary, OD)服务、变量访问服务和事件服务等。为分布式现场总线控制系统提供了应用接口的操作标准,实现了系统的开放性。开放系统相互连接的管理包括初始化、维护、终止和记录某些数据所需的功能,这些数据与为在应用进程为传送数据而建立的连接有关。应用层与其他层的网络管理机构一起对网络数据流动、网络设备及网络服务进行管理,提供通信功能、特殊功能以及管理控制功能。

4. 用户层

用户层是专门针对工业自动化领域现场装置的控制和具体应用而设计的,它定义了现场设备数据库间互相存取的统一规则。用户采用标准功能块可进行系统组态,实现用户的应用程序,这也体现了现场总线控制系统的开放性与可互操作性。可互操作性是通过对象字典(OD)和装置描述(Device Description, DD)功能实现的。OD 是一个基于方案的工具,用于定义字典、设备和其中功能块的目录信息。DD 是一种解释语言,用于描述应用进程对象的行为和操作接口,使不同厂商的设备可互操作。装置描述(DD)可认为是装置的一个驱动器,它包括所有必要的参数描述和主站所需的操作步骤及通信所需的所有信息,并且与主站无关。允许用户将不同厂家提供的现场装置连接在同一根现场总线上。为了实现互操作,每个现场总线装置都用装置描述(DD)来描述。装置描述(DD)可认为是装置的一个驱动器,它包括所有必要的参数描述和主站所需的操作步骤。标准规定了 32 种标准功能块(Function Block, FB),使用这些功能块可组态各种控制策略。标准功能块包括模拟量输入和输出(AI/AO)、离散量输入和输出(DI/DO)、PID、比例微分(PD)、比率 RA(ratio)、偏置 B(bias)、控制转换开关(Control Selector, CS)、手动装载(Manual Loader, ML)等。

此外,现场总线基金会系统结构还为每个设备定义了一个网络管理代理,可提供组态管理、性能管理和差错管理的功能。系统管理负责完成设备地址分配、功能块执行调度、时钟同步和标记定位等功能。

5.4.3 现场总线控制系统的访问方法

现场总线控制系统的访问方法（Media Access）是指在总线上通信的权利。有三种主要的类型：

（1）主控（Master Control） 一个高级别的节点控制所有的信号传输、顺序和时间。除非主节点要求其他节点不能通信。

（2）令牌方式（Token Passing） 一种信息转移的方法，每次循环，每个节点有一次通信机会。

（3）CSMA/CD 一种访问方法，允许每一节点通信，只要该节点有信息要发布并且没有其他节点占用通信线。当以真正的 CSMA 方式操作时，有可能两个节点同时通信。有两种主要的方法处理可能存在的冲突：

1) CD 冲突监测（Collision Detection）。所有的发送器必须同时是接收器。如果两个节点同时开始通信，它们将听到发生了冲突，都停止通信，等待一个任意长的时间，重新再通信。以太网采用这种访问方法。

2) BA 逐位仲裁（Bitwise Arbitration）。地址最低的节点，优先级最高，享有继续通信的权力，而另一个节点则停止通信。

5.4.4 现场总线的网络拓扑

所谓拓扑，是指研究构成图形的线和面的特性，而不考虑这些线和面的形状与大小的一种方法。拓扑是由数学上的图论演变而来的。网络拓扑结构是描述总线的专用术语，指通信线连接各节点的方法。在网络中，计算机作为节点，用通信线路将其连接起来，拓扑学不考虑任意两点间的距离长短以及距离是否相等（距离则影响通信线路的价格和信息的传输延迟），而只研究各种连接图形共同的基本性质。拓扑结构是计算机网络的重要特性。从网络拓扑学的观点看，网络是由一组节点和连接节点的链路组成的。节点可分为两类：一类是转接节点，支持网络线路连续性作用，通过所连接的链路来转发信息，如电话交换机、集中器等；另一类是访问节点。访问节点除可连接链路外，还可以存储、处理并作为发信点和接收点，故访问节点也称为端节点。常见的网络拓扑结构如图 5-7 所示。

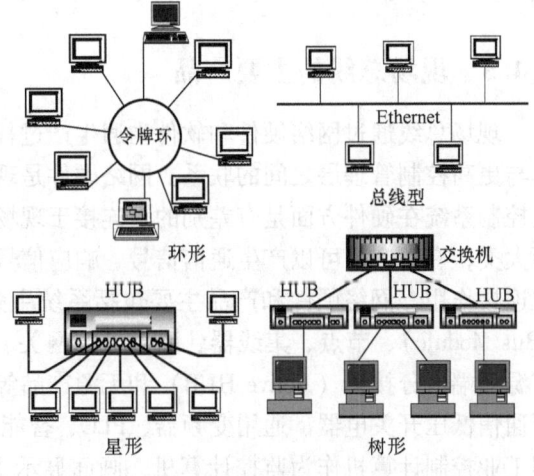

图 5-7 通常的网络拓扑结构

1. 星形结构

星形结构由一个功能较强的转接中心以及一些各自连到中心的节点组成。这种网络各从节点间不能直接通信，从节点间的通信必须经过转接节点。星形结构有两类：一类是转接中心仅起几个节点连通的作用;另一类转接中心是一个功能很强的计算机,从节点是一般计算机或终端,这时转接中心有转接和数据处理的双重功能,其资源也可为各节点所共享。星形结构的优点是建网容易,控制相对简单;其缺点是通信效率低,可靠性差。

2. 树形结构

树形结构是连网的各台计算机按树形组成,树的每个节点都为计算机。一般说来,愈靠近树根,节点的处理能力就愈强。低层计算机的功能和应用有关,一般都具有明确定义和专门任务。顶层计算机则有更通用的功能,以便控制协调整个系统的工作,低层的节点通常仅带有限数量的外围设备,相反,顶部的节点常为中型甚至大型计算机。树形结构适用于相邻层通信较多的情况。信息在不同层上垂直进行传输,这些信息可以是程序、数据、命令或以上三者的组合。典型的应用是低层节点解决不了的问题,请求中层解决;中层解决不了的问题,请求顶部计算机来解决。

3. 环形结构

环形网是局域网常用的拓扑结构,它由通信线路将各节点连接成一个闭合的环,数据在环上单向流动,每个节点按位转发所经过的信息,可用令牌控制来协调控制各节点的发送,任意两节点都可通信。

4. 总线型结构

总线型结构是把连网的计算机分别连接到通信线路的不同分支处,称之为共享总线,总线型结构也是局域网最常用的拓扑结构。

5. 点对点连接

点对点连接的每一节点和网上其他所有节点都由通信线路连接。这种网的复杂性随计算机数目增加而迅速地增长。例如,将 6 台计算机用点对点方式全部连接起来,每台计算机要连 5 条线路,其通信端口数 $N=5$,全网共需 15 条 $[N(N+1)/2]$ 线路。这类网络的优点是无需路由选择,通信方便,但这种网络连接复杂,适合于节点数少、距离很近的环境中使用。

5.4.5 现场总线的主要产品

现场总线通过网络硬件和软件沟通生产过程现场级控制设备之间、车间级设备之间,及其与更高控制管理层之间的联系。网络硬件是现场总线控制系统的物质基础,不同的现场总线控制系统在硬件方面是有差别的。连接于现场总线上的产品,可分为有源产品和无源产品两大类,有源产品可以产生通信信号、响应信号、调整信号或者全部兼有,无源总线产品只起连接作用。网络硬件和产品主要包括系统主处理器、网络交换器、总线接口、总线模块(Bus Module)、节点、集线器、路由器、网关、网桥、中继器、总线电缆、电源、防火墙、有源多端口分接器(Active HUB)和无源产品等,以及底层与之相连的其他智能化设备,如可通信低压开关电器、通用变频器、PLC、智能化仪表、人机界面等。现场总线系统大都采用工业控制计算机作为监控计算机,画面显示主要采用 CRT 显示器、LCD(液晶显示器);人机交互接口主要是键盘、鼠标、触摸屏、打印机、各种开关、旋钮、指示灯、数码显示、声光报警装置等。这些人机接口硬件都需要有相应的软件驱动配合工作。以下简介这些硬件产品。

主处理器包括服务主机 HOST(Host Computer,或称为 Server)、工作站、客户机(或称终端)。它可以是工业计算机、服务器、PLC 或个人计算机（PC），工业企业局域网络中的核心硬件就是服务主机，其主要功能是对整个网络提供信息服务和网络管理。为了适应数据库管理软件的运行，一般要求有高性能的 CPU、大容量的内存及外存储器。有的还要求配备双机备份，以提高可靠性与安全性。防火墙是企业网络的防护系统，以阻止对网络的非法入侵及网络资源的非法利用。

客户机是网络上的最终用户，或者说是最终用户的应用平台。它可以是各种配置的 PC，也可以是工作站。每个客户机都可以共享 Intranet 上的信息资源。如果 Intranet 已作为因特网上的一个网络节点，则客户机用户可以通过浏览器获取因特网上的信息资源。

网络交换器用于将一个大网络分解为多个小网段。总线接口有时称为扫描器，可以是不同的卡件，有时集成在工控机或 PLC 中。总线接口作为网络管理器及主控器到总线的网关，管理来自总线节点的信息报告，并转换为主控器能够读懂的某种数据格式传送到主控器。总线模块是一种现场节点，可以使用端子或接插件连接各种现场装置，如传感器、阀门、按钮等。节点是在总线上可以编址的设备，在实际应用中有许多不同的类型，可以是传感器或电器触点。端子式节点包括多种开关量与模拟量输入/输出模块，以及串行通信、高速计数与监控模块等，或是一个站点；端子式节点通常是独立的输入/输出端子模块，安装在机箱中的 DIN 导轨上，并连接总线耦合器，该总线耦合器连接总线网关，这种类型的节点是开放式结构。

电源是网络节点传输和接收信息所必需的，通常输入通道与内部芯片所用电源为同一个电源，习惯称为总线电源，而输出通道使用独立电源，称为辅助电源。有源多端口分接器用于多端口中继器或放大器，以增加总线的分支能力。

此外，还需要为远程用户访问企业网络提供途径，配置调制解调器和远程访问服务器等硬件设备。

1. 有源总线产品

有源总线产品可以产生通信信号、响应信号、调整信号或者兼而有之，包括以下部件：

(1) 节点（Node）　总线上可以编址的设备。

(2) 总线模块（Bus Module）　任何形式的现场节点，可以使用端子或接插件连接传感器、阀门、按钮等各种现场装置。

(3) 网关（Gateway）　一种特殊的节点，用于两种不同的总线之间的信号和数据变换。

(4) 放大器　用于实时（加强）信号，以精确复制原始信号，连接同一总线的两部分，解决通信信号在通信线上由于电气损耗而造成的衰减。当信号变弱而不变形时，可以使用放大器。

(5) 中继器（Repeater）　用于加强信号，产生不变形的新信号。连接同一总线的两端，当信号变弱或变形时可以使用中继器。

(6) 桥（Bridge）　有两种桥：一种是用于连接同一种协议，不同传输速率的两个段；另一种是一种智能的中继器，当通信的源地址和目的地址位于不同总线段时，用于重复两个段间的数据。桥必须被编程设定地址和相关的段。当桥读地址时，要有几个位的等待时间。桥可以应用于设备级总线，但应用并不普遍。

(7) 路由器（Router）　用于广域网的高等级桥。这类产品很少应用于设备级总线。

（8）有源多端口分接器（Active hub）　多端口中继器或放大器，以增加总线的分支能力。

（9）接口卡、接口模块（Interface Card、Interface Module）　指网关的常用术语，作为 PLC 或 PC 到设备及总线的接口。

2. 无源总线产品

（1）T 形分支（Tee）　用于产生总线上的一路分支。

（2）无源多端口分接器（Passive HUB）　多端口 T 形分支。

（3）终端电阻（Terminating Resistor）　安装在总线的始端和末端的电阻，用于稳定和调整信号。

（4）总线电缆（Busline）　连接节点、传送数据的各种电缆。

5.4.6　现场总线控制系统的类型

IEC61158 第 4 版的现场总线标准结构见表 5-1。标准中定义了 20 种主要类型的现场总线、工业以太网和实时以太网（Real Time Ethernet，RTE）。

表 5-1　IEC61158 Ed.4 现场总线类型

类　型	技术名称	类　型	技术名称
类型 1	FF 现场总线	类型 11	TCnet 实时以太网
类型 2	CIP 现场总线	类型 12	EtherCAT 实时以太网
类型 3	PROFIBUS 现场总线	类型 13	EPL 实时以太网
类型 4	P-NET 现场总线	类型 14	EPA 实时以太网
类型 5	FF HSE 高速以太网	类型 15	Modbus-RTPS 实时以太网
类型 6	SwiftNet 现场总线已被撤消	类型 16	SERCOS Ⅰ、Ⅱ现场总线
类型 7	WorldFIP 现场总线	类型 17	VNET/IP 实时以太网
类型 8	INTERBUS 现场总线	类型 18	CC_Link 现场总线
类型 9	FF H1 现场总线	类型 19	SERCOS Ⅲ实时以太网
类型 10	PROFInet 实时以太网	类型 20	HART 现场总线

表 5-1 中，类型 2 CIP（Common Industry Protocol）包括 DeviceNet、ControlNet 现场总线和 Ethernet/IP 实时以太网。类型 6 SwiftNet 现场总线由于市场推广应用不多，在第 4 版标准中被撤消。类型 13 EPL（Ethernet PowerLink）实时以太网、类型 14 EPA（Ethernet for Plant Automation），《用于工业测量与控制系统的 EPA 系统结构与通信规范》是由浙江大学、浙江中控技术有限公司、中国科学院沈阳自动化所、重庆邮电学院、清华大学、大连理工大学等单位联合制定的用于工厂自动化的实时以太网通信标准。EPA 标准在 2005 年 2 月经国际电工委员会 IEC/SC65C 投票通过，已作为公共可用规范（Public Available Specification）IEC/PAS 62409 标准化文件正式发布，并作为公共行规（Common Profile Family14，CPF14）列入正在制定的实时以太网行规及国际标准 IEC61784-2，2005 年 12 月正式进入 IEC61158 第 4 版标准，成为 IEC61158-314/414/514/614 规范。

EPA 实时以太网标准定义了基于 ISO/IEC8802.3、RFC791、RFC768 和 RFC793 等协议的 EPA 系统结构、数据链路层协议、应用层服务定义与协议规范，以及基于 XML 的设备描述规范。目前，研制成功了 20 多种常用仪表、2 种基于 EPA 的控制系统，包括压力变送器、温度变送器、流量变送器、物位变送器、电动执行机构、气动执行机构、气体分析仪及数据采集器等。EPA 技术与产品陆续在 30 多个生产装置上得到了应用。

IEC61158 第 4 版是由多部分组成的系列标准，它包括：

IEC/TR61158-1　总论与导则；

IEC 61158-2　物理层服务定义与协议规范；

IEC 61158-3　数据链路层服务定义；

IEC 61158-4　数据链路层协议规范；

IEC 61158-5　应用层服务定义；

IEC 61158-6　应用层协议规范。

IEC61158 系列标准是概念性的技术规范，它不涉及现场总线的具体实现。因而，在标准中只有现场总线的类型编号。为了能够方便地进行产品设计、应用选型比较，以及实际工程系统的选择，IEC/SC65C 制定了 IEC61784 系列配套标准，该标准包括：

IEC 61784-1 用于连续和离散制造的工业控制系统现场总线行规；

IEC 61784-2 基于 ISO/IEC8802.3 实时应用的通信网络附加行规；

IEC 61784-3 工业网络中功能安全通信行规；

IEC 61784-4 工业网络中信息安全通信行规；

IEC 61784-5 工业控制系统中通信网络安装行规。

IEC 61784-1 和 IEC 61784-2 包括几个通信行规族（Common Profile Family，CPF），它规定一个或多个通信行规（Common Profile，CP）。其中，IEC 61784-1 规定现场总线通信行规，IEC 61784-2 提供实时以太网的通信行规。通信行规给出了现场总线设备中可互操作性特征与选项的详细说明。IEC61784 的通信行规具体说明设备在网络通信方面的能力和详细的通信功能。IEC61784-2 通信行规具体规定实时以太网的传递时间、终端节点数、基本网络拓扑、终端节点交换机数、RTE 流通量、RTE 带宽、时间同步精度，以及冗余恢复时间。这些行规能帮助正确地说明 RTE 通信网络与 ISO/IEC8802.3 的一致性，避免实现中出现偏差，妨碍其理解与使用。

各种类型现场总线的体系结构和通信协议完全不同。如，类型 1 采用链路活动调度器（Link Active Scheduler，LAS）方式和发布者/接收者（Publisher/Subscriber）模式；类型 2 中的 ControlNet 使用 CTDMA 方法和生产者/消费者（Producer/Consumer）模式，Ethernet/IP 使用 Ethernet TCP/IP；类型 3 是令牌环和主站/从站方式；类型 4 采用虚拟令牌传递方式；类型 5 采用 CSMA/CD 方式和 Ethernet TCP/IP；类型 7 使用总线仲裁方式；类型 8 采用总帧结构；类型 9 采用 LAS 方式和发布者/接收者模式；类型 10 使用 Ethernet TCP/IP。以下简单介绍低压电器通信规约规定的几种现场总线的网络结构。

5.4.7　现场总线 PROFIBUS + PROFInet

1. 类型 3/10 现场总线简介

类型 3/10 现场总线即 PROFIBUS + PROFInet 现场总线，如图 5-8 所示。PROFIBUS 现场总线由 Siemens 公司等企业和研究机构联合开发，1999 年 PROFIBUS 现场总线成为国际标准 IEC61158 的组成部分（类型 3）。20 世纪 90 年代初，PROFIBUS 现场总线由西门子公司引入中国，1997年6月成立中国PROFIBUS用户组织（CPO），2000年底成立中国PROFIBUS技术资格中心（CPCC）。2001年颁布了中国行业标准JB/T 10308.3—2001，并于2005年进行了更新，即JB/T 10308.3—2005。目前，PROFIBUS现场总线在我国已有大量的应用。

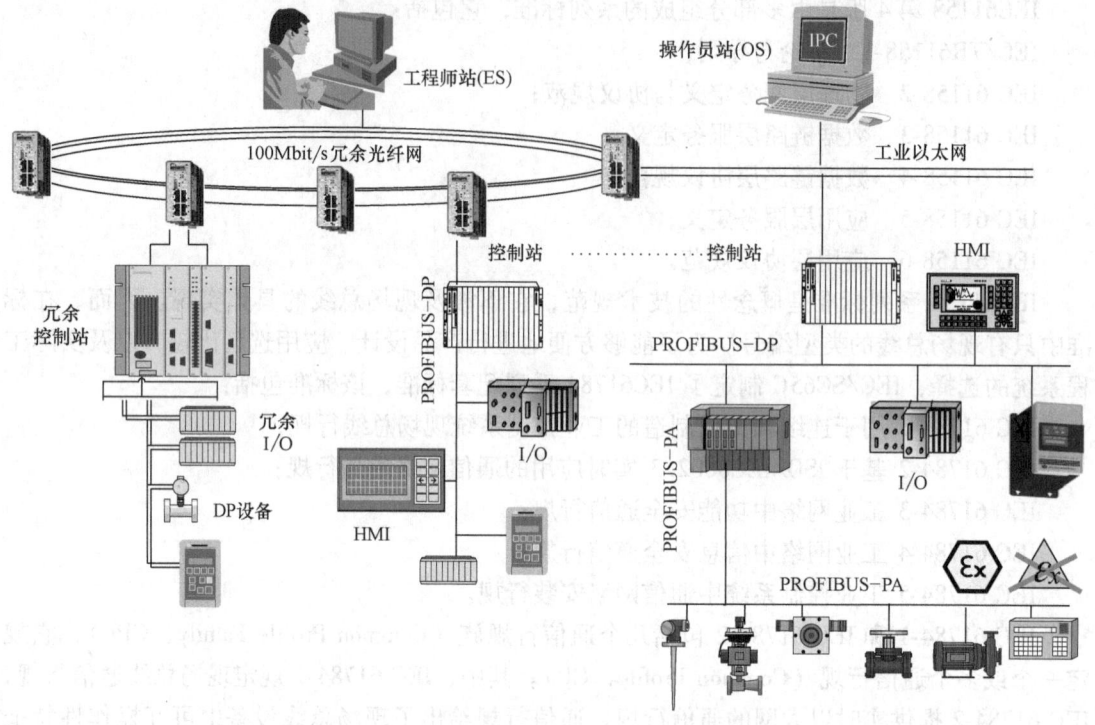

图5-8 类型3/10现场总线系统结构示意图

PROFIBUS是一种用于工厂自动化车间级监控和现场设备层数据通信与控制的现场总线技术。可实现现场设备层到车间级监控的分散式数字控制和现场通信网络，从而为实现工厂综合自动化和现场设备智能化提供了可行的解决方案。图5-9是PROFIBUS典型的面向应用的特性。

PROFIBUS-DP (制造业)	PROFIBUS-PA (流程)	PROFIBUS 的运动控制 (驱动)	PROFIsafe (通用)
应用行规 例如 Ident Systems	应用行规 例如 PA Devices	应用行规 例如 PROFIdrive	应用行规 例如 PROFIsafe
DP-Stack (DP-V0..V2)	DP-Stack (DP-V1)	DP-Stack (DP-V2)	DP-Stack (DP-V0..V1)
RS-485	MBP-IS	RS-485	RS-485 MBP-IS

图5-9 PROFIBUS典型的面向应用的特性

PROFIBUS 通信协议由 PROFIBUS-DP（Decentralized Periphery）、PROFIBUS-PA（Process Automation）、PROFIBUS-FMS（Fieldbus Message Specification）三个兼容部分组成。PROFIBUS-DP 定义了第 1、2 层和用户接口。用户接口规定了用户与系统及不同设备可调用的应用功能。PROFIBUS-FMS 定义了第 1、2、7 层，应用层包括现场总线报文规范（Fieldbus Message Specification，FMS）和低层接口（Lower Layer Interface，LLI）。FMS 包括了应用协议，并提供可选用的通信服务。LLI 协调不同的通信关系并提供不依赖设备的第 2 层访问接口。

PROFIBUS-PA 的数据传输采用扩展的 PROFIBUS-DP 协议，描述了现场设备行为的 PA 行规。使用连接器可在 DP 上扩展 PA 网络。

PROFInet 是用于工业自动化的一种实时工业以太网标准。PROFInet 通信模型定义一个与制造商无关的、基于传统 IT 机制的 Ethernet 上通信的标准。它使用通用标准 TCP/IP 和 COM/DCOM。使用代理服务器可将 PROFIBUS 现场总线段集成在 PROFInet 中。

PROFIBUS-DP 主要侧重用于工厂自动化，它使用 RS-485 传输技术、一种 PROFIBUS-DP 通信协议版本和一种或多种典型工厂自动化的应用行规，如标识系统（Ident Systems）或机器人/数控（Robots/NC）行规。PROFIBUS-PA 主要侧重用于过程自动化，使用 MBP-iS 传输技术、通信协议 PROFIBUS-DP-V1 版本和 PA 设备行规。PROFIBUS 的运动控制（Motion Control with PROFIBUS）主要侧重用于驱动技术，使用 RS-485 传输技术、通信协议 PROFIBUS-DP-V2 版本和运动控制应用行规 PROFIdrive。PROFIsafe 主要侧重用于有关安全应用，使用 RS-485 或 MBP-iS 传输技术、一种有效的 PROFIBUS-DP 通信协议版本和应用行规 PROFIsafe。PROFIBUS 的传输技术（物理层）见表 5-2。

表 5-2　PROFIBUS 的传输技术

物理层	MBP	RS-485	RS-485-iS	光纤
数据传输	数字，比特同步曼彻斯特编码	数字，电压差分信号符合 RS-485，NRZ	数字，电压差分信号符合 RS-485，NRZ	光纤，数字，NRZ
传输速率	31.25kbit/s	9.6~12000kbit/s	9.6~1500kbit/s	9.6~12000kbit/s
数据安全性	前同步码，出错保护，起始/终止定界符	HD=4，奇偶校验比特，起始/终止定界符	HD=4，奇偶校验比特，起始/终止定界符	HD=4，奇偶校验比特，起始/终止定界符
电缆	2 线制屏蔽双绞线电缆（铜缆），电缆类型 A	2 线制屏蔽双绞线电缆（铜缆），电缆类型 A	4 线制屏蔽双绞线电缆（铜缆），电缆类型 A	多模玻璃光纤，单模玻璃光纤，PCF，塑料
远程馈送	通过信号线可用（可选的）	通过附加线可用	通过附加线可用	通过混合线可用
保护类型	本质安全（EEX ia/ib）	无	本质安全（EEX ib）	无
拓扑	带终端器的总线形、树形、组合型	带终端器的总线型、树形	带终端器的总线型	典型的星形和环形，也可以是总线型
站的数量	每个总线段最多 32 个（主站或从站）；每个网络上最多 126 个	不用中继器时每个总线段最多 32 个（主站或从站）；用中继器时最多 126 个	每个总线段最多 32 个（主站或从站）；用中继器时最多 126 个	每个网络上最多 126 个
中继器的数量	最多 4 个中继器	最多 9 个有信号刷新的中继器	最多 9 个有信号刷新的中继器	无限制，有信号刷新（信号的时间延迟）

PROFIBUS-DP 设计用于在现场层进行快速数据交换，中央控制器（如 PLC、IPC 或过程控制系统）通过快速串行连接与分散的现场设备（如 I/O、驱动器、阀门、变送器或分析装置）进行通信。主要用于制造业自动化系统中的单元级和现场级通信，主站和从站之间采用轮循的通信方式。

2. PROFIBUS 网络的构成

PROFIBUS 现场总线采用了 OSI 参考模型的物理层、数据链路层、应用层。支持总线型、树形和星形网络拓扑。PROFIBUS 现场总线分为主站和从站，总线标准包括物理总线特性和访问方法的标准定义、用户协议和用户接口的定义。主站对总线具有控制权，主站间通过传递令牌来传递对总线的控制权，取得控制权的主站，可向从站发送、获取信息。传输速率为 9.6kbit/s~12Mbit/s，最大传输距离在 12kbit/s 时 1000m，1.5Mbit/s 时为 400m，采用中继器可延长至 10km。传输介质可以是双绞线、光纤电缆，也可以是无线数据传输，最多可挂接 127 个工作站。通过红外线连接模块（ILM），传输范围是 15m。各种不同的传输介质可组合使用。

PROFIBUS 主站设备包括 1 类主站设备 SIMATIC PLC、SIMATIC WinAC 控制器、支持主站功能的通信处理器、IE/PB 链路模块和 ET200S/ET200X 的主站模块等；2 类主站设备 TP/OP 和经由通信处理器连接到网络的计算机及编程设备等。

PROFIBUS 从站设备包括 ET200 系列分布式 I/O、支持 PROFIBUS-DP 接口的传动装置、支持从站功能的通信处理器和其他支持 PROFIBUS-DP 接口的输入/输出智能设备等。

驱动器、传感器、执行机构等现场设备即带 PROFIBUS 接口的现场设备，可由主站在线完成系统配置、参数修改、数据交换等功能。至于哪些参数可进行通信及参数格式由 PROFIBUS 行规决定。

PROFIBUS 网络部件包括通信电缆、总线连接器、中继器、耦合器、链路和网络转接器等。

3. PROFIBUS 在工厂自动化系统中的位置

一个典型的工厂自动化系统应该是三级网络结构。基于现场总线 PROFIBUS-DP/PA 控制系统位于工厂自动化系统中的底层，即现场级与车间级。现场总线 PROFIBUS 是面向现场级与车间级的数字化通信网络。

（1）现场设备层 现场设备层的主要功能是连接现场设备，如分散式 I/O、传感器、驱动器、执行机构、可通信开关设备等，完成现场设备控制及设备间联锁控制。主站（PLC、PC 或其他控制器）负责总线通信管理及所有从站的通信。总线上所有设备的生产工艺控制程序存储在主站中，并由主站执行。

（2）车间监控层 车间级监控用来完成车间生产设备之间的连接，如一个车间三条生产线主控制器之间的连接，完成车间级设备监控等。车间级监控包括生产设备状态在线监控、设备故障报警及维护等。通常还具有诸如生产统计、生产调度等车间级生产管理功能。车间级监控通常要设立车间监控室，有操作员工作站及打印设备。车间级监控网络可采用 PROFIBUS-FMS，它是一个多主网，这一级数据传输速率不是最重要的，而是要能够传送大容量信息。

（3）工厂管理层 车间操作员工作站可通过集线器与车间办公管理网连接，将车间生产数据送到车间管理层。车间管理网作为工厂主网的一个子网。子网同过交换机、网桥或路由器等连接到厂区骨干网,将车间数据集成到工厂管理层。车间管理层通常所说的以太网,即 IEC8802.3 TCP/IP 的通信协议标准。

4. PROFOBUS-DP 三种版本的内容

(1) PROFIBUS-DP-V0 PROFIBUS-DP-V0 提供 DP 基本功能,包括循环数据交换及站诊断、模块诊断和特定通道的诊断。中央控制器(主站)循环地从从站读输入信息,循环地向从站写输出信息。在传输速率为 12Mbit/s 的情况下,通过分散的 32 个站传输 512bit 的输入/输出数据,只需要大约 1ms 的时间。综合诊断功能能够快速确定故障的位置。诊断信息在总线上传输并由主站收集。诊断报文分设备专用的诊断、与模块有关的诊断和与通道有关的诊断三级。设备专用的诊断为站服务的常规准备信息,如"过热"、"电压过低"或"接口不清楚"等;与模块有关的诊断的信息指出在一个站的特定 I/O 子区域(如 8 位输出模块等)中出现的故障;与通道有关的诊断指出与个别输入/输出位(通道)有关的故障情况,如输出位"短路"等。允许构成单主站或多主站系统,在同一条总线上最多可连接 126 个设备(主站或从站)。

主站设备控制总线上的数据交换,允许一个主站毋需外部请求就可以发送信息。主站通常也被称作主动站。从站设备是诸如 SIPOS 5 Flash 电动执行机构等外围设备。典型的从站设备是输入输出设备、阀门、执行机构及测量变送器。它们不具备访问总线的能力,也就是说,它们仅仅可以确认已经接收到信息,或在主站的要求下发送信息到主站。从站也被称作被动站。

(2) PROFIBUS-DP-V1 PROFIBUS-DP-V1 主要内容包括非循环数据交换、报警模型及更复杂的数据类型的传输等。主要是增加了非循环服务,并扩大了与 2 类主站的通信。包含依据过程自动化的需求而增加的功能,特别是用于参数赋值、操作、智能现场设备的可视化和报警处理等(类似于循环的用户数据通信)的非循环的数据通信。这样就允许用工程工具在线访问站。此外,PROFIBUS-DP-V1 有三种附加的报警类型:状态报警、刷新报警和制造商专用的报警。

PROFIBUS-DP 的性能特征是在循环连接(Mscy-C1)的基础上应用数据交换服务,实现一个主站和一系列从站之间的集中数据交换。1 类主站指 PLC、PC 和控制器等。2 类主站指操作员站和编程器等。PROFIBUS-DP-V1 扩展了上述功能,在已有的 Mscy-C1 基础上,增加了非循环服务,利用新的服务可以对从站中任何数据组进行读写。PROFIBUS-DP-V0 的 2 类主站只能利用 PROFIBUS-DP 从站的无连接服务,PROFIBUS-DP-V1 则可通过面向连接的通信对数组进行非循环读写,同时为进入因特网通信扩充了功能。

(3) PROFIBUS-DP-V2 PROFIBUS-DP-V2 可以实现循环通信、非循环通信及从站之间的通信。由于从站之间可直接通信,通信时间缩短 1 个 PROFIBUS-DP 总线周期和主站周期,从而使响应时间缩短 60%~90%,同时建立了等时间间隔的总线循环周期,其时间偏差小于 1μs,特别适用于高精度定位控制,可实现闭环控制。PROFIBUS-DP-V2 扩展的主要内容包括用于运动控制的时钟同步数据传输、从站对从站通信和位置反馈接口,以及驱动器的设定值和实际值的标准化配置等,如同步从站模式(Isochronous Slave Mode,ISM)和从站对从站通信(Data Exchange Broadcast,DXB)等,DP-V2 也可以实现为驱动总线,用于控制驱动轴的快速运动时序。

(4) PROFIBUS-DP 控制网络系统的组成 PROFIBUS-DP 定义了 OSI 参考模型的第 1、2

层,隐去了第3~7层,而增加了直接数据链接作为用户接口,用于分散外设间的高速数据传输,适合于制造自动化领域。用户接口规定了用户、系统,以及不同设备可调用的应用功能,并详细说明了各种不同PROFIBUS-DP设备的设备行为。定义了DP-1类主站、DP-2类主站和DP-从站3种设备类型。

1) DP-1类主站(DPM1)。DP-1类主站是PROFIBUS-DP应用的中心部件,进行总线通信控制与管理。在规定的信息周期内,DP-1类主站的中央控制器与分散的I/O设备(DP-从设备)交换数据。DPM1典型的中央控制器设备可以是PLC、PC和VME,在同一网段中允许有若干个DPM1。利用DP的扩展功能能进行非循环读和写,并与循环数据通信量并行处理中断确认。非循环传输的数据,如参数化数据,与循环的测量值相比不是经常变动的,因此,这种数据与快速循环的有用数据一起以较低的优先级传输。全站中的中断确认保证由DP-从站来的中断的可靠传输。

2) DP-2类主站(DPM2)。DP-2类主站用于设定网络或参数,监视DP-从设备等。DP-2类主站中通常采用PLC或PC做PROFIBUS上的从站,用编程器、组态设备或操作设备起动DP系统、组态或用于正常运行过程中的系统操作。一个DP-2类主站可以读取由DPM2设备来的输入、输出、诊断和组态数据。扩展的DP功能也包括非循环存取从站的参数和测值(例如现场设备、智能操作和监视设备)。这种类型的从站要求在起动和正常运行过程中提供扩展的参数。PLC自身有程序存储,PLC的CPU部分执行程序并按程序驱动分散式I/O,在PLC存储器中有一段特定区域作为与主站通信的共享数据区。主站可通过通信间接控制从站PLC的分散式I/O。分散式I/O通常由电源、通信适配器、接线端子组成。分散式I/O不具有程序存储和程序执行功能,通信适配器接收主站指令,按主站指令驱动分散式I/O,并将分散式I/O输入及故障诊断等信息返回给主站。通常分散式I/O是由主站统一编址,这样在主站编程时使用分散式I/O与使用主站的I/O没有什么区别。

3) DP-从站。DP-从站是直接连接I/O信号的外围设备。一个DP-从站是一个I/O设备,它读取输入信息并向I/O提供输出信息,输入和输出信息数取决于设备类型,最大为244B。典型的设备是输入输出驱动器阀操作、面板、带PROFIBUS接口的变频器、传感器、执行机构等现场设备,可由主站在线完成系统配置、参数修改、数据交换等功能。

(5) PROFIBUS-DP模板CB15/CB155 PROFIBUS-DP模板CB15/CB155是西门子公司SIMATEC S7控制系统的核心,是一种高速低成本串行通信协议,用于执行器/传感器及分布式I/O控制系统。通过RS-485串行通信接口的总线可以替代传统的执行器和传感器的信号传输。单主站系统最多可带125个从站(使用中继器),而且可以灵活地与各从站设备进行数据交换。在单主站系统中,所有的设备,如显示和控制设备均可以集成在系统中。可以通过SIMATIC S7的配置工具,通过"拖拉"功能方便地实现PROFIBUS-DP的图形化配置。

5. 执行器-传感器接口AS-i

执行器-传感器接口AS-i(AS-Interface)是西门子公司的一种用于执行器、开关控制电器和传感器的接口,是一个现场级网络化系统,用于传递与过程和机器相关的数字和模拟信号。在基本数字式执行器和传感器与上位控制器之间,它还起通用接口的作用。不同厂商的数字执行器和传感器都可以简单地连到该网络上。借助不同的主站模块,可以与SIMATIC家族的绝大部分自动化系统产品连到一起。通过DP/AS-i链路或接口单元也可以直接连到PROFIBUS-DP。AS-i适用于逻辑控制的现场网络系统,它应用于现场最底层。

AS-i 是一种单主设备系统，即一个 AS-i 网络中只有一个主设备，其他为从设备。AS-i 系统由主站、AS-i 电源单元和节点（即从站）组成。网络拓扑结构可以是树形、星形或总线型，如图 5-10 所示。

AS-i 主站通过轮询与从站交换数据，通过寻址方式使主设备与指定的从站点通信。从站点是 AS-i 系统的输入和输出通道，一般为一接口模块，只有当主设备下达指令后才能激活从站点。在 AS-i 网络中，最多可安装 31 个从站，最多可以扩展 31 个标准从站。每个标准从站可以连接 4 个开关量输入或输出。AS-i 总线是通过一个带数据解耦电路的 AS-i 特殊电源装置供电的。数据和电源共用一根双芯电缆，即仅需一根双芯电缆即能同时传载电信号和传感器的电源（DC 24V），大大简化了布线和安装，也使系统的可靠性大幅度提高。AS-i 网络上用的专用电缆具有特殊的结构和外形，可防止反相接线。网络中的执行器和传感器是通过标准的

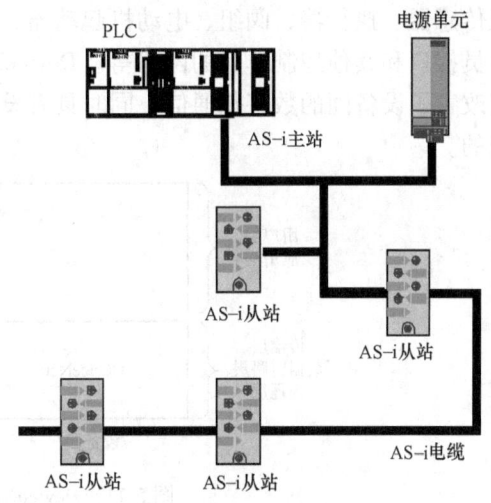

图 5-10 AS-i 系统的结构

从站模块与网络连接。AS-i 主站与上位控制器建立连接，自动组织数据沿着 AS-i 电缆传输，除了轮询信号以外，还具有参数设置、监控和诊断功能。AS-i 从站即连接到 AS-i 上的节点，除了 AS-i 设备外，还可能包括连接的传感器和执行器。AS-i 网络在与自动化系统连接时，可直接与控制器连接，也可用作子系统，可方便地直接连接到 PLC 控制系统。AS-i 主站连接时，与标准的 S7 I/O 模块一样方便。除了直接连接以外，AS-i 也可用作上位总线系统的子系统，既可以使用 PROFIBUS-DP/AS-i 网关连接到 PROFIBUS，也可以使用 ET200X 系统中的 AS-i 主站。

图 5-10 中的从站可连接电器元件、传感器和执行器等，包括断路器、接触器、电磁阀、按钮和位置开关等。传感器本身带有 AS-i 接口时，可直接接到网络上，其他元件可通过从站模块作为接口与 AS-i 网络连接。从站模块上带有编址插座，通过编址插座可对安装好的模块进行编址。一个网络中允许的最大的总电缆长度在 100m 以内，如果使用中继器可以扩展到 300m。电缆无需屏蔽和连接终端电阻。一个从站可以是一个 AS-i 应用模块（数字量或模拟量），或者是集成有 AS-i 芯片的 BERO 接近开关。每个站点有 4 个位，如 4 个开关输出。也就是说，一个模块上可连接 4 个标准的数字型传感器和/或执行器，可以组态最多 124 个传感器和 124 个执行器。中央控制器（PLC 或 PC）包括一个主站模块。传感器/执行器作为从站通过 AS-i 电缆接受主站的控制。

5.4.8 现场总线 DeviceNet

DeviceNet 现场总线的组织机构是开放式设备网络供货商协会（Open DeviceNet Vendor Association，ODVA）。中国的分支机构 ODVA China 成立于 2000 年 7 月，同时也是中国电器工业协会下属的现场总线工作委员会。

DeviceNet 总线已成为国家标准 GB/T18858.3—2002《低压开关设备和控制设备　控制

器-设备接口（CDI）第 3 部分：DeviceNet》。

DeviceNet 现场总线是基于 CAN 总线的一种建立在工业通信协议之上的开放式工业网络，是一种设备层的现场总线，网络结构如图 5-11 所示。适用于最低层的现场设备，如过程传感器、执行器、阀组、电动机起动器、条形码读取器、变频器、PLC、面板显示器、操作员接口和其他控制单元的网络等。DeviceNet 也是一种串行通信连接，它的直接互连性不仅改善了设备间的数字化通信，同时具有设备级诊断功能，这是通过硬接线 I/O 接口很难实现的。

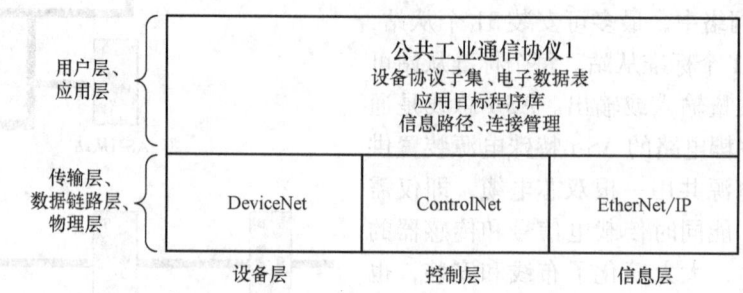

图 5-11 DeviceNet 现场总线的网络结构

DeviceNet 现场总线采用 CAN 总线的物理层和数据链路层，使用 CAN 规约芯片，支持选通、轮询、周期、状态改变和应用触发数据传送方式。采用逐位仲裁方式，按优先级发送信息。数据包为 0~8B。具有通信错误分级检测、通信故障自动判别和恢复功能。可根据设备性能和应用要求选择多主站、主/从结构、点对点及其组合方式配置网络。电源和信号可以在同一双绞线网络电缆中，网络上的设备可以直接由总线供电，并通过同一根电缆进行相互通信。DeviceNet 总线允许多个复杂设备互连。每个 DeviceNet 网络最多可连接 64 个节点，每个节点可以支持无限多的 I/O。数据传输速率随网络长度不同而变化，数据传输速率为 125kbit/s（500m）、250kbit/s（250m）及 500kbit/s（100m）。支持设备的热插拔，无需网络断电。可以在不切断网络供电的情况下，将节点接入或从网络中移走。电源分接头可加在网络的任何一点，可以实现多电源的冗余供电。

DeviceNet 现场总线采用生产者/消费者通信方式，它可使控制数据同时到达控制的每一个单元，可以更有效地利用网络的频带宽度，生产者一次发送的数据可被多个使用者使用，从而可以更有效地利用网络的频带宽度。

5.4.9 MODBUS 通信协议

MODBUS 通信协议是法国 Modicon 公司于 1979 年提出的应用层信息协议，最初应用于 Modicon 公司的 PLC，现在已成为一种事实上的通用工业网络协议和标准，广泛应用于工业控制器，如通用变频器、PLC、智能化设备等。MODBUS 通信协议建立在 OSI 参考模型的应用层，采用客户机/服务器方式连接不同的总线和网络。MODBSU 通信协议也是一种主/从协议，它提供功能码服务，这些功能码元素是 MODBUS 请求/应答协议数据单元（Protocol Data Units，PDU）。

目前有 MODBUS Serial、MODBUS Plus 和 MODBUS TCP 三种类型的 MODBUS 通信协议。MODBUS Serial 还包括 MODBUS ASCII、MODBUS RTU 及一些制造商改进的专用 MODBUS 协

议，如 MODBUS Daniels、MODBUS Omniflow、MODBUS Tek Air 等。

MODBUS ASCII 通信协议以 ASCII（美国标准信息交换码）传输码传输报文，每条 8 位的报文作为 2 个 ASCII 字符发送，这种方式的主要优点是允许字符间的发送时间间隔超过 1s，而不会产生错误。

MODBUS RTU 通信协议以 RTU（Remote Terminal Unit）传输码传输，每条 8 位的报文作为 2 个 4 位十六进制字符发送，这种方式的主要优点是字符密度大，在同样的波特率下，比 ASCII 传输码传输方式的数据流量大。

MODBUS Plus 是一种对等工业网（Peer-to-Peer Industrial Network），高速令牌网络，网络中的控制器均可初始化传输（查询）消息给其他控制器。

MODBUS TCP 是建立在 TCP/IP 上的以太网。MODBUS 通信协议的数据模型采用主/从结构方式。即网络中仅有一个主设备能初始化传输（查询），其他从设备根据主设备查询提供的数据作出相应应答。主设备可单独和从设备通信，也能以广播方式和所有从设备通信。如果单独通信，从设备返回一消息作为应答，如果是以广播方式查询则不作任何应答。

MODBUS 通信协议的物理层接口可以采用 RS-232C/422/485 串行接口或光纤和无线传输。协议中定义了连接口的针脚、电缆、信号位、传输波特率、奇偶校验等。

MODBUS 通信协议建立在 ISO/OSI 参考模型的应用层，采用客户机/服务器方式连接不同的总线和网络。MODBSU 通信协议也是一种主/从协议，它提供功能码服务，这些功能码元素是 MODBUS 请求/应答协议数据单元（Protocol Data Units，PDU）。如果在网络层使用 IP，在传输层使用 TCP，就构成了 TCP/IP；如果在应用层使用 MODBUS 协议，就构成了完整的工业以太网的应用。

MODBUS TCP/IP 使用 OSI 参考模型中的五层：

第 1 层：物理层，提供设备的物理接口，与市售的介质/网络适配器相兼容。
第 2 层：数据链路层，格式化信号到包含源/目的硬件地址的数据帧。
第 3 层：网络层，实现带有 32 位 IP 地址的 IP 报文包。
第 4 层：传输层，实现可靠性连接、传输、查错、重发、端口服务、传输调度等。
第 5 层：应用层，MODBUS 协议报文。

支持 Ethernet II 和 8802.3 两种帧格式。MODBUS TCP 数据帧包含了报文头、功能代码和数据三部分。

5.5 可通信低压开关电器简介

近年来，现场总线技术飞速发展，从控制网络上看，它覆盖的领域已包括了上层计算机管理系统、控制系统、开关电器、现场执行器和传感器等。随着微处理器芯片技术的日新月异，产品集成度越来越高，体积越来越小，处理速度越来越快，而价格却越来越低，使越来越多厂商将智能芯片集成到了传统电器产品、传感器、执行机构等，从而也促使了智能化电器、智能化配电系统的飞速发展。如，世界上的著名电气公司的新型框架式断路器都具有通信接口，可以与现场总线连接，其通信功能一般都嵌入智能控制器内部，需要通信时，选用带通信功能的智能控制器即可；一般壳架电流 250A 及以上的塑料外壳式断路器可带电子脱扣器，通信功能不嵌入脱扣器内部，而采用附件形式的专用通信接口（或称适配器），通信接口可与 PROFIBUS-DP、DeviceNet 等现场总线系统连接。如，西门子、ABB、金钟-默勒、施耐德等公司生产的框架式断路器和塑料外壳式断路器都已具有 PROFIBUS-DP 接口，或外部 RS-485/PROFIBUS-DP 转换器。施耐德公司的框架式断路器也均可带通信接口，通信体系是从一个 Power Logic 系统进入透明工厂技术（Transparent Factory Open for Business），这个 Power Logic 系统可从以太网通过一个 MODBUS 协议调制解调器或网关与 4 种子站通信，分别用于电网管理、电力数据采集类仪表、智能化框架断路器和智能化塑料外壳式断路器等低压电器元件、保护和控制、PLC 或其他第三方兼容设备。

西门子公司把所有该公司生产的带通信技术的低压开关电器称为 SIRIUSNET，以 PROFIBUS 为现场总线，最大数据传输率可达 12Mbit/s，可把现场分布的从设备和中央控制室中的主设备相互连网，通过标准的规范传输信息，一个 PROFIBUS 网络最多可连接 125 台现场设备，如图 5-12 所示。

图 5-12 所示是西门子公司的信息化电能管理系统的分层结构示意图。在现场设备层，通过 PROFIBUS-DP 总线，集成具有通信功能的开关电器设备等。如 SENTRON 3WL 和 3VL 系列断路器；SIMOCODE 智能电动机控制与保护装置；SIMEAS-P 多功能测量设备和电能表；ET200S 数据采集与控制装置等。可通信低压开关电器通过 PROFIBUS-DP 接口与主设备连

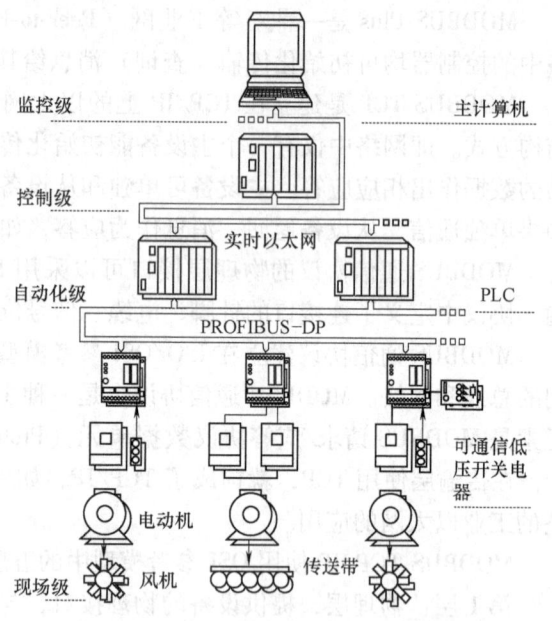

图 5-12 可通信低压开关电器的通信功能

接进行通信。系统的主设备为 PLC 和 PC，各自带有必要的软件支持，其中，GSD 文件为总线设置文件。通信数据包括模拟检测量（如相电流、接地故障电流等）、事故信息（如上次脱扣类型、超温报警、三相不平衡等）、运行状态（分合位置、分励欠电压脱扣器状态、合闸准备就绪信号等）、远距离参数设置、远距离控制等。另外，可利用电动机保护和控制装置 SIMOCODE-DP 作为接口与现场总线 PROFIBUS-DP 通信。通过 SIMOCODE-DP 可测量合/分闸运行信息、故障信息（包括脱扣和过载报警）及最大相电流，并把这些信息通过 PROFIBUS-DP 传送给主设备，可由主设备下达合/分闸指令。

SIMOCODE-DP 系统能够保护额定电流范围从 0.25～820A 的单相或者三相电动机等电气设备，具有过载、不平衡电流、相线故障、接地故障、转子堵转保护功能。通过以下两种途径可以实现 SIMOCODE-DP 的在线修改参数、诊断和调试。一是在当地，通过 RS-232 接口进行点对点通信，使用 Win-SIMOCODE-DP/Smart 实现 SIMOCODE-DP 的在线参数分配、操作、监控和测试。另外一种是在控制中心使用 OM-SIMOCODE-DP，通过 PROFIBUS 通信，远程实现 SIMOCODE-DP 的在线参数分配、操作、监控和测试。能够获取的遥测量有三相电流、启动次数、脱扣次数、设备运行小时数等；遥信量有运行状态、故障信息等。PLC 数据处理层位于现场设备层和运行监控中心层之间，主要完成上下层之间的网络连接转换和信息

的处理交换。通过 PROFIBUS 现场总线，把采集的数据传送到 PLC 数据处理层，对数据做规范化预处理，处理的数据与时标相对应，并可在数据缓冲区中储存一周。PLC 获取和处理的数据有选择性地上传到控制中心，以便于集中监视现场工况信息；同时，下达来自控制中心的遥控和遥调信息给现场设备层的各类智能设备及仪表。通过组态编程，PLC 能够自动控制现场设备层的智能设备。

运行监控中心层的硬件可配置主备数据库服务器、主备前置机、操作员工作站、Web服务器等，基于控制中心系统的安全，系统还可以配置不同的网段。监控中心软件由 WinCC 开发出友好的人机界面。配电实时工况信息以曲线、表格以及参数化处理后的数据进行显示，也可显示整个系统的数据。系统对重要的信息进行存盘归档，同时，具有报表功能，可以依据实际需求自定义报表。

图 5-13 是 SENTRON 3WL 和 3VL 系列断路器的连网通信功能示意图。SENTRON 3WL 具有 COM15 PROFIBUS 模块、断路器状态传感器（BSS）、LCD 电子脱扣器（ETU）、测量功能模块。SENTRON 3VL 通过 COM10 通信模块实现 PROFIBUS 通信。

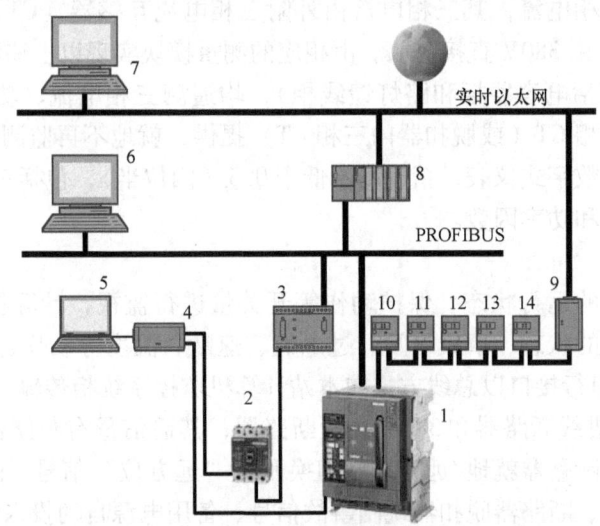

图 5-13　SENTRON 3WL 和 3VL 系列断路器的连网通信功能示意图
1—SENTRON 3WL　2—SENTRON 3VL　3—COM10 PROFIBUS 模块　4—断路器数据适配器（PDA）
5—具有浏览功能的输入输出设备（如便携式工控机）　6—安装在工控机上的 Switch ES Power 软件
7—电源管理软件　8—PLC　9—BDA Plus，带以太网接口　10—ZSI 模块　11—数字量输出模块
12—可组态数字量输出模块　13—模拟量输出模块　14—数字量输入模块

5.6　智能化配电系统简介

传统的低压配电控制方式主要是通过由断路器、接触器、热继电器、熔断器、控制继电器、各种主令电器、互感器及各种电工仪表组合成的低压开关柜实现的，并以人工直接操作为主，无法实现计算机智能管理，对于较复杂的控制实现起来比较困难。随着可通信低压开关电器的发展，各著名电气公司开始应用于配电系统，与计算机控制技术、网络通信技术相结合，从而诞生了智能开关柜及智能化配电系统，如西门子公司的 SIVACON 系列、ABB 公

司 HONOR 系列等。智能化配电系统是各种智能开关柜与计算机监控系统的组合,一般由若干面智能型低压开关柜组成。智能开关柜及智能配电系统改变了传统开关柜的概念,具有多功能、数字化、网络化、智能化、结构紧凑、易于维护等特点,通过网络通信接口可与中央控制室的计算机系统连网,从而可实现对各供配电回路的各种电参数进行监测,以及对断路器的分合状态、故障信息进行监视和控制,配合远程监控软件,可实现"四遥"。根据断路器的遥控、遥测、遥信等技术要求,每台断路器应配备通信模块,并通过 RS-485 串行接口以总线方式向本站计算机监控系统柜传输,遵循 MODBUS RTU 通信规约。

1. 遥测

通过计算机实时对系统进行电压、电流、有功功率、无功功率、功率因数、频率等进行不断的采集、分析、处理、记录、显示曲线、棒图,自动生成报表。遥测量通过 RS-485 串行接口以总线方式向本站计算机监控系统柜传输。

对于 380V 电源进线断路器开关柜,需遥测三相电流、有功功率、无功功率、380V(I)段或(II)段母线电压、电压不平衡度及电流/电压的总谐波畸变率(THD);对于 380V 分段断路器柜,遥测三相电流,其三相电流由外附三相电流互感器(CT)(或脱扣器内三相CT)提供,母线电压由 380V 直接提取。由相应的测量模块实现以上遥测量的监测。对于其他馈线断路器柜(包括电容器柜和路灯馈线柜),均遥测三相电流、功率因数、有功电能;其三相电流由外附三相 CT(或脱扣器内三相 CT)提供,就地不再监测电量。电容器柜就地综合测量仪表均采用数字式仪表,精确度不低于 0.5(四位半),包括三相电流、三相电压、有功功率、无功功率和功率因数。

2. 遥信

可以实时对开关的运行状态、保护动作等开关量进行监视,计算机实时显示和自动报警,并对各柜内开关的状态、事故跳闸、过电流、速断、温度等动作进行实时记录、打印。遥信量通过 RS-485 串行接口以总线方式向本站计算机监控系统柜传输。

对于 380V 电源进线断路器和 380V 分段断路器,其遥信量有断路器合闸位置信号、断路器跳闸位置信号、断路器就地/远方控制切换开关"远方位"信号、断路器控制电源消失及控制回路断线信号、断路器脱扣器跳闸事故信号、备用电源自动投入装置动作信号。

对于 380V 电容器柜(由塑料外壳式断路器和接触器构成),其遥信量有电容器组投切的组数信号,即接触器合、断的位置信号,接触器控制电源消失及控制回路断线信号,断路器合闸位置信号,断路器跳闸报警信号,脱扣器微处理器故障信号。

对于其他 380V 馈线回路,其遥信量有断路器合闸位置信号、断路器跳闸报警信号;对于装设接地故障保护的断路器,应设有接地故障保护动作信号、脱扣器微处理器故障信号。

低压开关柜上均设有红、绿灯,以指示断路器的跳、合闸位置信号。

3. 遥控

通过计算机屏幕选择相应的站号、开关号、合/分闸等信息,并在屏幕上将要选择的开关的状态反馈回来,确认后执行,实时记录操作的时间、类型和开关号等。

4. 遥调

用于设定各种智能模块的运行参数,即计算机根据屏幕操作指令或计算机根据对系统分析判断结果,对智能模块的设定值和故障保护值进行远程整定。

参考文献

[1] 张冠生. 电器学 [M]. 北京：机械工业出版社，1980.
[2] 方承远. 工厂电气控制技术 [M]. 北京：机械工业出版社，1998.
[3] 中国电工技术学会电工标准化研究会. 电工最新基础标准应用手册 [M]. 2版. 北京：机械工业出版社，2003.
[4] 李茂林. 低压电器及配电电控设备选用手册 [M]. 沈阳：辽宁科学技术出版社，1998.
[5] 天津电气传动设计研究所. 电气传动自动化技术手册 [M]. 2版. 北京：机械工业出版社，2005.
[6] 马志勇. 常用自动化控制器件手册 [M]. 北京：机械工业出版社，1996.
[7] 陈绍华. 机械设备电器控制 [M]. 广州：华南理工大学出版社，1998.
[8] 熊蔡容. 电器逻辑控制技术 [M]. 北京：科学出版社，1998.
[9] 邓则名. 电器与可编程控制器应用技术 [M]. 北京：机械工业出版社，1997.
[10] 邵富春. 怎样保护电动机 [M]. 北京：中国农业出版社，1979.
[11] 陈伯时，等. 交流调速系统 [M]. 北京. 机械工业出版社，1998.
[12] 韩安荣. 通用变频器及其应用 [M]. 2版. 北京：机械工业出版社，2000.
[13] 原魁，等. 变频器基础及应用 [M]. 北京：冶金工业出版社，1997.
[14] 谭世哲，等. 电路设计与制版 Protel 98 [M]. 北京：人民邮电出版社，1998.
[15] 清源计算机工作室. Protel 99 仿真与 PLD 设计 [M]. 北京：机械工业出版社，2000.
[16] 清源计算机工作室. Protel 99 原理图与 PCB 设计 [M]. 北京：机械工业出版社，2000.
[17] George Omura. AutoCAD 14 从入门到精通 [M]. 徐有光，等译. 北京：电子工业出版社，1998.
[18] 张冠生，丁明道. 常用低压电器及其应用（修订版）[M]. 机械工业出版社，1999.
[19] 赵明主. 工厂电气控制设备 [M]. 2版. 北京：机械工业出版社，1994.
[20] 李振安. 工厂电气控制技术 [M]. 重庆：重庆大学出版社，1995.
[21] 王仁祥. 常用低压电器原理及其控制技术 [M]. 北京：机械工业出版社，2001.
[22] 王仁祥，王小曼. 现代可编程序控制器网络通信技术 [M]. 中国电力出版社，2006.
[23] 王仁祥. 通用变频器选型与维修技术 [M]. 中国电力出版社，2004.
[24] 王仁祥，王小曼. 通用变频器选型、维修与应用 [M]. 人民邮电出版社，2005.
[25] 西门子股份有限公司自动化与驱动集团. SIMATIC 可编程序控制器产品样本、手册.
[26] 西门子股份有限公司自动化与驱动集团. S7-300 和 S7-400 梯形逻辑（LAD）编程参考手册（A5E00446504-01）. 2004.
[27] 西门子股份有限公司自动化与驱动集团. S7-300 和 S7-400 语句表（STL）编程参考手册（A5E00706960-01）. 2006.
[28] 西门子股份有限公司自动化与驱动集团. 用于 S7-300 和 S7-400 的功能块图（FBD）编程参考手册（A5E00446507-01）. 2004.
[29] 西门子股份有限公司自动化与驱动集团. SIMATIC STEP 7 V5.3 编程使用手册（A5E00446499-01）. 2004.

《常用低压电器原理及其控制技术》第 3 版
隆重推荐

作者：王仁祥

出版时间：2022 年 1 月

第 3 版作者寄语：
耕耘电气工程教育 35 载，
洞悉技术学科发展与进步。
谨以拙作出版之际，寄语数字原生代。

学科发展已进入数字转型时代，为工程技术教育带来了新的视角。

本书详细地介绍了工业 4.0 背景下智能制造中的电气工程技术，包括常用低压电器的基本结构原理；通用变频器、可编程序控制器（PLC）等的基本原理及应用；PLC 相关的 IEC61131、IEC61499 和 IEC61804 三个重要国际标准，以及集成开发环境 EcoStruxure Machine Expert1.1 和 CODESYS V3.5 SP16 工程工具的使用；工业 4.0 技术框架及使能技术相关的"采标"；工业 4.0 的技术支柱，RAMI 4.0 的技术内容，工业 4.0 的核心技术 CPS 和数字孪生的工程应用。本书还介绍了国内外工业 4.0 相关最新技术、新产品及其应用和发展方向。全书图文并茂、知识性强、理论联系实际，侧重于实际应用和创新思路的发展。

本书适宜于从事电气工程及自动化和生产过程自动化领域工作的工程技术人员阅读，也适合作为高等学校电气工程、工业自动化、自动控制等专业的高年级本科生、研究生教材和教学参考书，亦可作为企业电气工程技术人员的培训教材，高等职业、中等职业学校的类似专业也可选用。另外，本书也可作为刚刚推出的国家职业技术技能标准《智能制造工程技术人员（2021 版）》的培训教材。

京东当当天猫各大平台均有售，敬请读者选购。如有出版或团购咨询，编辑电话：010 - 88379178，邮箱：fuchenggui52@163.com